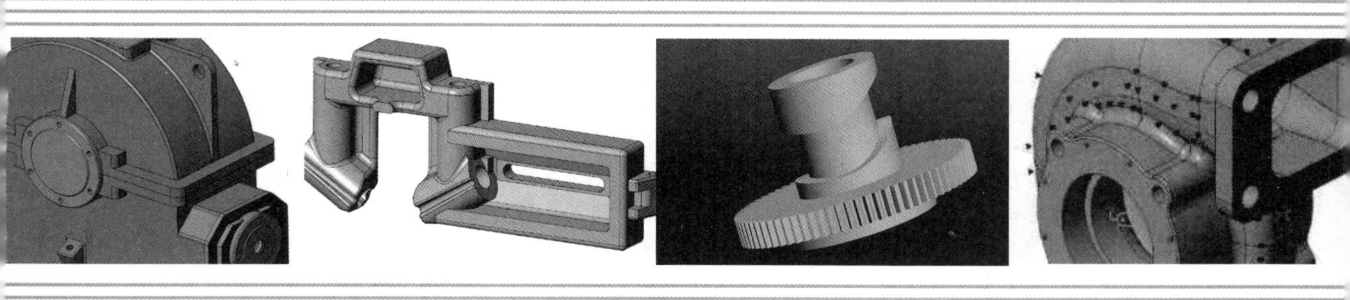

Creo3.0

数控加工与典型案例

刘蔡保　主编

化学工业出版社
·北京·

本书重点讲述了Creo3.0数控加工的数控编程，书中以实际生产为目标，以分析为主导，以思路为铺垫，以方法为手段，使学习者能够达到自己分析、操作和处理的效果。

本书主要内容包括：Creo3.0的体积块铣削、粗加工铣削、重新粗加工铣削、表面铣削、轮廓铣削、精加工铣削、钻削式粗加工、曲面加工、腔槽加工、轨迹加工、雕刻加工、钻孔加工、倒角加工、圆角加工、三维数控加工实例；并配有专门综合加工实例讲解。

为方便学习，本书配套视频、微课及相关文件等数字资源。

本书适合作为相关工程技术人员用书、企业培训用书，Creo爱好者自学用书，也可以作为高职或中职层次数控加工专业的教材。

图书在版编目（CIP）数据

Creo3.0数控加工与典型案例/刘蔡保主编. —北京：化学工业出版社，2018.11
ISBN 978-7-122-33089-5

Ⅰ.①C…　Ⅱ.①刘…　Ⅲ.①数控机床-加工-计算机辅助设计-应用软件　Ⅳ.①TG659-39

中国版本图书馆CIP数据核字（2018）第220962号

责任编辑：韩庆利　王金生
责任校对：王鹏飞　　　　　装帧设计：张　辉

出版发行：化学工业出版社（北京市东城区青年湖南街13号　邮政编码100011）
印　　刷：三河市航远印刷有限公司
装　　订：三河市瞰发装订厂
787mm×1092mm　1/16　印张22¾　字数608千字　2019年2月北京第1版第1次印刷

购书咨询：010-64518888　　售后服务：010-64518899
网　　址：http://www.cip.com.cn
凡购买本书，如有缺损质量问题，本社销售中心负责调换。

定　　价：69.00元

前言

本书重点讲述了 Creo3.0 的数控编程，书中以实际生产为目标，以分析为主导，以思路为铺垫，以方法为手段，使读者能够达到自己分析、操作和处理的效果。

本书以“入门实例+ 理论知识+ 加工实例+ 经验总结”的方式逐步深入地学习 Creo3.0 编程的方法，通过精心挑选的典型案例，对 Creo3.0 数控方面的加工做了详细的阐述。

本书结构紧凑、特点鲜明，编写力求理论表述简洁易懂，步骤清晰明了，便于掌握应用。

◆ 开创性的课程讲解

本课程不以软件结构为依托，一切的实例操作、要点讲解都以加工为目的，不再做知识点的全面铺陈，重点阐述实际加工中所能遇见的重点、难点。 在刀具、加工方法、后处理的配合上独具特色，直接面向加工。

◆ 独具特色的内容编排

Creo 编程的图书再也不是繁复厚重的工具书，也不是各种说明书、参数的简单罗列，本书力求让读者能快速地融入 Creo 编程的学习中，在学习的过程中启发学习的兴趣，使其能够看懂、看会、扩散思维。

◆ 环环相扣的学习过程

针对 Creo 数控编程的特点，本书提出了“1+1+1+1+1”的学习方式，即“入门实例+理论知识+ 加工实例+ 重要知识点+ 经验总结”的过程，逐步深入学习 Creo 编程的方法和要领，简明扼要地用大量的入门实例和加工实例，图文并茂地去轻松学习，变枯燥的过程为有趣的探索。

◆ 简明扼要的知识提炼

本书以 Creo 编程为主，用大量的案例操作对编程涉及的知识点做出提炼，简明直观地讲解了 Creo 编程的重要知识点，有针对性地描述了编程的工作性能和加工特点，并结合实例对 Creo 数控编程的流程、方法，做了详细的阐述。

◆ 循序渐进的课程讲解

数控编程的学习不是一蹴而就的，也不能按照其软件结构生拆开来讲解。 编者结合多年的教学和实践，推荐本书的学习顺序是：按照书中编写的顺序，由浅入深、逐层进化地学习。 编者从平面铣、曲面铣的加工到后置处理的应用，对每一个重要的加工方法讲解其原理、处理方法、注意事项，并有专门的实例分析和经验总结。 相信只要按照书中的编写顺序进行编程的学习，定可事半功倍地达到学习的目的。

◆ 详细深入的经验总结

在学习编程的过程中，每一个入门实例和加工实例之后都有详细的经验总结，需要好好掌握与领会。 本书的最大特点即是在实例后有跟踪的经验总结，详细描写了 Creo 编程的经验、心得，以及编程的建议，使读者更好地将学习的内容巩固吸收，对实际中加工实践的过程有一个质的认识和提高。

本书精选了大量的典型案例，取材适当，内容丰富，理论联系实际。所有操作项目都经过实践检验，所举的实例都有详细、清晰的操作说明。本书的讲解由浅入深，图文并茂，通俗易懂。

本书采用加工案例讲解，对全部案例均配套视频课程，对于本书使用者，赠送全部视频课程和 Creo 的原始文件、完成编程的文件，可登录化学工业出版社教学资源网 www.cipedu.com.cn 免费下载，或到 QQ 群 753180967 交流索取。

本书由刘蔡保主编，万笛、陈玉球参编。最后，本书编写之中得到徐小红女士的鼎力相助，在此表示感谢。另，鄙人水平之所限，书中若有舛误之处，实乃抱歉，还请批评指正。

编者　刘蔡保

目录

第三章 Creo3.0高级铣削加工应用 / 122

第一章

Creo3.0数控加工简介

第一节　Creo 数控加工特点

一、Creo 数控加工概述

Creo 是美国 CNC Software Inc. 公司开发的基于 PC 平台的 CAD/CAM 软件。它集二维绘图、三维实体造型、曲面设计、体素拼合、数控编程、刀具路径模拟及真实感模拟等功能于一身。它具有方便直观的几何造型。Creo 提供了设计零件外形所需的理想环境，其强大稳定的造型功能可设计出复杂的曲线、曲面零件。

在数控编程方面，Creo 的加工方式包括表面加工、体积块粗加工、粗加工、钻削式粗加工、重新粗加工、局部铣削、曲面铣削、轮廓铣削、精加工、拐角精加工、腔槽加工、侧刃铣削、雕刻、螺纹铣削、钻孔，本书将对常用的加工方式循序渐进地讲解。

二、Creo 数控加工的优点

Creo 除了可产生 NC 程序外，本身也具有 CAD 功能（2D、3D、图形设计、尺寸标注、动态旋转、图形阴影处理等功能），可直接在系统上制图并转换成 NC 加工程序，也可使用其他绘图软件绘好的图形。该软件不仅具有强大的实体造型、曲面造型、虚拟装配和产生工程图等设计功能；而且，在设计过程中可进行有限元分析、机构运动分析、动力学分析和仿真模拟，提高设计的可靠性；同时，可用建立的三维模型直接生成数控代码，用于产品的加工，其后处理程序支持多种类型数控机床。表 1.1.1 列出了 Creo 进行数控加工的优点。

表 1.1.1　Creo 数控加工优点

序号	优　点	详细信息
1	具有统一的数据库	真正实现了 CAD/CAE/CAM 等各模块之间的无数据交换的自由切换，可实施并行工程
2	采用复合建模技术	可将实体建模、曲面建模、线框建模、显示几何建模与参数化建模融为一体
3	用基于特征的建模和编辑方法作为实体造型基础	用基于特征（如孔、凸台、型胶、槽沟、倒角等）的建模和编辑方法作为实体造型基础，形象直观，类似于工程师传统的设计办法，并能用参数驱动

续表

序号	优点	详细信息
4	曲面设计采用非均匀有理 B 样条作基础	非均匀有理 B 样条，即 NURBS 曲线，可用多种方法生成复杂的曲面，特别适合于汽车外形设计、汽轮机叶片设计等复杂曲面造型
5	出图功能强	可十分方便地从三维实体模型直接生成二维工程图。能按 ISO 标准和国标标注尺寸、形位公差和汉字说明等。并能直接对实体做旋转剖、阶梯剖和轴测图挖切生成各种剖视图，增强了绘制工程图的实用性
6	以 Parasolid 为实体建模核心	实体造型功能处于领先地位。目前著名的 CAD/CAE/CAM 软件均以此作为实体造型基础
7	提供了界面良好的二次开发工具	提供了界面良好的二次开发工具 GRIP(GRAPHICAL INTERACTIVE PROGRAMMING)和 UFUNC(USER FUNCTION)，并能通过高级语言接口，使 Creo 的图形功能与高级语言的计算功能紧密结合起来
8	具有良好的用户界面	绝大多数功能都可通过图标实现；进行对象操作时，具有自动推理功能；同时，在每个操作步骤中，都有相应的提示信息，便于用户做出正确的选择

第二节　Creo 数控加工基础入门

一、Creo 的数控加工模块

Creo 是紧密集成的 CAD/CAE/CAM 软件系统，提供了从产品设计、分析、仿真、数控程序生成等一整套解决方案。Creo 制造模块是整个 Creo 系统的一部分，它以三维主模型为基础，具有强大可靠的刀具轨迹生成方法，可以完成铣削（2.5 轴～5 轴）、车削、线切割等的编程。用 Creo 进行数控加工是模具数控行业最具代表性的数控编程软件，其最大的特点就是生成的刀具轨迹合理、切削负载均匀、适合高速加工。另外，在加工过程中的模型、加工工艺和刀具管理，均与主模型相关联，主模型更改设计后，编程只需重新计算即可，所以编程的效率非常高。

Creo 的数控加工模块主要由 5 个模块组成，即交互工艺参数输入模块、刀具轨迹生成模块、刀具轨迹编辑模块、三维加工动态仿真模块和后置处理模块，下面对这 5 个模块作简单的介绍（见表 1.2.1）。

表 1.2.1　Creo 数控加工模块

序号	加工模块	详细内容
1	交互工艺参数输入模块	通过人机交互的方式，用对话框和过程向导的形式输入刀具、夹具、编程原点、毛坯和零件等工艺参数
2	刀具轨迹生成模块	具有非常丰富的刀具轨迹生成方法，主要包括铣削(2.5 轴～5 轴)、车削、线切割等加工方法。本书主要讲解 2.5 轴和 3 轴数控铣加工
3	刀具轨迹编辑模块	刀具轨迹编辑器可用于观察刀具的运动轨迹，并提供延伸、缩短和修改刀具轨迹的功能。同时，能够通过控制图形和文本的信息编辑刀轨
4	三维加工动态仿真模块	利用 Creo 外挂的 Vericut 软件实现实时的切削验证的仿真模拟，无须利用机床，成本低，高效率的测试 NC 加工的方法，可以检验刀具与零件和夹具是否发生碰撞、是否过切以及加工余量分布等情况，以便在编程过程中及时解决
5	后处理模块	包括一个通用的后置处理器(GPM)，用户可以方便地建立用户定制的后置处理。通过使用加工数据文件生成器(MDFG)，一系列交互选项提示用户选择定义特定机床和控制器特性的参数，包括控制器和机床规格与类型、插补方式、标准循环等

二、Creo 的铣削加工类型

Creo 提供了丰富的加工方法来进行工件的粗加工、半精加工和精加工（见表 1.2.2）。

表 1.2.2　Creo 的铣削加工类型

序号	类　型	详细内容
1	表面加工(Face)	对工件进行表面加工
2	体积块粗加工(Volume Rough)	2.5 轴逐个层切面铣削,用于从指定的体积块移除材料
3	粗加工(Roughing)	用于移除"铣削窗口"边界内所有材料的高速铣削序列
4	钻削式粗加工(Plunge Rough)	2.5 轴深型腔粗铣削,使用平底刀具连续重叠切入材料
5	重新粗加工(Re-rough)	NC 序列仅加工上一"粗加工"或"重新粗加工"序列无法到达的区域
6	局部铣削(Local Milling)	用于移除"体积块""轮廓""逆铣"或"轮廓曲面"铣削,或另一个局部铣削 NC 序列之后剩下的材料(通常用较小的刀具)。也可用于清理指定拐角的材料
7	曲面铣削(Surface Milling)	3 到 5 轴水平或倾斜曲面的铣削。有数种定义切削的方法可供选择
8	轮廓铣削(Profile Milling)	3 到 5 轴竖直或倾斜曲面铣削
9	精加工(Finishing)	用于在"粗加工"和"重新粗加工"后加工参考零件的细节部分
10	拐角精加工(Corner Finishing)	3 轴铣削,自动加工先前的球头铣刀不能到达的拐角或凹处
11	腔槽加工(Pocketing)	2.5 轴水平、竖直或倾斜曲面铣削。腔槽壁的铣削方法类似于"轮廓铣削",腔槽底部的铣削类似于"体积块"铣削中的底面铣削
12	侧刃铣削(Swarf Milling)	5 轴连续水平或倾斜曲面的铣削,用刀具侧面进行切削
13	轨迹(Trajectory)	3 到 5 轴铣削,刀具沿指定轨迹移动
14	自定义轨迹(Custom Trajectory)	通过交互式指定刀具控制点的轨迹来定义 3 到 5 轴轨迹铣削的刀具路径
15	雕刻(Engraving)	3 到 5 轴铣削,刀具沿"槽"修饰特征或曲线移动
16	螺纹铣削(Thread Milling)	3 轴螺旋铣削
17	钻孔(Drilling)	钻孔、镗孔、攻丝
18	自动钻孔(Auto Drilling)	使用选定坐标系或退刀平面对选定的孔进行自动钻孔

三、Creo 编程的加工流程

Creo 编程的加工流程，概括来说如图 1.2.1 所示。

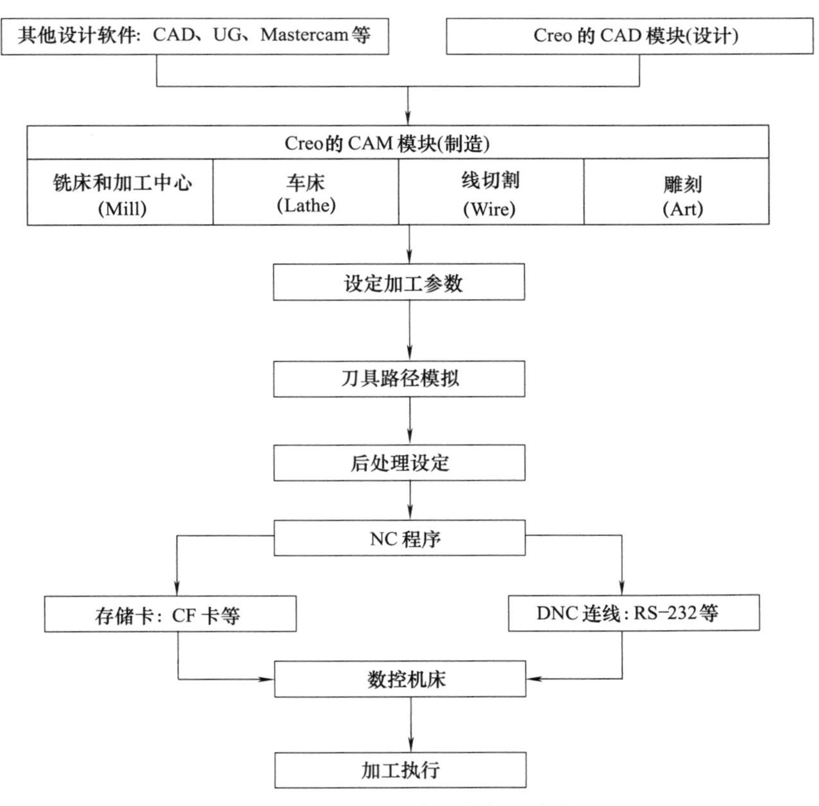

图 1.2.1　Creo 编程的加工流程

四、Creo编程的技巧

Creo 加工将二维刀路和三维刀路分开，并且三维刀路又分开粗和光刀，因此合理选用刀路能获得高质量的加工结果。掌握一些常用的技巧，就能快速掌握 Creo 的编程加工。

针对数控加工的三个方面，表 1.2.3 对开粗、精光和清角三个阶段的使用技巧进行详细说明。

表 1.2.3　开粗、精光和清角三个阶段的使用技巧

序号	阶段	数控编程加工技巧
1	开粗	粗加工阶段主要的目的是去除毛坯残料，尽可能快地将大部分残料清除干净，而不需要在乎精度高低或表面粗糙度的问题。主要从两方面来衡量粗加工，一是加工时间，二是加上效率 一般给低的主轴转速，大吃刀量进行切削。从以上两方面考虑，粗加工挖槽是首选刀路，挖槽加工的效率是所有刀路中最高的，加工时间也最短。铜公开粗时，外形余量已经均匀了，就可以采用等高外形进行二次开粗。对于平坦的铜公曲面一般也可以采用平行精加工大吃刀量开粗。采用小直径刀具进行等高外形二次开粗，或利用挖槽以及残料进行二次开粗，使余量均匀 粗加工除了要保证时间和效率外，就是要保证粗加工完后，局部残料不能过厚即可，因为局部残料过厚的话，精加工阶段容易断刀或弹刀。因此在保证效率和时间的同时，要保证残料的均匀
2	精光	精加工阶段主要目的是精度，尽可能满足加工精度要求和粗糙度要求，因此会牺牲时间和效率。此阶段不能求快，要精雕细琢，才能达到精度要求 对于平坦的或斜度不大的曲面，一般采用平行精加工进行加工，此刀路在精加工中应用非常广泛，刀路切削负荷平稳，加工精度也高，通常也作为重要曲面加工，如模具分型面位置。对于比较陡的曲面，通常采用等高外形精加工来加工 对于曲面中的平面位置，通常采用挖槽中的面铣功能来加工，效率和质量都非常高。曲面非常复杂时，平行精加工和等高外形满足不了要求，还可以配合浅平面精加工和陡斜面精加工来加工。此外环绕等距精加工通常作为最后一层残料的清除，此刀路呈等间距排列，不过计算时间稍长，刀路比较费时，对复杂的曲面比较好，环绕等距精加工可以加工浅平面，也可以加工陡斜面，但是千万不要拿来加工平面，那样是极大浪费
3	清角	通过了粗加工阶段和精加工阶段，零件上的残料基本上已经清除得差不多干净了，只有少数或局部存在一些无法清除的残料，此时就需要采用专门的刀路来加工了。特别是当两个曲面相交时，在交线处，由于球刀无法进入，因此前面的曲面精加工就无法达到要求，此时一般采用清角刀路 对于平面和曲面相交所得的交线，可以用平刀采用外形刀路进行清角，或采用挖槽面铣功能进行清角。除此之外，也可以采用等高外形精加工来清角。如果是比较复杂的曲面和曲面相交所得的交线，只能采用交线清角精加工来清角了

五、Creo3.0数控加工操作界面

进入加工模块的步骤：首先点击新建按钮→在弹出的【新建】对话框中→【类型】制

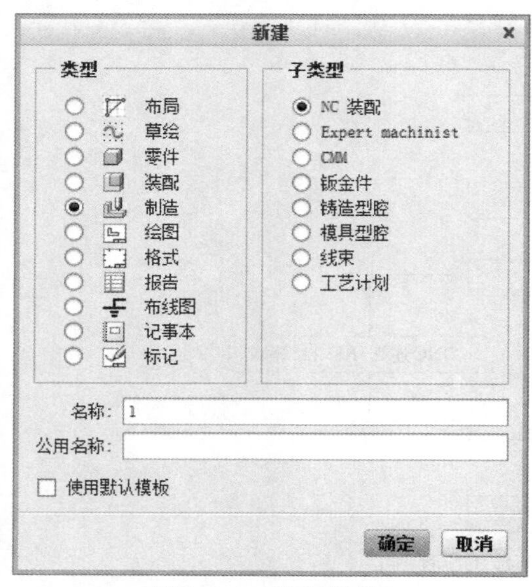

图 1.2.2　新建对话框

图 1.2.3　新文件选项对话框

造→【子类型】NC装配→【名称】输入文件名→取消勾选【使用默认模版】复选框→【确定】（如图1.2.2新建对话框）弹出【新文件选项】→【模版】选择mmns_mfg_nc，公制模板【确定】（如图1.2.3新文件选项对话框）→即可进入数控加工的界面（如图1.2.4 Creo3.0的工作界面）。

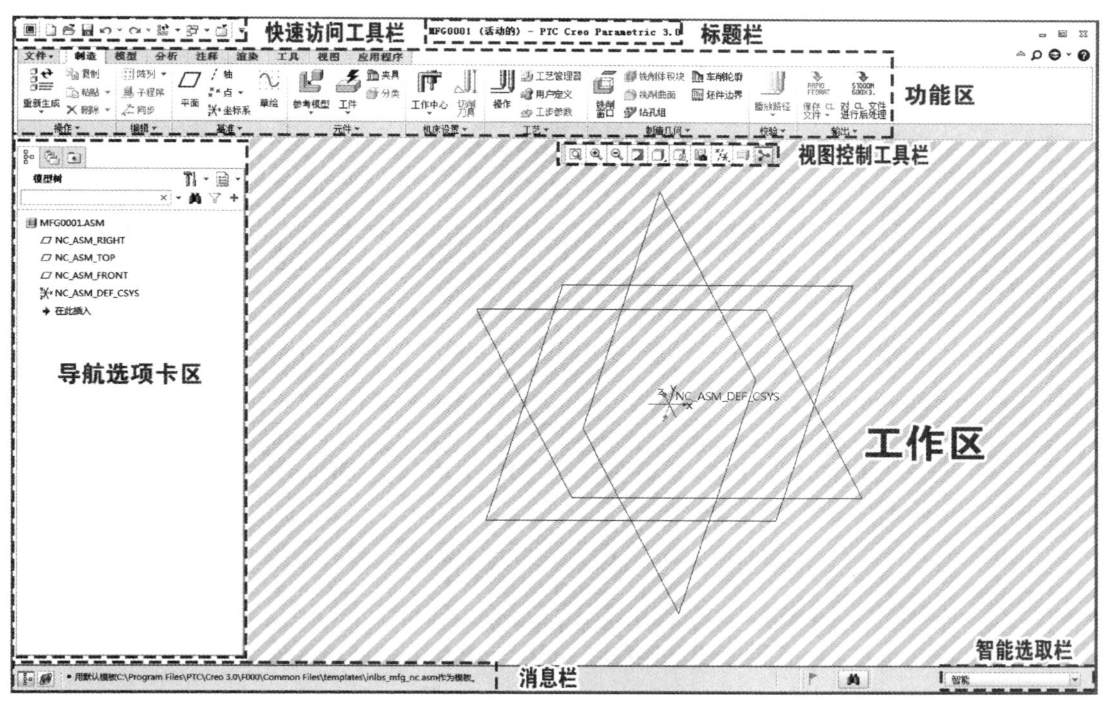

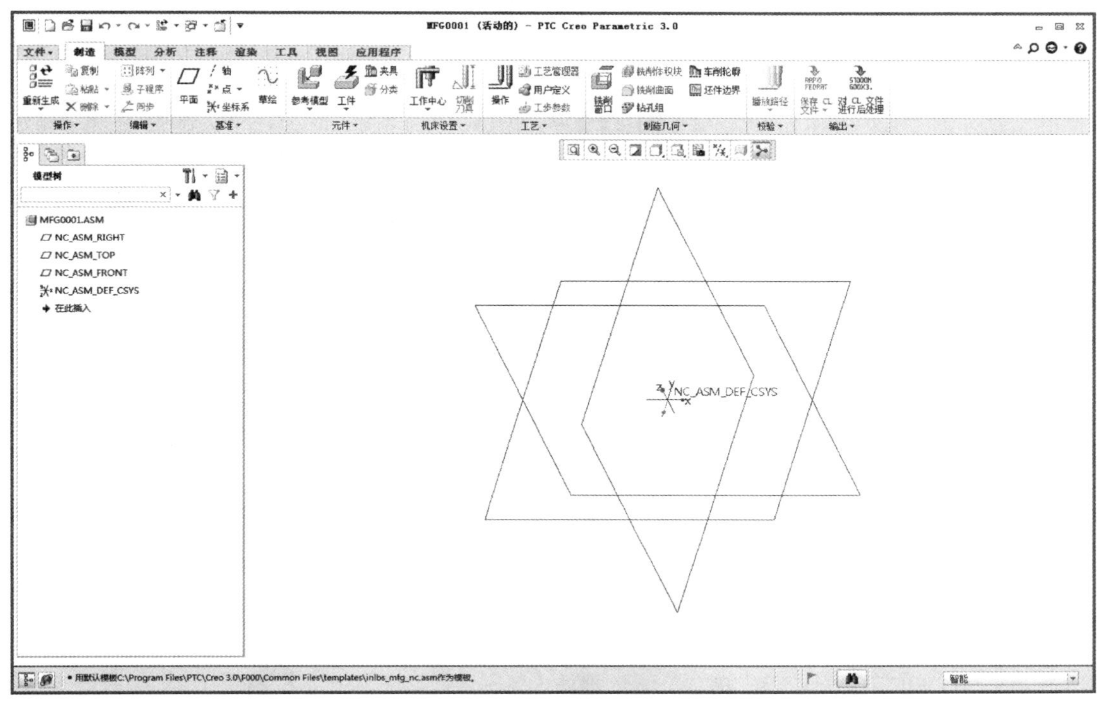

图1.2.4　Creo3.0的工作界面

数控加工操作界面包括导航选项卡区、快速访问工具栏、标题栏、功能区、消息区、视图控制工具栏、图形区、智能选取栏和菜单管理器区。详细说明见表1.2.4工作区功能简介。

表1.2.4 工作区功能简介

序号	名称	详细说明	
1	导航选项卡区	模型树	【模型树】中列出了活动文件中的所有零件及特征，并以树的形式显示模型结构，根对象（活动零件或组件）显示在模型树的顶部，其从属对象（零件或特征）位于根对象之下。例如：在活动装配文件中，【模型树】列表的顶部是组件，组件下方是每个元件零件的名称；在活动零件文件中，“模型树”列表的顶部是零件，零件下方是每个特征的名称。若打开多个Creo模型，则“模型树”只反映活动模型的内容
		文件夹浏览器	类似于Windows的“资源管理器”，用于浏览文件
		收藏夹	用于有效组织和管理个人资源
2	快速访问工具栏	包含新建、保存、修改模型和设置Creo环境的一些命令。快速访问工具栏为快速进入命令及设置工作环境提供了极大的方便，用户可以根据具体情况定制快速访问工具栏	
3	标题栏	标题栏显示了软件版本以及当前活动的模型文件名称	
4	功能区	功能区显示了Creo中的所有功能按钮，并以选项卡的形式进行分类。用户可以自己定义各功能选项卡中的按钮，也可以自己创建新的选项卡，将常用的命令按钮放在自定义的功能选项卡中。 注意：用户会看到有些菜单命令和按钮处于灰色的非激活状态，这是因为它们目前还没有处在发挥功能的环境中，一旦它们进入有关的环境，便会自动激活	
		制造	图1.2.5所示的【制造】功能选项卡中显示创建制造模型后的相关管理功能，按功能划分为【操作】【编辑】【基准】【元件】【机床设置】【工艺】【制造几何】【校验】【输出】等区域 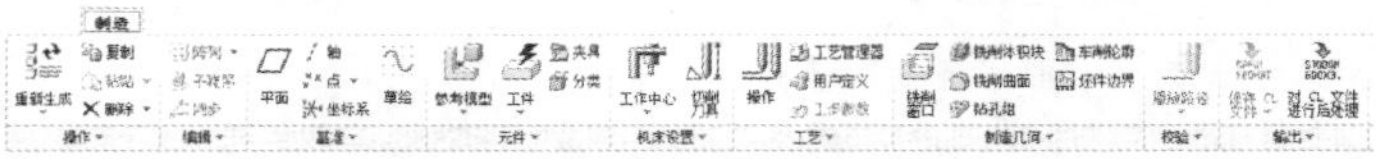 图1.2.5 【制造】功能选项卡
		铣削	图1.2.6所示的【铣削】功能选项卡中显示创建铣削加工路径后的相关管理功能，按功能划分为【操作】【编辑】【基准】【制造几何】【铣削】【孔加工循环】等区域  图1.2.6 【铣削】功能选项卡
		车削	图1.2.7所示的【车削】功能选项卡中显示创建车削加工路径后的相关管理功能，按功能划分为【操作】【编辑】【基准】【制造几何】【车削】【孔加工循环】等区域  图1.2.7 【车削】功能选项卡
		应用程序	图1.2.8所示的“应用程序”功能选项卡中【制造应用程序】区域显示制造模块中的相关管理功能  图1.2.8 【制造应用程序】区域
5	消息区	在用户操作软件的过程中，消息区会即时地显示有关当前操作步骤的提示等消息，以引导用户的操作。消息区有一个可见的边线，将其与图形区分开，若要增加或减少可见消息行的数量，可将鼠标指针置于边线上，按住鼠标左键，然后将其移动到所期望的位置 消息分为五类，分别以不同的图标提醒  提示 信息  警告  出错  危险	

续表

序号	名称	详 细 说 明
6	视图控制工具栏	图1.2.9所示的视图控制工具栏是将【视图】功能选项卡中部分常用的命令按钮集成到了一个工具栏中，以便随时调用  图1.2.9　【视图】功能选项卡
7	图形区	Creo3.0各种模型的显示区
8	智能选取栏	智能选取栏也称过滤器，主要用于快速选取某种所需要的要素(如几何、基准等)
9	菜单管理器区	菜单管理器区位于屏幕的右侧，在进行某些操作时，系统会弹出此菜单，如单击【保存CL文件】按钮时，系统会弹出图1.2.10所示的相应菜单管理器 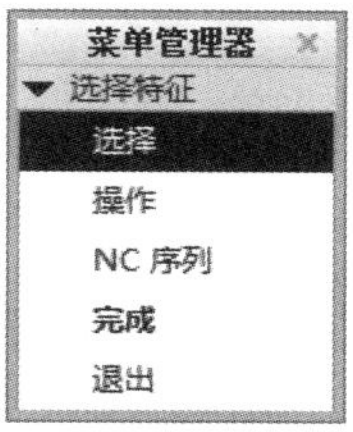 图1.2.10　菜单管理器

第二章

Creo3.0基础铣削加工应用

第一节　体积块铣削加工

体积块加工是 Creo 数控模块中最基本的材料去除方法和工艺手段。

体积块加工所产生的刀具轨迹会根据设计的制造几何形状——铣削体积块或铣削窗口，以等高分层的形式去除材料，即在体积块加工中材料是一层一层的去除，所有层的切面与退刀面平行。

体积块加工主要用于切除大体积材料的粗加工中，加工后留有部分余量，用以进行精加工。

体积块加工主要用于以下 4 个方面：

（1）去除工件外部材料。

（2）对工件进行等高分层加工。

（3）直槽或带岛凹槽的粗加工。

（4）使用不同参数对直槽或带岛凹槽进行精加工。

一、体积块铣削加工入门实例

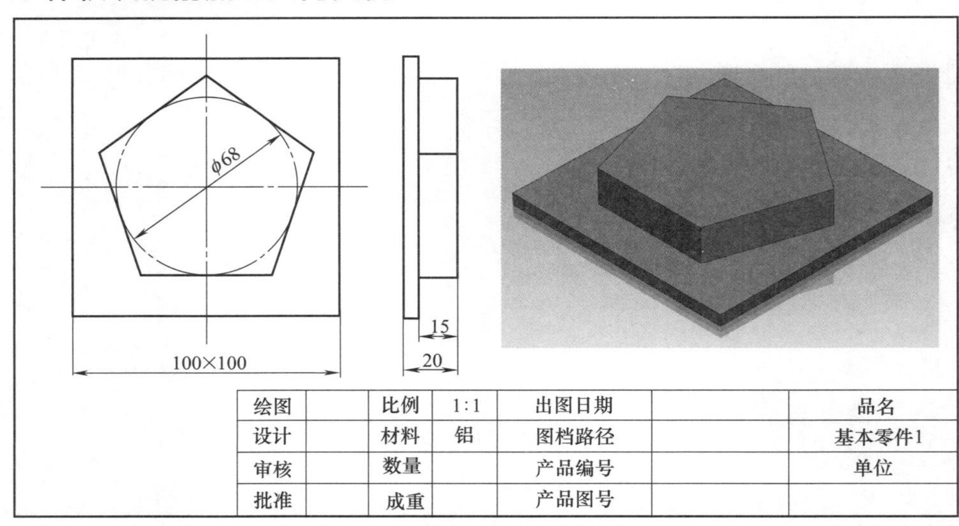

图 2.1.1　体积块铣削加工入门实例

加工前的工艺分析与准备

1. 工艺分析

该零件表面由1个凸台部分、1个圆形的槽和4个孔组成（如图2.1.1）。工件尺寸100mm×100mm×20mm，无尺寸公差要求。尺寸标注完整，轮廓描述清楚。零件材料为已经加工成型的标准铝块，无热处理和硬度要求。

① 用ϕ8的平底刀体积块铣削加工五边形凸台的区域，深度：0～－15；

② 根据加工要求，共需产生1次刀具路径。

前期准备工作

2. 图形的导入

在Creo界面中点击【新建】按钮→打开【新建】对话框→【类型】制造→【子类型】NC装配→【名称】1→取消勾选【使用默认模板】复选框→【确定】→弹出【新文件选项】对话框→【模板】mmns_mfg_nc，公制模板→【确定】→在打开的【制造】功能选项卡中→【参考模型】→【组装参考模型】(如图2.1.2【组装参考模型】)→在【打开】对话框中找到文件存放的位置→选择【1.prt】→【打开】(如图2.1.3【打开】)→系统打开【元件放置】选项卡，注意观察待加工工件的状况（如图2.1.4观察待加工工件的状况）。

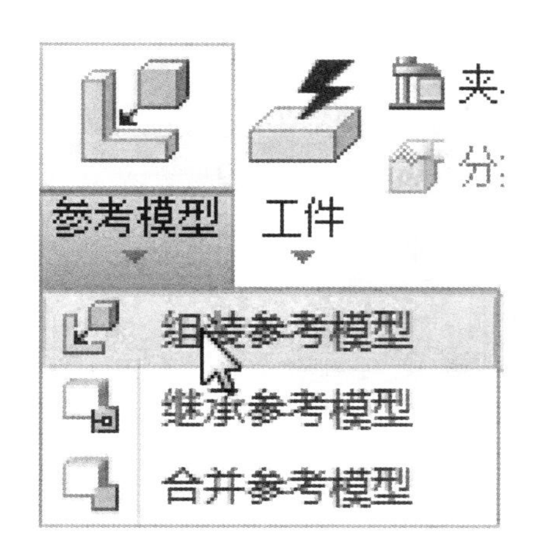

图2.1.2　【组装参考模型】

★★★ 注意★★★

由于Creo默认创建的是英制模板的文件，所以在每一次新建文档的时候，必须取消勾选【使用默认模板】复选框，再选择公制模版mmns_mfg_nc。

3. 元件放置

【元件放置】选项卡→打开【自动】下拉列表→【重合】(如图2.1.5【自动】下拉列表)→点击工件顶面和加工坐标系的XY平面（如图2.1.6点击工件顶面和加工坐标系的XY平面)→得到一个重合摆放的工件（如图2.1.7重合摆放的工件)→点击【元件放置】选项

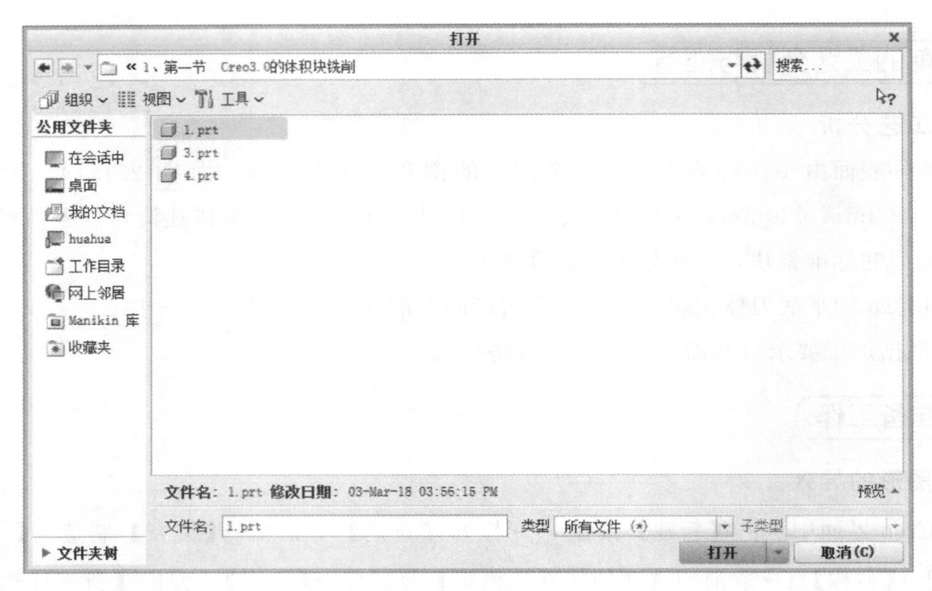

图 2.1.3 【打开】

卡上的【反向】按钮，将工件摆正→点击【应用约束】按钮，将当前的重合约束应用到系统中→【确定】，工件方向摆放完毕，系统返回【制造】功能选项卡（如图 2.1.8 工件方向摆放完毕）。

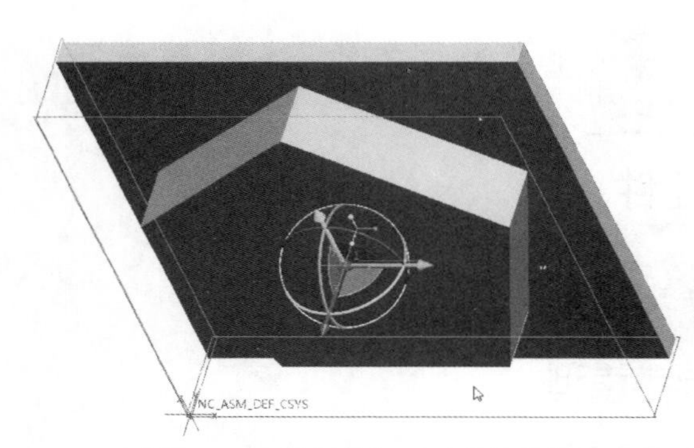

图 2.1.4 观察待加工工件的状况

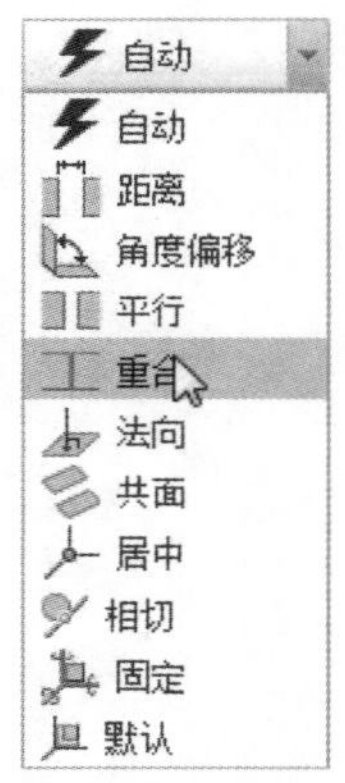

图 2.1.5 【自动】下拉列表

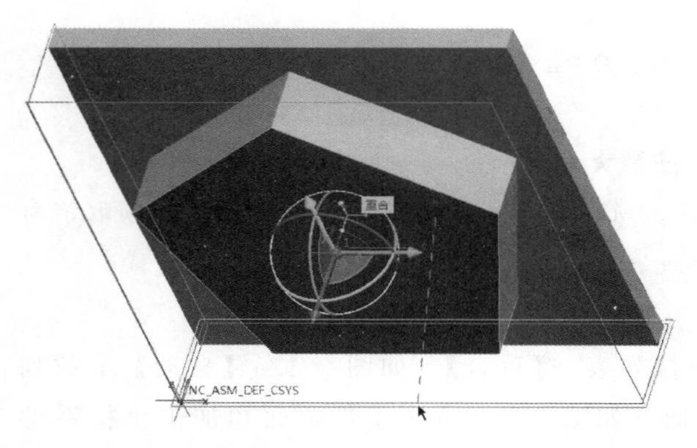

图 2.1.6 点击工件顶面和加工坐标系的 XY 平面

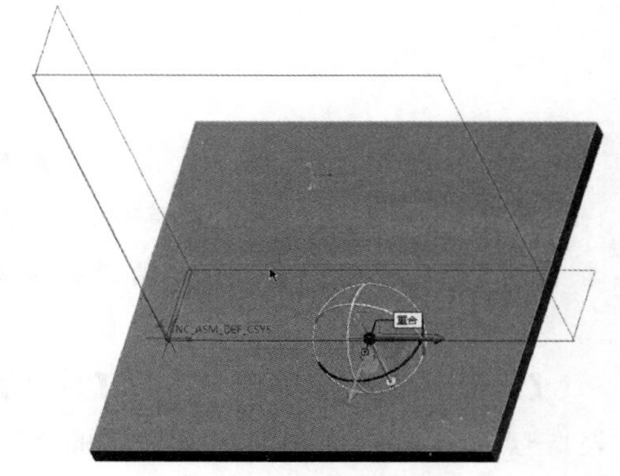

图 2.1.7 重合摆放的工件

4. **创建毛坯**

打开【视图】选项卡的【着色】→【带边着色】（如图 2.1.9【带边着色】）→【制造】功能选项卡中→【工件】→【自动工件】（如图 2.1.10 选择【自动工件】）→进入【创建自动工件】选项卡→【创建矩形工件】，将创建一个最小化包容工件的毛坯→【确定】，毛坯创建完毕，系统返回【制造】功能选项卡（如图 2.1.11 毛坯创建）。

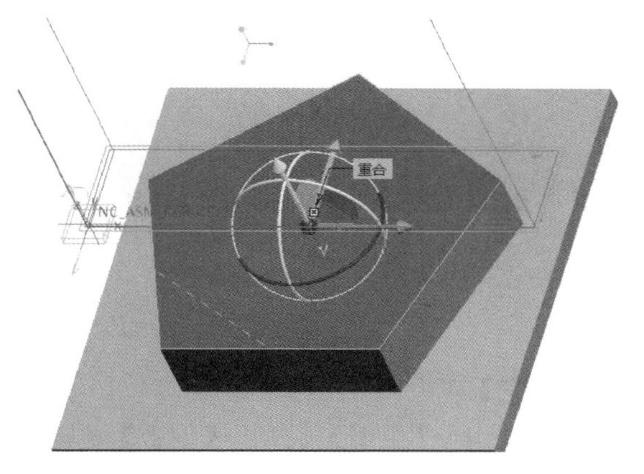

图 2.1.8　工件方向摆放完毕

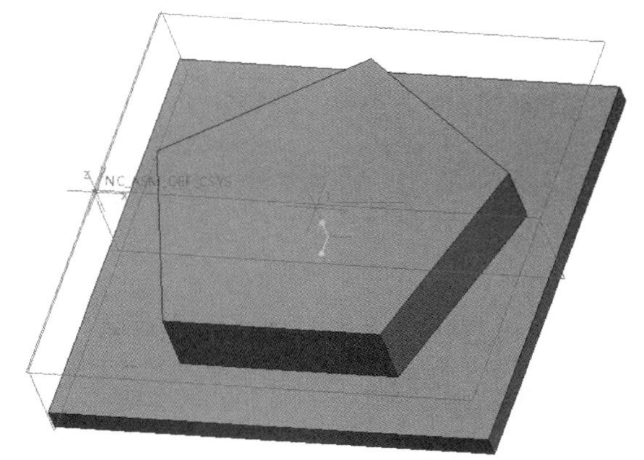

图 2.1.9　【带边着色】

图 2.1.10　选择【自动工件】

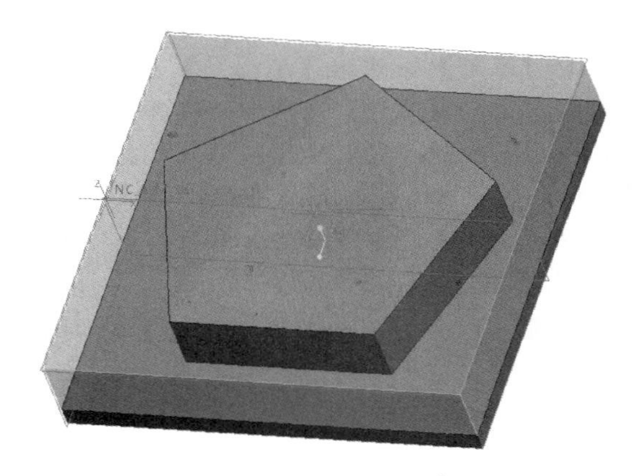

图 2.1.11　毛坯创建

5. **设定铣削窗口**

【制造】功能选项卡中→【铣削窗口】→打开【铣削窗口】选项卡→【草绘窗口类型】→选择顶面（如图 2.1.12 设定铣削窗口）→【定义草绘】→弹出【草绘】对话框→选择垂直方向的面 YZ 平面→点击【草绘按钮】进入草绘选项卡（如图 2.1.13 草绘选项卡）→绘制如图 2.1.14 所示的矩形，这个绘制的矩形即为所要进行加工的范围→【确定】，铣削窗口完毕，系统返回【制造】功能选项卡。

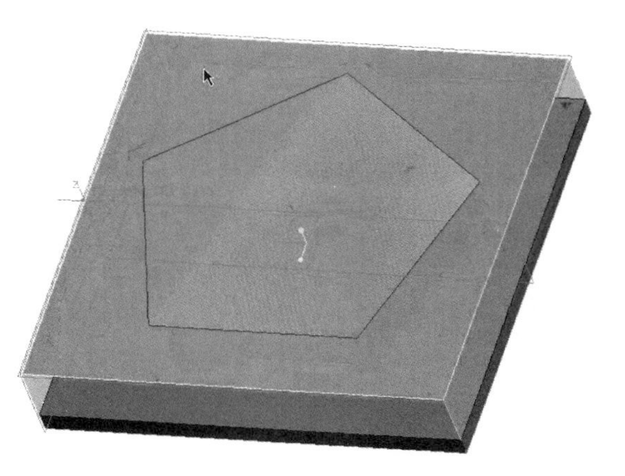

图 2.1.12　设定铣削窗口

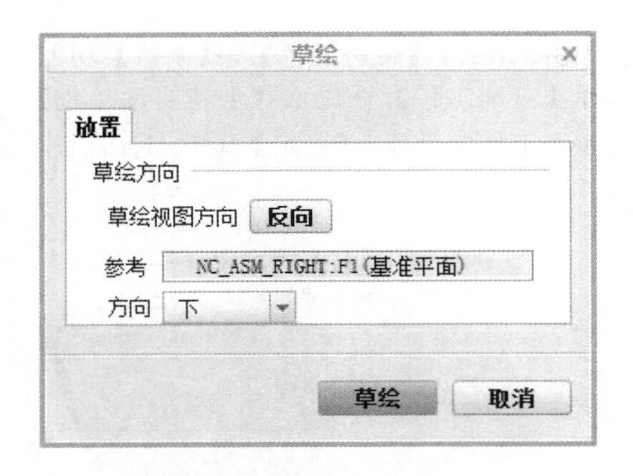

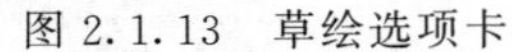

图 2.1.13　草绘选项卡

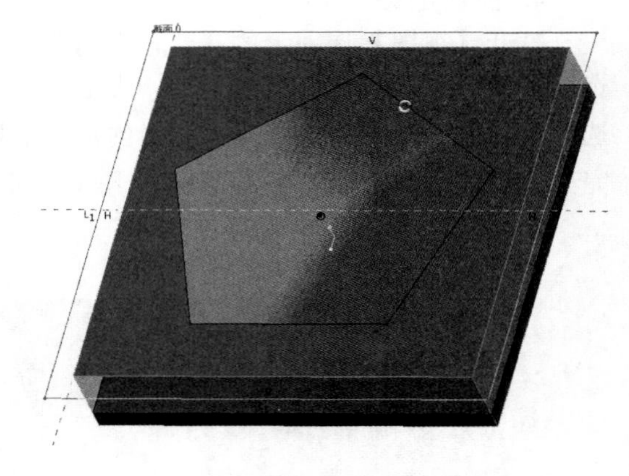

图 2.1.14　绘制矩形

6. 设置加工方法、刀具和坐标系

【制造】功能选项卡中→操作→右侧【制造设置】→【铣削】(如图 2.1.15 选择【铣削】)→打开【铣削工作中心】对话框→【名称】MILL01→【类型】铣削→【轴数】3 轴→切换到【刀具】选框→点击【刀具】按钮（如图 2.1.16【铣削工作中心】对话框）→打开【刀具设定】对话框→【名称】T0001→【类型】端铣削→刀具直径【ϕ】8→【应用】将刀具信息设定在刀具列表中→【确定】→【确定】(如图 2.17【刀具设定】)→【基准】→【基准】(如图 2.1.18 选择【基准】)→弹出【坐标系】对话框，此时处于【原点】选项卡，用于指定原点位置（如图 2.1.19【原点】选项卡)→此时，按住 Ctrl 键点击顶面→按住 Ctrl 键点击前面→按住 Ctrl 键点左侧面，此时坐标系会定位到左下角（如图 2.1.20 坐标系定位到左下角)→点击【方向】选项卡→【使用】【确定】Z→【使用】【投影】Y【反向】，将坐标系的方向更改为与加工坐标系一致→【确定】[如图 2.1.21（a）【坐标系】对话框和图 2.1.21（b）加工坐标系]→点击左侧【使用此工具】按钮，将该坐标系应用到系统之中→【刀具】默认为第一把刀（如图 2.1.22 选择刀具)→【间隙】选项卡→【类型】平面→点击工件的表面→【值】

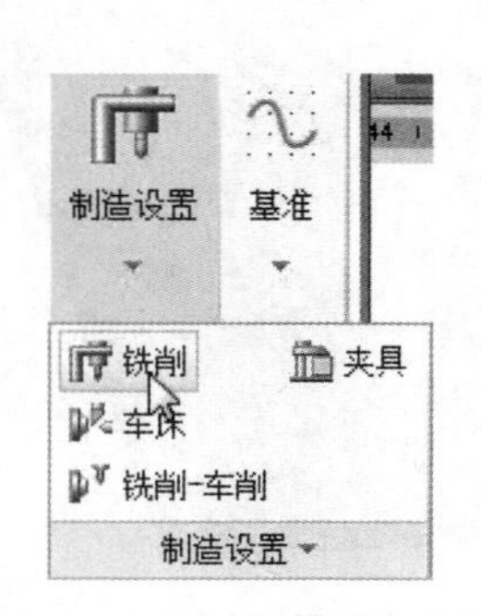

图 2.1.15　选择【铣削】

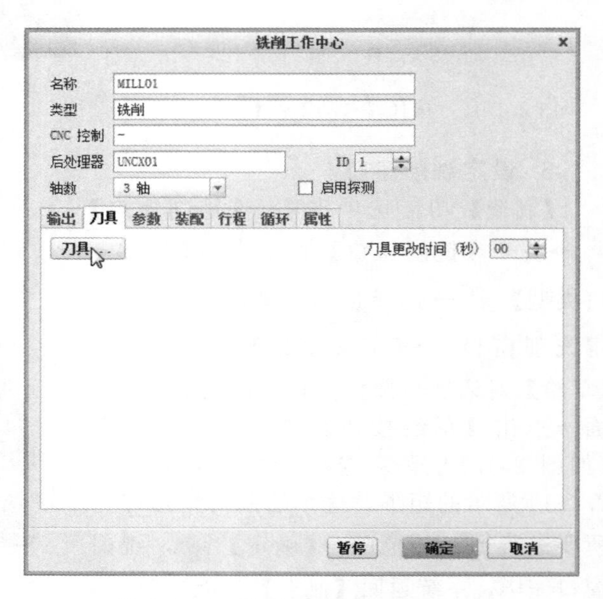

图 2.1.16　【铣削工作中心】对话框

10→【回车 Enter】（如图 2.1.23【间隙】选项卡、图 2.1.24 间隙设置的效果）→【确定】✔，加工方法、刀具和坐标系完毕，系统返回【制造】功能选项卡。

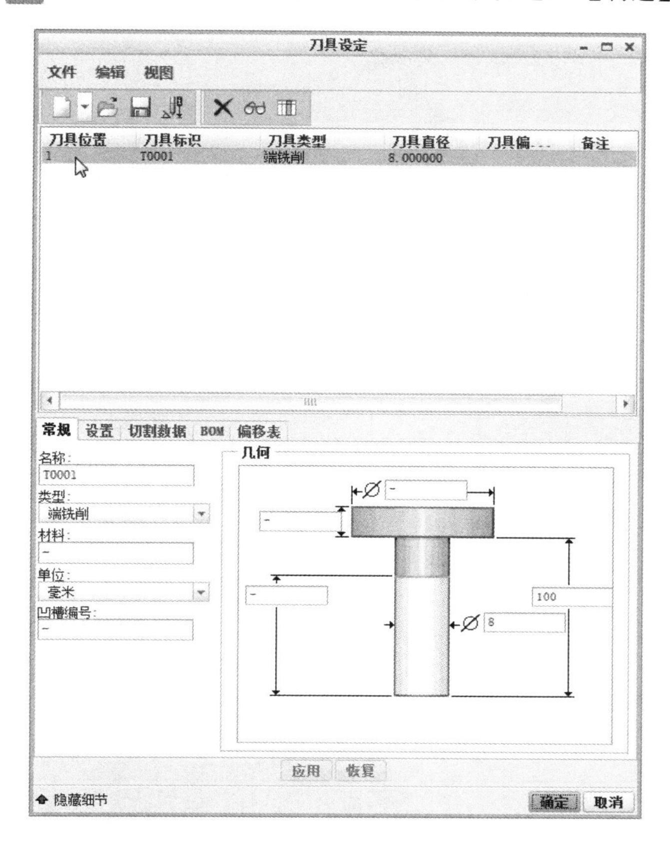

图 2.1.17 【刀具设定】

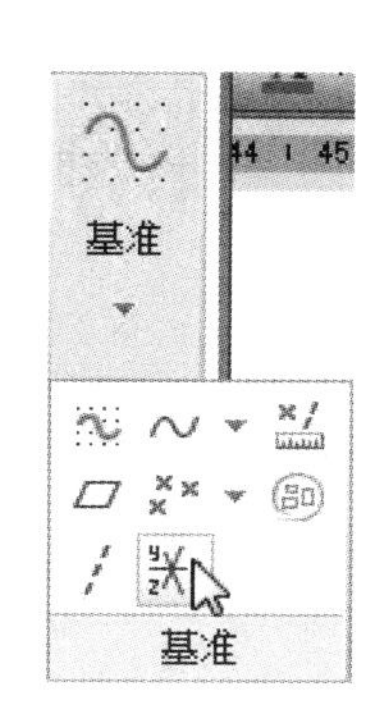

图 2.1.18 选择【基准】

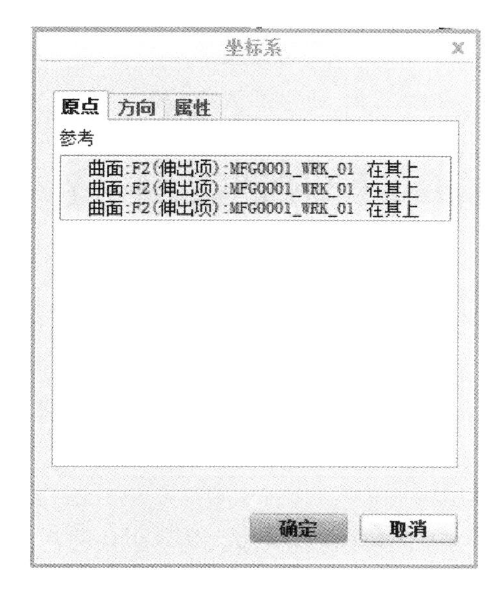

图 2.1.19 【原点】选项卡

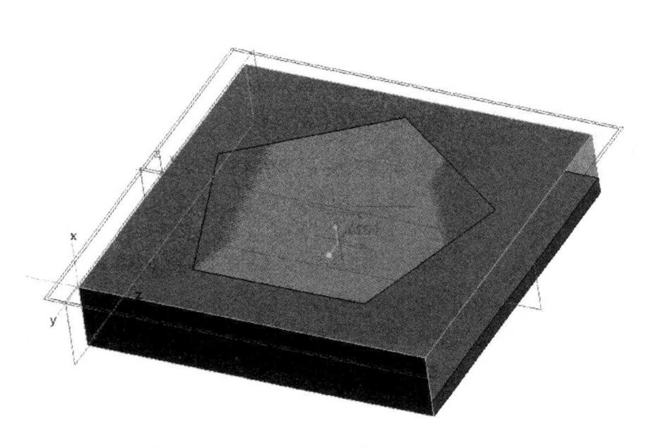

图 2.1.20 坐标系定位到左下角

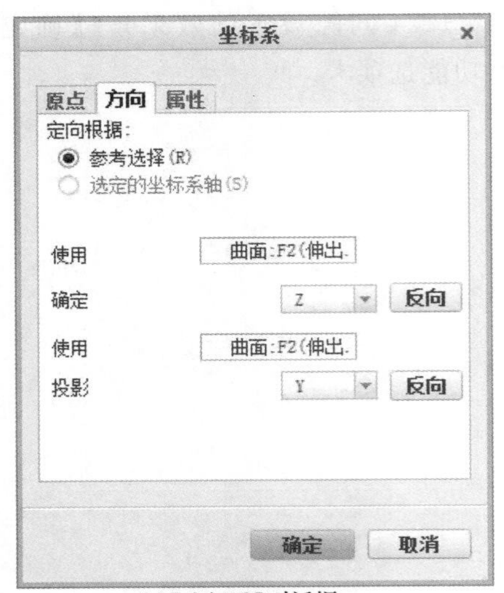

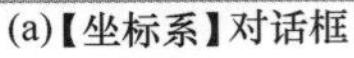
(a)【坐标系】对话框

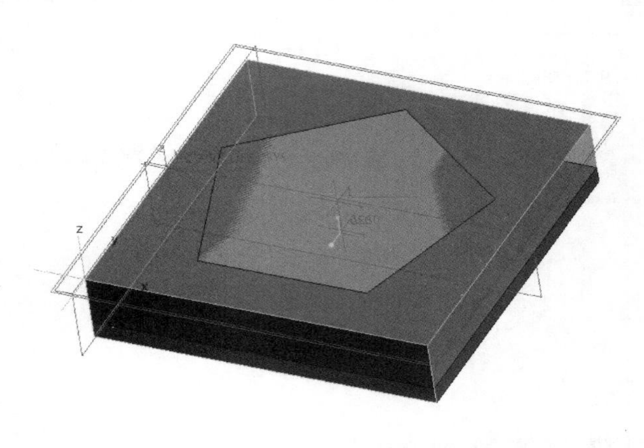
(b) 加工坐标系

图 2.1.21　坐标系

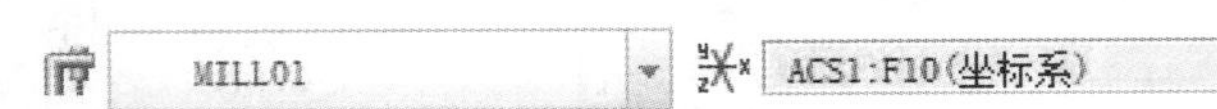

图 2.1.22　选择刀具

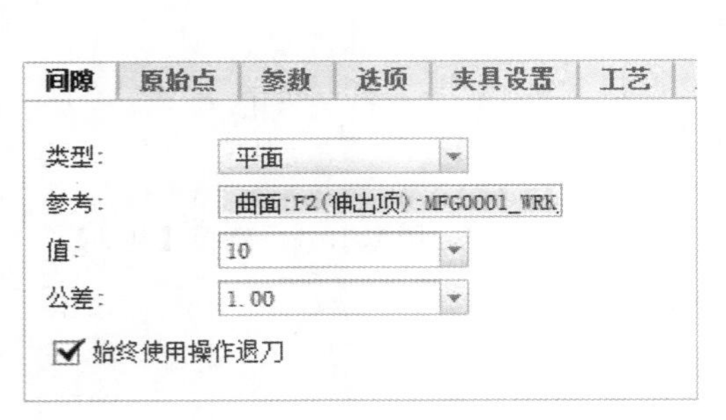

图 2.1.23　【间隙】选项卡

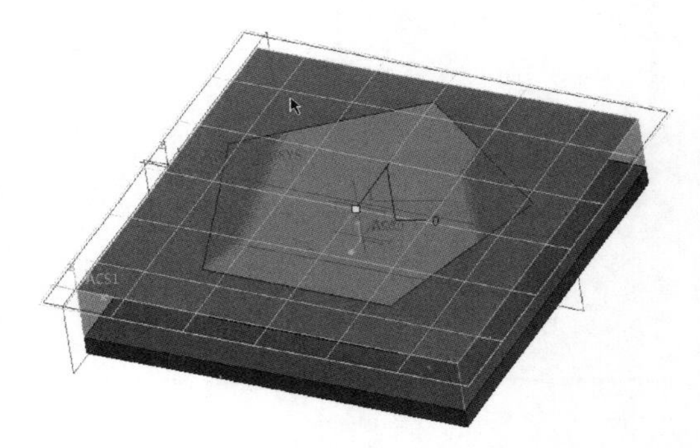

图 2.1.24　间隙设置的效果

★★★ 注意 ★★★

在这里选择完间隙平面，设置好间隙值，一定是按【回车 Enter】键结束，否则【确定】按钮将无法使用。

ϕ8 的平底刀体积块铣削加工五边形凸台的区域

7. 进入体积块粗加工模块

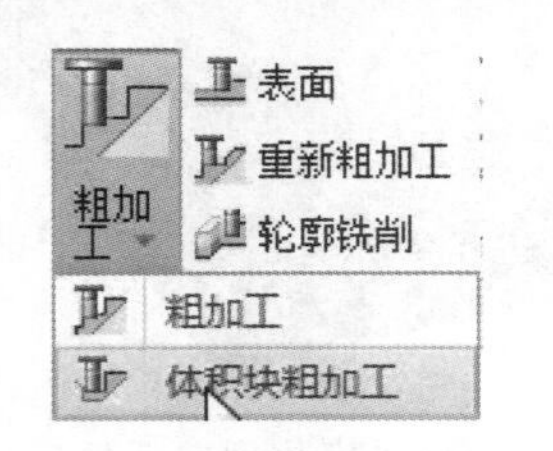

图 2.1.25　选择【体积块粗加工】

选择【铣削】功能选项卡→【粗加工】→【体积块粗加工】(如图 2.1.25 选择【体积块粗加工】)。

8. 刀具和坐标系

【刀具】选择 T0001→【坐标系】为刚才在所设定的坐标系 ACS1：F10 坐标系（如图 2.1.26 刀具和坐标系）。

01 : T0001　ACS1:F10(坐标系)

图 2.1.26　刀具和坐标系

9. 参考

选择【参考】选项卡（如图 2.1.27【参考】选项卡）→【加工参考】→点击前期绘制的矩形（如图 2.1.28 点击绘制的矩形）。

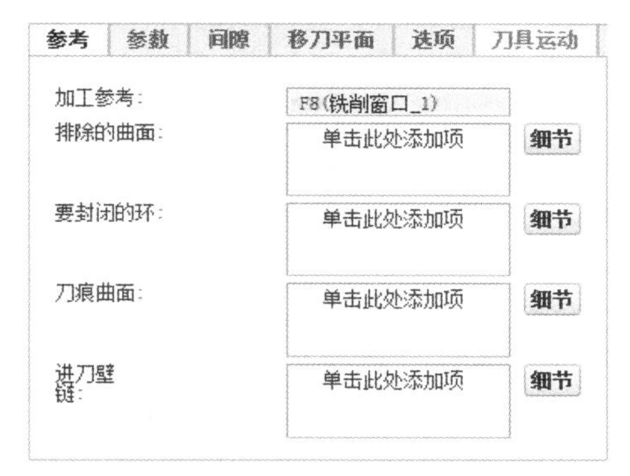

图 2.1.27　【参考】选项卡

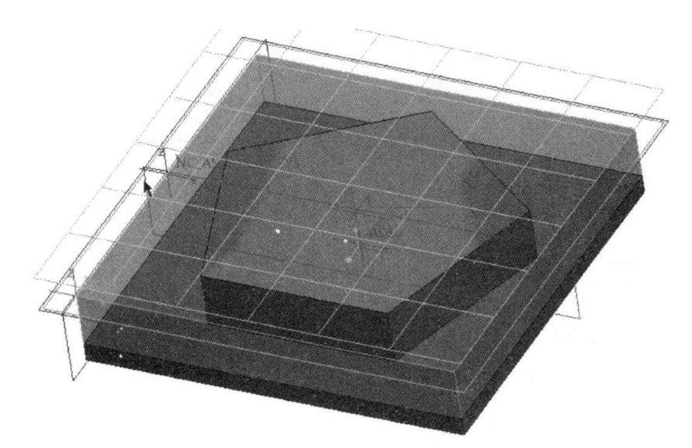

图 2.1.28　点击绘制的矩形

10. 参数

选择【参数】选项卡→【切削进给】250→【跨距】6→【底部允许余量】0.3→【最大台阶深度】3→【扫描类型】类型螺纹→【切割类型】顺铣→【安全距离】2→【主轴速度】2500→【冷却液选项】开（如图 2.1.29【参数】选项卡）。

11. 生成刀具路径

点击上方的【刀具路径】按钮→打开【播放路径】对话框→点击【播放】按钮，生成刀具路径（如图 2.1.30 生成刀具路径）。

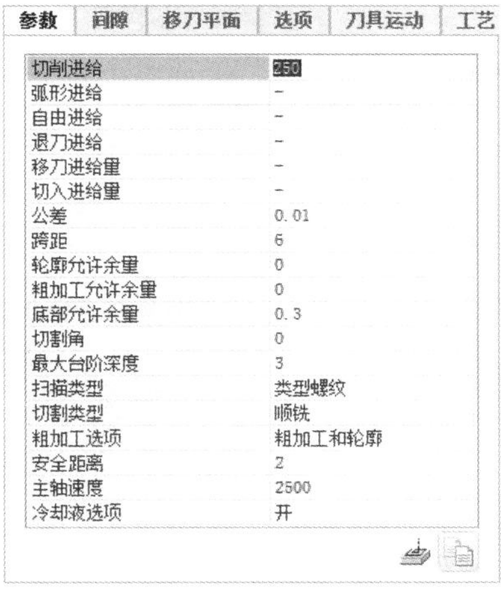

参数　间隙　移刀平面　选项　刀具运动　工艺

切削进给	250
弧形进给	-
自由进给	-
退刀进给	-
移刀进给量	-
切入进给量	-
公差	0.01
跨距	6
轮廓允许余量	0
粗加工允许余量	0
底部允许余量	0.3
切割角	0
最大台阶深度	3
扫描类型	类型螺纹
切割类型	顺铣
粗加工选项	粗加工和轮廓
安全距离	2
主轴速度	2500
冷却液选项	开

图 2.1.29　【参数】选项卡

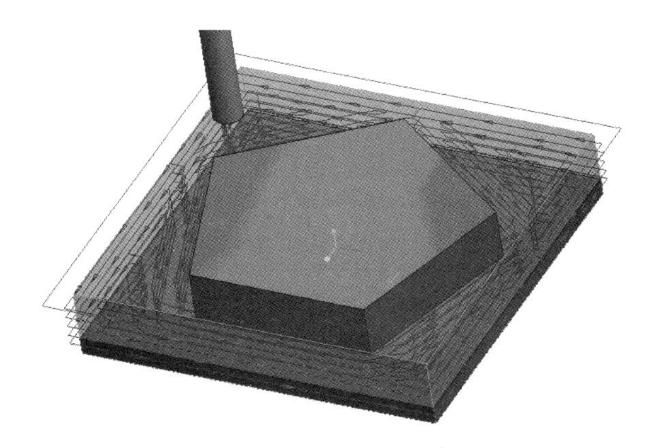

图 2.1.30　生成刀具路径

实体验证模拟

12. 实体验证

点击【刀具路径】下方的第三个按钮【实体验证】按钮→打开 VERICUT 软件进行

图 2.1.31 实体切削验证

切削验证（此功能需要在安装 Creo 软件时自定义选择，否则无法使用)→点击软件右下角的【播放】按钮，观察实体切削验证的情况（如图 2.1.31 实体切削验证）。

★ 经验总结

本节作为 Creo 第一个实例，截图说明做到极尽可能详细，希望大家牢记，在今后的书本实例中，对于已出现非必要的截图将省略，例如机床群组属性设置毛坯、冷却液节点打开切削液等操作将不再截图，只做文字说明。

二、体积块铣削参数设置

这里所详细的描述的参数包括前期准备中的毛坯、坐标系、刀具等通用参数和体积块铣削的专有参数，通用参数在以后的切削中会反复用到，故在此讲述后以后便不再赘述。

1. 【操作】选项卡参数设置

单击【制造】功能选项卡→【工艺】区域中→【操作】按钮，此时系统弹出（如图 2.1.32【操作】功能选项卡）所示的“操作”操控板。

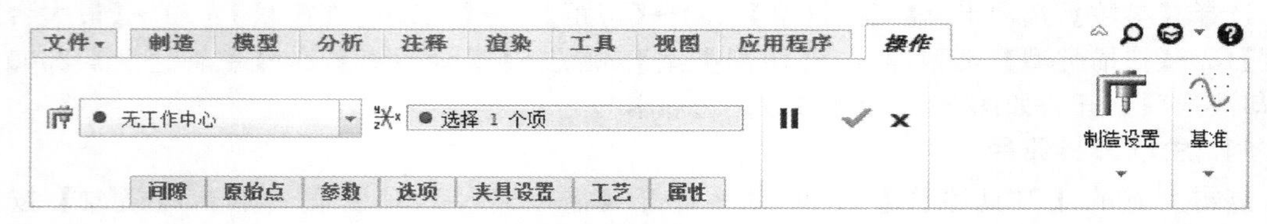

图 2.1.32 【操作】功能选项卡

图 2.1.32 所示的“操作”操控板中的各项说明见表 2.1.1。

表 2.1.1 【操作】功能选项卡参数设置

序号	名称	详细说明	
1	工作中心	用于选择已经定义好的机床类型	
2	程序零点	用于显示所选择的加工坐标系	
3	暂停	单击此按钮，表示暂时停止操作的设置。当该按钮显示为 状态，用户可以进行其他一些必要的操作，然后单击 按钮，即可继续进行制造操作的设置	
4	确认	用于确认设置参数的创建或编辑，仅在参数设置完成后被激活	
5	取消	用于取消设置参数的创建或编辑	
6	制造设置	铣削	主要用于 3～5 轴的铣削及孔加工，可以进行粗铣，曲面轮廓铣削，凹槽、平面、螺纹的加工，雕刻和孔加工的工序设置
		车床	主要用于 2 轴/4 轴的车削及孔加工，可以进行轮廓车削，端面车削，区域车削，槽、螺纹的加工以及钻孔、镗孔、铰孔和攻螺纹等的加工工序设置
		铣削-车削	主要用于 2～5 轴的铣削及孔加工，可以进行车削加工、铣削加工和孔加工的工序设置
		线切割	主要用于 2 轴/4 轴的加工，可以进行仿形切削、锥角加工和 XY-UV 类型加工的工序设置
		夹具	进行夹具的设置

续表

<table>
<tr><th>序号</th><th>名称</th><th colspan="3">详细说明</th></tr>
<tr><td>7</td><td>基准</td><td colspan="3">单击此按钮，在弹出的菜单中可以选择创建草绘、基准平面、基准点、基准轴、坐标系、曲线和分析等特征</td></tr>
<tr><td rowspan="9">8</td><td rowspan="9">间隙</td><td colspan="3">单击此按钮，系统弹出如图 2.1.33 所示的【间隙】设置界面，用于设置退刀和刀头 1 的起始参数 
图 2.1.33 【间隙】选项卡</td></tr>
<tr><td rowspan="7">类型</td><td colspan="2">在下拉列表中有 5 种退刀方式，不同的退刀方式所激活的设置参数不同，下面分别对其进行简要说明</td></tr>
<tr><td>平面</td><td>为退刀定义一个平面，用户需要选择一个平面参考并输入必要的距离数值，图 2.1.34 所示为退刀平面的效果</td></tr>
<tr><td>圆柱面</td><td>为退刀定义一个圆柱面，用户需要选择一个坐标系作为参考并定义轴线方向和半径大小，图 2.1.35 所示为退刀圆柱面的效果</td></tr>
<tr><td>球面</td><td>为退刀定义一个球面，用户需要选择一个坐标系或点作为参考并输入必要的半径数值，图 2.1.36 所示为退刀球面的效果</td></tr>
<tr><td>曲面</td><td>为退刀定义一个曲面</td></tr>
<tr><td>无</td><td>不设定退刀</td></tr>
<tr><td colspan="2"> 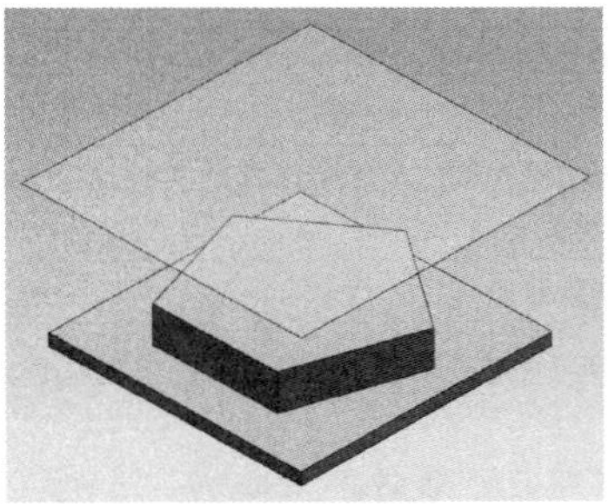图 2.1.34 退刀平面 
图 2.1.35 退刀圆柱面 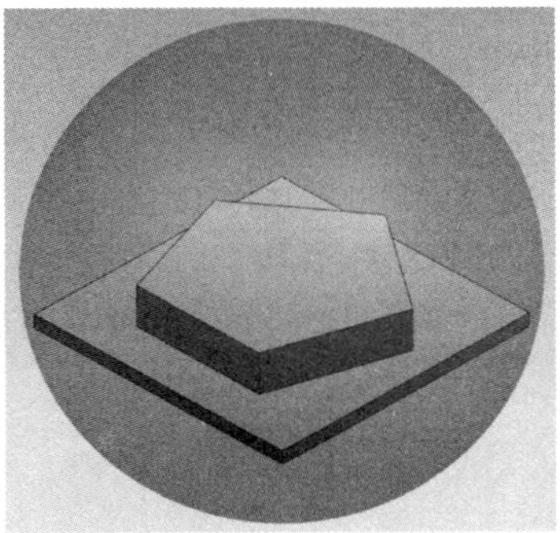
图 2.1.36 退刀球面</td></tr>
<tr><td>始终使用操作退刀</td><td colspan="2">如果选中该复选框，则在每个 NC 序列的结尾处均添加退刀操作，否则仅在刀轴发生变化时才添加退刀操作。系统默认为选中该复选框</td></tr>
</table>

续表

<table>
<tr><th>序号</th><th>名称</th><th colspan="2">详细说明</th></tr>
<tr><td rowspan="3">9</td><td rowspan="3">原始点</td><td colspan="2">用来定义加工路径起始点和回零点位置，如图 2.1.37 所示为【原始点】选项卡 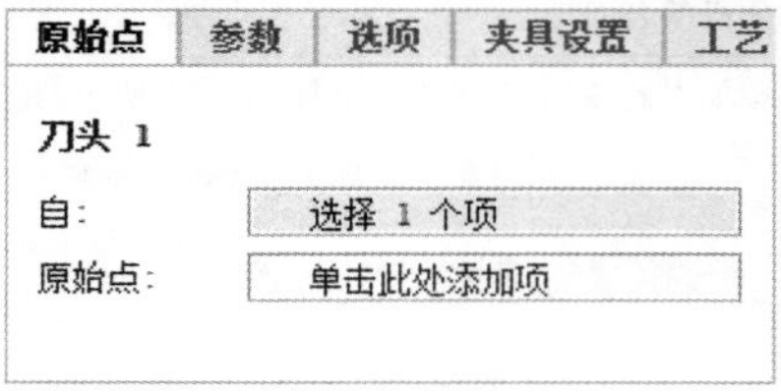
图 2.1.37 【原始点】选项卡</td></tr>
<tr><td>自</td><td>允许用户创建或选取一个基准点，用作起点位置</td></tr>
<tr><td>原始点</td><td>允许用户创建或选取一个基准点，用作 HOME 位置
说明：如果所定义的机床有 2 个刀头，用户可以为第 2 个刀头设置单独的起点和回零点</td></tr>
<tr><td rowspan="5">10</td><td rowspan="5">参数</td><td colspan="2">单击此按钮，系统弹出图 2.1.38 所示的【参数】设置界面，用于设置输出参数 
图 2.1.38 【参数】选项卡</td></tr>
<tr><td>零件号</td><td>定义零件名称，通过使用 PARTNO 命令或 PPRINT 命令输出</td></tr>
<tr><td>启动文件</td><td>定义包含在操作 CL 文件开头的文件名称，此文件必须位于当前工作目录，且扩展名为 .ncl</td></tr>
<tr><td>关闭文件</td><td>定义包含在操作 CL 文件结尾处的文件名称，此文件必须位于当前工作目录，且扩展名为 .ncl</td></tr>
<tr><td>输出文件</td><td>定义输出文件名称</td></tr>
<tr><td>11</td><td>选项</td><td colspan="2">系统弹出图 2.1.39 所示的【选项】设置界面，用于设置毛坯材料，用户可单击【新建】按钮以创建新的材料 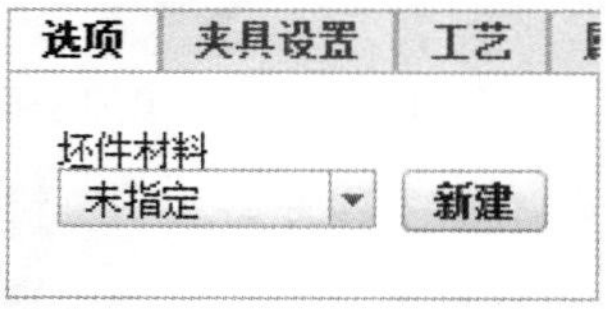
图 2.1.39 【选项】选项卡</td></tr>
<tr><td>12</td><td>夹具设置</td><td colspan="2">单击此按钮，系统弹出图 2.1.40 所示的【夹具设置】设置界面，用于设置夹具元件，用户可单击【添加夹具元件】按钮添加已创建的夹具模型 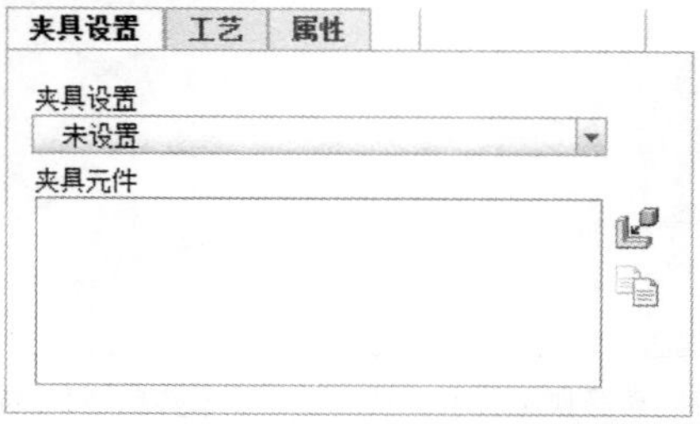
图 2.1.40 【夹具设置】选项卡</td></tr>
</table>

续表

序号	名称	详 细 说 明
13	工艺	单击此按钮，系统弹出图 2.1.41 所示的【工艺】设置界面，用户可单击【重新计算加工时间】按钮显示制造过程的切削时间 工艺　属性 计算的时间 实际时间　0.00 图 2.1.41　【工艺】选项卡
14	属性	单击此按钮，系统弹出图 2.1.42 所示的【属性】设置界面，用户可以设置操作的名称和添加必要的备注信息，系统默认的操作名为 OP010，其后依此类推 属性 名称　OP010 备注 图 2.1.42　【属性】选项卡

2.【铣削工作中心】参数设置

如图 2.1.43 所示为【铣削工作中心】选项卡。

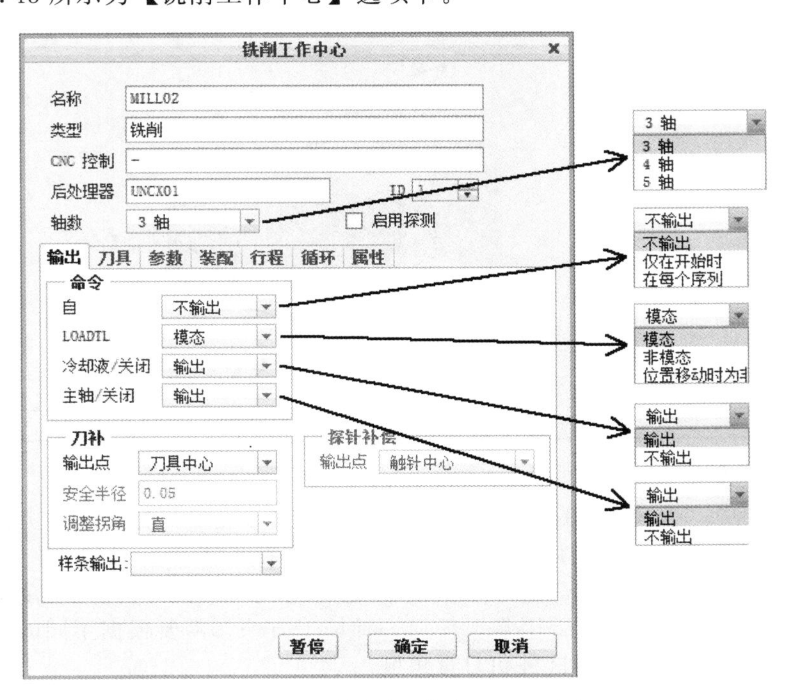

图 2.1.43　【铣削工作中心】选项卡

图 2.1.43 所示的【铣削工作中心】对话框中的选项卡说明见表 2.1.2。

表 2.1.2 【铣削工作中心】选项卡参数设置

序号	名称	详细说明	
1	名称	用于设置机床的名称，可以在读取加工机床信息时，作为一个标识，以区别不同的加工机床设置	
2	类型	显示所选择的机床类型。可选择的机床类型有铣削、车床、铣削—车削和线切割	
3	CNC 控制	用于输入 CNC 控制器的名称	
4	后处理器	用于输入后处理器的名称	
5	轴数	用于选择机床的运动轴数	
6	输出	可以进行后处理器的相关设置、刀具补偿的相关设置	
		自	用来指定将 FROM 语句输出到操作 CL 数据文件的方式
		LOADTL	用来控制操作 CL 数据文件中 LOADTL 语句的输出状态
		冷却液/关闭	用来控制操作 CL 数据文件中 COOLNT/OFF 语句的输出
		主轴/关闭	用来控制操作 CL 数据文件中 SPINDL/OFF 语句的输出
		输出点	用来设定刀补的输出点类型，包含【刀具中心】【刀具边】2 个选项，选择【刀具边】后会激活相应的参数
7	刀具	用于刀具换刀时间的设置，并进行刀具参数的设置。单击 刀具... 按钮，系统弹出【刀具设定】对话框，用于设定刀具的各项参数	
8	参数	用于进给量单位和极限的设置，设置界面如图 2.1.44 所示 图 2.1.44 【参数】选项卡	
9	装配	用于选择机床的装配模型，指定机床主轴加载的坐标系	
10	行程	用于设置加工机床刀具在各方向（X ，Y，Z）的最大和最小移动量，如图 2.1.45 所示 图 2.1.45 【行程】设置	
11	循环	用于在孔加工过程中定制循环	
12	属性	用于备注工作机床设置的相关信息	

3. 【刀具设定】参数设置

实际加工过程中，刀具和机床同样是不可缺少的硬件设备。不同的加工方法，使用的刀具类型也不同。即使是同一种切削工具，也会因为其直径的大小、刀柄的长短等不同而各异。选择不同的刀具，切削完成后的加工质量也截然不同。因此，刀具是切削加工中保证加工质量、提高生产效率的一个重要因素。任何一种加工方法都需要根据不同的加工对象来选择合理的刀具结构、合适的刀具材料和刀具角度。

【刀具设定】对话框主要由菜单栏、刀具参数列表框、刀具参数设置和刀具预览窗口等几部分组成（如图 2.1.46【刀具设定】对话框）。

（1）【刀具】通用参数　图 2.1.47 为【刀具】通用参数设定区域。具体见表 2.1.3。

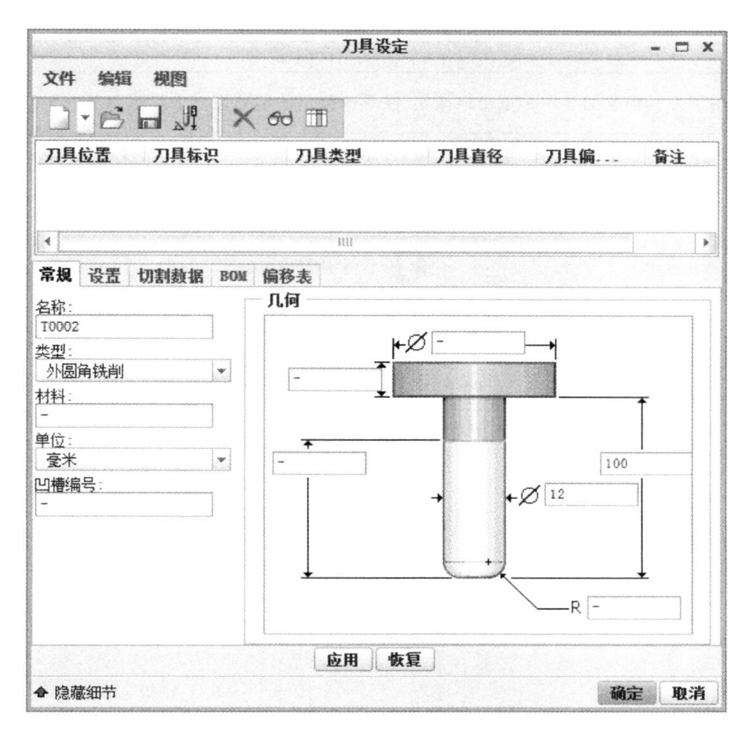

图 2.1.46 【刀具设定】对话框

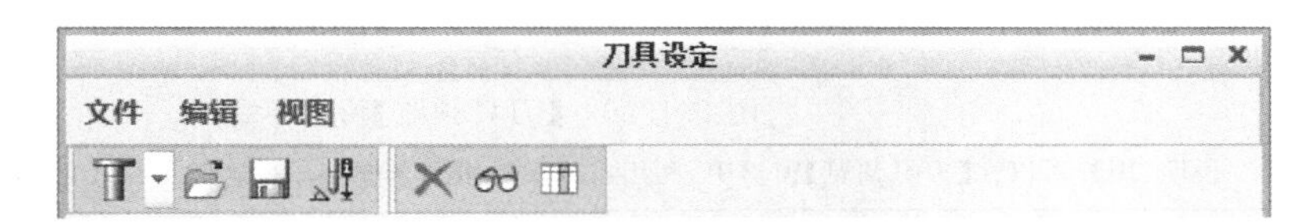

图 2.1.47 【刀具】通用参数设定区域

表 2.1.3 【刀具】通用参数设置

序号	名称	详细说明
1		用于新刀具的创建。点击其右侧的下拉箭头，可以弹出 24 种刀具类型供给选择(如图 2.1.48 刀具类型) 图 2.1.48 刀具类型
2		用于从磁盘中打开已存储的刀具参数文件
3		用于保存刀具参数文件。单击该按钮，可以将刀具列表框中选定的某个刀具参数保存为 *.xm 格式的文件

续表

序号	名称	详细说明
4		用于刀具信息的显示。单击该按钮，在系统弹出的信息窗口中显示刀具的相关信息
5		用于删除选定的刀具。单击该按钮，则系统弹出图 2.2.49 所示的【刀具对话框确认】对话框，用户确认是否删除所选刀具 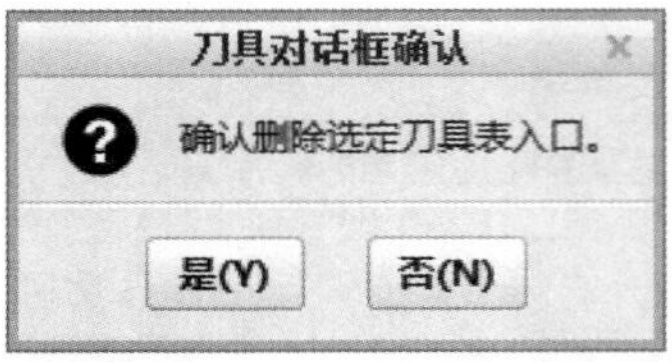 图 2.1.49 【刀具对话框确认】对话框
6		用于预览所选择或定义的刀具形状及参数。单击该按钮，则系统弹出图 2.1.50 所示的【刀具预览】窗口 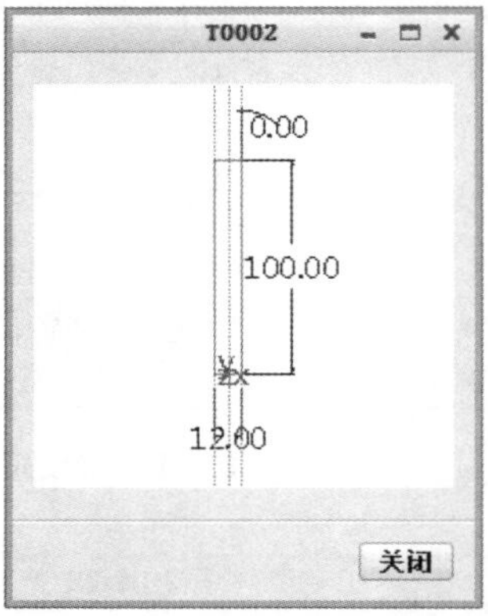 图 2.1.50 【刀具预览】窗口 说明：用户可以在【刀具预览】窗口中，利用鼠标滚轮滚动来缩小或放大图形
7		用于设置列表框中的刀具参数列。单击该按钮，则系统弹出图 2.1.51 所示的【列设置构建器】对话框，用户可编辑需要显示的刀具参数  图 2.1.51 【列设置构建器】对话框
8	应用	用于应用新的刀具参数
9	恢复	用于恢复刀具原来的参数设置，仅在修改刀具参数后被激活

（2）【常规】选项卡　图 2.1.52 为【常规】选项卡。具体见表 2.1.4。

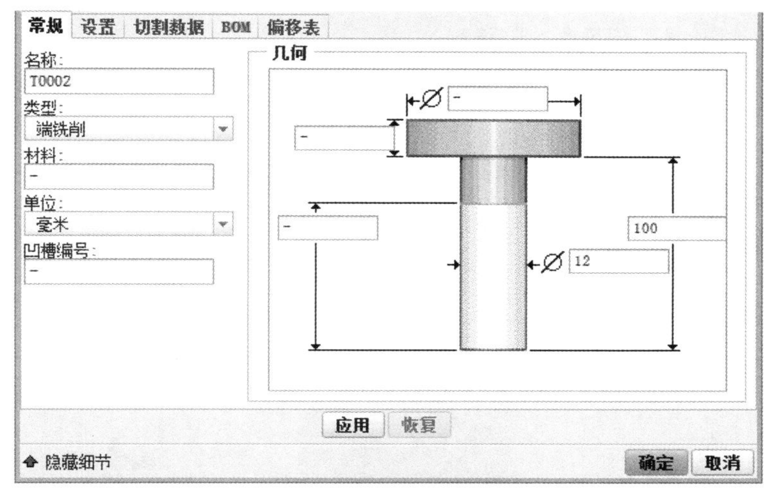

图 2.1.52　【常规】选项卡

表 2.1.4　【常规】选项卡参数设置

序号	名称	详 细 说 明
1	名称	用于输入刀具名称，刀具名称不能含有空格，并在整个加工过程中唯一地标识某一把刀具
2	类型	用于设置加工所使用的刀具类型，在后面下拉列表框中进行选取即可，可选择的刀具类型与 NC 工序的加工类型有关
3	材料	用于定义刀具材料，可选项，可不做选择
4	单位	用于定义刀具参数的单位，在后面下拉列表框中进行选取即可

注意：刀具设定中的其他选项均是可选的，可以使用默认值。

（3）【设置】选项卡　图 2.1.53 为【设置】选项卡。具体见表 2.1.5。

常规　设置　切割数据　BOM　偏移表
刀具号: 1　长刀具
偏移编号:
标距 X 方向长度:
标距 Z 方向长度:
补偿超大尺寸:
备注:
自定义 CL 命令:
应用　恢复
隐藏细节　确定　取消

图 2.1.53　【设置】选项卡

表 2.1.5　【设置】选项卡参数设置

序号	名称	详 细 说 明
1	刀具号	用来指定刀具在刀库中的位置
2	偏移编号	为可选项，用于定义长度测量寄存器地址
3	标距 X 方向长度	此类参数均为可选项，用于定义刀具的测量长度，主要用于加工中换刀或刀架转位时的长度校验，以免发生干涉。对于这些可选项系统提供的默认值为“-”，表示可以不做选择或设定
4	标距 Z 方向长度	
5	补偿超大尺寸	

（4）【切割数据】选项卡　图 2.1.54 为【切割数据】选项卡。具体见表 2.1.6。

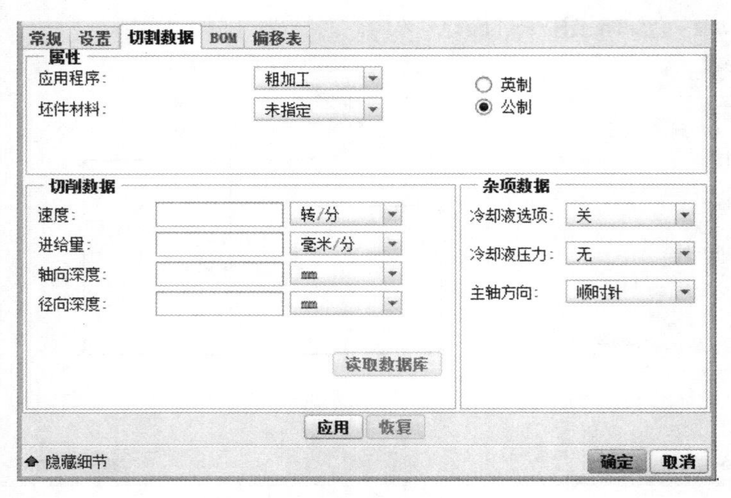

图 2.1.54　【切割数据】选项卡

表 2.1.6　【切割数据】选项卡参数设置

序号	名称	详 细 说 明
1	属性	用于定义刀具切削参数。需要注意的是，此处定义的刀具切削参数只作为刀具的属性数据，实际加工中需要在加工参数表中具体设置
2	切削数据	
3	杂项数据	

（5）【BOM】选项卡　图 2.1.55 为【BOM】选项卡。具体见表 2.1.7。

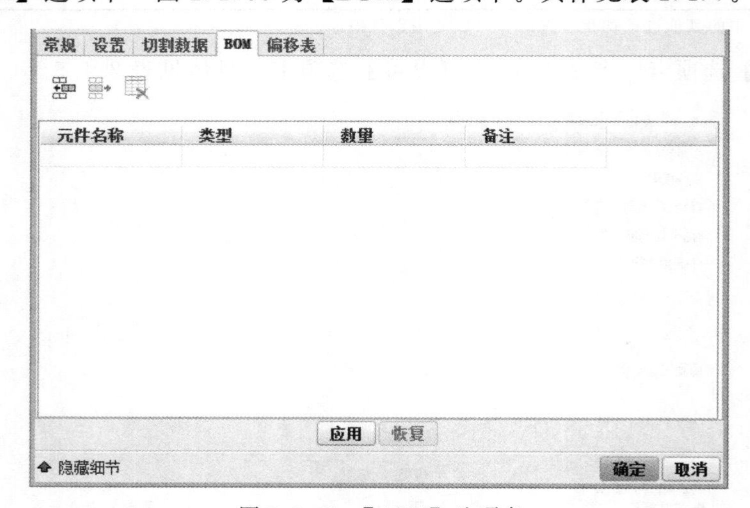

图 2.1.55　【BOM】选项卡

表 2.1.7　【BOM】选项卡参数设置

序号	名称	详 细 说 明
1	BOM 选项卡	用于定义刀具部件的材料明细表，可不做设置

（6）【偏移表】选项卡　图 2.1.56 为【偏移表】选项卡。具体见表 2.1.8。

表 2.1.8　【偏移表】选项卡参数设置

序号	名称	详 细 说 明
1	Z 偏移	用于设置刀尖的在 Z 轴方向的偏移量

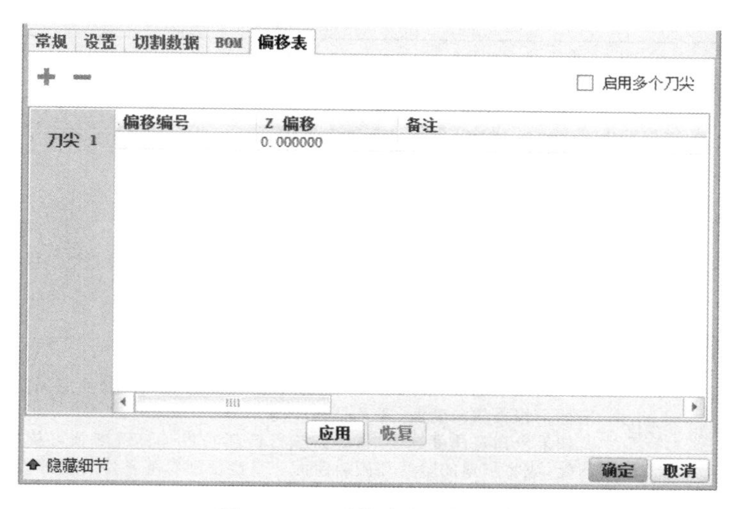

图 2.1.56 【偏移表】选项卡

4.【铣削窗口】参数设置

为体积块加工或 3 轴常规曲面铣削加工定义制造几何形状的最简单方法，是使用铣削窗口，即通过将参考零件的侧面影像投影到某个起始平面上，通过草绘或选取封闭轮廓线来定义轮廓线，轮廓线内的所有可视曲面都会被铣削。

单击【制造】功能区→【制造几何】面板中的【铣削窗口】按钮，系统打开如图 2.1.57 所示的【铣削窗口】操控面板，可以进行铣削窗口的定义。具体见表 2.1.9。

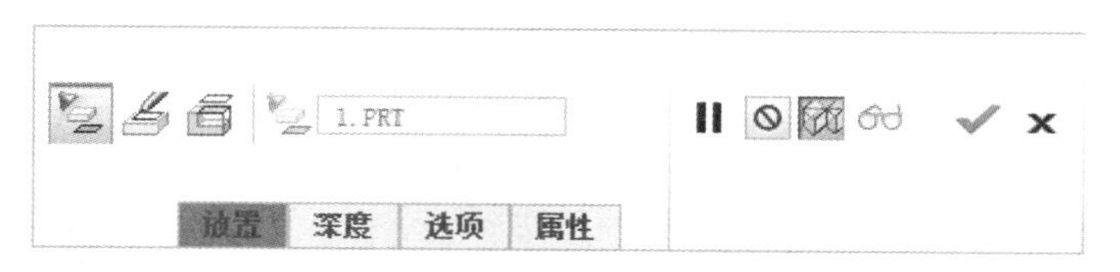

图 2.1.57 【铣削窗口】操控面板

表 2.1.9 【铣削窗口】操控面板参数设置

序号	名称	详细说明	
1	定义铣削窗口的方式	轮廓窗口类型	通过将参考零件的侧面影像投影到某个平面上的方式创建铣削窗口
		草绘窗口类型	通过草绘封闭轮廓线的方式创建铣削窗口
		链窗口类型	通过选取构成封闭轮廓线曲线，并将其投影到某个平面上的方式创建铣削窗口
2	放置	【铣削窗口】操控板【放置】下拉面板如图 2.1.58 所示 【放置】下拉面板中各选项主要用于选取铣削窗口的放置平面。可选取任意基准平面作为放置平面。但如果要在定义 NC 序列时选取放置平面，则必须选取与 NC 序列坐标系中的 XY 平面平行的面。创建 NC 序列时，退刀平面为默认起始平面 此外，如果用于创建侧面影像的参考零件中包含贯穿切口或通孔，可通过“保留内环”复选框，指定是否要保留这些环，即切口或孔	放置 深度 选项 属性 窗口平面 ● 选择 1 个项 链 细节... 图 2.1.58 【放置】

续表

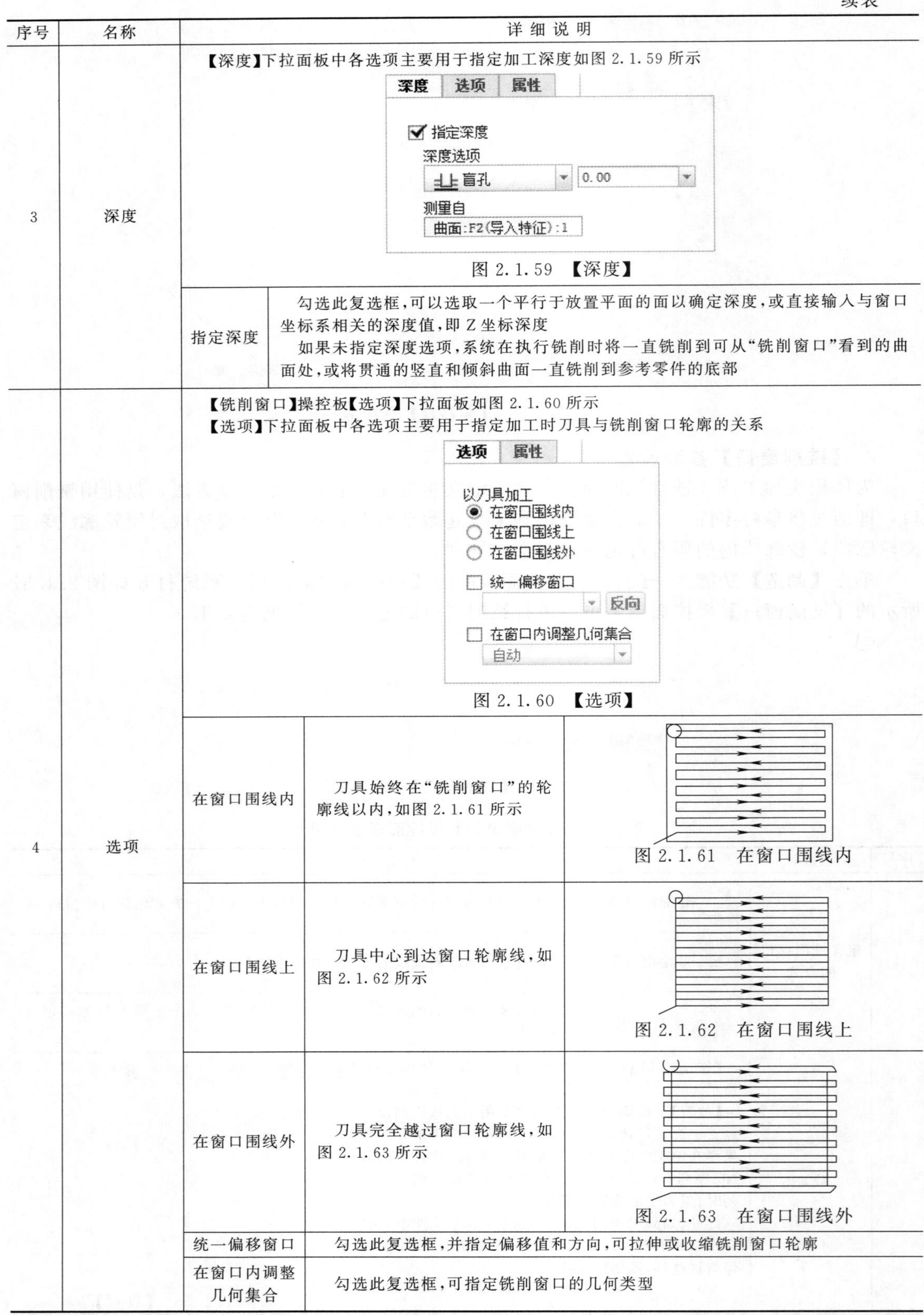

序号	名称	详细说明		
3	深度	【深度】下拉面板中各选项主要用于指定加工深度如图 2.1.59 所示 深度 选项 属性 ☑ 指定深度 深度选项 盲孔 0.00 测量自 曲面:F2(导入特征):1 图 2.1.59 【深度】		
		指定深度	勾选此复选框，可以选取一个平行于放置平面的面以确定深度，或直接输入与窗口坐标系相关的深度值，即 Z 坐标深度 如果未指定深度选项，系统在执行铣削时将一直铣削到可从“铣削窗口”看到的曲面处，或将贯通的竖直和倾斜曲面一直铣削到参考零件的底部	
4	选项	【铣削窗口】操控板【选项】下拉面板如图 2.1.60 所示 【选项】下拉面板中各选项主要用于指定加工时刀具与铣削窗口轮廓的关系 选项 属性 以刀具加工 ◉ 在窗口围线内 ○ 在窗口围线上 ○ 在窗口围线外 ☐ 统一偏移窗口 反向 ☐ 在窗口内调整几何集合 自动 图 2.1.60 【选项】		
		在窗口围线内	刀具始终在“铣削窗口”的轮廓线以内，如图 2.1.61 所示	图 2.1.61 在窗口围线内
		在窗口围线上	刀具中心到达窗口轮廓线，如图 2.1.62 所示	图 2.1.62 在窗口围线上
		在窗口围线外	刀具完全越过窗口轮廓线，如图 2.1.63 所示	图 2.1.63 在窗口围线外
		统一偏移窗口	勾选此复选框，并指定偏移值和方向，可拉伸或收缩铣削窗口轮廓	
		在窗口内调整几何集合	勾选此复选框，可指定铣削窗口的几何类型	

5.【体积块铣削】的加工参数

数控加工中，加工参数的设置直接影响到最终加工出来的产品的质量，加工参数的合理设置需要靠长期加工实践经验的积累。不同的 NC 序列需要设置不同的参数，用于设置加工参数，在 Creo 中的参数设置分为两类。

一类如图 2.1.64 所示的【参数】选项卡，大多数加工中在此处设置，即可完成。数控加工参数对应的参数值显示在【参数】对话框的右侧。需要设置参数值时，只要选中右侧的设置内容，在上面的输入文本框中输入或选择对应的值即可。对于系统没给出的参数，必须输入适当且符合逻辑的数值，对于系统给出的默认值为“-”的参数，可以不输入。

另一类需要点击参数选项卡下方的【编辑加工参数】按钮，打开如图 2.1.65 所示的【编辑序列参数“体积块铣削 1”】对话框，此处进行详细的参数设置。不同加工方法，序列的制造参数不同。如果需要定义更多的参数，可以在对话框中单击“全部”按钮，以定义更多的加工参数。

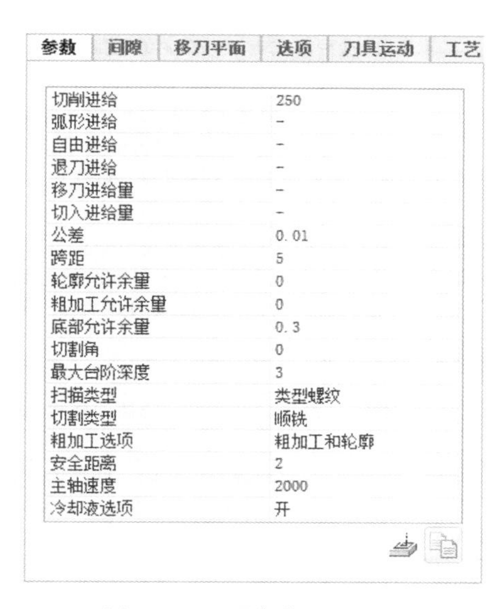

图 2.1.64 【参数】选项卡

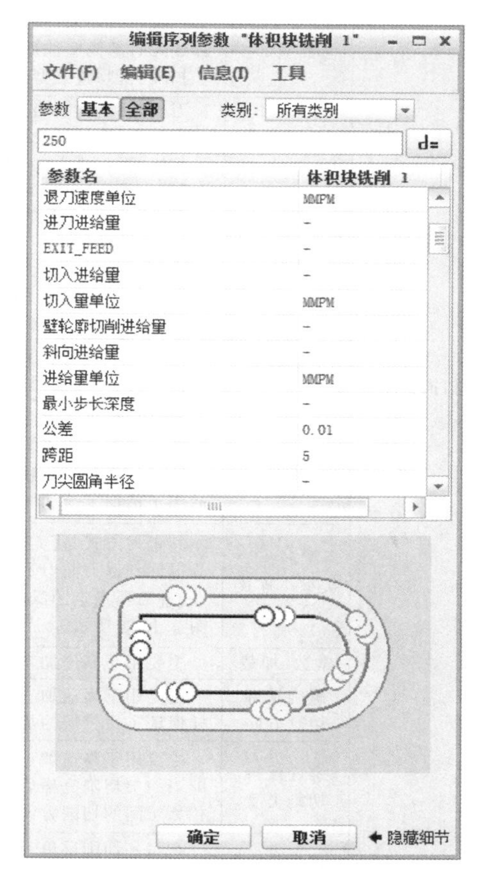

图 2.1.65 【编辑序列参数“体积块铣削 1”】对话框

下面讲解体积块铣削的加工参数，将不区分其位于【参数选项卡】，或是【编辑序列参数选项卡】，统一进行讲解，其参数的综合说明见表 2.1.10。

表 2.1.10 【体积块铣削】参数设置

序号	参数名称	详 细 说 明
1	切削进给	用于设置切削运动的进给速度，通常为 80～500mm/min
2	最大台阶深度	也叫做步长深度，在分层铣削中，用于设置每层沿 Z 轴下降的深度

续表

<table>
<tr><th>序号</th><th>参数名称</th><th colspan="2">详 细 说 明</th></tr>
<tr><td>3</td><td>跨距</td><td colspan="2">用于设置相邻两条刀具轨迹的距离，通常为刀具直径的50%～80%</td></tr>
<tr><td>4</td><td>切割角</td><td colspan="2">用于设置在XY平面上，刀具与X轴的夹角</td></tr>
<tr><td>5</td><td>轮廓允许余量</td><td>用于设置侧向轮廓表面的加工余量</td><td rowspan="2">【轮廓允许余量】和【粗加工允许余量】两个参数均用于设置粗加工后为精加工所留余量。分别对轮廓加工和体积块加工中的粗加工指定加工余量
【轮廓允许余量】的参数值必须小于或等于【粗加工允许余量】的参数值
当显示自动材料移除后的几何体时，使用【轮廓允许余量】设定的参数值</td></tr>
<tr><td>6</td><td>粗加工允许余量</td><td>用于设置体积块的加工余量</td></tr>
<tr><td>7</td><td>底部允许余量</td><td colspan="2">用于设置体积块加工中，粗加工后在平行于退刀面的平面上预留的加工余量。在不指定其参数值时，使用"轮廓允许余量"设定的参数值</td></tr>
<tr><td rowspan="13">8</td><td rowspan="13">扫描类型</td><td colspan="2">用于设置刀具切削时的运动方式</td></tr>
<tr><td>类型1</td><td>刀具连续切削，当刀具在切割过程中遇到孤岛或障碍时，刀具自动退刀至退刀面，跨过孤岛或障碍后再垂直进刀，继续切割，直到加工完成
扫描类型为【类型1】时生成的刀具轨迹，如图2.1.66所示</td></tr>
<tr><td>类型2</td><td>刀具连续切削，当刀具在切割过程中遇到孤岛或障碍时，刀具不退刀，而是环绕孤岛或障碍的侧壁往返切割，直到加工完成。
扫描类型为【类型2】时生成的刀具轨迹，如图2.1.67所示</td></tr>
<tr><td>类型3</td><td>刀具连续切削，当刀具在切割过程中遇到孤岛或障碍时，刀具分区域加工，区域加工完毕后，刀具环绕孤岛或障碍的侧壁移动到下一区域继续切割，直到加工完成
扫描类型为【类型3】时生成的刀具轨迹，如图2.1.68所示
【扫描类型】参数的系统默认选项是【类型3】
对于【类型1】、【类型2】和【类型3】这3种走刀方式，切削过程中如果不会遇到孤岛，它们的结果是一样的，在需要回避孤岛或障碍的情况时，【类型3】的加工效率比较高，因为它的辅助加工时间比较少
一般而言，【类型1】在不是必需的情况下应该尽量避免使用，因为这种加工方法不仅效率较低，而且频繁的进退刀将造成切削上的振动，对刀具的寿命极为不利</td></tr>
<tr><td>类型螺纹</td><td>刀具每个切削层中产生螺旋式的刀具轨迹，以这种方式走刀时产生的切削力小
扫描类型为【类型螺纹】时生成的刀具轨迹，如图2.1.69所示</td></tr>
<tr><td>类型-方向</td><td>刀具只按单一方向切削，在每一条切削线的结束点，刀具退回到退刀面，并返回切削的起始端按相同的切削方向进行下一次切削。当遇到孤岛或障碍时的回避方式与【类型1】的方式相同。这种加工方式有利于保证全部加工过程均为顺铣或逆铣，适用于精加工。如图2.1.70所示</td></tr>
<tr><td>类型1连接</td><td>其走刀方式与【类型-方向】基本一致，唯一的不同是在每一条切削线的结束点，刀具退回到退刀面但不直接返回下一切削的起始端，而是返回到本次切削线的起始点，进刀至指定的深度，然后沿铣削体积块的轮廓移动到下一切削线的起始点。如图2.1.71所示</td></tr>
<tr><td>常数_加载</td><td>主要用于高速加工。如图2.1.72所示</td></tr>
<tr><td>螺旋保持切割方向</td><td>主要用于高速加工，走刀类型和【类型螺纹】相同，而层间则是以S形路线连接，这样保证了每一层的加工方向是一致的。如图2.1.73所示</td></tr>
<tr><td>螺旋保持切割类型</td><td>主要用于高速加工，走刀类型和【类型螺纹】相同，而层间则是以反向的圆弧连接，即当一层切削完毕后刀具是以圆弧的切削方式切入下一层而不是垂直进刀。这样相邻层间的切削方向是相反的，但层间的切削类型一致。如图2.1.74所示</td></tr>
<tr><td>跟随硬壁</td><td>在每一切削层里刀具每一条切削线都与体积块的轮廓线偏移一定的距离。如图2.1.75所示</td></tr>
<tr><td colspan="2">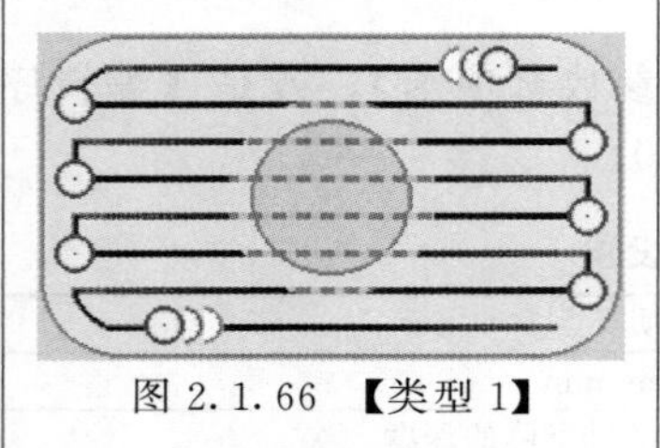
图2.1.66 【类型1】 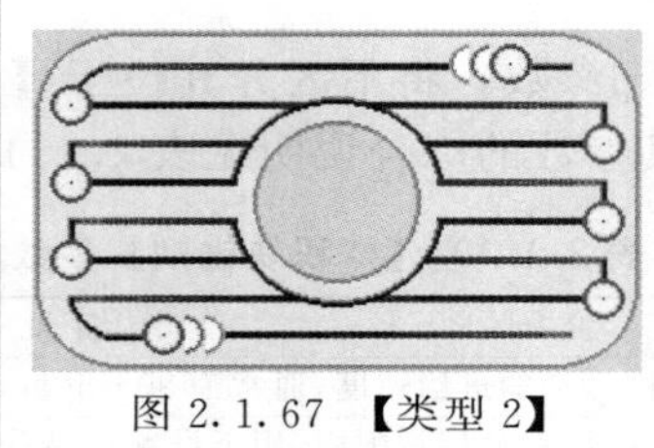
图2.1.67 【类型2】 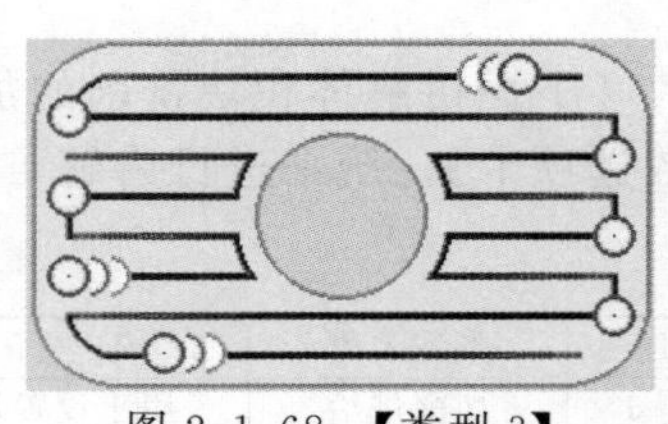
图2.1.68 【类型3】</td></tr>
</table>

续表

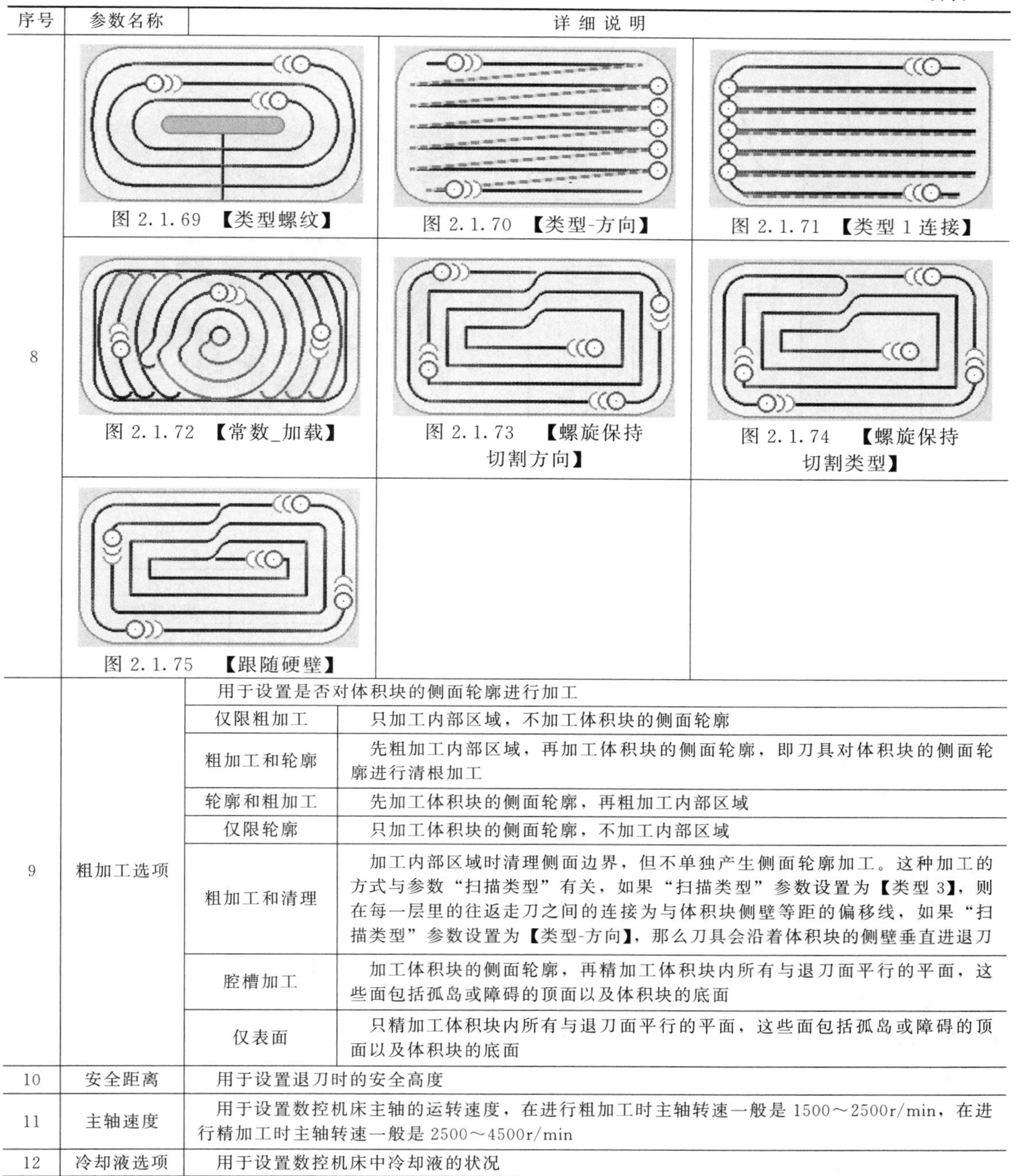

序号	参数名称		详细说明
8	图 2.1.69 【类型螺纹】	图 2.1.70 【类型-方向】	图 2.1.71 【类型 1 连接】
	图 2.1.72 【常数_加载】	图 2.1.73 【螺旋保持切割方向】	图 2.1.74 【螺旋保持切割类型】
	图 2.1.75 【跟随硬壁】		
9	粗加工选项	用于设置是否对体积块的侧面轮廓进行加工	
		仅限粗加工	只加工内部区域，不加工体积块的侧面轮廓
		粗加工和轮廓	先粗加工内部区域，再加工体积块的侧面轮廓，即刀具对体积块的侧面轮廓进行清根加工
		轮廓和粗加工	先加工体积块的侧面轮廓，再粗加工内部区域
		仅限轮廓	只加工体积块的侧面轮廓，不加工内部区域
		粗加工和清理	加工内部区域时清理侧面边界，但不单独产生侧面轮廓加工。这种加工的方式与参数“扫描类型”有关，如果“扫描类型”参数设置为【类型 3】，则在每一层里的往返走刀之间的连接为与体积块侧壁等距的偏移线，如果“扫描类型”参数设置为【类型-方向】，那么刀具会沿着体积块的侧壁垂直进退刀
		腔槽加工	加工体积块的侧面轮廓，再精加工体积块内所有与退刀面平行的平面，这些面包括孤岛或障碍的顶面以及体积块的底面
		仅表面	只精加工体积块内所有与退刀面平行的平面，这些面包括孤岛或障碍的顶面以及体积块的底面
10	安全距离	用于设置退刀时的安全高度	
11	主轴速度	用于设置数控机床主轴的运转速度，在进行粗加工时主轴转速一般是 1500～2500r/min，在进行精加工时主轴转速一般是 2500～4500r/min	
12	冷却液选项	用于设置数控机床中冷却液的状况	

三、体积块铣削加工实例一

加工前的工艺分析与准备

1. 工艺分析

该零件表面由规则的凸台构成。工件尺寸 100mm×100mm×70mm（如图 2.1.76），无尺寸公差要求。尺寸标注完整，轮廓描述清楚。零件材料为已经加工成型的标准铝块，无热

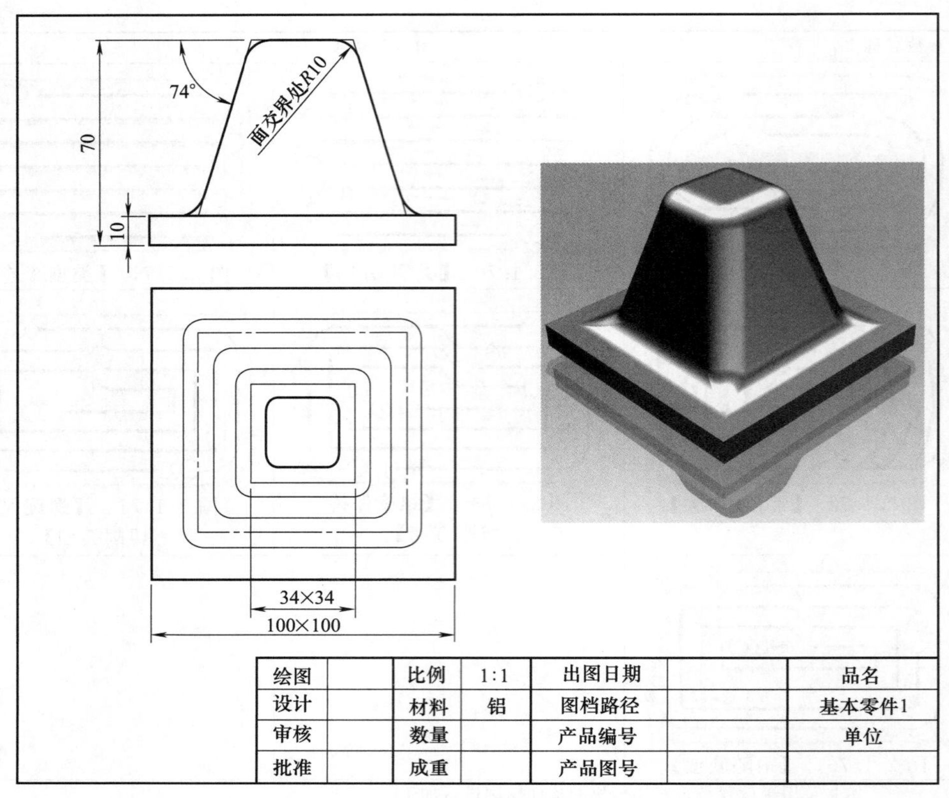

图 2.1.76 体积块铣削加工实例一

处理和硬度要求。

① 用 $\phi 10$ 的平底刀体积块铣削粗加工曲面；

② 根据加工要求，共需产生 1 次刀具路径。

前期准备工作

2. 图形的导入

在 Creo 界面中点击【新建】按钮→打开【新建】对话框→【类型】制造→【子类型】NC 装配→【名称】3→取消勾选【使用默认模板】复选框→【确定】→弹出【新建文件选项】对话框→【模板】mmns_mfg_nc，公制模板→【确定】→在打开的【制造】功能选项卡中→【参考模型】→【组装参考模型】→在【打开】对话框中找到文件存放的位置→选择【3. prt】→【打开】(如图 2.1.77 图形的导入)→系统打开【元件放置】选项卡，注意观察待加工工件的状况（如图 2.1.78 观察工件）。

3. 元件放置

【元件放置】选项卡→打开【自动】下拉列表→【重合】→点击工件顶面和加工坐标系的 XY 平面→得到一个重合摆放的工件→点击【元件放置】选项卡上的【反向】按钮，将工件摆正→点击【应用约束】按钮，将当前的重合约束应用到系统中→【确定】，工件方向摆放完毕，系统返回【制造】功能选项卡（如图 2.1.79 元件放置）。

4. 创建毛坯

打开【视图】选项卡的【着色】→【带边着色】【制造】功能选项卡中→【工件】→【自动工件】→进入【创建自动工件】选项卡→【创建矩形工件】，将创建一个最小化包容工件的毛

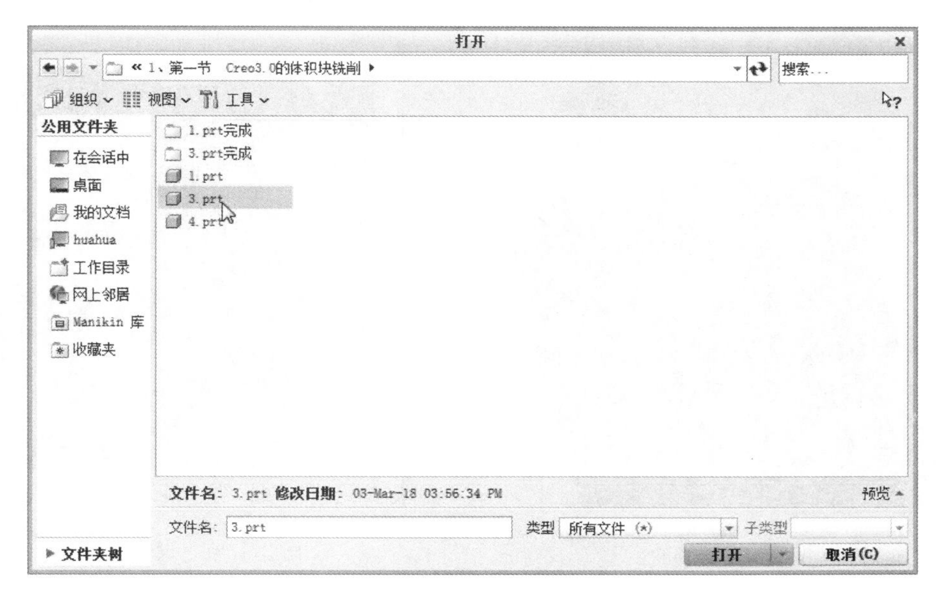

图 2.1.77　图形的导入

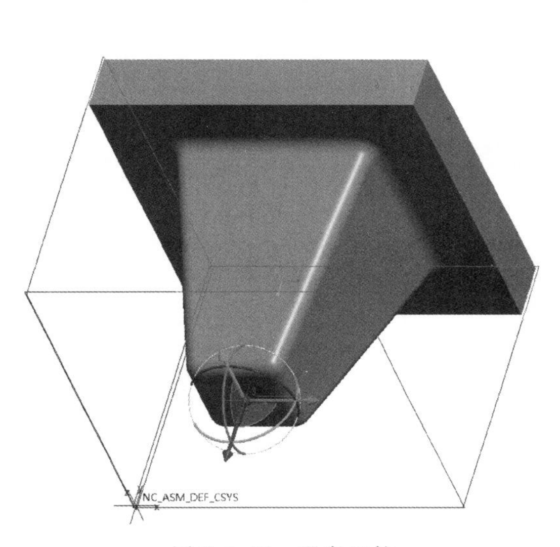

图 2.1.78　观察工件

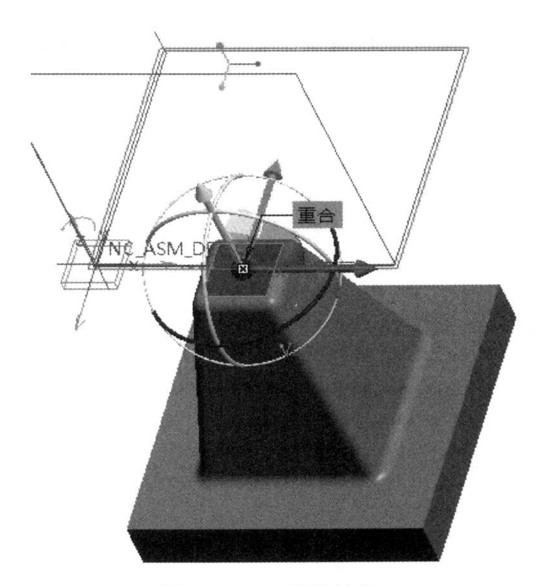

图 2.1.79　元件放置

坯→【确定】，毛坯创建完毕，系统返回【制造】功能选项卡（如图 2.1.80 创建毛坯）。

5. 设定铣削窗口

【制造】功能选项卡中→【铣削窗口】→打开【铣削窗口】选项卡→【草绘窗口类型】→选择顶面→【定义草绘】→弹出【草绘】对话框→选择垂直方向的面 YZ 平面→点击【草绘按钮】进入草绘选项卡→绘制如图所示的矩形，这个绘制的矩形即为所要进行加工的范围→【确定】，铣削窗口完毕，系统返回【制造】功能选项卡（如图 2.1.81 设定铣削窗口）。

6. 设置加工方法、刀具和坐标系

【制造】功能选项卡中→操作→右侧【制造设置】→【铣削】→打开【铣削工作中心】对话框→【名称】MILL01→【类型】铣削→【轴数】3 轴→切换到【刀具】选框→点击【刀具】按

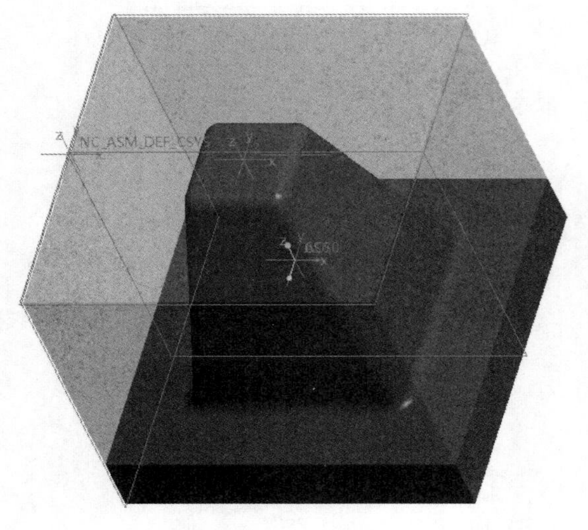

图 2.1.80　创建毛坯

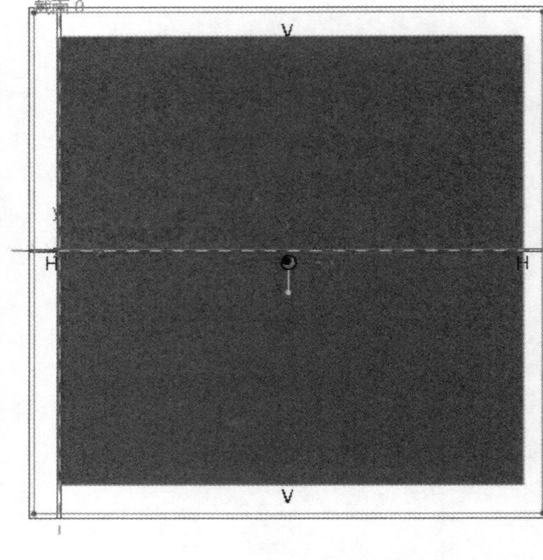

图 2.1.81　设定铣削窗口

钮→打开【刀具设定】对话框→【名称】T0001→【类型】端铣削→【材料】HSS→刀具直径【ϕ】10→【应用】将刀具信息设定在刀具列表中→【确定】→【确定】（如图 2.1.82 刀具设定）→【基准】→【基准】→弹出【坐标系】对话框，此时处于【原点】选项卡，用于原点位

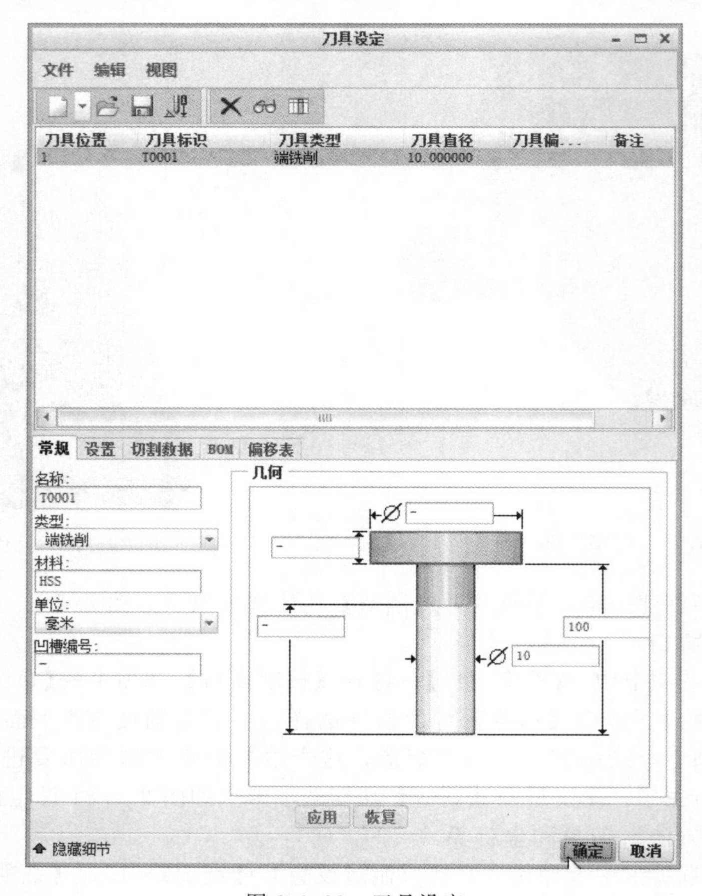

图 2.1.82　刀具设定

置→此时，按住 Ctrl 键点击顶面→按住 Ctrl 键点击前面→按住 Ctrl 键点左侧面，此时坐标系会定位到左下角→点击【方向】选项卡→【使用】【确定】Z→【使用】【投影】Y【反向】，将坐标系的方向更改为与加工坐标系一致→【确定】（如图 2.1.83 加工坐标系）→点击左侧【使用此工具】按钮，将该坐标系应用到系统之中→【刀具】默认为第一把刀→【间隙】选项卡→【类型】平面→点击工件的表面→【值】10→【回车 Enter】（如图 2.1.84【间隙】选项卡和如图 2.1.85 设置后的结果）→【确定】，加工方法、刀具和坐标系完毕，系统返回【制造】功能选项卡。

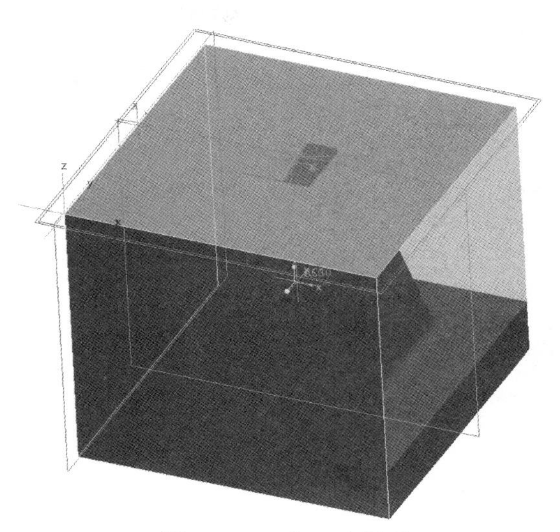

图 2.1.83 加工坐标系

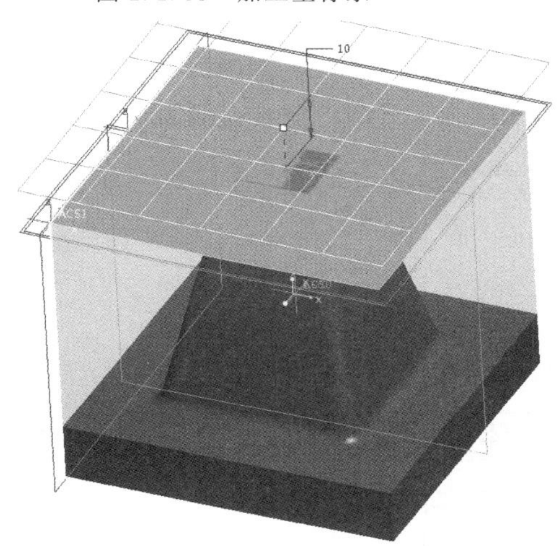

图 2.1.85 设置后的结果

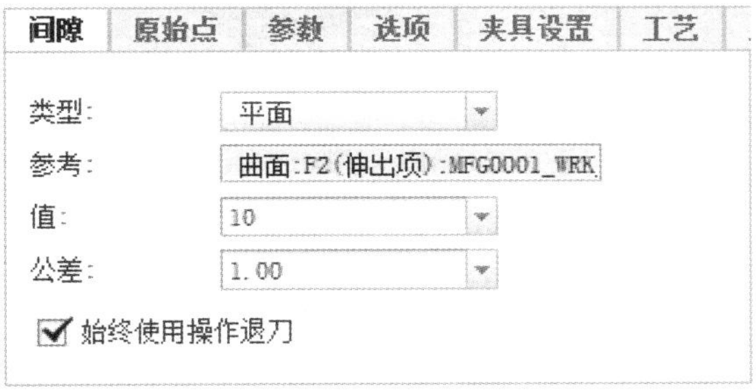

间隙 | 原始点 | 参数 | 选项 | 夹具设置 | 工艺

类型：平面

参考：曲面:F2(伸出项):MFG0001_WRK

值：10

公差：1.00

☑ 始终使用操作退刀

图 2.1.84 【间隙】选项卡

ϕ10 的平底刀体积块铣削粗加工曲面

7. 进入体积块粗加工模块

选择【铣削】功能选项卡→【粗加工】→【体积块粗加工】。

8. 刀具和坐标系

【刀具】选择 T0001→【坐标系】为刚才在所设定的坐标系 ACS1：F10 坐标系。

9. 参考

选择【参考】选项卡→【加工参考】→点击前期绘制的矩形（如图 2.1.86 加工参考）。

10. 参数

选择【参数】选项卡→【切削进给】400→【跨距】8→【轮廓允许余量】1→【粗加工允许

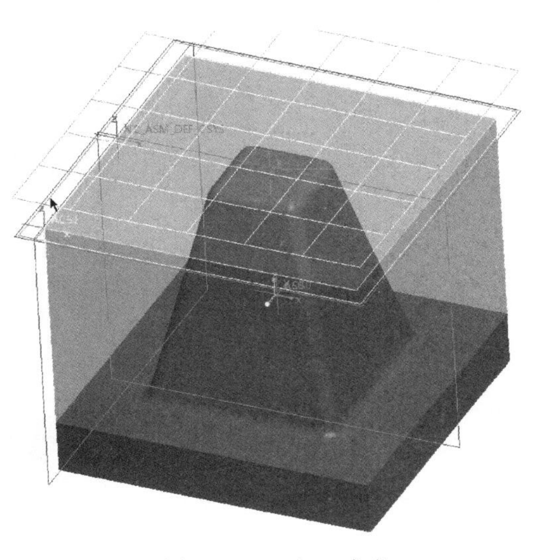

图 2.1.86 加工参考

余量】1→【底部允许余量】1→【最大台阶深度】3→【扫描类型】类型螺纹→【切割类型】顺铣→【安全距离】10→【主轴速度】2500→【冷却液选项】开（如图 2.1.87 参数）。

11. 生成刀具路径

点击上方的【刀具路径】按钮→打开【播放路径】对话框→点击【播放】按钮，生成刀具路径（如图 2.1.88 生成刀具路径）。

参数 | 间隙 | 移刀平面 | 选项 | 刀具运动 | 工艺

参数	值
切削进给	400
弧形进给	-
自由进给	-
退刀进给	-
移刀进给量	-
切入进给量	-
公差	0.01
跨距	8
轮廓允许余量	1
粗加工允许余量	1
底部允许余量	1
切割角	0
最大台阶深度	3
扫描类型	类型螺纹
切割类型	顺铣
粗加工选项	粗加工和轮廓
安全距离	10
主轴速度	2500
冷却液选项	开

图 2.1.87 参数

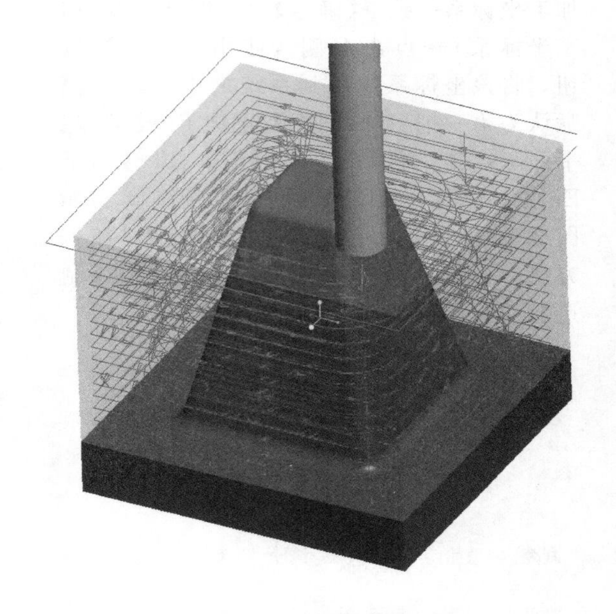

图 2.1.88 生成刀具路径

实体验证模拟

12. 实体切削验证

点击【刀具路径】下方的第三个按钮【实体验证】按钮→打开 VERICUT 软件进行切削验证→点击软件右下角的【播放】按钮，观察实体切削验证的情况（如图 2.1.89 实体切削验证）。

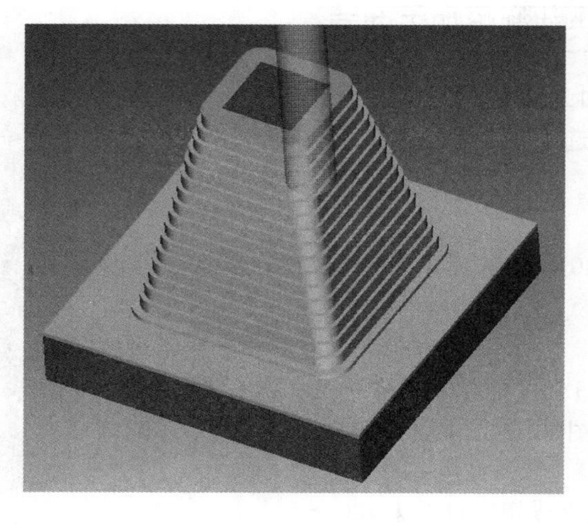

图 2.1.89 实体切削验证

四、体积块铣削加工实例二

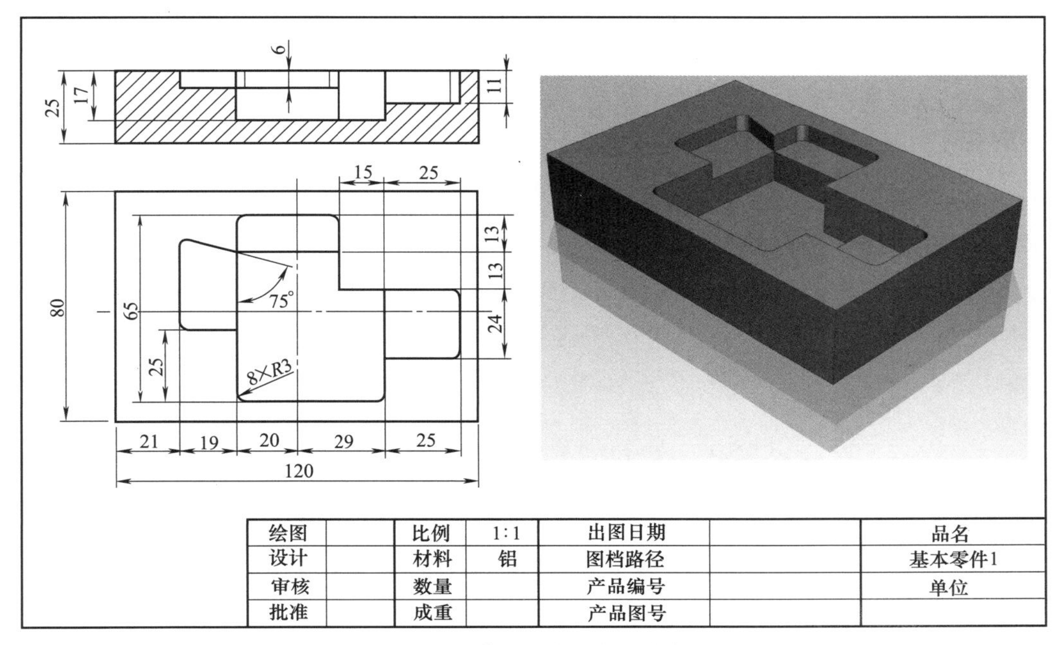

绘图		比例	1:1	出图日期		品名
设计		材料	铝	图档路径		基本零件1
审核		数量		产品编号		单位
批准		成重		产品图号		

图 2.1.90　体积块铣削加工实例二

加工前的工艺分析与准备

1. 工艺分析

该零件表面由连续的台阶平面构成（如图 2.1.90）。工件尺寸 120mm×80mm×25mm，无尺寸公差要求。尺寸标注完整，轮廓描述清楚。零件材料为已经加工成型的标准铝块，无热处理和硬度要求。

① 用 $\phi10$ 的平底刀体积块铣削粗加工内腔的区域；

② 根据加工要求，共需产生 1 次刀具路径。

前期准备工作

2. 图形的导入

在 Creo 界面中点击【新建】按钮→打开【新建】对话框→【类型】制造→【子类型】NC 装配→【名称】4→取消勾选【使用默认模板】复选框→【确定】→弹出【新建文件选项】对话框→【模板】mmns_mfg_nc，公制模板→【确定】→在打开的【制造】功能选项卡中→【参考模型】→【组装参考模型】→在【打开】对话框中找到文件存放的位置→选择【4.prt】→【打开】（如图 2.1.91 图形的导入）→系统打开【元件放置】选项卡，注意观察待加工工件的状况（如图 2.1.92 观察工件）。

3. 元件放置

【元件放置】选项卡→打开【自动】下拉列表→【重合】→点击工件顶面和加工坐标系的 XY 平面→得到一个重合摆放的工件→点击【元件放置】选项卡上的【反向】按钮，将工件摆正→点击【应用约束】按钮，将当前的重合约束应用到系统中→【确定】，工件方向摆放完毕，系统返回【制造】功能选项卡（如图 2.1.93 元件放置）。

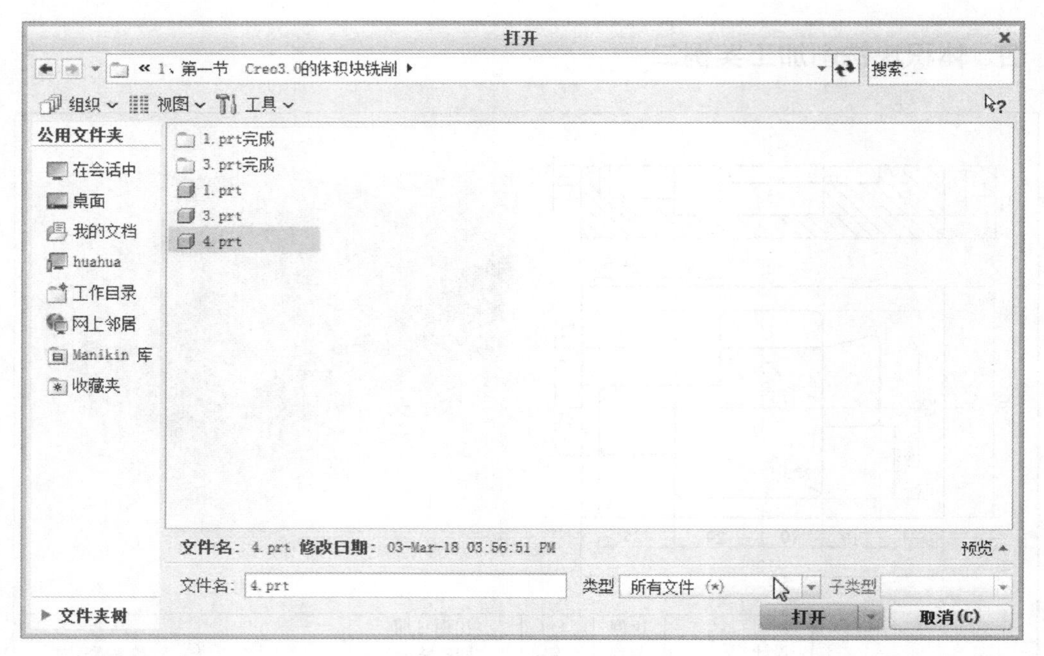

图 2.1.91 图形的导入

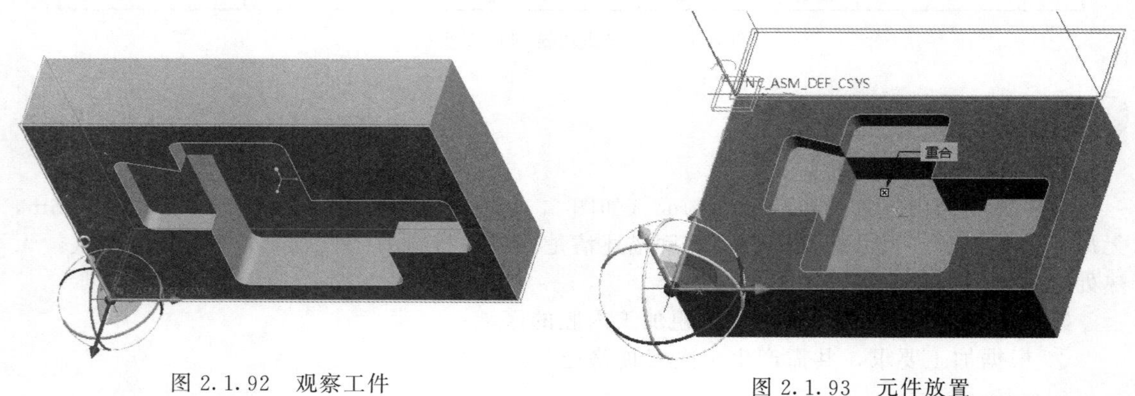

图 2.1.92 观察工件

图 2.1.93 元件放置

4. 创建毛坯

打开【视图】选项卡的【着色】→【带边着色】【制造】功能选项卡中→【工件】→【自动工件】→进入【创建自动工件】选项卡→【创建矩形工件】，将创建一个最小化包容工件的毛坯→【确定】，毛坯创建完毕，系统返回【制造】功能选项卡（如图 2.1.94 创建毛坯）。

5. 设定铣削窗口

【制造】功能选项卡中→【铣削窗口】→打开【铣削窗口】选项卡→直接点击顶面，使顶面作为加工范围→【确定】，铣削窗口完毕，系统返回【制造】功能选项卡（如图 2.1.95 设定铣削窗口）。

6. 设置加工方法、刀具和坐标系

【制造】功能选项卡中→操作→右侧【制造设置】→【铣削】→打开【铣削工作中心】对话框→【名称】MILL01→【类型】铣削→【轴数】3 轴→切换到【刀具】选框→点击【刀具】按钮→打开【刀具设定】对话框→【名称】T0001→【类型】端铣削→刀具直径【ϕ】10→【应用】将刀具信息设定在刀具列表中→【确定】→【确定】（如图 2.1.96 刀具设定）→【基准】→

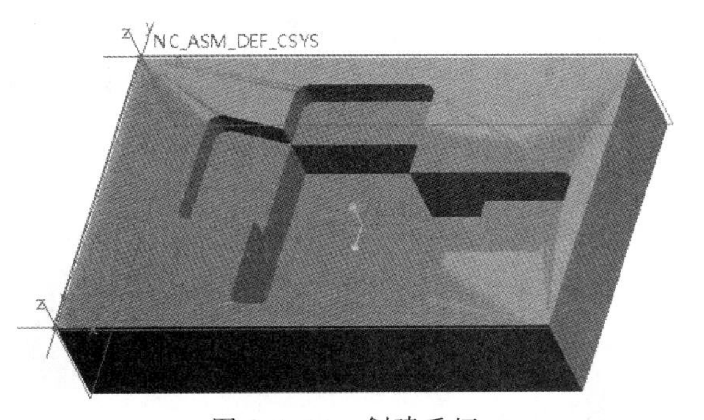

图 2.1.94　创建毛坯

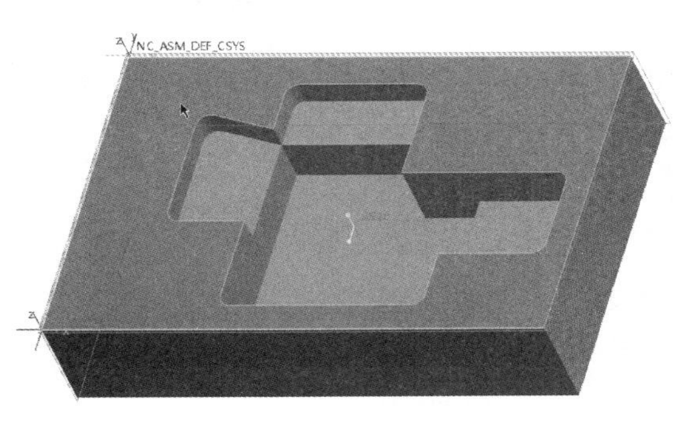

图 2.1.95　设定铣削窗口

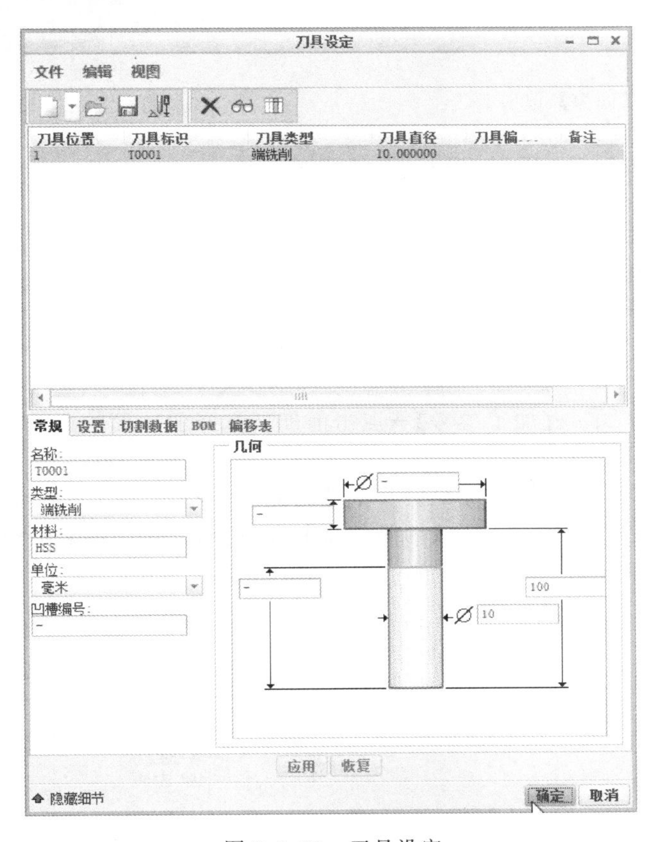

图 2.1.96　刀具设定

【基准】→弹出【坐标系】对话框，此时处于【原点】选项卡，用于原点位置→此时，按住 Ctrl 键点击顶面→按住 Ctrl 键点击前面→按住 Ctrl 键点左侧面，此时坐标系会定位到左下角→点击【方向】选项卡→【使用】【确定】Z→【使用】【投影】Y【反向】，将坐标系的方向更改为与加工坐标系一致→【确定】（如图 2.1.97 加工坐标系）→点击左侧【使用此工具】按钮，将该坐标系应用到系统之中→【刀具】默认为第

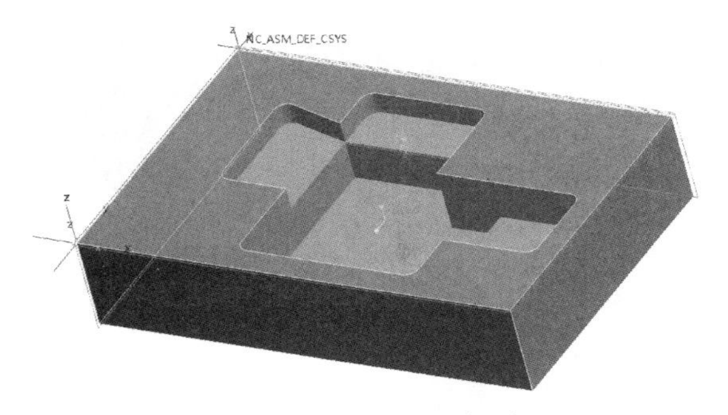

图 2.1.97　加工坐标系

一把刀→【间隙】选项卡→【类型】平面→点击工件的表面→【值】10→【回车 Enter】→【确定】，加工方法、刀具和坐标系完毕，系统返回【制造】功能选项卡（如图 2.1.98【间隙】选项卡和如图 2.99 设置后的效果）。

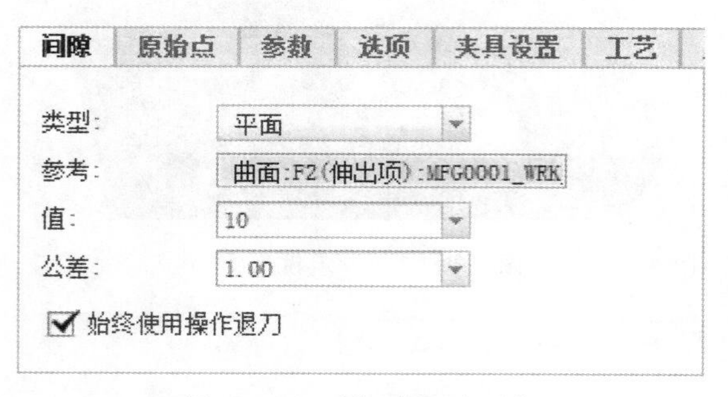

图 2.1.98 【间隙】选项卡

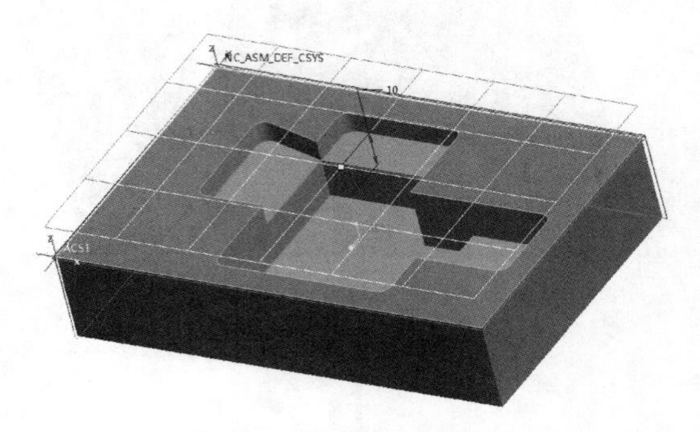

图 2.1.99 设置后的效果

ϕ10 的平底刀体积块铣削粗加工内腔的区域

7. 进入体积块粗加工模块

选择【铣削】功能选项卡→【粗加工】→【体积块粗加工】。

8. 刀具和坐标系

【刀具】选择 T0001→【坐标系】为刚才在所设定的坐标系 ACS1：F10 坐标系。

9. 参考

选择【参考】选项卡→【加工参考】→点击前期所选择的顶面的边（如图 2.1.100 参考）。

10. 参数

选择【参数】选项卡→【切削进给】300→【跨距】6→【底部允许余量】0.3→【最大台阶深度】2.5→【扫描类型】类型螺纹→【切割类型】顺铣→【安全距离】2→【主轴速度】2500→【冷却液选项】开（如图 2.1.101 参数）。

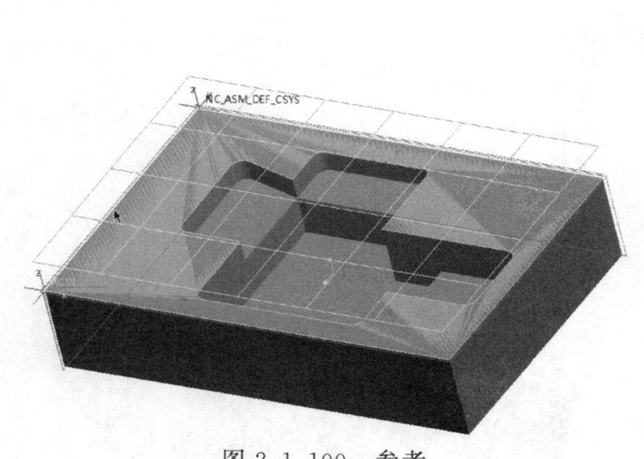

图 2.1.100 参考

参数 | 间隙 | 移刀平面 | 选项 | 刀具运动 | 工艺

参数	值
切削进给	300
弧形进给	-
自由进给	-
退刀进给	-
移刀进给量	-
切入进给量	-
公差	0.01
跨距	6
轮廓允许余量	0
粗加工允许余量	0
底部允许余量	0.3
切割角	0
最大台阶深度	2.5
扫描类型	类型螺纹
切割类型	顺铣
粗加工选项	粗加工和轮廓
安全距离	2
主轴速度	2500
冷却液选项	开

图 2.1.101 参数

11. 生成刀具路径

点击【刀具路径】按钮→打开【播放路径】对话框→点击【播放】按钮，生成刀具路径

（如图 2.1.102 生成刀具路径）。

实体验证模拟

12. 实体切削验证

点击【刀具路径】下方的第三个按钮【实体验证】→打开 VERYCUT 软件进行切削验证→点击软件右下角的【播放】按钮，观察实体切削验证的情况（如图 2.1.103 实体切削验证）。

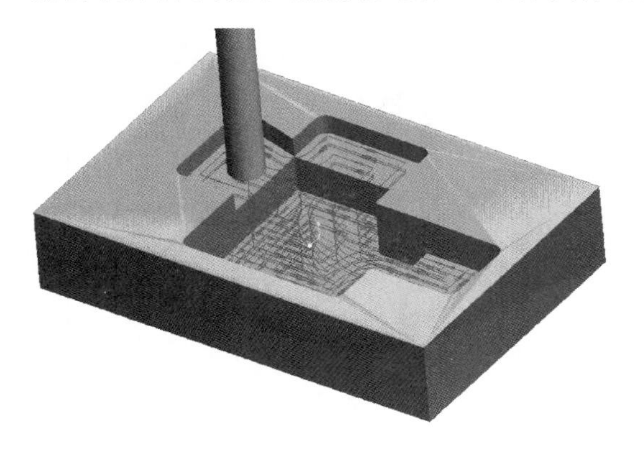

图 2.1.102 生成刀具路径

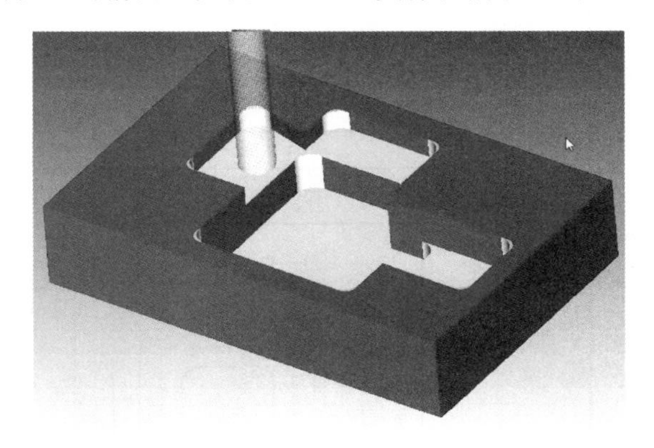

图 2.1.103 实体切削验证

第二节 粗加工铣削加工

在 Creo 的数控模块中粗加工、重新粗加工和精加工一般配合使用，是加工过程中的不同阶段，其加工轨迹类似，但是切削参数并不相同，每个阶段要达到的加工目标和侧重点也不相同。

粗加工、重新粗加工和精加工可用于高速模具加工，特别用于加工输入的非实体几何并可直接加工包含 STL 格式多面数据的模型。表 2.2.1 描述了粗加工、重新粗加工和精加工的内容和特点。

表 2.2.1 粗加工、重新粗加工和精加工的内容和特点

序号	类型	详细说明	刀具轨迹的特点
1	粗加工	用于以均匀的步距深度增量方式高效率地铣削工件去除材料	粗加工和重新粗加工刀具轨迹的特点： ①利用铣削窗口的附加深度控制，可以去除铣削窗口边界内的所有材料。 ②提供可选的凸棱高度控制。 ③对参照零件的所有曲面执行自动避免过切。 ④按型腔而不是按层面执行分区，即在多型腔的情况下，刀具完全加工完一个型腔后移动到下一个型腔，刀具轨迹更合理。 ⑤支持多种高速粗加工扫描，并控制生成最小的拐角半径。 ⑥允许为开放和闭合区域选取不同的高速扫描。 ⑦为开放和闭合区域提供不同的进刀方法。对于开放区域，刀具从一侧进入，对于闭合区域，可指定螺旋或倾斜顶部进刀
2	重新粗加工	也可以称为半精加工，可以根据已经进行的粗加工 NC 序列自动计算余量以产生本次 NC 序列将要完成的刀具轨迹，以便只加工粗加工序列无法到达的区域。对于粗加工后继续进行半精加工的工件，可以很容易控制其加工余量，适合对复杂零件模型进行第二次粗加工。只能对粗加工刀具轨迹进行重新粗加工，使用其他加工方法生成的刀具轨迹无法进行重新粗加工	
3	精加工	精加工是在粗加工和重新粗加工后加工参照零件的细节部分，对工件进行的小切削量加工是为了获得预期的尺寸精度和表面质量。系统自动识别所定义的铣削窗口内的零件形状，自动生成刀具轨迹	精加工刀具轨迹的特点： ①自动创建优化的刀具轨迹，同时可以维持特定制造约束。 ②根据特定的制造目标，自动创建垂直和水平层切面加工刀具轨迹的组合形式。 ③通过参数值，将所有被加工曲面分成两个区域，即陡（接近垂直）区和浅（接近水平）区。可通过参数选取要加工陡区或浅区还是同时加工两个区域，是否要将平整（水平）曲面包括在浅区内，对每个区域使用何种层切面加工算法，以及如何执行连接和进给运动

一、粗加工铣削加工入门实例

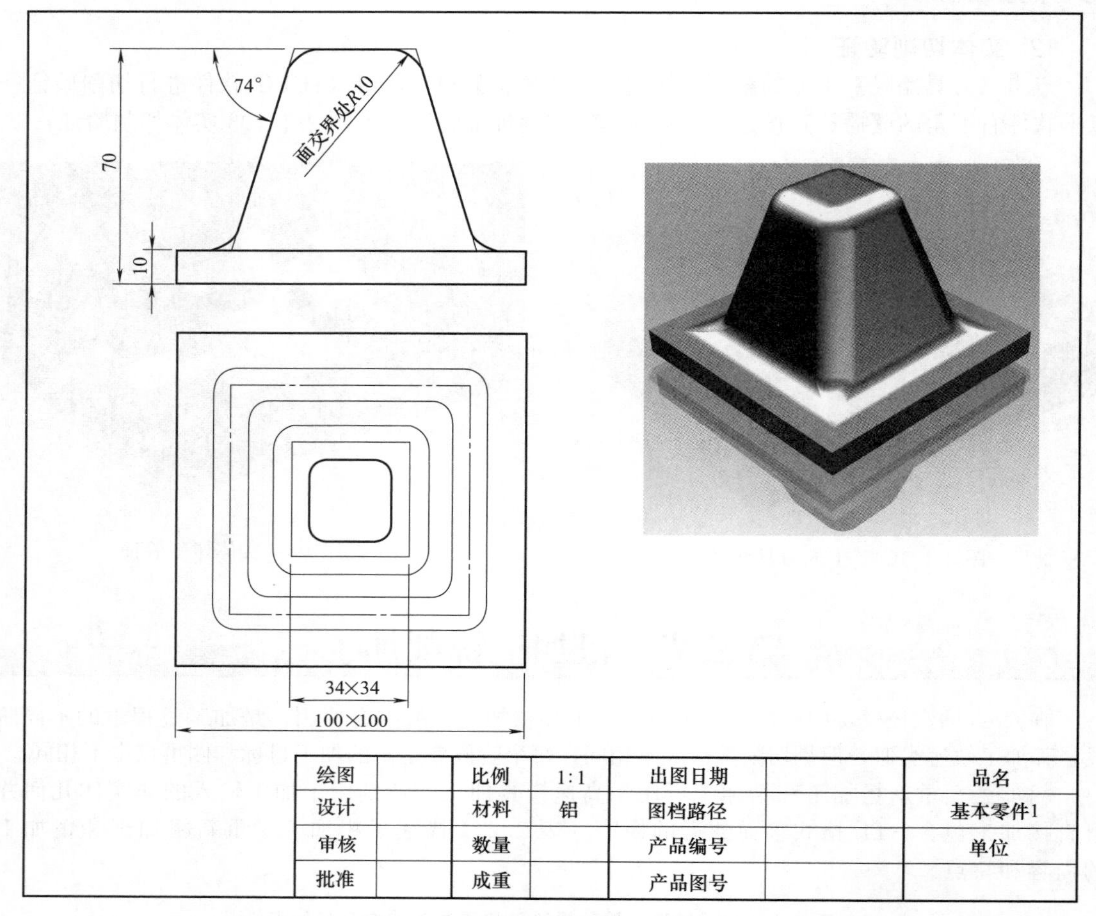

图 2.2.1　粗加工铣削加工入门实例

加工前的工艺分析与准备

1. 工艺分析

该零件表面由规则的凸台构成。工件尺寸 100mm×100mm×70mm（如图 2.2.1），无尺寸公差要求。尺寸标注完整，轮廓描述清楚。零件材料为已经加工成型的标准铝块，无热处理和硬度要求。

① 用 $\phi12$ 的平底刀粗加工进行曲面的开粗；

② 根据加工要求，共需产生 1 次刀具路径。

前期准备工作

2. 图形的导入

在 Creo 界面中点击【新建】按钮→打开【新建】对话框→【类型】制造→【子类型】NC 装配→【名称】1→取消勾选【使用默认模板】复选框→【确定】→弹出【新建文件选项】对话框→【模板】mmns_mfg_nc，公制模板→【确定】→在打开的【制造】功能选项卡中→【参考模型】→【组装参考模型】→在【打开】对话框中找到文件存放的位置→选择【1.prt】→【打开】（如图 2.2.2 图形的导入)→系统打开【元件放置】选项卡，注意观察待加工工件的状况(如图 2.2.3 观察待加工工件)。

图 2.2.2　图形的导入

3. 元件放置

【元件放置】选项卡→打开【自动】下拉列表→【重合】→点击工件顶面和加工坐标系的XY平面→得到一个重合摆放的工件→点击【元件放置】选项卡上的【反向】按钮，将工件摆正→点击【应用约束】按钮，将当前的重合约束应用到系统中→【确定】，工件方向摆放完毕，系统返回【制造】功能选项卡（如图 2.2.4 元件放置)。

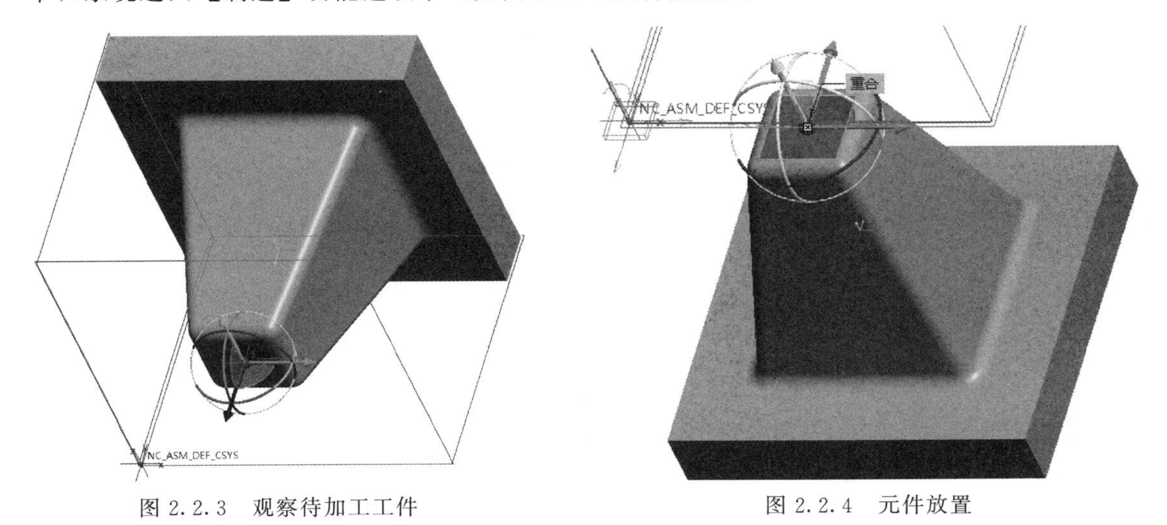

图 2.2.3　观察待加工工件　　　　图 2.2.4　元件放置

4. 创建毛坯

打开【视图】选项卡的【着色】→【带边着色】【制造】功能选项卡中→【工件】→【自动工件】→进入【创建自动工件】选项卡→【创建矩形工件】，将创建一个最小化包容工件的毛坯→【确定】，毛坯创建完毕，系统返回【制造】功能选项卡（如图 2.2.5 创建毛坯)。

5. 设定铣削窗口

【制造】功能选项卡中→【铣削窗口】→打开【铣削窗口】选项卡→直接点击顶面，使顶面作为加工范围→【确定】，铣削窗口完毕，系统返回【制造】功能选项卡（如图 2.2.6 设定铣削窗口）。

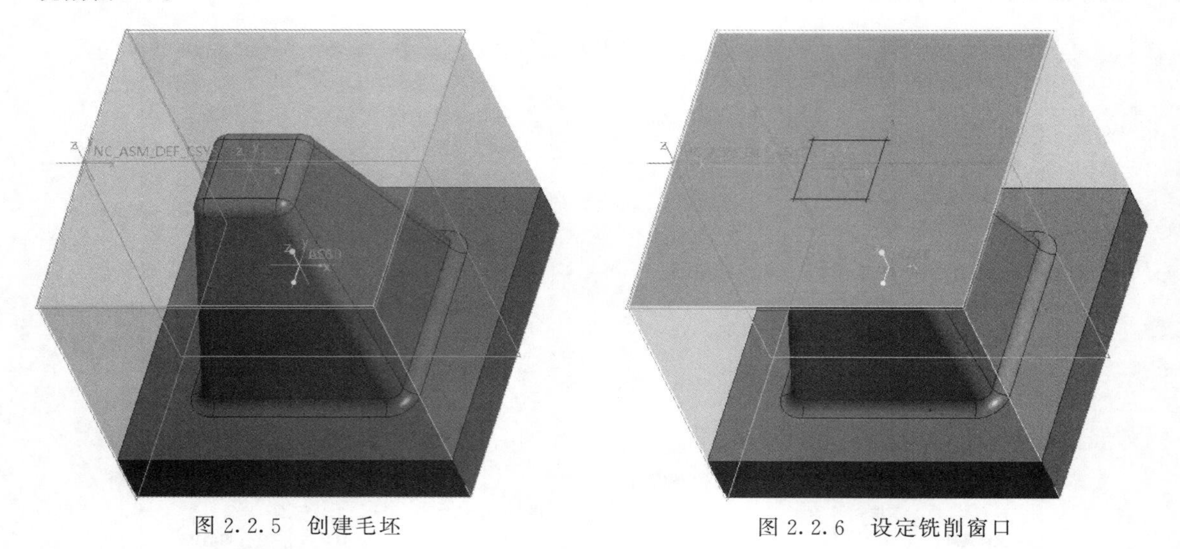

图 2.2.5　创建毛坯　　　　图 2.2.6　设定铣削窗口

6. 设置加工方法、刀具和坐标系

【制造】功能选项卡中→操作→右侧【制造设置】→【铣削】→打开【铣削工作中心】对话框→【名称】MILL01→【类型】铣削→【轴数】3 轴→切换到【刀具】选框→点击【刀具】按钮→打开【刀具设定】对话框→【名称】T0001→【类型】端铣削→刀具直径【ϕ】12→【应

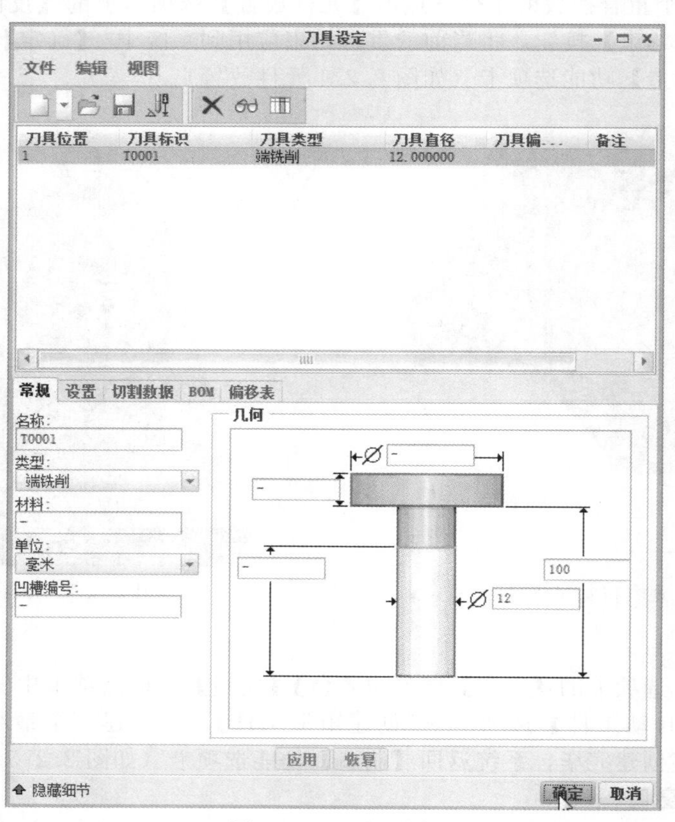

图 2.2.7　刀具设定

用】将刀具信息设定在刀具列表中→【确定】→【确定】(如图 2.2.7 刀具设定)→【基准】→【基准】→弹出【坐标系】对话框，此时处于【原点】选项卡，用于原点位置→此时，按住 Ctrl 键点击顶面→按住 Ctrl 键点击前面→按住 Ctrl 键点左侧面，此时坐标系会定位到左下角→点击【方向】选项卡→【使用】【确定】Z→【使用】【投影】Y【反向】，将坐标系的方向更改为与加工坐标系一致→【确定】(如图 2.2.8 加工坐标系)→点击左侧【使用此工具】按钮，将该坐标系应用到系统之中→【刀具】默认为第一把刀→【间隙】选项卡→【类型】平面→点击工件的表面→【值】10→【回车 Enter】→【确定】，加工方法、刀具和坐标系完毕，系统返回【制造】功能选项卡（如图 2.2.9 间隙）。

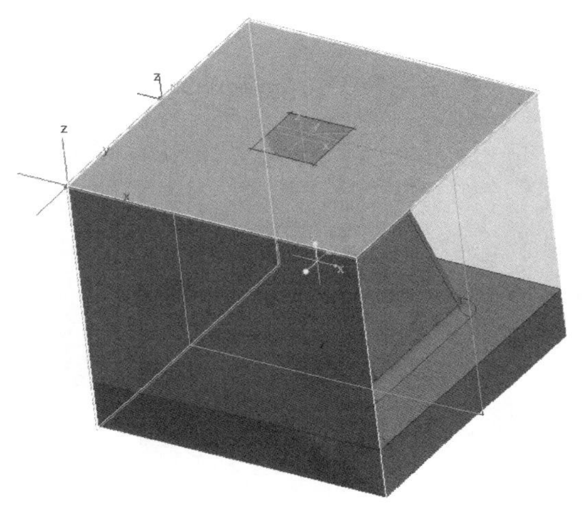

图 2.2.8　加工坐标系

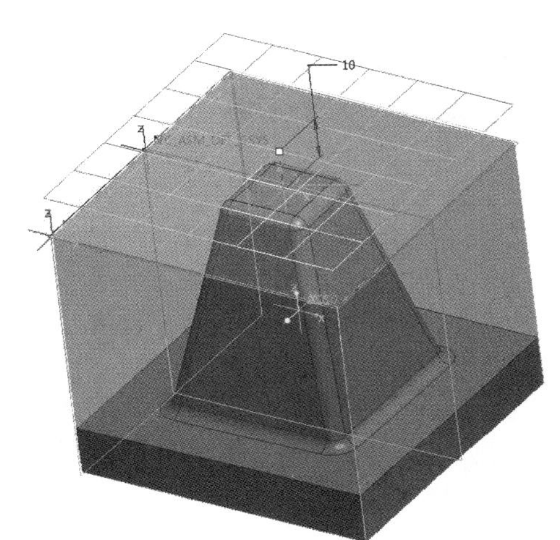

图 2.2.9　间隙

ϕ12 的平底刀体积块铣削粗加工区域

7. 进入粗加工模块

选择【铣削】功能选项卡→【粗加工】→【粗加工】(如图 2.2.10 选择【粗加工】)。

8. 刀具和坐标系

【刀具】选择 T0001→【坐标系】为刚才在所设定的坐标系 ACS1：F10 坐标系。

9. 参考

选择【参考】选项卡→【加工参考】→点击前期所选择的顶面的边（如图 2.2.11 参考）。

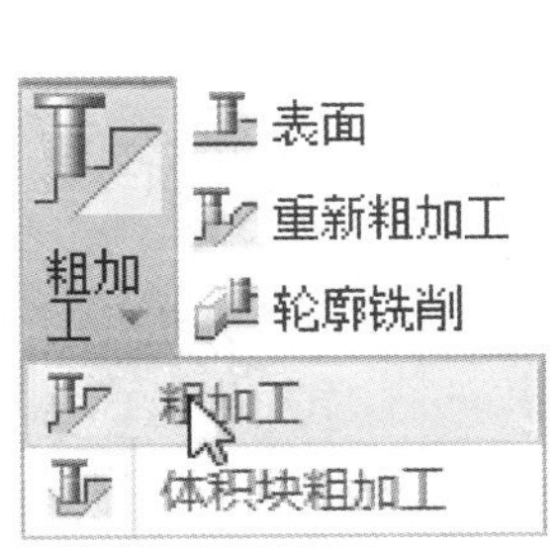

图 2.2.10　选择【粗加工】

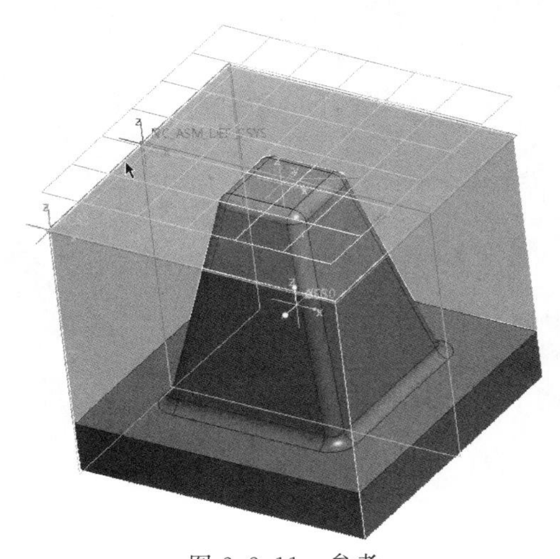

图 2.2.11　参考

10. 参数

选择【参数】选项卡→【切削进给】400→【跨距】9→【粗加工允许余量】0.3→【最大台阶深度】3→【开放区域扫描】仿形→【安全距离】10→【主轴速度】2500→【冷却液选项】开（如图 2.2.12 参数）。

11. 生成刀具路径

点击【刀具路径】按钮→打开【播放路径】对话框→点击【播放】按钮，生成刀具路径（如图 2.2.13 生成刀具路径）。

参数 | 间隙 | 选项 | 刀具运动 | 工艺 | 属性

切削进给	400
自由进给	-
退刀进给	-
最小步长深度	-
跨距	9
粗加工允许余量	0.3
最大台阶深度	3
内公差	0.06
外公差	0.06
开放区域扫描	仿形
闭合区域扫描	常数_加载
切割类型	顺铣
安全距离	10
主轴速度	2500
冷却液选项	开

图 2.2.12　参数

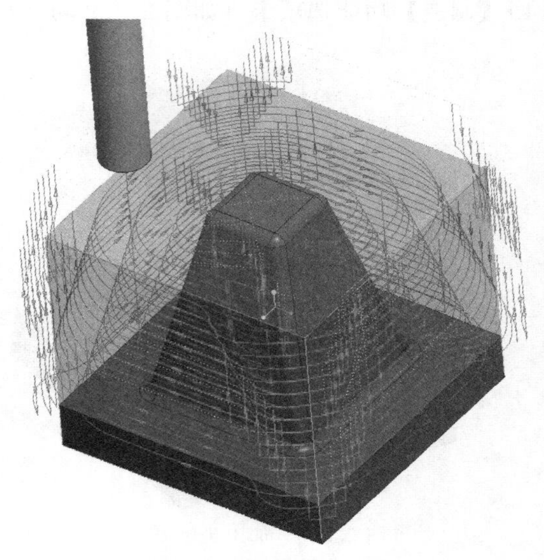

图 2.2.13　生成刀具路径

实体验证模拟

12. 实体切削验证

点击【刀具路径】下方的第三个按钮【实体验证】→打开 VERICUT 软件进行切削验证→点击软件右下角的【播放】按钮，观察实体切削验证的情况（如图 2.2.14 实体切削验证）。

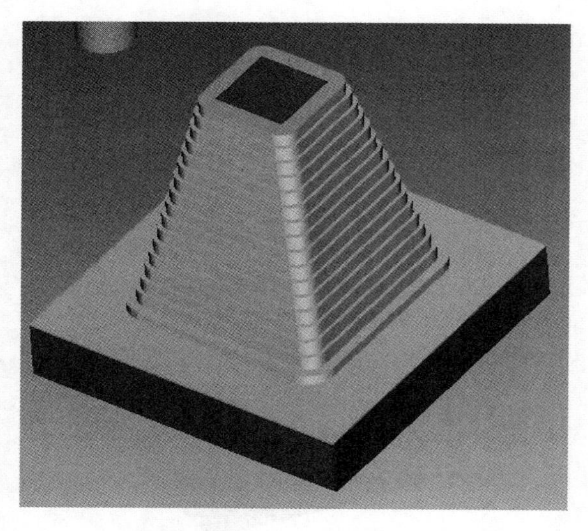

图 2.2.14　实体切削验证

二、粗加工铣削参数设置

图 2.2.15 所示为【参数】选项卡，图 2.2.16 所示为【编辑序列参数“粗加工1”】对话框，此处进行详细的参数设置。不同加工方法，序列的制造参数不同。如果需要定义更多的参数，可以在对话框中单击“全部”按钮，以定义更多的加工参数。

下面讲解粗加工铣削的加工参数，将不区分其位于【参数选项卡】，或是【编辑序列参数选项卡】，统一进行讲解，其中部分通用加工参数的含义见前面章节，不再赘述，其余参数的含义解释见表 2.2.2 粗加工铣削参数设置。

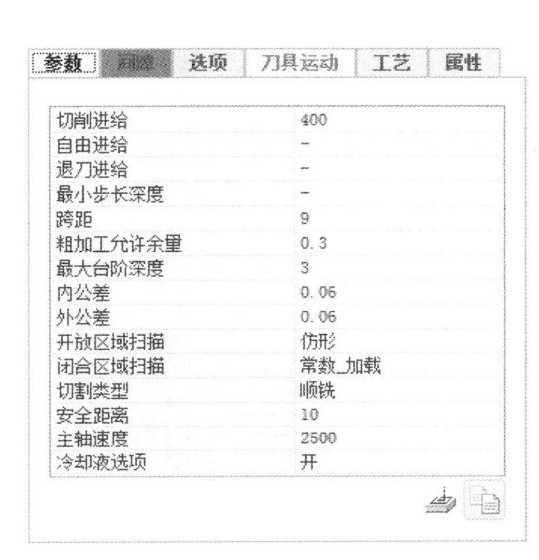

图 2.2.15 【参数】选项卡

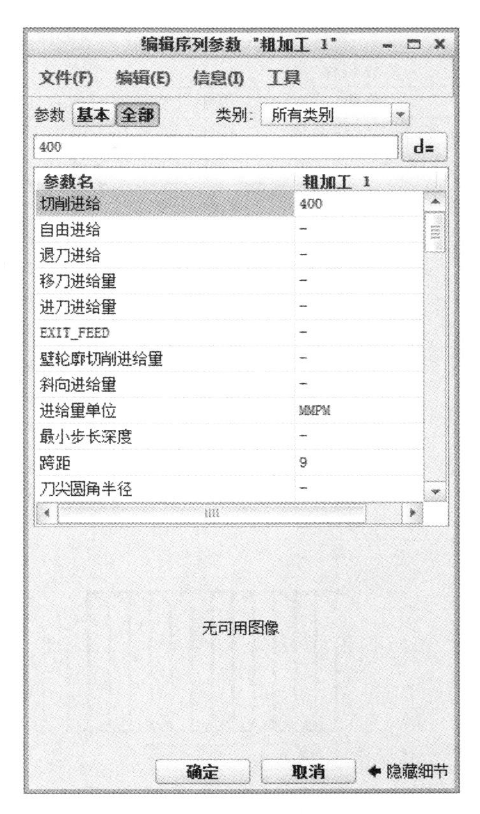

图 2.2.16 【编辑序列参数“粗加工 1”】对话框

表 2.2.2　粗加工铣削参数设置

序号	参数名称	详细说明
1	切削进给	用于设置切削运动的进给速度，通常为 80～500mm/min
2	最大台阶深度	用于设置 Z 轴方向允许的最大步距深度
3	最小步长深度	用于设置 Z 轴方向允许的最小步距深度，一般不需要设置，系统会自动进行设置 粗加工中的步长深度计算： 系统根据最大和最小 Z 高度和“最大台阶深度”参数值计算步距深度，该值小于或等于指定的“最大台阶深度”的值，结果即是均匀间隔的层切面的最小值 最大 Z 高度是工件的顶部，如果没有工件，则为参照零件的顶部。第一个层切面将被定位到此高度值减去步距深度值的位置处。默认的最小 Z 高度是参照零件的底部 此层有要去除的材料，那么它是最后一个层切面的位置 系统将最大和最小 Z 高度之间的距离分成均匀的步距，并尽量减少步距的数量，使步距小于或等于指定的“最大台阶深度”的值。如果在一个或多个最低的层切面处没有要去除的材料，那么它们将被忽略 粗加工序列步距深度的计算如图 2.2.17 所示 工件上要去除的材料　最高层切面　最大Z高度　加工层切面　Z　X　底部层切面，被忽略　参照零件　最小Z高度 图 2.2.17　粗加工序列步距深度的计算

续表

序号	参数名称	详细说明	
4	跨距	用于设置相邻两条刀具轨迹的距离，通常为刀具直径的50%～80%	
5	粗加工允许余量	用于设置粗加工的加工余量	
6	开放区域扫描	用于设置开放区域中刀具切削的运动方式	
		常数_加载	生成一个逼近恒定刀具负荷的刀具轨迹。其走刀路径如图2.2.18所示
		保持切削方向	生成螺旋切刀路径，两次切削之间用S形连接。切削完成后，刀具按S形连接轨迹进入下一切削区域，以保持切削方向，这样就使相对于其余材料的切削类型在两次切削之间改变。此选项可以产生最少的退刀次数。其走刀路径图2.2.19所示
		保持切削类型	生成螺旋切刀路径，两次切削之间用倒圆弧连接。切削完成后，刀具按圆弧轨迹进入下一个切削区域，反转切削方向以维持相对于其余材料的切削类型。此选项可以产生最少的退刀次数。其走刀路径图2.2.20所示
		仿形	系统默认值，每次切削的形状与硬壁的形状一致，并在两次连续切削的相应点之间保持固定偏距。其走刀路径图2.2.21所示
		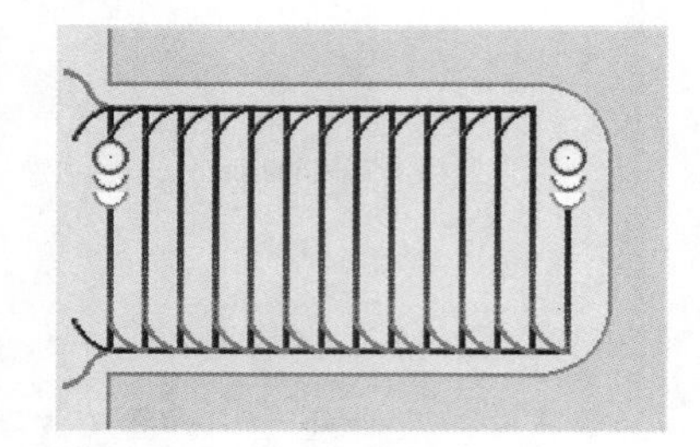 图2.2.18 【常数_加载】 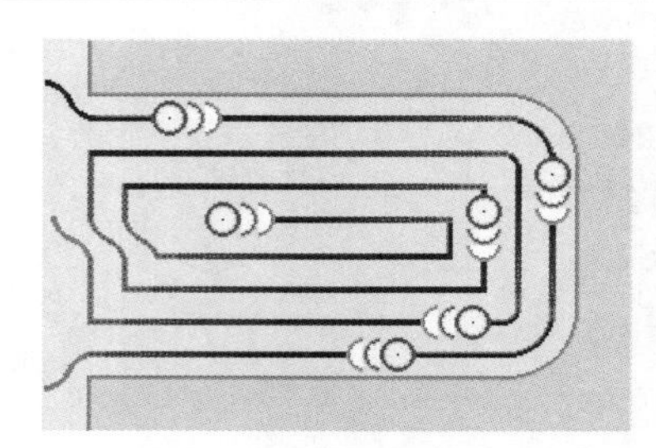 图2.2.19 【保持切削方向】 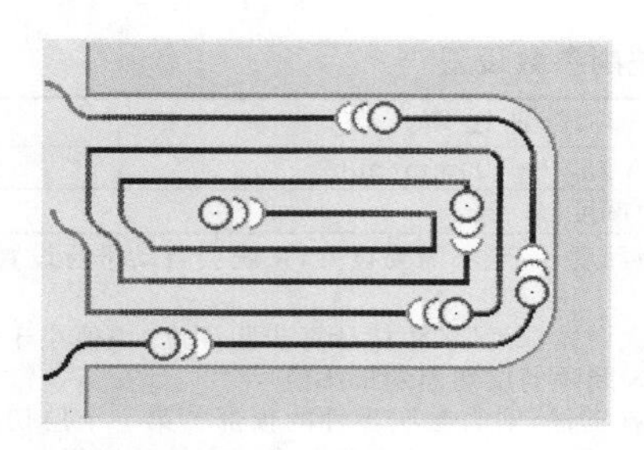 图2.2.20 【保持切削类型】 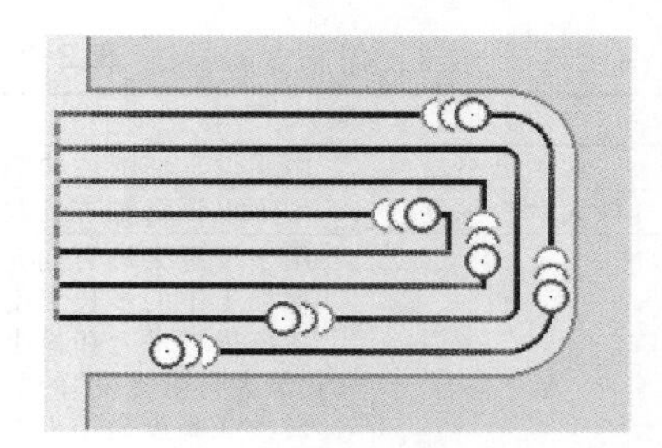 图2.2.21 【仿形】	
7	闭合区域扫描	用于设置闭合区域中刀具切削的运动方式。系统默认值为"常数_加载"方式	
		常数_加载	主要用于高速加工。如图2.2.22所示
		螺旋保持切割方向	主要用于高速加工，走刀类型和【类型螺纹】相同，而层间则是以S形路线连接，这样保证了每一层的加工方向是一致的。如图2.2.23所示
		螺旋保持切割类型	主要用于高速加工，走刀类型和【类型螺纹】相同，而层间则是以反向的圆弧连接，即当一层切削完毕后刀具是以圆弧的切削方式切入下一层而不是垂直进刀。这样相邻层间的切削方向是相反的，但层间的切削类型一致。如图2.2.24所示
		仿形	每次切削的形状与硬壁的形状一致，并在两次连续切削的相应点之间保持固定偏距。其走刀路径图2.2.25所示
		类型3	刀具连续切削，由刀具产生单项加工的刀具轨迹，如图2.21.26所示
		类型螺纹	刀具每个切削层中产生螺旋式的刀具轨迹，以这种方式走刀时产生的切削力小。扫描类型为【类型螺纹】时生成的刀具轨迹，如图2.2.27所示

续表

序号	参数名称	详细说明
7		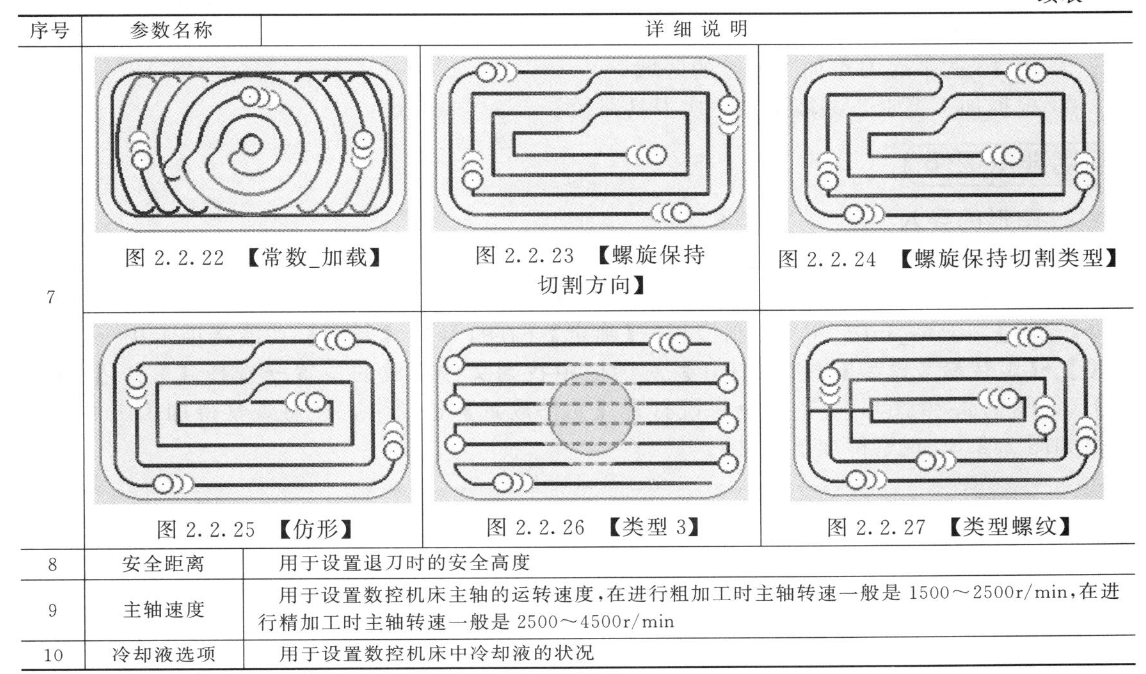 图 2.2.22 【常数_加载】 图 2.2.23 【螺旋保持切割方向】 图 2.2.24 【螺旋保持切割类型】 图 2.2.25 【仿形】 图 2.2.26 【类型 3】 图 2.2.27 【类型螺纹】
8	安全距离	用于设置退刀时的安全高度
9	主轴速度	用于设置数控机床主轴的运转速度，在进行粗加工时主轴转速一般是 1500～2500r/min，在进行精加工时主轴转速一般是 2500～4500r/min
10	冷却液选项	用于设置数控机床中冷却液的状况

三、粗加工铣削加工实例一

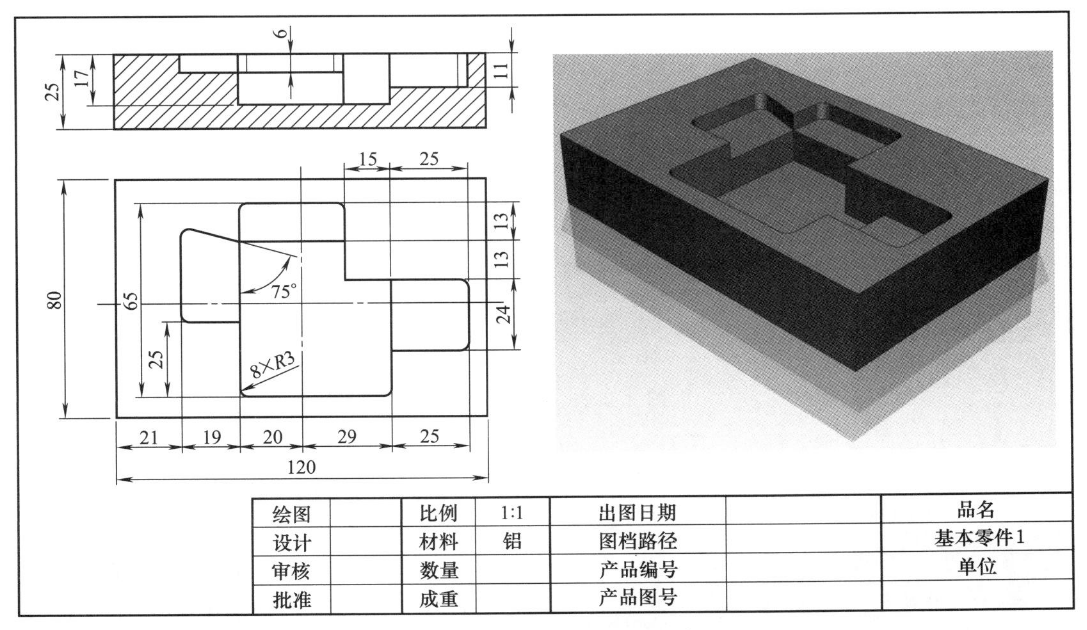

图 2.2.28　粗加工铣削加工实例一

加工前的工艺分析与准备

1. 工艺分析

该零件表面由连续的台阶平面构成（如图 2.2.28）。工件尺寸 120mm×80mm×25mm，无尺寸公差要求。尺寸标注完整，轮廓描述清楚。零件材料为已经加工成型的标准铝块，无热处理和硬度要求。

① 用 $\phi 8$ 的平底刀粗加工型腔的区域；

② 根据加工要求，共需产生 1 次刀具路径。

前期准备工作

2. 图形的导入

在 Creo 界面中点击【新建】按钮→打开【新建】对话框→【类型】制造→【子类型】NC 装配→【名称】3→取消勾选【使用默认模板】复选框→【确定】→弹出【新建文件选项】对话框→【模板】mmns_mfg_nc，公制模板→【确定】→在打开的【制造】功能选项卡中→【参考模型】→【组装参考模型】→在【打开】对话框中找到文件存放的位置→选择【3. prt】→【打开】(如图 2.2.29 图形的导入)→系统打开【元件放置】选项卡，注意观察待加工工件的状况（如图 2.2.30 观察待加工工件）。

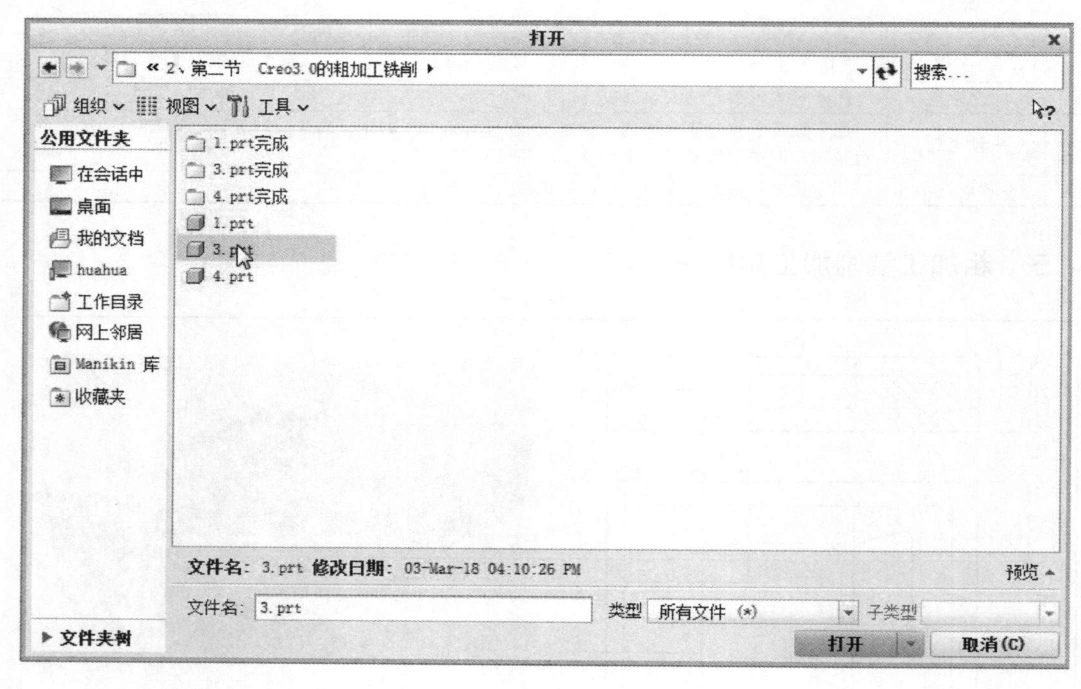

图 2.2.29 图形的导入

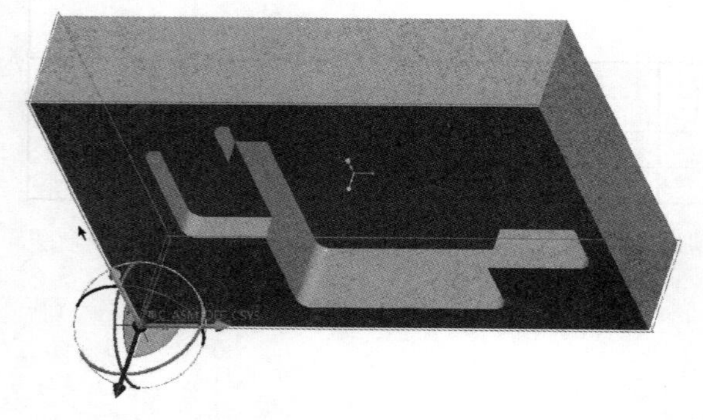

图 2.2.30 观察待加工工件

3. 元件放置

【元件放置】选项卡→打开【自动】下拉列表→【重合】→点击工件顶面和加工坐标系的 XY 平面→得到一个重合摆放的工件→点击【元件放置】选项卡上的【反向】按钮，将工件摆正→点击【应用约束】按钮，将当前的重合约束应用到系统中→【确定】，工件方向摆放完毕，系统返回【制造】功能选项卡（如图 2.2.31 元件放置）。

4. 创建毛坯

打开【视图】选项卡的【着色】→【带边着色】【制造】功能选项卡中→【工件】→【自动工件】→进入【创建自动工件】选项卡→【创建矩形工件】，将创建一个最小化包容工件的毛坯→【确定】，毛坯创建完毕，系统返回【制造】功能选项卡（如图 2.2.32 创建毛坯）。

NC_ASM_DEF_CSYS
重合

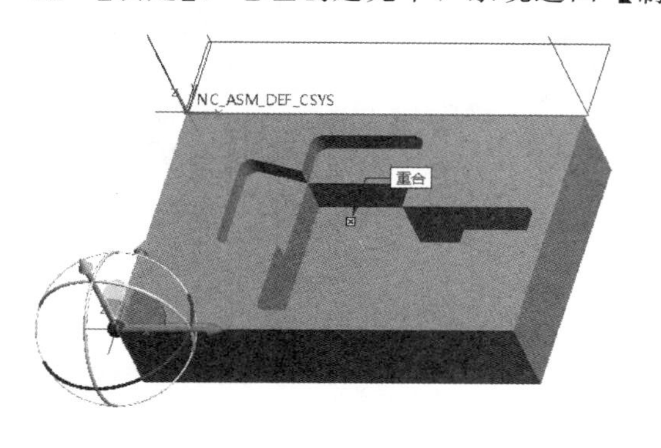

图 2.2.31 元件放置

NC_ASM_DEF_CSYS

图 2.2.32 创建毛坯

5. 设定铣削窗口

【制造】功能选项卡中→【铣削窗口】→打开【铣削窗口】选项卡→直接点击顶面，使顶面作为加工范围→【确定】，铣削窗口完毕，系统返回【制造】功能选项卡（如图 2.2.33 设定铣削窗口）。

NC_ASM_DEF_CSYS

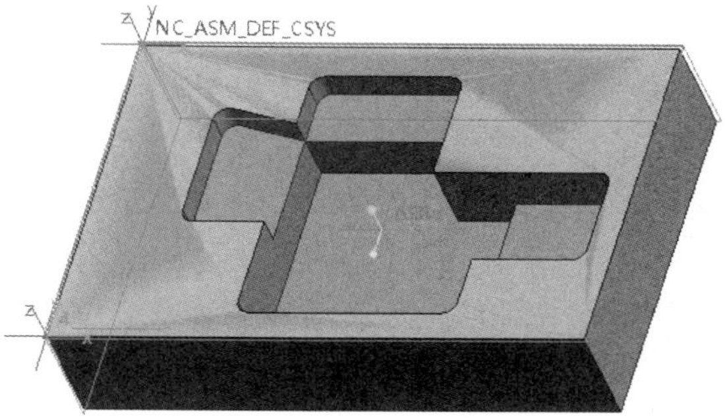

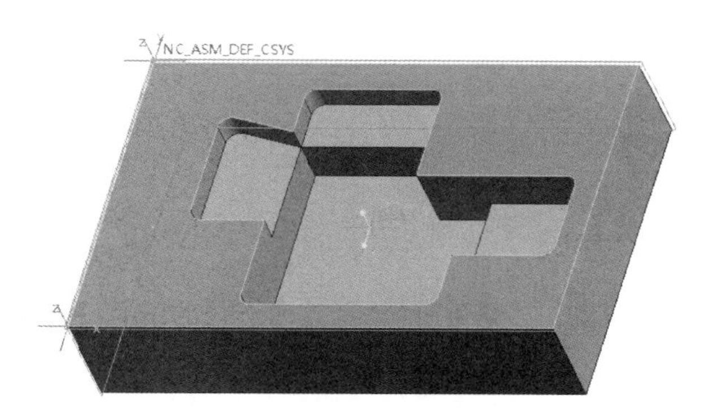

图 2.2.33 设定铣削窗口

6. 设置加工方法、刀具和坐标系

【制造】功能选项卡中→操作→右侧【制造设置】→【铣削】→打开【铣削工作中心】对话框→【名称】MILL01→【类型】铣削→【轴数】3 轴→切换到【刀具】选框→点击【刀具】按钮→打开【刀具设定】对话框→【名称】T0001→【类型】端铣削→刀具直径【ϕ】8→【应用】将刀具信息设定在刀具列表中→【确定】→【确定】（如图 2.2.34 刀具设定）→【基准】→【基准】→弹出【坐标系】对话框，此时处于【原点】选项卡，用于原点位置→此时，按住 Ctrl 键点击顶面→按住 Ctrl 键点击前面→按住 Ctrl 键点左侧面，此时坐标系会定位到左下角→点击【方向】选项卡→【使用】【确定】Z→【使用】【投影】Y【反向】，将坐标系的方向更改为与加工坐标系一致→【确定】（如图 2.2.35 加工坐标系）→点击左侧【使用此工具】按钮，将该坐标系应用到系统之中→【刀具】默认为第一把刀→【间隙】选项卡→【类型】平面→点击工件的表面→【值】10→【回车 Enter】→【确定】，加工方法、刀具和坐标系完毕，系统返回【制造】功能选项卡（如图 2.2.36 间隙）。

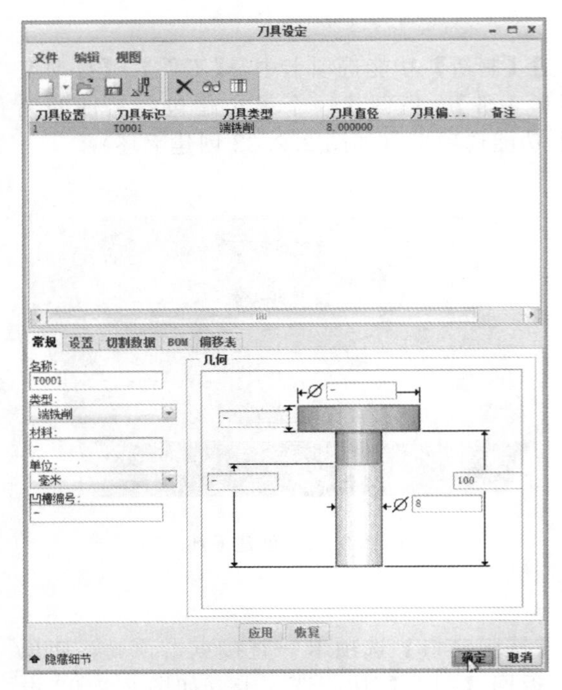

图 2.2.34　刀具设定

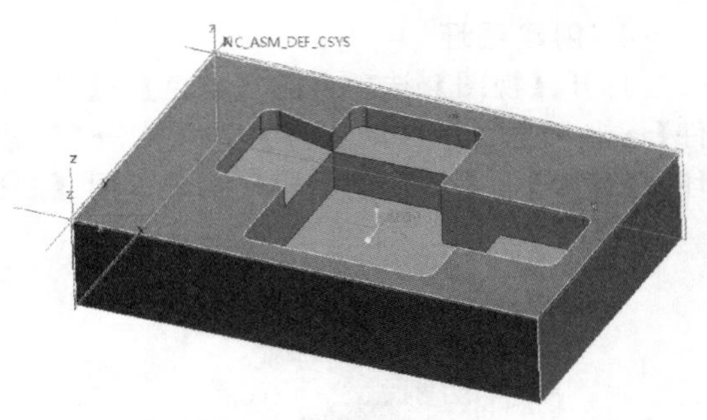

图 2.2.35　加工坐标系

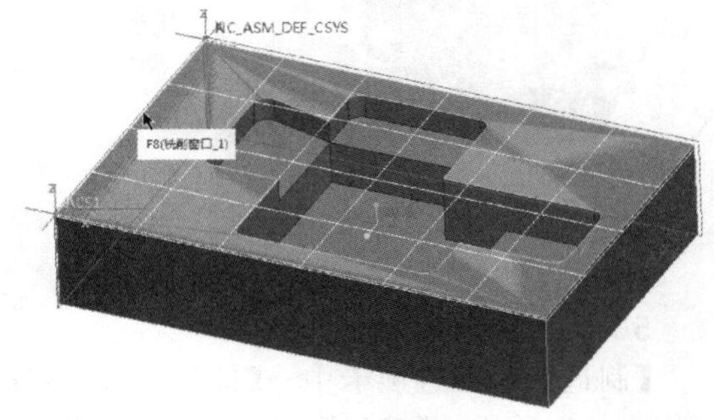

图 2.2.36　间隙

ϕ8 的平底刀粗加工型腔的区域

7. 进入粗加工模块

选择【铣削】功能选项卡→【粗加工】→【粗加工】。

8. 刀具和坐标系

【刀具】选择 T0001→【坐标系】为刚才在所设定的坐标系 ACS1：F10 坐标系。

9. 参考

选择【参考】选项卡→【加工参考】→点击前期所选择的顶面的边（如图 2.2.37 参考）。

10. 参数

选择【参数】选项卡→【切削进给】250→【跨距】5→【粗加工允许余量】0.3→【最大台

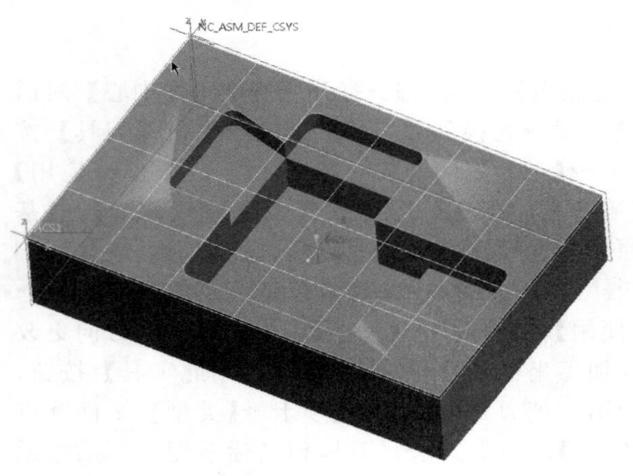

图 2.2.37　参考

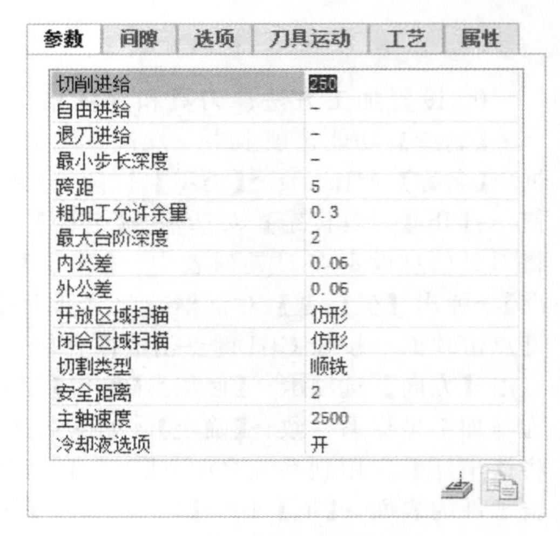

参数 | 间隙 | 选项 | 刀具运动 | 工艺 | 属性

参数	值
切削进给	250
自由进给	-
退刀进给	-
最小步长深度	-
跨距	5
粗加工允许余量	0.3
最大台阶深度	2
内公差	0.06
外公差	0.06
开放区域扫描	仿形
闭合区域扫描	仿形
切割类型	顺铣
安全距离	2
主轴速度	2500
冷却液选项	开

图 2.2.38　参数

阶深度】2→【开放区域扫描】仿形→【闭合区域扫描】仿形→【安全距离】2→【主轴速度】2500→【冷却液选项】开（如图 2.2.38 参数）。

11. **生成刀具路径**

点击上方的【刀具路径】按钮→打开【播放路径】对话框→点击【播放】按钮，生成刀具路径（如图 2.2.39 生成刀具路径）。

实体验证模拟

12. **实体切削验证**

点击【刀具路径】下方的第三个按钮【实体验证】→打开 VERICUT 软件进行切削验证→点击软件右下角的【播放】按钮，观察实体切削验证的情况（如图 2.2.40 实体切削验证）。

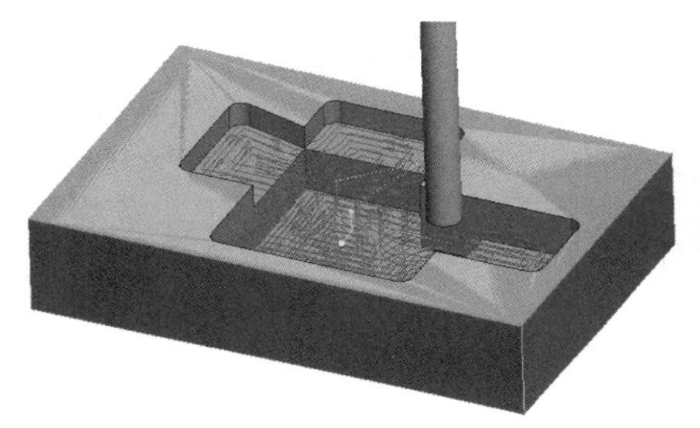

图 2.2.39 生成刀具路径

图 2.2.40 实体切削验证

四、粗加工铣削加工实例二

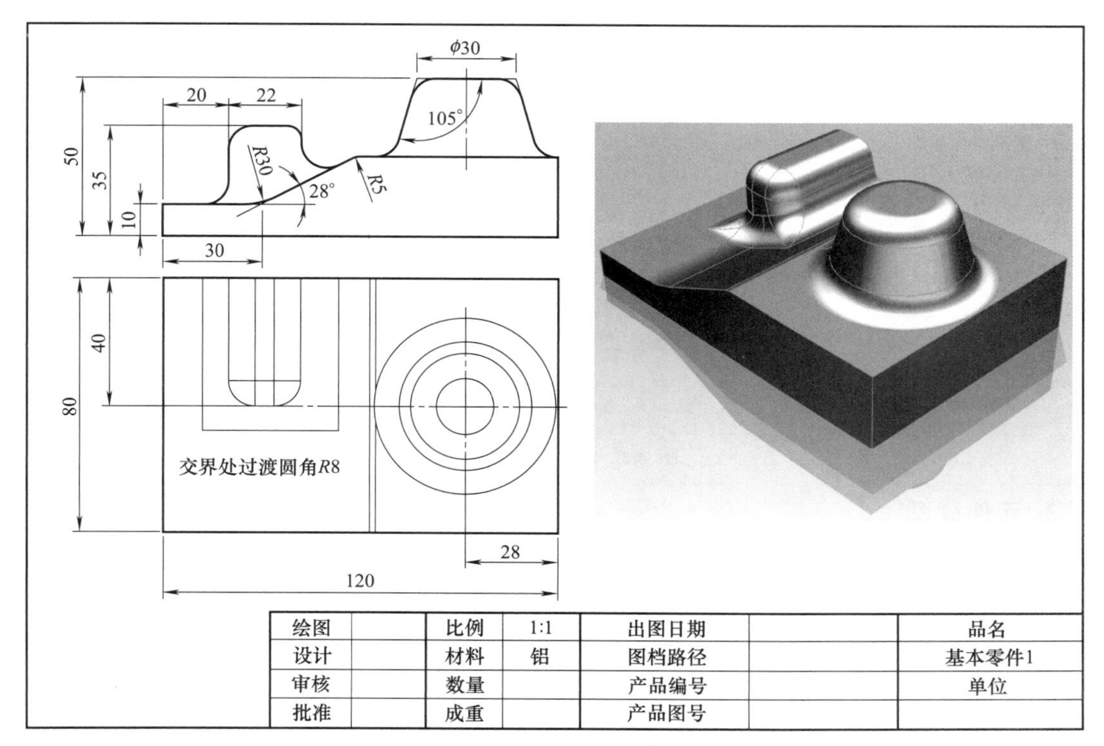

绘图		比例	1:1	出图日期		品名
设计		材料	铝	图档路径		基本零件1
审核		数量		产品编号		单位
批准		成重		产品图号		

图 2.2.41 粗加工铣削加工实例二

加工前的工艺分析与准备

1. 工艺分析

该零件表面由连续的曲面构成，中间有两处突起的凸台（如图 2.2.41），工件尺寸 120mm×80mm×50mm，无尺寸公差要求。尺寸标注完整，轮廓描述清楚。零件材料为已经加工成型的标准铝块，无热处理和硬度要求。

① 用 $\phi 12R2$ 的圆角刀粗加工曲面的区域；

② 根据加工要求，共需产生 1 次刀具路径。

前期准备工作

2. 图形的导入

在 Creo 界面中点击【新建】按钮→打开【新建】对话框→【类型】制造→【子类型】NC 装配→【名称】4→取消勾选【使用默认模板】复选框→【确定】→弹出【新建文件选项】对话框→【模板】mmns_mfg_nc，公制模板→【确定】→在打开的【制造】功能选项卡中→【参考模型】→【组装参考模型】→在【打开】对话框中找到文件存放的位置→选择【4.prt】→【打开】（如图 2.2.42 图形的导入）→系统打开【元件放置】选项卡，注意观察待加工工件的状况（如图 2.2.43 观察待加工工件）。

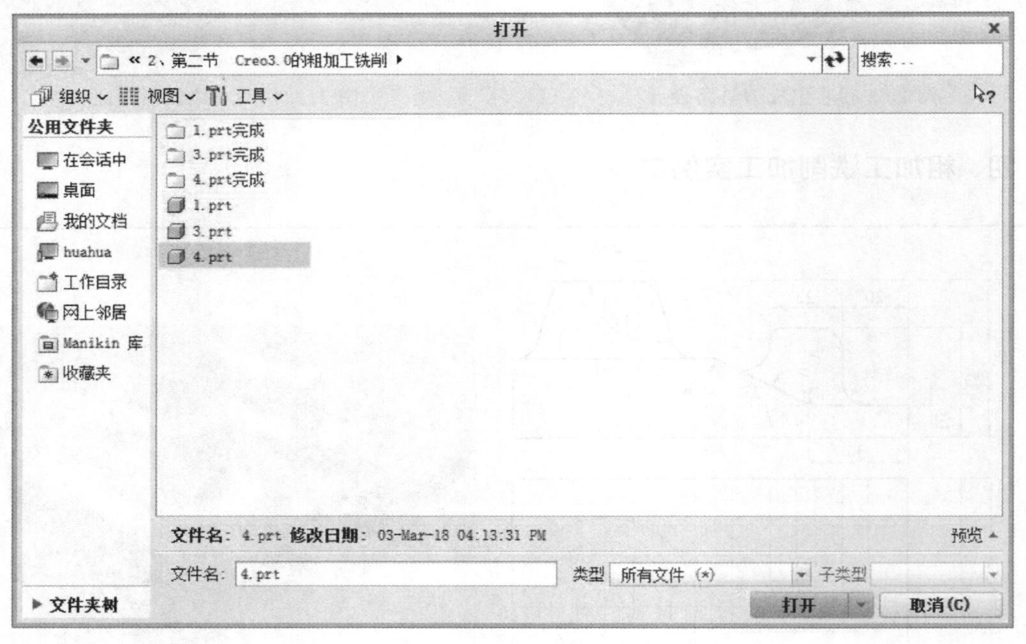

图 2.2.42 图形的导入

3. 元件放置

【元件放置】选项卡→打开【自动】下拉列表→【重合】→点击工件顶面和加工坐标系的 XY 平面→得到一个重合摆放的工件→点击【元件放置】选项卡上的【反向】按钮，将工件摆正→点击【应用约束】按钮，将当前的重合约束应用到系统中→【确定】，工件方向摆放完毕，系统返回【制造】功能选项卡（如图 2.2.44 元件放置）。

4. 创建毛坯

打开【视图】选项卡的【着色】→【带边着色】【制造】功能选项卡中→【工件】→【自动工

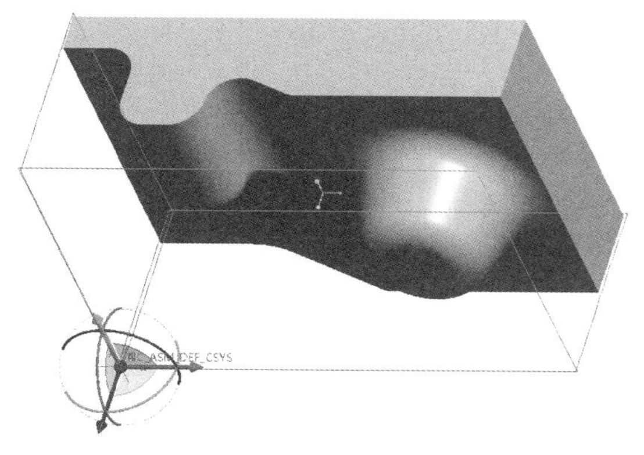

图 2.2.43　观察待加工工件

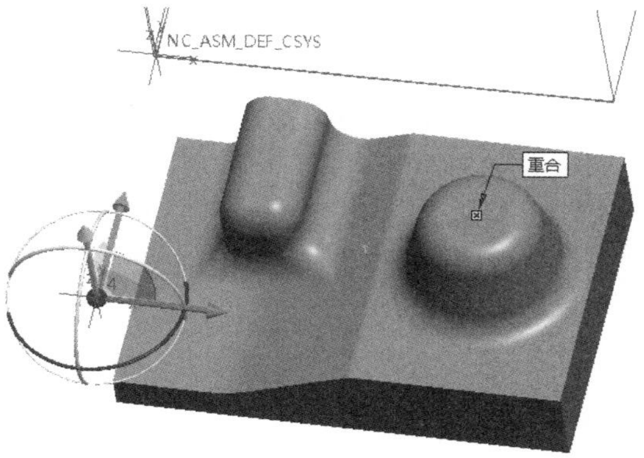

图 2.2.44　元件放置

件】→进入【创建自动工件】选项卡→【创建矩形工件】，将创建一个最小化包容工件的毛坯→【确定】，毛坯创建完毕，系统返回【制造】功能选项卡（如图 2.2.45 创建毛坯）。

5. 设定铣削窗口

【制造】功能选项卡中→【铣削窗口】→打开【铣削窗口】选项卡→直接点击顶面，使顶面作为加工范围→【确定】，铣削窗口完毕，系统返回【制造】功能选项卡（如图 2.2.46 设定铣削窗口）。

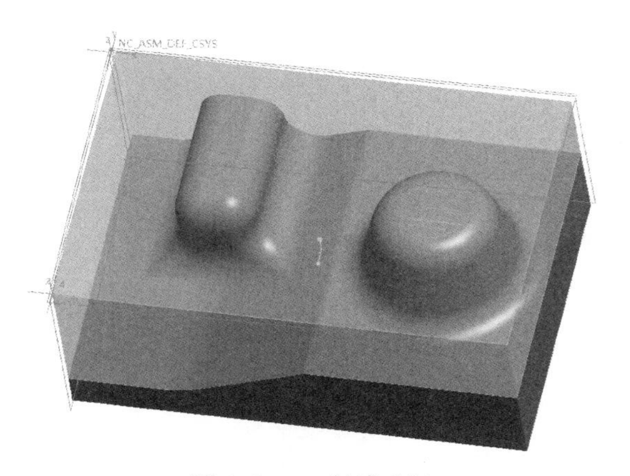

图 2.2.45　创建毛坯

图 2.2.46　设定铣削窗口

6. 设置加工方法、刀具和坐标系

【制造】功能选项卡中→操作→右侧【制造设置】→【铣削】→打开【铣削工作中心】对话框→【名称】MILL01→【类型】铣削→【轴数】3 轴→切换到【刀具】选框→点击【刀具】按钮→打开【刀具设定】对话框→【名称】T0001→【类型】外圆角铣削→刀具直径【ϕ】12→【R】2→【应用】将刀具信息设定在刀具列表中→【确定】→【确定】（如图 2.2.47 刀具设定）→【基准】→【基准】→弹出【坐标系】对话框，此时处于【原点】选项卡，用于原点位置→此时，按住 Ctrl 键点击顶面→按住 Ctrl 键点击前面→按住 Ctrl 键点左侧面，此时坐标系会定位到左下角→点击【方向】选项卡→【使用】【确定】Z→【使用】【投影】Y【反向】，将坐标系的方向更改为与加工坐标系一致→【确定】（如图 2.2.48 加工坐标系）→点击左侧【使用此工具】按钮，将该坐标系应用到系统之中→【刀具】默认为第一把刀→【间隙】选项卡→【类型】平面→点击工件的表面→【值】10→【回车 Enter】→【确定】，加工方法、刀具和坐标系完毕，系统返回【制造】功能选项卡（如图 2.2.49 间隙）。

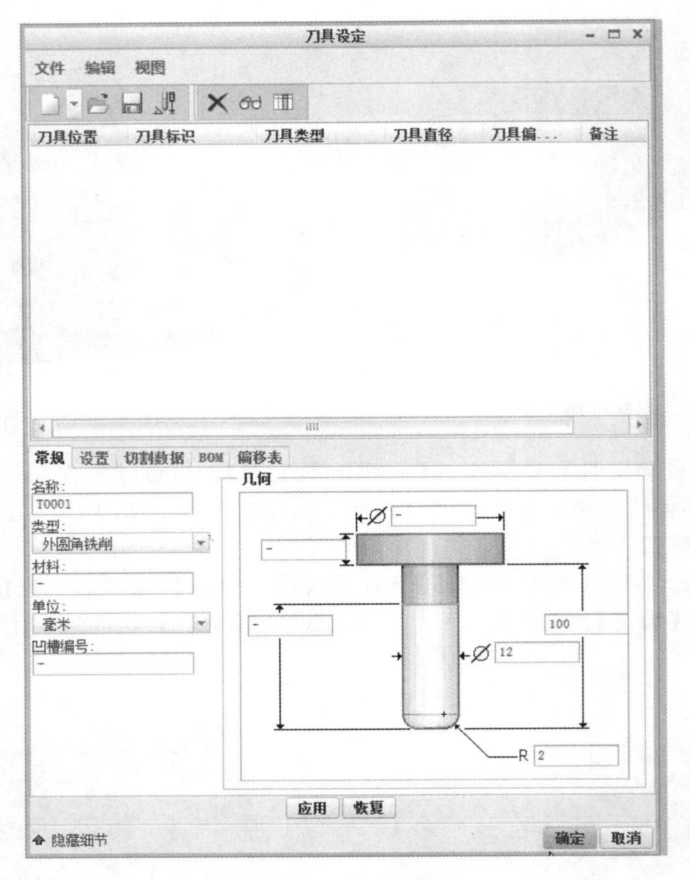

图 2.2.47 刀具设定

图 2.2.48 加工坐标系

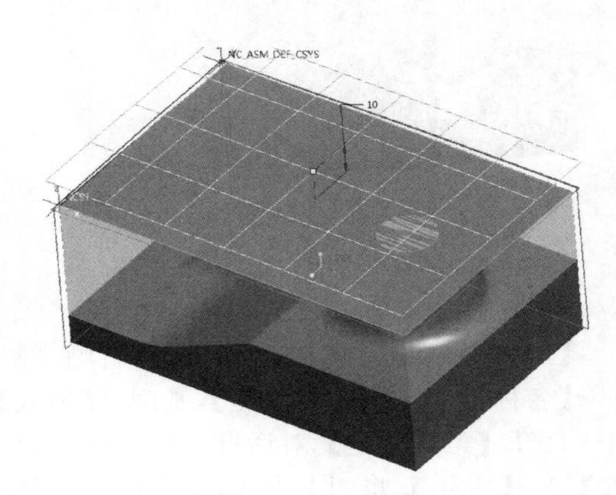

图 2.2.49 间隙

$\phi12R2$ 的圆角刀粗加工曲面的区域

7. 进入粗加工模块

选择【铣削】功能选项卡→【粗加工】→【粗加工】。

8. 刀具和坐标系

【刀具】选择 T0001→【坐标系】为刚才在所设定的坐标系 ACS1：F10 坐标系。

9. 参考

选择【参考】选项卡→【加工参考】→点击前期所选择的顶面的边（如图 2.2.50 参考）。

10. 参数

选择【参数】选项卡→【切削进给】350→【跨距】6→【粗加工允许余量】0.3→【最大台阶深度】3→【开放区域扫描】仿形→【安全距离】2→【主轴速度】2000→【冷却液选项】开（如图 2.2.51 参数）。

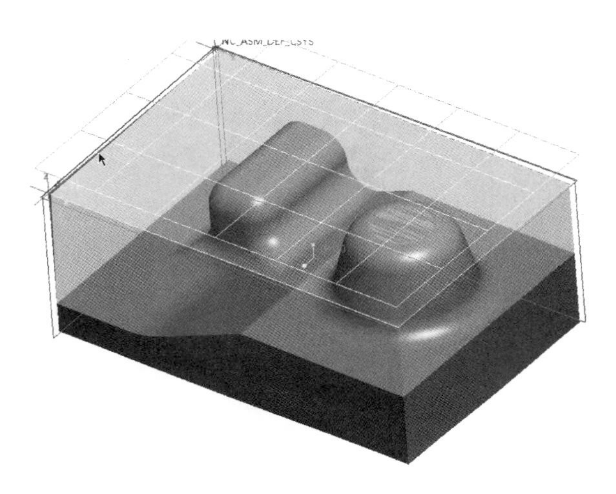

图 2.2.50　参考

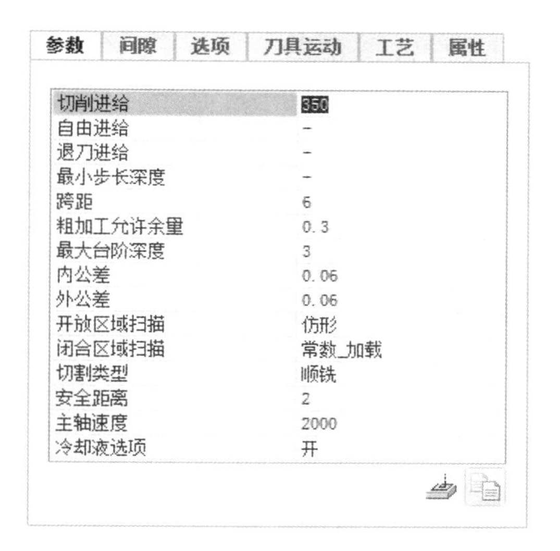

图 2.2.51　参数

11. 生成刀具路径

点击上方的【刀具路径】按钮→打开【播放路径】对话框→点击【播放】按钮，生成刀具路径（如图 2.2.52 生成刀具路径）。

实体验证模拟

12. 实体切削验证

点击【刀具路径】下方的第三个按钮【实体验证】→打开 VERICUT 软件进行切削验证→点击软件右下角的【播放】按钮，观察实体切削验证的情况（如图 2.2.53 实体切削验证）。

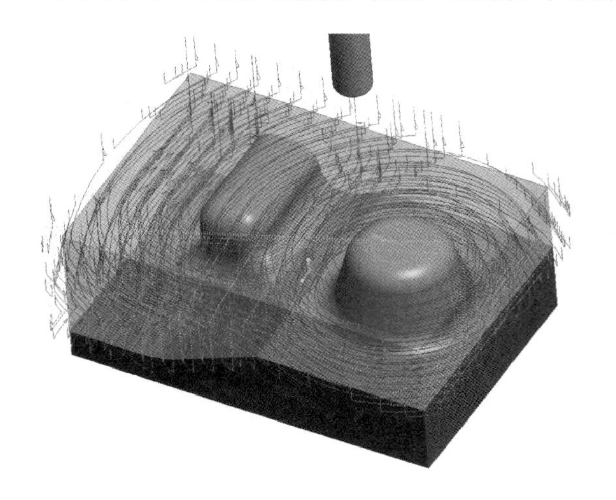

图 2.2.52　生成刀具路径

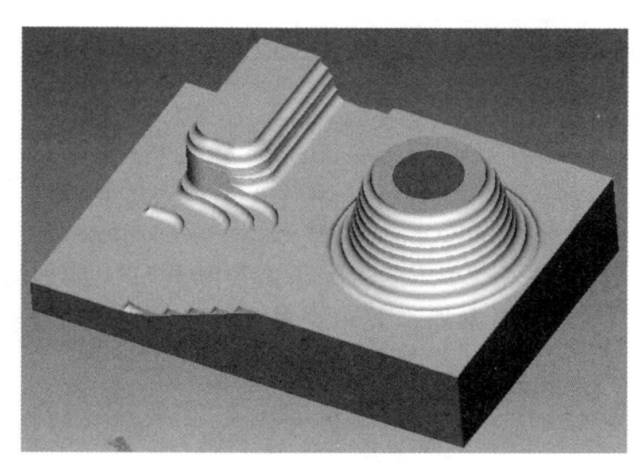

图 2.2.53　实体切削验证

第三节　重新粗加工铣削

一、重新粗加工入门实例

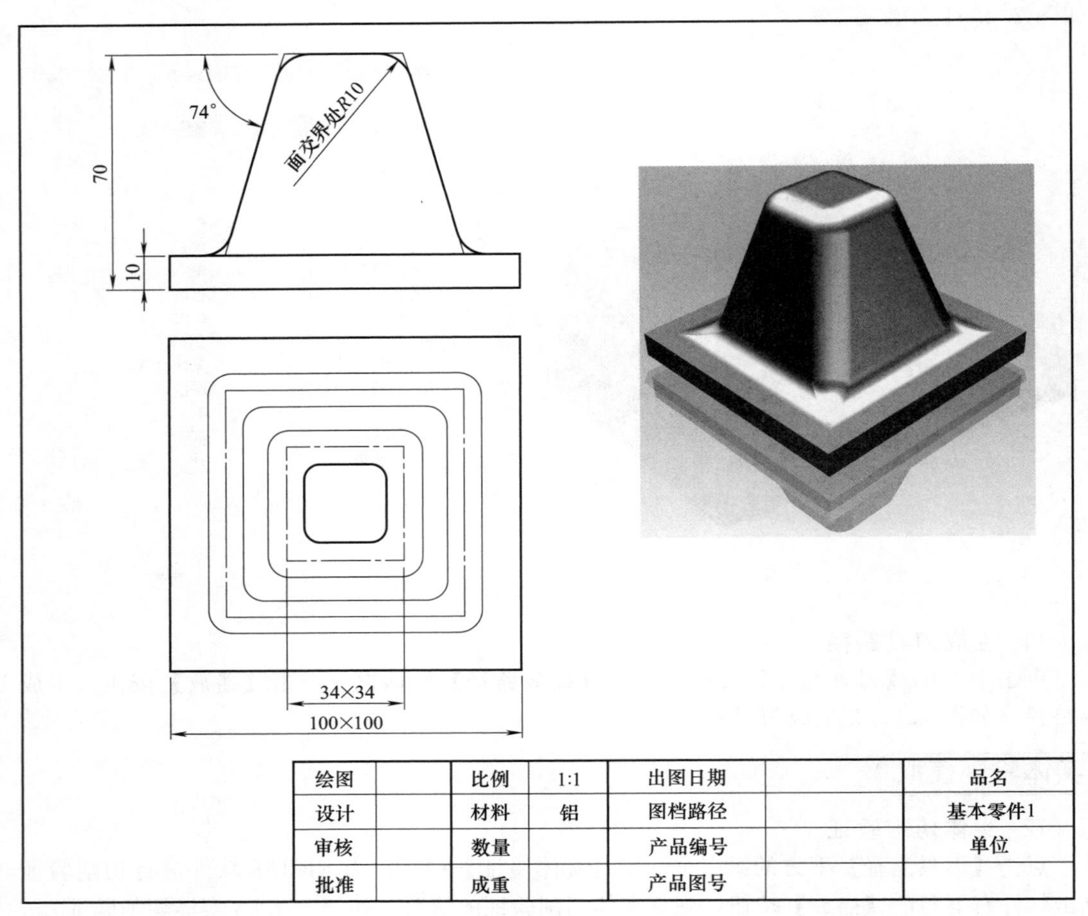

图 2.3.1　重新粗加工入门实例

加工前的工艺分析与准备

1. 工艺分析

该零件表面由规则的凸台构成。工件尺寸 100mm×100mm×70mm（如图 2.3.1），无尺寸公差要求。尺寸标注完整，轮廓描述清楚。零件材料为已经加工成型的标准铝块，无热处理和硬度要求。

① 用 $\phi10R2$ 的圆角刀重新粗加工曲面区域；

② 根据加工要求，共需产生 1 次刀具路径。

前期准备工作

2. 图形的导入

在 Creo 界面中点击【新建】按钮→打开【新建】对话框→【类型】制造→【子类型】NC

装配→【名称】1→取消勾选【使用默认模板】复选框→【确定】→弹出【新建文件选项】对话框→【模板】mmns_mfg_nc，公制模板→【确定】→在打开的【制造】功能选项卡中→【打开】→在【文件打开】对话框中找到文件存放的位置→选择【1.asm】→【打开】(如图 2.3.2 图形的导入)。

3. 观察之前的刀具路径和实体切削验证

右击之前进行的操作→选择【编辑操作】→【编辑】按钮 (如图 2.3.3 编辑) →点击上方的【刀具路径】按钮→打开【播放路径】对话框→点击【播放】按钮，生成刀具路径（如图 2.3.4 生成刀具路径）→点击【刀具路径】下方的第三个按钮【实体验证】→打开 VERYCUT 软件进行切削验证→点击软件右下角的【播放】按钮，观察实体切削验证的情况（如图 2.3.5 实体切削验证）。

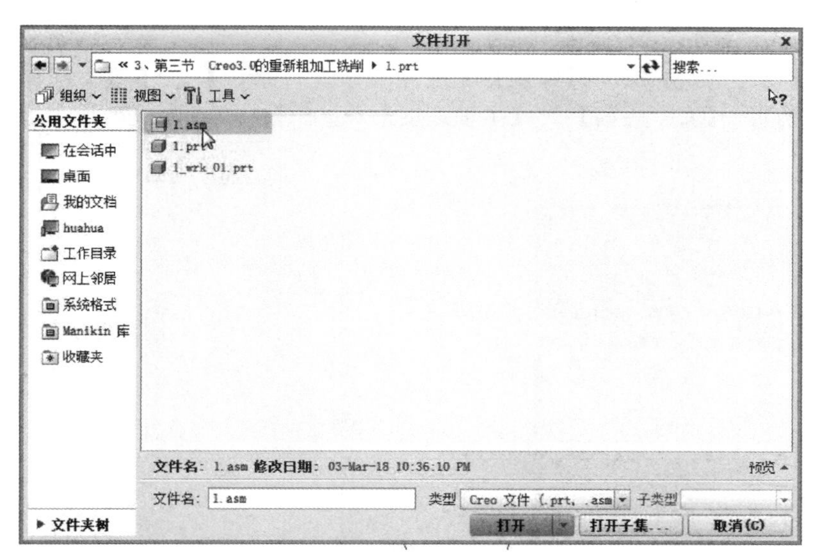

图 2.3.2　图形的导入

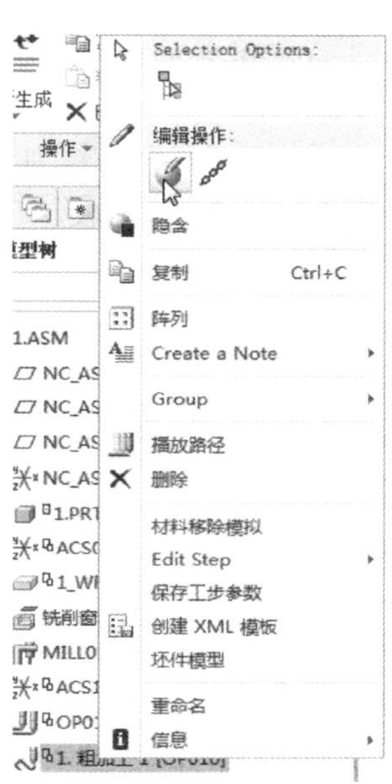

图 2.3.3　编辑

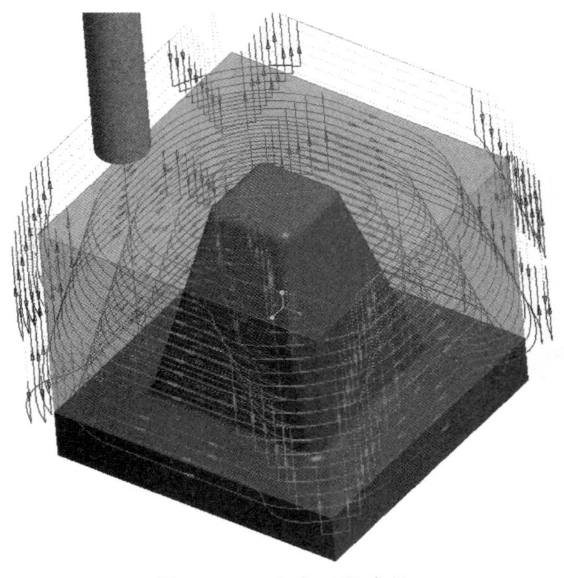

图 2.3.4　生成刀具路径

图 2.3.5　实体切削验证

ϕ10R2的圆角刀重新粗加工曲面区域

4. 进入重新粗加工模块

选择【铣削】功能选项卡→【重新粗加工】 重新粗加工。

5. 刀具、上一步操作和坐标系

点击【刀具】下拉列表→【编辑刀具】→打开【刀具设定】对话框→点击【新建】按钮→【名称】T0002→【类型】外圆角铣削→刀具直径【ϕ】10→【R】2→【应用】将刀具信息设定在刀具列表中→【确定】→【确定】(如图2.3.6刀具设定)→【上一步操作】粗加工1 1. 粗加工 1→【坐标系】为之前所设定的坐标系ACS1：F10坐标系。

6. 参考

【参考】使用上一步操作选择的参考平面，不做修改。

7. 参数

选择【参数】选项卡→【切削进给】300→【跨距】3→【粗加工允许余量】0→【最大台阶深度】1→【开放区域扫描】仿形→【安全距离】2→【主轴速度】2500→【冷却液选项】开（如图2.3.7参数）。

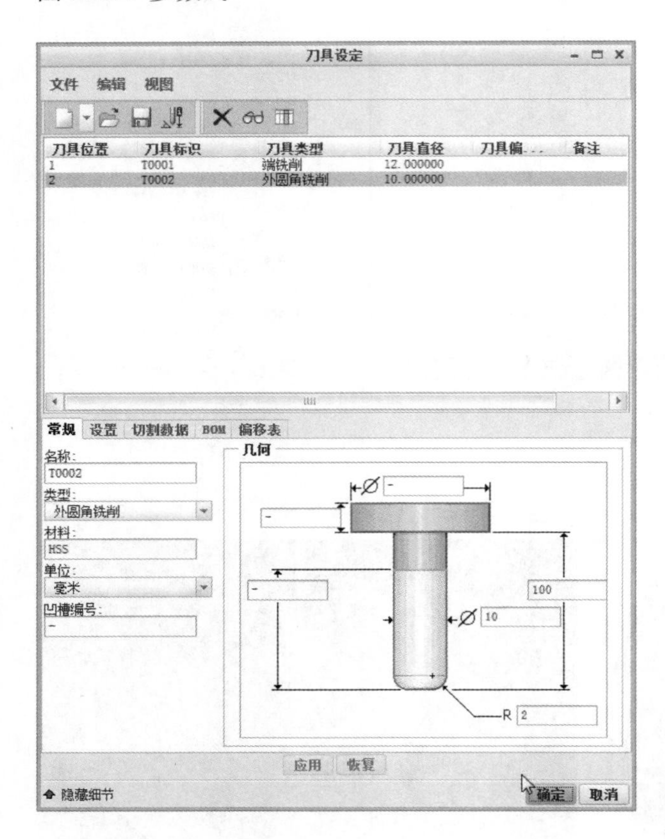

图2.3.6 刀具设定

参数 | 间隙 | 选项 | 刀具运动 | 工艺 | 属性

参数	值
切削进给	300
自由进给	-
最小步长深度	-
跨距	3
粗加工允许余量	0
最大台阶深度	1
内公差	0.06
外公差	0.06
开放区域扫描	仿形
闭合区域扫描	常数_加载
切割类型	顺铣
安全距离	2
主轴速度	2500
冷却液选项	开

图2.3.7 参数

8. 生成刀具路径

点击上方的【刀具路径】按钮→打开【播放路径】对话框→点击【播放】按钮，生成刀具路径（如图2.3.8生成刀具路径）。

实体验证模拟

9. 实体切削验证

点击【刀具路径】下方的第三个按钮【实体验证】→打开 VERYCUT 软件进行切削验证→点击软件右下角的【播放】按钮，观察实体切削验证的情况（如图 2.3.9 实体切削验证）

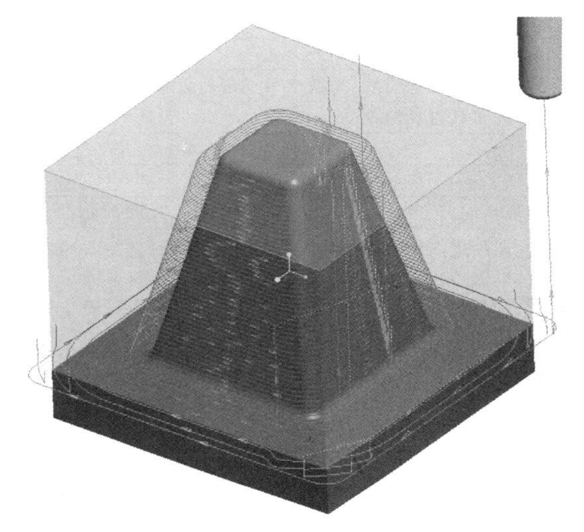

图 2.3.8　生成刀具路径

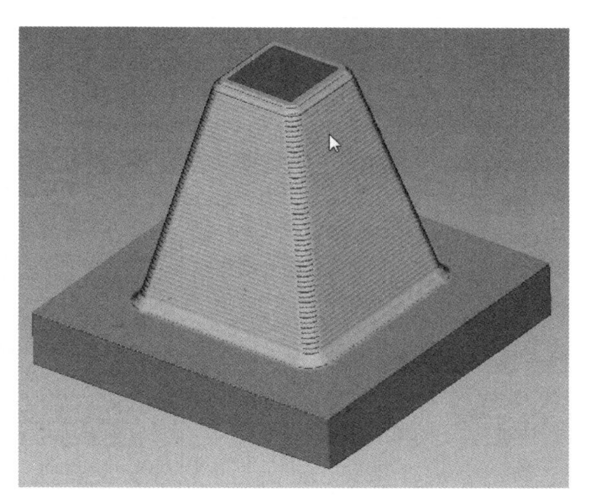

图 2.3.9　实体切削验证

二、重新粗加工铣削参数设置

图 2.3.10 所示为参数选项卡，图 2.3.11 所示为【编辑序列参数“重新粗加工 1”】对话框，此处进行详细的参数设置。不同加工方法，序列的制造参数不同。如果需要定义更多的参数，可以在对话框中单击“全部”按钮，以定义更多的加工参数。

参数　间隙　选项　刀具运动　工艺　属性

参数	值
切削进给	400
自由进给	-
退刀进给	-
最小步长深度	-
跨距	9
粗加工允许余量	0.3
最大台阶深度	3
内公差	0.06
外公差	0.06
开放区域扫描	仿形
闭合区域扫描	常数_加载
切割类型	顺铣
安全距离	10
主轴速度	2500
冷却液选项	开

图 2.3.10　参数选项卡

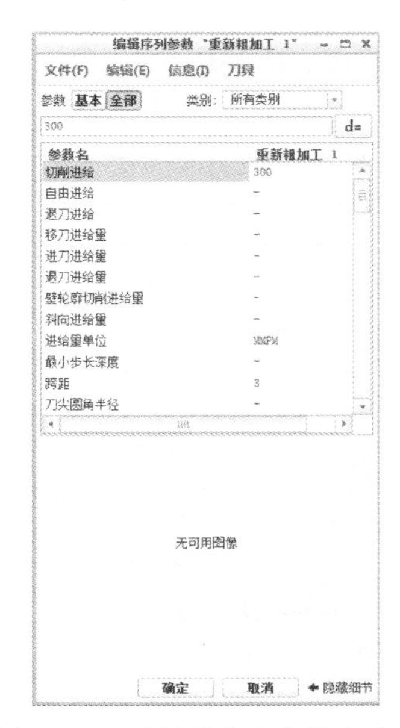

图 2.3.11　【编辑序列参数“重新粗加工 1”】对话框

下面讲解重新粗加工铣削的加工参数，将不区分其位于【参数选项卡】，或是【编辑序列参数选项卡】，统一进行讲解，其中部分通用加工参数的含义见前面章节，不再赘述，其余参数的含义解释见表 2.3.1。

表 2.3.1　参数说明

序号	参数名称	详细说明	
1	切削进给	用于设置切削运动的进给速度，通常为 80～500mm/min	
2	最大台阶深度	用于设置 Z 轴方向允许的最大步距深度	
3	最小步长深度	用于设置 Z 轴方向允许的最小步距深度，一般不需要设置，系统会自动进行设置	
4	跨距	用于设置相邻两条刀具轨迹的距离，通常为刀具直径的 50%～80%	
5	粗加工允许余量	用于设置新的加工余量	
6	开放区域扫描	用于设置开放区域中刀具切削的运动方式	
		常数_加载	生成一个逼近恒定刀具负荷的刀具轨迹。其走刀路径如图 2.3.12 所示
		保持切削方向	生成螺旋切刀路径，两次切削之间用 S 形连接。切削完成后，刀具按 S 形连接轨迹进入下一切削区域，以保持切削方向，这样就使相对于其余材料的切削类型在两次切削之间改变。此选项可以产生最少的退刀次数。其走刀路径如图 2.3.13 所示
		保持切削类型	生成螺旋切刀路径，两次切削之间用倒圆弧连接。切削完成后，刀具按圆弧轨迹进入下一个切削区域，反转切削方向以维持相对于其余材料的切削类型。此选项可以产生最少的退刀次数。其走刀路径如图 2.3.14 所示
		仿形	系统默认值，每次切削的形状与硬壁的形状一致，并在两次连续切削的相应点之间保持固定偏距。其走刀路径如图 2.3.15 所示
		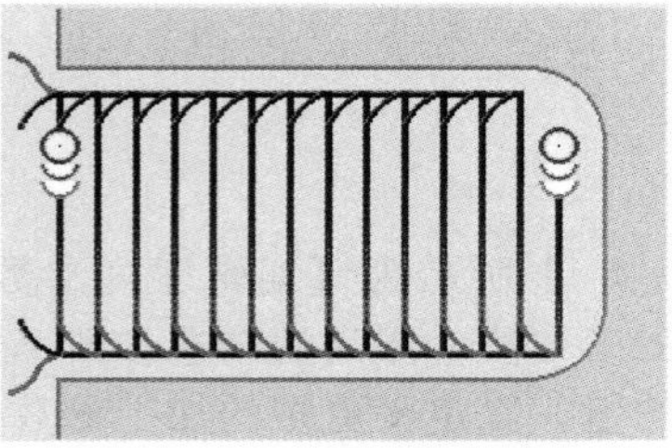 图 2.3.12　【常数_加载】	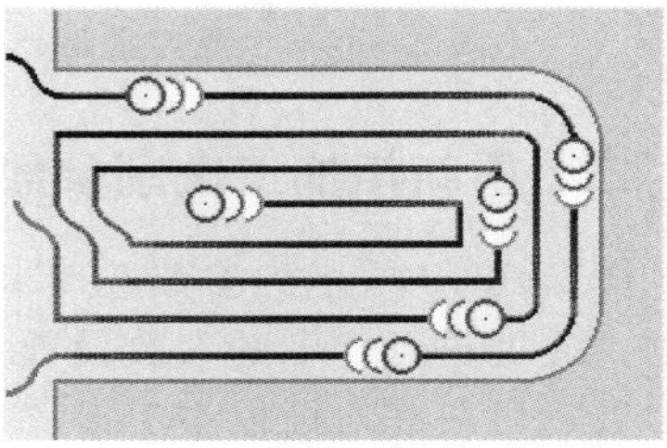 图 2.3.13　【保持切削方向】
		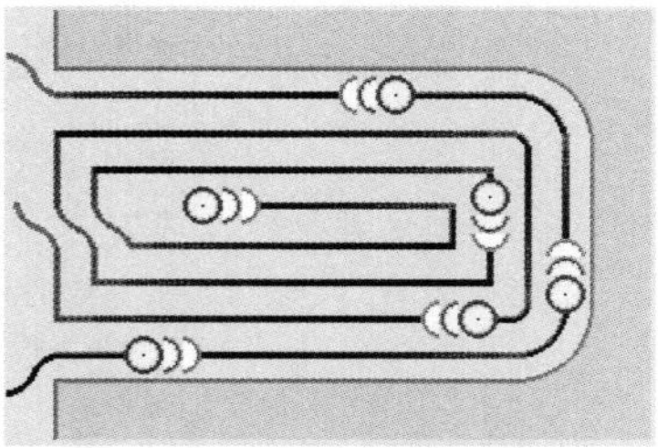 图 2.3.14　【保持切削类型】	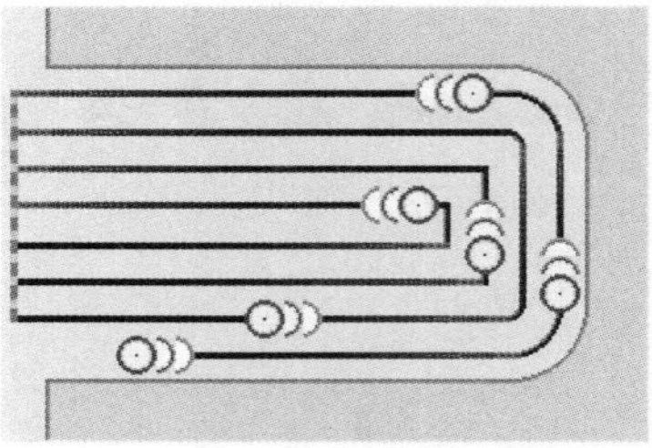 图 2.3.15　【仿形】
7	闭合区域扫描	用于设置闭合区域中刀具切削的运动方式。系统默认值为“常数_加载”方式	
		常数_加载	主要用于高速加工。如图 2.3.16 所示
		螺旋保持切割方向	主要用于高速加工，走刀类型和【类型螺纹】相同，而层间则是以 S 形路线连接，这样保证了每一层的加工方向是一致的。如图 2.3.17 所示
		螺旋保持切割类型	主要用于高速加工，走刀类型和【类型螺纹】相同，而层间则是以反向的圆弧连接，即当一层切削完毕后刀具是以圆弧的切削方式切入下一层而不是垂直进刀。这样相邻层间的切削方向是相反的，但层间的切削类型一致。如图 2.3.18 所示
		仿形	每次切削的形状与硬壁的形状一致，并在两次连续切削的相应点之间保持固定偏距。其走刀路径如图 2.3.19 所示
		类型 3	刀具连续切削，由刀具产生单项加工的刀具轨迹，如图 2.3.20 所示

续表

序号	参数名称	详细说明	
7	闭合区域扫描	类型螺纹	刀具每个切削层中产生螺旋式的刀具轨迹，以这种方式走刀时产生的切削力小。扫描类型为【类型螺纹】时生成的刀具轨迹，如图 2.3.21 所示
	 图 2.3.16 【常数_加载】 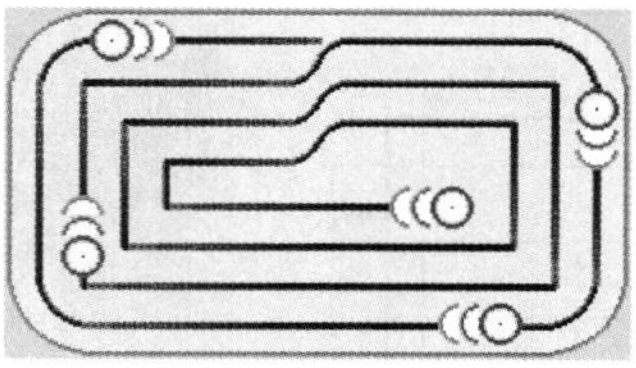	图 2.3.17 【螺旋保持切割方向】 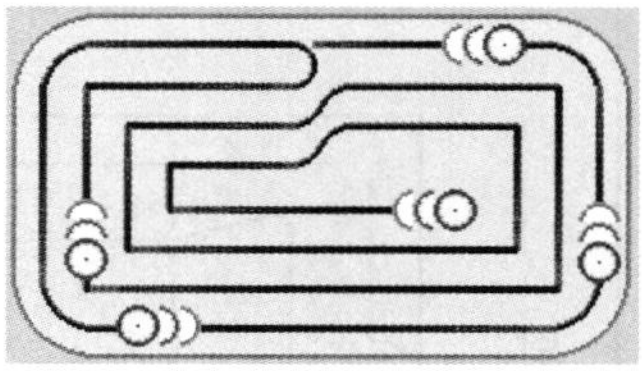	图 2.3.18 【螺旋保持切割类型】 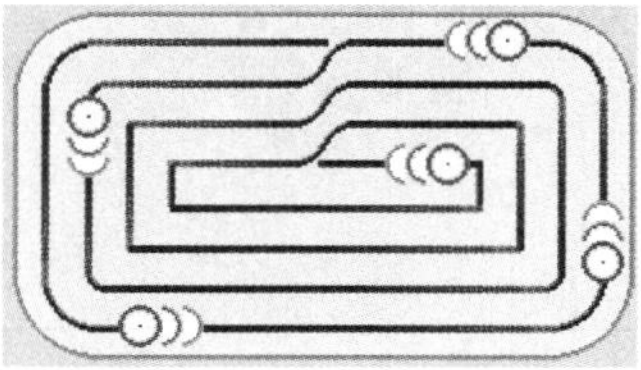
	图 2.3.19 【仿形】 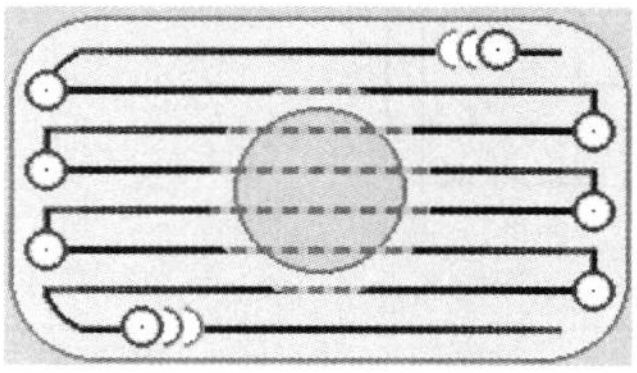	图 2.3.20 【类型 3】 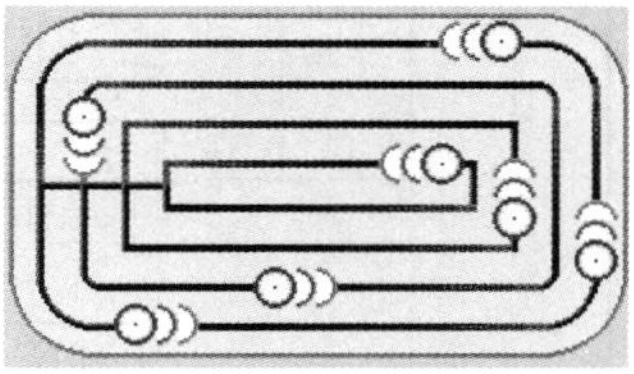	图 2.3.21 【类型螺纹】
8	进刀距离	在进刀时，由下到点延伸一段距离，进行进刀，如图 2.3.22 所示 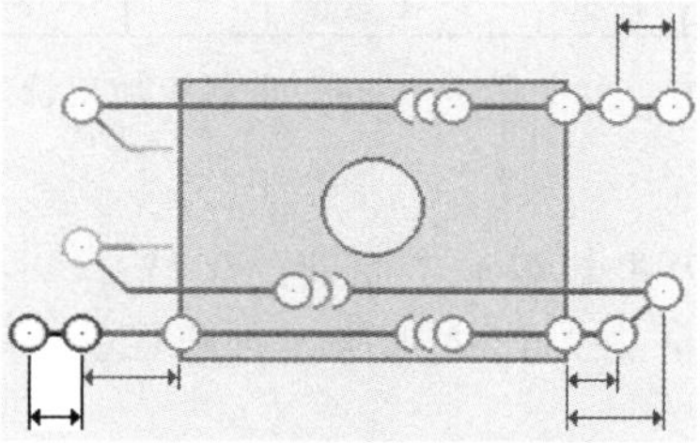 图 2.3.22 【进刀距离】	
9	退刀距离	在退刀时，由下到点延伸一段距离，进行退刀，如图 2.3.23 所示 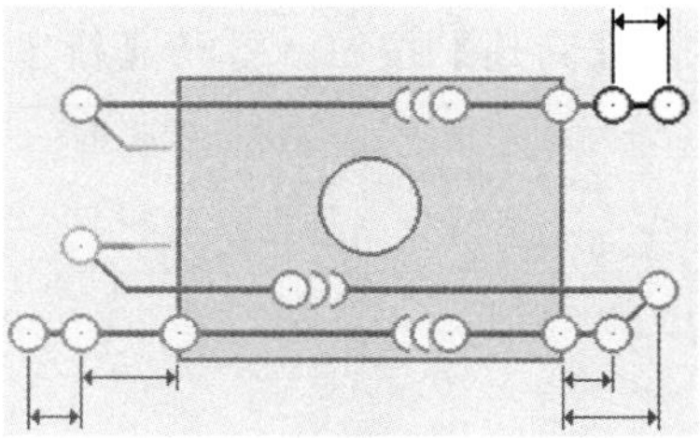 图 2.3.23 【退刀距离】	
10	安全距离	用于设置退刀时的安全高度	
11	主轴速度	用于设置数控机床主轴的运转速度，在进行粗加工时主轴转速一般是 1500～2500r/min，在进行精加工时主轴转速一般是 2500～4500r/min	
12	冷却液选项	用于设置数控机床中冷却液的状况	

三、重新粗加工铣削加工实例一

加工前的工艺分析与准备

1. 工艺分析

该零件表面由连续的台阶平面构成（如图 2.3.24）。工件尺寸 120mm×80mm×25mm，无尺寸公差要求。尺寸标注完整，轮廓描述清楚。零件材料为已经加工成型的标准铝块，无

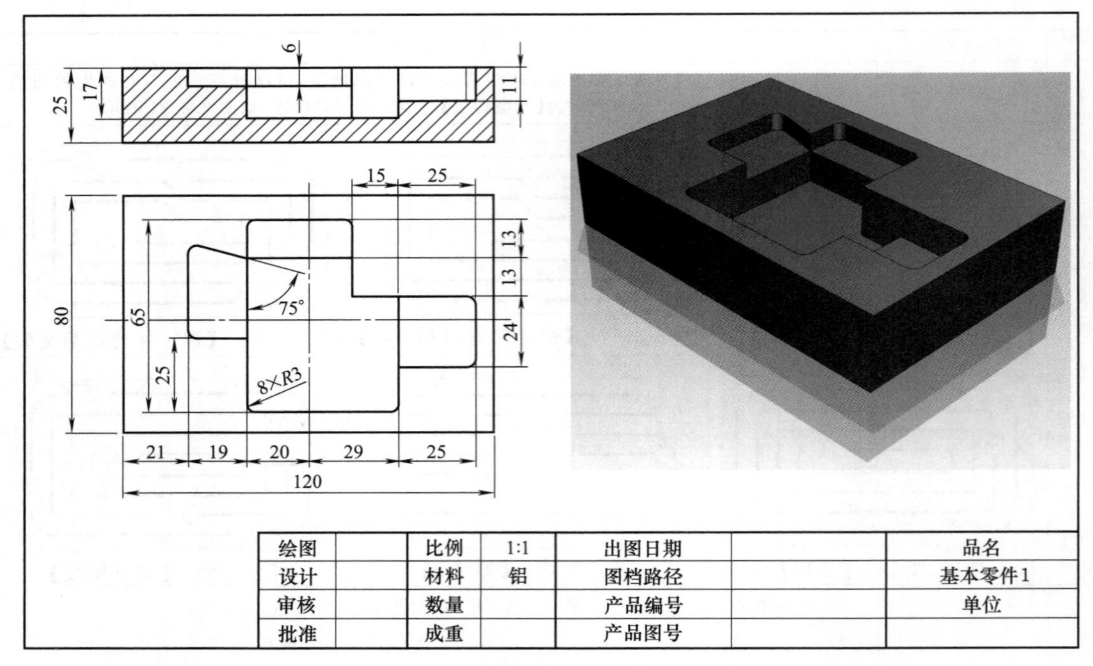

图 2.3.24　重新粗加工铣削加工实例一

热处理和硬度要求。

① 用 ϕ5 的平底刀重新粗加工曲面的区域；

② 根据加工要求，共需产生 1 次刀具路径。

前期准备工作

2. 图形的导入

在 Creo 界面中点击【新建】按钮→打开【新建】对话框→【类型】制造→【子类型】NC

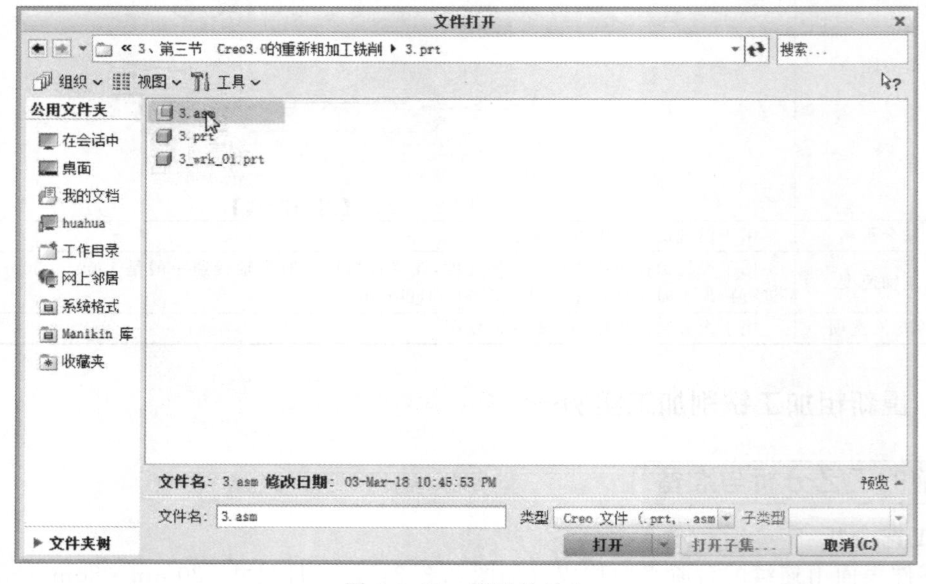

图 2.3.25　图形的导入

装配→【名称】3→取消勾选【使用默认模板】复选框→【确定】→弹出【新建文件选项】对话框→【模板】mmns_mfg_nc，公制模板→【确定】→在打开的【制造】功能选项卡中→【打开】→在【文件打开】对话框中找到文件存放的位置→选择【3.asm】→【打开】(如图2.3.25图形的导入)。

3. 观察之前的刀具路径和实体切削验证

右击之前进行的操作→选择【编辑操作】→【编辑】按钮→点击上方的【刀具路径】按钮→打开【播放路径】对话框→点击【播放】按钮，生成刀具路径（如图2.3.26生成刀具路径)→点击【刀具路径】下方的第三个按钮【实体验证】→打开VERICUT软件进行切削验证→点击软件右下角的【播放】按钮，观察实体切削验证的情况（如图2.3.27实体切削验证)。

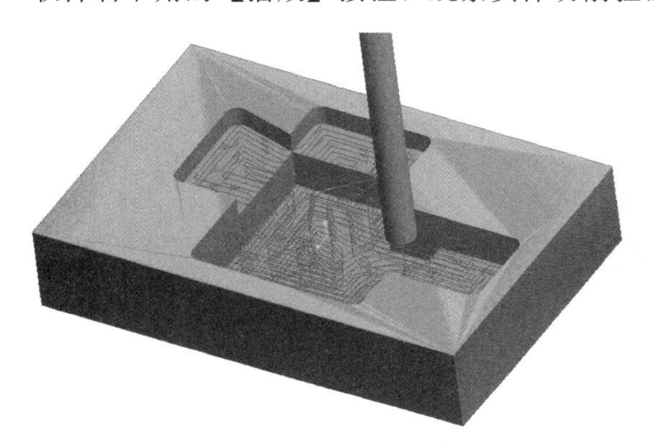

图2.3.26　生成刀具路径

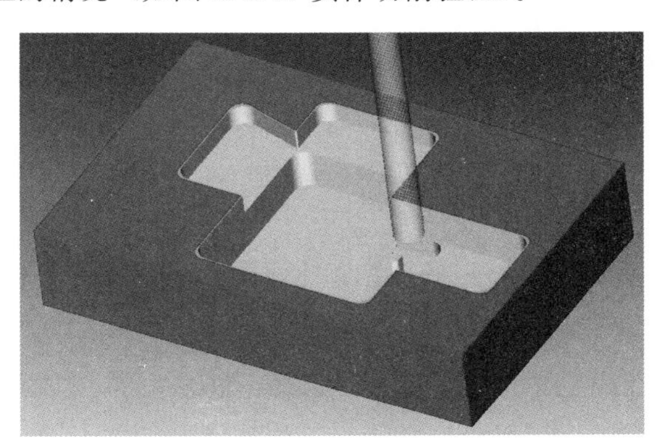

图2.3.27　实体切削验证

ϕ5的端铣削刀重新粗加工平面区域

4. 进入重新粗加工模块

选择【铣削】功能选项卡→【重新粗加工】重新粗加工。

5. 刀具、上一步操作和坐标系

点击【刀具】下拉列表→【编辑刀具】→打开【刀具设定】对话框→点击【新建】按钮→【名称】T0002→【类型】端铣削→刀具直径【ϕ】5→【应用】将刀具信息设定在刀具列表中→【确定】→【确定】(如图2.3.28刀具设定)→【上一步操作】粗加工1→【坐标系】为之前所设定的坐标系ACS1：F10坐标系。

6. 参考

【参考】使用上一步操作选择的参考平面，不做修改。

7. 参数

选择【参数】选项卡→【切削进给】180→【跨距】3→【粗加工允许余量】0→【最大台阶深度】3→【开放区域扫描】仿形→【安全距离】2→【主轴速度】2500→【冷却液选项】开（如图2.3.29参数)。

8. 生成刀具路径

点击上方的【刀具路径】按钮→打开【播放路径】对话框→点击【播放】按钮，生成刀具路径（如图2.3.30生成刀具路径)。

实体验证模拟

9. 实体切削验证

点击【刀具路径】下方的第三个按钮【实体验证】→打开VERICUT软件进行切削验

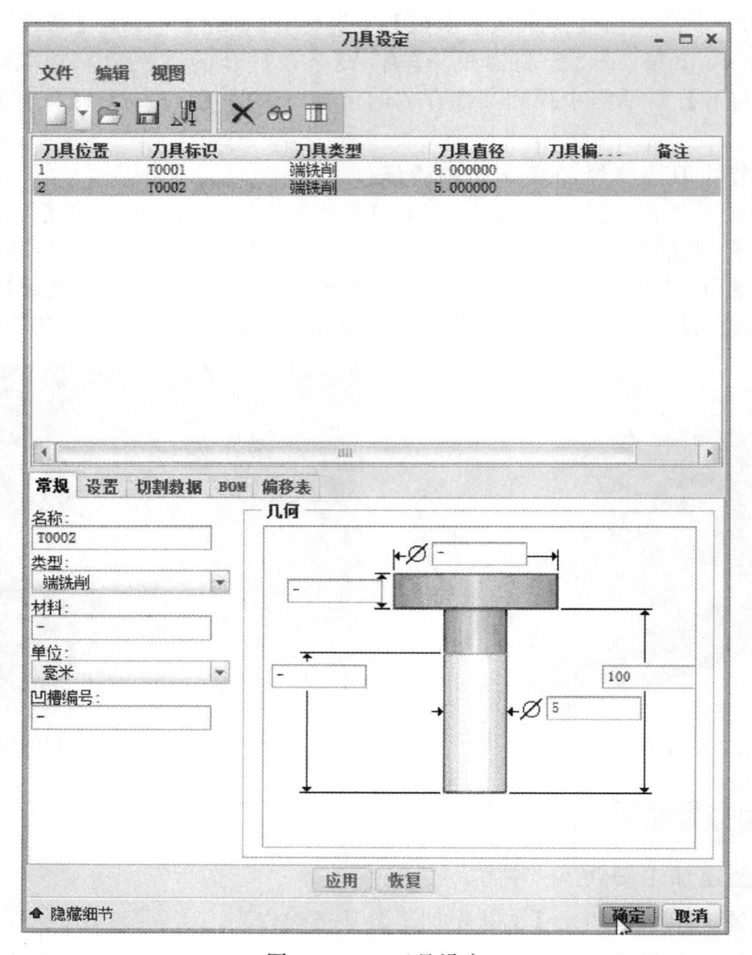

图 2.3.28 刀具设定

参数	间隙	选项	刀具运动	工艺	属性

参数	值
切削进给	180
自由进给	-
最小步长深度	-
跨距	3
粗加工允许余量	0
最大台阶深度	3
内公差	0.06
外公差	0.06
开放区域扫描	仿形
闭合区域扫描	常数_加载
切割类型	顺铣
安全距离	2
主轴速度	2500
冷却液选项	开

图 2.3.29 参数

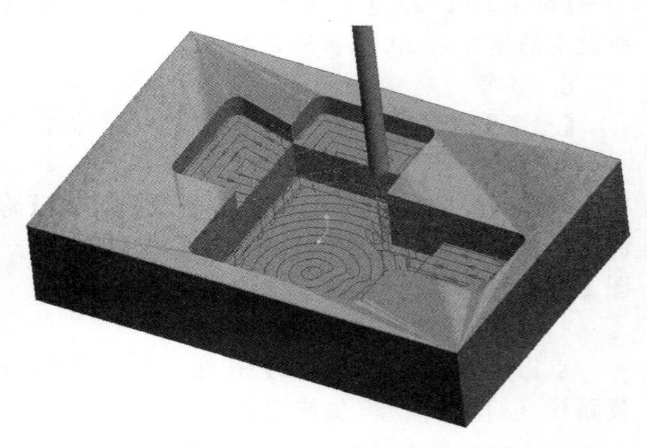

图 2.3.30 生成刀具路径

证→点击软件右下角的【播放】按钮，观察实体切削验证的情况（如图 2.3.31 实体切削验证）。

图 2.3.31 实体切削验证

四、重新粗加工铣削加工实例二

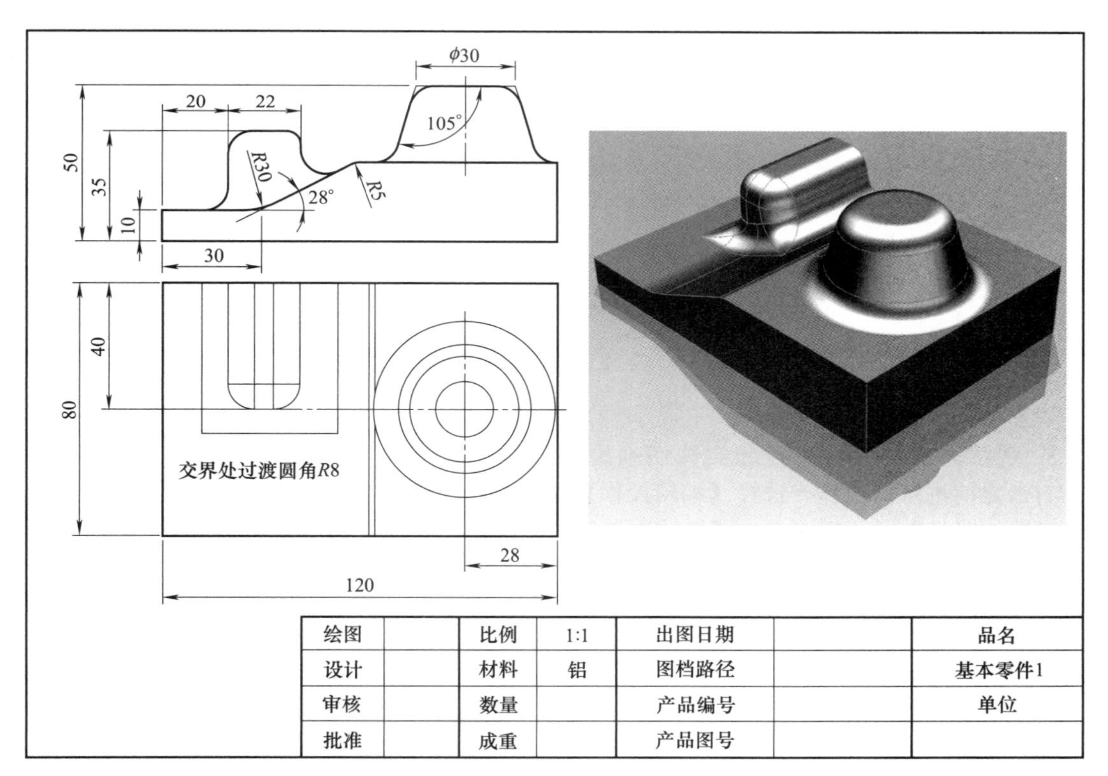

图 2.3.32 重新粗加工铣削加工实例二

加工前的工艺分析与准备

1. 工艺分析

该零件表面由连续的曲面构成，中间有两处突起的凸台（图 2.3.32），工件尺寸 120mm×80mm×50mm，无尺寸公差要求。尺寸标注完整，轮廓描述清楚。零件材料为已经加工成型的标准铝块，无热处理和硬度要求。

① 用 $\phi 8$ 的球刀重新粗加工曲面的区域；

② 根据加工要求，共需产生 1 次刀具路径。

前期准备工作

2. 图形的导入

在 Creo 界面中点击【新建】按钮→打开【新建】对话框→【类型】制造→【子类型】NC 装配→【名称】4→取消勾选【使用默认模板】复选框→【确定】→弹出【新建文件选项】对话框→【模板】mmns_mfg_nc，公制模板→【确定】→在打开的【制造】功能选项卡中→【打开】→在【文件打开】对话框中找到文件存放的位置→选择【4.asm】→【打开】（如图 2.3.33 图形的导入）。

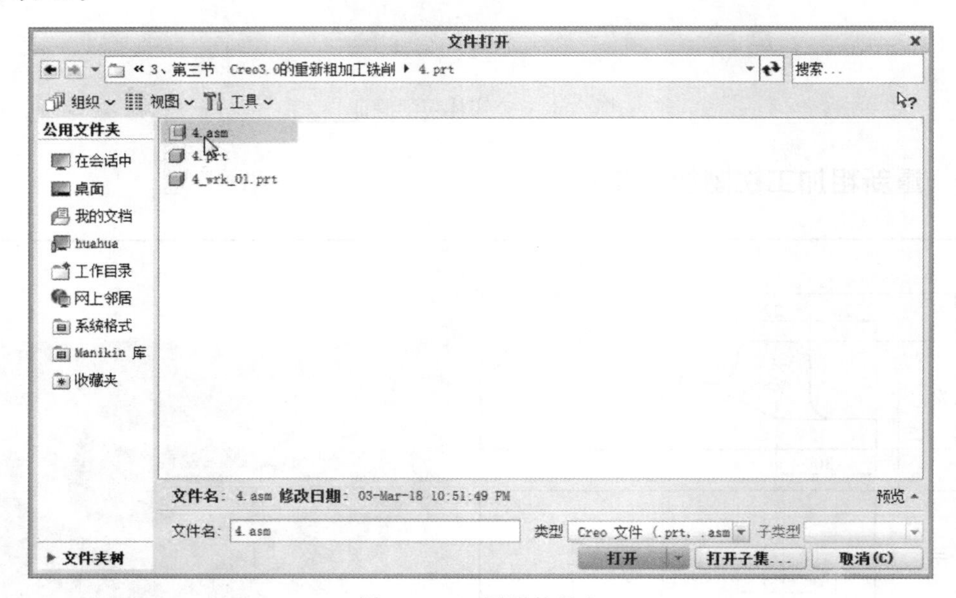

图 2.3.33 图形的导入

3. 观察之前的刀具路径和实体切削验证

右击之前进行的操作→选择【编辑操作】→【编辑】按钮→点击上方的【刀具路径】按钮→打开【播放路径】对话框→点击【播放】按钮，生成刀具路径（如图 2.3.34 刀具路径）→点击【刀具路径】下方的第三个按钮【实体验证】→打开 VERICUT 软件进行切削验证→点击软件右下角的【播放】按钮，观察实体切削验证的情况（如图 2.3.35 实体切削验证）。

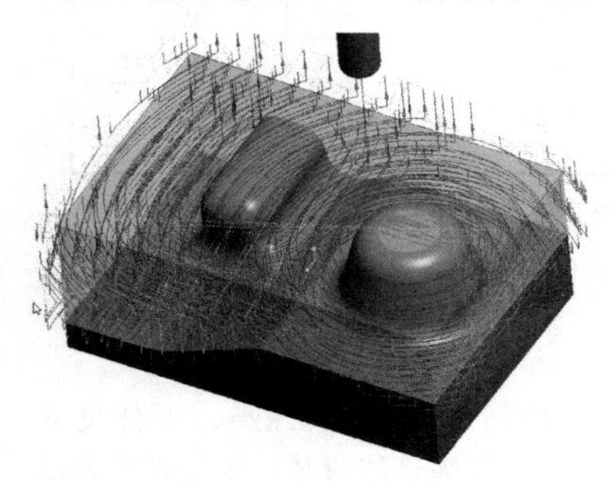

图 2.3.34 刀具路径

图 2.3.35 实体切削验证

ϕ8 的球重新粗加工曲面区域

4. 进入重新粗加工模块

选择【铣削】功能选项卡→【重新粗加工】重新粗加工。

5. 刀具、上一步操作和坐标系

点击【刀具】下拉列表→【编辑刀具】→打开【刀具设定】对话框→点击【新建】按钮→【名称】T0002→【类型】球铣削→刀具直径【ϕ】8→【应用】将刀具信息设定在刀具列表中→【确定】→【确定】（如图 2.3.36 刀具设定）→【上一步操作】粗加工 1→【坐标系】为之前所设定的坐标系 ACS1：F10 坐标系。

6. 参考

【参考】使用上一步操作选择的参考平面，不做修改。

7. 参数

选择【参数】选项卡→【切削进给】250→【跨距】1→【粗加工允许余量】0→【最大台阶深度】1→【开放区域扫描】仿形→【安全距离】2→【主轴速度】3000→【冷却液选项】开（如图 2.3.37 参数）。

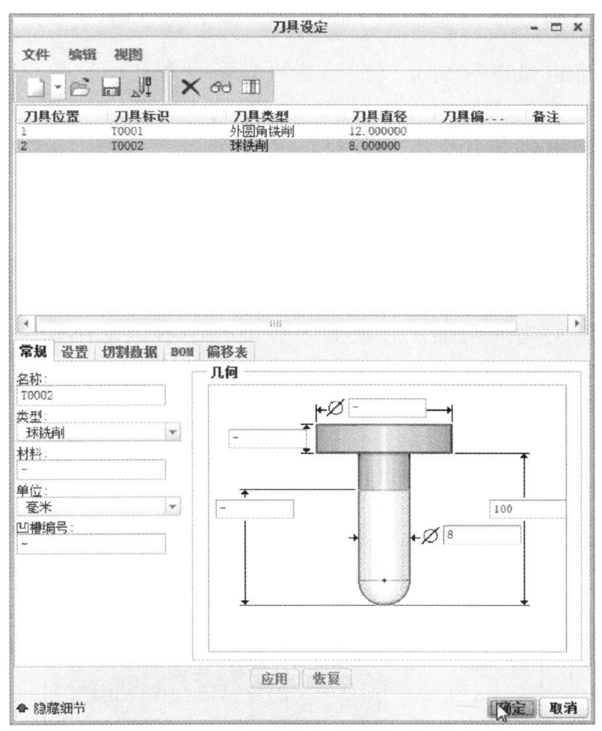

图 2.3.36　刀具设定

参数　间隙　选项　刀具运动　工艺　属性

切削进给	250
自由进给	-
最小步长深度	-
跨距	1
粗加工允许余量	0
最大台阶深度	1
内公差	0.06
外公差	0.06
开放区域扫描	仿形
闭合区域扫描	常数_加载
切割类型	顺铣
安全距离	2
主轴速度	3000
冷却液选项	开

图 2.3.37　参数

8. 生成刀具路径

点击上方的【刀具路径】按钮→打开【播放路径】对话框→点击【播放】按钮，生成刀具路径（如图 2.3.38 生成刀具路径）。

实体验证模拟

9. 实体切削验证

点击【刀具路径】下方的第三个按钮【实体验证】→打开 VERICUT 软件进行切削验证→

点击软件右下角的【播放】按钮，观察实体切削验证的情况（如图 2.3.39 实体切削验证）。

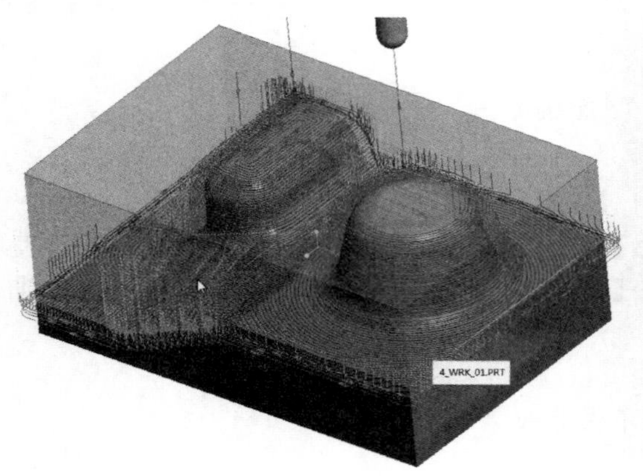

图 2.3.38　生成刀具路径

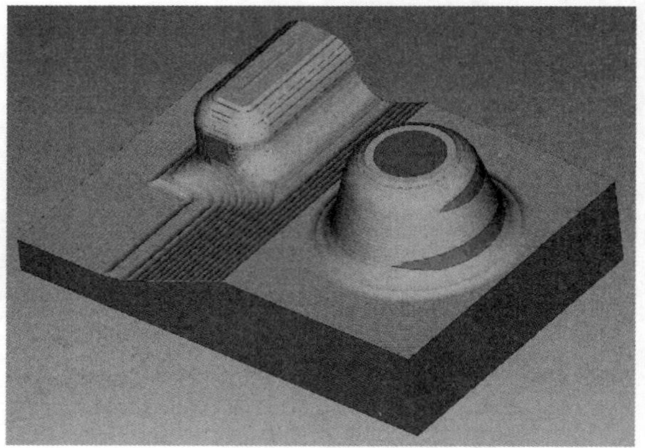

图 2.3.39　实体切削验证

第四节　表面铣削加工

表面加工即平面加工，所产生的刀具轨迹也是以等高分层的形式进行分层加工。

表面加工通过配置加工参数，可以用来粗加工或精加工与退刀面平行的大面积或平面度要求较高的平面，加工表面可以是一个平面也可以是几个共面的平面。

进行表面加工的平面中，所有的内部轮廓（包括槽和孔等）将被系统自动排除，系统根据所选的面生成相应的刀具轨迹。同时，表面加工用于向下铣削工件，因此对内部岛屿或相邻边界不进行干涉检查。

表面加工中采用的刀具一般为球头铣刀、平底立铣刀或端铣刀。进行加工时尽量采用粗铣和精铣两次走刀加工。对于加工余量大又不均匀的粗加工，铣刀直径要选小些以减小切削扭矩，对于精加工，铣刀直径可以大些，最好能包容待加工平面的整个宽度。

一般来说，采用两轴半联动功能的数控铣床，即可完成平面的铣削加工。

一、表面铣削加工入门实例

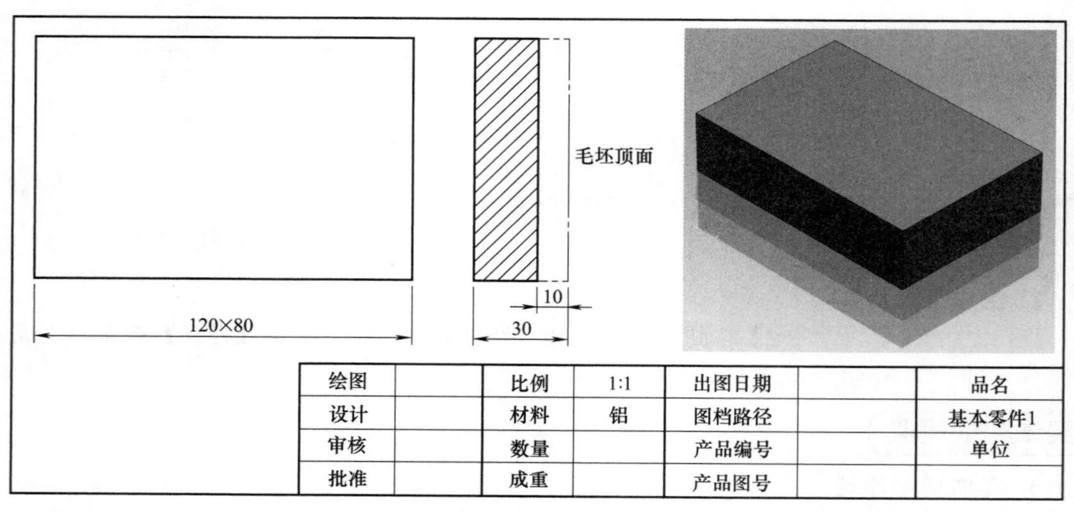

图 2.4.1　表面铣削加工入门实例

加工前的工艺分析与准备

1. 零件图工艺分析

该零件表面由1个规则的长方体构成。工件最终加工尺寸120mm×80mm×30mm，无尺寸公差要求（如图2.4.1）。尺寸标注完整，轮廓描述清楚。零件材料为已经加工成型的标准铝块，无热处理和硬度要求。

① 用ϕ50的端面铣刀光顶面；

② 根据加工要求，共需产生1次刀具路径。

前期准备工作

2. 图形的导入

在Creo界面中点击【新建】按钮→打开【新建】对话框→【类型】制造→【子类型】NC装配→【名称】1→取消勾选【使用默认模板】复选框→【确定】→弹出【新建文件选项】对话框→【模板】mmns_mfg_nc，公制模板→【确定】→在打开的【制造】功能选项卡中→【参考模型】→【组装参考模型】→在【打开】对话框中找到文件存放的位置→选择【1.prt】→【打开】（如图2.4.2图形的导入）→系统打开【元件放置】选项卡，注意观察待加工工件的状况（如图2.4.3观察待加工工件）。

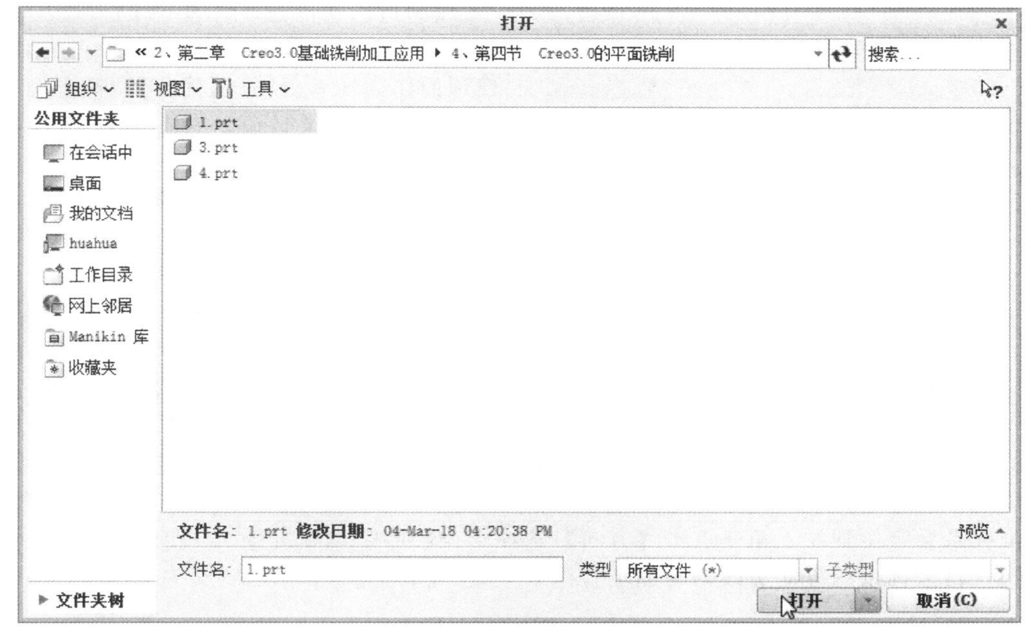

图2.4.2　图形的导入

3. 元件放置

【元件放置】选项卡→打开【自动】下拉列表→【重合】→点击工件顶面和加工坐标系的XY平面→得到一个重合摆放的工件→点击【元件放置】选项卡上的【反向】按钮，将工件摆正→点击【应用约束】按钮，将当前的重合约束应用到系统中→【确定】，工件方向摆放完毕，系统返回【制造】功能选项卡（如图2.4.4元件放置）。

4. 创建毛坯

打开【视图】选项卡的【着色】→【带边着色】【制造】功能选项卡中→【工件】→【自动工

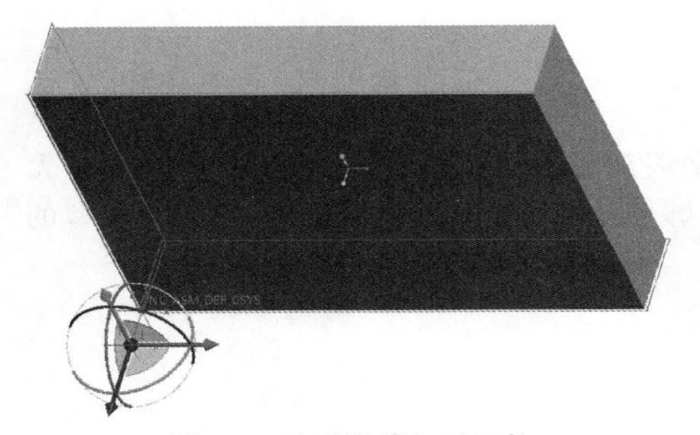

图 2.4.3　观察待加工工件

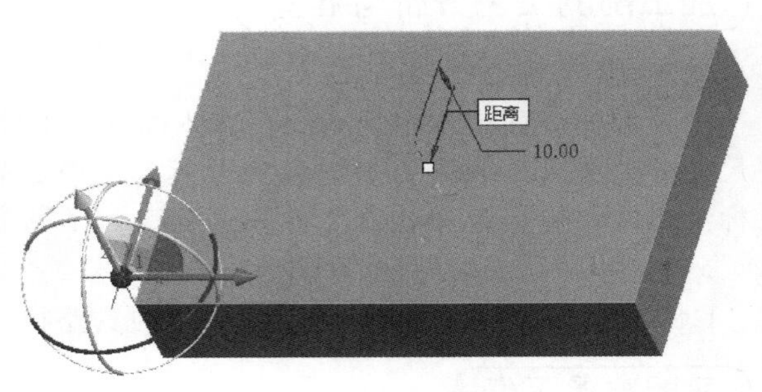

图 2.4.4　元件放置

选项　属性

单位　毫米

整体尺寸

X 整体　120.000000
Y 整体　80.000000
Z 整体　30.000000

线性偏移　当前偏移　最小偏移

+X　0.000000　-X　0.000000
+Y　0.000000　-Y　0.000000
+Z　10.000000　-Z　0.000000

旋转偏移
绕 X　0.000000
绕 Y　0.000000
绕 Z　0.000000

图 2.4.5　线性偏移

件】→进入【创建自动工件】选项卡→【创建矩形工件】，将创建一个最小化包容工件的毛坯→【选项】→【线性偏移】→【+Z】10→【确定】，毛坯创建完毕，系统返回【制造】功能选项卡（如图 2.4.5 线性偏移和图 2.4.6 创建毛坯）。

5. 设定铣削窗口

【制造】功能选项卡中→【铣削窗口】→打开【铣削窗口】选项卡→直接点击顶面，使顶面作为加工范围→【确定】，铣削窗口完毕，系统返回【制造】功能选项卡（如图 2.4.7 设定铣削窗口）。

6. 设置加工方法、刀具和坐标系

【制造】功能选项卡中→操作→右侧【制造设置】→【铣削】→打开【铣削工作中心】对话框→【名称】MILL01→【类型】铣削→【轴数】3 轴→切换到【刀具】选框→点击【刀具】按钮→打开【刀具设定】对话框→【名称】T0001→【类型】端铣削→【材料】HSS→刀具直径【ϕ】50→【应用】将刀具信息设定在刀具列表中→【确定】→【确定】（如图 2.4.8 刀具设定）→【基准】→【基准】→弹出【坐标系】对话框，此时处于【原点】选项卡，用于原点位置→此时，按住 Ctrl 键点击顶面→按住 Ctrl 键点击前面→按住 Ctrl 键点左侧面，此时坐标系会定位到左下角→点击【方向】选项卡→【使用】【确定】Z→【使用】【投影】Y【反向】，将坐标系的方向更改为与加工坐标系一致→【确定】（如图 2.4.9 加工坐标系）→点

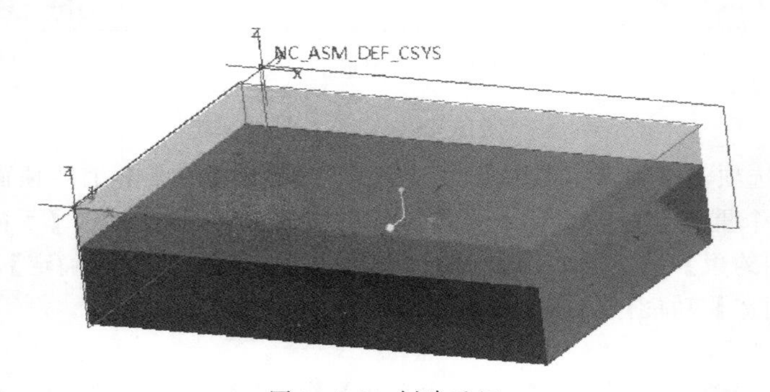

图 2.4.6　创建毛坯

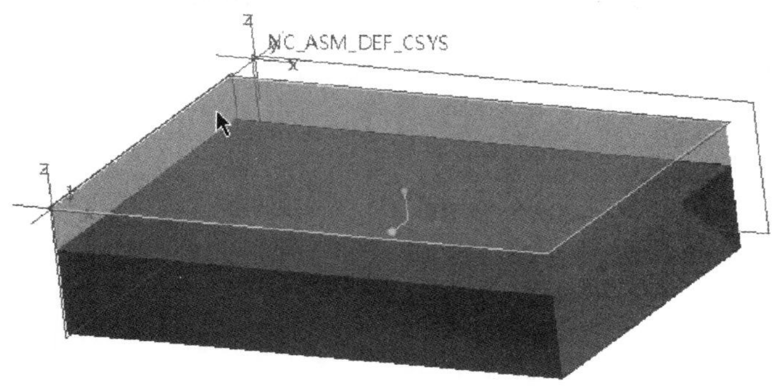

图 2.4.7　设定铣削窗口

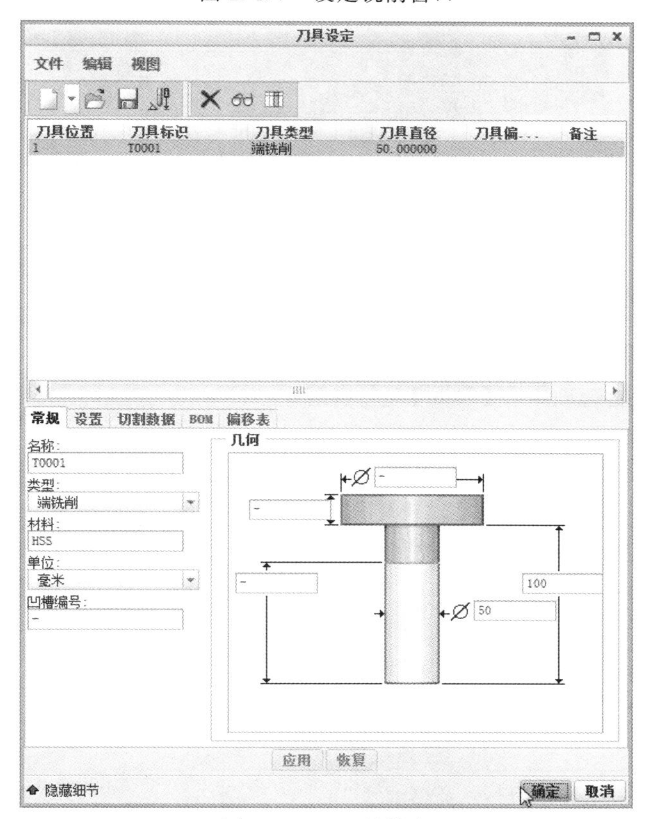

图 2.4.8　刀具设定

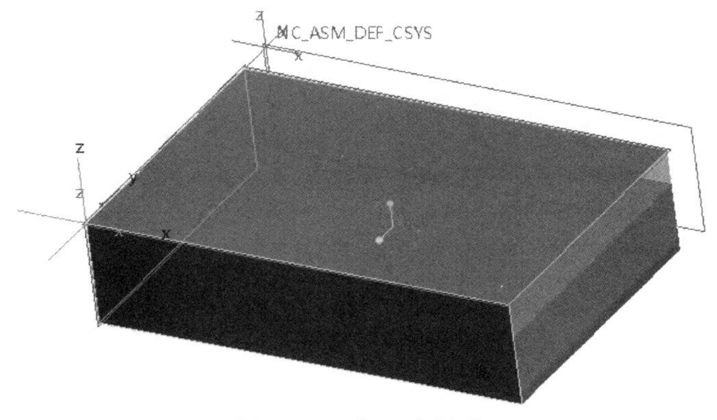

图 2.4.9　加工坐标系

击左侧【使用此工具】按钮，将该坐标系应用到系统之中→【刀具】默认为第一把刀→【间隙】选项卡→【类型】平面→点击工件的表面→【值】10→【回车 Enter】→【确定】，加工方法、刀具和坐标系完毕，系统返回【制造】功能选项卡（如图 2.4.10 间隙）。

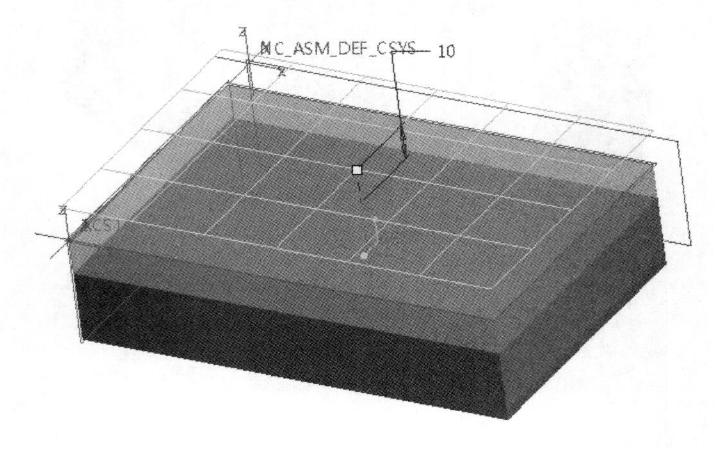

图 2.4.10　间隙

ϕ50 的端面铣刀光顶面

7. 进入表面加工模块

选择【铣削】功能选项卡→【表面】表面。

8. 刀具和坐标系

【刀具】选择 T0001→【坐标系】为刚才所设定的坐标系 ACS1：F10 坐标系。

9. 参考

选择【参考】选项卡→【类型】铣削窗口→【加工参考】→点击前期所选择的顶面的边（如图 2.4.11 参考）。

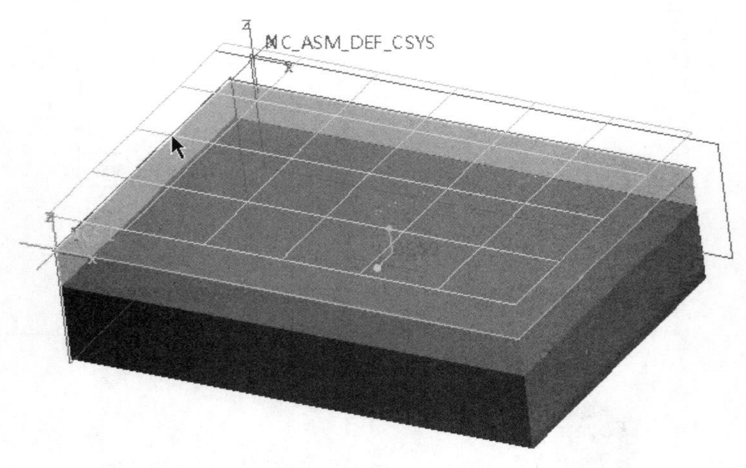

图 2.4.11　参考

10. 参数

选择【参数】选项卡→【切削进给】250→【步长深度】3→【跨距】35→【扫描类型】类型3→【安全距离】2→【主轴速度】2500→【冷却液选项】开（如图 2.4.12 参数）。

11. 生成刀具路径

点击上方的【刀具路径】按钮→打开【播放路径】对话框→点击【播放】按钮，生成刀具路径（如图 2.4.13 生成刀具路径）。

参数 | 间隙 | 选项 | 刀具运动 | 工艺 | 属性

参数	值
切削进给	250
自由进给	-
退刀进给	-
切入进给量	-
步长深度	3
公差	0.01
跨距	35
底部允许余量	-
切割角	0
终止超程	0
起始超程	0
扫描类型	类型 3
切割类型	顺铣
安全距离	2
进刀距离	-
退刀距离	-
主轴速度	2500
冷却液选项	开

图 2.4.12　参数

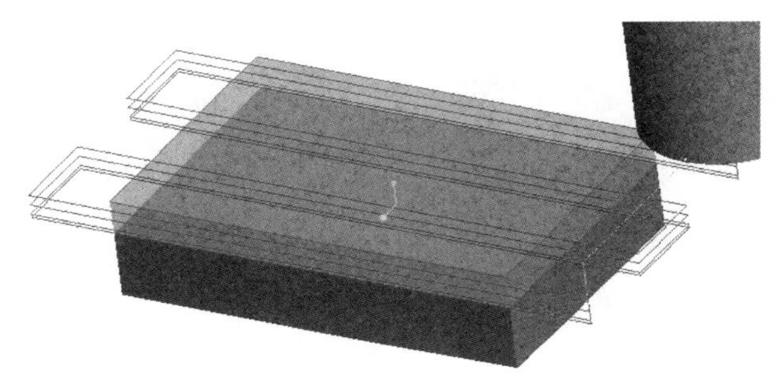

图 2.4.13　生成刀具路径

实体验证模拟

12. 实体切削验证

点击【刀具路径】下方的第三个按钮【实体验证】→打开 VERICUT 软件进行切削验证→点击软件右下角的【播放】按钮，观察实体切削验证的情况（如图 2.4.14 实体切削验证）。

图 2.4.14　实体切削验证

★★★经验总结★★★

面铣刀又称为端铣刀，或端面铣刀，是用顶面加工的铣刀，是圆盘形的，只能用端面的刀刃进行切削。端铣时，由分布在圆柱或圆锥面上的主切削刃担任切削作用，而端部切削刃为副切削刃，起辅助切削作用。

如图 2.4.15 所示为面铣刀前视图，图 2.4.16 所示为面铣刀轴测图，图 2.4.17 所示为面铣刀底视图。

图 2.4.15　面铣刀前视图

面铣刀具有较多的同时工作的刀刃，加工表面粗糙度较低，主要用途是加工较大面积的平面。其优点是：

① 生产效率高。

② 刚性好，能采用较大的进给量。

③ 能同时多刀齿切削，工作平稳。

④ 采用镶齿结构使刀齿刃磨、更换更为便利。

⑤ 刀具的使用寿命延长。

面铣刀按照结构类型可分为高速钢面铣刀、整体焊接式面铣刀和机夹焊接式面铣刀，见表 2.4.1。

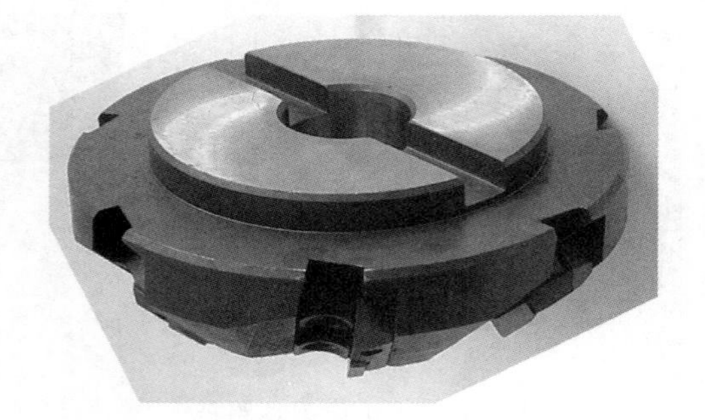

图 2.4.16　面铣刀轴测图

图 2.4.17　面铣刀底视图

表 2.4.1　面铣刀类型

序号	名称	详细说明	
1	高速钢面铣刀	高速钢面铣刀一般用于加工中等宽度的平面。标准铣刀直径范围为 $\phi80$～$\phi250$mm。硬质合金面铣刀的切削效率及加工质量均比高速钢铣刀高，故目前广泛使用硬质合金面铣刀加工平面（如图 2.4.18）	图 2.4.18　高速钢面铣刀
2	整体焊接式面铣刀	整体焊接式面铣刀。该刀结构紧凑，较易制造。但刀齿磨损后整把刀将报废，故已较少使用（如图 2.4.19）	图 2.4.19　整体焊接式面铣刀
3	机夹焊接式面铣刀	机夹焊接式面铣刀是将硬质合金刀片焊接在小刀头上，再采用机械夹固的方法将刀装夹在刀体槽中。刀头报废后可换上新刀头，因此延长了刀体的使用寿命（如图 2.4.20）	图 2.4.20　机夹焊接式面铣刀

二、表面铣削的参数设置

图 2.4.21 所示为【参数】选项卡，图 2.4.22 所示为【编辑序列参数“表面铣削 1”】对话框，此处进行详细的参数设置。不同加工方法，序列的制造参数不同。如果需要定义更多的参数，可以在对话框中单击【全部】按钮，以定义更多的加工参数。

参数 | 间隙 | 选项 | 刀具运动 | 工艺 | 属性

切削进给	250
自由进给	-
退刀进给	-
切入进给量	-
步长深度	3
公差	0.01
跨距	35
底部允许余量	-
切割角	0
终止超程	0
起始超程	0
扫描类型	类型 3
切割类型	顺铣
安全距离	2
进刀距离	-
退刀距离	-
主轴速度	2500
冷却液选项	开

图 2.4.21 【参数】选项卡

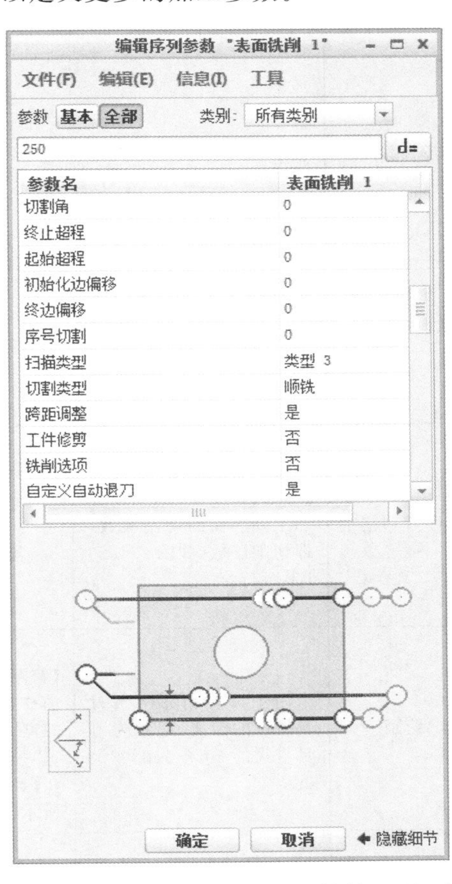

图 2.4.22 【编辑序列参数“表面铣削 1”】对话框

下面讲解粗加工铣削的加工参数，将不区分其位于【参数选项卡】，或是【编辑序列参数选项卡】，统一进行讲解，其中部分通用加工参数的含义见前面章节，不再赘述，其余参数的含义解释见表 2.4.2。

表 2.4.2　参数说明

序号	参数名称	详细说明	
1	切削进给	用于设置切削运动的进给速度，通常为 80～500mm/min	
2	步长深度	用于设置每次切削的深度	参数【步长深度】和【序号切割】用于指定垂直方向切割次数。系统根据【步长深度】计算切割次数并与【序号切割】值进行比较，使用其中的较大值作为切割次数。如果工件只需要切削一次，可将【序号切割】的值设置为 1，并将【步长深度】的值设置为一个大于要去除工件厚度的数值。 【步长深度】为去除工件厚度的一半、【序号切割】值为 0 时，分两次切削的刀具轨迹如图 2.4.23 所示。 【步长深度】大于去除工件厚度、【序号切割】值为 1 时，只进行一次切削的刀具轨迹如图 2.4.24 所示

续表

序号	参数名称		详细说明
2	步长深度	用于设置每次切削的深度	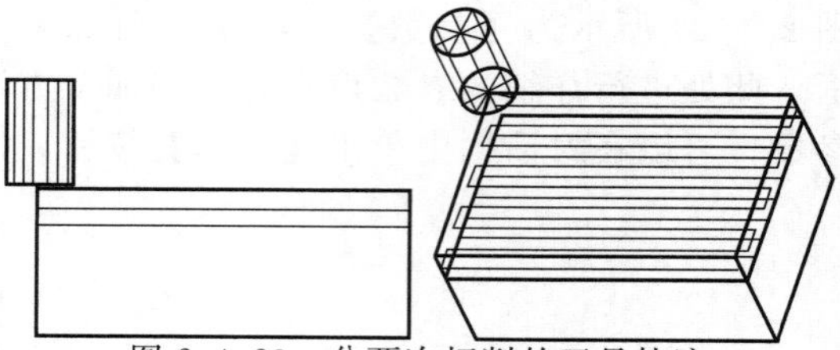 图 2.4.23　分两次切削的刀具轨迹 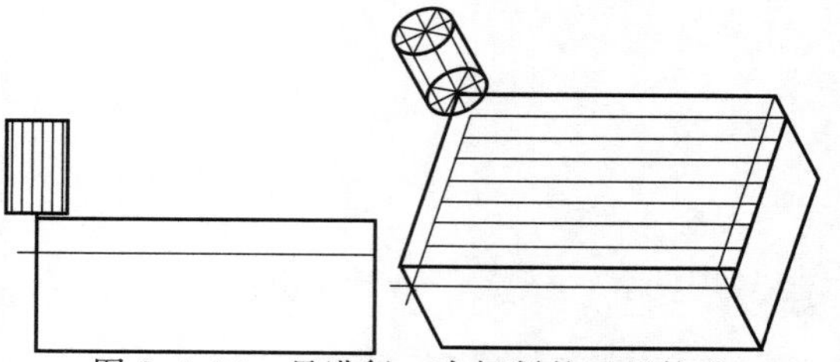 图 2.4.24　只进行一次切削的刀具轨迹
3	序号切割	位于高级参数设置中【全部】选项下，用于设置加工到表面的切割次数，即切削层数(如图 2.4.25 序号切割)	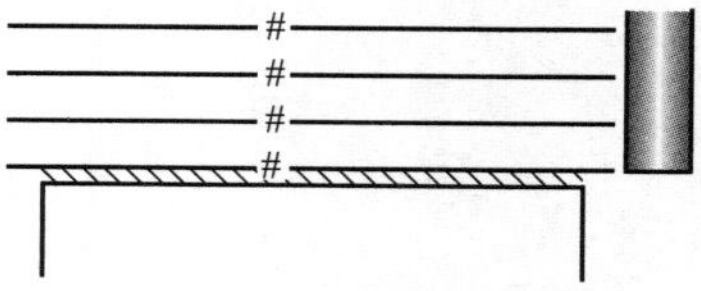 图 2.4.25　【序号切割】
4	跨距	用于设置相邻两条刀具轨迹的距离，通常为刀具直径的 50%～80%	参数【跨距】和【数目通路】用于指定水平方向切割次数。系统根据【跨距】计算切割次数并与【数目通路】值进行比较，使用其中的较大值作为切割次数。如果将【数目通路】的值设置为 1，【跨距】的值将被忽略，每一层只走刀一次，当工件较窄且使用的刀具半径足够大时，这一点将很有用。 【数目通路】值为 1 时，每层只走刀一次的刀具轨迹如图 4.2.26 所示 图 2.4.26　每层只走刀一次的刀具轨迹
5	数目通路	位于高级参数设置中【全部】选项下。用于设置每一层加工时的切割次数	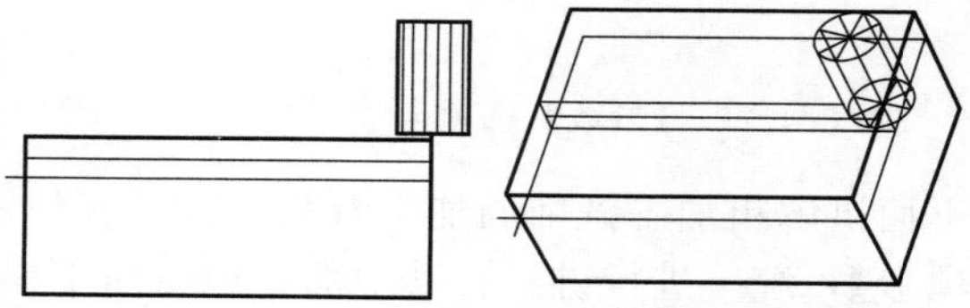
6	起始超程	位于高级参数设置中【全部】选项下。用于设置在刀具轨迹起始点处刀具参考点距加工表面轮廓的距离	【起始超程】和【终止超程】这两个参数对每一次走刀都起作用。 图 2.4.27(a)所示是【起始超程】值为 0、【终止超程】值为 0、【入口边】和【间隙边】值为【中心】时，生成的刀具轨迹，图 2.4.27(b)所示是【起始超程】值为刀具半径、【终止超程】值为 0、【入口边】和【间隙边】值为【中心】时，生成的刀具轨迹 (a)　(b) 图 2.4.27　参数【起始超程】和【终止超程】对刀具轨迹的影响
7	终止超程	位于高级参数设置中【切割参数】选项下。用于设置在刀具轨迹终点处刀具参考点距加工表面轮廓的距离	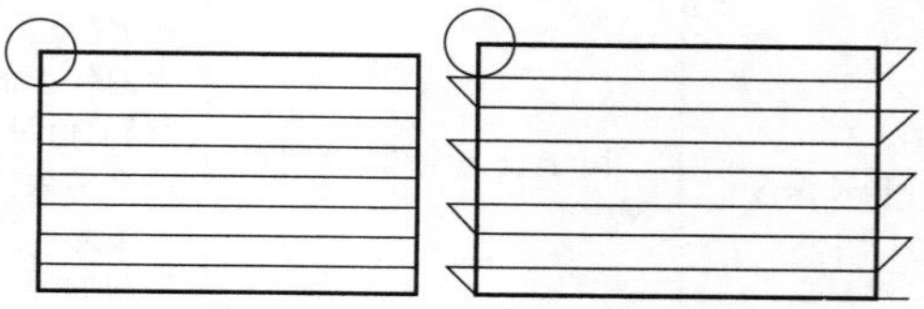

续表

序号	参数名称		详细说明
8	接近距离	用于设置在每一层第一刀切入时的附加距离	【接近距离】和【退刀距离】这两个参数对每一层第一刀切入和最后一刀切出起作用。 每一层第一刀起始点处刀具参考点距加工表面轮廓的距离等于【接近距离】和【起始超传播】两个参数之和，每一层最后一刀终点处刀具参考点距加工表面轮廓的距离等于【退刀距离】和【终止过调量】两个参数之和。 【起始超程】【终止超程】和【接近距离】值为刀具半径，【退刀距离】值为刀具直径、【入口边】和【距离边】值为【中心】时，生成的刀具轨迹如图2.4.28所示。 图2.4.28 参数【接近距离】和【退刀距离】对刀具轨迹的影响
9	退刀距离	用于设置在每一层最后一刀切出时的附加距离	
10	入口边	位于高级参数设置中【全部】选项下。用于设置切入时的刀具参考点，其选项有引导边—刀具前端，中心—刀具中心，棱—刀具后端	【入口边】和【间隙边】值为【棱】时，生成的刀具轨迹如图2.4.29(a)所示。 【入口边】和【间隙边】值为【引导边】时，生成的刀具轨迹如图2.4.29(b)所示 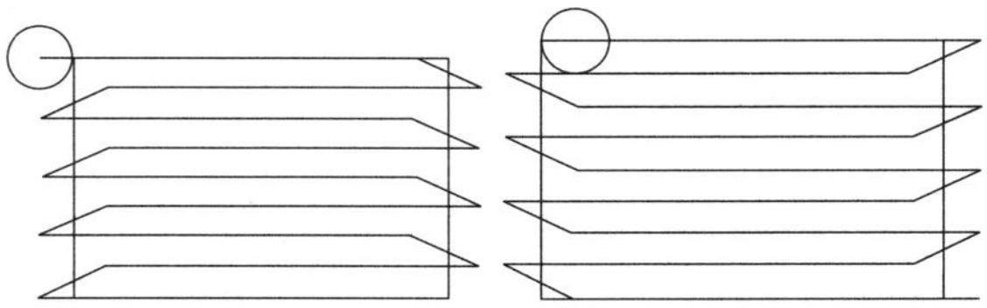 (a) (b) 图2.4.29 参数【入口边】和【间隙边】对刀具轨迹的影响
11	间隙边	位于高级参数设置中【全部】选项下。用于设置切山时的刀具参考点，其选项有引导边一刀具前端，中心一刀具中心，棱一刀具后端	
12	切割角	刀具直线切削时的角度，该角度值以X正方向为基准计算。 如图2.4.30(a)为【切割角】30°时的刀具轨迹，图2.4.30(b)为【切割角】290°时的刀具轨迹。 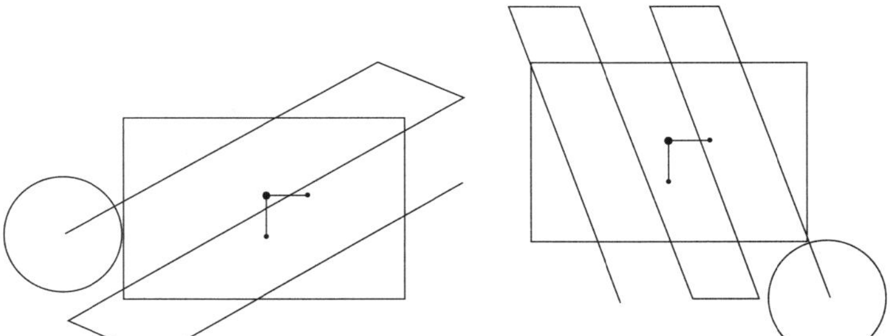 (a) (b) 图2.4.30 【切割角】30°和【切割角】290°时的刀具轨迹		
13	初始化边偏移	位于高级参数设置中【全部】选项下。用于设置刀具的中心线与初始边之间的偏移，一般用于内壁加工，如图2.4.31所示 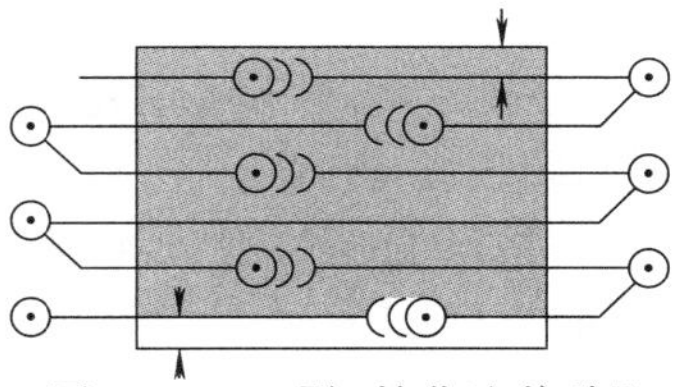 图2.4.31 【初始化边偏移】		

续表

序号	参数名称	详细说明
14	终边偏移	位于高级参数设置中【全部】选项下。用于设置刀具的中心线与终边之间的偏移，一般用于内壁加工，如图 2.4.32 所示 图 2.4.32 【终边偏移】
15	安全距离	用于设置退刀时的安全高
16	主轴速度	用于设置数控机床主轴的运转速度，在进行粗加工时主轴转速一般是 1500～2500r/min，在进行精加工时主轴转速一般是 2500～4500r/min
17	冷却液选项	用于设置数控机床中冷却液的状况

三、表面铣削加工实例一

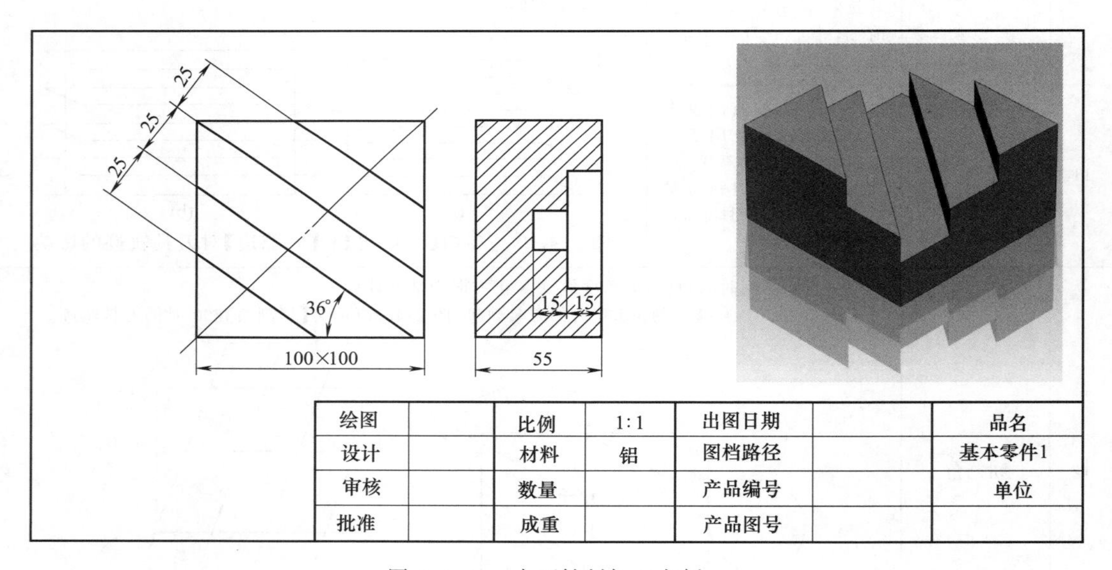

图 2.4.33　表面铣削加工实例一

加工前的工艺分析与准备

1. 零件图工艺分析

该零件表面由 2 个带有直线槽的规则的长方体构成（如图 2.4.33）。工件尺寸 100mm×100mm×55mm，无尺寸公差要求。尺寸标注完整，轮廓描述清楚。零件材料为已经加工成型的标准铝块，无热处理和硬度要求。

① 用 ϕ10 的平底刀表面铣削加工深度－30 的区域，深度：0～－30；

② 用 ϕ10 的平底刀表面铣削加工深度－15 的区域，深度：0～－15；

③ 根据加工要求，共需产生 2 次刀具路径。

前期准备工作

2. 图形的导入

在 Creo 界面中点击【新建】按钮→打开【新建】对话框→【类型】制造→【子类型】NC 装配→【名称】3→取消勾选【使用默认模板】复选框→【确定】→弹出【新建文件选项】对话框→【模板】mmns_mfg_nc，公制模板→【确定】→在打开的【制造】功能选项卡中→【参考模型】→【组装参考模型】→在【打开】对话框中找到文件存放的位置→选择【3.prt】→【打开】(如图 2.4.34 图形的导入)→系统打开【元件放置】选项卡，注意观察待加工工件的状况（如图 2.4.35 观察待加工工件）。

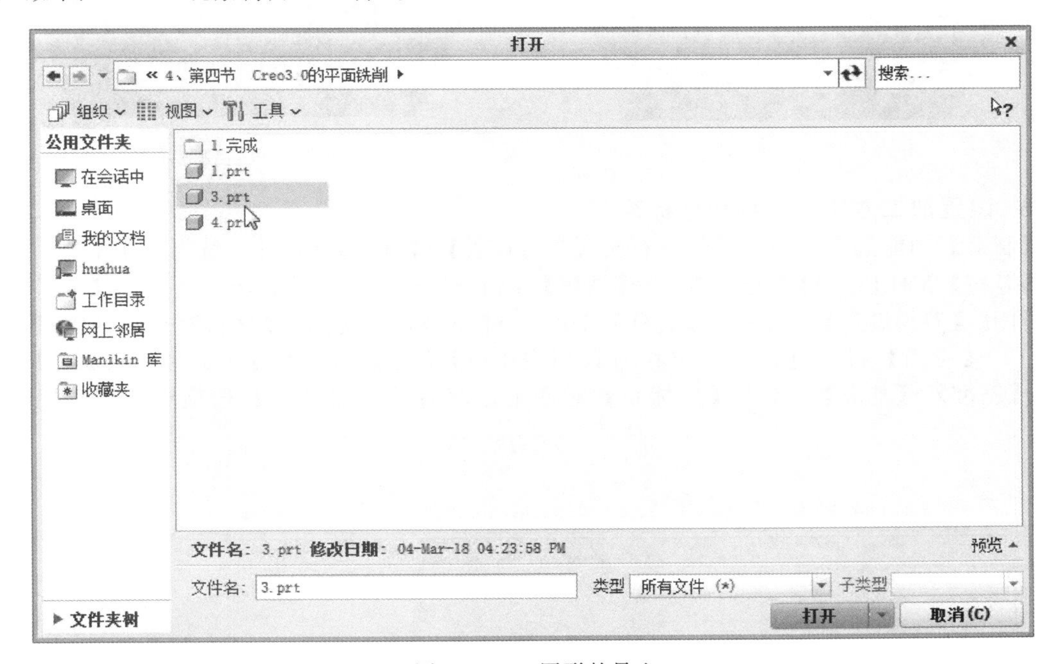

图 2.4.34 图形的导入

3. 元件放置

【元件放置】选项卡→打开【自动】下拉列表→【重合】→点击工件顶面和加工坐标系的XY 平面→得到一个重合摆放的工件→点击【元件放置】选项卡上的【反向】按钮，将工件摆正→点击【应用约束】按钮，将当前的重合约束应用到系统中→【确定】，工件方向摆放完毕，系统返回【制造】功能选项卡（如图 2.4.36 元件放置）。

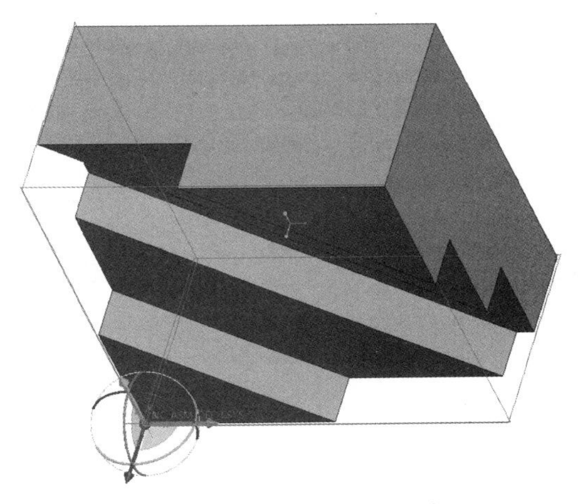
图 2.4.35 观察待加工工件

4. 创建毛坯

打开【视图】选项卡的【着色】→【带边着色】【制造】功能选项卡中→【工件】→【自动工件】→进入【创建自动工件】选项卡→【创建矩形工件】，将创建一个最小化包容工件的毛坯→【确定】，毛坯创建完毕，系统返回【制造】功能选项卡（如图 2.4.37 创建毛坯）。

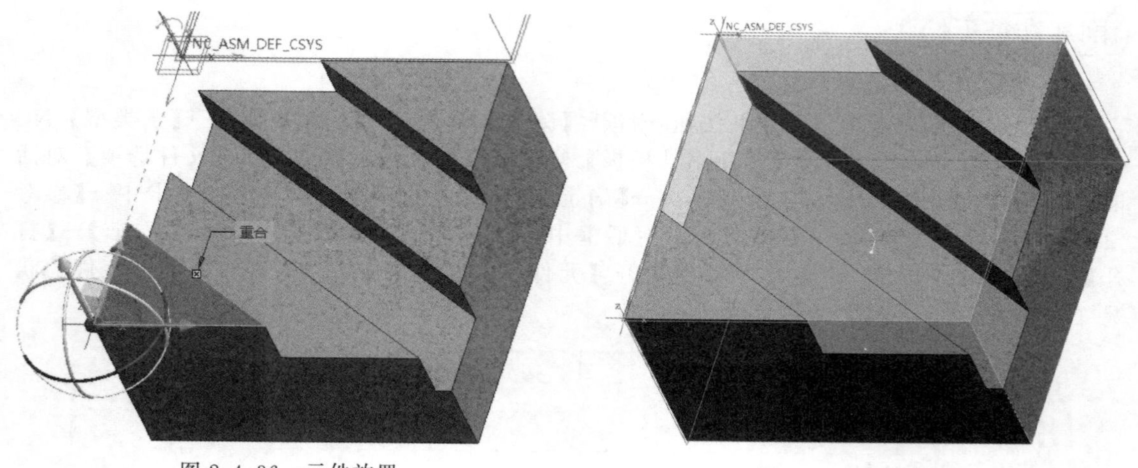

图 2.4.36　元件放置　　　　　　　　　　图 2.4.37　创建毛坯

5. 设置加工方法、刀具和坐标系

【制造】功能选项卡中→操作→右侧【制造设置】→【铣削】→打开【铣削工作中心】对话框→【名称】MILL01→【类型】铣削→【轴数】3轴→切换到【刀具】选框→点击【刀具】按钮→打开【刀具设定】对话框→【名称】T0001→【类型】端铣削→【材料】HSS→刀具直径【ϕ】10→【应用】将刀具信息设定在刀具列表中→【确定】→【确定】（如图 2.4.38 刀具设定）→【基准】→【基准】→弹出【坐标系】对话框，此时处于【原点】选项卡，用于原点位

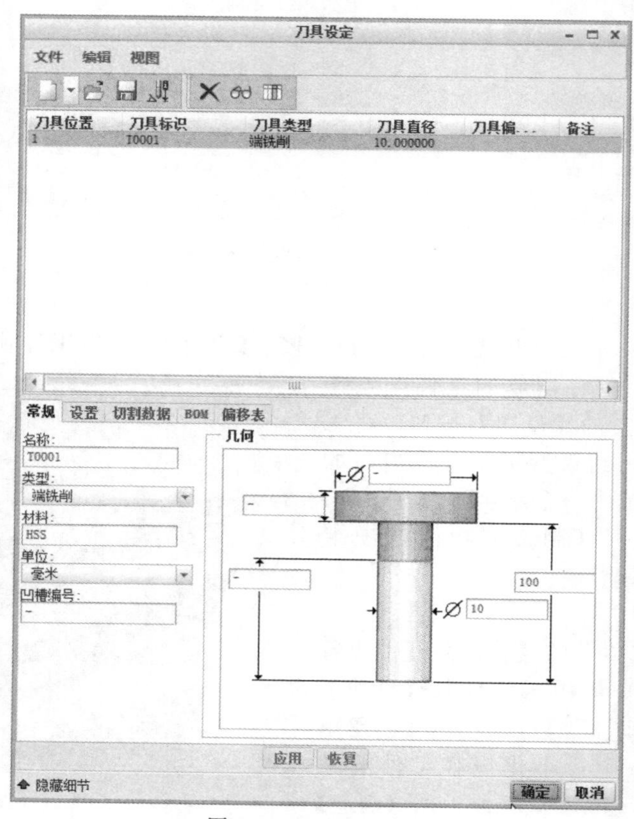

图 2.4.38　刀具设定

置→此时，按住 Ctrl 键点击顶面→按住 Ctrl 键点击前面→按住 Ctrl 键点左侧面，此时坐标系会定位到左下角→点击【方向】选项卡→【使用】【确定】Z→【使用】【投影】Y【反向】，将坐标系的方向更改为与加工坐标系一致→【确定】（如图 2.4.39 加工坐标系）→点击左侧【使用此工具】按钮，将该坐标系应用到系统之中→【刀具】默认为第一把刀→【间隙】选项卡→【类型】平面→点击工件的表面→【值】10→【回车 Enter】→【确定】，加工方法、刀具和坐标系完毕，系统返回【制造】功能选项卡（如图 2.4.40 间隙）。

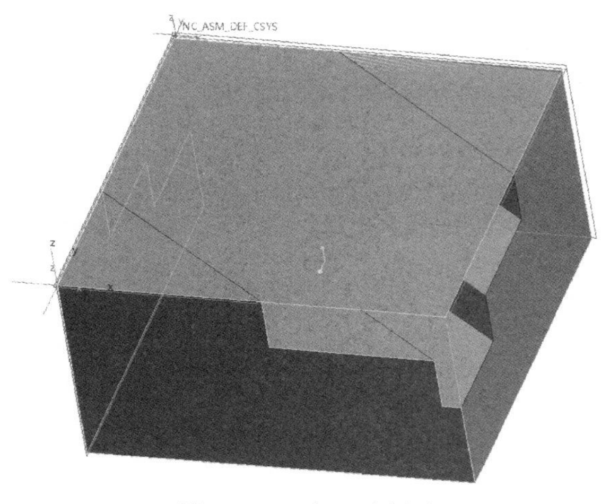

图 2.4.39　加工坐标系

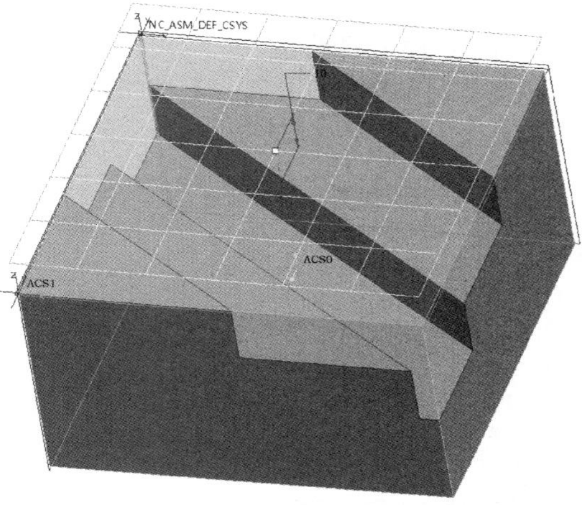

图 2.4.40　间隙

ϕ10 的平底刀表面铣削加工深度 −30 的区域

6. 进入表面加工模块

选择【铣削】功能选项卡→【表面】。

7. 刀具和坐标系

【刀具】选择 T0001→【坐标系】为刚才所设定的坐标系 ACS1：F10 坐标系。

8. 参考

选择【参考】选项卡→【类型】曲面→【加工参考】单曲面→点击所要加工的面（如图 2.4.41 参考）。

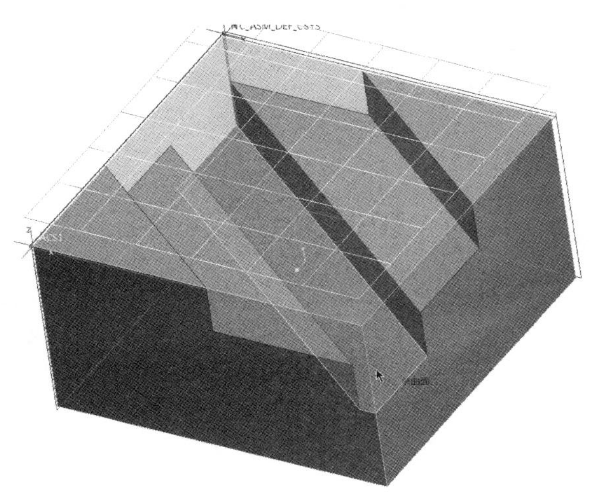

图 2.4.41　参考

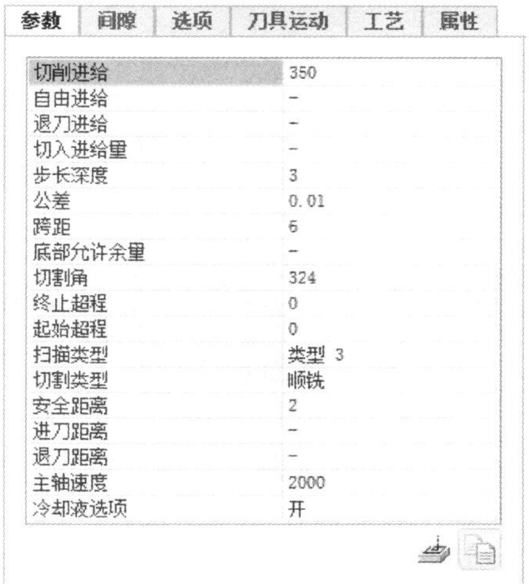

参数 | 间隙 | 选项 | 刀具运动 | 工艺 | 属性

参数	值
切削进给	350
自由进给	-
退刀进给	-
切入进给量	-
步长深度	3
公差	0.01
跨距	6
底部允许余量	-
切割角	324
终止超程	0
起始超程	0
扫描类型	类型 3
切割类型	顺铣
安全距离	2
进刀距离	-
退刀距离	-
主轴速度	2000
冷却液选项	开

图 2.4.42　参数

9. 参数

选择【参数】选项卡→【切削进给】350→【步长深度】3→【跨距】6→【切割角】324→【扫描类型】类型3→【安全距离】2→【主轴速度】2000→【冷却液选项】开（如图2.4.42参数）。

10. 编辑序列参数

点击【参数选项卡】最下方的【编辑序列参数按钮】→打开【编辑序列参数】对话框→选择【全部】方式→【初始化偏移】6→【终边偏移】6→【确定】（如图2.4.43编辑序列参数）。

11. 生成刀具路径

点击上方的【刀具路径】按钮→打开【播放路径】对话框→点击【播放】按钮，生成刀具路径（如图2.4.44生成刀具路径）。

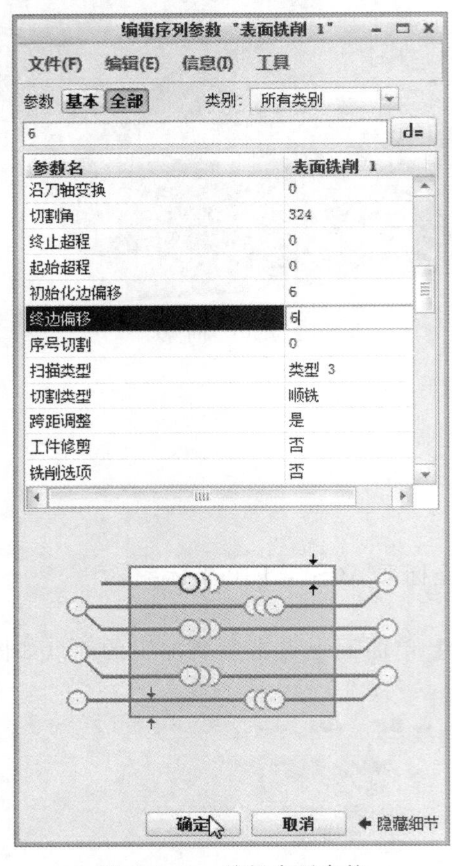

图2.4.43　编辑序列参数

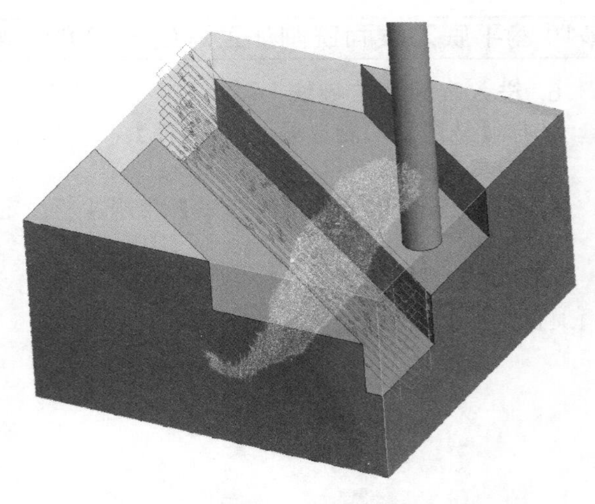

图2.4.44　生成刀具路径

ϕ10的平底刀表面铣削加工深度－15的区域

12. 进入表面加工模块

选择【铣削】功能选项卡→【表面】。

13. 刀具和坐标系

【刀具】选择T0001→【坐标系】为刚才所设定的坐标系ACS1：F10坐标系。

14. 参考

选择【参考】选项卡→【类型】曲面→【加工参考】单曲面→按住【Ctrl】点击所要加工

的面（如图 2.4.45 参考）。

15. 参数

选择【参数】选项卡→【切削进给】300→【步长深度】3→【跨距】6→【切割角】324→【扫描类型】类型 3→【安全距离】2→【主轴速度】2000→【冷却液选项】开（如图 2.4.46 参数）。

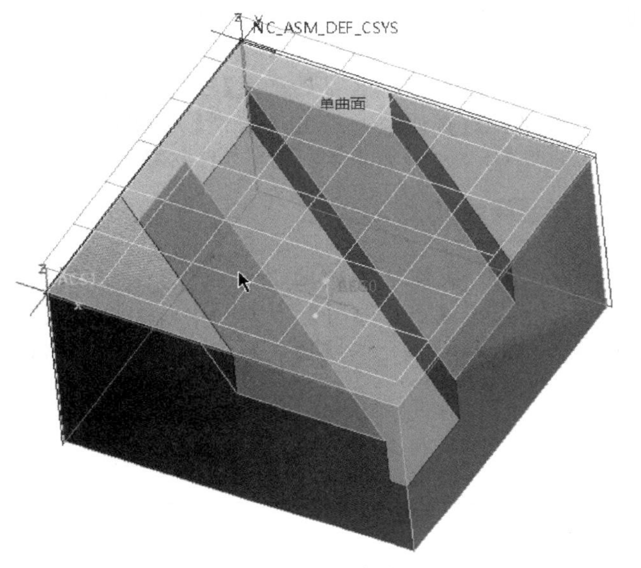

图 2.4.45　参考

参数 | 间隙 | 选项 | 刀具运动 | 工艺 | 属性

切削进给	300
自由进给	-
退刀进给	-
切入进给量	-
步长深度	3
公差	0.01
跨距	6
底部允许余量	-
切割角	324
终止超程	0
起始超程	0
扫描类型	类型 3
切割类型	顺铣
安全距离	2
进刀距离	-
退刀距离	-
主轴速度	2000
冷却液选项	开

图 2.4.46　参数

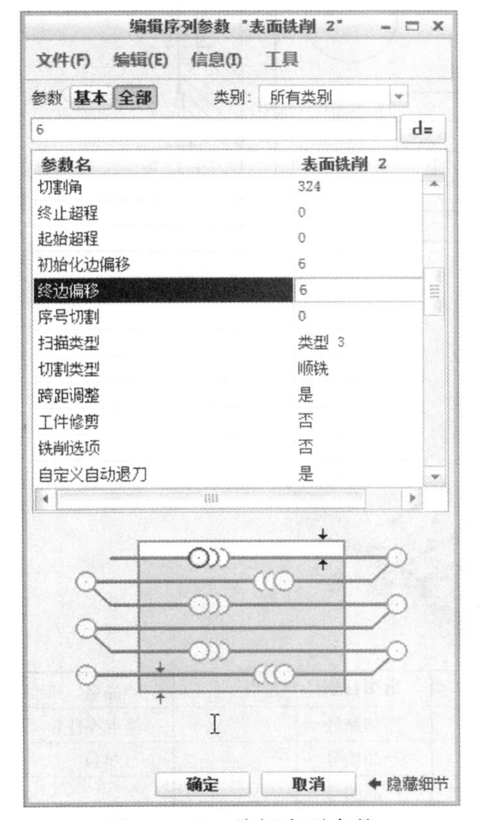

图 2.4.47　编辑序列参数

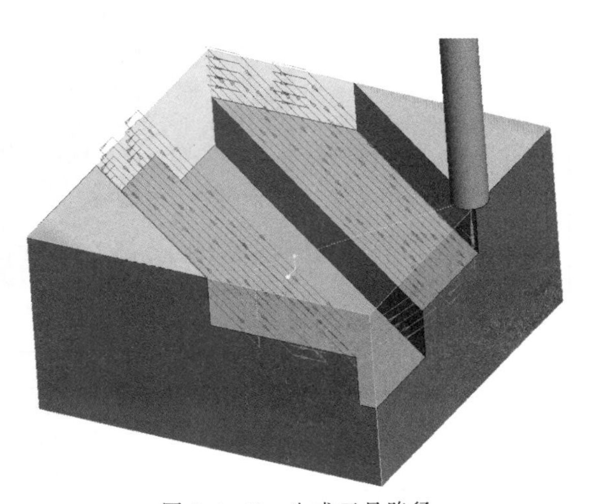

图 2.4.48　生成刀具路径

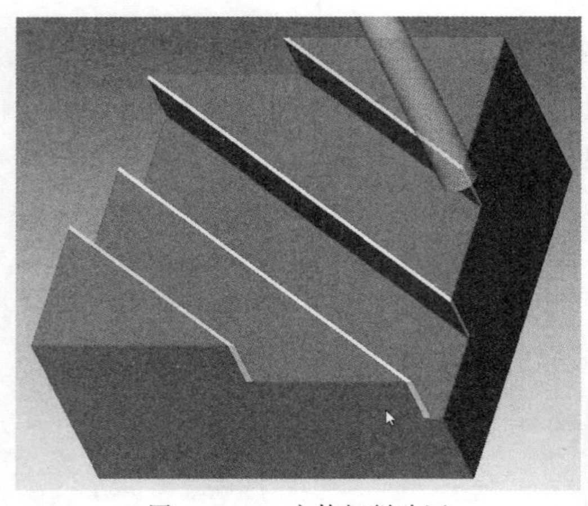

图 2.4.49　实体切削验证

16. 编辑序列参数

点击【参数选项卡】最下方的【编辑序列参数按钮】→打开【编辑序列参数】对话框→选择【全部】方式→【初始化偏移】6→【终边偏移】6→【确定】（如图 2.4.47 编辑序列参数）。

17. 生成刀具路径

点击上方的【刀具路径】按钮→打开【播放路径】对话框→点击【播放】按钮，生成刀具路径（如图 2.4.48 生成刀具路径）。

实体验证模拟

18. 实体切削验证

点击【刀具路径】下方的第三个按钮【实体验证】→打开 VERICUT 软件进行切削验证→点击软件右下角的【播放】按钮，观察实体切削验证的情况（如图 2.4.49 实体切削验证）。

四、表面铣削加工实例二

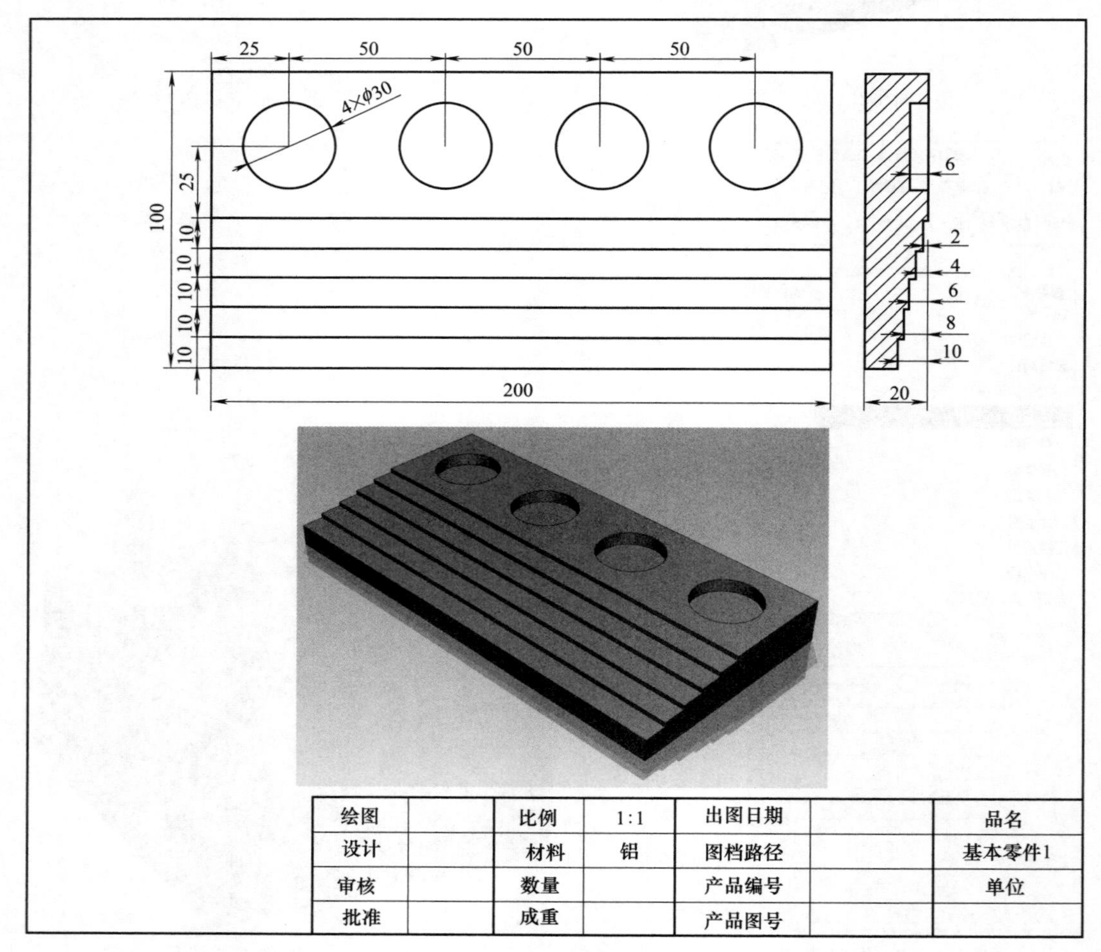

图 2.4.50　表面铣削加工实例二

加工前的工艺分析与准备

1. 零件图工艺分析

从零件图上可以看出，该零件由4个圆形的槽和五个排列整齐的台阶组成（如图2.4.50）。那么台阶是等距分布的，也就是说深度每次下降2。那么从题目上可以看得出来，可以用台虎钳，从上往下装夹一次性完成。首先我们采取的是加工4个圆形槽，然后再加工台阶的部分。工件尺寸200mm×100mm×20mm，无尺寸公差要求。尺寸标注完整，轮廓描述清楚。

① 用ϕ10的平底刀表面铣削加工深度−2的台阶区域，深度：0～−2；

② 用ϕ10的平底刀表面铣削加工深度−2的台阶区域，深度：−2～−4；

③ 用ϕ10的平底刀表面铣削加工深度−2的台阶区域，深度：−4～−6；

④ 用ϕ10的平底刀表面铣削加工深度−2的台阶区域，深度：−6～−8；

⑤ 用ϕ10的平底刀外形铣削加工深度−2的台阶区域，深度：−8～−10；

⑥ 根据加工要求，共需产生5次刀具路径。

前期准备工作

2. 图形的导入

在Creo界面中点击【新建】按钮→打开【新建】对话框→【类型】制造→【子类型】NC装配→【名称】4→取消勾选【使用默认模板】复选框→【确定】→弹出【新建文件选项】对话框→【模板】mmns_mfg_nc，公制模板→【确定】→在打开的【制造】功能选项卡中→【参考模型】→【组装参考模型】→在【打开】对话框中找到文件存放的位置→选择【4.prt】→【打开】(如图2.4.51图形的导入)→系统打开【元件放置】选项卡，注意观察待加工工件的状况（如图2.4.52观察待加工工件）。

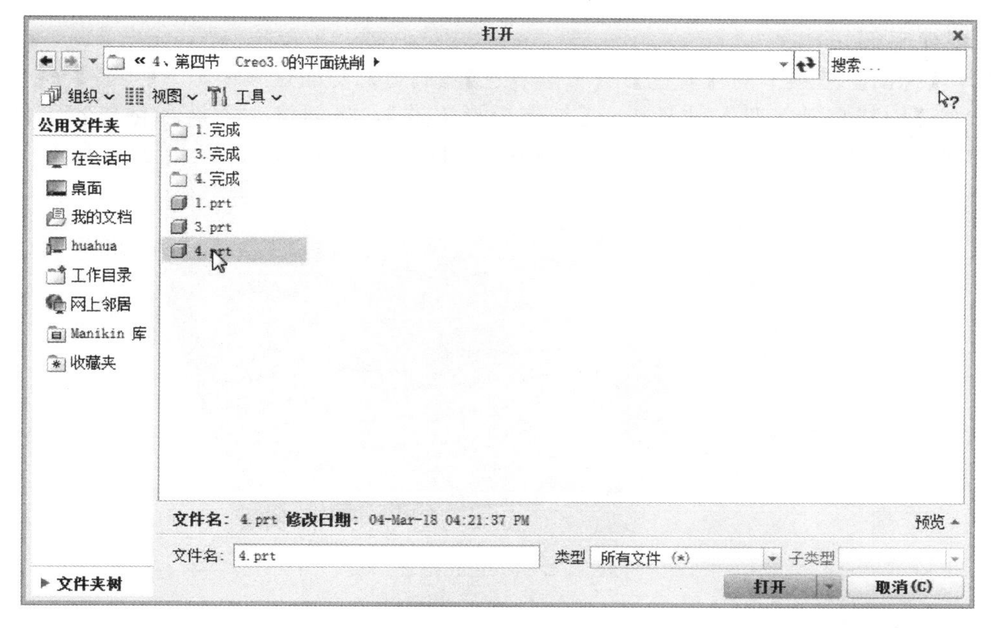

图2.4.51 图形的导入

3. 元件放置

【元件放置】选项卡→打开【自动】下拉列表→【重合】→点击工件顶面和加工坐标系的

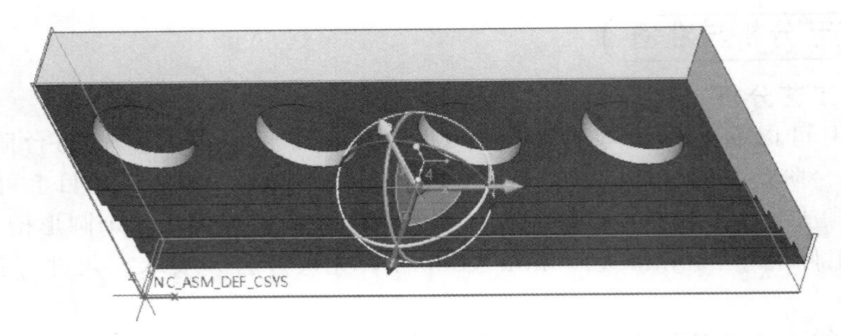

图 2.4.52　观察待加工工件

XY平面→得到一个重合摆放的工件→点击【元件放置】选项卡上的【反向】按钮，将工件摆正→点击【应用约束】按钮，将当前的重合约束应用到系统中→【确定】，工件方向摆放完毕，系统返回【制造】功能选项卡（如图 2.4.53 元件放置）。

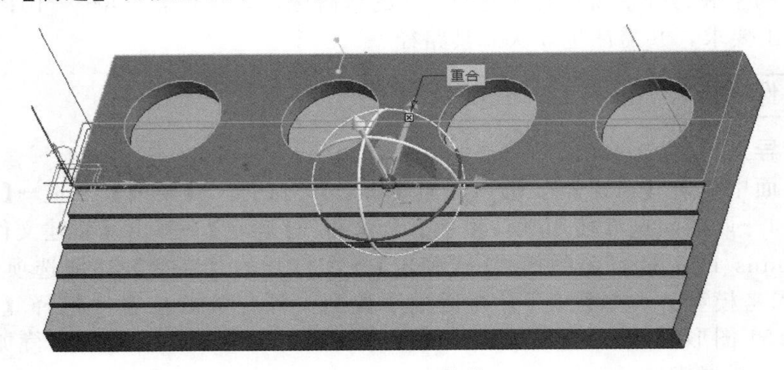

图 2.4.53　元件放置

4. 创建毛坯

打开【视图】选项卡的【着色】→【带边着色】【制造】功能选项卡中→【工件】→【自动工件】→进入【创建自动工件】选项卡→【创建矩形工件】，将创建一个最小化包容工件的毛坯→【确定】，毛坯创建完毕，系统返回【制造】功能选项卡（如图 2.4.54 创建毛坯）。

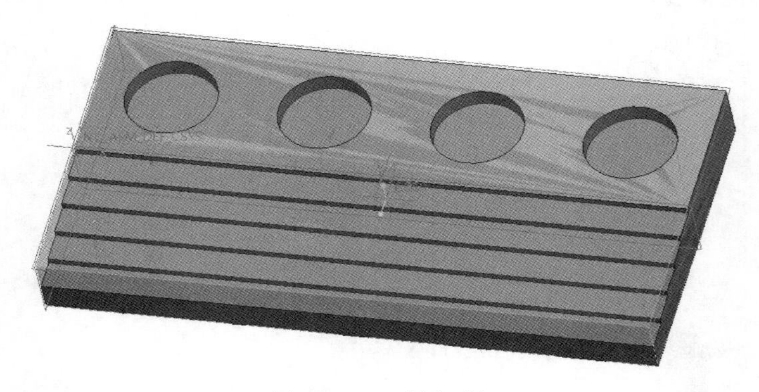

图 2.4.54　创建毛坯

5. 设置加工方法、刀具和坐标系

【制造】功能选项卡中→操作→右侧【制造设置】→【铣削】→打开【铣削工作中心】对话框→【名称】MILL01→【类型】铣削→【轴数】3轴→切换到【刀具】选框→点击【刀具】按钮→打开【刀具设定】对话框→【名称】T0001→【类型】端铣削→【材料】HSS→刀具直径

【ϕ】10→【应用】将刀具信息设定在刀具列表中→【确定】→【确定】（如图 2.4.55 刀具设定）→【基准】→【基准】→弹出【坐标系】对话框，此时处于【原点】选项卡，用于原点位置→此时，按住 Ctrl 键点击顶面→按住 Ctrl 键点击前面→按住 Ctrl 键点左侧面，此时坐标系会定位到左下角→点击【方向】选项卡→【使用】【确定】Z→【使用】【投影】Y【反向】，将坐标系的方向更改为与加工坐标系一致→【确定】（如图 2.4.56 加工坐标系一）→点击左侧【使用此工具】按钮，将该坐标系应用到系统之中→【刀具】默认为第一把刀→【间隙】选项卡→【类型】平面→点击工件的表面→【值】10→【回车 Enter】→【确定】，加工方法、刀具和加工坐标系完毕，系统返回【制造】功能选项卡（如图 2.4.57 加工坐标系二）。

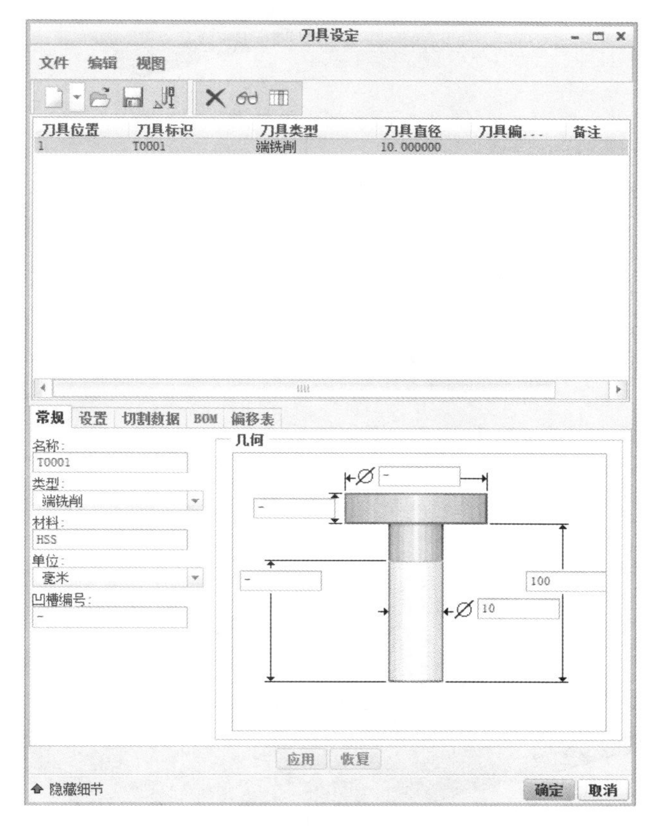

图 2.4.55 刀具设定

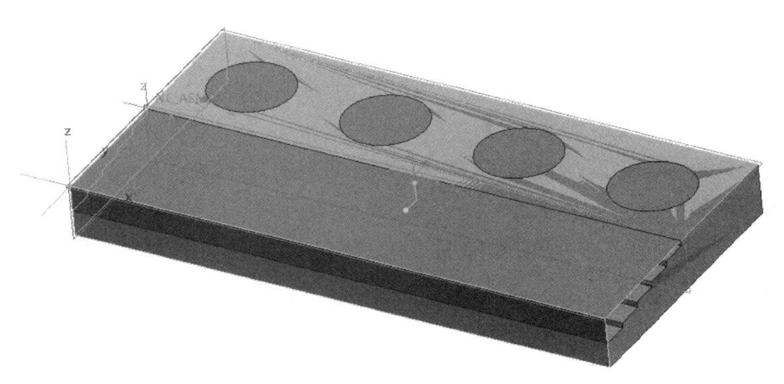

图 2.4.56 加工坐标系一

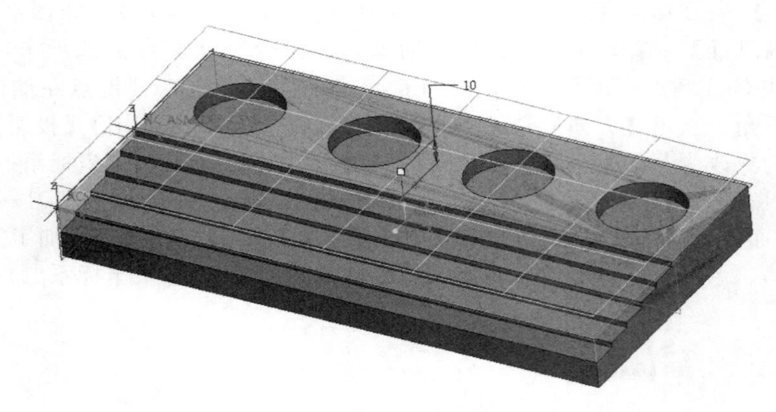

图 2.4.57　加工坐标系二

ϕ10的平底刀表面铣削加工深度－2的区域

6. 进入表面加工模块

选择【铣削】功能选项卡→【表面】。

7. 刀具和坐标系

【刀具】选择T0001→【坐标系】为刚才所设定的坐标系ACS1：F10坐标系。

8. 参考

选择【参考】选项卡→【类型】曲面→【加工参考】单曲面→点击第一层－2的面（如图2.4.58参考）。

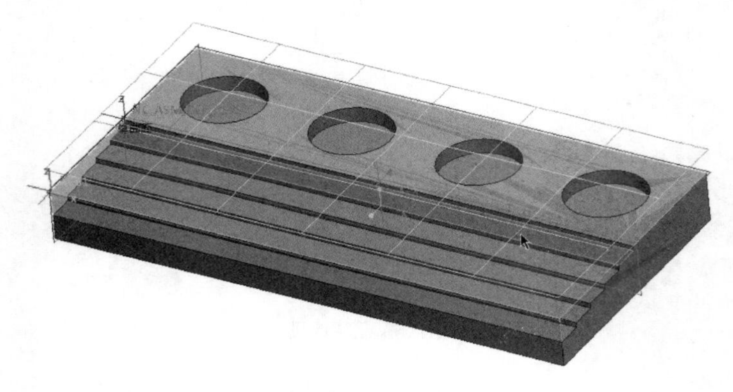

图 2.4.58　参考

9. 参数

选择【参数】选项卡→【切削进给】350→【步长深度】2→【跨距】8→【扫描类型】类型3→【安全距离】2→【主轴速度】2000→【冷却液选项】开（如图2.4.59参数）。

10. 编辑序列参数

点击【参数选项卡】最下方的【编辑序列参数按钮】→打开【编辑序列参数】对话框→选择【全部】方式→【初始化边偏移】5→【终边偏移】5→【确定】（如图2.4.60编辑序列参数）。

11. 生成刀具路径

在前一步之后即可观察到所生成的刀具路径（如图2.4.61观察刀具路径）。

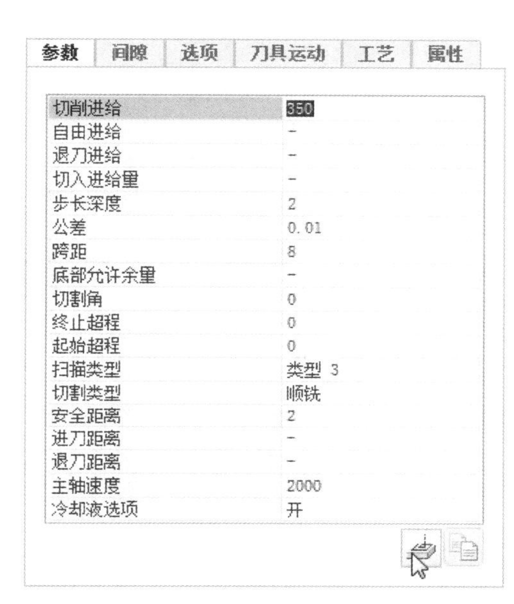

图 2.4.59　参数

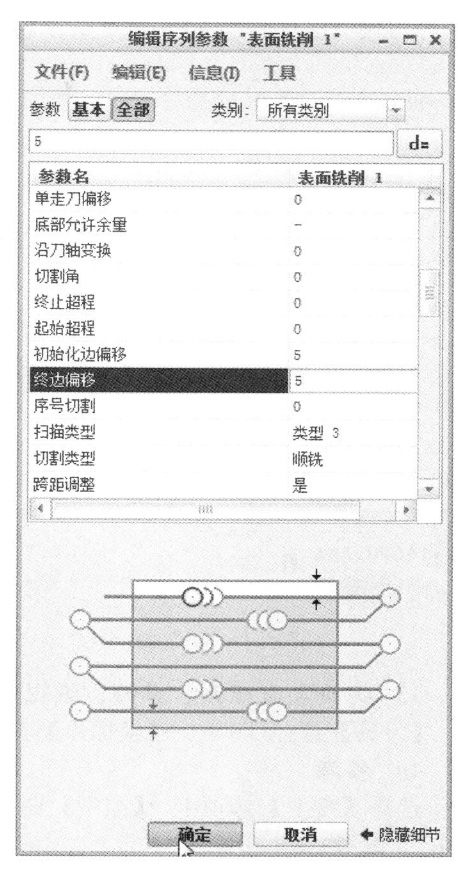

图 2.4.60　编辑序列参数

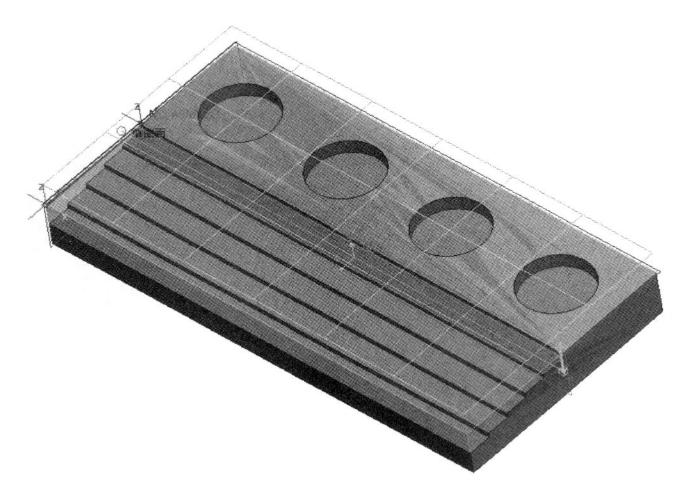

图 2.4.61　观察刀具路径

ϕ10 的平底刀表面铣削加工深度 -4 的区域

12. 复制程序

选择【表面铣削 1】→右击【复制】(如图 2.4.62 复制)→右击【粘贴】(如图 2.4.63 粘

贴)→得到【表面铣削 2】(如图 2.4.64【表面铣削 2】)。

图 2.4.62　复制

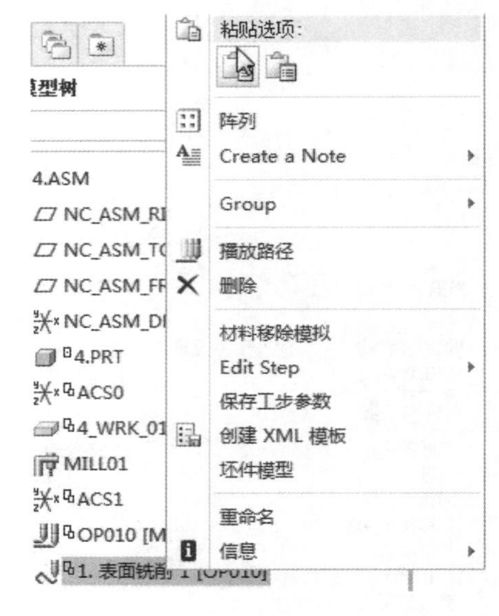

图 2.4.63　粘贴

13. 刀具和坐标系、参数、编辑序列参数均保持不变

【刀具】选择 T0001→【坐标系】为刚才所设定的坐标系 ACS1:F10 坐标系。

14. 参考

选择【参考】选项卡→【类型】曲面→【加工参考】单曲面→点击第二层-4 的面(如图 2.4.65 参考)。

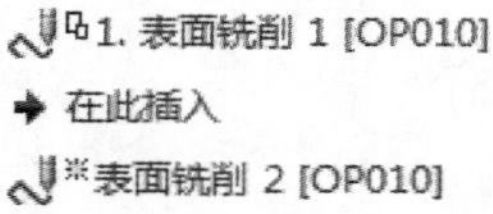

1. 表面铣削 1 [OP010]
在此插入
表面铣削 2 [OP010]

图 2.4.64　【表面铣削 2】

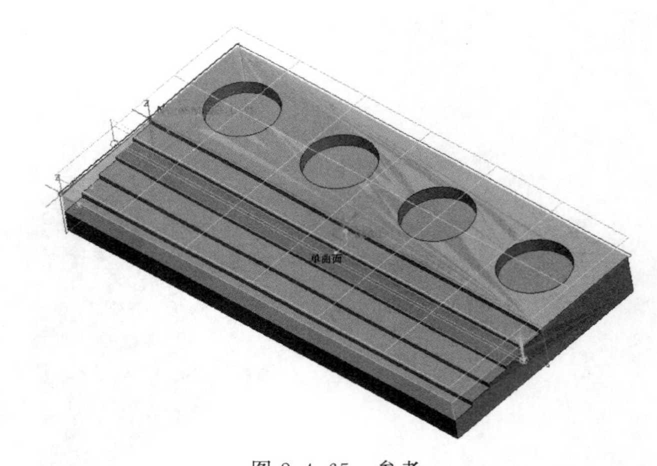

图 2.4.65　参考

ϕ10 的平底刀表面铣削加工深度-6 的区域

15. 复制程序

选择【表面铣削 2】→右击【复制】→右击【粘贴】→得到【表面铣削 3】(如图 2.4.66【表面铣削 3】)。

16. 刀具和坐标系、参数、编辑序列参数均保持不变

【刀具】选择 T0001→【坐标系】为刚才所设定的坐标系 ACS1:F10 坐标系。

17. 参考

选择【参考】选项卡→【类型】曲面→【加工参考】单曲面→点击第二层－4 的面（如图 2.4.67 参考）。

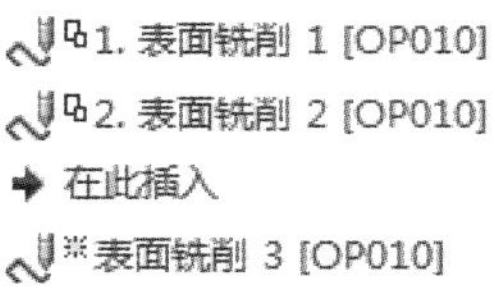

1. 表面铣削 1 [OP010]
2. 表面铣削 2 [OP010]

在此插入

表面铣削 3 [OP010]

图 2.4.66 【表面铣削 3】

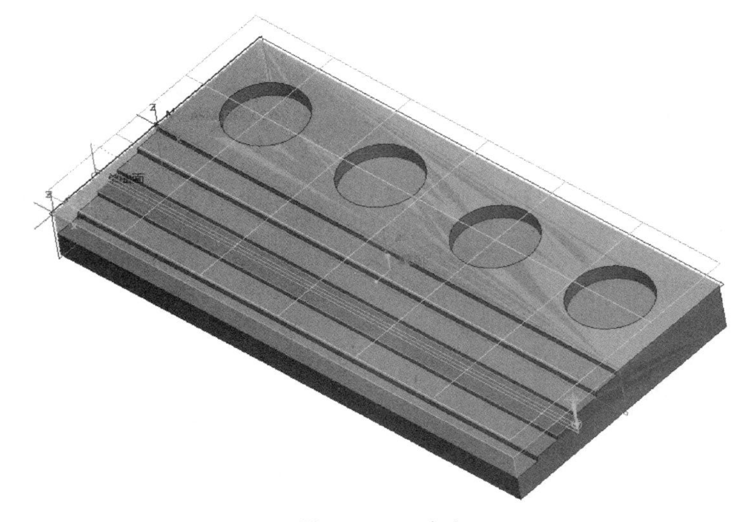

图 2.4.67　参考

ϕ10 的平底刀表面铣削加工深度－8 的区域

18. 复制程序

选择【表面铣削 3】→右击【复制】→右击【粘贴】→得到【表面铣削 4】（如图 2.4.68【表面铣削 4】）。

19. 刀具和坐标系、参数、编辑序列参数均保持不变

【刀具】选择 T0001→【坐标系】为刚才所设定的坐标系 ACS1：F10 坐标系。

20. 参考

选择【参考】选项卡→【类型】曲面→【加工参考】单曲面→点击第二层－4 的面（如图 2.4.69 参考）。

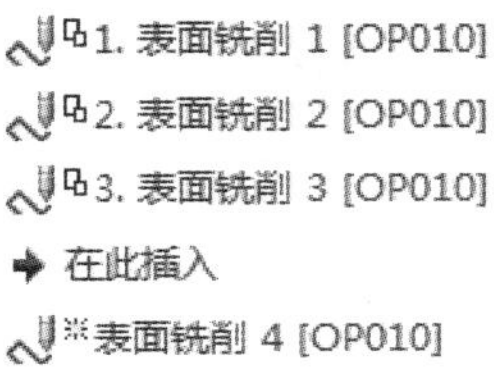

1. 表面铣削 1 [OP010]
2. 表面铣削 2 [OP010]
3. 表面铣削 3 [OP010]

在此插入

表面铣削 4 [OP010]

图 2.4.68 【表面铣削 4】

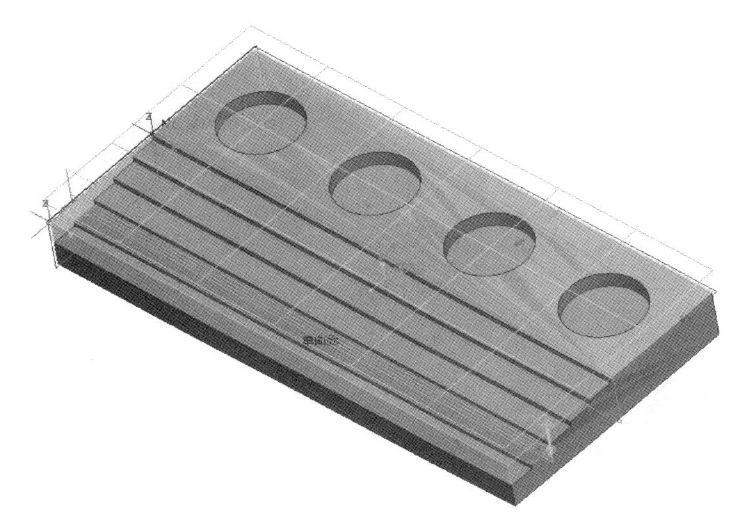

图 2.4.69　参考

φ10 的平底刀表面铣削加工深度－10 的区域

21. 复制程序

选择【表面铣削 3】→右击【复制】→右击【粘贴】→得到【表面铣削 5】（如图 2.4.70【表面铣削 5】）。

22. 刀具和坐标系、参数、编辑序列参数均保持不变

【刀具】选择 T0001→【坐标系】为刚才所设定的坐标系 ACS1：F10 坐标系。

23. 参考

选择【参考】选项卡→【类型】曲面→【加工参考】单曲面→点击第二层－4 的面（如图 2.4.71 参考）。

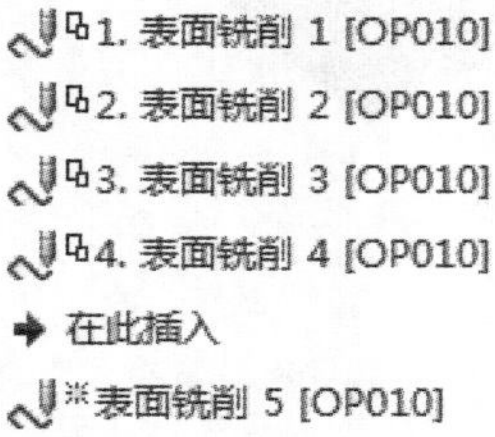

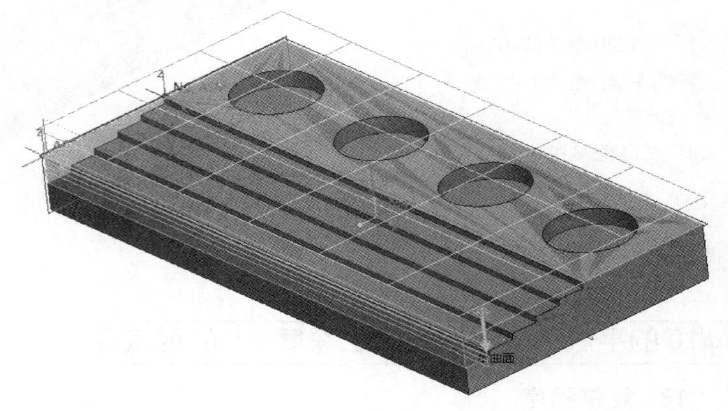

图 2.4.70 【表面铣削 5】

图 2.4.71 参考

24. 播放刀具路径

选择整个程序→右击【播放路径】（如图 2.4.72【播放路径】）→点击上方的【刀具路径】按钮→打开【播放路径】对话框→点击【播放】按钮，生成刀具路径（如图 2.4.73 生成刀具路径）。

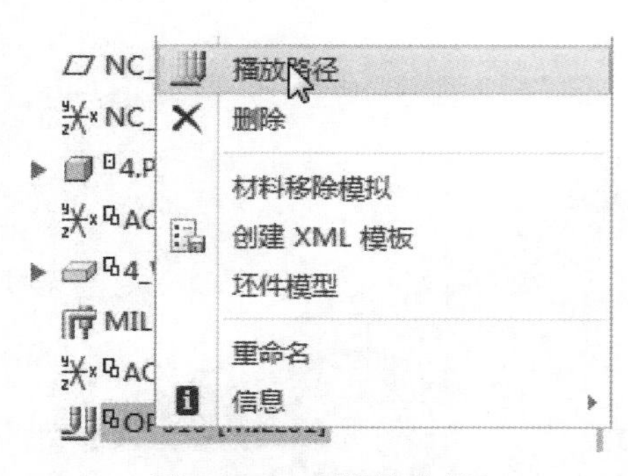

图 2.4.72 【播放路径】

图 2.4.73 生成刀具路径

实体验证模拟

25. 实体切削验证

点击【刀具路径】下方的第三个按钮【实体验证】→打开 VERICUT 软件进行切削验证→点击软件右下角的【播放】按钮，观察实体切削验证的情况（如图 2.4.74 实体切削验证）。

图 2.4.74 实体切削验证

第五节 轮廓铣削加工

轮廓铣削加工所产生的刀具轨迹是以等高分层的形式，沿着曲面轮廓进行分层加工的，因此，它的作用等同于 UG 和 Mastercam 的等高轮廓铣削。

轮廓铣削加工通过配置加工参数，可以用来粗加工或精加工垂直或倾斜度不大的轮廓表面。轮廓铣削加工要求所选择的加工表面必须能够形成连续的刀具轨迹。

轮廓铣削加工是比较简单的一种加工方法，但只能加工垂直或倾斜的轮廓，不能加工各种水平表面。

轮廓铣削加工中采用刀具的侧刃铣削曲面轮廓。选用不同大小、形状的各种铣刀，可以完成不同曲面轮廓的加工。一般来说，采用两轴半联动功能的数控铣床，即可完成轮廓的铣削加工。

一、轮廓铣削加工入门实例

加工前的工艺分析与准备

1. 工艺分析

该零件表面由规则的凸台构成。工件尺寸 100mm×100mm×70mm（如图 2.5.1），无尺寸公差要求。尺寸标注完整，轮廓描述清楚。零件材料为已经加工成型的标准铝块，无热处理和硬度要求。

① $\phi10R2$ 的圆角刀轮廓铣削加工曲面陡峭区域。

② 根据加工要求，共需产生 1 次刀具路径。

前期准备工作

2. 图形的导入

在 Creo 界面中点击【新建】按钮→打开【新建】对话框→【类型】制造→【子类型】NC 装配→【名称】1→取消勾选【使用默认模板】复选框→【确定】→弹出【新建文件选项】对话框→【模板】mmns_mfg_nc，公制模板→【确定】→在打开的【制造】功能选项卡中→【打开】→在【文件打开】对话框中找到文件存放的位置→选择【1.asm】→【打开】（如图 2.5.2 图形的导入）。

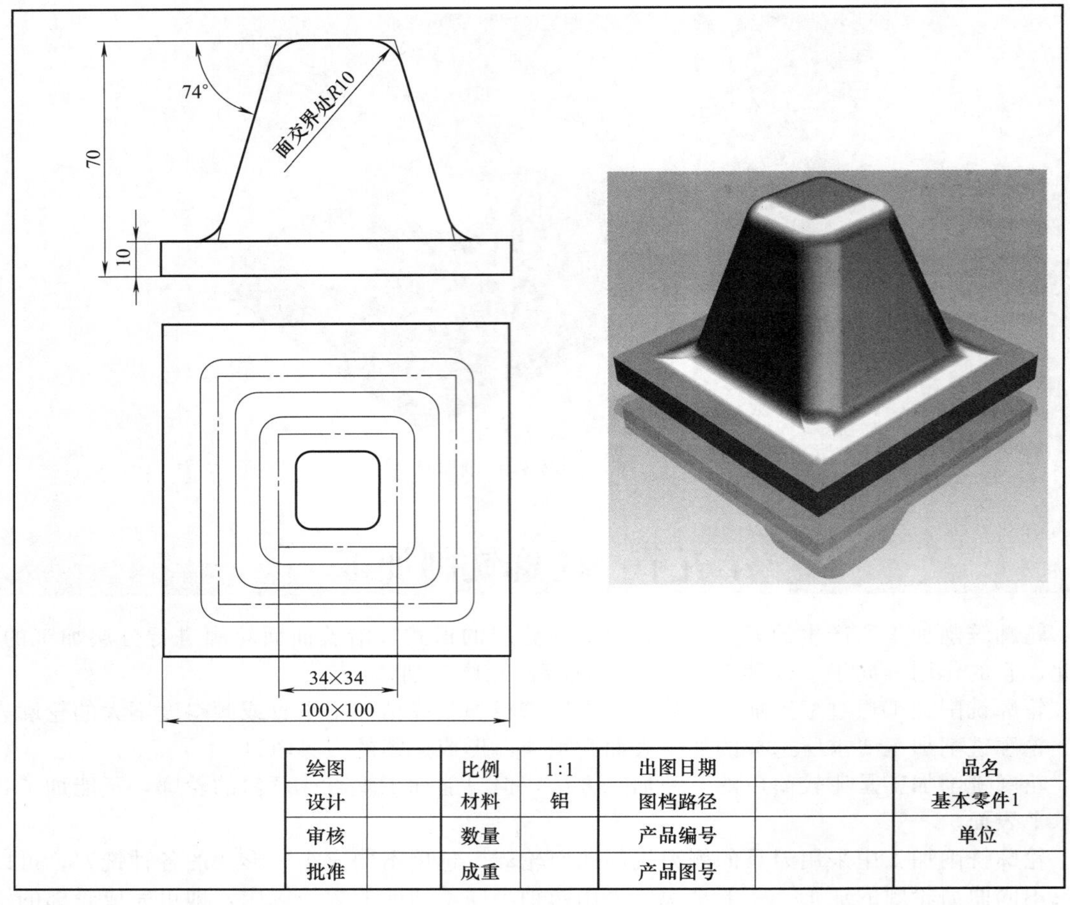

图 2.5.1　轮廓铣削加工入门实例

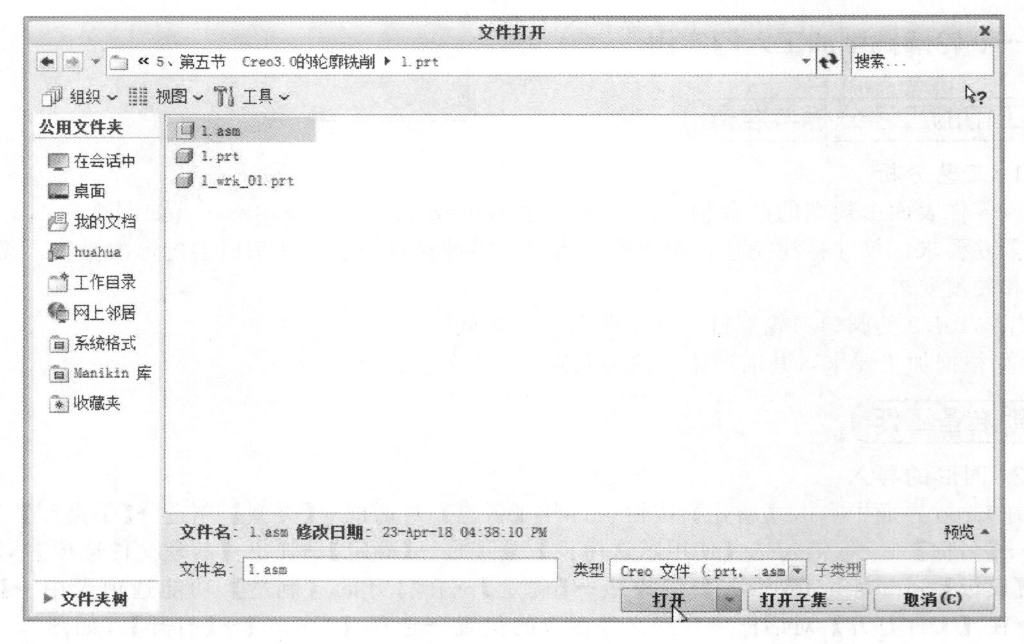

图 2.5.2　图形的导入

3. 观察之前的刀具路径和实体切削验证

右击之前进行的操作→选择【材料移除模拟】按钮，实体切削验证（如图 2.5.3【材料移除模拟】)→打开 VERICUT 软件进行切削验证→点击软件右下角的【播放】按钮，观察实体切削验证的情况（如图 2.5.4 实体切削验证)。

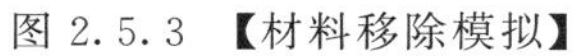

图 2.5.3 【材料移除模拟】

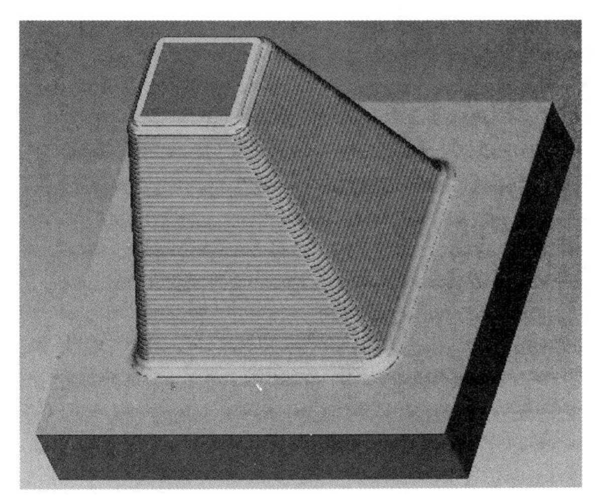

图 2.5.4 实体切削验证

$\phi 10R2$ 的圆角刀轮廓铣削加工曲面陡峭区域

4. 进入轮廓铣削加工模块

选择【铣削】功能选项卡→【轮廓铣削】 轮廓铣削。

5. 刀具和坐标系

【刀具】沿用上次的刀具 T0002→【坐标系】为之前所设定的坐标系 ACS1：F10 坐标系。

6. 参考

【参考】→【类型】曲面→按住 Ctrl 键点选待加工的曲面（如图 2.5.5 参考）。

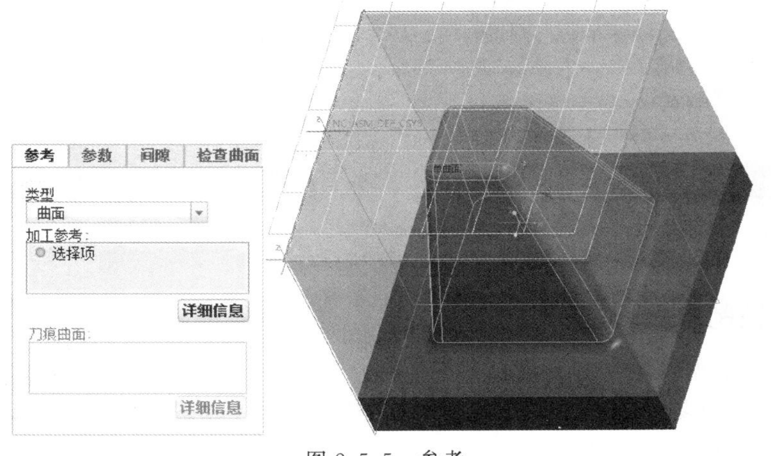

图 2.5.5 参考

7. 参数

选择【参数】选项卡→【切削进给】200→【步长深度】0.4→【安全距离】2→【主轴速度】3500→【冷却液选项】开（如图2.5.6参数）。

8. 生成刀具路径

点击上方的【刀具路径】按钮→打开【播放路径】对话框→点击【播放】按钮，生成刀具路径（如图2.5.7生成刀具路径）。

参数 | 间隙 | 检查曲面 | 选项 | 刀具运动 | 工艺

参数	值
切削进给	200
弧形进给	-
自由进给	-
退刀进给	-
切入进给量	-
步长深度	0.4
公差	0.01
轮廓允许余量	0
检查曲面允许余量	-
壁刀痕高度	0
切割类型	顺铣
安全距离	2
主轴速度	3500
冷却液选项	开

图2.5.6　参数

图2.5.7　生成刀具路径

实体验证模拟

9. 实体切削验证

点击【刀具路径】下方的第三个按钮【实体验证】→打开VERICUT软件进行切削验证→点击软件右下角的【播放】按钮，观察实体切削验证的情况（如图2.5.8～图2.5.10）。

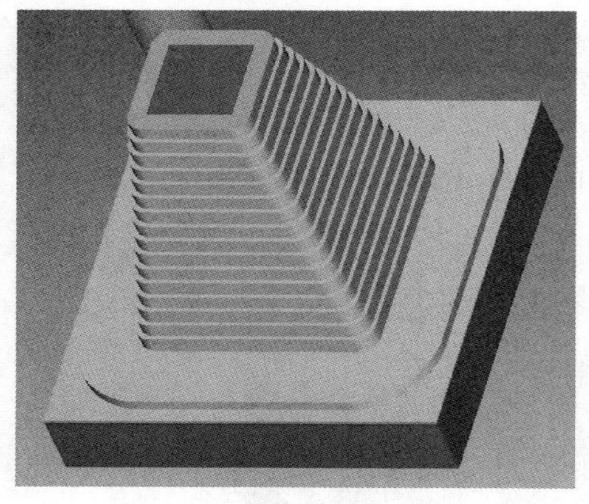

图2.5.8　粗加工

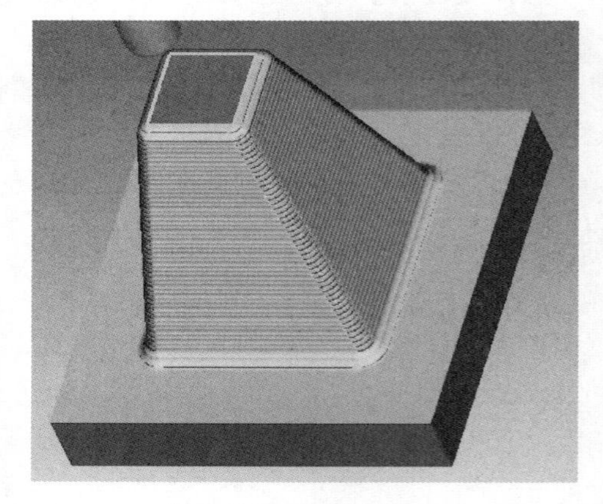

图2.5.9　重新粗加工

二、轮廓铣削参数设置

图2.5.11所示为参数选项卡，图2.5.12所示为【编辑序列参数“轮廓铣削1”】对话框，此处进行详细的参数设置。不同加工方法，序列的制造参数不同。如果需要定义更多的参数，可以在对话框中单击“全部”按钮，以定义更多的加工参数。

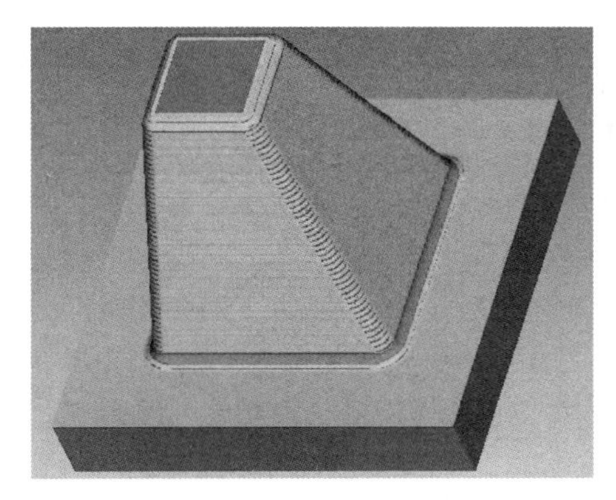

图 2.5.10　轮廓铣削

参数　间隙　检查曲面　选项　刀具运动　工艺

切削进给	200
弧形进给	-
自由进给	-
退刀进给	-
切入进给量	-
步长深度	0.4
公差	0.01
轮廓允许余量	0
检查曲面允许余量	-
壁刀痕高度	0
切割类型	顺铣
安全距离	2
主轴速度	3000
冷却液选项	开

图 2.5.11　参数选项卡

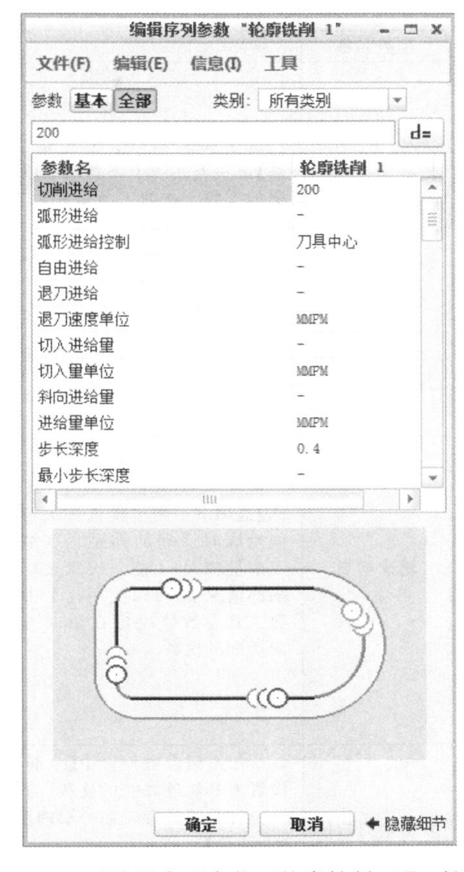

图 2.5.12　【编辑序列参数"轮廓铣削 1"】对话框

下面讲解轮廓铣削的加工参数，将不区分其位于【参数选项卡】，或是【编辑序列参数选项卡】，统一进行讲解，其中部分通用加工参数的含义见前面章节，不再赘述，其余参数的含义解释见表 2.5.1。

表 2.5.1　参数说明

序号	参数名称	详细说明
1	切削进给	用于设置切削运动的进给速度，通常为 80～500mm/min
2	步长深度	用于设置每次切削的深度，如果希望一次就完成轮廓全深度的加工，则可以使其参数值大于轮廓的厚度即可。其参数值决定在 Z 轴方向切削的层数，而在加工轮廓的法向则是一次清除所有余量
3	壁刀痕高度	用于设置侧向曲面的留痕高度(如图 2.5.13) 图 2.5.13　【壁刀痕高度】

续表

<table>
<tr><th>序号</th><th>参数名称</th><th colspan="3">详细说明</th></tr>
<tr><td>4</td><td>轮廓精加工走刀数</td><td colspan="2">位于高级参数设置中【全部】选项下。用于设置切削轮廓的次数。在加工余量较大，不能一次完成切削的情况下，可以使用这个参数。其参数值决定了法向方向切削的次数</td><td>未设置【轮廓精加工走刀数】和【轮廓增量】加工参数，而采用系统默认加工参数时所生成的刀具轨迹，如图 2.5.14 所示。 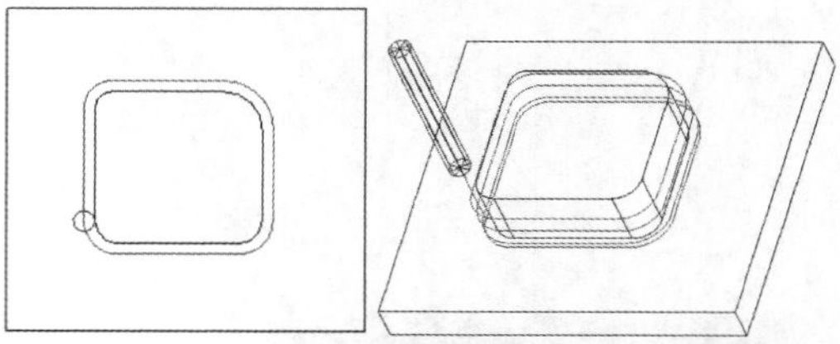
图 2.5.14 未设置【轮廓精加工走刀数】和【轮廓增量】生成的刀具轨迹</td></tr>
<tr><td>5</td><td>轮廓增量</td><td colspan="2">位于高级参数设置中【全部】选项下。用于设置多次切削轮廓时层间的间距。在加工余量较大，不能一次完成切削的情况下，可以使用这个参数。其参数值决定在法向方向切削的次数</td><td>设置【轮廓精加工走刀数】3 和【轮廓增量】加工参数时，所生成的刀具轨迹如图 2.5.15 所示。 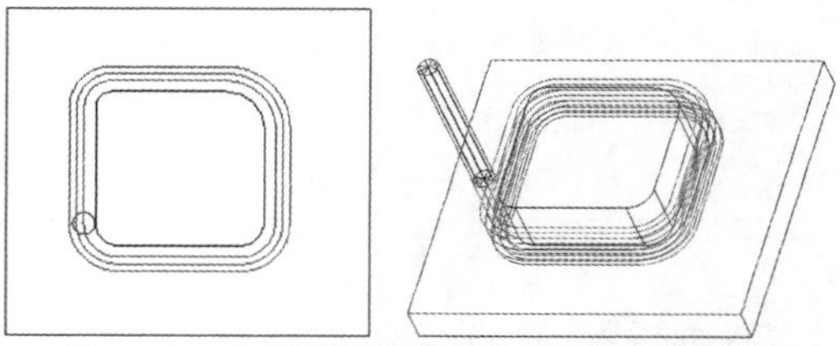
图 2.5.15 设置【轮廓精加工走刀数】3 和【轮廓增量】生成的刀具轨迹</td></tr>
<tr><td>6</td><td>多层走刀扫描</td><td colspan="3">位于高级参数设置中【全部】选项下。用于在 Z 轴方向多次走刀、法向方向多层切削的情况下，设置刀具轨迹之间的连接方式。有两种连接方式：
一种是刀具首先在一层内沿 Z 轴方向完成切削后再进行第二层的切削，这种方式称为【路径_由_路径】；
另一种是刀具在每一个步长深度内完成所有层的切削，然后在 Z 轴方向步进一个步长深度，再完成所有层的切削，这种方式称为【逐层切面】。【多层走刀扫描】参数的默认值为【路径_由_路径】</td></tr>
<tr><td rowspan="4">7</td><td rowspan="4">进刀/退刀</td><td colspan="3">位于【全部】参数设置中，主要用于设置刀具在切入和退出工件时的运动轨迹</td></tr>
<tr><td>切削进入延拓</td><td>用于设置刀具是否在加工轮廓时沿相切圆弧路径切入工件，默认为【无】</td><td rowspan="2">铣削外轮廓表面时，铣刀的切入和退出点应沿工件轮廓曲线切向方向，切入和退出工件表面，而尽量避免沿法向直接切入工件，以免加工表面留下刀痕，其刀具轨迹如图 2.5.16 所示，将【切削进入延拓】和【切削退出延拓】选项设置为【是】，并设置其他相应参数值时即可生成 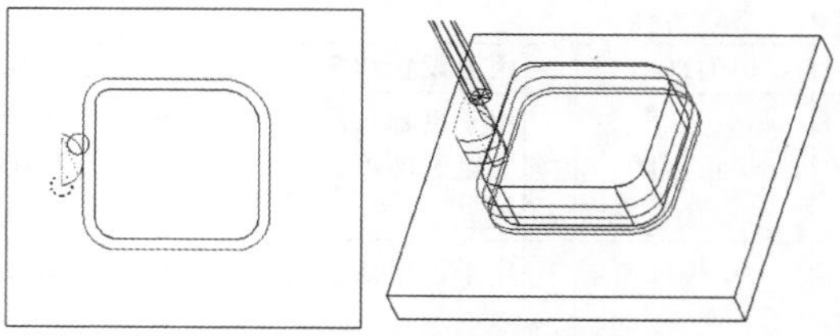
图 2.5.16 设置【切削进入延拓】和【切削退出延拓】参数时的刀具轨迹</td></tr>
<tr><td>切削退出延拓</td><td>用于设置刀具是否在加工轮廓时沿相切圆弧路径退出工件，默认为【无】</td></tr>
<tr><td>引导半径</td><td colspan="2">用于设置刀具在引入和引出时相切圆弧路径的圆弧半径，默认为 0。如图 2.5.17 所示 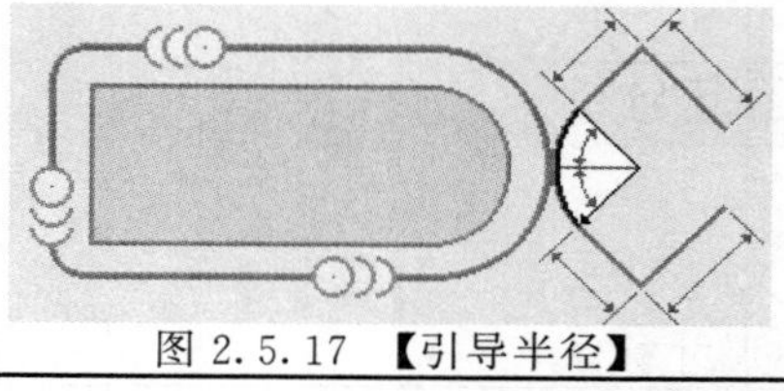
图 2.5.17 【引导半径】</td></tr>
</table>

续表

序号	参数名称	详细说明	
7	进刀/退刀	切向引导步长	用于设置刀具在引入和引出时在沿相切圆弧相切方向延伸的直线运动长度，默认为 0。如图 2.5.18 所示 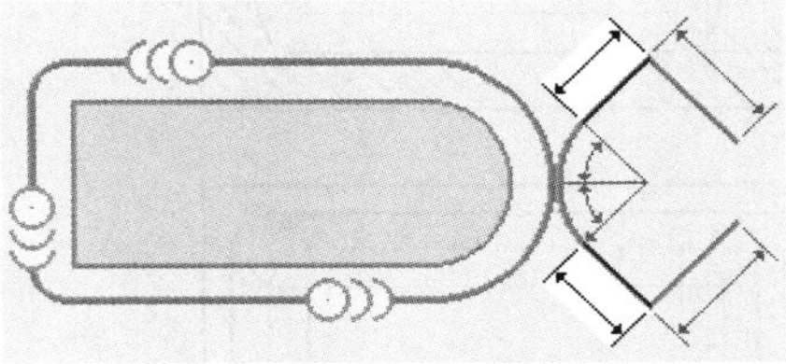 图 2.5.18 【切向引导步长】
		法向引导步长	用于设置刀具在引入和引出时，圆弧刀具到圆弧的长度，默认为 0。如图 2.5.19 所示 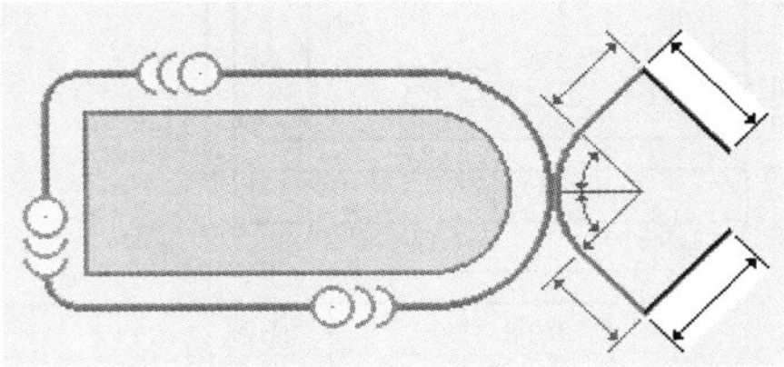 图 2.5.19 【法向引导步长】
		入口角	用于设置刀具在切入工件时的角度，默认为 90°。如图 2.5.20 所示 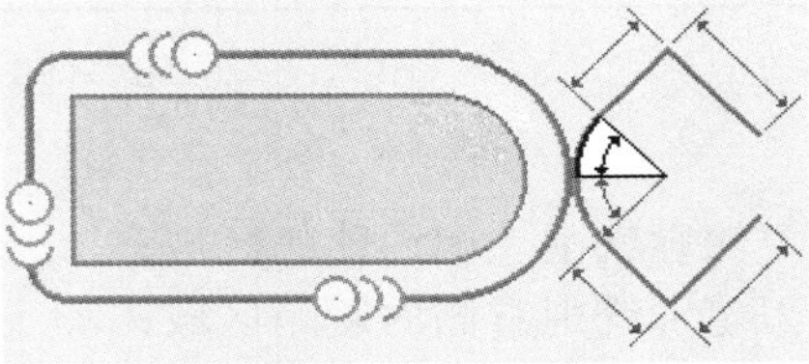 图 2.5.20 【入口角】
		退刀角	用于设置刀具在退出工件时的角度，默认为 90°。如图 2.5.21 所示 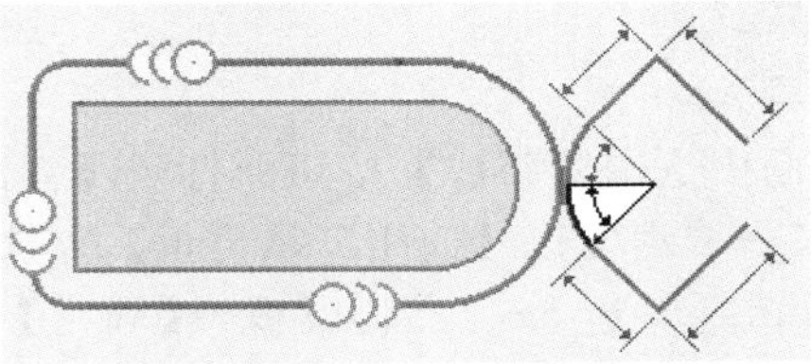 图 2.5.21 【退刀角】
8	安全距离	用于设置退刀时的安全高度	
9	主轴速度	用于设置数控机床主轴的运转速度，在进行粗加工时主轴转速一般是 1500～2500r/min，在进行精加工时主轴转速一般是 2500～4500r/min	
10	冷却液选项	用于设置数控机床中冷却液的状况	

三、轮廓铣削加工实例一

加工前的工艺分析与准备

1. 工艺分析

该零件表面由一个凹槽构成（如图 2.5.22），工件尺寸 100mm×100mm×50mm，无尺寸公差要求。尺寸标注完整，轮廓描述清楚。零件材料为已经加工成型的标准铝块，无热处

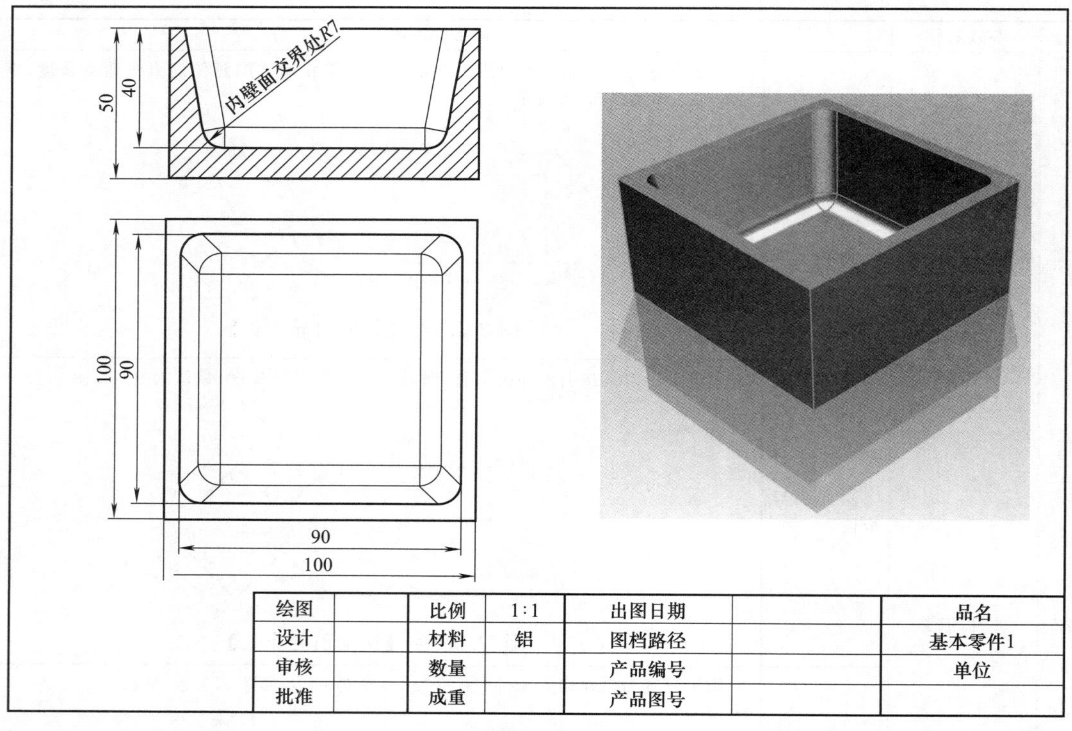

图 2.5.22　轮廓铣削加工实例一

理和硬度要求。

① $\phi 8$ 的球刀轮廓铣削左侧内陡峭区域；

② $\phi 8$ 的球刀轮廓铣削右侧内陡峭区域；

③ 根据加工要求，共需产生 2 次刀具路径。

前期准备工作

2. 图形的导入

在 Creo 界面中点击【新建】按钮→打开【新建】对话框→【类型】制造→【子类型】NC 装配→【名称】3→取消勾选【使用默认模板】复选框→【确定】→弹出【新建文件选项】对话框→【模板】mmns_mfg_nc，公制模板→【确定】→在打开的【制造】功能选项卡中→【打开】→在【文件打开】对话框中找到文件存放的位置→选择【3.asm】→【打开】（如图 2.5.23 图形的导入）。

$\phi 8$ 的球刀轮廓铣削左侧内陡峭区域

3. 进入轮廓铣削模块

选择【铣削】功能选项卡→【轮廓铣削】轮廓铣削。

4. 隐藏毛坯

右击【毛坯名称】→【隐藏】（如图 2.5.24【隐藏】和图 2.5.25 隐藏后的效果）→点击【运行】，继续进行参数设置。

5. 刀具、上一步操作和坐标系

点击【刀具】下拉列表→【编辑刀具】→打开【刀具设定】对话框，新建一把刀具→【名

图 2.5.23　图形的导入

图 2.5.24　【隐藏】

图 2.5.25　隐藏后的效果

称】T0002→【类型】球铣削→刀具直径【ϕ】8→【应用】将刀具信息设定在刀具列表中→【确定】→【确定】（如图 2.5.26 刀具设定）→【坐标系】为之前所设定的坐标系 ACS1：F10 坐标系。

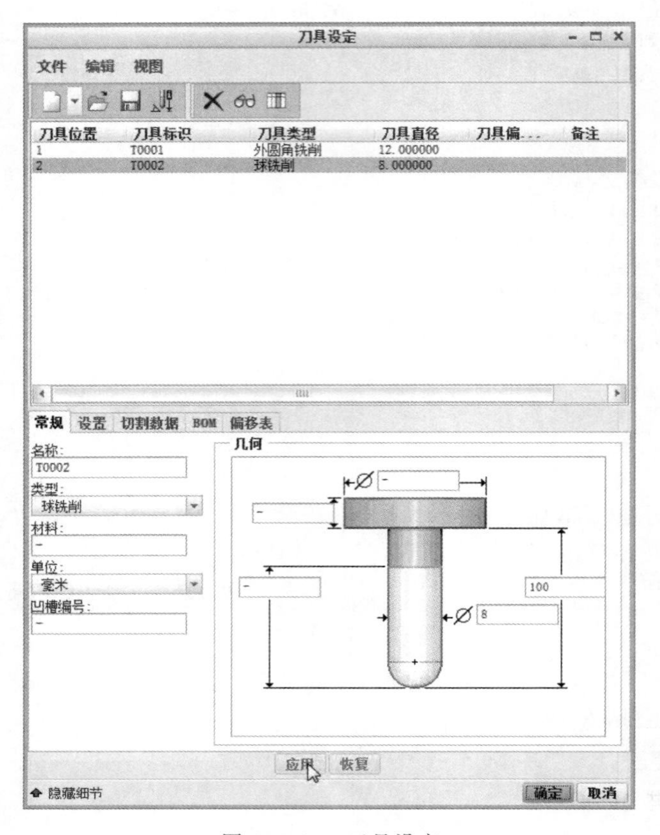

图 2.5.26 刀具设定

6. 参考

【参考】→【类型】曲面→按住 Ctrl 键点选待加工的曲面（如图 2.5.27 参考）。

7. 参数

选择【参数】选项卡→【切削进给】450→【步长深度】0.4→【安全距离】2→【主轴速度】3000→【冷却液选项】开（如图 2.5.28 参数）。

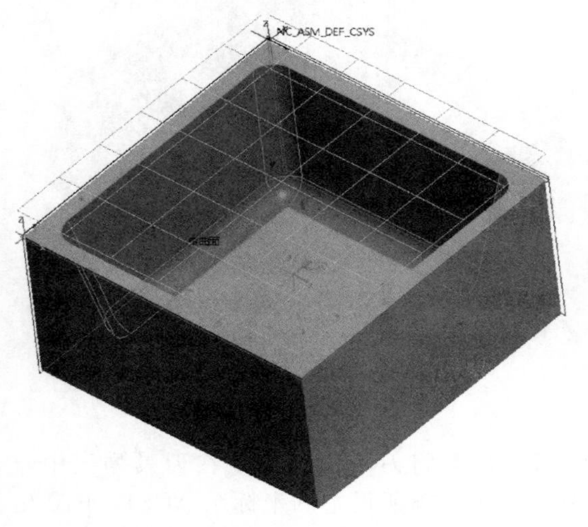

图 2.5.27 参考

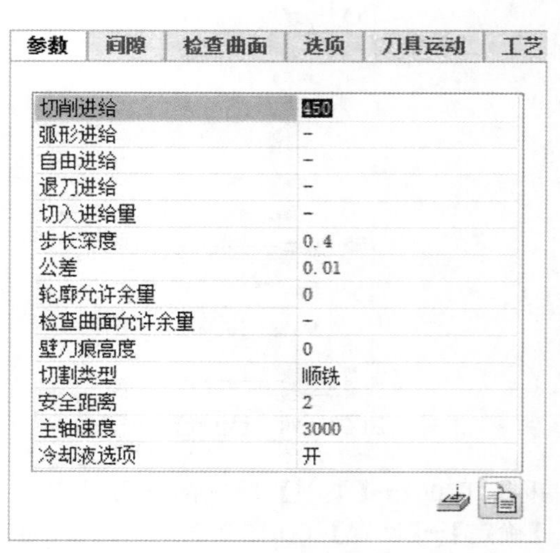

图 2.5.28 参数

8. 生成刀具路径

点击上方的【刀具路径】按钮→打开【播放路径】对话框→点击【播放】按钮，生成刀具路径（如图 2.5.29 生成刀具路径）。

图 2.5.29　生成刀具路径

φ8 的球刀轮廓铣削右侧内陡峭区域

9. 复制程序，进入轮廓铣削模块

右击【轮廓铣削 1】→【复制】→再次右击【轮廓铣削 1】→【粘贴】→自动进入轮廓铣削模块图（如图 2.5.30【复制】并【粘贴】）。

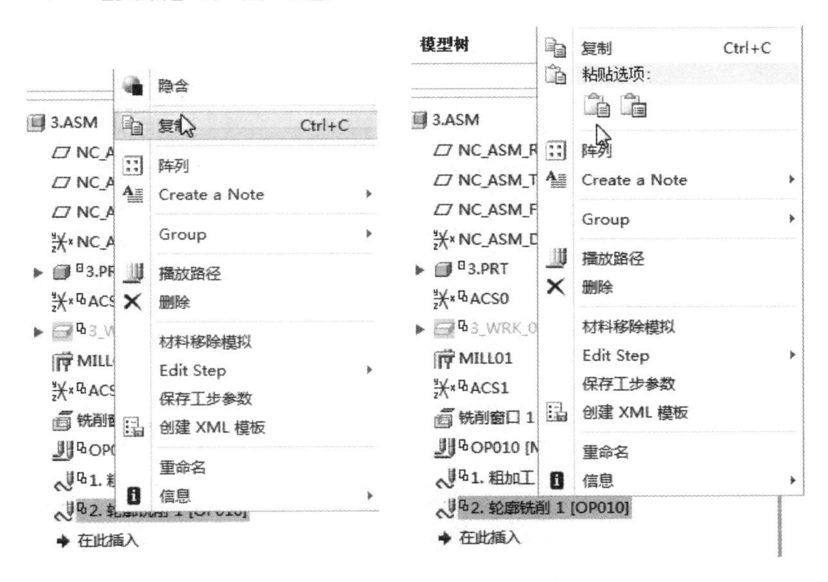

图 2.5.30　【复制】并【粘贴】

10. 刀具和坐标系

【刀具】沿用上次的刀具 T0002→【坐标系】为之前所设定的坐标系 ACS1：F10 坐标系。

11. **参考**

【参考】→【类型】曲面→按住 Ctrl 键点选待加工的剩余的曲面（如图 2.5.31 参考）。

12. **参数**

【参数】保持不变。

13. **生成刀具路径**

点击上方的【刀具路径】按钮→打开【播放路径】对话框→点击【播放】按钮，生成刀具路径（如图 2.5.32 生成刀具路径）。

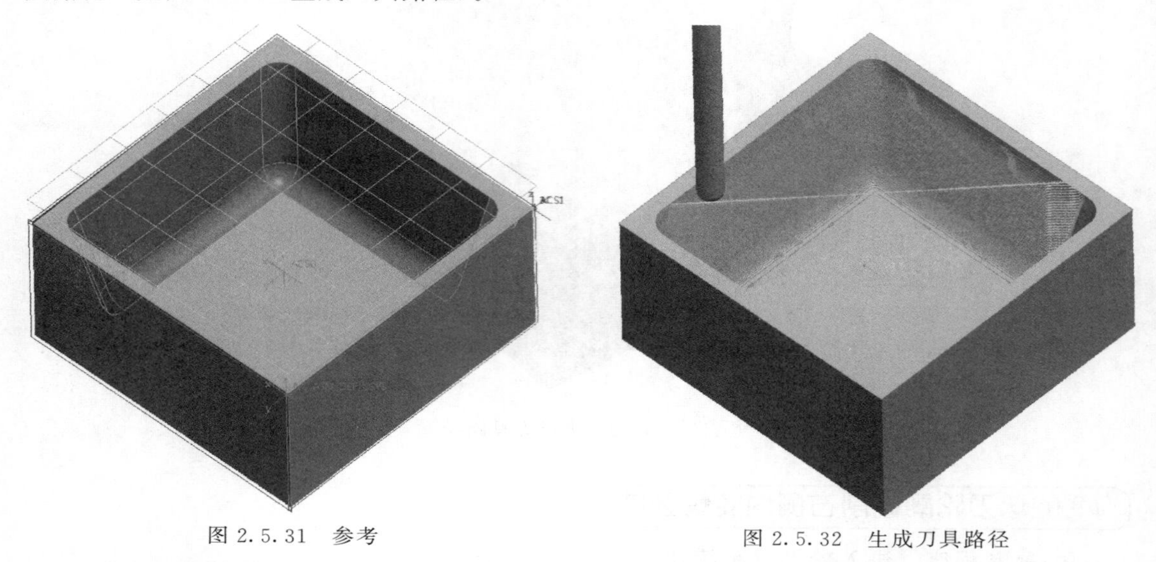

图 2.5.31　参考　　　　图 2.5.32　生成刀具路径

14. **取消隐藏毛坯**

右击【毛坯名称】→【取消隐藏】（如图 2.5.33 取消隐藏毛坯）。

图 2.5.33　取消隐藏毛坯

实体验证模拟

15. 实体切削验证

点击【刀具路径】下方的第三个按钮【实体验证】→打开 VERICUT 软件进行切削验证→点击软件右下角的【播放】按钮，观察实体切削验证的情况（如图 2.5.34 粗加工和图 2.5.35 轮廓铣削）。

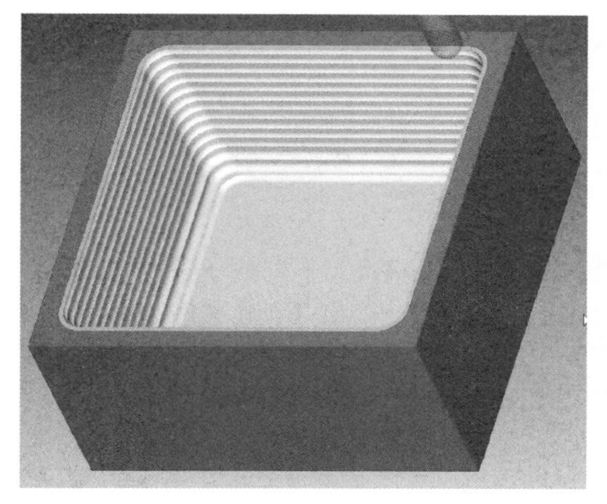

图 2.5.34　粗加工

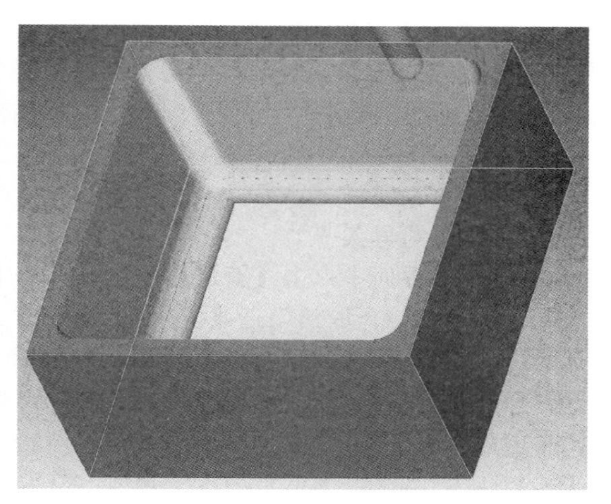

图 2.5.35　轮廓铣削

四、轮廓铣削加工实例二

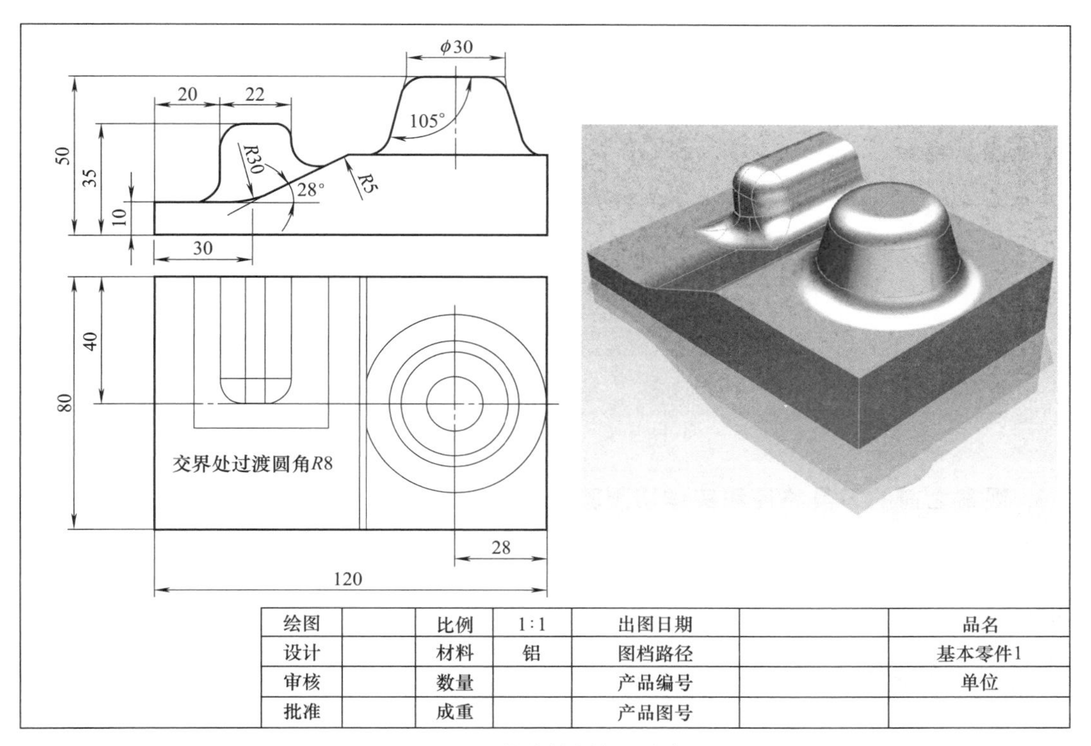

图 2.5.36　轮廓铣削加工实例二

加工前的工艺分析与准备

1. 工艺分析

该零件表面由连续的曲面构成，中间有两处突起的凸台（图 2.5.36），工件尺寸 120mm×80mm×50mm，无尺寸公差要求。尺寸标注完整，轮廓描述清楚。零件材料为已经加工成型的标准铝块，无热处理和硬度要求。

① ϕ8 的球刀轮廓铣削左侧凸台区域；

② ϕ8 的球刀轮廓铣削右侧凸台区域；

③ 根据加工要求，共需产生 2 次刀具路径。

前期准备工作

2. 图形的导入

在 Creo 界面中点击【新建】按钮→打开【新建】对话框→【类型】制造→【子类型】NC 装配→【名称】4→取消勾选【使用默认模板】复选框→【确定】→弹出【新建文件选项】对话框→【模板】mmns_mfg_nc，公制模板→【确定】→在打开的【制造】功能选项卡中→【打开】→在【文件打开】对话框中找到文件存放的位置→选择【4. asm】→【打开】（如图 2.5.37 图形的导入）。

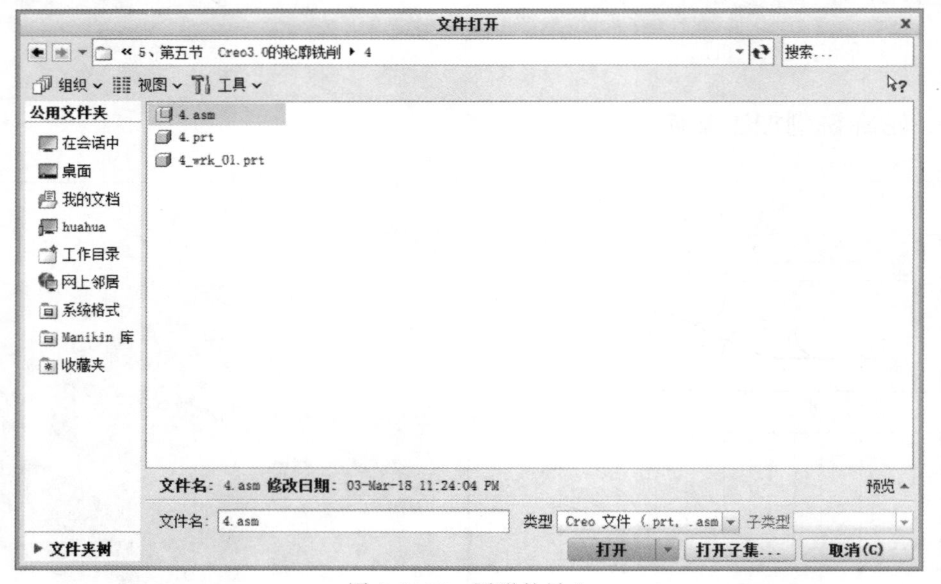

图 2.5.37 图形的导入

3. 观察之前的刀具路径和实体切削验证

右击之前进行的操作→选择【材料移除模拟】，实体切削验证→打开 VERICUT 软件进行切削验证→点击软件右下角的【播放】按钮，观察实体切削验证的情况（如图 2.5.38 实体切削验证）。

ϕ8 的球刀轮廓铣削左侧凸台区域

4. 进入轮廓铣削模块

选择【铣削】功能选项卡→【轮廓铣削】 轮廓铣削 。

5. 刀具和坐标系

【刀具】沿用上次的刀具 T0002→【坐标系】为之前所设定的坐标系 ACS1：F10 坐标系。

6. 隐藏毛坯

点击【轮廓铣削】选项卡右侧的【暂停】按钮→右击【毛坯名称】→【隐藏】（如图 2.5.39 隐藏毛坯）→点击【运行】，继续进行参数设置。

7. 参考

【参考】→【类型】曲面→按住 Ctrl 键点选待加工的曲面（如图 2.5.40 参考）。

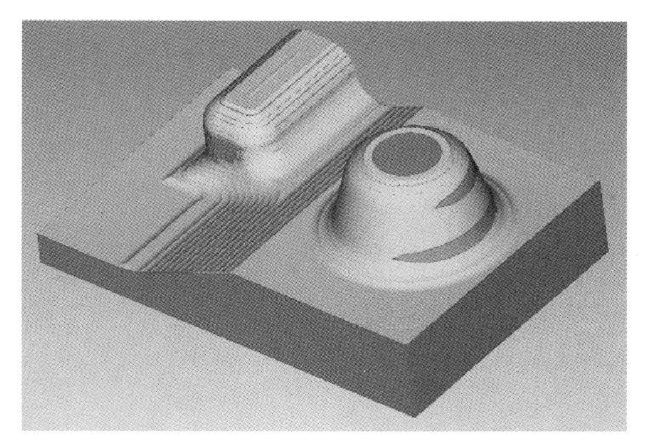

图 2.5.38　实体切削验证

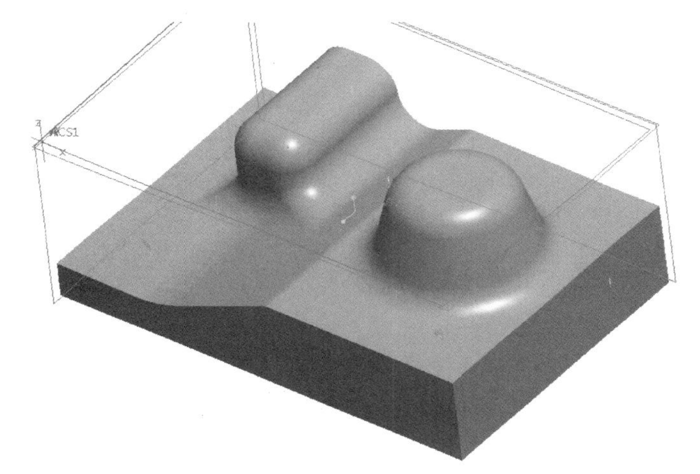

图 2.5.39　隐藏毛坯

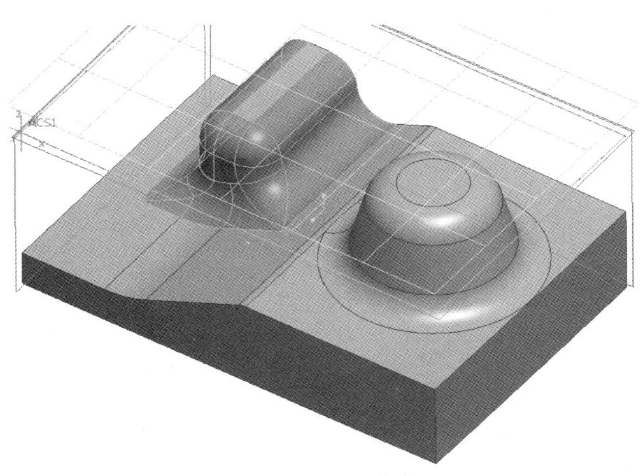

图 2.5.40　参考

8. 参数

选择【参数】选项卡→【切削进给】200→【步长深度】0.4→【安全距离】2→【主轴速度】3500→【冷却液选项】开（如图 2.5.41 参数）。

9. 生成刀具路径

点击上方的【刀具路径】按钮→打开【播放路径】对话框→点击【播放】按钮，生成刀具路径（如图2.5.42生成刀具路径）。

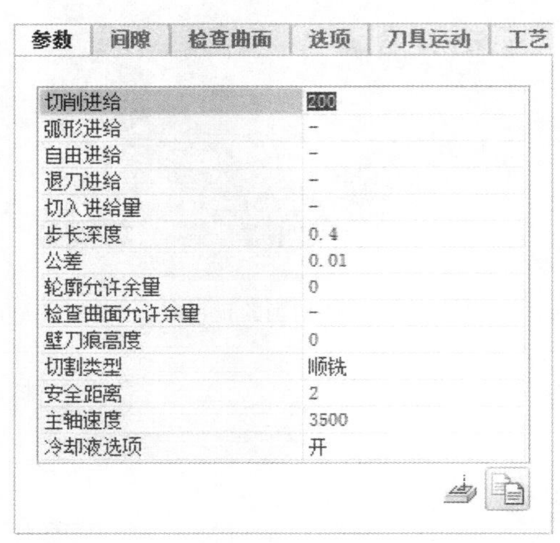

图2.5.41　参数

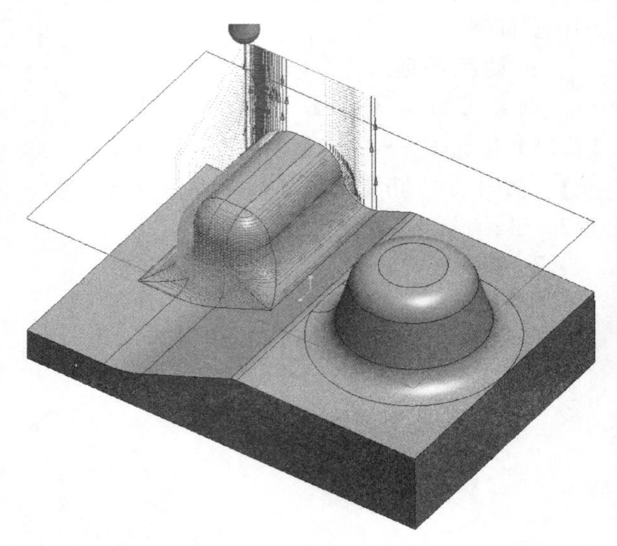

图2.5.42　生成刀具路径

ϕ8的球刀轮廓铣削右侧凸台区域

10. 复制程序，进入轮廓铣削模块

右击【轮廓铣削1】→【复制】→再次右击【轮廓铣削1】→【复制】→自动进入轮廓铣削模块。

11. 刀具和坐标系

【刀具】沿用上次的刀具T0002→【坐标系】为之前所设定的坐标系ACS1：F10坐标系。

12. 参考

【参考】→【类型】曲面→按住Ctrl键点选待加工的曲面（如图2.5.43参考）。

13. 参数

【参数】保持不变（如图2.5.44参数）。

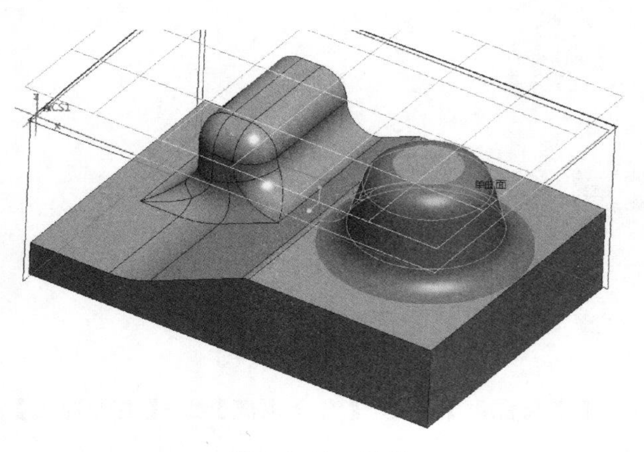

图2.5.43　参考

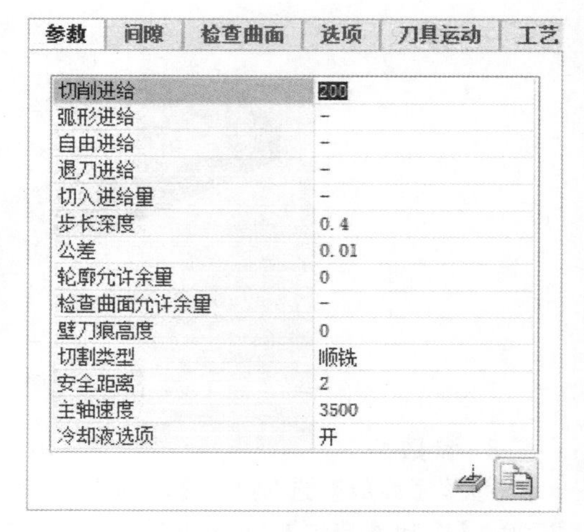

图2.5.44　参数

14. 生成刀具路径

点击上方的【刀具路径】按钮→打开【播放路径】对话框→点击【播放】按钮，生成刀具路径（如图 2.5.45 生成刀具路径）。

15. 取消隐藏毛坯

右击【毛坯名称】→【隐藏】。

实体验证模拟

16. 实体切削验证

点击【刀具路径】下方的第三个按钮【实体验证】→打开 VERICUT 软件进行切削验证→点击软件右下角的【播放】按钮，观察实体切削验证的情况（如图 2.5.46～图 2.5.48）。

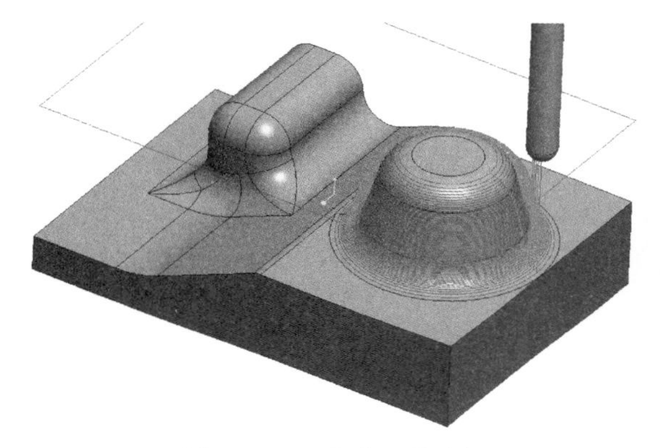

图 2.5.45　生成刀具路径

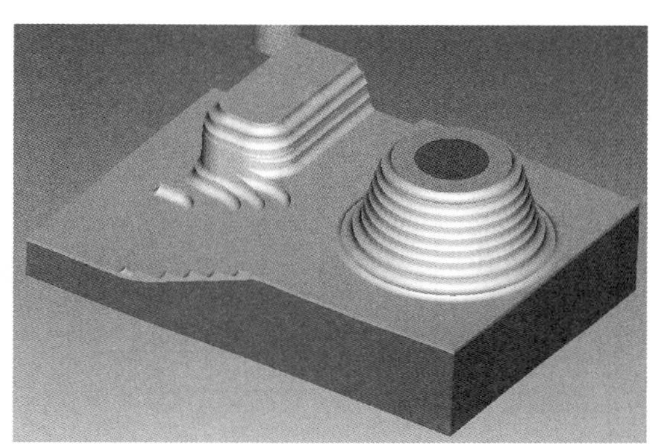

图 2.5.46　粗加工

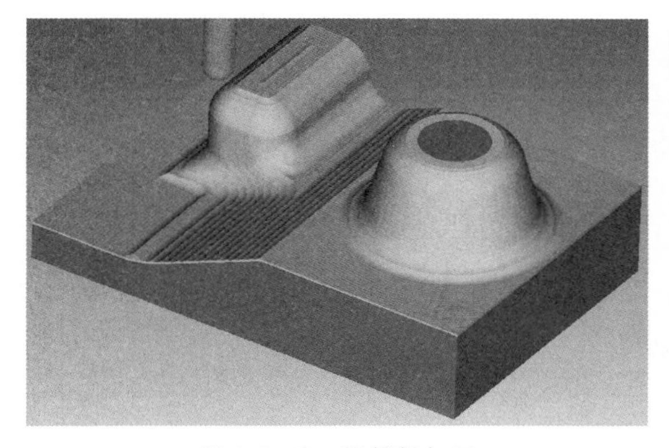

图 2.5.47　重新粗加工

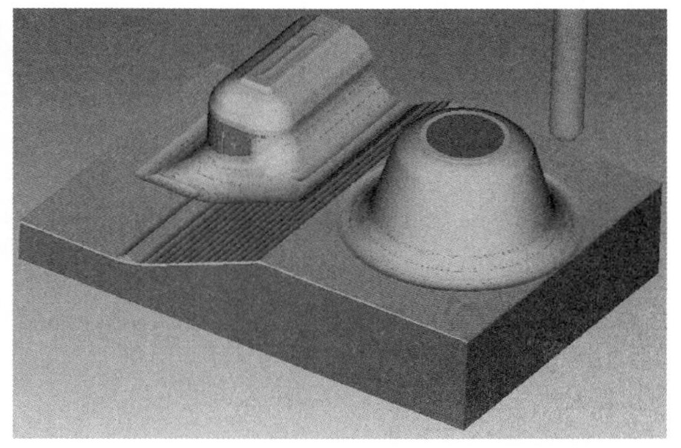

图 2.5.48　轮廓铣削

第六节　精加工铣削加工

一、精加工铣削加工入门实例

加工前的工艺分析与准备

1. 工艺分析

该零件表面由规则的凸台构成。工件尺寸 100mm×100mm×70mm（如图 2.6.1），无

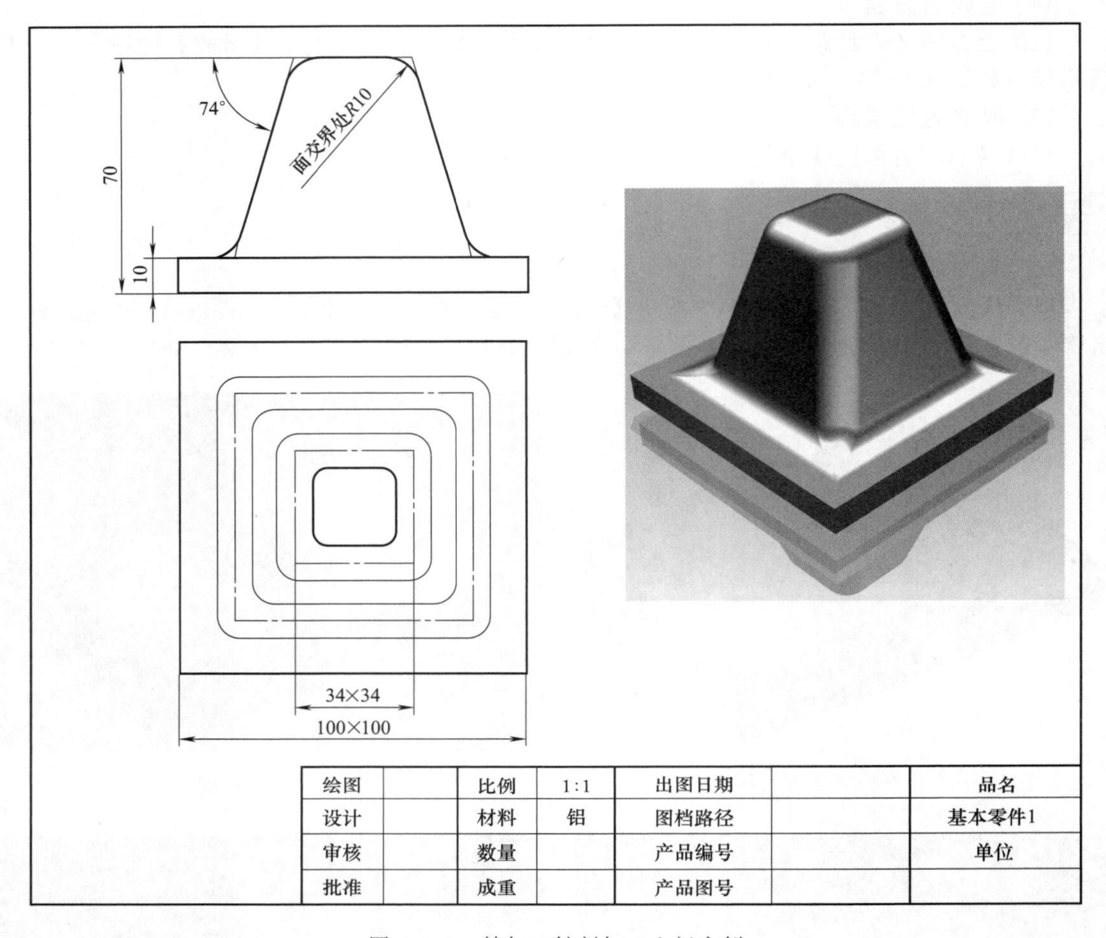

绘图		比例	1:1	出图日期		品名
设计		材料	铝	图档路径		基本零件1
审核		数量		产品编号		单位
批准		成重		产品图号		

图 2.6.1　精加工铣削加工入门实例

尺寸公差要求。尺寸标注完整，轮廓描述清楚。零件材料为已经加工成型的标准铝块，无热处理和硬度要求。

① $\phi10R2$ 的圆角刀精加工曲面陡峭区域；

② 根据加工要求，共需产生 1 次刀具路径。

前期准备工作

2. 图形的导入

在 Creo 界面中点击【新建】按钮→打开【新建】对话框→【类型】制造→【子类型】NC 装配→【名称】1→取消勾选【使用默认模板】复选框→【确定】→弹出【新建文件选项】对话框→【模板】mmns_mfg_nc，公制模板→【确定】→在打开的【制造】功能选项卡中→【打开】→在【文件打开】对话框中找到文件存放的位置→选择【1.asm】→【打开】(如图 2.6.2 图形的导入)。

3. 观察之前的刀具路径和实体切削验证

右击之前进行的操作→选择【材料移除模拟】按钮，实体切削验证→打开 VERICUT 软件进行切削验证→点击软件右下角的【播放】按钮，观察实体切削验证的情况（如图 2.6.3 实体切削验证）。

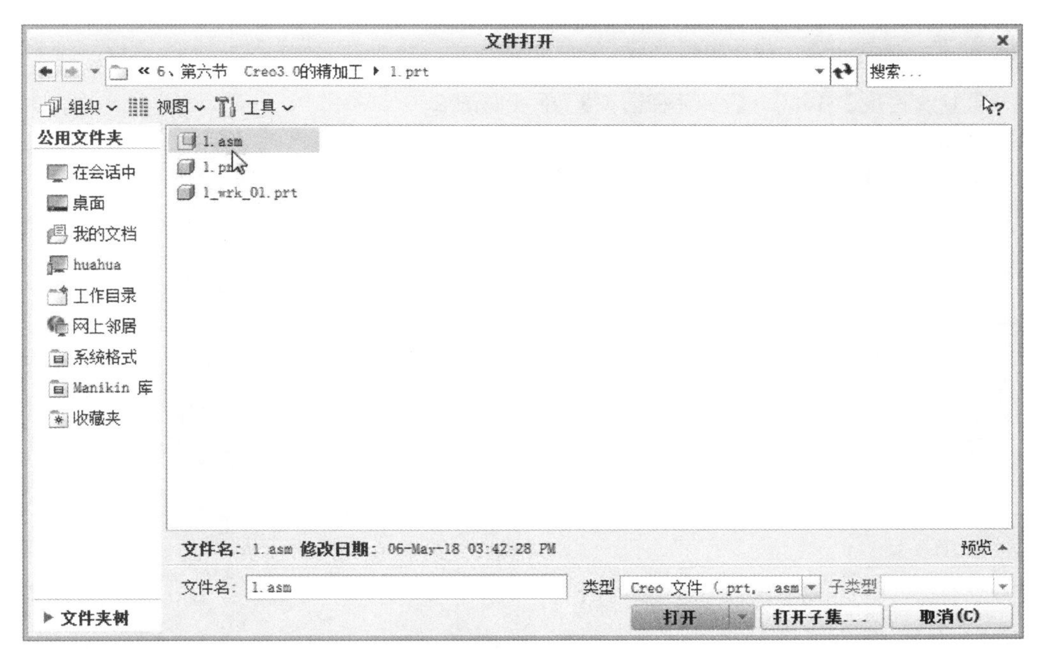

图 2.6.2　图形的导入

$\phi 10R2$ 的圆角刀精加工曲面陡峭区域

4. 进入加工模块

选择【铣削】功能选项卡→【精加工】 精加工 。

5. 刀具和坐标系

【刀具】选择 T0002→【坐标系】为刚才所设定的坐标系 ACS1：F10 坐标系。

6. 参考

选择【参考】选项卡→【铣削窗口】选择铣削窗口，直接点击顶面（如图 2.6.4 参考）。

图 2.6.3　实体切削验证

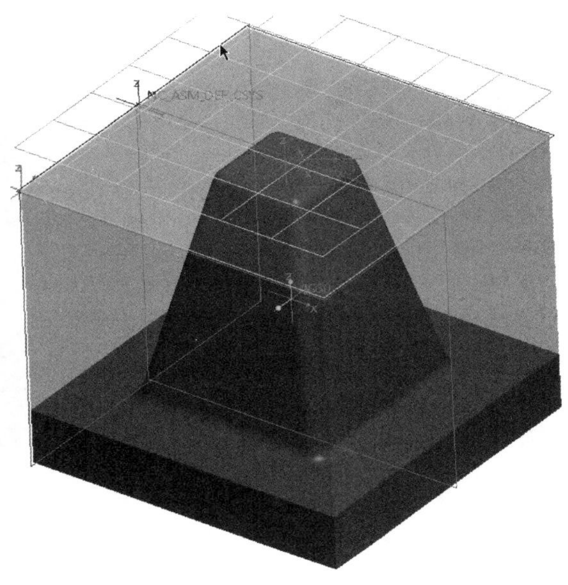

图 2.6.4　参考

7. 参数

选择【参数】选项卡→【切削进给】250→【跨距】0.2→【精加工允许余量】0→【安全距离】2→【主轴速度】4000→【冷却液选项】开（如图 2.6.5 参数）。

8. 生成刀具路径

点击上方的【刀具路径】按钮→打开【播放路径】对话框→点击【播放】按钮，生成刀具路径（如图 2.6.6 生成刀具路径）。

参数 | 间隙 | 选项 | 刀具运动 | 工艺 | 属性

切削进给	250
弧形进给	-
自由进给	-
退刀进给	-
切入进给量	-
倾斜_角度	45
跨距	0.2
精加工允许余量	0
刀痕高度	-
切割角	0
内公差	0.025
外公差	0.025
铣削选项	直线连接
加工选项	组合切口
安全距离	2
主轴速度	4000
冷却液选项	开

图 2.6.5　参数

图 2.6.6　生成刀具路径

实体验证模拟

9. 实体切削验证

右击生成的操作【曲面铣削】→【材料移除模拟】→打开 VERICUT 软件进行切削验证→点击软件右下角的【播放】按钮，观察实体切削验证的情况（如图 2.6.7 实体切削验证）。

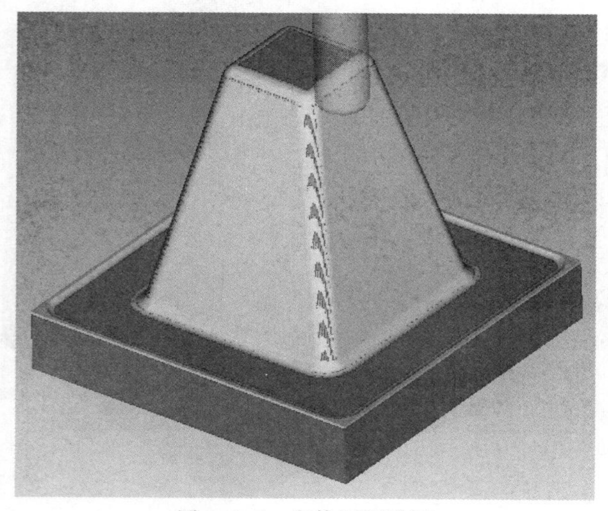

图 2.6.7　实体切削验证

二、精加工铣削参数设置

图 2.6.8 所示为参数选项卡，图 2.6.9 所示为【编辑序列参数“精加工 1”】对话框，此处进行详细的参数设置。不同加工方法，序列的制造参数不同。如果需要定义更多的参数，可以在对话框中单击“全部”按钮，以定义更多的加工参数。

下面讲解精加工铣削的加工参数，将不区分其位于【参数选项卡】，或是【编辑序列参数选项卡】，统一进行讲解，其中部分通用加工参数的含义见前面章节，不再赘述，其余参数的含义解释见表 2.6.1。

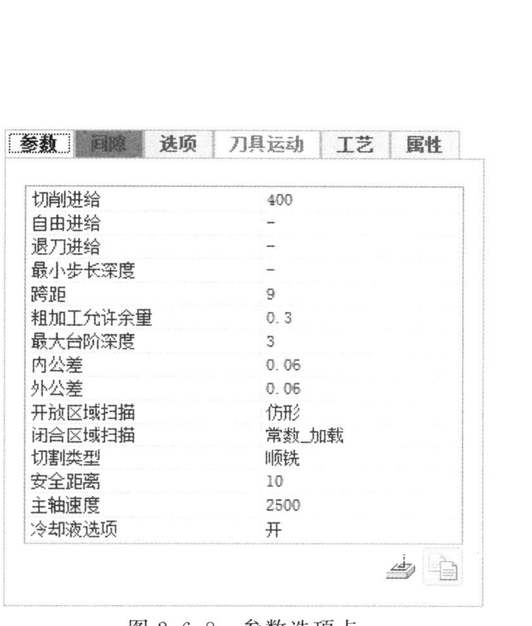

图 2.6.8　参数选项卡

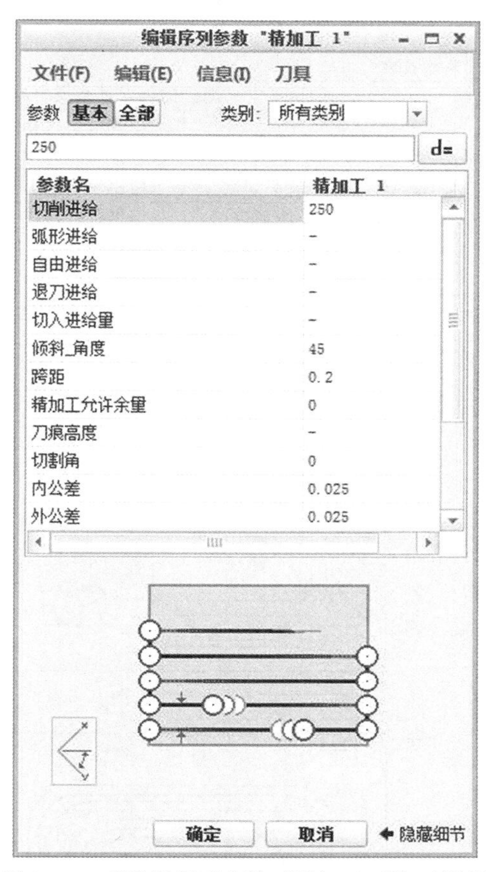

图 2.6.9　【编辑序列参数“精加工 1”】对话框

表 2.6.1　精加工铣削参数设置

序号	参数名称	详细说明
1	跨距	如果是外形轮廓精加工，则表示 Z 轴方向的步距深度，如果是底部平面或表面精加工，则表示 XY 平面上相邻两条刀具轨迹的距离，如果是组合类型的精加工，则表示 X、Y、Z 方向上的跨度距离。如图 2.6.10 所示 图 2.6.10　【跨距】
2	倾斜角度	相对于 XY 平面的角度值，用于将要加工的曲面分成陡（接近垂直）区和浅（接近水平）区。默认值为 45。如图 2.6.11 所示 图 2.6.11　【倾斜角度】

续表

<table>
<tr><th>序号</th><th>参数名称</th><th colspan="2">详细说明</th></tr>
<tr><td rowspan="6">3</td><td rowspan="5">加工选项</td><td colspan="2">用于定义创建优化刀具路径的加工方法</td></tr>
<tr><td>带有横切的直切</td><td>创建横切刀具路径，同时用一系列直切削在由参数【切割角】所控制的方向同时加工陡区和浅区。如图 2.6.12 所示</td></tr>
<tr><td>轮廓切削</td><td>使用轮廓切削只加工陡区。如图 2.6.13 所示</td></tr>
<tr><td>浅切口</td><td>根据【浅区域扫描】参数值只加工浅区。如图 2.6.14 所示</td></tr>
<tr><td>组合切口</td><td>系统默认值，使用组合切削。使用轮廓切削加工陡区，并根据【浅区域扫描】参数值只加工浅区。如图 2.6.15 所示</td></tr>
<tr><td colspan="3">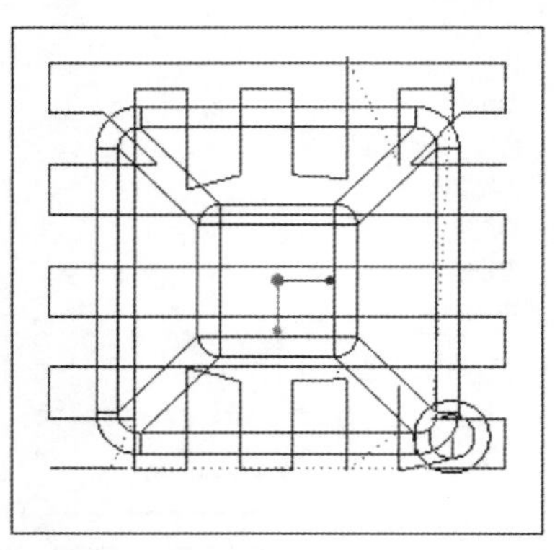 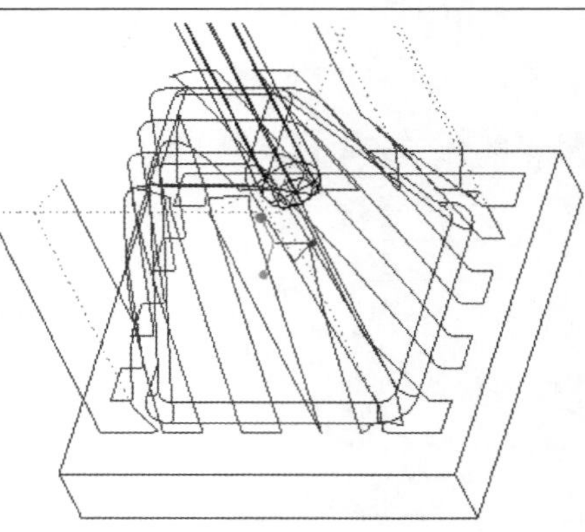
图 2.6.12 【带有横切的直切】
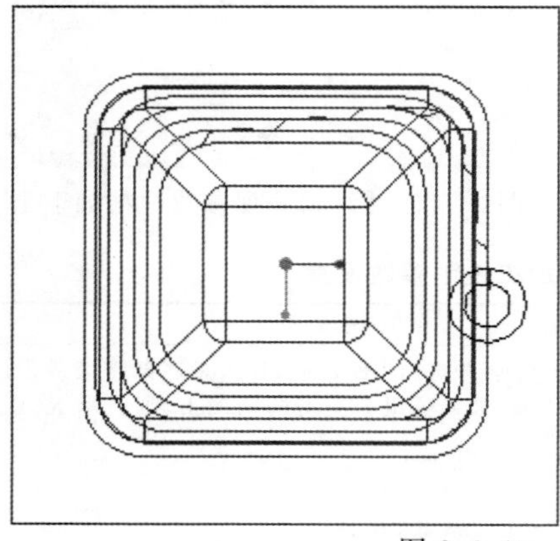 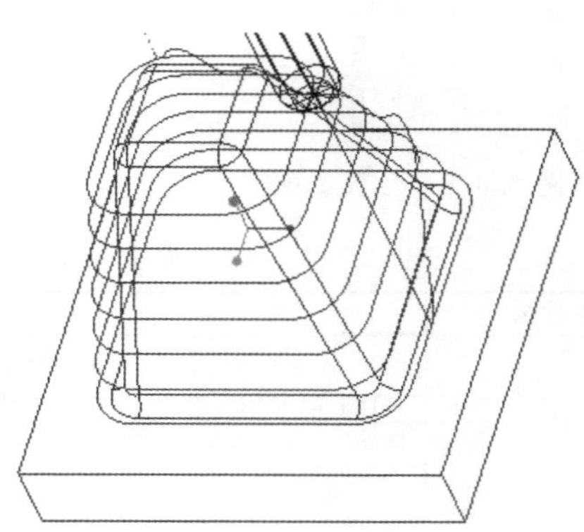
图 2.6.13 【轮廓切削】
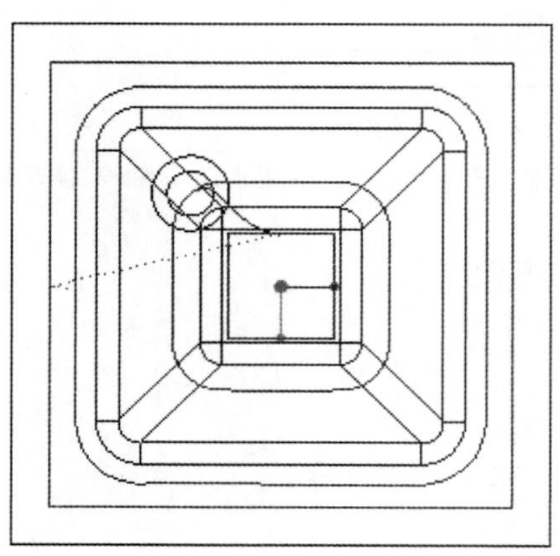 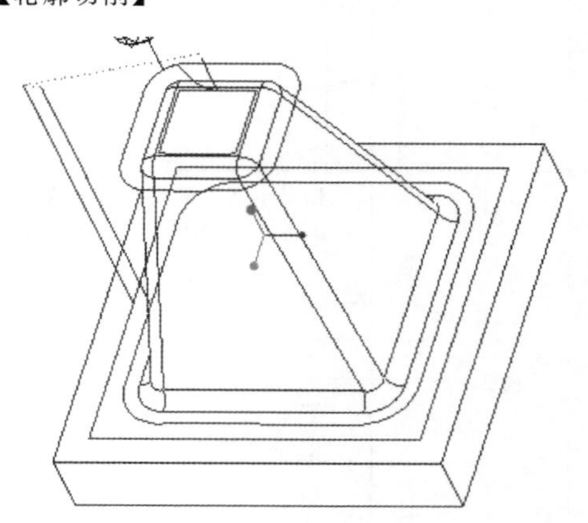
图 2.6.14 【浅切口】</td></tr>
</table>

续表

序号	参数名称	详细说明
3		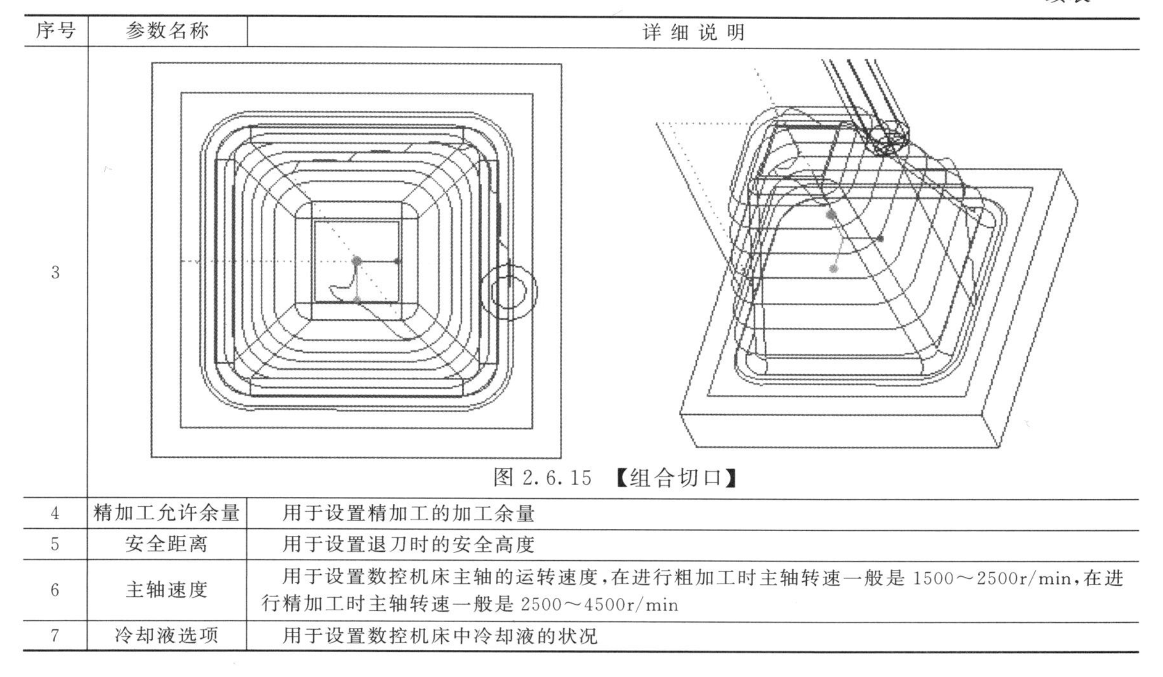 图 2.6.15 【组合切口】
4	精加工允许余量	用于设置精加工的加工余量
5	安全距离	用于设置退刀时的安全高度
6	主轴速度	用于设置数控机床主轴的运转速度，在进行粗加工时主轴转速一般是 1500～2500r/min，在进行精加工时主轴转速一般是 2500～4500r/min
7	冷却液选项	用于设置数控机床中冷却液的状况

三、精加工铣削加工实例一

加工前的工艺分析与准备

1. 工艺分析

该零件表面由连续的台阶平面构成（如图 2.6.16）。工件尺寸 120mm×80mm×25mm，无尺寸公差要求。尺寸标注完整，轮廓描述清楚。零件材料为已经加工成型的标准铝块，无

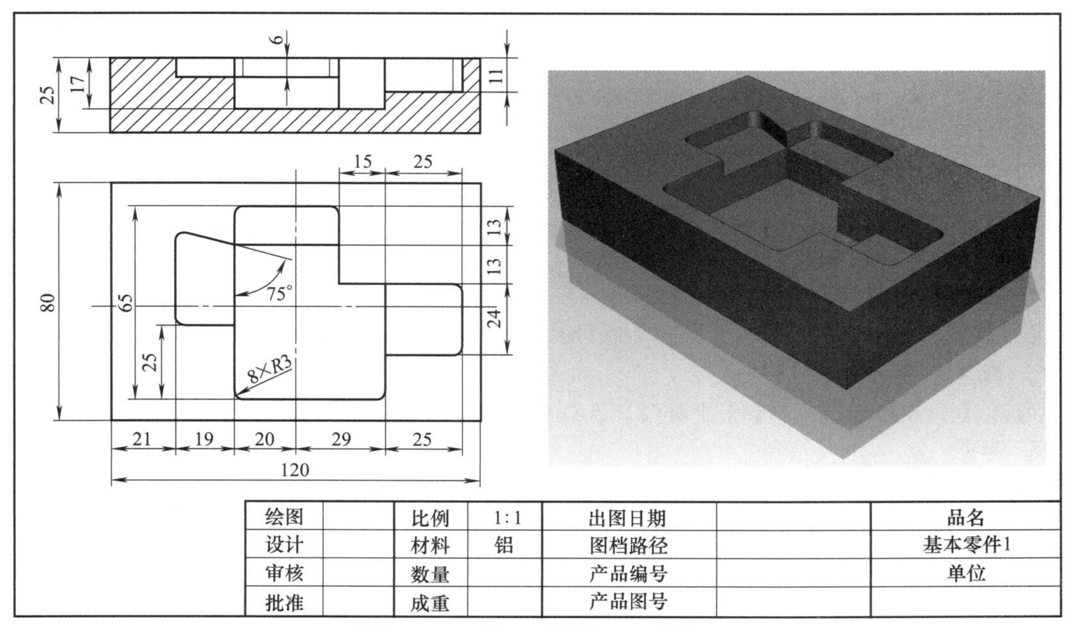

图 2.6.16　精加工铣削加工实例一

热处理和硬度要求。

① 用 ϕ5 的平底刀挖槽粗加工曲面的区域；

② 根据加工要求，共需产生 1 次刀具路径。

前期准备工作

2. 图形的导入

在 Creo 界面中点击【新建】按钮→打开【新建】对话框→【类型】制造→【子类型】NC 装配→【名称】1→取消勾选【使用默认模板】复选框→【确定】→弹出【新建文件选项】对话框→【模板】mmns_mfg_nc，公制模板→【确定】→在打开的【制造】功能选项卡中→【打开】→在【文件打开】对话框中找到文件存放的位置→选择【1. asm】→【打开】（如图 2.6.17 图形的导入）。

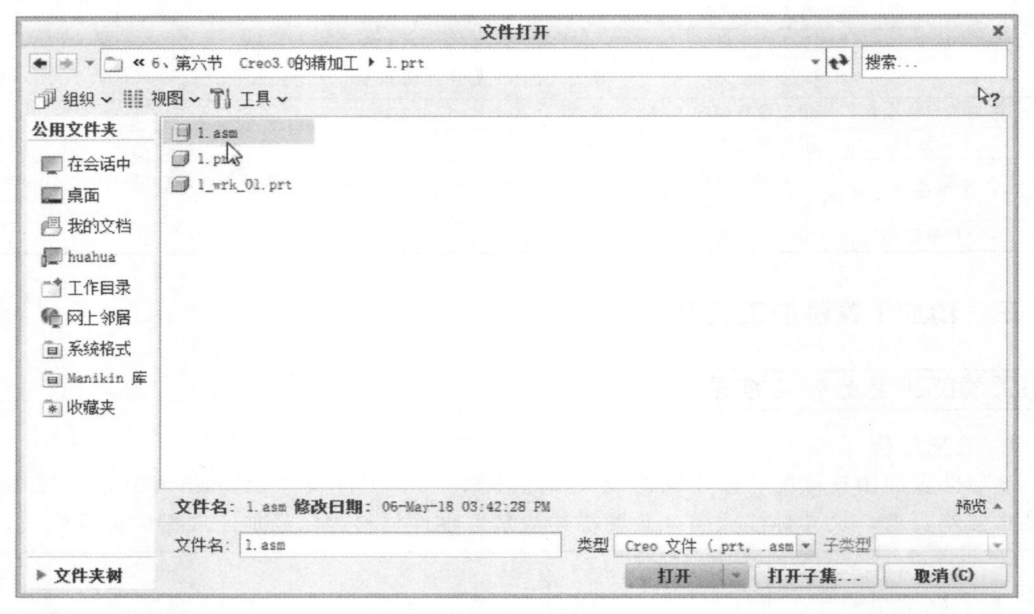

图 2.6.17　图形的导入

ϕ5 的端铣削刀重精加工平面区域

3. 进入加工模块

选择【铣削】功能选项卡→【精加工】。

4. 刀具和坐标系

【刀具】选择 T0002→【坐标系】为刚才所设定的坐标系 ACS1：F10 坐标系。

5. 参考

选择【参考】选项卡→【铣削窗口】选择铣削窗口，直接点击顶面（如图 2.6.18 参考）。

6. 参数

选择【参数】选项卡→【切削进给】250→【跨距】2→【精加工允许余量】0→【安全距离】2→【主轴速度】4000→【冷却液选项】开（如图 2.6.19 参数）。

7. 生成刀具路径

点击上方的【刀具路径】按钮→打开【播放路径】对话框→点击【播放】按钮，生成刀具路径（如图 2.6.20 生成刀具路径）。

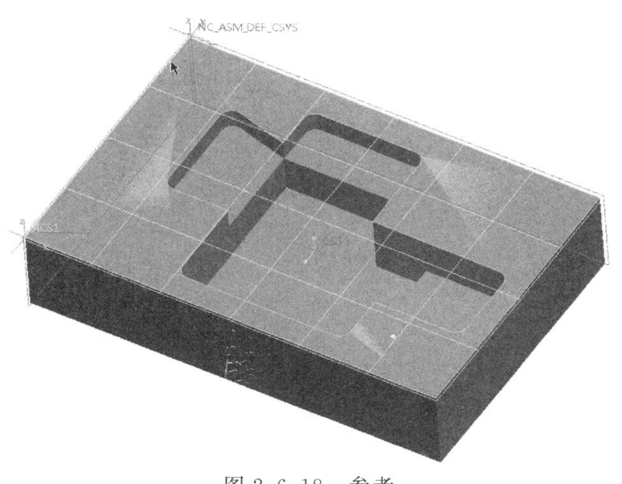

图 2.6.18　参考

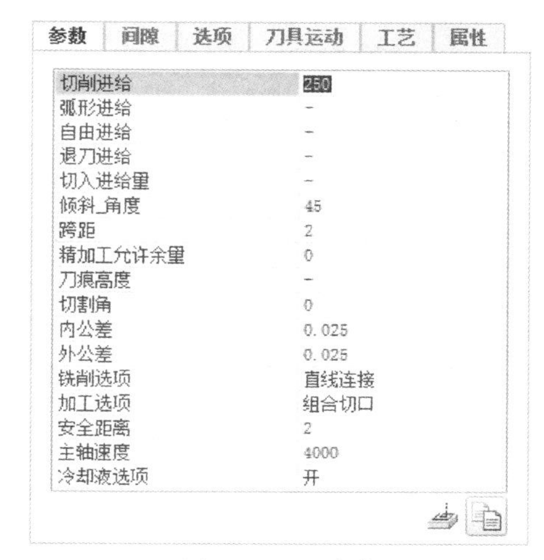

图 2.6.19　参数

实体验证模拟

8. 实体切削验证

右击生成的操作【曲面铣削】→【材料移除模拟】→打开 VERYCUT 软件进行切削验证→点击软件右下角的【播放】按钮，观察实体切削验证的情况，如图 2.6.21～图 2.6.23 所示。

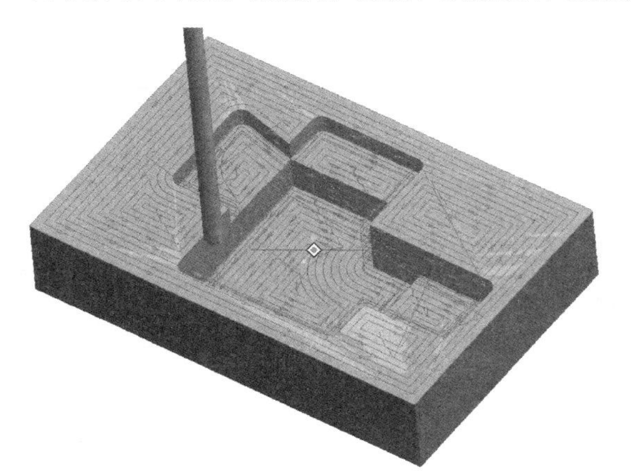

图 2.6.20　生成刀具路径

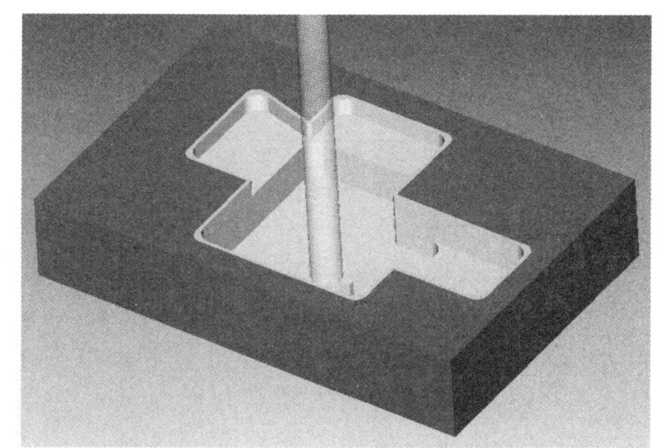

图 2.6.21　粗加工实体切削验证

图 2.6.22　重新粗加工实体切削验证

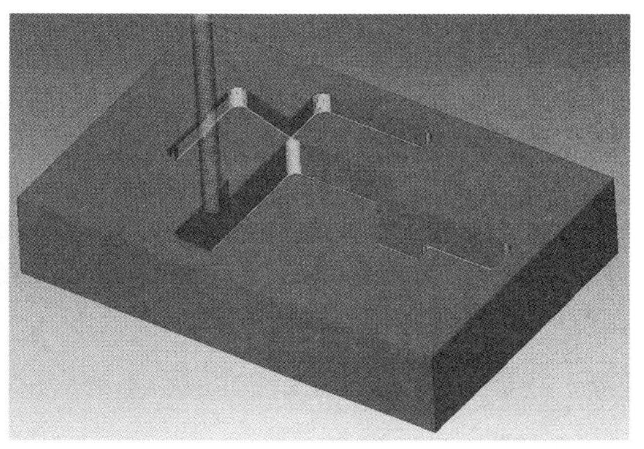

图 2.6.23　精加工实体切削验证

四、精加工铣削加工实例二

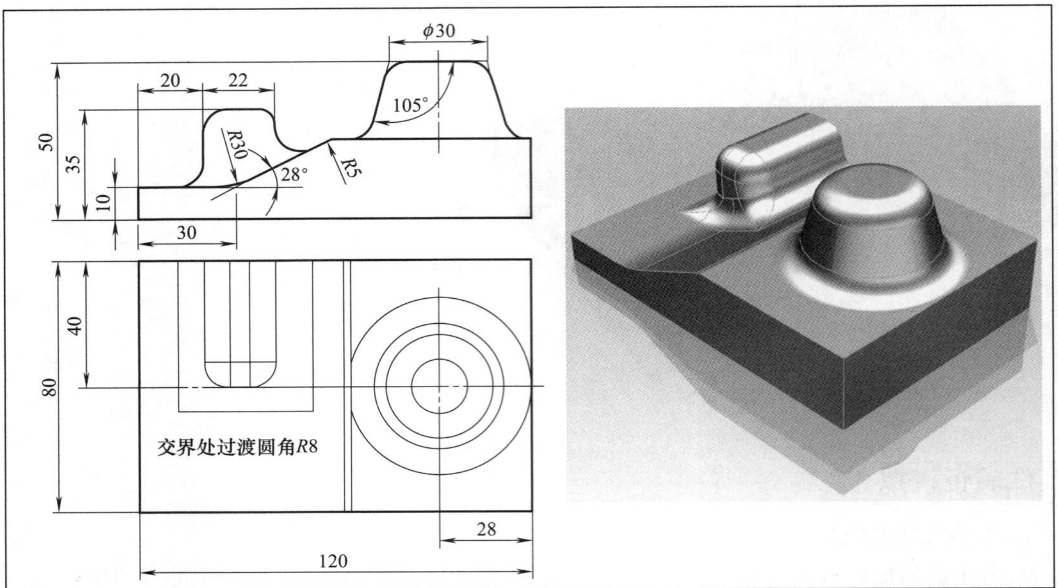

绘图		比例	1:1	出图日期		品名
设计		材料	铝	图档路径		基本零件1
审核		数量		产品编号		单位
批准		成重		产品图号		

图 2.6.24 精加工铣削加工实例二

加工前的工艺分析与准备

1. 工艺分析

该零件表面由连续的曲面构成，中间有两处突起的凸台（图 2.6.24），工件尺寸 120mm×80mm×50mm，无尺寸公差要求。尺寸标注完整，轮廓描述清楚。零件材料为已经加工成型的标准铝块，无热处理和硬度要求。

① ϕ8 的球刀精加工陡峭曲面区域；

② ϕ8 的球刀精加工缓坡曲面区域；

③ 根据加工要求，共需产生 1 次刀具路径。

前期准备工作

2. 图形的导入

在 Creo 界面中点击【新建】按钮→打开【新建】对话框→【类型】制造→【子类型】NC 装配→【名称】4→取消勾选【使用默认模板】复选框→【确定】→弹出【新建文件选项】对话框→【模板】mmns_mfg_nc，公制模板→【确定】→在打开的【制造】功能选项卡中→【打开】→在【文件打开】对话框中找到文件存放的位置→选择【4.asm】→【打开】（如图 2.6.25 图形的导入）。

ϕ8 的球刀精加工陡峭曲面区域

3. 进入加工模块

选择【铣削】功能选项卡→【精加工】。

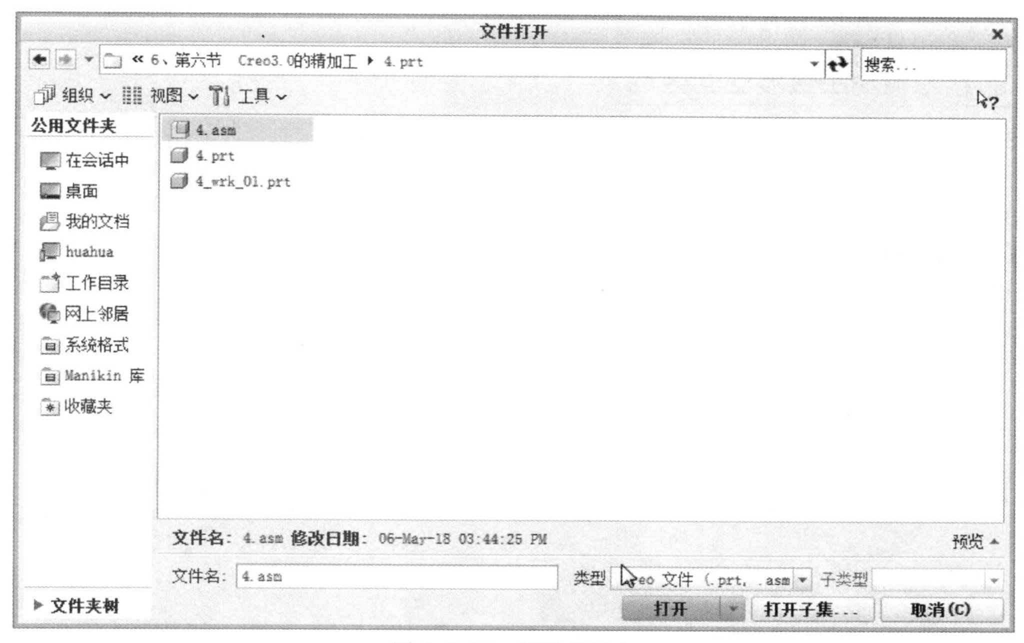

图 2.6.25 图形的导入

4. 刀具和坐标系

【刀具】选择 T0002→【坐标系】为刚才所设定的坐标系 ACS1：F10 坐标系。

5. 参考

选择【参考】选项卡→【铣削窗口】选择铣削窗口，直接点击顶面（如图 2.6.26 参考）。

6. 参数

选择【参数】选项卡→【切削进给】250→【跨距】0.3→【精加工允许余量】0→【加工选项】轮廓切削→【安全距离】2→【主轴速度】3000→【冷却液选项】开（如图 2.6.27 参数）。

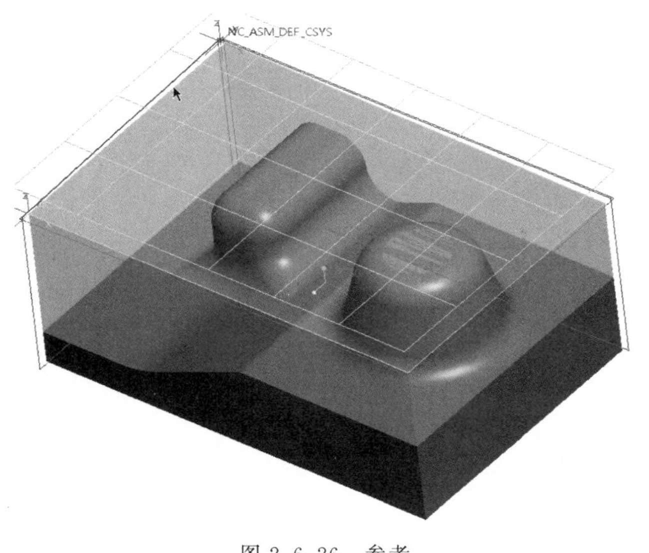

图 2.6.26 参考

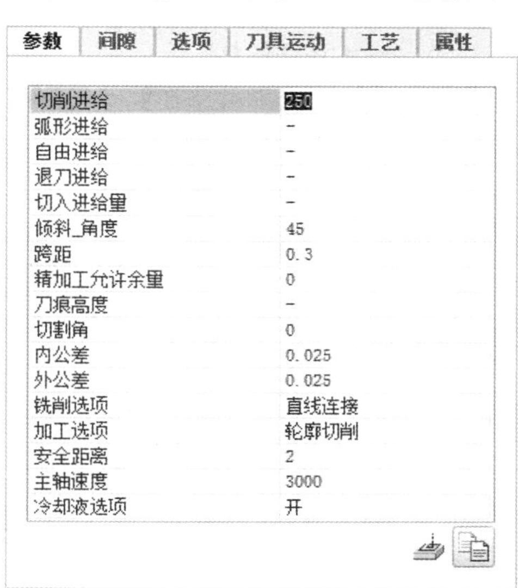

图 2.6.27 参数

7. 生成刀具路径

点击上方的【刀具路径】按钮→打开【播放路径】对话框→点击【播放】按钮，生成刀具路径（如图 2.6.28 生成刀具路径）。

φ8 的球刀精加工缓坡曲面区域

8. 进入加工模块

选择【铣削】功能选项卡→【精加工】。

9. 刀具和坐标系

【刀具】选择 T0002→【坐标系】为刚才所设定的坐标系 ACS1：F10 坐标系。

10. 参考

选择【参考】选项卡→【铣削窗口】选择铣削窗口，直接点击顶面（如图 2.6.29 参考）。

图 2.6.28　生成刀具路径　　　　图 2.6.29　参考

11. 参数

选择【参数】选项卡→【切削进给】250→【跨距】0.3→【精加工允许余量】0→【加工选项】浅切口→【安全距离】2→【主轴速度】3000→【冷却液选项】开（如图 2.6.30 参数）。

12. 生成刀具路径

点击上方的【刀具路径】按钮→打开【播放路径】对话框→点击【播放】按钮，生成刀具路径（如图 2.6.31 生成刀具路径）。

参数　间隙　选项　刀具运动　工艺　属性

切削进给	250
弧形进给	-
自由进给	-
退刀进给	-
切入进给量	-
倾斜_角度	45
跨距	0.3
精加工允许余量	0
刀痕高度	-
切割角	0
内公差	0.025
外公差	0.025
铣削选项	直线连接
加工选项	浅切口
安全距离	2
主轴速度	3000
冷却液选项	开

图 2.6.30　参数

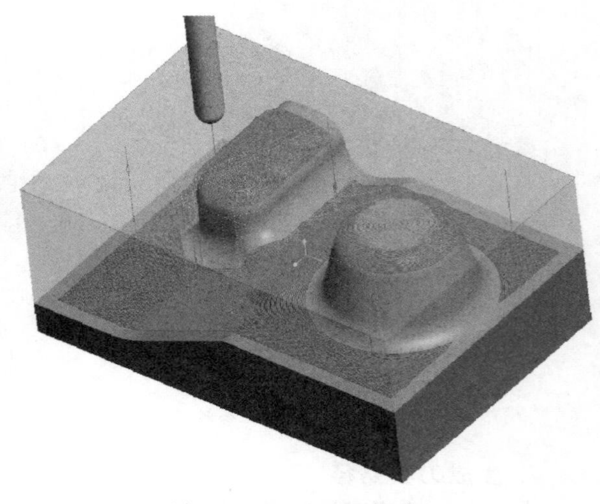

图 2.6.31　生成刀具路径

实体验证模拟

13. 实体切削验证

右击生成的操作【曲面铣削】→【材料移除模拟】→打开 VERICUT 软件进行切削验证→点击软件右下角的【播放】按钮，观察实体切削验证的情况，如图 2.6.32～图 2.6.35 所示。

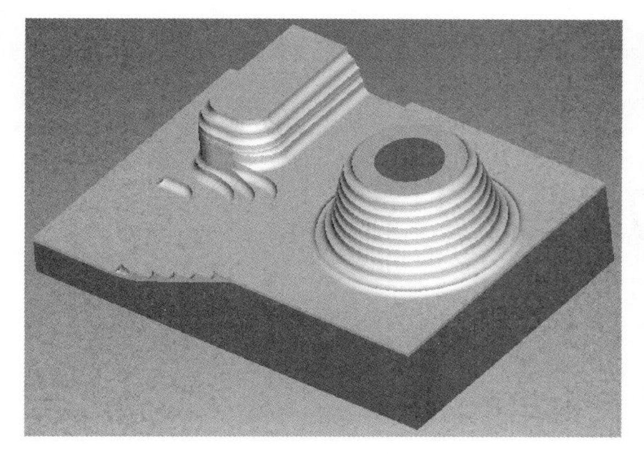

图 2.6.32　粗加工实体切削验证

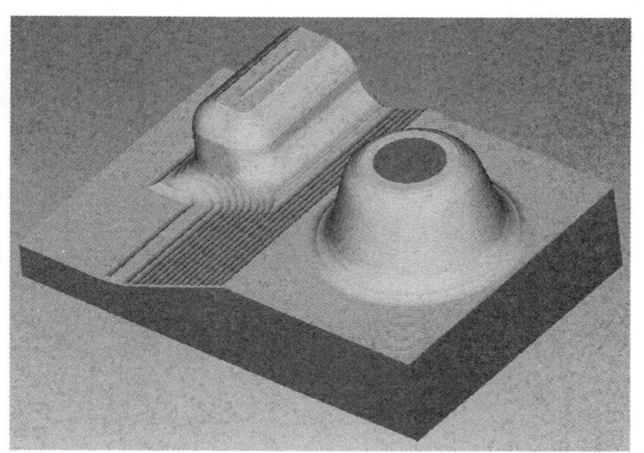

图 2.6.33　重新粗加工实体切削验证

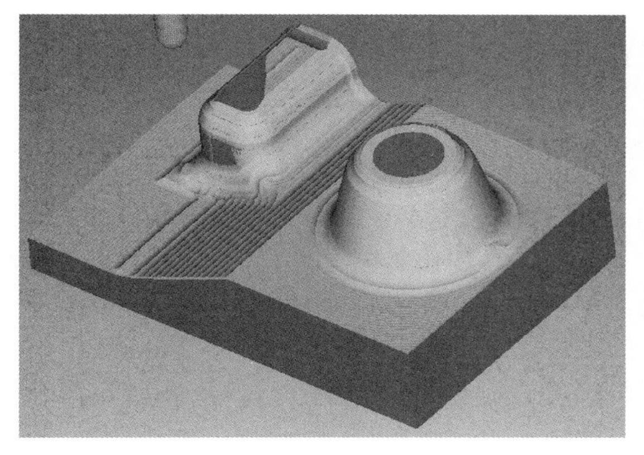

图 2.6.34　陡峭区域精加工实体切削验证

图 2.6.35　缓坡区域精加工实体切削验证

第三章

Creo3.0高级铣削加工应用

第一节　钻削式粗加工

钻削式粗加工也叫做陷入加工或插削加工，是以插入钻削的方式用于切削工件去除材料。

钻削式加工主要应用于有凹槽或凸形的工件，当槽内或凸形周边有大量要切除的材料时，采用常规的方法切削这些余量，不仅费时，且易损耗刀具，增加制造成本。而钻削式加工，可以像钻削一样进行加工，具有较高的排屑效率和加工效率，是一种比较好的粗加工方法。

钻削式加工时，刀具第一次切入是沿轴线（与加工坐标系的 Z 轴平行），然后退回到由【间隙】距离指定的水平面，在 XY 平面移动，再进行下一次切入。

钻削式加工与腔槽加工均可用于不同形状凹槽的加工，只是钻削式加工只能用于粗加工，腔槽加工既可用于粗加工，也可用于精加工。

需要特别注意的是：钻削式加工可使用平头铣刀、圆头铣刀以及专门的陷入式铣削刀具，球头铣刀不能用于钻削式加工。

一、钻削式粗加工入门实例

加工前的工艺分析与准备

1. 工艺分析

该零件表面由棱锥的连续曲面构成（如图 3.1.1）。工件尺寸 100mm×100mm×70mm，无尺寸公差要求。尺寸标注完整，轮廓描述清楚。零件材料为已经加工成型的标准铝块，无热处理和硬度要求。

① 用 ϕ15 的平底刀钻削式铣削粗加工对曲面区域开粗；

② 根据加工要求，共需产生 1 次刀具路径。

前期准备工作

2. 图形的导入

在 Creo 界面中点击【新建】按钮→打开【新建】对话框→【类型】制造→【子类型】NC

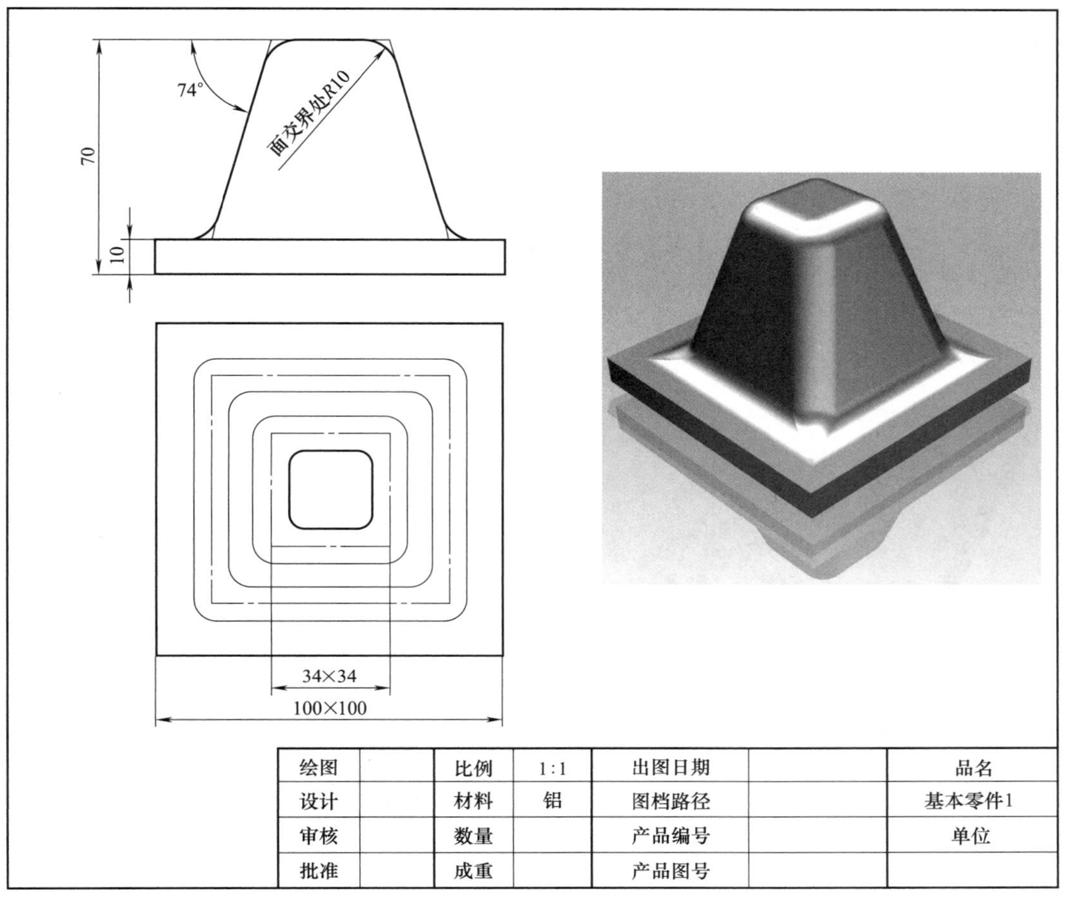

图 3.1.1　钻削式粗加工入门实例

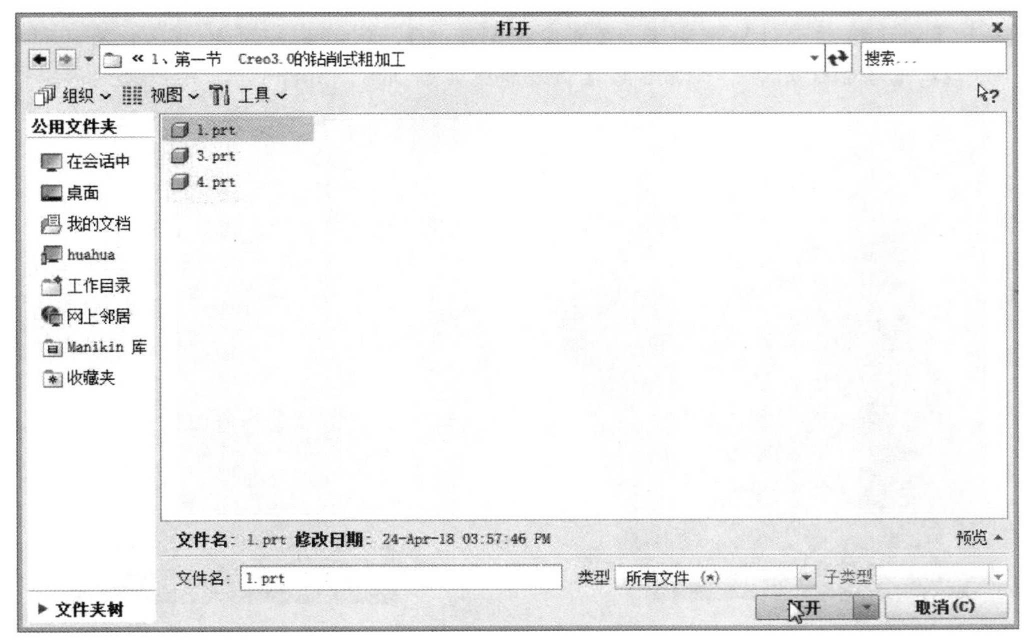

图 3.1.2　图形的导入

装配→【名称】1→取消勾选【使用默认模板】复选框→【确定】→弹出【新建文件选项】对话框→【模板】mmns_mfg_nc，公制模板→【确定】→在打开的【制造】功能选项卡中→【参考模型】→【组装参考模型】→在【打开】对话框中找到文件存放的位置→选择【1.prt】→【打开】（如图3.1.2图形的导入）→系统打开【元件放置】选项卡，注意观察待加工工件的状况（如图3.1.3观察待加工工件）。

3. 元件放置

【元件放置】选项卡→打开【自动】下拉列表→【重合】→点击工件顶面和加工坐标系的XY平面→得到一个重合摆放的工件→点击【元件放置】选项卡上的【反向】按钮，将工件摆正→点击【应用约束】按钮，将当前的重合约束应用到系统中→【确定】，工件方向摆放完毕，系统返回【制造】功能选项卡（如图3.1.4元件放置）。

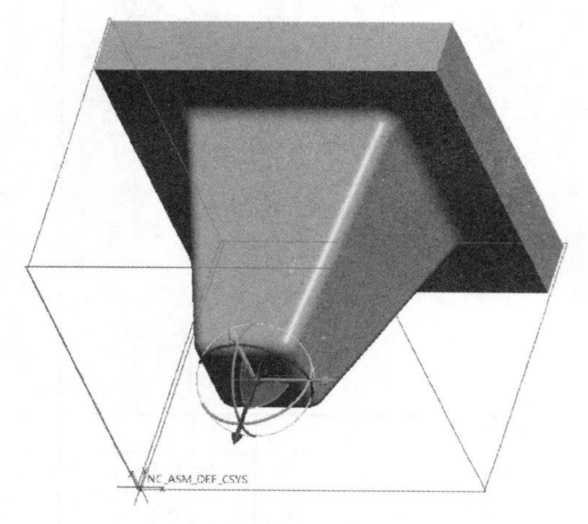

图3.1.3 观察待加工工件

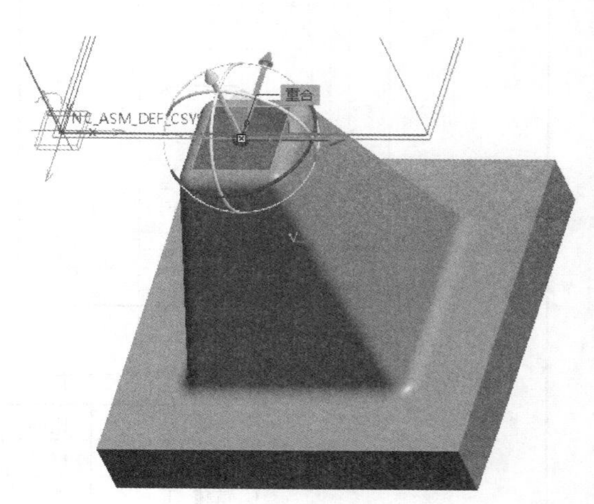

图3.1.4 元件放置

4. 创建毛坯

打开【视图】选项卡的【着色】→【带边着色】【制造】功能选项卡中→【工件】→【自动工件】→进入【创建自动工件】选项卡→【创建矩形工件】，将创建一个最小化包容工件的毛坯→【确定】，毛坯创建完毕，系统返回【制造】功能选项卡（如图3.1.5创建毛坯）。

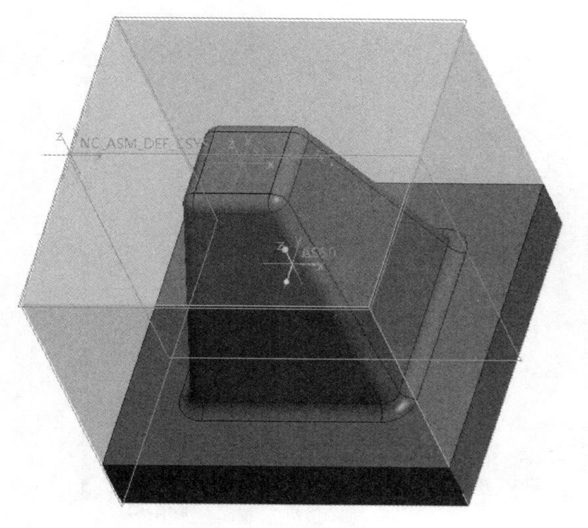

图3.1.5 创建毛坯

图3.1.6 设定铣削窗口

5. 设定铣削窗口

【制造】功能选项卡中→【铣削窗口】→打开【铣削窗口】选项卡→直接点击顶面，使顶面作为加工范围→【确定】，铣削窗口完毕，系统返回【制造】功能选项卡（如图3.1.6设定铣削窗口）。

6. 设置加工方法、刀具和坐标系

【制造】功能选项卡中→操作→右侧【制造设置】→【铣削】→打开【铣削工作中心】对话框→【名称】MILL01→【类型】铣削→【轴数】3轴→切换到【刀具】选框→点击【刀具】按钮→打开【刀具设定】对话框→【名称】T0001→【类型】端铣削→刀具直径【ϕ】15→【应用】将刀具信息设定在刀具列表中→【确定】→【确定】（如图3.1.7刀具设定）→【基准】→【基准】→弹出【坐标系】对话框，此时处于【原点】选项卡，用于原点位置→此时，按住Ctrl键点击顶面→按住Ctrl键点击前面→按住Ctrl键点左侧面，此时坐标系会定位到左下角→点击【方向】选项卡→【使用】【确定】Z→【使用】【投影】Y【反向】，将坐标系的方向更改为与加工坐标系一致→【确定】（如图3.1.8加工坐标系）→点击左侧【使用此工具】按钮，将该坐标系应用到系统之中→【刀具】默认为第一把刀→【间隙】选项卡→【类型】平面→点击工件的表面→【值】10→【回车Enter】→【确定】，加工方法、刀具和坐标系完毕，系统返回【制造】功能选项卡（如图3.1.9间隙）。

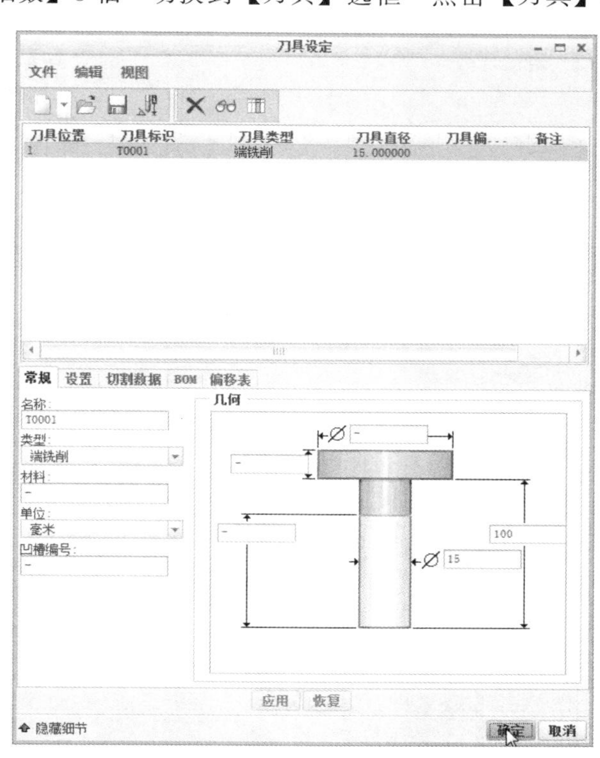

图3.1.7 刀具设定

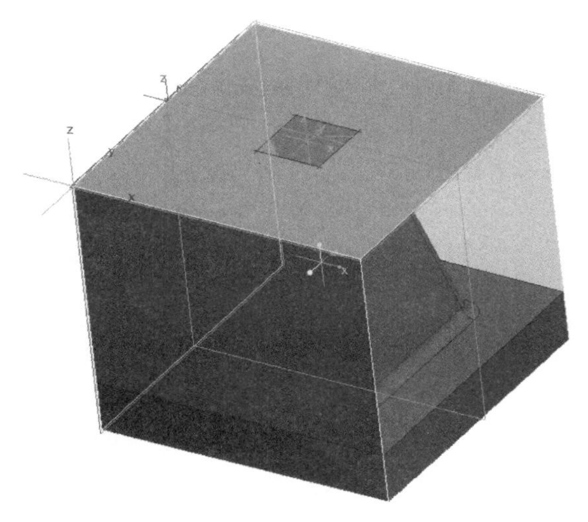

图3.1.8 加工坐标系

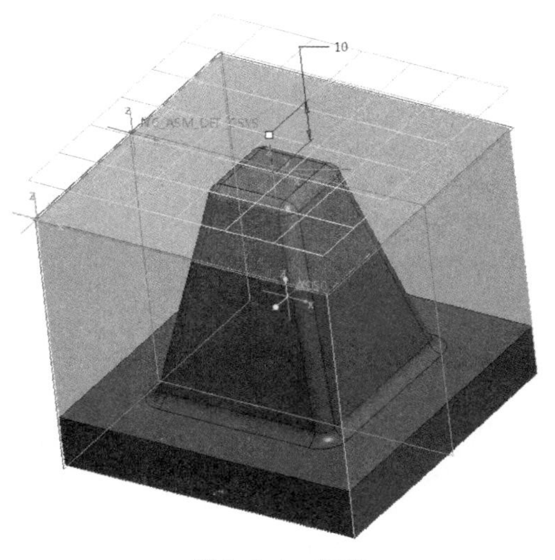

图3.1.9 间隙

φ15的平底刀钻削式粗加工

7. 进入钻削式加工模块

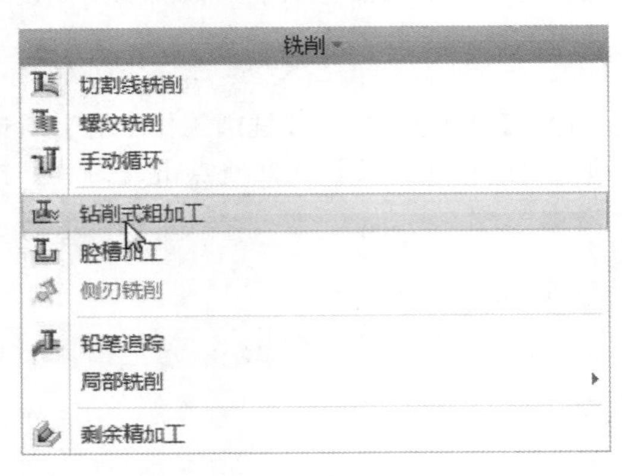

图 3.1.10 【钻削式粗加工】

选择【铣削】功能选项卡→【铣削】菜单→【钻削式粗加工】(如图 3.1.10【钻削式粗加工】)。

8. 序列设置

【菜单管理器】→【序列设置】→勾选【刀具】、【参数】、【曲面】和【起始轴】→【完成】(如图 3.1.11 序列设置)。

9. 刀具

【刀具】选择 T0001→【确定】。

10. 序列参数

进入【编辑序列参数】选项卡→【切削进给】250→【切入步长】5→【轮廓允许余量】0.5→【安全距离】2→【主轴速度】2500→【冷却液选项】开(如图 3.1.12 序列参数)。

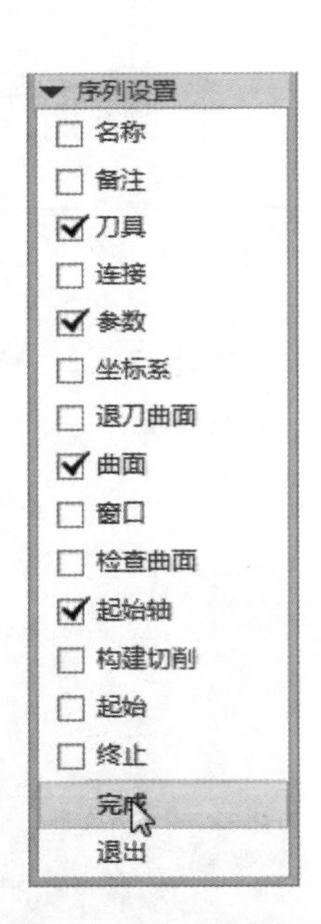

图 3.1.11 序列设置

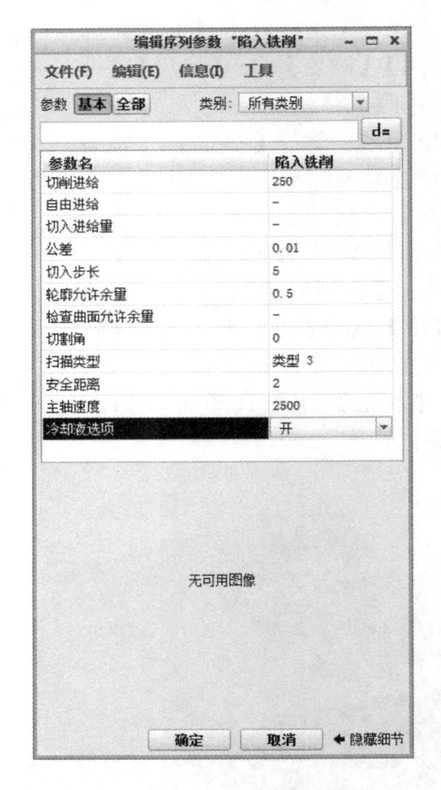

图 3.1.12 序列参数

11. 选择曲面

进入【曲面拾取】菜单→【模型】→【完成】→提示【选择:选择 1 个或多个项。可用区域选择】→按住 Ctrl 键,点选待加工的曲面(如图 3.1.13【曲面拾取】菜单和图 3.1.14 选择曲面)→【完成/返回】→【完成序列】。

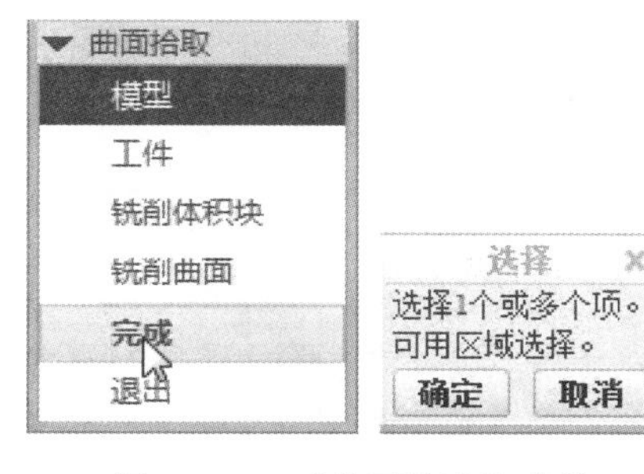

图 3.1.13 【曲面拾取】菜单

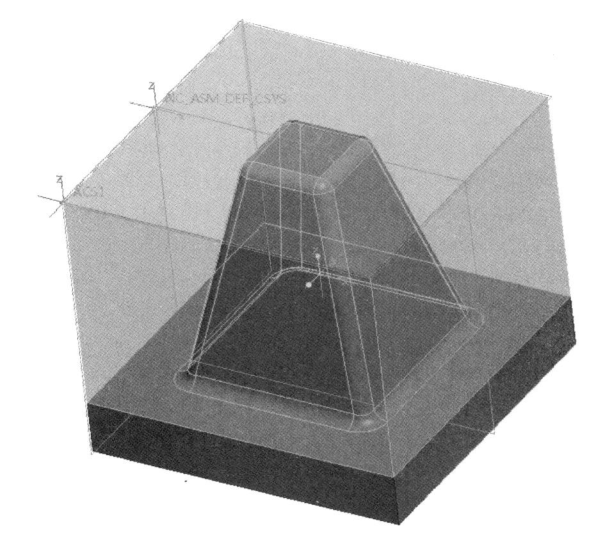

图 3.1.14　选择曲面

12. 生成刀具路径

右击生成的操作【陷入铣削】→【播放路径】→点击【播放】按钮，生成刀具路径（如图 3.1.15【播放路径】和图 3.1.16 生成刀具路径）。

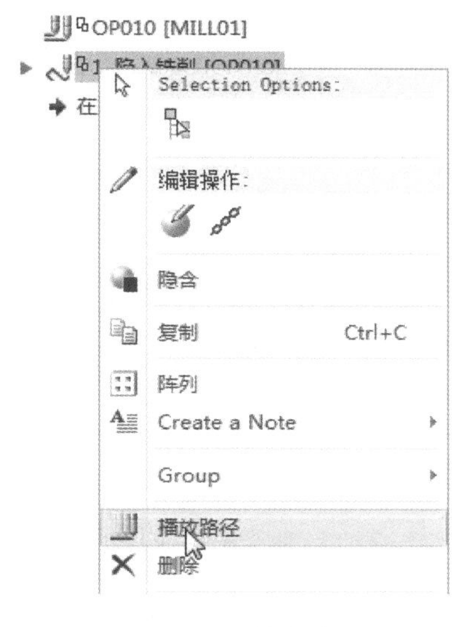

图 3.1.15 【播放路径】

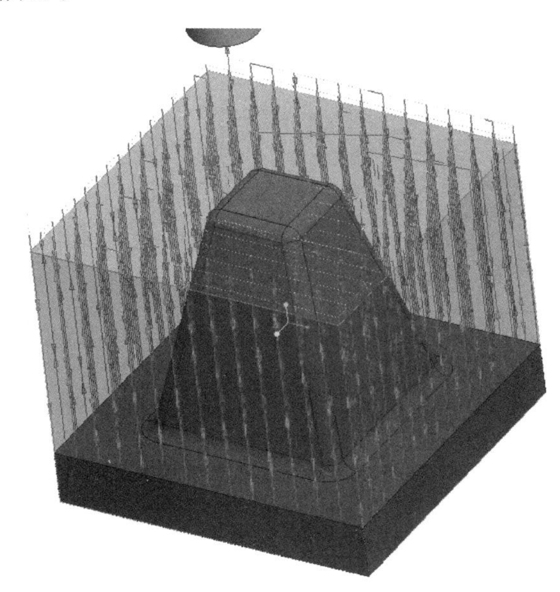

图 3.1.16　生成刀具路径

实体验证模拟

13. 实体切削验证

右击生成的操作【陷入铣削】→【材料移除模拟】（如图 3.1.17【材料移除模拟】）→打开 VERYCUT 软件进行切削验证→点击软件右下角的【播放】按钮，观察实体切削验证的情况（如图 3.1.18 实体切削验证）。

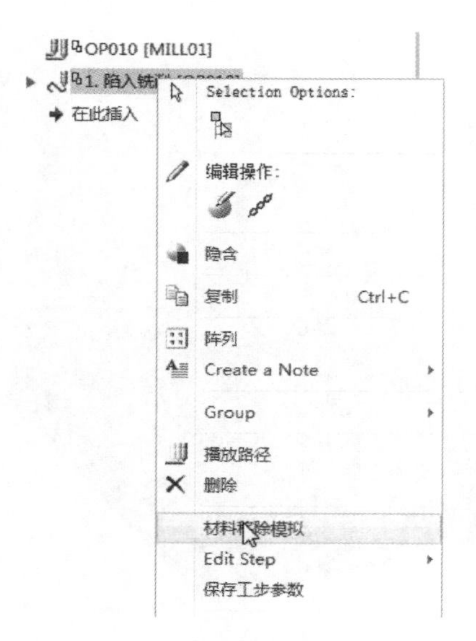

图 3.1.17 【材料移除模拟】

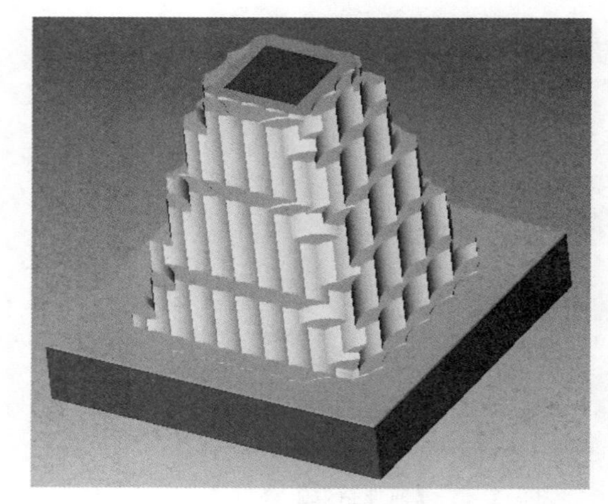

图 3.1.18 实体切削验证

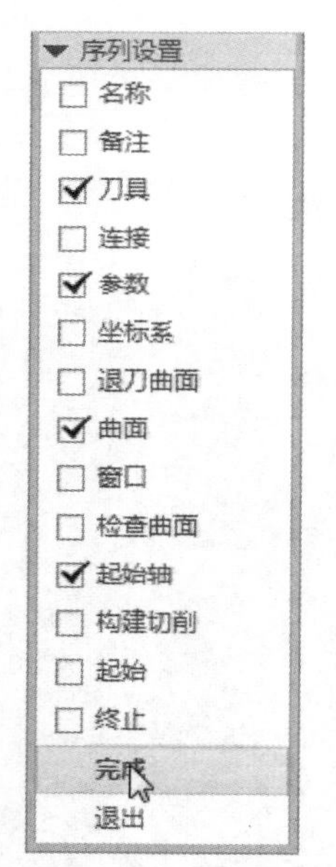

图 3.1.19 【序列设置】菜单

二、钻削式粗加工参数设置

1. 序列设置

单击【铣削】功能区→【铣削】面板→【钻削式粗加工】按钮→打开如图 3.1.19 所示的【序列设置】菜单。

【序列设置】菜单中有许多设定选项可供选择以进行设定，其中勾选的项目为必要的选项，必须对其进行设定才能完成钻削式加工程序设计，非必要的项目不会自动选取，如果要进行设定，可自行选取。确定好要进行设定的项目后，单击【完成】命令，系统按照选取项目的顺序，依次进行加工设置。

除了对所有加工序列都适用的共同选项外，钻削式加工的【序列设置】菜单中还包括表 3.1.1 所示特定选项。

表 3.1.1 特定选项说明

序号	操作名称	详细说明
1	曲面	选取要进行铣削加工的曲面。进行定义时，系统打开如图 3.1.20 所示的【曲面拾取】菜单 曲面拾取 模型 工件 铣削体积块 铣削曲面 完成 退出 图 3.1.20 【曲面拾取】菜单

续表

序号	操作名称	详细说明	
1	曲面	模型	从参照模型中选取要加工的曲面
		工件	从工件中选取要加工的曲面
		铣削体积块	从已定义的铣削体积块中选取要加工的曲面
		铣削曲面	从已定义的铣削曲面中选取要加工的曲面
2	窗口	创建或选取铣削窗口，与【曲面】选项二者选一	
3	起始轴	指定预先钻好的孔的轴线以定义切入的起点。钻削式加工使用的刀具不能用其中心进行切削。因此，在钻削式加工中，刀具第一次切入时应在某一区域内沿预先钻好的孔的轴线进行铣削，而且预先钻好的孔的轴线必须位于该区域的最深点。 进行定义时，系统打开如图 3.1.21 所示的【起始轴】菜单 ▼ 起始轴 添加 移除 全部移除 显示 完成/返回 图 3.1.21　【起始轴】菜单	
		添加	选取或创建一基准轴，作为预钻孔轴
		移除	移除某个预钻孔轴
		全部移除	移除所有预钻孔轴
		显示	系统加亮显示选取的预钻孔轴
4	检查曲面	选择对其进行过切检查的附加曲面	
5	构建切削	建立切削，可访问建立切削功能	

2. 钻削式加工参数

在序列设置中勾选【参数】选项，单击【完成】命令后，系统打开如图 3.1.22 所示的

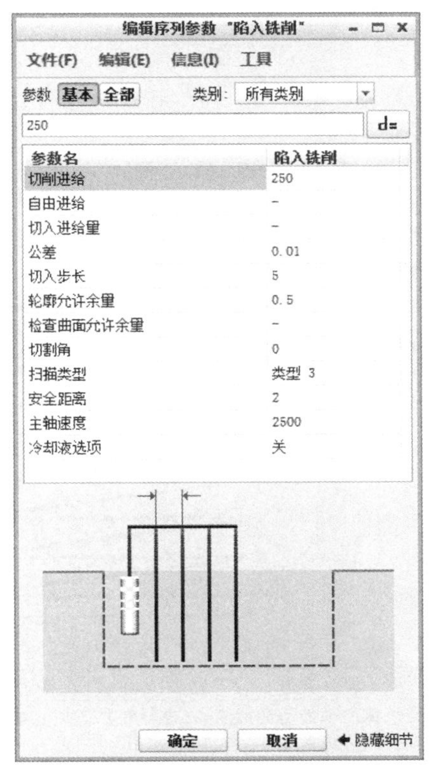

图 3.1.22　【编辑序列参数“陷入铣削”】对话框

【编辑序列参数“陷入铣削”】对话框，用于设置钻削式加工参数。

钻削式加工中部分通用加工参数的含义见前面章节，其余参数的含义解释见表3.1.2。

表3.1.2 参数说明

序号	参数名称	详细说明
1	切削进给	用于设置切削运动的进给速度，通常为80～500mm/min
2	切入步长	用于设置各次切入之间的距离。如图3.1.23所示 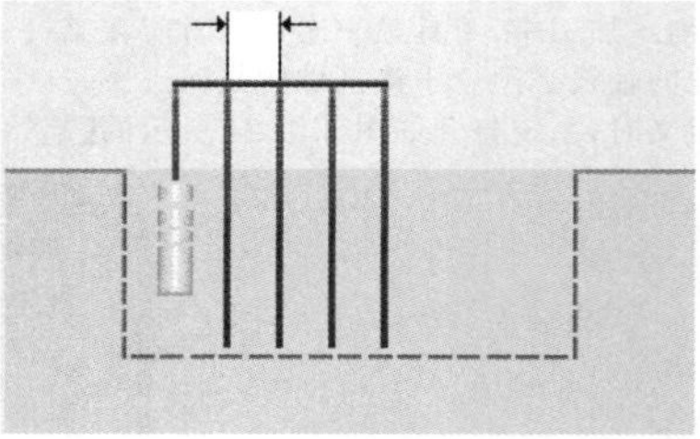 图3.1.23 【切入步长】
3	轮廓允许余量	用于设置轮廓切削后的加工余量
4	检查曲面允许余量	用于设置铣削完成后留在检查曲面上的余量
5	切割角	用于设置刀具在XY平面移动时的角度，以X正方向为参照基准。如图3.1.24所示 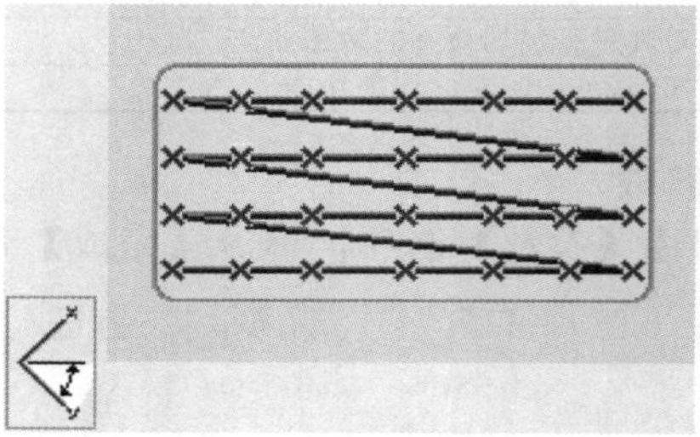 图3.1.24 【切割角】
6	扫描类型	用于选择刀具在Z向上加工完毕后，在加工区域上方的走刀方式，共有三种类型：类型3、类型螺纹和类型-方向，如图3.1.25～图3.1.28所示 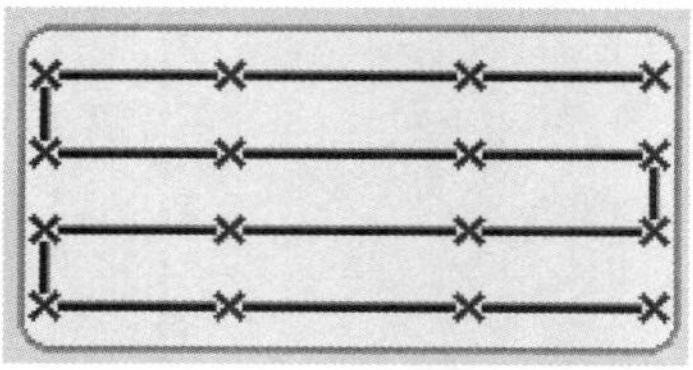 图3.1.25 类型3的走刀方式 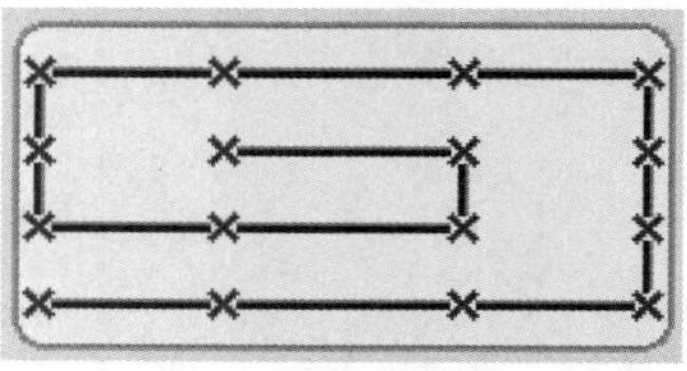 图3.1.26 类型螺纹的走刀方式 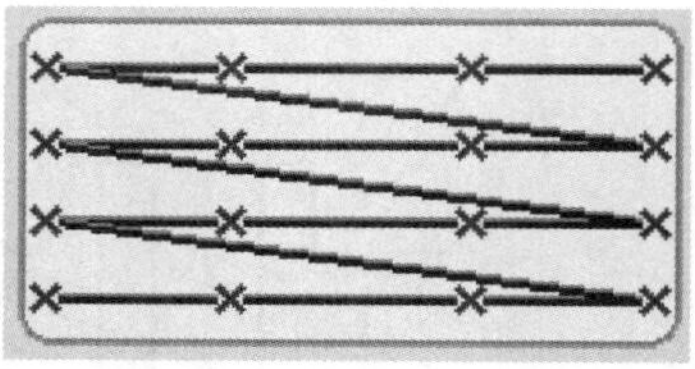 图3.1.27 类型-方向的走刀方式
7	安全距离	用于设置退刀时的安全高度
8	主轴速度	用于设置数控机床主轴的运转速度，在进行粗加工时主轴转速一般是1500～2500r/min，在进行精加工时主轴转速一般是2500～4500r/min
9	冷却液选项	用于设置数控机床中冷却液的状况

三、钻削式粗加工实例一

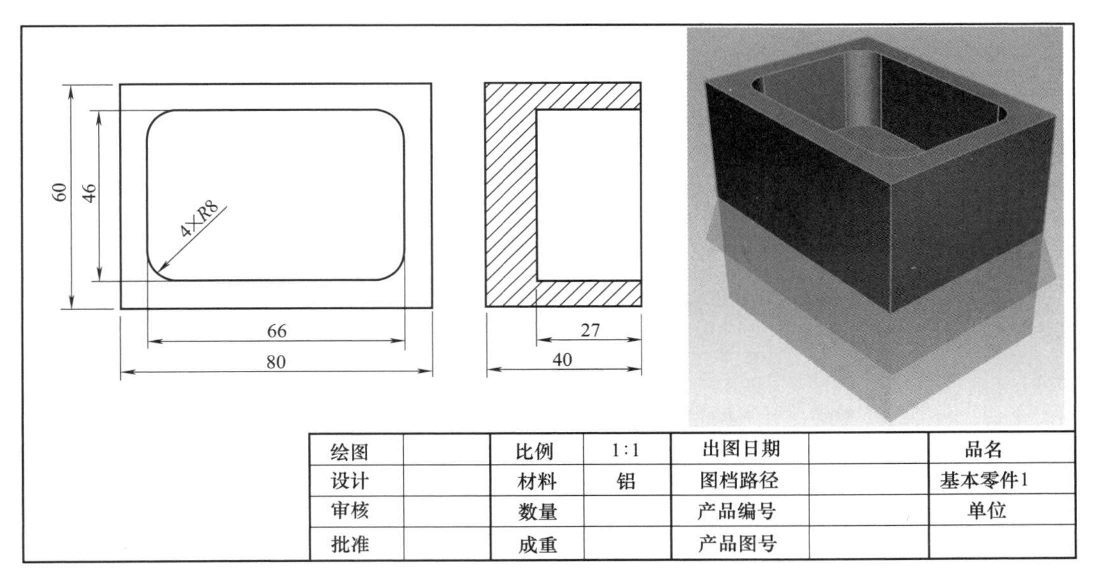

图 3.1.28　钻削式粗加工实例一

加工前的工艺分析与准备

1. 工艺分析

该零件表面由一个圆角矩形的凹槽构成。工件尺寸 80mm×60mm×40mm（如图3.1.28），无尺寸公差要求。尺寸标注完整，轮廓描述清楚。零件材料为已经加工成型的标准铝块，无热处理和硬度要求。

① 用 $\phi10$ 的平底刀钻削式铣削粗加工对凹槽区域开粗；

② 根据加工要求，共需产生 1 次刀具路径。

前期准备工作

2. 图形的导入

在 Creo 界面中点击【新建】按钮→打开【新建】对话框→【类型】制造→【子类型】NC 装配→【名称】3→取消勾选【使用默认模板】复选框→【确定】→弹出【新建文件选项】对话框→【模板】mmns_mfg_nc，公制模板→【确定】→在打开的【制造】功能选项卡中→【参考模型】→【组装参考模型】→在【打开】对话框中找到文件存放的位置→选择【3.prt】→【打开】（如图 3.1.29 图形的导入）→系统打开【元件放置】选项卡，注意观察待加工工件的状况（如图 3.1.30 观察待加工工件）。

3. 元件放置

【元件放置】选项卡→打开【自动】下拉列表→【重合】→点击工件顶面和加工坐标系的 XY 平面→得到一个重合摆放的工件→点击【元件放置】选项卡上的【反向】按钮，将工件摆正→点击【应用约束】按钮，将当前的重合约束应用到系统中→【确定】，工件方向摆放完毕，系统返回【制造】功能选项卡（如图 3.1.31 元件放置）。

4. 创建毛坯

打开【视图】选项卡的【着色】→【带边着色】【制造】功能选项卡中→【工件】→【自动工

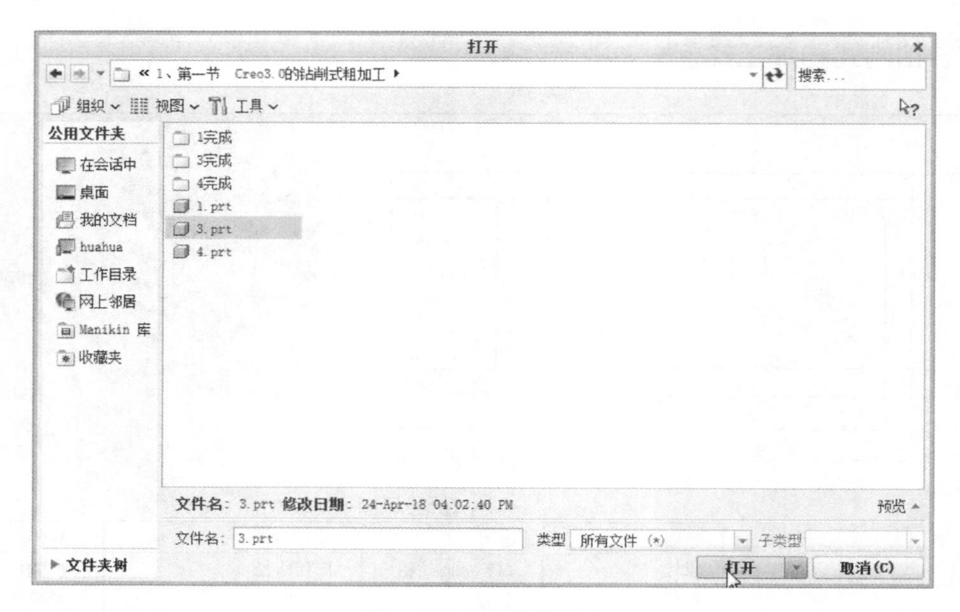

图 3.1.29 图形的导入

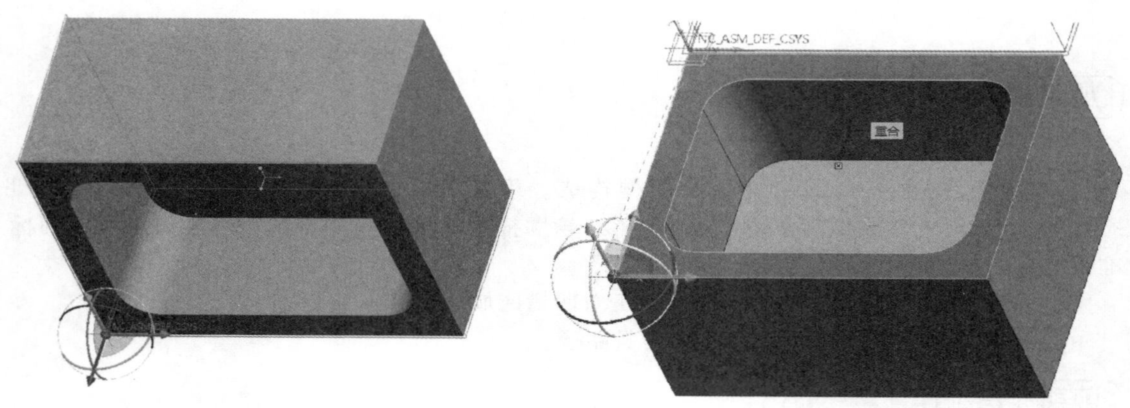

图 3.1.30 观察待加工工件

图 3.1.31 元件放置

件】→进入【创建自动工件】选项卡→【创建矩形工件】，将创建一个最小化包容工件的毛坯→【确定】，毛坯创建完毕，系统返回【制造】功能选项卡（如图 3.1.32 创建毛坯）。

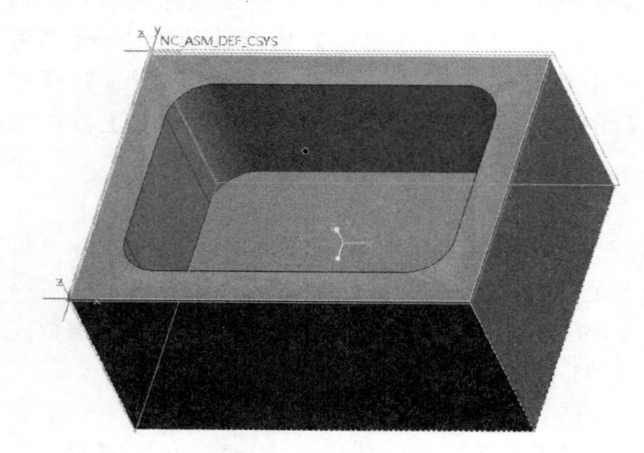

图 3.1.32 创建毛坯

5. 设置加工方法、刀具和坐标系

【制造】功能选项卡中→操作→右侧【制造设置】→【铣削】→打开【铣削工作中心】对话框→【名称】MILL01→【类型】铣削→【轴数】3 轴→切换到【刀具】选框→点击【刀具】按钮→打开【刀具设定】对话框→【名称】T0001→【类型】端铣削→刀具直径【ϕ】10→【应用】将刀具信息设定在刀具列表中→【确定】→【确定】（如图 3.1.33 刀具设定）→【基准】→【基准】→弹出【坐标系】对话框，此时处于【原点】选项卡，用于原点位置→此时，按住 Ctrl

键点击顶面→按住 Ctrl 键点击前面→按住 Ctrl 键点左侧面，此时坐标系会定位到左下角→点击【方向】选项卡→【使用】【确定】Z→【使用】【投影】Y【反向】，将坐标系的方向更改为与加工坐标系一致→【确定】（如图 3.1.34 加工坐标系）→点击左侧【使用此工具】按钮，将该坐标系应用到系统之中→【刀具】默认为第一把刀→【间隙】选项卡→【类型】平面→点击工件的表面→【值】10→【回车 Enter】→【确定】，加工方法、刀具和坐标系完毕，系统返回【制造】功能选项卡（如图 3.1.35 间隙）。

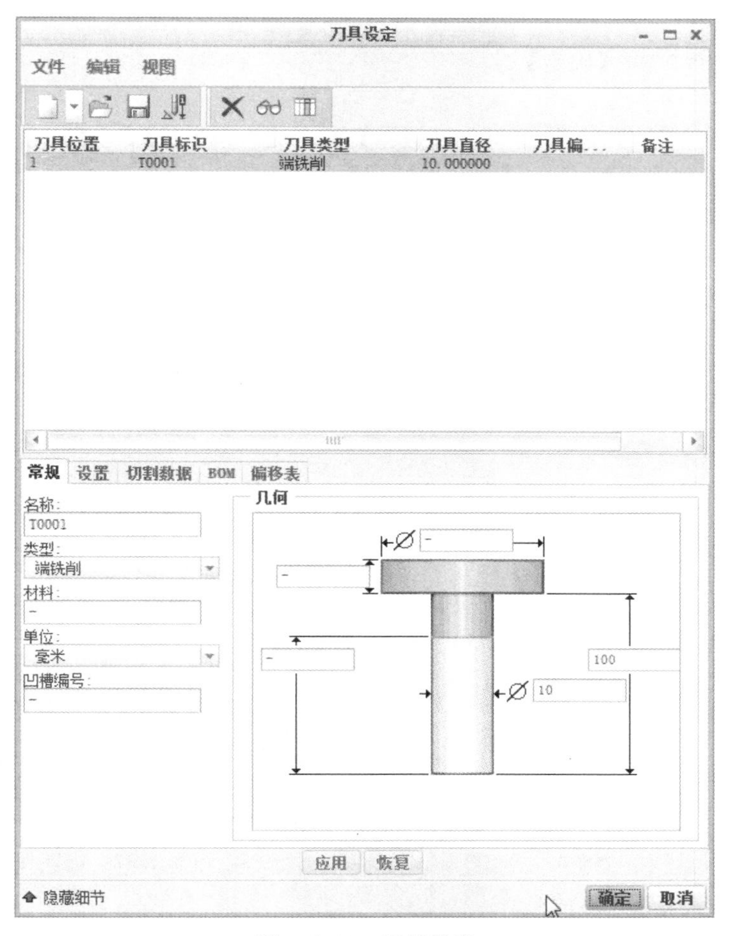

图 3.1.33　刀具设定

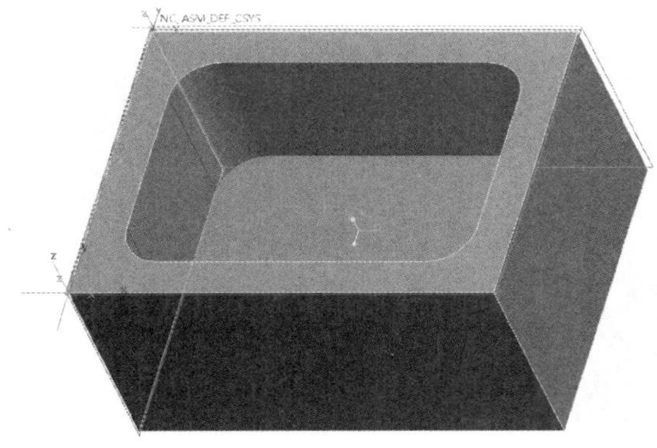

图 3.1.34　加工坐标系

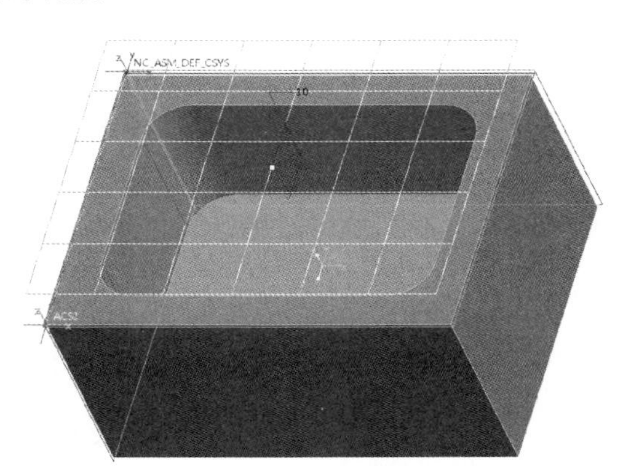

图 3.1.35　间隙

ϕ10 的平底刀体积块铣削粗加工内腔的区域

6. 进入钻削式加工模块

选择【铣削】功能选项卡→【铣削】菜单→【钻削式粗加工】。

7. 序列设置

【菜单管理器】→【序列设置】→勾选【刀具】【参数】【曲面】和【起始轴】→【完成】。

8. 刀具

【刀具】选择 T0001→【确定】。

9. 序列参数

进入【编辑序列参数】选项卡→【切削进给】200→【切入步长】4→【轮廓允许余量】0.3→【安全距离】2→【主轴速度】2000→【冷却液选项】开（如图 3.1.36 序列参数）。

10. 选择曲面

进入【曲面拾取】菜单→【模型】→【完成】→提示【选择：选择一个或多个项。可用区域选择】→按住 Ctrl 键，点选待加工的曲面（如图 3.1.37 选择曲面）→【完成/返回】→【完成序列】。

11. 生成刀具路径

右击生成的操作【陷入铣削】→【播放路径】→点击【播放】按钮，生成刀具路径（如图 3.1.38 生成刀具路径）。

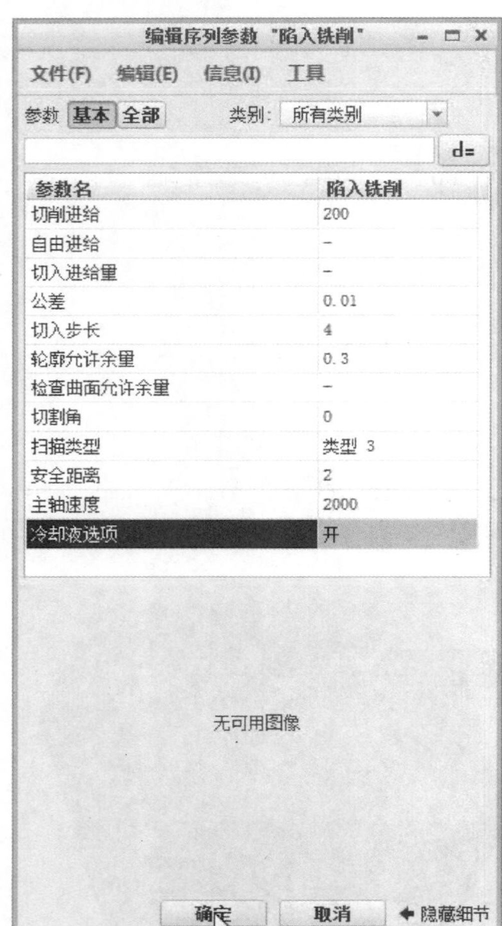

图 3.1.36 序列参数

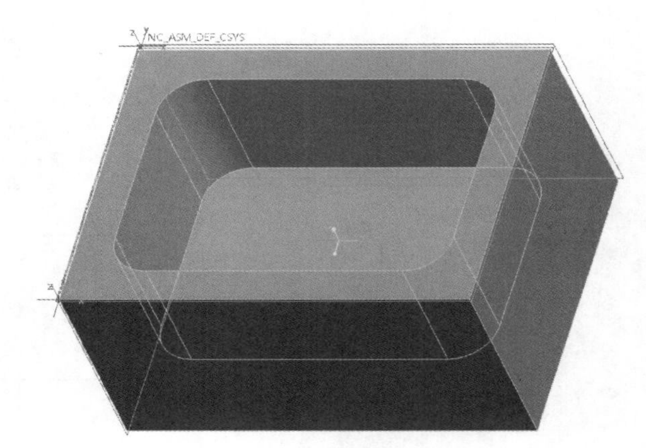

图 3.1.37 选择曲面

图 3.1.38 生成刀具路径

实体验证模拟

12. 实体切削验证

右击生成的操作【陷入铣削】→【材料移除模拟】→打开 VERICUT 软件进行切削验证→点击软件右下角的【播放】按钮，观察实体切削验证的情况（如图 3.1.39 实体切削验证）。

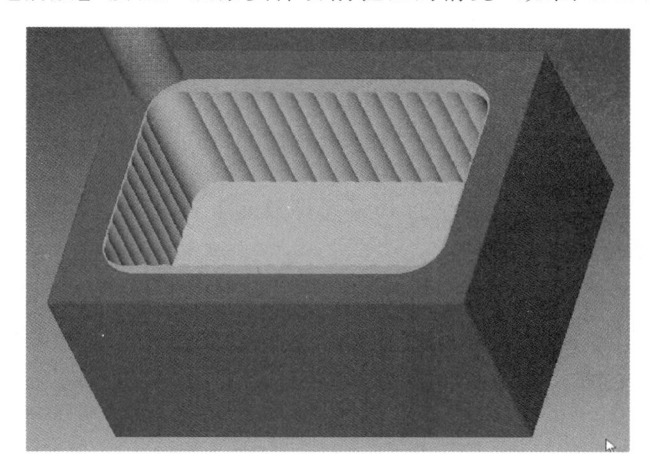

图 3.1.39　实体切削验证

四、钻削式粗加工实例二

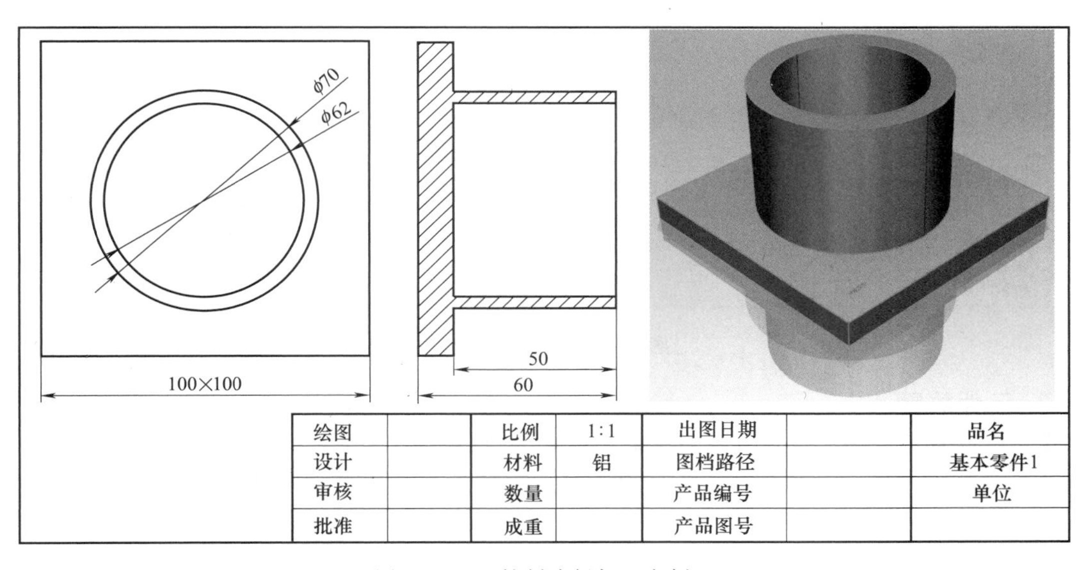

图 3.1.40　钻削式粗加工实例二

加工前的工艺分析与准备

1. 工艺分析

该零件表面由一个圆形的管状形状锁构成。工件尺寸 100mm×100mm×60mm（如图 3.1.40），无尺寸公差要求。尺寸标注完整，轮廓描述清楚。零件材料为已经加工成型的标准铝块，无热处理和硬度要求。

① ϕ15 的平底刀钻消式粗加工外围区域；
② ϕ15 的平底刀钻消式粗加工中间区域；
③ 根据加工要求，共需产生 2 次刀具路径。

前期准备工作

2. 图形的导入

在 Creo 界面中点击【新建】按钮→打开【新建】对话框→【类型】制造→【子类型】NC 装配→【名称】4→取消勾选【使用默认模板】复选框→【确定】→弹出【新建文件选项】对话框→【模板】mmns_mfg_nc，公制模板→【确定】→在打开的【制造】功能选项卡中→【参考模型】→【组装参考模型】→在【打开】对话框中找到文件存放的位置→选择【4. prt】→【打开】(如图 3.1.41 图形的导入)→系统打开【元件放置】选项卡，注意观察待加工工件的状况（如图 3.1.42 观察待加工工件)。

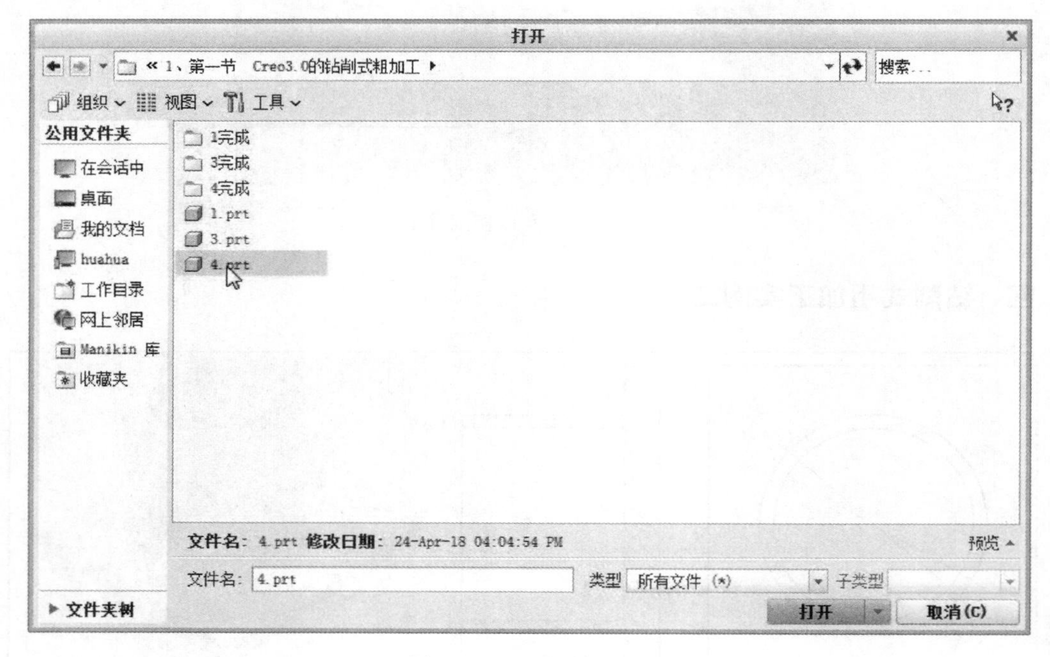

图 3.1.41　图形的导入

3. 元件放置

【元件放置】选项卡→打开【自动】下拉列表→【重合】→点击工件顶面和加工坐标系的 XY 平面→得到一个重合摆放的工件→点击【元件放置】选项卡上的【反向】按钮，将工件摆正→点击【应用约束】按钮，将当前的重合约束应用到系统中→【确定】，工件方向摆放完毕，系统返回【制造】功能选项卡（如图 3.1.43 元件放置)。

4. 创建毛坯

打开【视图】选项卡的【着色】→【带边着色】【制造】功能选项卡中→【工件】→【自动工件】→进入【创建自动工件】选项卡→【创建矩形工件】，将创建一个最小化包容工件的毛坯→【确定】，毛坯创建完毕，系统返回【制造】功能选项卡（如图 3.1.44 创建毛坯)。

5. 设定铣削窗口

【制造】功能选项卡中→【铣削窗口】→打开【铣削窗口】选项卡→直接点击顶面，使顶面作为加工范围→【确定】，铣削窗口完毕，系统返回【制造】功能选项卡（如图 3.1.45 设定铣削窗口)。

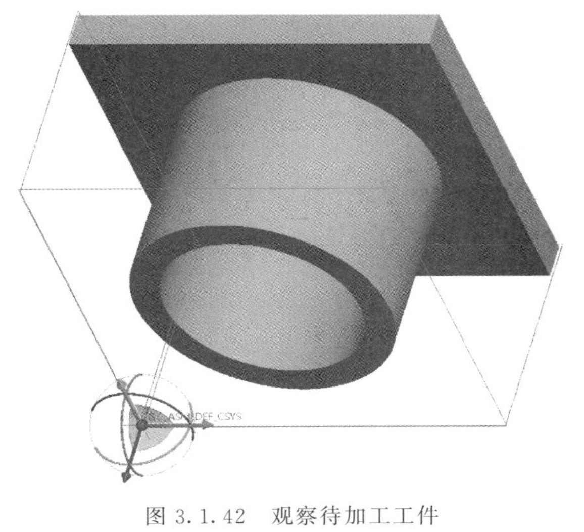

图 3.1.42　观察待加工工件

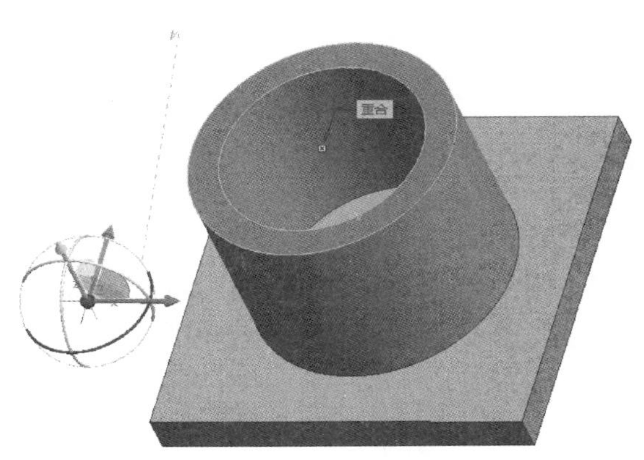

图 3.1.43　元件放置

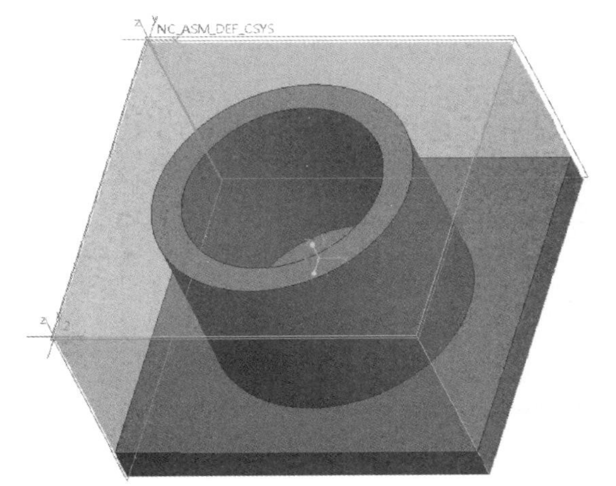

图 3.1.44　创建毛坯

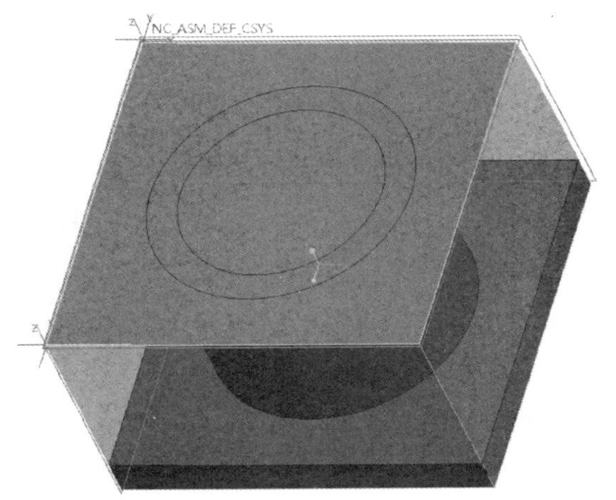

图 3.1.45　设定铣削窗口

6. 设置加工方法、刀具和坐标系

【制造】功能选项卡中→操作→右侧【制造设置】→【铣削】→打开【铣削工作中心】对话框→【名称】MILL01→【类型】铣削→【轴数】3 轴→切换到【刀具】选框→点击【刀具】按钮→打开【刀具设定】对话框→【名称】T0001→【类型】端铣削→刀具直径【ϕ】15→【应用】将刀具信息设定在刀具列表中→【确定】→【确定】(如图 3.1.46 刀具设定)→【基准】→【基准】→弹出【坐标系】对话框，此时处于【原点】选项卡，用于原点位置→此时，按住 Ctrl 键点击顶面→按住 Ctrl 键点击前面→按住 Ctrl 键点左侧面，此时坐标系会定位到左下角→点击【方向】选项卡→【使用】【确定】Z→【使用】【投影】Y【反向】，将坐标系的方向更改为与加工坐标系一致→【确定】(如图 3.1.47 加工坐标系)→点击左侧【使用此工具】按钮，将该坐标系应用到系统之中→【刀具】默认为第一把刀→【间隙】选项卡→【类型】平面→点击工件的表面→【值】10→【回车 Enter】→【确定】，加工方法、刀具和坐标系完毕，系统返回【制造】功能选项卡 (如图 3.1.48 间隙)。

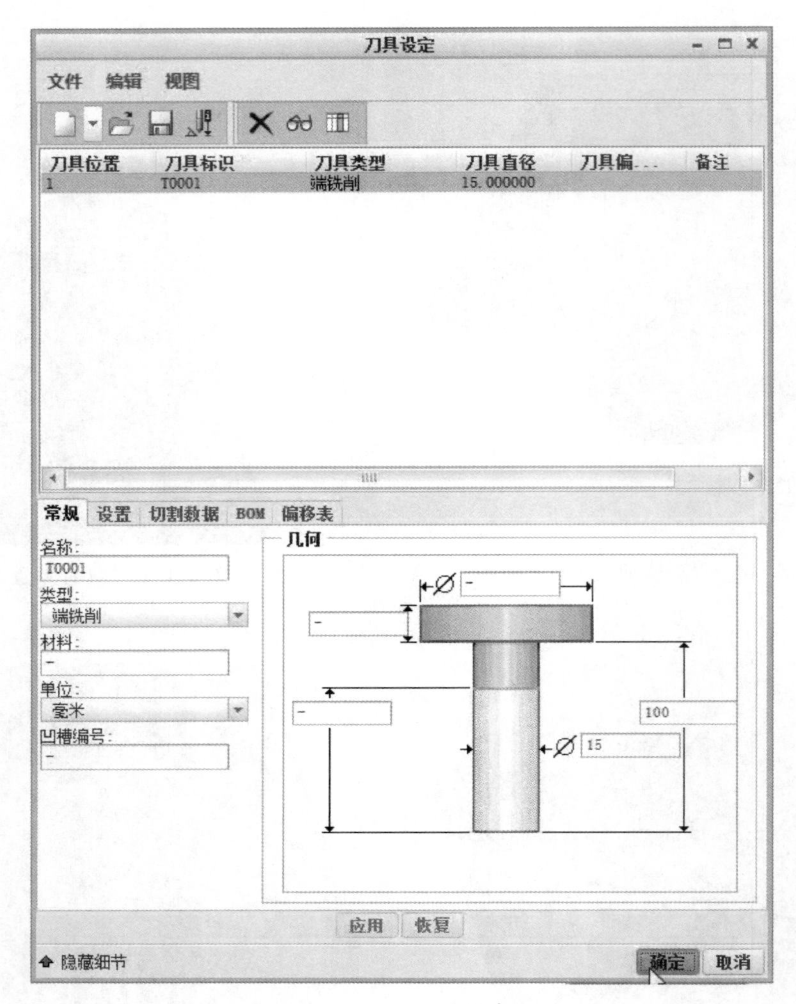

图 3.1.46 刀具设定

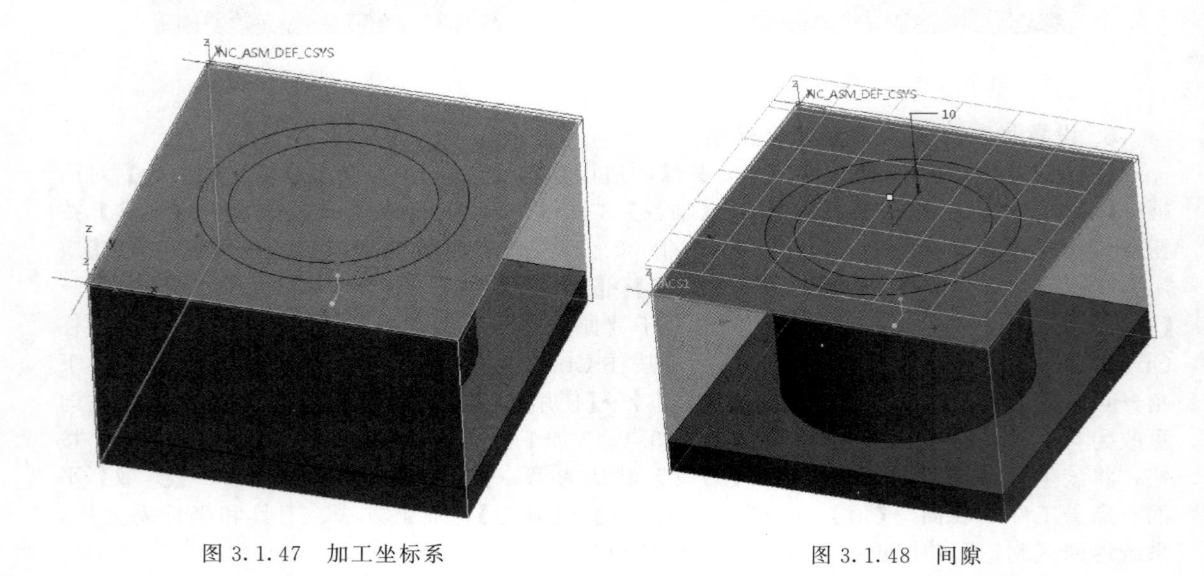

图 3.1.47 加工坐标系

图 3.1.48 间隙

ϕ15的平底刀钻削式粗加工外围区域

7. 进入钻削式加工模块

选择【铣削】功能选项卡→【铣削】菜单→【钻削式粗加工】。

8. 序列设置

【菜单管理器】→【序列设置】→勾选【刀具】【参数】【曲面】和【起始轴】→【完成】。

9. 刀具

【刀具】选择T0001→【确定】。

10. 序列参数

进入【编辑序列参数】选项卡→【切削进给】200→【切入步长】8→【轮廓允许余量】0.3→【安全距离】2→【主轴速度】2000→【冷却液选项】开（如图3.1.49序列参数）。

11. 选择曲面

进入【曲面拾取】菜单→【模型】→【完成】→提示【选择：选择一个或多个项。可用区域选择】→按住Ctrl键，点选待加工的曲面（如图3.1.50选择曲面）→【完成/返回】→【完成序列】。

12. 生成刀具路径

右击生成的操作【陷入铣削】→【播放路径】→点击【播放】按钮，生成刀具路径（如图3.1.51）。

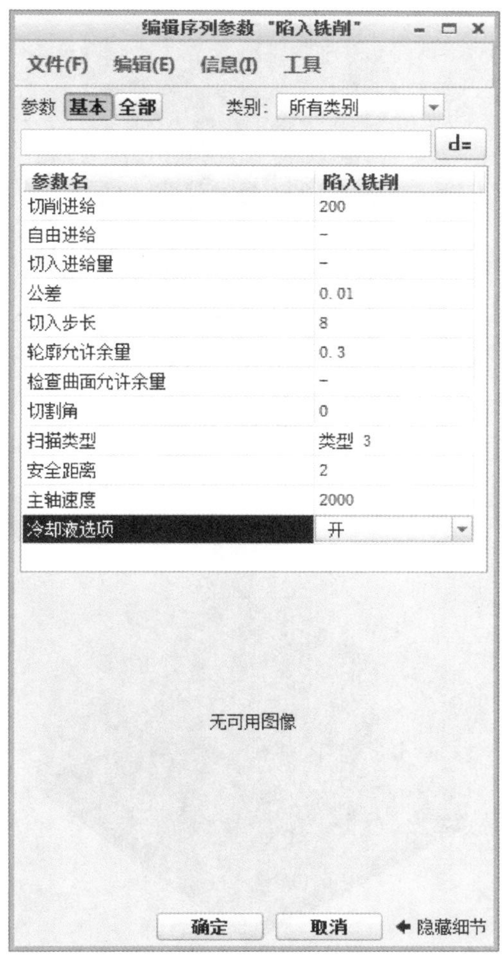

图3.1.49　序列参数

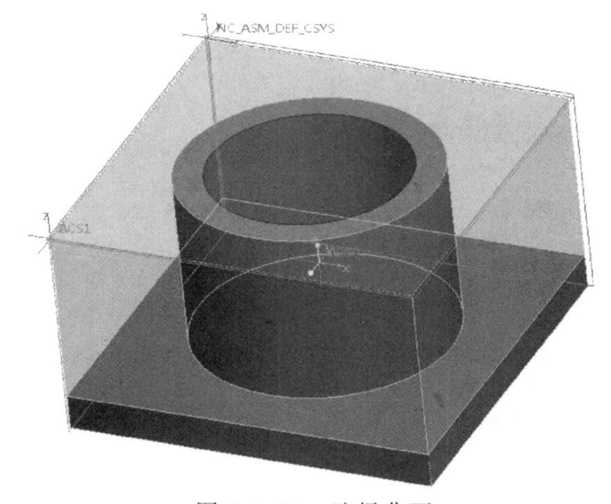

图3.1.50　选择曲面

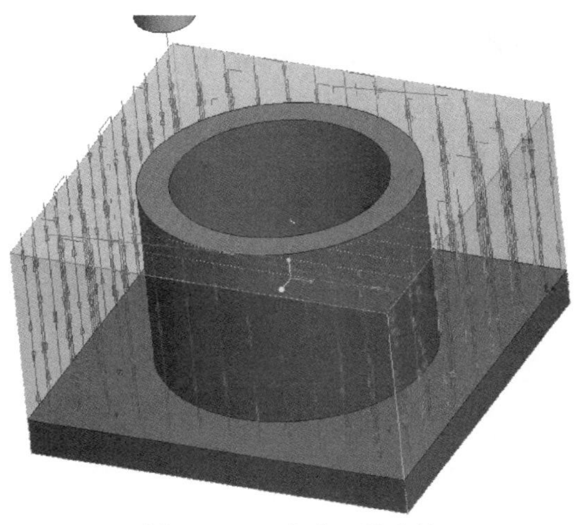

图3.1.51　生成刀具路径

ϕ15的平底刀钻削式粗加工中间区域

13. 进入钻削式加工模块

选择【铣削】功能选项卡→【铣削】菜单→【钻削式粗加工】。

14. 序列设置

【菜单管理器】→【序列设置】→勾选【参数】和【曲面】→【完成】。

15. 刀具

【刀具】选择T0001→【确定】。

16. 序列参数

进入【编辑序列参数】选项卡→【切削进给】200→【切入步长】8→【轮廓允许余量】0.3→【安全距离】2→【主轴速度】2000→【冷却液选项】开（如图3.1.52序列参数）。

17. 选择曲面

进入【曲面拾取】菜单→【模型】→【完成】→提示【选择：选择一个或多个项。可用区域选择】→按住Ctrl键，点选待加工的曲面（如图3.1.53选择曲面）→【完成/返回】→【完成序列】。

18. 生成刀具路径

右击生成的操作【陷入铣削】→【播放路径】→点击【播放】按钮，生成刀具路径（如图3.1.54生成刀具路径）。

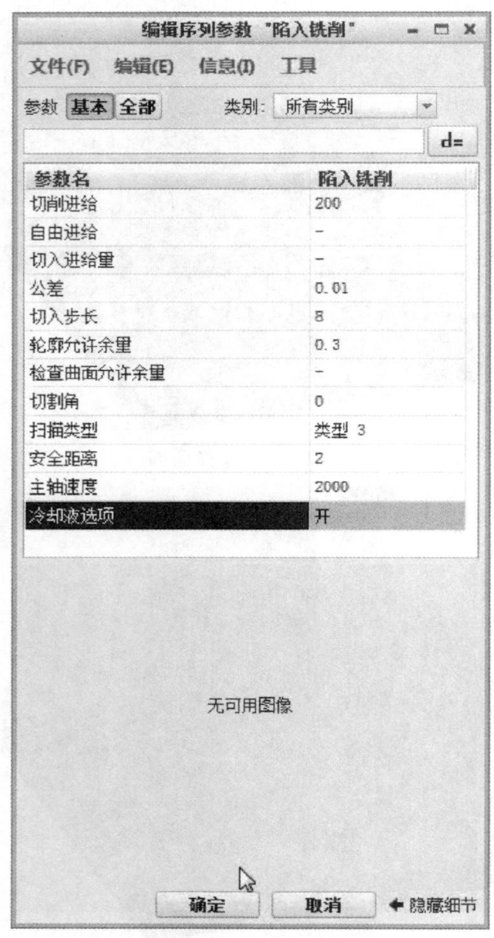

图3.1.52　序列参数

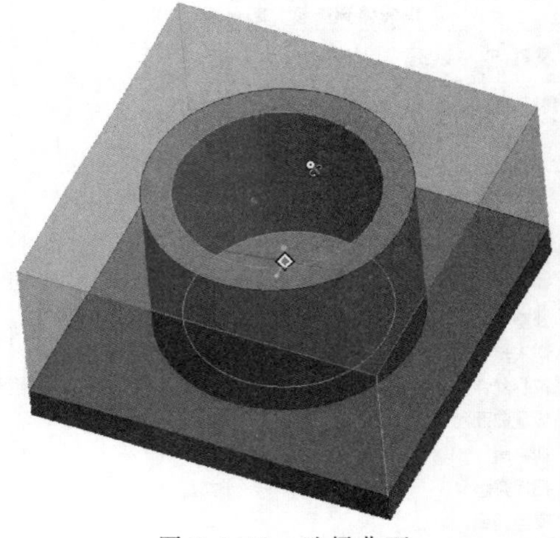

图3.1.53　选择曲面

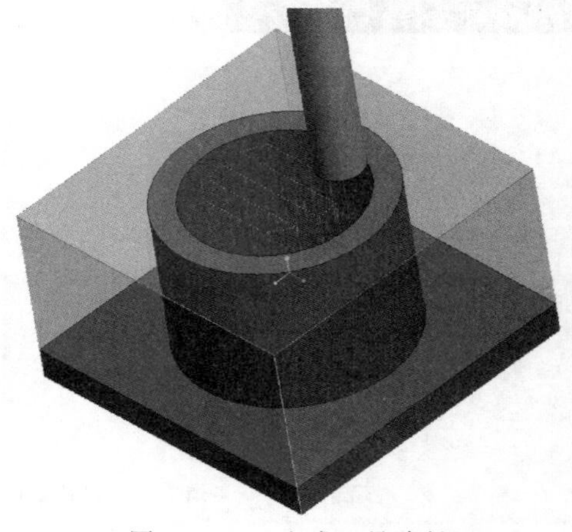

图3.1.54　生成刀具路径

实体验证模拟

19. 实体切削验证

右击生成的操作【陷入铣削】→【材料移除模拟】→打开 VERYCUT 软件进行切削验证→点击软件右下角的【播放】按钮，观察实体切削验证的情况（如图 3.1.55 实体切削验证）。

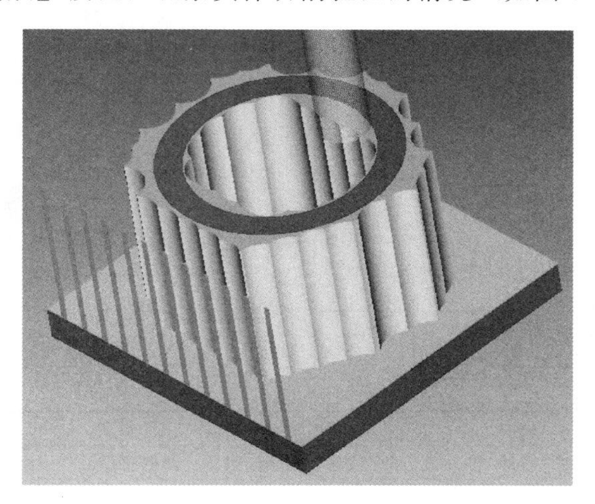

图 3.1.55　实体切削验证

第二节　曲面铣削加工

对于曲面加工，在普通机床上不容易实现，而且不能保证加工质量，工作效率极低。采用自动编程技术，利用计算机计算刀位数据，并使用数控机床进行加工，便可以将数控机床的优越性充分体现出来。在 Creo 的数控模块中，曲面加工借助其提供的非常灵活的走刀选项，可以实现对不同曲面特征的加工，并能满足加工精度要求。

曲面加工提供多种定义刀具轨迹的方法，针对复杂曲面可以依照曲面的变化情形，选择直线方向、切削路径方向或投影方式等作为产生刀具轨迹的依据，使所产生的刀具轨迹能更逼近曲面的几何形状。

曲面加工可以用来加工水平或倾斜度的曲面，一般建议采用对角线的角度。曲面加工要求所选择的曲面必须能够形成连续的刀具轨迹。通过设置适当的参数，曲面加工方法实际上还可以完成体积块铣削、轮廓铣削及表面铣削等。

曲面加工中通常采用球头刀或圆角刀进行加工。

一、曲面铣削加工入门实例

加工前的工艺分析与准备

1. 工艺分析

该零件表面由 1 个曲面构成（如图 3.2.1）。工件尺寸 100mm×70mm×30mm，无尺寸公差要求。尺寸标注完整，轮廓描述清楚。零件材料为已经加工成型的标准铝块，无热处理和硬度要求。

① 用 $\phi 8$ 的球刀曲面铣削连续曲面区域；

② 根据加工要求，共需产生 1 次刀具路径。

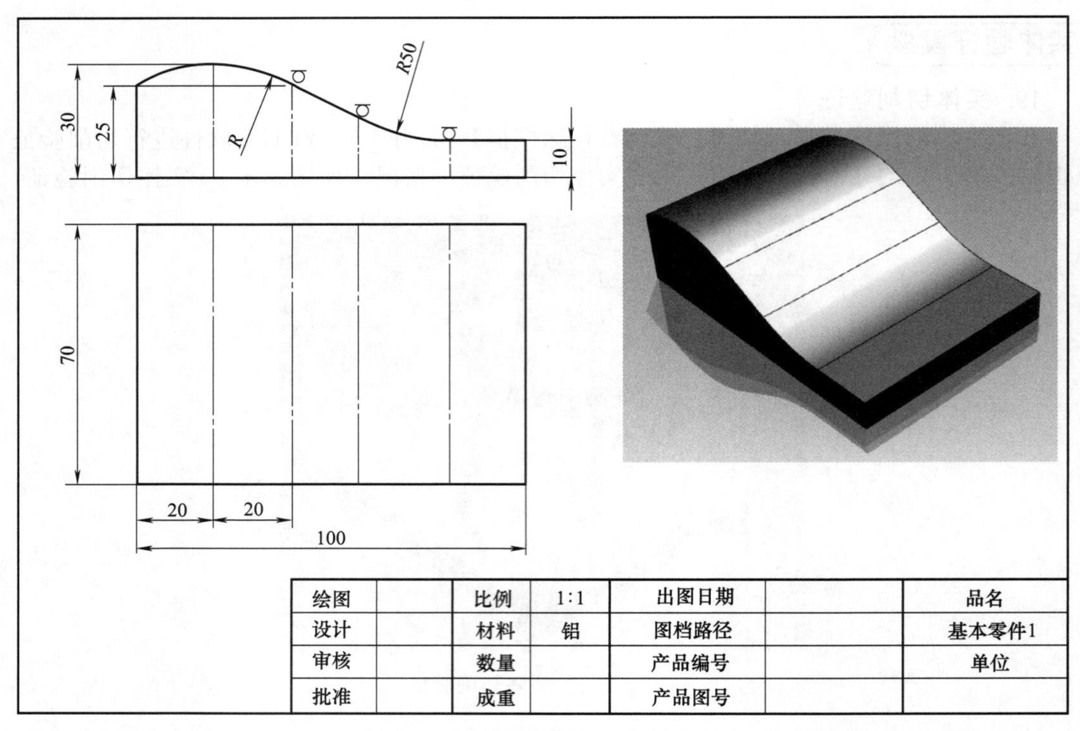

图 3.2.1　曲面铣削加工入门实例

前期准备工作

2. 图形的导入

在 Creo 界面中点击【新建】按钮→打开【新建】对话框→【类型】制造→【子类型】NC 装配→【名称】1→取消勾选【使用默认模板】复选框→【确定】→弹出【新建文件选项】对话

图 3.2.2　图形的导入

框→【模板】mmns_mfg_nc，公制模板→【确定】→在打开的【制造】功能选项卡中→【打开】→在【文件打开】对话框中找到文件存放的位置→选择【1.asm】→【打开】（如图3.2.2图形的导入）。

3. 观察之前的刀具路径和实体切削验证

右击之前进行的操作→选择【材料移除模拟】按钮，实体切削验证→打开VERYCUT软件进行切削验证→点击软件右下角的【播放】按钮，观察实体切削验证的情况（如图3.2.3实体切削验证）。

图3.2.3　实体切削验证

ϕ10的球刀曲面铣削加工连续曲面区域

4. 进入曲面铣削模块

选择【铣削】功能选项卡→【曲面铣削】曲面铣削。

5. 序列设置

【菜单管理器】→【序列设置】→勾选【刀具】【参数】【曲面】和【定义切削】→【完成】（如图3.2.4序列设置）。

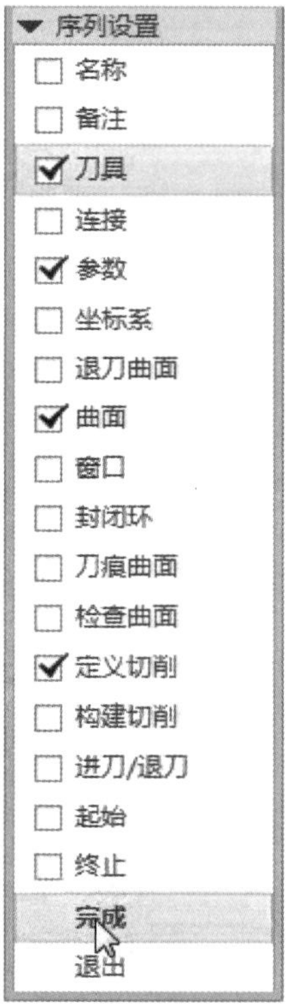

▼ 序列设置
- ☐ 名称
- ☐ 备注
- ☑ 刀具
- ☐ 连接
- ☑ 参数
- ☐ 坐标系
- ☐ 退刀曲面
- ☑ 曲面
- ☐ 窗口
- ☐ 封闭环
- ☐ 刀痕曲面
- ☐ 检查曲面
- ☑ 定义切削
- ☐ 构建切削
- ☐ 进刀/退刀
- ☐ 起始
- ☐ 终止

完成

退出

图3.2.4　序列设置

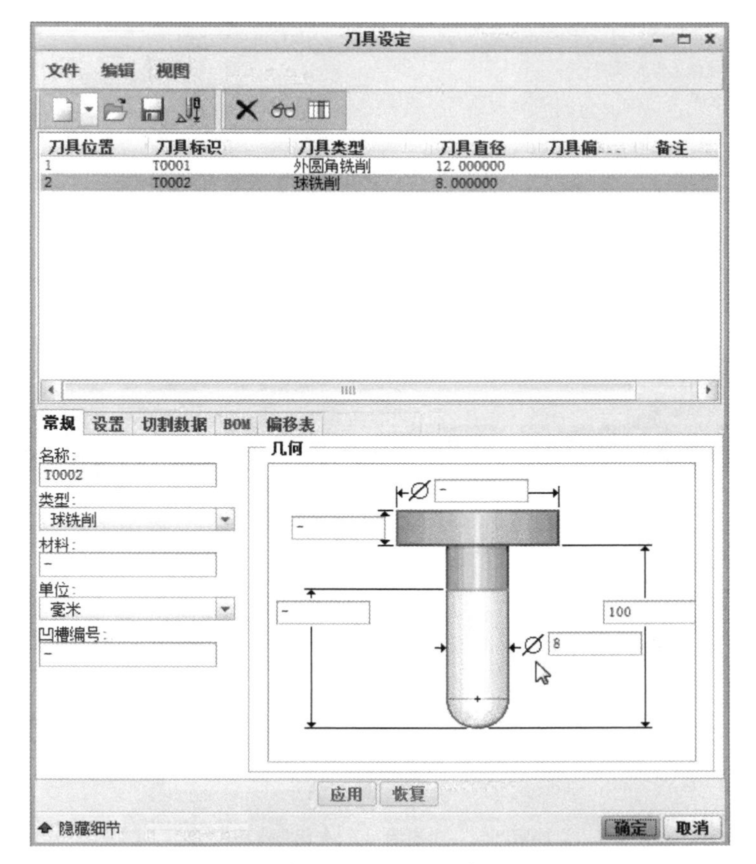

图3.2.5　刀具设定

6. 刀具

在打开的【刀具设定】对话框中，新建一把刀具→【名称】T0002→【类型】球铣削→刀具直径【ϕ】8→【应用】将刀具信息设定在刀具列表中→【确定】→【确定】(如图3.2.5刀具设定)。

7. 序列参数

进入【编辑序列参数】选项卡→【切削进给】200→【跨距】0.7→【安全距离】2→【主轴速度】3500→【冷却液选项】开（如图3.2.6序列参数)。

8. 选择曲面

进入【曲面拾取】菜单→【模型】→【完成】→提示【选择：选择一个或多个项。可用区域选择】→按住Ctrl键，点选待加工的曲面→【完成/返回】→【完成/返回】(如图3.2.7选择曲面)。

9. 切削定义

在打开的【切削定义】对话框中→【切削类型】直线切削→【切削角度】0→点击【切削方向】按钮 →此时工件中心出现红色箭头，表示刀具切削的方向→【确定】(如图3.2.8切削定义和图3.2.9切削方向)。

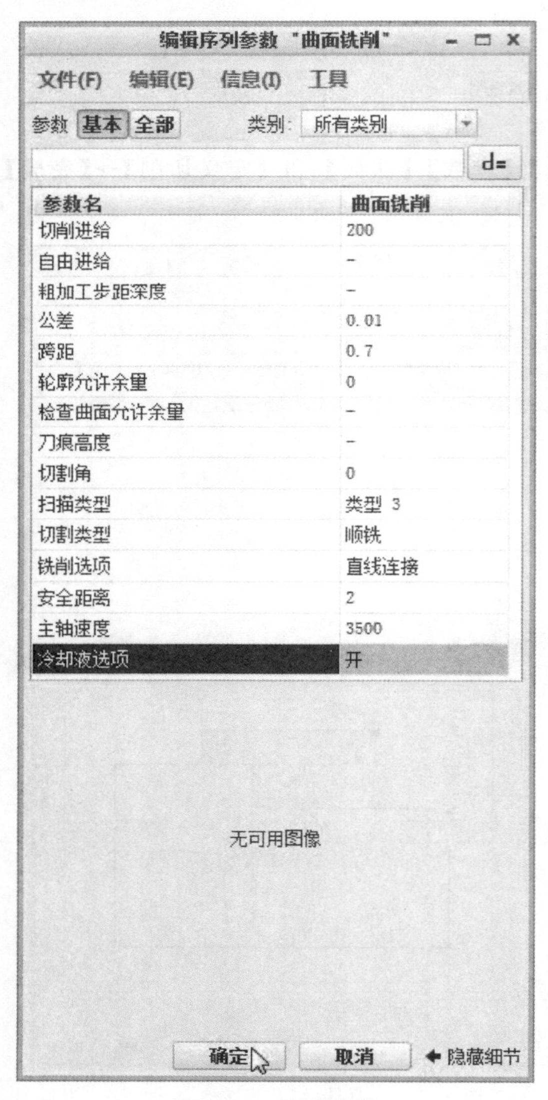

图3.2.6 序列参数

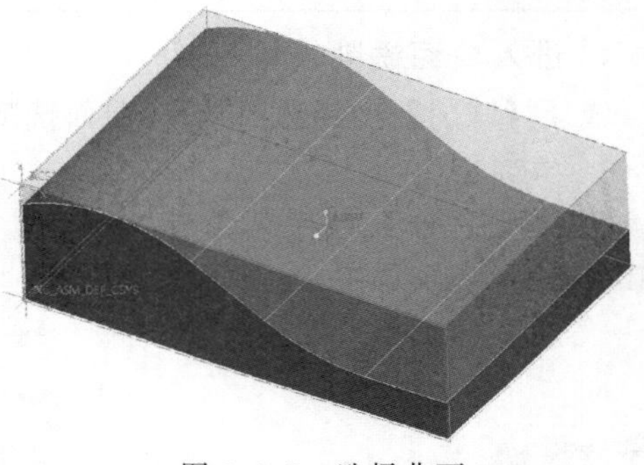

图3.2.7 选择曲面

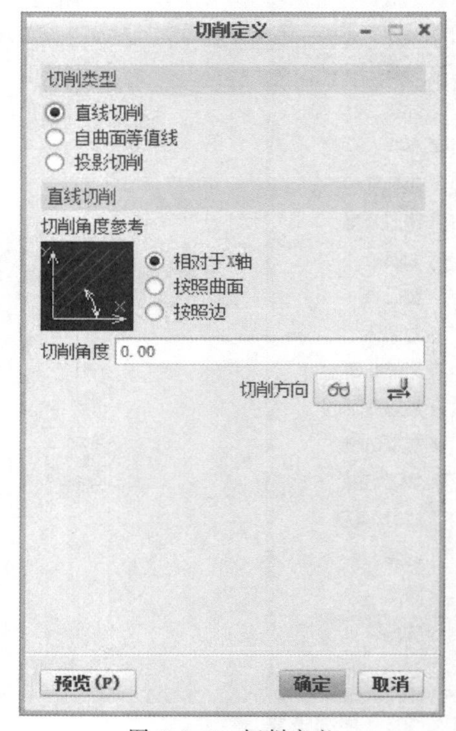

图3.2.8 切削定义

图 3.2.9　切削方向

10. 生成刀具路径

右击生成的操作【曲面铣削】→【播放路径】→点击【播放】按钮，生成刀具路径→打开【播放路径】对话框→点击【播放】按钮，生成刀具路径（如图 3.2.10 生成刀具路径）。

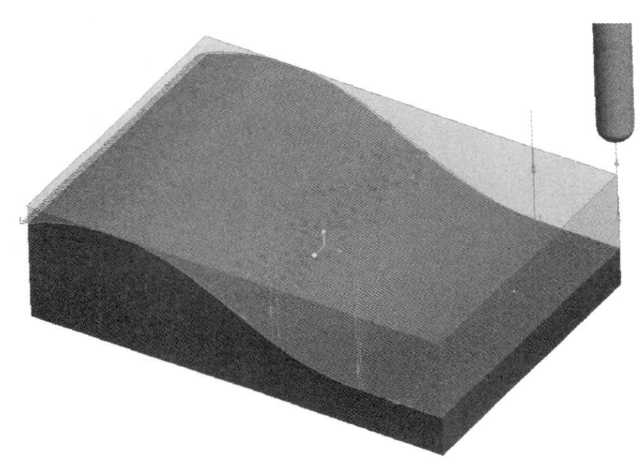

图 3.2.10　生成刀具路径

实体验证模拟

11. 实体切削验证

右击生成的操作【曲面铣削】→【材料移除模拟】→打开 VERICUT 软件进行切削验证→点击软件右下角的【播放】按钮，观察实体切削验证的情况（如图 3.2.11 和图 3.2.12）。

图 3.2.11　粗加工实体切削验证

图 3.2.12　曲面铣削实体切削验证

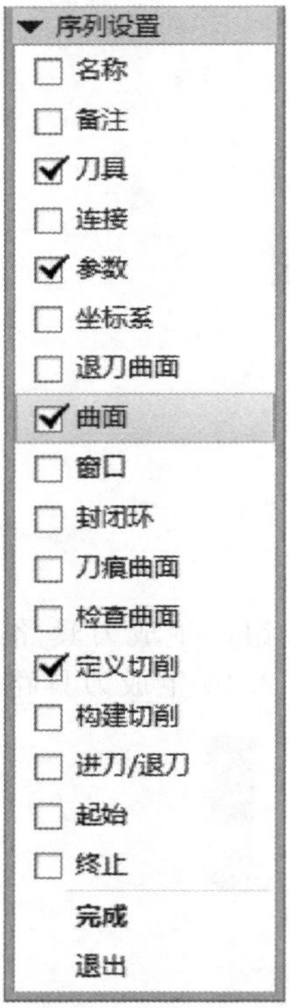

二、曲面铣削加工参数设置

制造几何形状主要用于辅助加工和指定刀具的加工范围。在指定的加工范围内，Creo 数控模块会根据所设置的 NC 序列和加工参数自动计算刀位数据，从而切除制造几何形状中的工件材料，以完成加工目标。

进行曲面加工时，通常需要创建铣削曲面或铣削窗口等制造几何形状。铣削曲面或铣削窗口的定义可以在定义 NC 序列之前完成，也可以在定义 NC 序列的时候进行。

1. 序列设置

单击【铣削】功能区→【铣削】面板→【曲面铣削】按钮→打开如图 3.2.13 所示的【序列设置】菜单。

▼ 序列设置
☐ 名称
☐ 备注
☑ 刀具
☐ 连接
☑ 参数
☐ 坐标系
☐ 退刀曲面
☑ 曲面
☐ 窗口
☐ 封闭环
☐ 刀痕曲面
☐ 检查曲面
☑ 定义切削
☐ 构建切削
☐ 进刀/退刀
☐ 起始
☐ 终止
完成
退出

图 3.2.13 【序列设置】菜单

【序列设置】菜单中有许多设定选项可供选择以进行设定，其中勾选的项目为必要的选项，必须对其进行设定才能完成钻削式加工程序设计，非必要的项目不会自动选取，如果要进行设定，可自行选取。确定好要进行设定的项目后，单击【完成】命令，系统按照选取项目的顺序，依次进行加工设置。

除了对所有加工序列都适用的共同选项外，钻削式加工的【序列设置】菜单中还包括表 3.2.1 所列特定选项。

表 3.2.1 特定选项说明

<table>
<tr><th>序号</th><th>操作名称</th><th colspan="2">详细说明</th></tr>
<tr><td rowspan="5">1</td><td rowspan="5">曲面</td><td colspan="2">选取要进行铣削加工的曲面。进行定义时，系统打开如图 3.2.14 所示的【曲面拾取】菜单 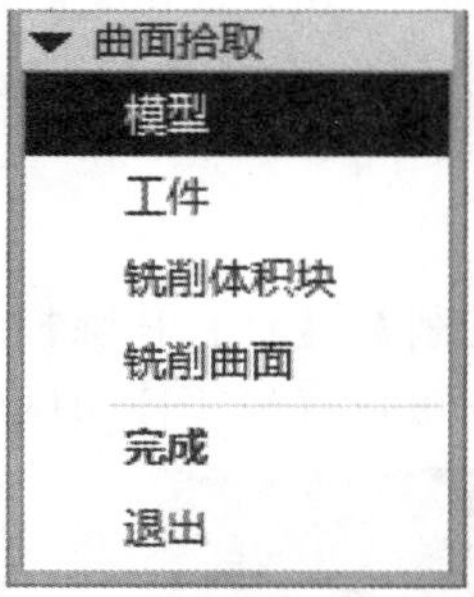
▼ 曲面拾取
模型
工件
铣削体积块
铣削曲面
完成
退出
图 3.2.14 【曲面拾取】菜单</td></tr>
<tr><td>模型</td><td>从参照模型中选取要加工的曲面</td></tr>
<tr><td>工件</td><td>从工件中选取要加工的曲面</td></tr>
<tr><td>铣削体积块</td><td>从已定义的铣削体积块中选取要加工的曲面</td></tr>
<tr><td>铣削曲面</td><td>从已定义的铣削曲面中选取要加工的曲面</td></tr>
<tr><td>2</td><td>窗口</td><td colspan="2">创建或选取铣削窗口，与【曲面】选项二者选一</td></tr>
</table>

续表

<table>
<tr><th>序号</th><th>操作名称</th><th colspan="2">详细说明</th></tr>
<tr><td rowspan="2">3</td><td rowspan="2">定义切削</td><td colspan="2">用于定义刀具路径的方法。进行定义时，系统打开如图 3.2.15 所示的【切削定义】对话框
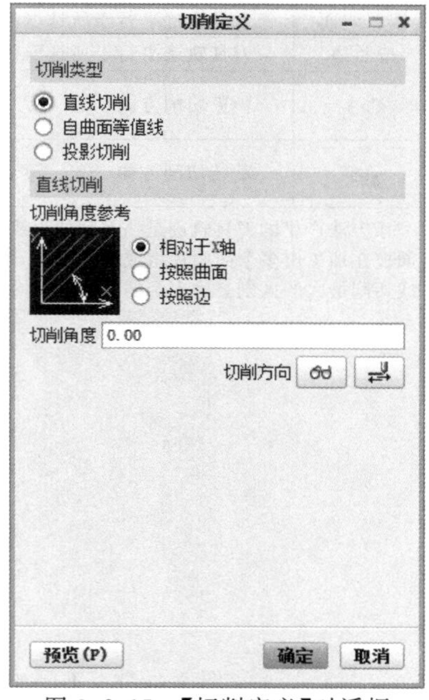

图 3.2.15　【切削定义】对话框</td></tr>
<tr><td>直线切削</td><td>该方法产生的刀具轨迹是一系列的直线，主要用于铣削形状相对简单的曲面。在加工由多个曲面片组成的曲面时，各曲面片的走刀方向一致。
该方法将彻底铣削被加工面，如果被加工面的边界是开放的，刀具将超出边界一个半径值。
使用该方法进行加工时，被加工面内部的突起部分会被自动避开，如果有加工余量的话，会自动应用于侧壁。被加工面内部有突起部分时产生的刀具轨迹，如图 3.2.16 所示。
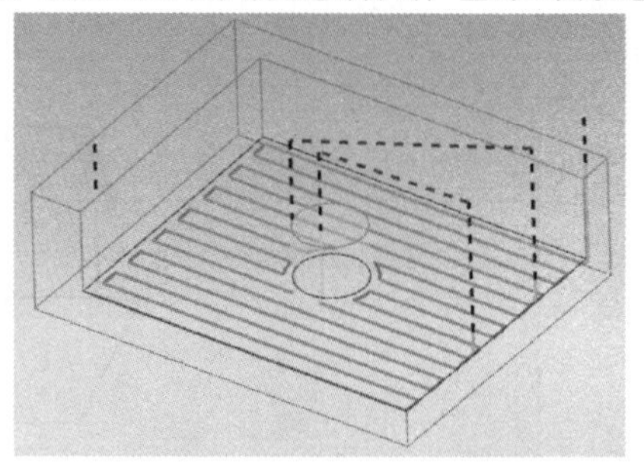
图 3.2.16　被加工面内部有突起部分时产生的刀具轨迹
如果在 Z 轴方向需要分层，使用参数【粗加工步距深度】。该参数仅用于三轴数控加工。使用【粗加工步距深度】参数前后产生刀具轨迹的对比如图 3.2.17 所示
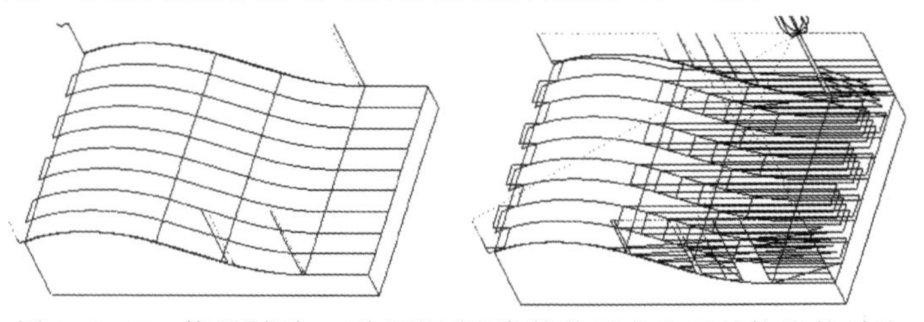
图 3.2.17　使用【粗加工步距深度】参数前后产生刀具轨迹的对比</td></tr>
</table>

续表

<table>
<tr><th>序号</th><th>操作名称</th><th colspan="3">详细说明</th></tr>
<tr><td rowspan="7">3</td><td rowspan="7">定义切削</td><td rowspan="5">直线切削</td><td>相对于X轴</td><td>根据相对于加工坐标系中X轴的角度进行定义</td></tr>
<tr><td>按照曲面</td><td>刀具轨迹平行于所选取的平面或基准面</td></tr>
<tr><td>按照边</td><td>刀具轨迹平行于所选取的边</td></tr>
<tr><td>[按钮]</td><td>预览切削方向</td></tr>
<tr><td>[按钮]</td><td>反转切削方向</td></tr>
<tr><td></td><td colspan="2">该方法产生的刀具轨迹是一系列的直线，可以用于铣削单个曲面，也可以铣削多个连续曲面。在加工由多个曲面片组成的曲面时，需要分别确定各曲面片的走刀方向。这也是和直线切削最大的区别。为多个曲面指定不同加工方向所产生的刀具轨迹，如图3.2.18所示。 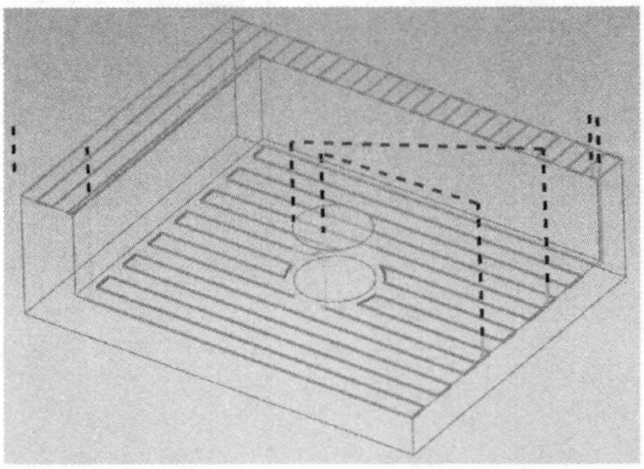
图3.2.18　不同加工方向所产生的刀具轨迹</td></tr>
<tr><td>自曲面等值线</td><td colspan="2">该方法将彻底铣削被加工面，如果被加工面的边界是开放的，刀具将超出边界一个半径值。使用该方法进行加工时，会自动避开被加工面内部的突起部分，如果有加工余量的话，会自动应用于侧壁。
使用该方法进行加工时，被加工面内部的孔或槽不会自动修补，会自动避开。如果希望如此，可以使用铣削曲面或从铣削体积块中选取一个曲面。选取参考模型上曲面时所产生的刀具轨迹如图3.2.19(a)所示，选取填充孔和槽后创建的铣削曲面时所产生的刀具轨迹如图3.2.19(b)所示。 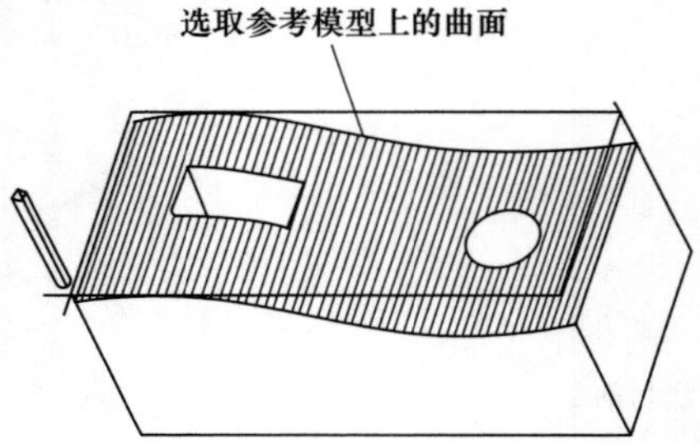
选取参考模型上的曲面
(a) 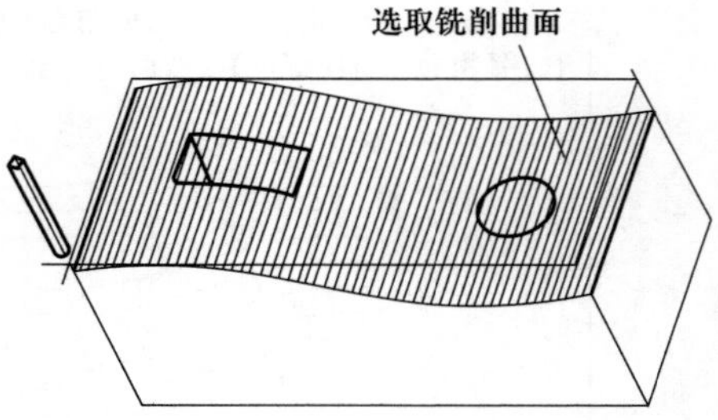
选取铣削曲面
(b)
图3.2.19　不同选取方式形成大刀具轨迹</td></tr>
</table>

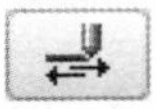

续表

序号	操作名称		详细说明
3	定义切削	自曲面等值线	使用自曲面等值线方法时,【切削定义】对话框如图3.2.20所示,选好的被加工面的代号列在窗口中,选中其中一个面,则屏幕绘图区中该面上出现一个箭头标志走刀方向,单击定义窗口中左下角的梯图标,可以改变走刀方向,各面的方向确定后,按【确定】按钮结束设置 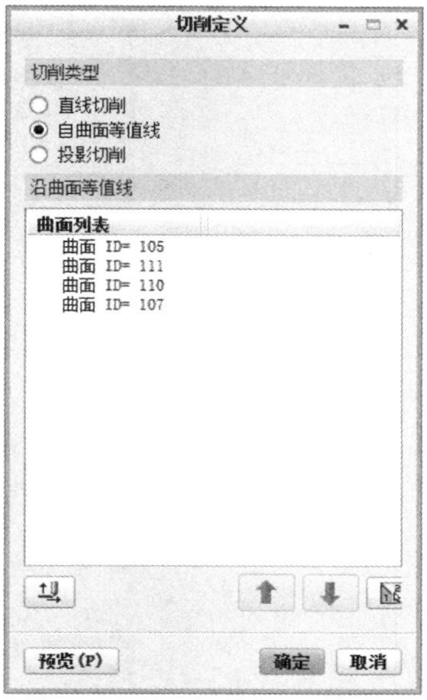 切削定义 切削类型 直线切削 自曲面等值线 投影切削 沿曲面等值线 曲面列表 曲面 ID= 105 曲面 ID= 111 曲面 ID= 110 曲面 ID= 107 预览(P) 确定 取消 图3.2.20 【切削定义】对话框
		投影切削	如果需要对刀具铣削曲面的轨迹进行更多的控制,可以使用投影切削方法来生成刀具轨迹。刀具轨迹会根据投影结果沿着曲面进行加工。切削时,首先将待加工曲面轮廓投影到退刀面,接着在围线范围内以平面的方式产生刀具轨迹,最后将产生的刀具轨迹再投影到加工曲面上,产生最终的刀具轨迹。 采用投影切削方法产生的刀具轨迹如图3.2.21所示,图(a)为预览的轨迹,图(b)为投影后的轨迹。 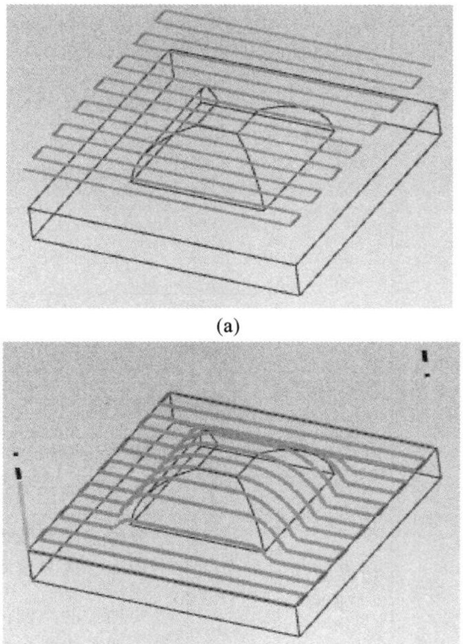 (a) (b) 图3.2.21 投影切削方法产生的刀具轨迹

续表

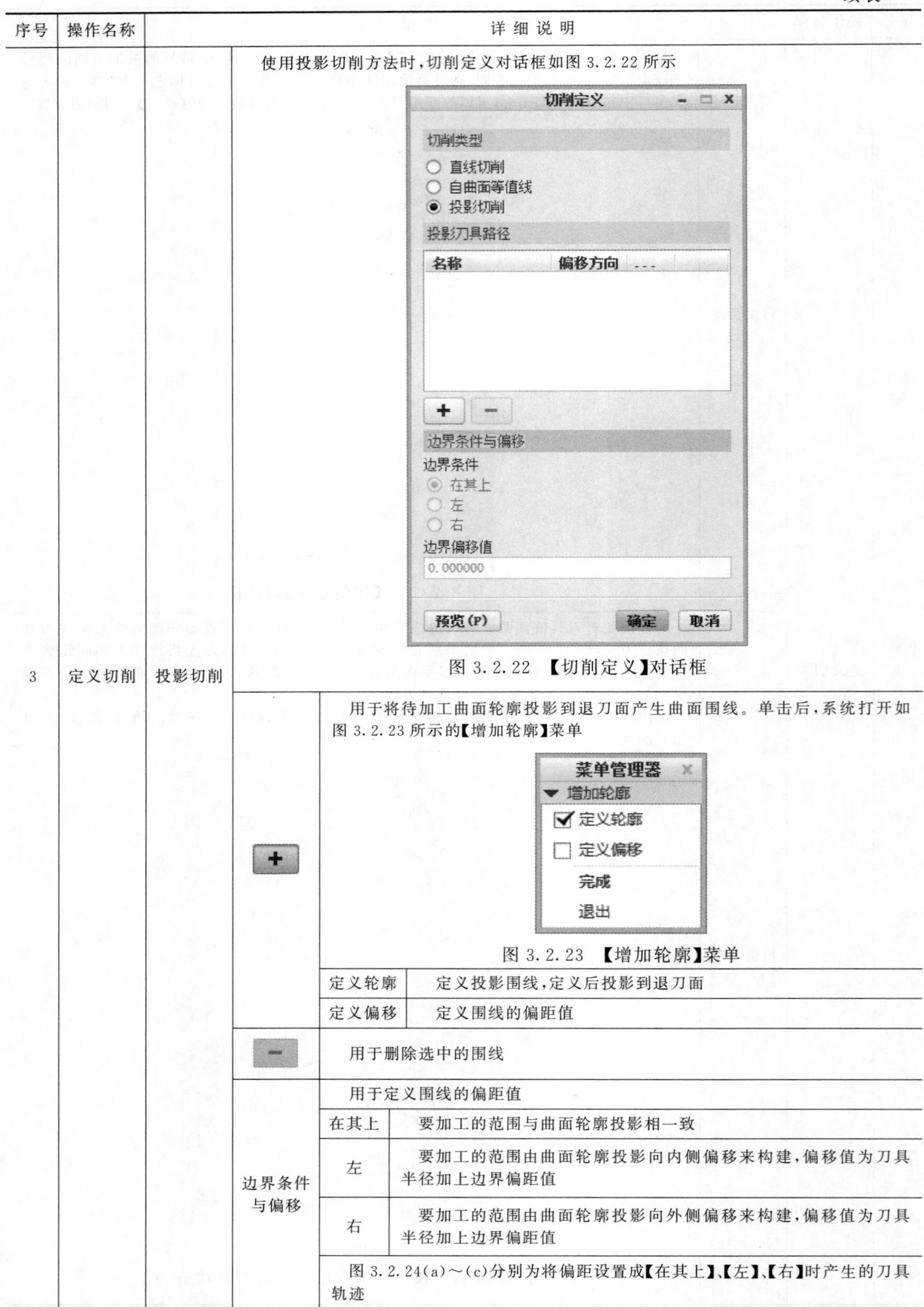

<table>
<tr><th>序号</th><th>操作名称</th><th colspan="4">详 细 说 明</th></tr>
<tr><td rowspan="9">3</td><td rowspan="9">定义切削</td><td rowspan="9">投影切削</td><td colspan="3">使用投影切削方法时，切削定义对话框如图 3.2.22 所示
图 3.2.22 【切削定义】对话框</td></tr>
<tr><td rowspan="3">+</td><td colspan="2">用于将待加工曲面轮廓投影到退刀面产生曲面围线。单击后，系统打开如图 3.2.23 所示的【增加轮廓】菜单
图 3.2.23 【增加轮廓】菜单</td></tr>
<tr><td>定义轮廓</td><td>定义投影围线，定义后投影到退刀面</td></tr>
<tr><td>定义偏移</td><td>定义围线的偏距值</td></tr>
<tr><td>−</td><td colspan="2">用于删除选中的围线</td></tr>
<tr><td rowspan="5">边界条件与偏移</td><td colspan="2">用于定义围线的偏距值</td></tr>
<tr><td>在其上</td><td>要加工的范围与曲面轮廓投影相一致</td></tr>
<tr><td>左</td><td>要加工的范围由曲面轮廓投影向内侧偏移来构建，偏移值为刀具半径加上边界偏距值</td></tr>
<tr><td>右</td><td>要加工的范围由曲面轮廓投影向外侧偏移来构建，偏移值为刀具半径加上边界偏距值</td></tr>
<tr><td colspan="2">图 3.2.24(a)～(c)分别为将偏距设置成【在其上】、【左】、【右】时产生的刀具轨迹</td></tr>
</table>

续表

序号	操作名称	详 细 说 明		
3	定义切削	投影切削	边界条件与偏移	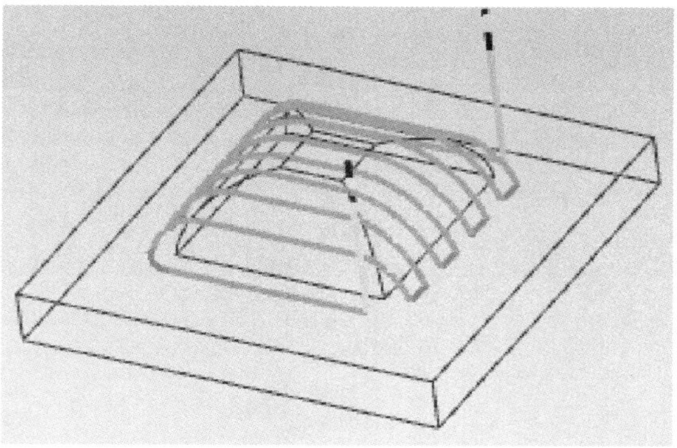 (a) 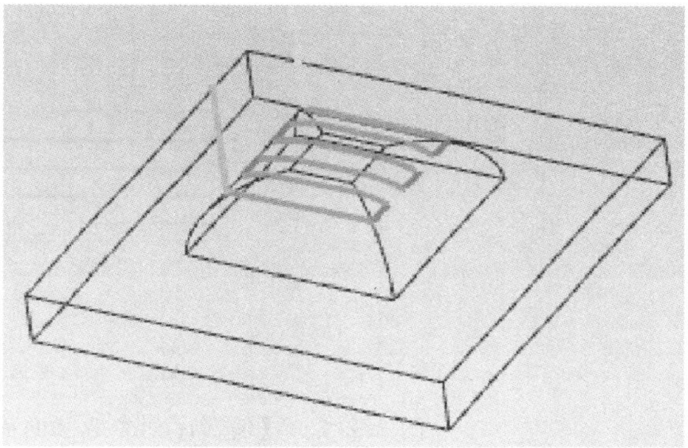 (b) 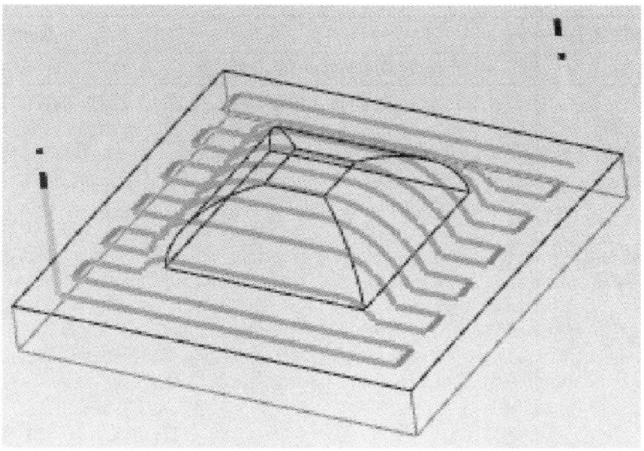 (c) 图 3.2.24　定义不同围线偏距方式所产生的刀具轨迹对比
4	检查曲面	选择对其进行过切检查的附加曲面		

2. 曲面铣削加工参数

使用曲面加工方法进行加工程序设计时，系统打开如图 3.2.25 所示的【编辑序列参数“曲面铣削”】对话框，用于设置曲面加工参数。

曲面加工中部分通用加工参数的含义见前面章节，其余参数的含义解释见表 3.2.2。

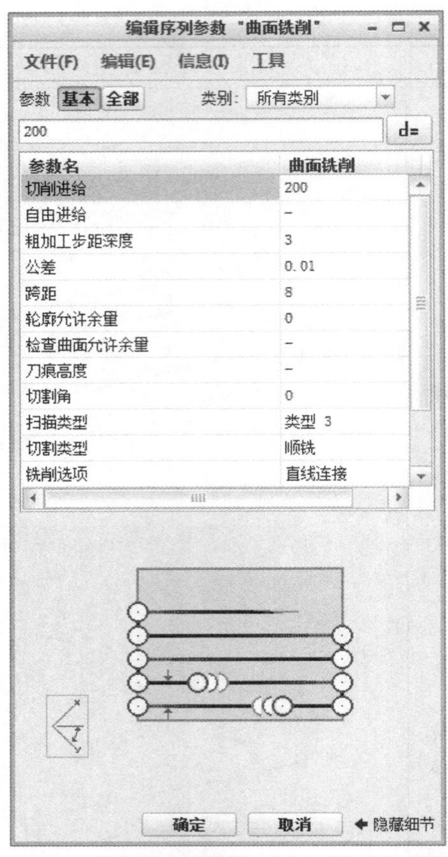

图 3.2.25 【编辑序列参数“曲面铣削”】对话框

表 3.2.2 参数说明

序号	参数名称	详细说明
1	切削进给	用于设置切削运动的进给速度,通常为 80～500mm/min
2	粗加工步距深度	用于设置在曲面粗加工中,每次沿 Z 轴切削的深度,如图 3.2.26 所示 图 3.2.26 【粗加工步距深度】
3	轮廓允许余量	用于设置曲面侧向表面的加工余量,如图 3.2.27 所示 图 3.2.27 【轮廓允许余量】

续表

序号	参数名称	详细说明	
4	检查曲面允许余量	铣削完成后留在检查曲面上的余量，如图 3.2.28 所示 图 3.2.28　【检查曲面允许余量】	
5	铣削选项	用于设置行与行之间的刀具轨迹的连接方式	
		直线连接	刀具轨迹行与行之间用直线连接，产生的刀具轨迹如图 3.2.29 所示 图 3.2.29　【直线连接】
		弧连接	刀具轨迹行与行之间用圆弧连接，产生的刀具轨迹如图 3.2.30 所示 图 3.2.30　【弧连接】
		环连接	刀具轨迹行与行之间用环连接，产生的刀具轨迹如图 3.2.31 所示 图 3.2.31　【环连接】
6	安全距离	用于设置退刀时的安全高度	
7	主轴速度	用于设置数控机床主轴的运转速度，在进行粗加工时主轴转速一般是 1500～2500r/min，在进行精加工时主轴转速一般是 2500～4500r/min	
8	冷却液选项	用于设置数控机床中冷却液的状况	

三、曲面铣削加工实例一

加工前的工艺分析与准备

1. 工艺分析

该零件表面由 1 个曲面构成。工件长宽尺寸为 120mm×80mm（如图 3.2.32），无尺寸公差要求。尺寸标注完整，轮廓描述清楚。零件材料为已经加工成型的标准铝块，无热处理和硬度要求。

① ϕ10 的球刀曲面铣削加工上、左、下曲面区域；

② ϕ10 的球刀曲面铣削加工中间曲面区域；

③ 根据加工要求，共需产生2次刀具路径。

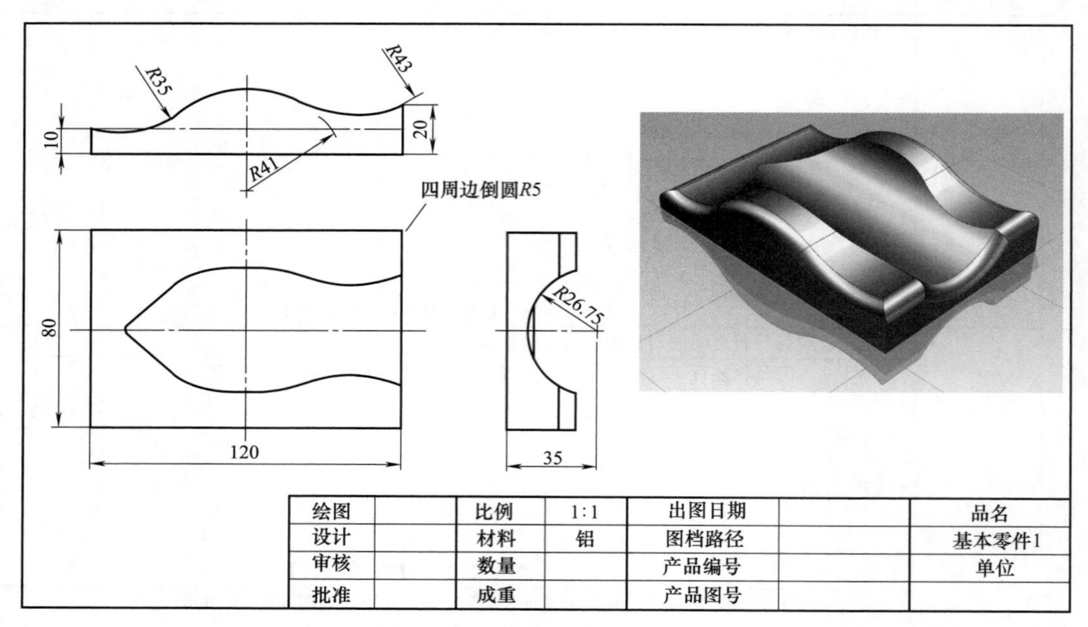

绘图		比例	1:1	出图日期		品名
设计		材料	铝	图档路径		基本零件1
审核		数量		产品编号		单位
批准		成重		产品图号		

图 3.2.32 曲面铣削加工实例一

前期准备工作

2. 图形的导入

在Creo界面中点击【新建】按钮→打开【新建】对话框→【类型】制造→【子类型】NC装配→【名称】3→取消勾选【使用默认模板】复选框→【确定】→弹出【新建文件选项】对话框→【模板】mmns_mfg_nc，公制模板→【确定】→在打开的【制造】功能选项卡中→【打开】→

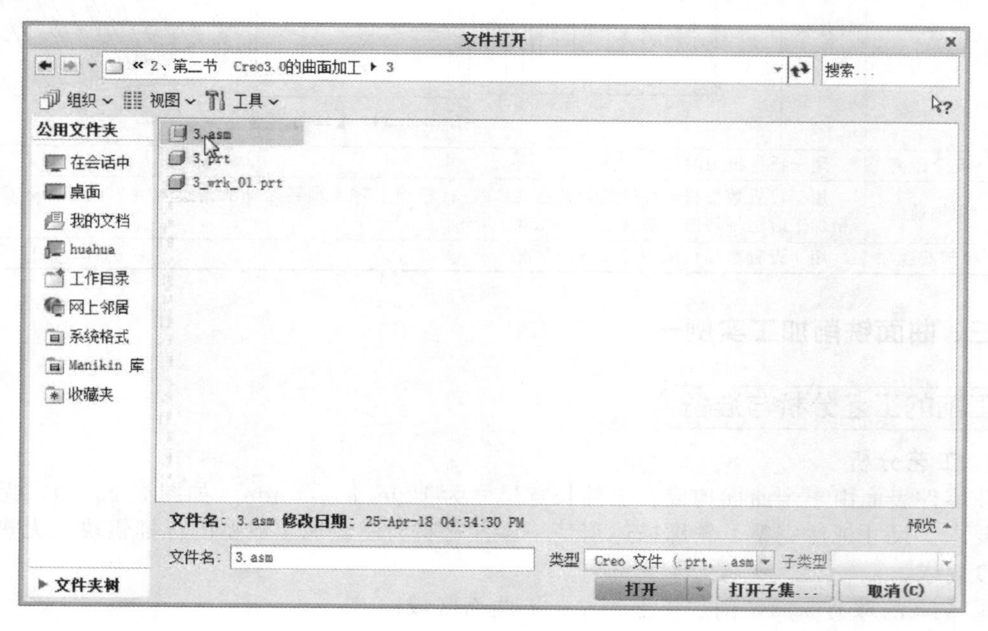

图3.2.33 图形的导入

在【文件打开】对话框中找到文件存放的位置→选择【3.asm】→【打开】(如图 3.2.33 图形的导入)。

3. 观察之前的刀具路径和实体切削验证

右击之前进行的操作→选择【材料移除模拟】按钮，实体切削验证→打开 VERICUT 软件进行切削验证→点击软件右下角的【播放】按钮，观察实体切削验证的情况(如图 3.2.34 实体切削验证)。

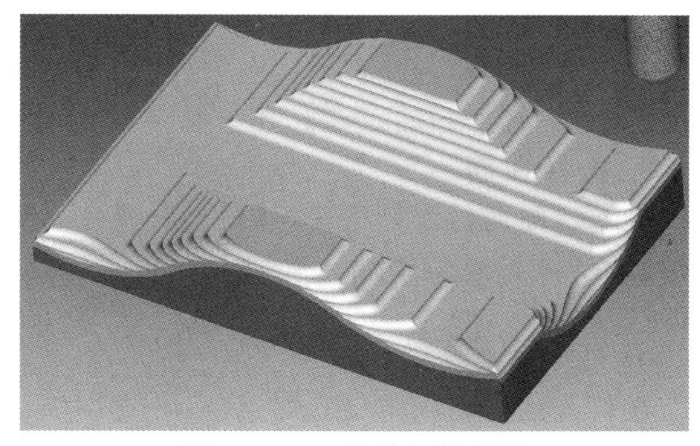

图 3.2.34 实体切削验证

ϕ10 的球刀曲面铣削加工上、左、下曲面区域

4. 进入曲面铣削模块

选择【铣削】功能选项卡→【曲面铣削】 曲面铣削。

5. 序列设置

【菜单管理器】→【序列设置】→勾选【刀具】、【参数】、【曲面】和【定义切削】→【完成】。

6. 刀具

在打开的【刀具设定】对话框中，新建一把刀具→【名称】T0002→【类型】球铣削→刀具直径【ϕ】10→【应用】将刀具信息设定在刀具列表中→【确定】→【确定】(如图 3.2.35 刀具设定)。

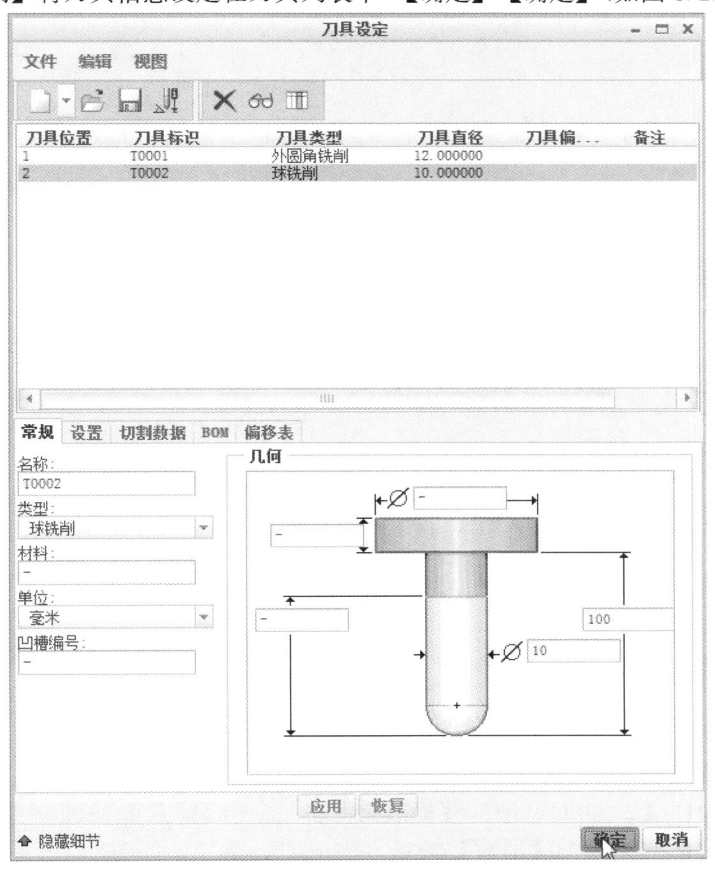

图 3.2.35 刀具设定

7. 序列参数

进入【编辑序列参数】选项卡→【切削进给】300→【跨距】0.7→【安全距离】2→【主轴速度】3000→【冷却液选项】开（如图3.2.36序列参数）。

8. 选择曲面

进入【曲面拾取】菜单→【模型】→【完成】→提示【选择：选择一个或多个项。可用区域选择】→按住Ctrl键，点选待加工的曲面→【完成/返回】→【完成/返回】（如图3.2.37选择曲面）。

9. 切削定义

在打开的【切削定义】对话框中→【切削角度】0→【确定】（如图3.2.38切削定义）。

图3.2.37 选择曲面

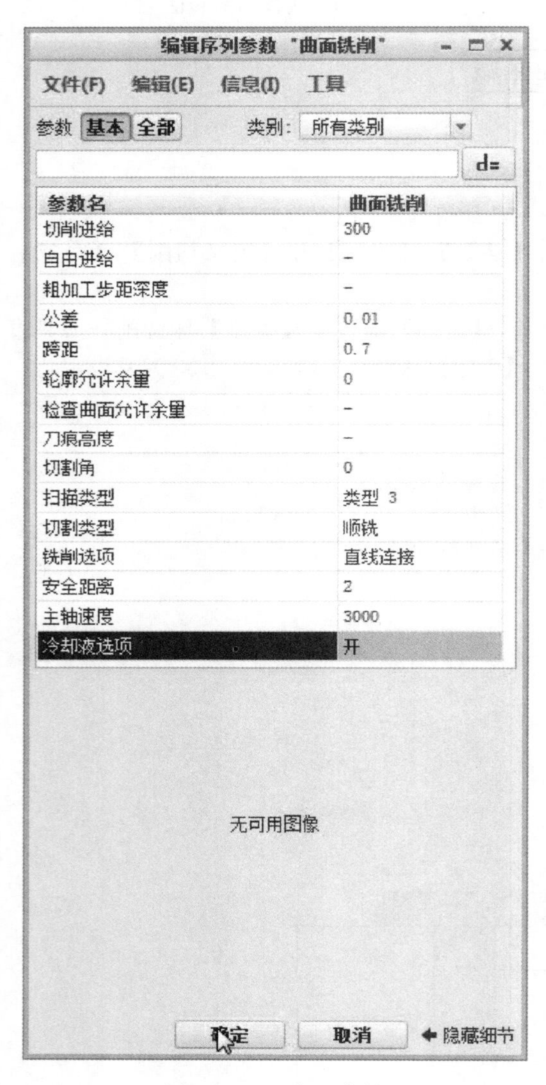

图3.2.36 序列参数

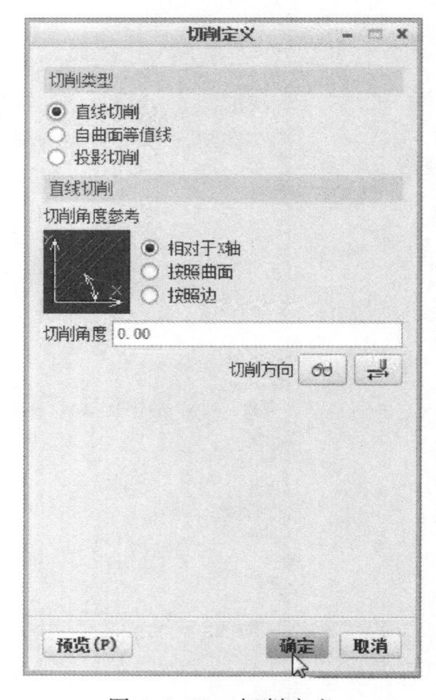

图3.2.38 切削定义

10. 生成刀具路径

单击生成的操作【2. 曲面铣削】→【播放路径】→点击【播放】按钮，生成刀具路径→打开【播放路径】对话框→点击【播放】按钮，生成刀具路径（如图3.2.39生成刀具路径）。

图 3.2.39　生成刀具路径

ϕ10 的球刀曲面铣削加工中间曲面区域

11. 进入曲面铣削模块

选择【铣削】功能选项卡→【曲面铣削】。

12. 序列设置

【菜单管理器】→【序列设置】→勾选【参数】、【曲面】和【定义切削】→【完成】。

13. 序列参数

进入【编辑序列参数】选项卡→【切削进给】300→【跨距】0.7→【安全距离】2→【主轴速度】3000→【冷却液选项】开（如图 3.2.40 序列参数）。

14. 选择曲面

进入【曲面拾取】菜单→【模型】→【完成】→提示【选择：选择一个或多个项。可用区域选择】→按住 Ctrl 键，点选待加工的曲面→【完成/返回】→【完成/返回】（如图 3.2.41 选择曲面）。

15. 切削定义

在打开的【切削定义】对话框中→【切削类型】直线切削→【切削角度】90→【确定】（如图 3.2.42 切削定义）。

16. 生成刀具路径

单击生成的操作【3. 曲面铣削】→【播放路径】→点击【播放】按钮，生成刀具路径→打开【播放路径】对话框→点击【播放】按钮，生成刀具路径（如图 3.2.43 生成刀具路径）。

实体验证模拟

17. 实体切削验证

右击生成的操作【曲面铣削】→【材料移除模拟】→打开 VERYCUT 软件进行切削验证→点击软件右下角的【播放】按钮，观察实体切削验证的情况→打开 VERYCUT 软件进行切削验证→点击软件右下角的【播放】按钮，观察实体切削验证的情况（如图 3.2.44～图 3.2.46）。

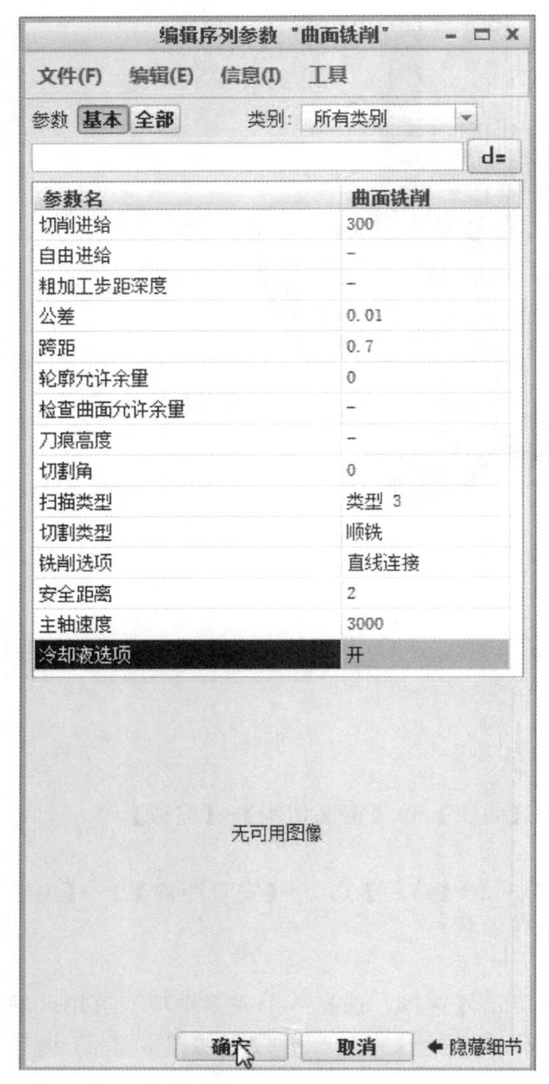

图 3.2.40　序列参数

图 3.2.41　选择曲面

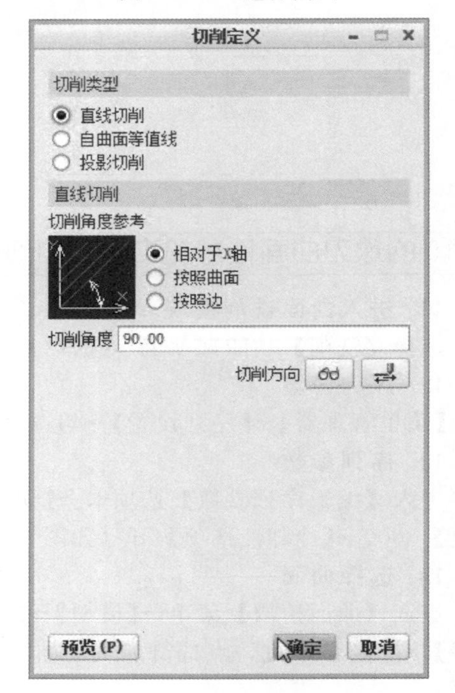

图 3.2.42　切削定义

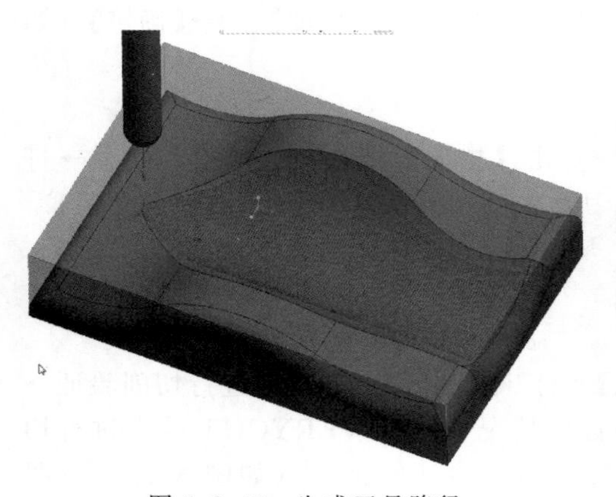

图 3.2.43　生成刀具路径

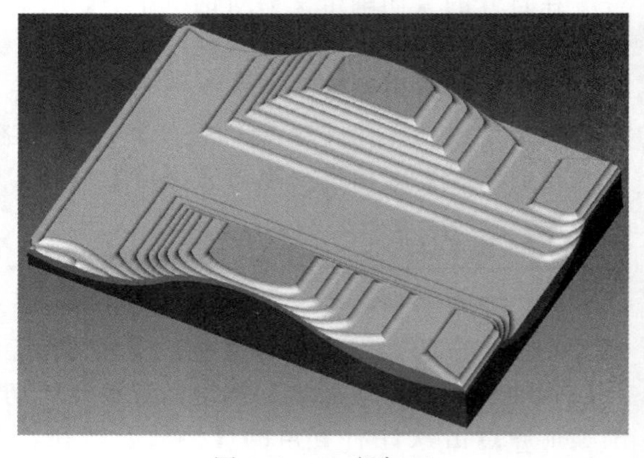

图 3.2.44　粗加工

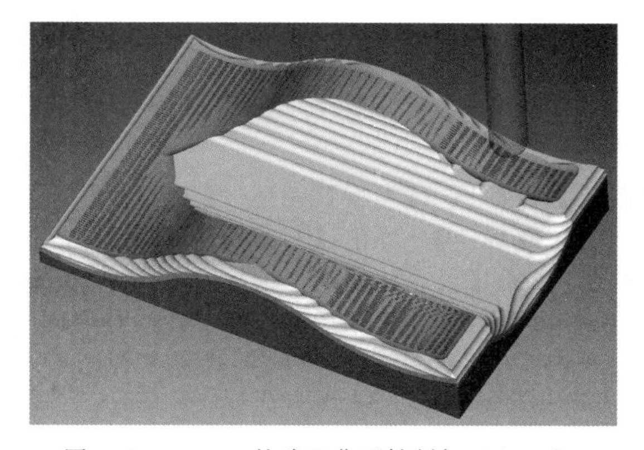

图 3.2.45　ϕ10 的球刀曲面铣削加工上、左、下曲面区域

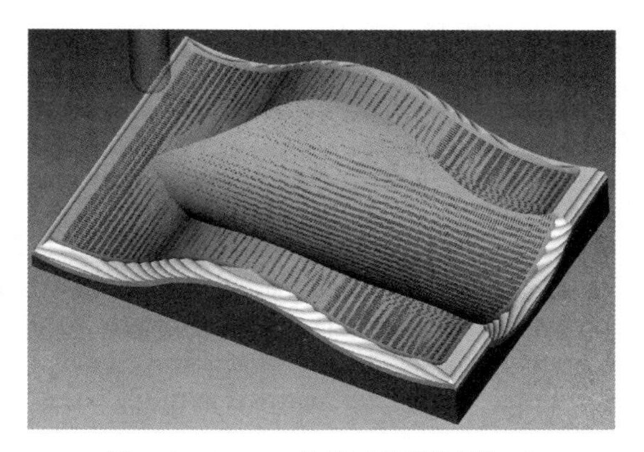

图 3.2.46　ϕ10 的球刀曲面铣削加工中间曲面区域

四、曲面铣削加工实例二

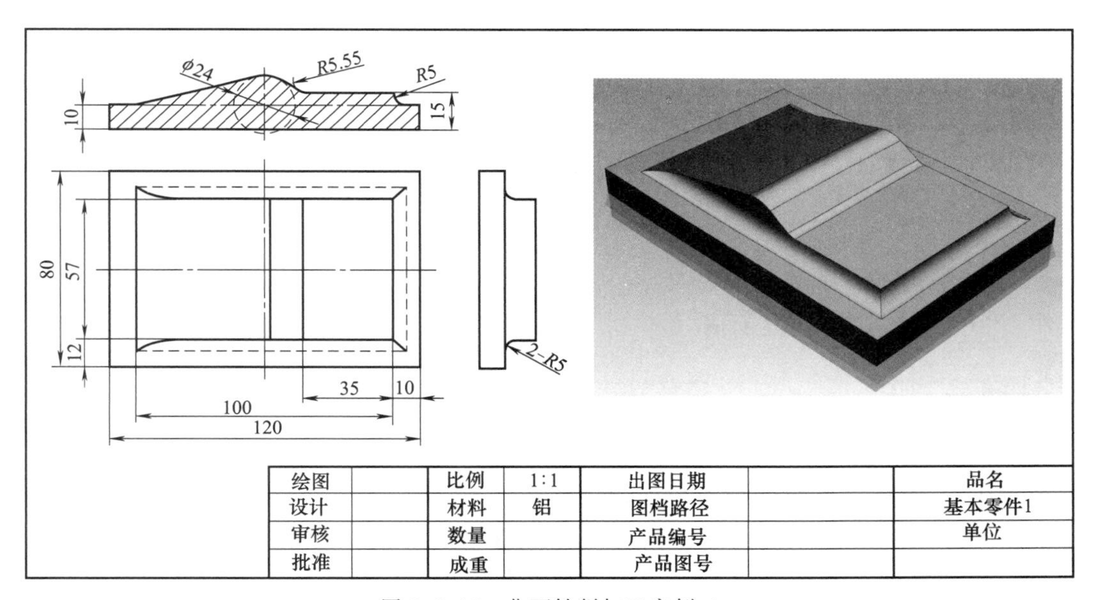

图 3.2.47　曲面铣削加工实例二

加工前的工艺分析与准备

1. 工艺分析

工件图的基本形状，从侧面上看基本上是由曲面构成的。上下右的三边，是 $R5$ 的圆角过渡（如图 3.2.47）。在左侧这里并没有产生圆角过渡，那么在加工的时候应该用平底刀对此处底面进行一个加工。有的时候当圆角过小的情况下就可以直接忽略掉它的圆角值了。

工件长宽尺寸 120mm×80mm，无尺寸公差要求。尺寸标注完整，轮廓描述清楚。零件材料为已经加工成型的标准铝块，无热处理和硬度要求。

① ϕ6 的球刀曲面铣削加工上、下小曲面区域；

② ϕ6 的球刀曲面铣削加工右侧小曲面区域；

③ 根据加工要求，共需产生21次刀具路径。

前期准备工作

2. 图形的导入

在Creo界面中点击【新建】按钮→打开【新建】对话框→【类型】制造→【子类型】NC装配→【名称】4→取消勾选【使用默认模板】复选框→【确定】→弹出【新建文件选项】对话框→【模板】mmns_mfg_nc，公制模板→【确定】→在打开的【制造】功能选项卡中→【打开】→在【文件打开】对话框中找到文件存放的位置→选择【4.asm】→【打开】（如图3.2.48图形的导入）。

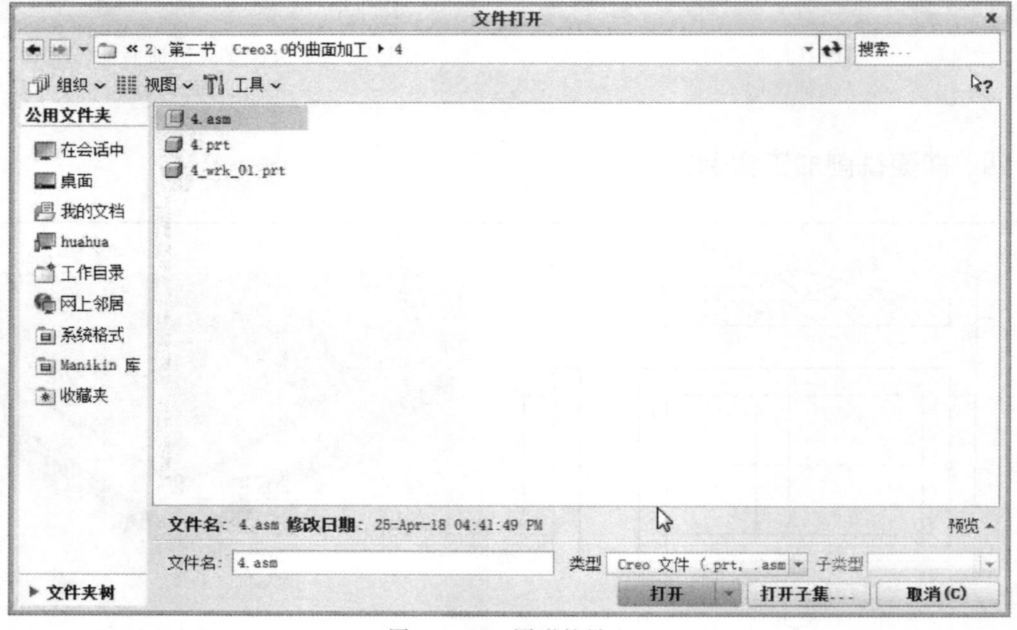

图3.2.48　图形的导入

3. 观察之前的刀具路径和实体切削验证

右击之前进行的操作→选择【材料移除模拟】按钮，实体切削验证→打开VERICUT软件进行切削验证→点击软件右下角的【播放】按钮，观察实体切削验证的情况（如图3.2.49实体切削验证）。

图3.2.49　实体切削验证

ϕ6 的球刀曲面铣削加工上、下小曲面区域

4. 进入曲面铣削模块

选择【铣削】功能选项卡→【曲面铣削】曲面铣削。

5. 序列设置

【菜单管理器】→【序列设置】→勾选【刀具】、【参数】、【曲面】和【定义切削】→【完成】。

6. 刀具

在打开的【刀具设定】对话框中，新建一把刀具→【名称】T0002→【类型】球铣削→刀具直径【ϕ】6→【应用】将刀具信息设定在刀具列表中→【确定】→【确定】（如图 3.2.50 刀具设定）。

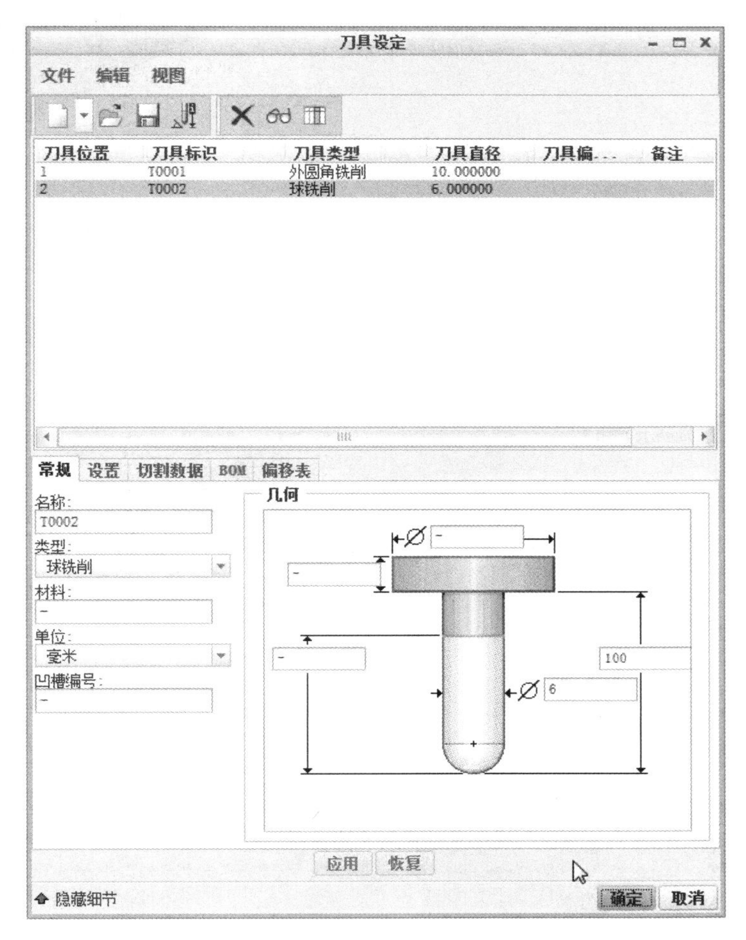

图 3.2.50　刀具设定

7. 序列参数

进入【编辑序列参数】选项卡→【切削进给】200→【跨距】0.4→【安全距离】2→【主轴速度】3500→【冷却液选项】开（如图 3.2.51 序列参数）。

8. 选择曲面

进入【曲面拾取】菜单→【模型】→【完成】→提示【选择：选择一个或多个项。可用区域选择】→按住 Ctrl 键，点选待加工的曲面→【完成/返回】→【完成/返回】（如图 3.2.52 选择曲面）。

9. 切削定义

在打开的【切削定义】对话框中→【切削类型】直线切削→【切削角度】90→【确定】(如图 3.2.53 切削定义)。

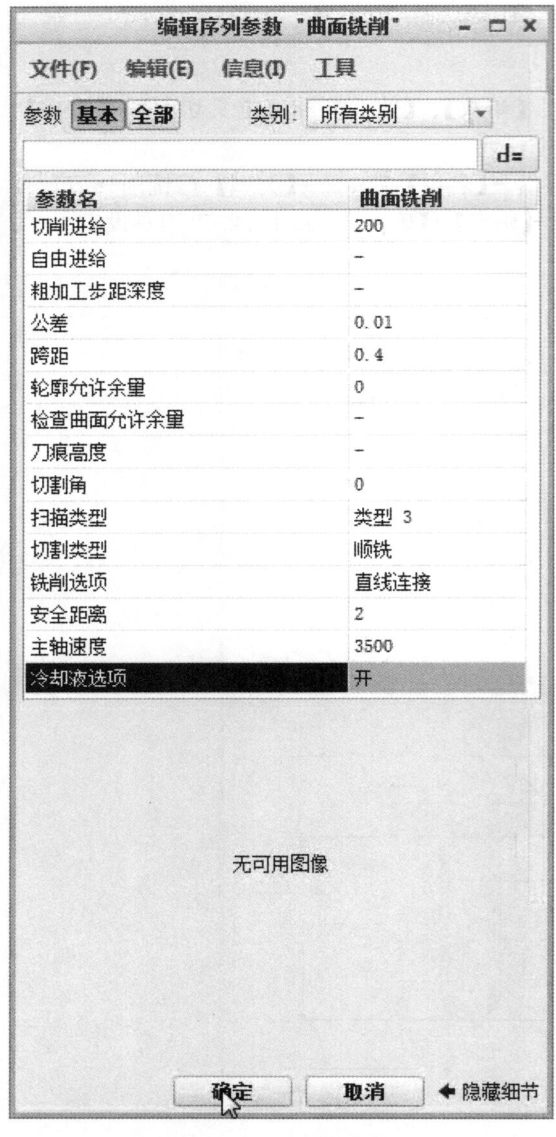

图 3.2.51 序列参数

图 3.2.52 选择曲面

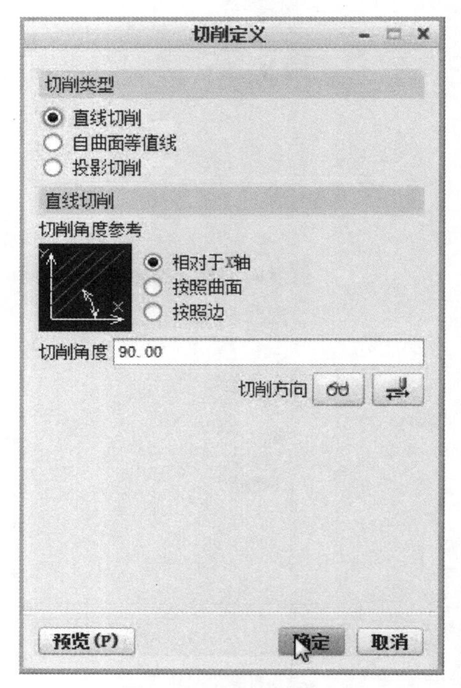

图 3.2.53 切削定义

10. 生成刀具路径

单击生成的操作【2. 曲面铣削】→【播放路径】→点击【播放】按钮，生成刀具路径→打开【播放路径】对话框→点击【播放】按钮，生成刀具路径（如图 3.2.54 生成刀具路径）。

ϕ6 的球刀曲面铣削加工右侧小曲面区域

11. 进入曲面铣削模块

选择【铣削】功能选项卡→【曲面铣削】。

12. 序列设置

【菜单管理器】→【序列设置】→勾选【参数】、【曲面】和【定义切削】→【完成】。

13. 序列参数

进入【编辑序列参数】选项卡→【切削进给】200→【跨距】0.4→【安全距离】2→【主轴速度】3000→【冷却液选项】开（如图3.2.55序列参数）。

14. 选择曲面

进入【曲面拾取】菜单→【模型】→【完成】→提示【选择：选择一个或多个项。可用区域选择】→按住Ctrl键，点选待加工的曲面→【完成/返回】→【完成/返回】（如图3.2.56选择曲面）。

15. 切削定义

在打开的【切削定义】对话框中→【切削类型】直线切削→【切削角度】0→【确定】（如图3.2.57切削定义）。

图3.2.54　生成刀具路径

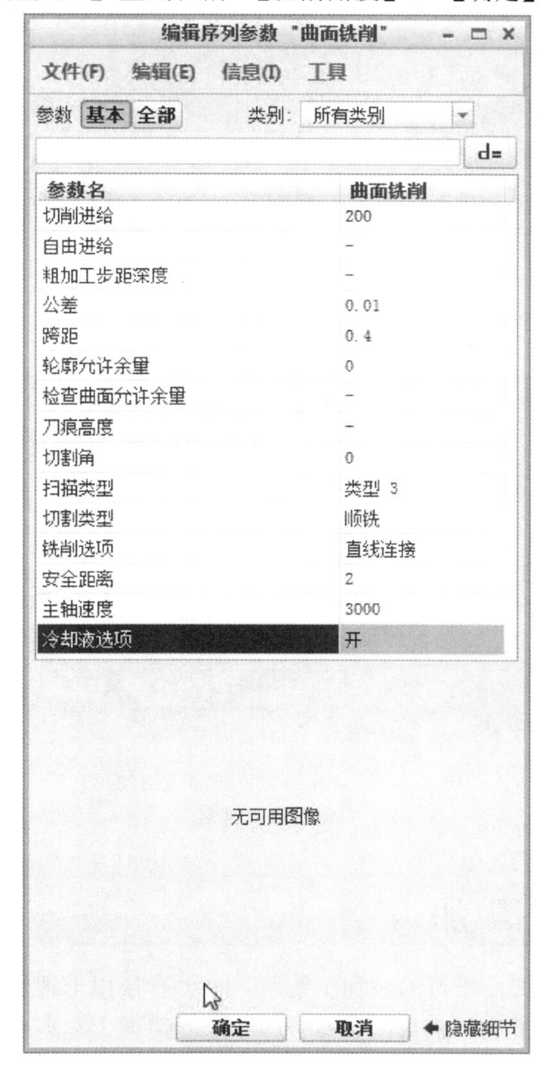

图3.2.55　序列参数

图3.2.56　选择曲面

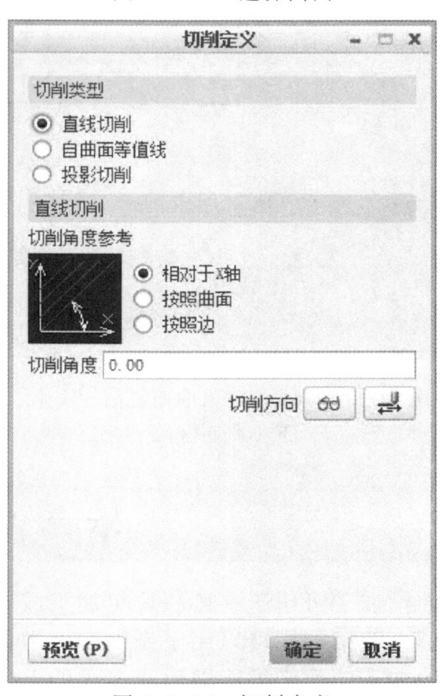

图3.2.57　切削定义

16. 生成刀具路径

单击生成的操作【3. 曲面铣削】→【播放路径】→点击【播放】按钮，生成刀具路径→打开【播放路径】对话框→点击【播放】按钮，生成刀具路径（如图3.2.58生成刀具路径）。

实体验证模拟

17. 实体切削验证

右击生成的操作【曲面铣削】→【材料移除模拟】→打开VERICUT软件进行切削验证→点击软件右下角的【播放】按钮，观察实体切削验证的情况→打开VERICUT软件进行切削验证→点击软件右下角的【播放】按钮，观察实体切削验证的情况（如图3.2.59～图3.2.61）。

图3.2.58　生成刀具路径

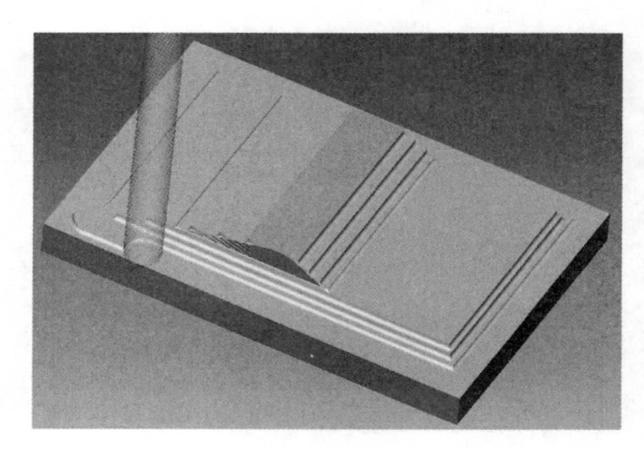

图3.2.59　粗加工

图3.2.60　ϕ6的球刀曲面铣削加工上、下小曲面区域

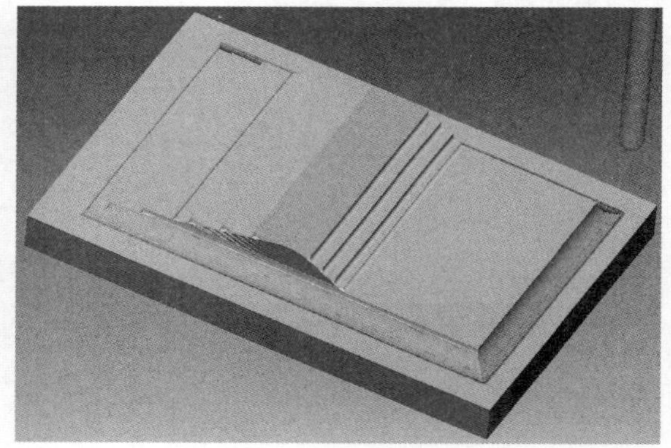

图3.2.61　ϕ6的球刀曲面铣削加工右侧小曲面区域

第三节　腔槽加工

腔槽加工可用于在体积块粗加工或者粗加工之后进行的精加工铣削，也可直接用于精加工铣削。腔槽加工可以用于铣削腔槽中包含的水平面、垂直面或倾斜曲面。腔槽加工要求所选择的加工曲面必须能够形成连续的刀具轨迹。腔槽加工中腔槽侧面边界的铣削方法类似于

轮廓铣削加工，腔槽底部的铣削方法类似于体积块铣削加工中的底面铣削。

腔槽加工中采用刀具一般为平底立铣刀。

一、腔槽加工入门实例

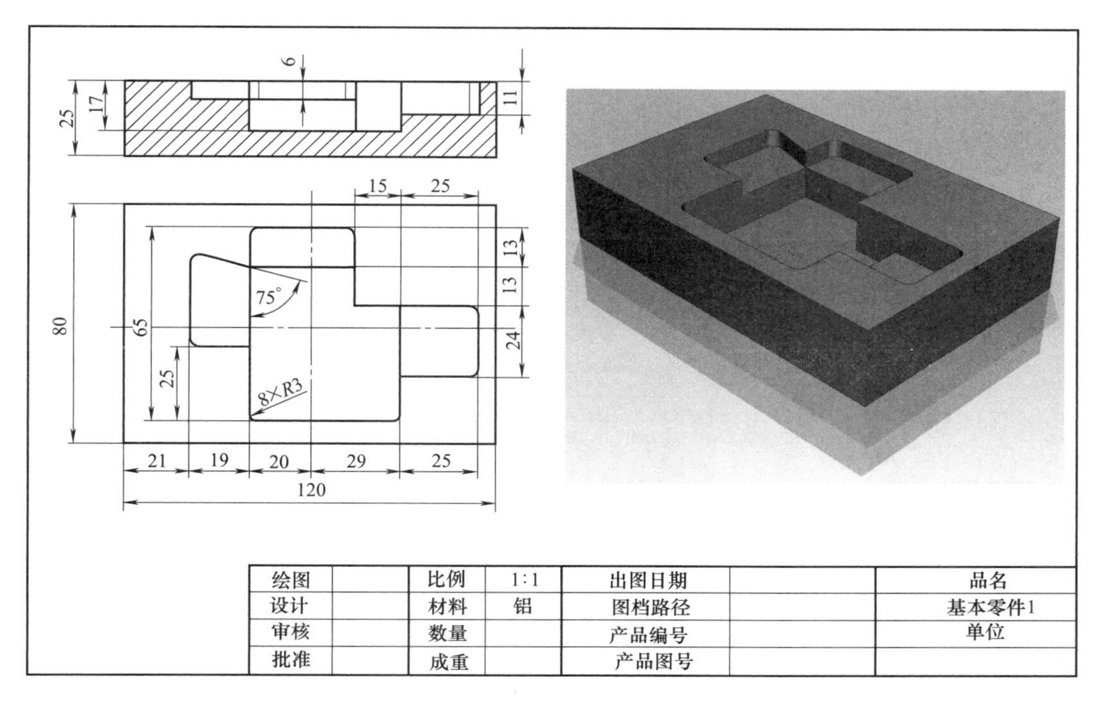

图 3.3.1　腔槽加工入门实例

加工前的工艺分析与准备

1. 工艺分析

该零件表面由连续的台阶平面构成（如图 3.3.1）。工件尺寸 120mm×80mm×25mm，无尺寸公差要求。尺寸标注完整，轮廓描述清楚。零件材料为已经加工成型的标准铝块，无热处理和硬度要求。

① 用 $\phi 5$ 的平底刀腔槽加工平面的区域；

② 根据加工要求，共需产生 1 次刀具路径。

前期准备工作

2. 图形的导入

在 Creo 界面中点击【新建】按钮→打开【新建】对话框→【类型】制造→【子类型】NC 装配→【名称】1→取消勾选【使用默认模板】复选框→【确定】→弹出【新建文件选项】对话框→【模板】mmns_mfg_nc，公制模板→【确定】→在打开的【制造】功能选项卡中→【打开】→在【文件打开】对话框中找到文件存放的位置→选择【1.asm】→【打开】(如图 3.3.2 图形的导入)。

3. 观察之前的刀具路径和实体切削验证

右击之前进行的操作→选择【材料移除模拟】按钮，实体切削验证→打开 VERICUT

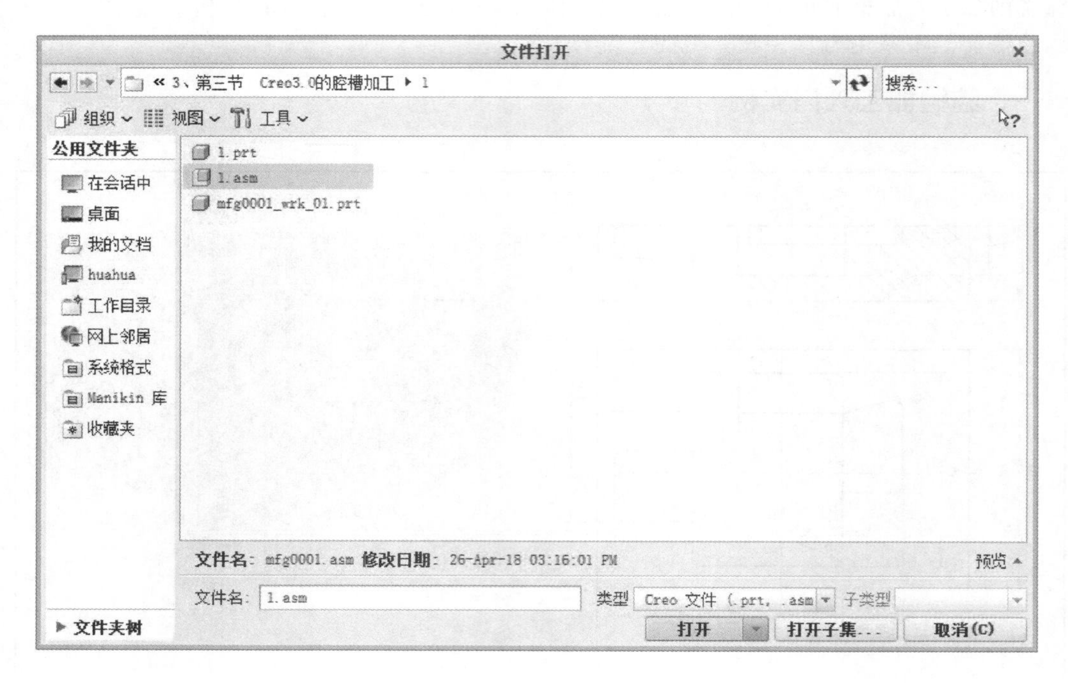

图 3.3.2　图形的导入

软件进行切削验证→点击软件右下角的【播放】按钮，观察实体切削验证的情况（如图 3.3.3 实体切削验证）。

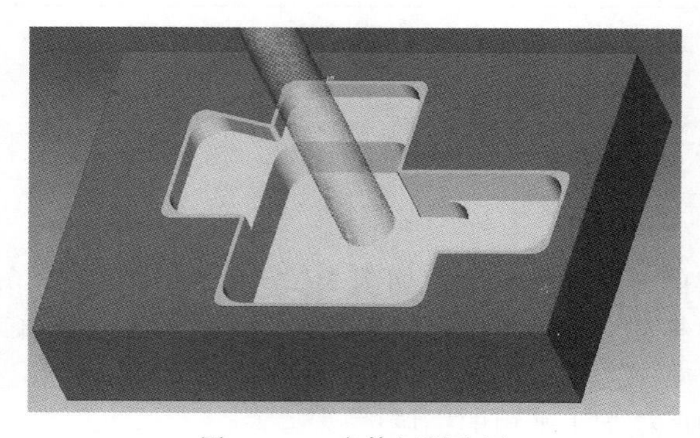

图 3.3.3　实体切削验证

ϕ5 的平底刀腔槽加工平面的区域

4. 进入曲面铣削模块

选择【铣削】功能选项卡→【铣削】→【腔槽加工】（如图 3.3.4【腔槽加工】）。

5. 序列设置

【菜单管理器】→【序列设置】→勾选【刀具】【参数】和【曲面】→【完成】（如图 3.3.5 序列设置）。

6. 刀具

在打开的【刀具设定】对话框中，新建一把刀具→【名称】T0002→【类型】端铣削→刀具直径【ϕ】5→【应用】将刀具信息设定在刀具列表中→【确定】→【确定】（如图 3.3.6 刀具设定）。

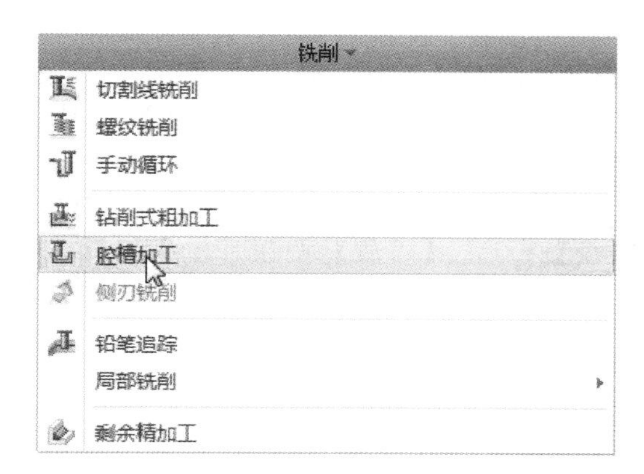

图 3.3.4　【腔槽加工】

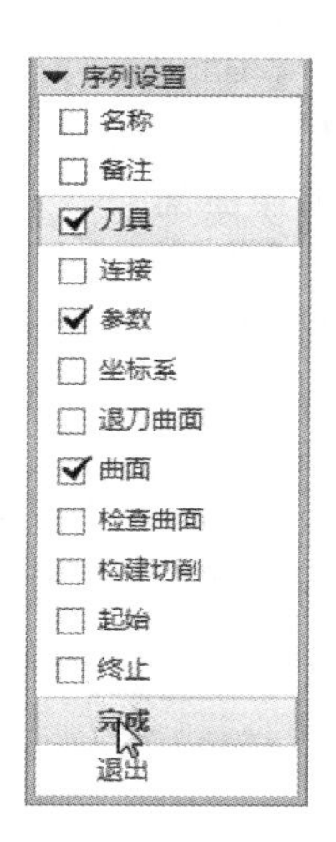

图 3.3.5　序列设置

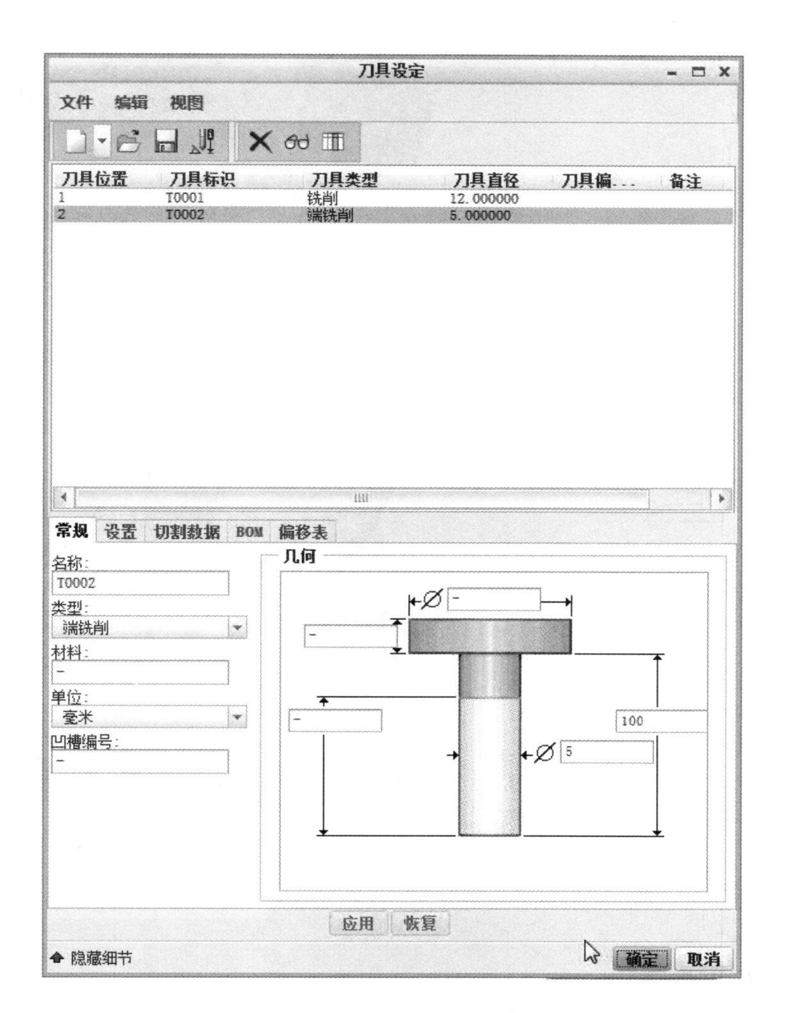

图 3.3.6　刀具设定

7. **序列参数**

进入【编辑序列参数】选项卡→【切削进给】200→【步长深度】1→【跨距】4→【安全距离】2→【主轴速度】3000→【冷却液选项】开（如图3.3.7序列参数）。

8. **选择曲面**

进入【曲面拾取】菜单→【模型】→【完成】→提示【选择：选择一个或多个项。可用区域选择】→按住Ctrl键，点选待加工的曲面→【完成/返回】→【完成/返回】（如图3.3.8选择曲面）。

9. **生成刀具路径**

右击生成的操作【腔槽铣削】→【播放路径】→点击【播放】按钮，生成刀具路径→打开【播放路径】对话框→点击【播放】按钮，生成刀具路径（如图3.3.9生成刀具路径）。

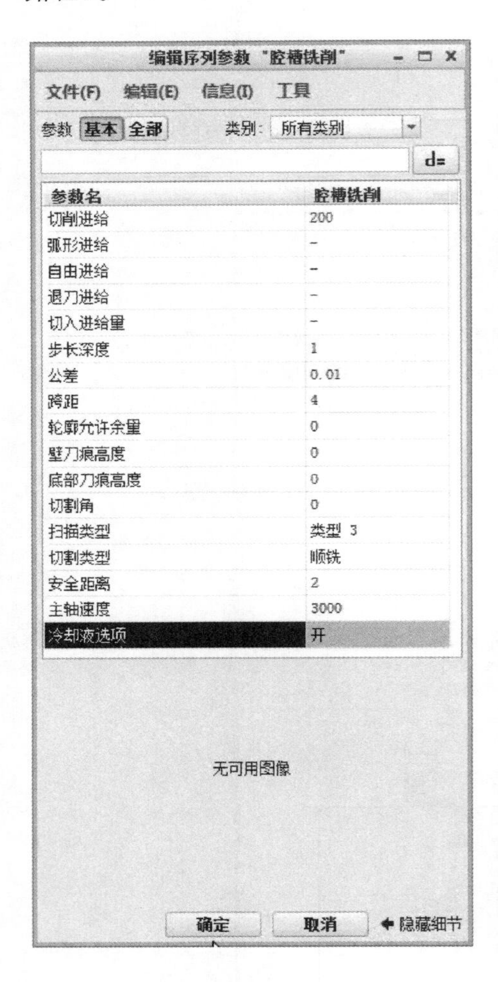

图3.3.7　序列参数

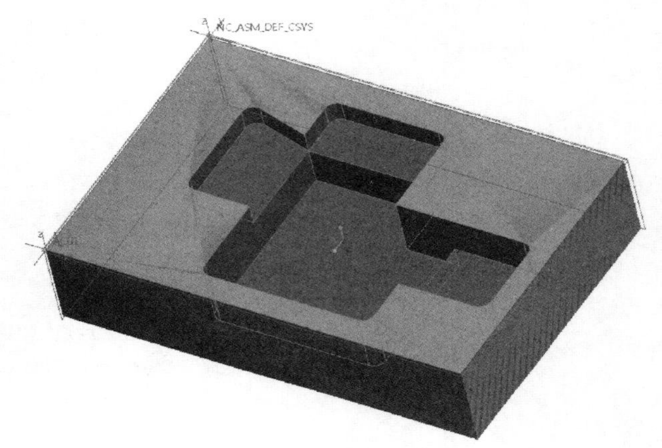

图3.3.8　选择曲面

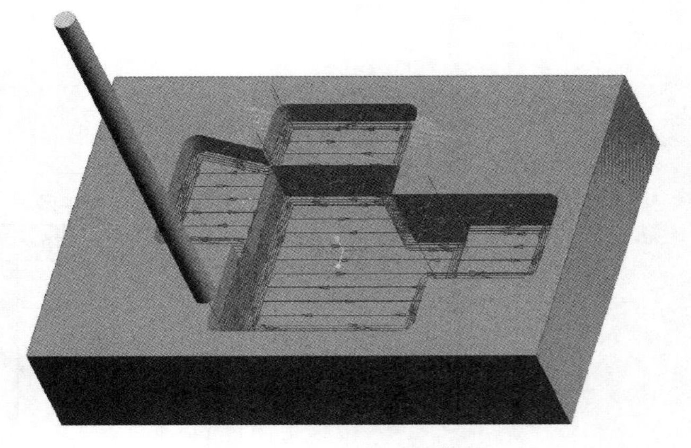

图3.3.9　生成刀具路径

实体验证模拟

10. **实体切削验证**

右击生成的操作【曲面铣削】→【材料移除模拟】→打开VERICUT软件进行切削验证→点击软件右下角的【播放】按钮，观察实体切削验证的情况（如图3.3.10和图3.3.11）。

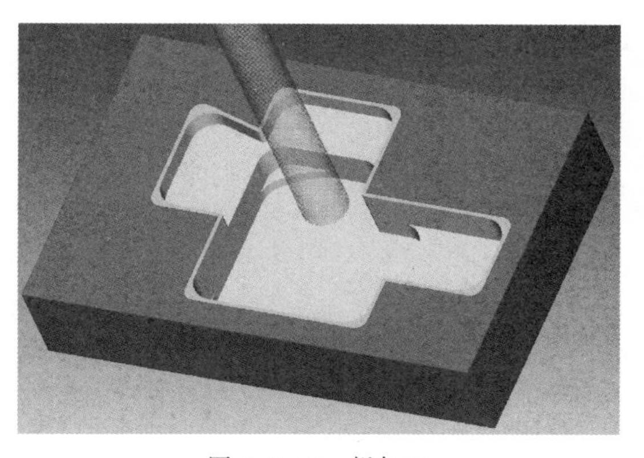

图 3.3.10　粗加工

图 3.3.11　$\phi5$的平底刀腔槽加工平面的区域

二、腔槽加工参数设置

1. 序列设置

单击【铣削】功能区→【铣削】面板→【腔槽加工加工】按钮→打开如图3.3.12所示的【序列设置】菜单。

【序列设置】菜单中有许多设定选项可供选择以进行设定，其中勾选的项目为必要的选项，必须对其进行设定才能完成钻削式加工程序设计，非必要的项目不会自动选取，如果要进行设定，可自行选取。确定好要进行设定的项目后，单击【完成】命令，系统按照选取项目的顺序，依次进行加工设置。

除了对所有加工序列都适用的共同选项外，钻削式加工的【序列设置】菜单中还包括表3.3.1所列特定选项。

▼ 序列设置
- ☐ 名称
- ☐ 备注
- ☐ 刀具
- ☐ 连接
- ☐ 参数
- ☐ 坐标系
- ☐ 退刀曲面
- ☐ 曲面
- ☐ 检查曲面
- ☐ 构建切削
- ☐ 起始
- ☐ 终止

完成

退出

图 3.3.12　【序列设置】菜单

表 3.3.1　特定选项说明

<table>
<tr><th>序号</th><th>操作名称</th><th colspan="2">详细说明</th></tr>
<tr><td rowspan="5">1</td><td rowspan="5">曲面</td><td colspan="2">选取要进行铣削加工的曲面。进行定义时，系统打开如图3.3.13所示的【曲面拾取】菜单
▼ 曲面拾取
模型
工件
铣削体积块
铣削曲面
完成
退出
图 3.3.13　【曲面拾取】菜单</td></tr>
<tr><td>模型</td><td>从参照模型中选取要加工的曲面</td></tr>
<tr><td>工件</td><td>从工件中选取要加工的曲面</td></tr>
<tr><td>铣削体积块</td><td>从已定义的铣削体积块中选取要加工的曲面</td></tr>
<tr><td>铣削曲面</td><td>从已定义的铣削曲面中选取要加工的曲面</td></tr>
<tr><td>2</td><td>检查曲面</td><td colspan="2">选择对其进行过切检查的附加曲面</td></tr>
</table>

2. 腔槽铣削参数

在序列设置中勾选【参数】选项，单击【完成】命令后，系统打开如图3.3.14所示的【编辑序列参数“腔槽铣削”】对话框，用于设置腔槽加工参数。

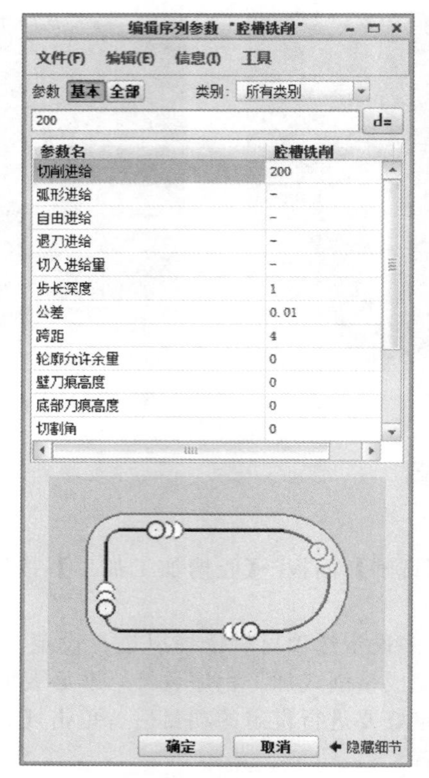

图 3.3.14 【编辑序列参数"腔槽铣削"】对话框

腔槽加工中部分通用加工参数的含义见前面章节，其余参数的含义解释见表 3.3.2。

表 3.3.2 参数说明

序号	参数名称	详细说明
1	切削进给	用于设置切削运动的进给速度，通常为 80～500mm/min
2	轮廓允许余量	用于设置侧向轮廓表面的加工余量，如图 3.3.15 所示 图 3.3.15 【轮廓允许余量】
3	粗加工允许余量	同于设置粗加工是预留的加工余量，如图 3.3.16 所示 图 3.3.16 【粗加工允许余量】

续表

序号	参数名称	详细说明
4	壁刀痕高度	用于设置侧向曲面的留痕高度，如图3.3.17所示 图3.3.17 【壁刀痕高度】
5	底部刀痕高度	用于设置腔槽底部平面的留痕高度，如图3.3.18所示 图3.3.18 【底部刀痕高度】
6	安全距离	用于设置退刀时的安全高度
7	主轴速度	用于设置数控机床主轴的运转速度，在进行粗加工时主轴转速一般是1500～2500r/min，在进行精加工时主轴转速一般是2500～4500r/min
8	冷却液选项	用于设置数控机床中冷却液的状况

三、腔槽加工实例一

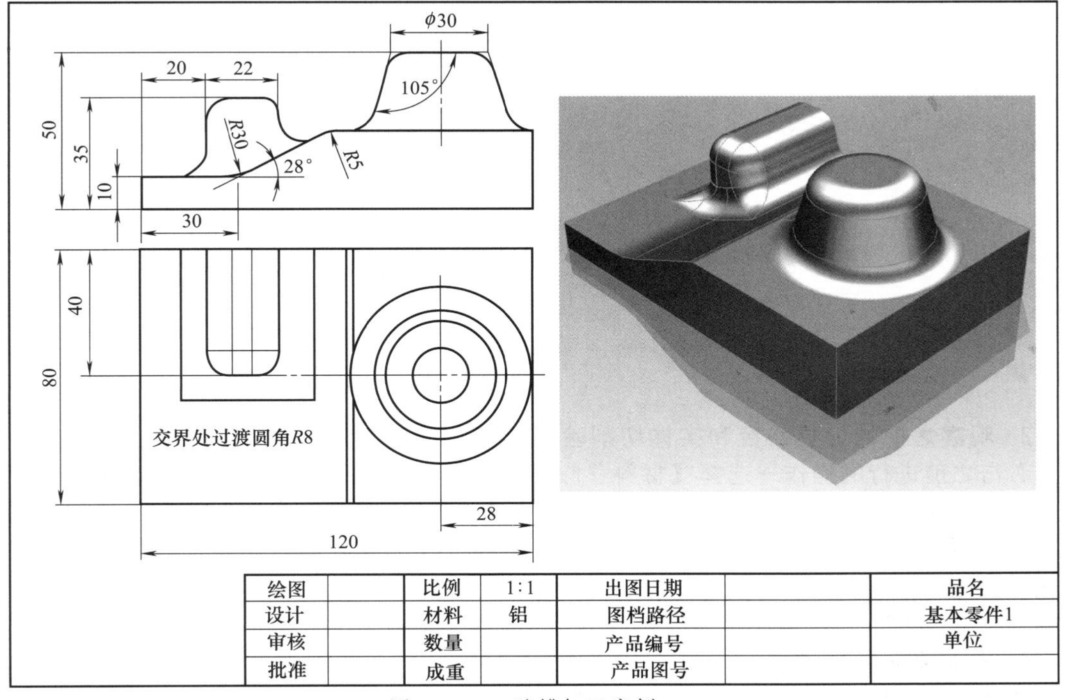

图3.3.19　腔槽加工实例一

加工前的工艺分析与准备

1. 工艺分析

该零件表面由连续的曲面构成，中间有两处突起的凸台（如图 3.3.19），工件尺寸 120mm×80mm×50mm，无尺寸公差要求。尺寸标注完整，轮廓描述清楚。零件材料为已经加工成型的标准铝块，无热处理和硬度要求。

① 用 ϕ10 的球刀腔槽加工曲面的区域；

② 根据加工要求，共需产生 1 次刀具路径。

前期准备工作

2. 图形的导入

在 Creo 界面中点击【新建】按钮→打开【新建】对话框→【类型】制造→【子类型】NC 装配→【名称】3→取消勾选【使用默认模板】复选框→【确定】→弹出【新建文件选项】对话框→【模板】mmns_mfg_nc，公制模板→【确定】→在打开的【制造】功能选项卡中→【打开】→在【文件打开】对话框中找到文件存放的位置→选择【3.asm】→【打开】(如图 3.3.20 图形的导入)。

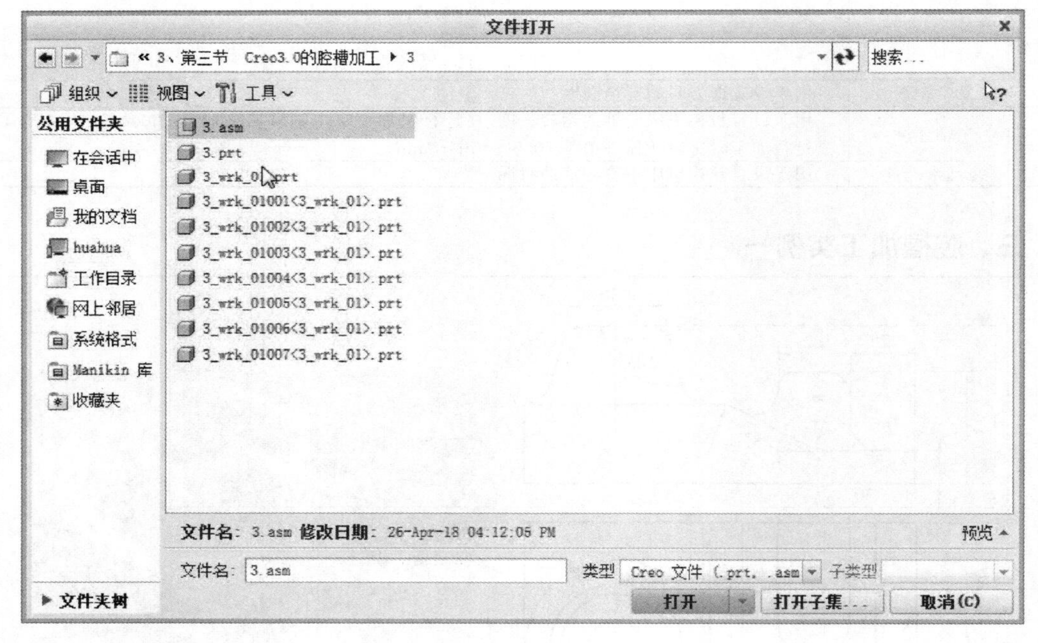

图 3.3.20 图形的导入

3. 观察之前的刀具路径和实体切削验证

右击之前进行的操作→选择【材料移除模拟】按钮，实体切削验证→打开 VERYCUT 软件进行切削验证→点击软件右下角的【播放】按钮，观察实体切削验证的情况（如图 3.3.21 实体切削验证）。

ϕ10 的球刀腔槽加工连续曲面的区域

4. 进入曲面铣削模块

选择【铣削】功能选项卡→【铣削】→【腔槽加工】。

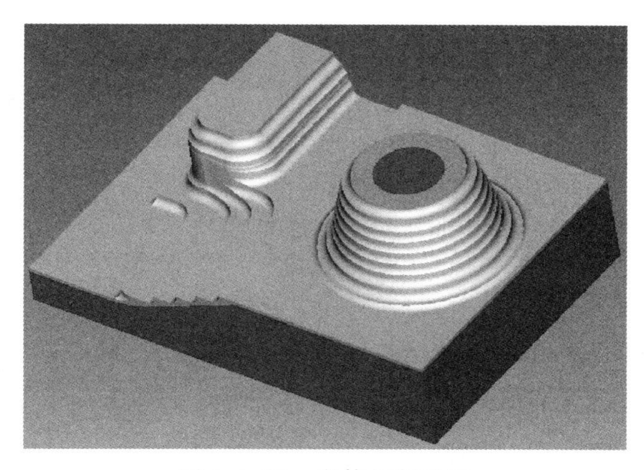

图 3.3.21　实体切削验证

5. **序列设置**

【菜单管理器】→【序列设置】→勾选【刀具】【参数】和【曲面】→【完成】。

6. **刀具**

在打开的【刀具设定】对话框中→【新建】→【名称】T0002→【类型】球铣削→刀具直径【ϕ】10→【应用】将刀具信息设定在刀具列表中→【确定】→【确定】(如图 3.3.22 刀具设定)。

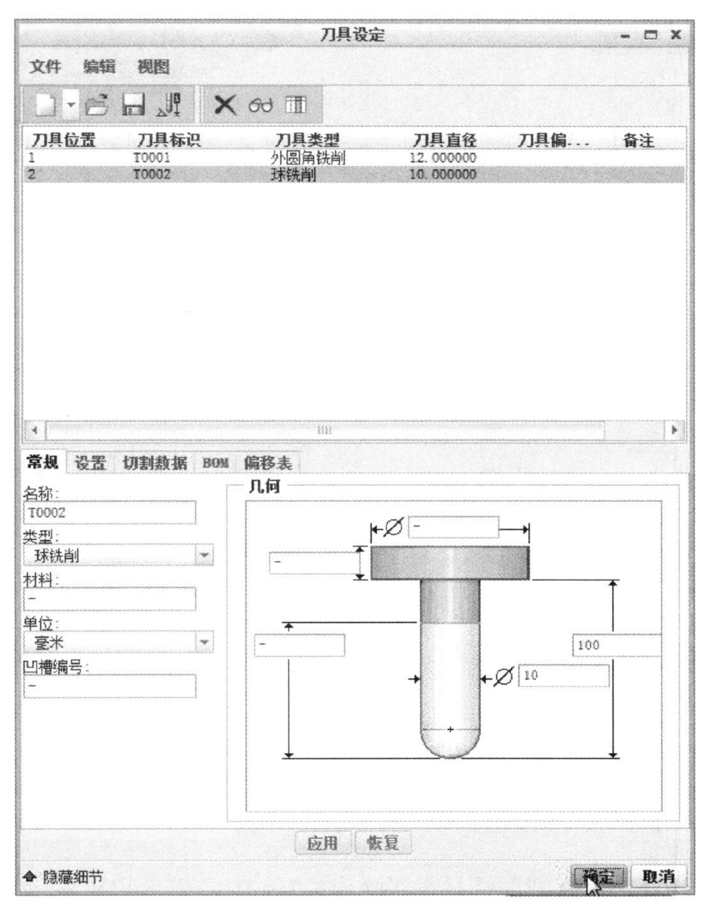

图 3.3.22　刀具设定

7. **序列参数**

进入【编辑序列参数】选项卡→【切削进给】300→【步长深度】0.4→【跨距】0.3→【安全距离】2→【主轴速度】3500→【冷却液选项】开（如图 3.3.23 序列参数）。

8. **选择曲面**

进入【曲面拾取】菜单→【模型】→【完成】→提示【选择：选择一个或多个项。可用区域选择】→按住 Ctrl 键，点选待加工的曲面→【完成/返回】→【完成/返回】（如图 3.3.24 选择曲面）。

9. **生成刀具路径**

右击生成的操作【腔槽铣削】→【播放路径】→点击【播放】按钮，生成刀具路径→打开【播放路径】对话框→点击【播放】按钮，生成刀具路径（如图 3.3.25 生成刀具路径）。

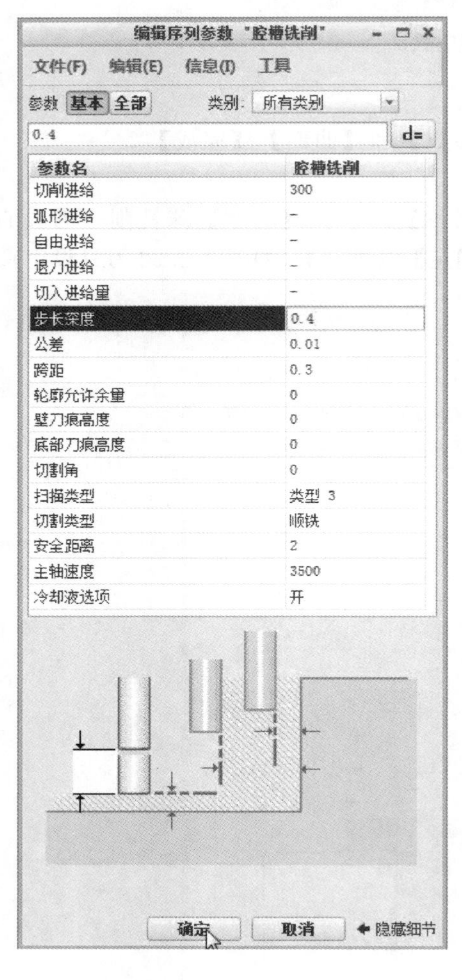

图 3.3.23 序列参数

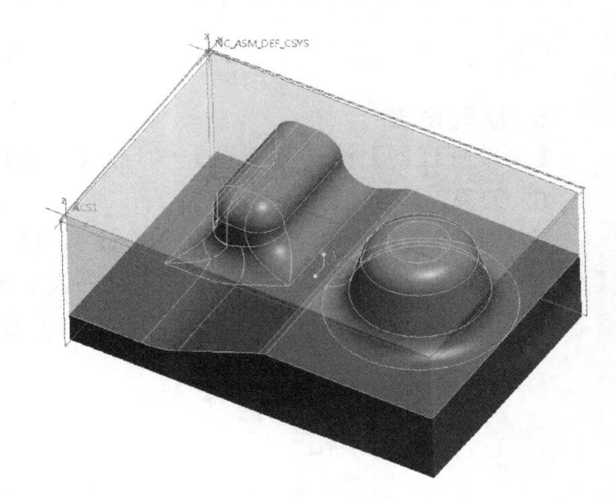

图 3.3.24 选择曲面

图 3.3.25 生成刀具路径

实体验证模拟

10. **实体切削验证**

右击生成的操作【曲面铣削】→【材料移除模拟】→打开 VERYCUT 软件进行切削验证→点击软件右下角的【播放】按钮，观察实体切削验证的情况（如图 3.3.26 和图 3.3.27）。

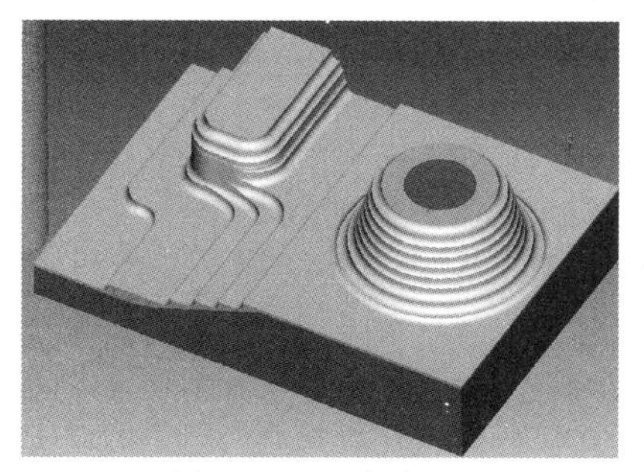

图 3.3.26 粗加工

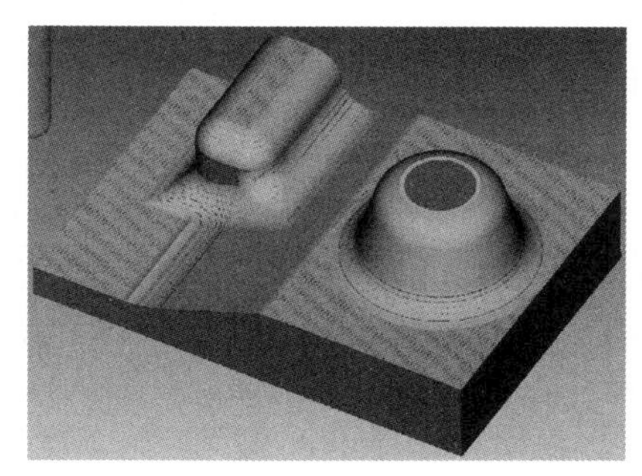

图 3.3.27 $\phi 10$ 的球刀腔槽加工连续曲面的区域

四、腔槽加工实例二

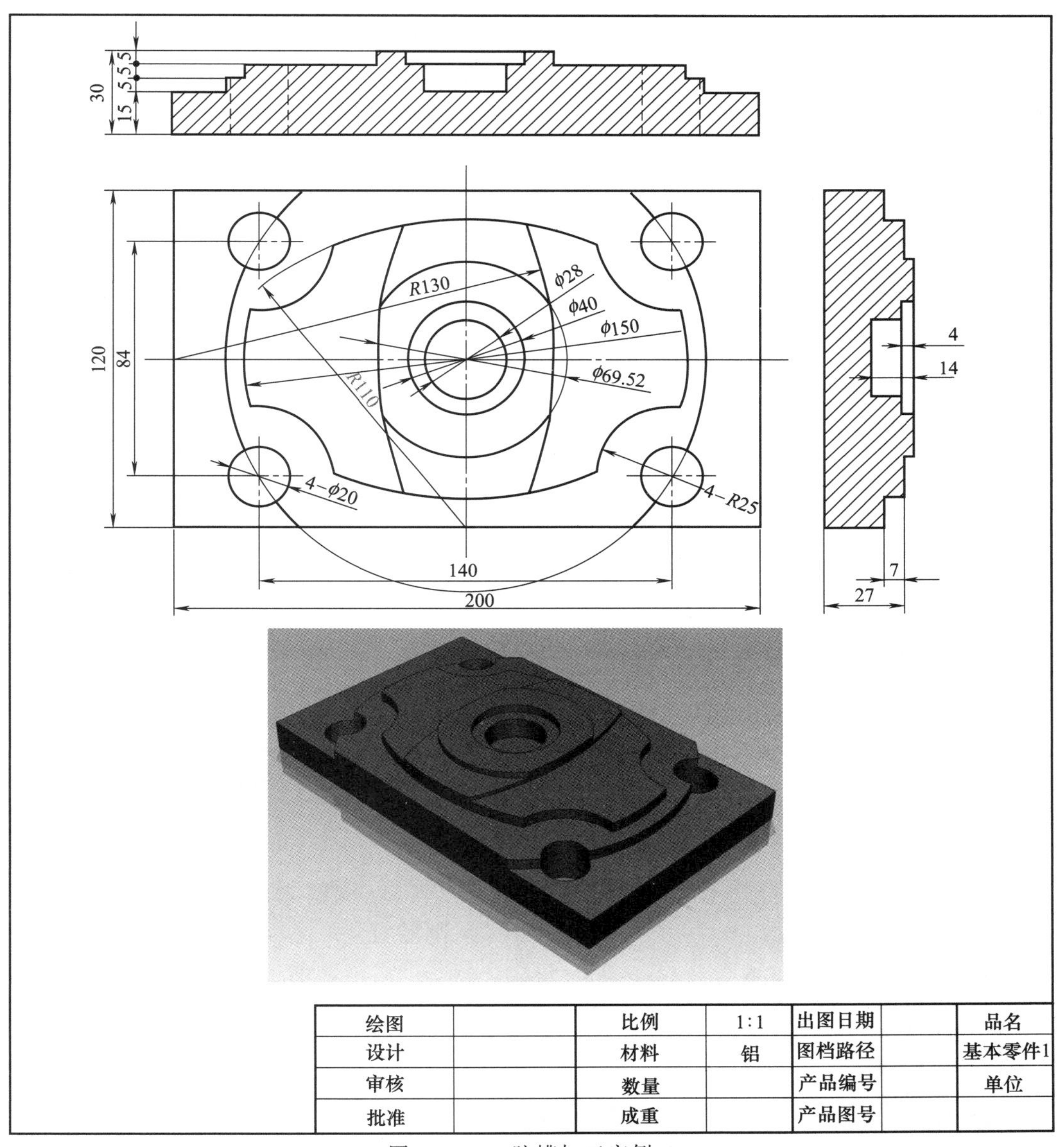

绘图		比例	1:1	出图日期		品名
设计		材料	铝	图档路径		基本零件1
审核		数量		产品编号		单位
批准		成重		产品图号		

图 3.3.28 腔槽加工实例二

加工前的工艺分析与准备

1. 工艺分析

该零件表面由连续的不同深度的平面构成，四周有四个孔（如图 3.3.28），工件尺寸 200mm×120mm×30mm，无尺寸公差要求。尺寸标注完整，轮廓描述清楚。零件材料为已经加工成型的标准铝块，无热处理和硬度要求。

① $\phi5$ 的平底刀腔槽加工平面的区域；

② 根据加工要求，共需产生 1 次刀具路径。

前期准备工作

2. 图形的导入

在 Creo 界面中点击【新建】按钮→打开【新建】对话框→【类型】制造→【子类型】NC 装配→【名称】4→取消勾选【使用默认模板】复选框→【确定】→弹出【新建文件选项】对话框→【模板】mmns_mfg_nc，公制模板→【确定】→在打开的【制造】功能选项卡中→【打开】→在【文件打开】对话框中找到文件存放的位置→选择【4.asm】→【打开】（如图 3.3.29 图形的导入）。

图 3.3.29　图形的导入

图 3.3.30　实体切削验证

3. 观察之前的刀具路径和实体切削验证

右击之前进行的操作→选择【材料移除模拟】按钮，实体切削验证→打开 VERYCUT 软件进行切削验证→点击软件右下角的【播放】按钮，观察实体切削验证的情况（如图 3.3.30 实体切削验证）。

ϕ5 的平底刀腔槽加工平面的区域

4. 进入曲面铣削模块

选择【铣削】功能选项卡→【铣削】→【腔槽加工】。

5. 序列设置

【菜单管理器】→【序列设置】→勾选【刀具】【参数】和【曲面】→【完成】。

6. 刀具

在打开的【刀具设定】对话框中→【新建】→【名称】T0002→【类型】端铣削→刀具直径【ϕ】5→【应用】将刀具信息设定在刀具列表中→【确定】→【确定】（如图 3.3.31 刀具设定）。

7. 序列参数

进入【编辑序列参数】选项卡→【切削进给】200→【步长深度】1→【跨距】4→【安全距离】2→【主轴速度】3500→【冷却液选项】开（如图 3.3.32 序列参数）。

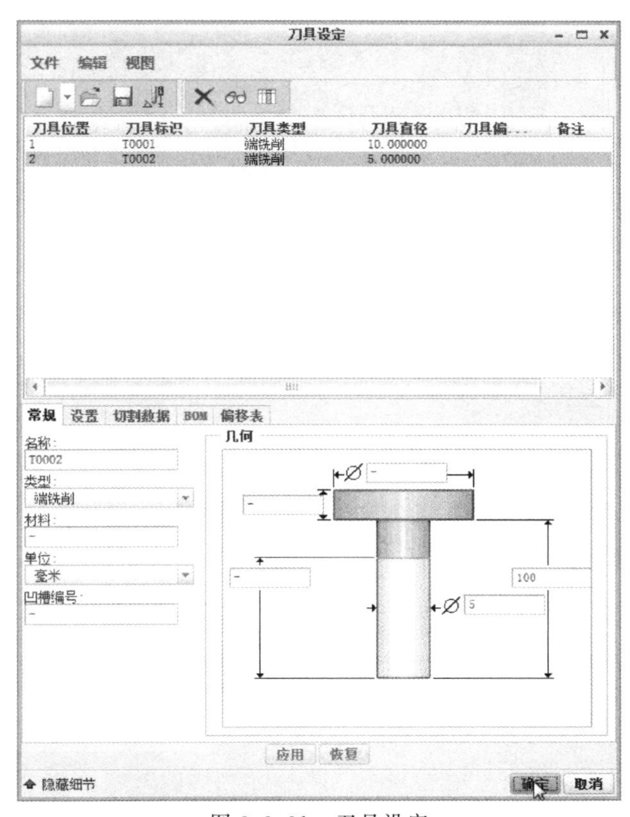

图 3.3.31　刀具设定

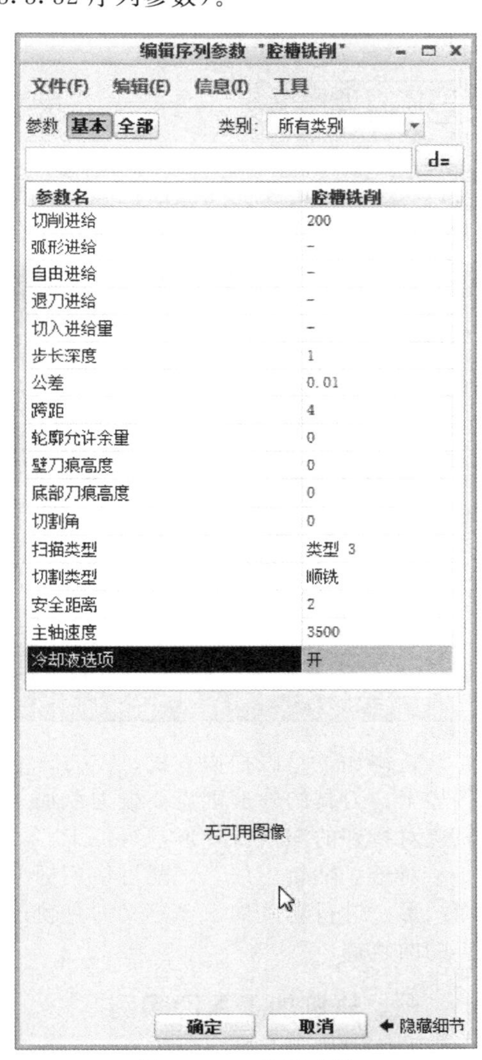

图 3.3.32　序列参数

8. 选择曲面

进入【曲面拾取】菜单→【模型】→【完成】→提示【选择：选择一个或多个项。可用区域选择】→按住 Ctrl 键，点选待加工的曲面→【完成/返回】→【完成/返回】（如图 3.3.33 选择曲面）。

9. **生成刀具路径**

右击生成的操作【腔槽铣削】→【播放路径】→点击【播放】按钮，生成刀具路径→打开【播放路径】对话框→点击【播放】按钮，生成刀具路径（如图 3.3.34 生成刀具路径）。

图 3.3.33　选择曲面

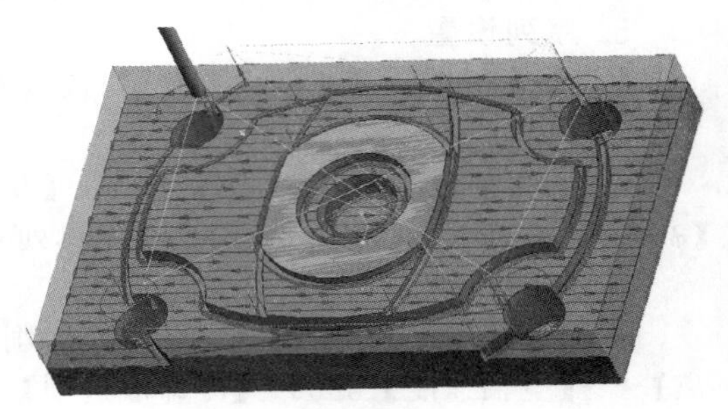

图 3.3.34　生成刀具路径

实体验证模拟

10. **实体切削验证**

右击生成的操作【曲面铣削】→【材料移除模拟】→打开 VERYCUT 软件进行切削验证→点击软件右下角的【播放】按钮，观察实体切削验证的情况（如图 3.3.35 和图 3.3.36）。

图 3.3.35　粗加工

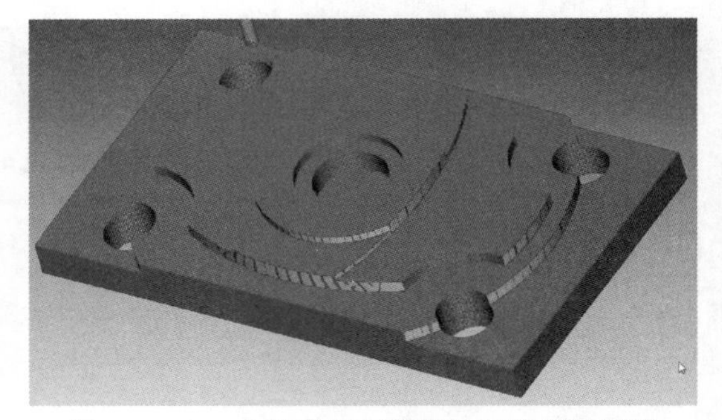

图 3.3.36　ϕ5 的平底刀腔槽加工平面的区域

第四节　轨迹加工

轨迹加工是以扫描方式，使刀具沿着所选定的轨迹进行铣削加工。若针对特别的沟槽进行加工，刀具的外形则需要根据欲加工的沟槽形状来定义，即使用成型刀具沿着设定的刀具轨迹对特别的沟槽或外形进行加工。

对于 3 轴轨迹加工，既可使用标准刀具，也可使用专用刀具。专用刀具需要自行草绘截面图形。进行轨迹加工要定义刀具轨迹时，需要使用定制功能，通过交互方式指定刀具控制点的曲轨迹。

一、轨迹加工入门实例

加工前的工艺分析与准备

1. **工艺分析**

该零件表面由连续的台阶平面构成（如图 3.4.1）。工件尺寸 120mm×80mm×20mm，

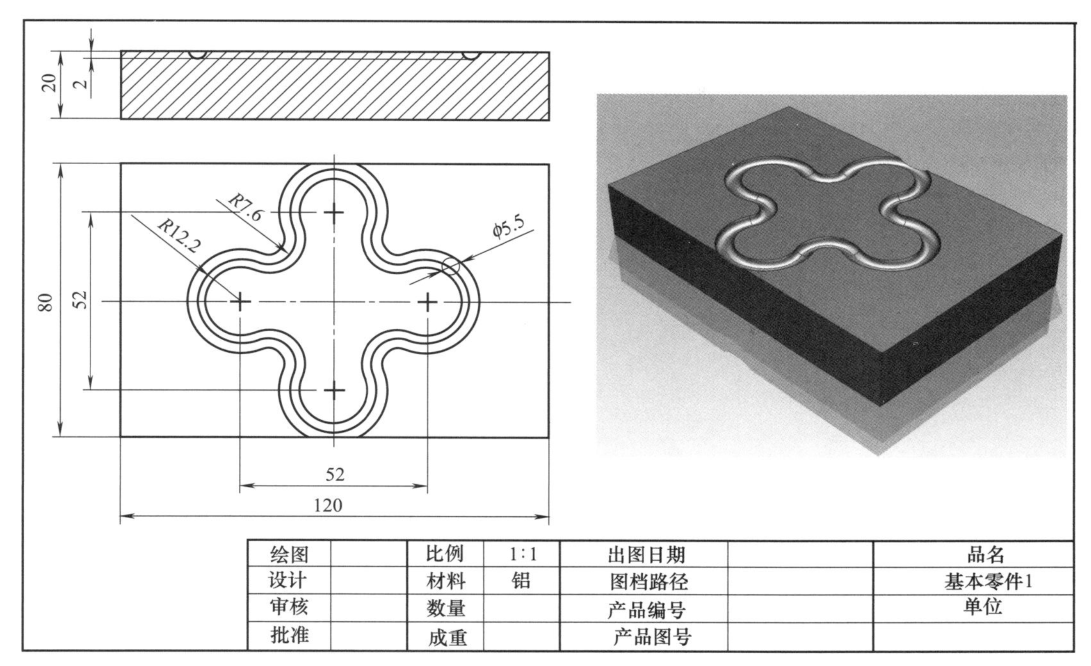

图 3.4.1 轨迹加工入门实例

无尺寸公差要求。尺寸标注完整，轮廓描述清楚。零件材料为已经加工成型的标准铝块，无热处理和硬度要求。

① $\phi 6$ 的球刀轨迹铣削曲线的区域；

② 根据加工要求，共需产生 1 次刀具路径。

前期准备工作

2. 图形的导入

在 Creo 界面中点击【新建】按钮→打开【新建】对话框→【类型】制造→【子类型】NC 装配→【名称】1→取消勾选【使用默认模板】复选框→【确定】→弹出【新建文件选项】对话框→【模板】mmns_mfg_nc，公制模板→【确定】→在打开的【制造】功能选项卡中→【参考模型】→【组装参考模型】→在【打开】对话框中找到文件存放的位置→选择【1.prt】→【打开】(如图 3.4.2 图形的导入)→系统打开【元件放置】选项卡，注意观察待加工工件的状况(如图 3.4.3 观察待加工工件)。

3. 元件放置

【元件放置】选项卡→打开【自动】下拉列表→【重合】→点击工件顶面和加工坐标系的 XY 平面→得到一个重合摆放的工件→点击【元件放置】选项卡上的【反向】按钮，将工件摆正→点击【应用约束】按钮，将当前的重合约束应用到系统中→【确定】，工件方向摆放完毕，系统返回【制造】功能选项卡（如图 3.4.4 元件放置）。

4. 创建毛坯

打开【视图】选项卡的【着色】→【带边着色】【制造】功能选项卡中→【工件】→【自动工件】→进入【创建自动工件】选项卡→【创建矩形工件】，将创建一个最小化包容工件的毛坯→【确定】，毛坯创建完毕，系统返回【制造】功能选项卡（如图 3.4.5 创建毛坯）。

5. 设定铣削窗口

【制造】功能选项卡中→【铣削窗口】→打开【铣削窗口】选项卡→直接点击顶面，使顶

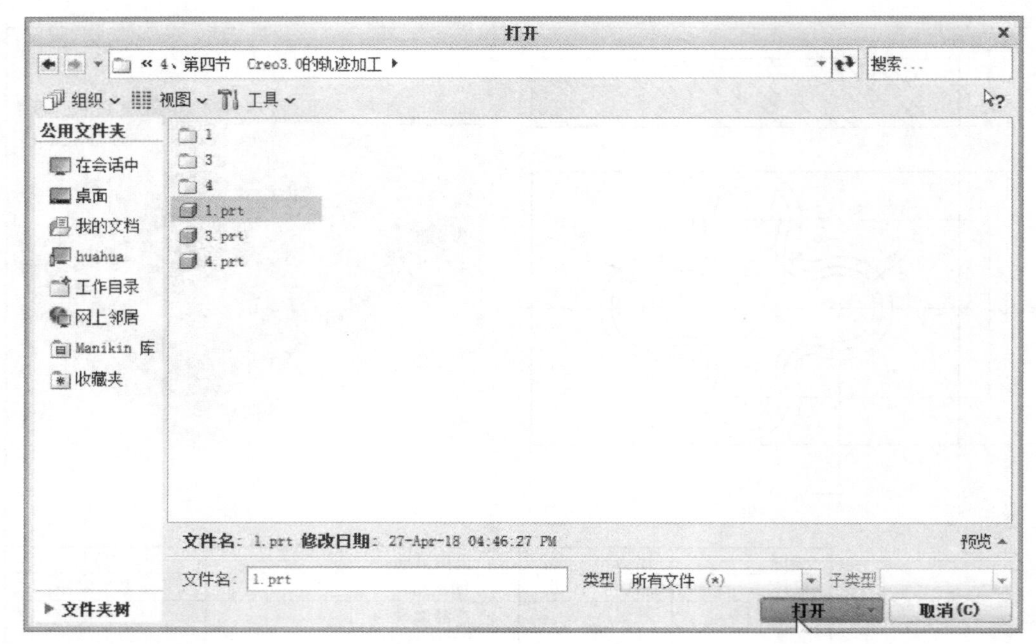

图 3.4.2 图形的导入

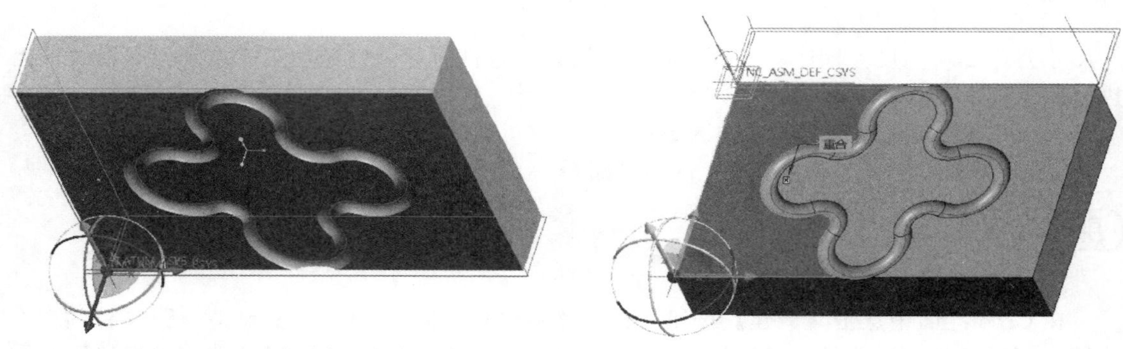

图 3.4.3 观察待加工工件

图 3.4.4 元件放置

面作为加工范围→【确定】，铣削窗口完毕，系统返回【制造】功能选项卡（如图 3.4.6 设定铣削窗口）。

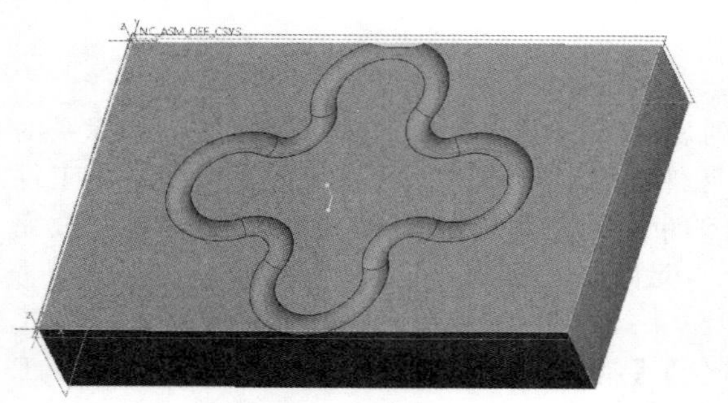
图 3.4.5 创建毛坯

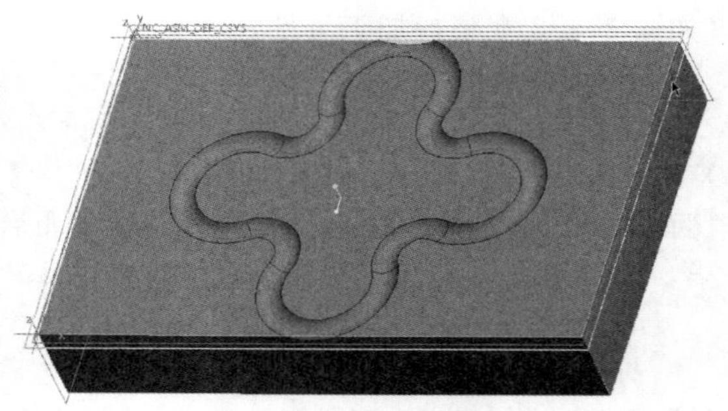
图 3.4.6 设定铣削窗口

6. 设置加工方法、刀具和坐标系

【制造】功能选项卡中→操作→右侧【制造设置】→【铣削】→打开【铣削工作中心】对话

框→【名称】MILL01→【类型】铣削→【轴数】3 轴→切换到【刀具】选框→点击【刀具】按钮→打开【刀具设定】对话框→【名称】T0001→【类型】球铣削→刀具直径【ϕ】6→【应用】将刀具信息设定在刀具列表中→【确定】→【确定】(如图 3.4.7 刀具设定)→【基准】→【基准】→弹出【坐标系】对话框，此时处于【原点】选项卡，用于原点位置→此时，按住 Ctrl 键点击顶面→按住 Ctrl 键点击前面→按住 Ctrl 键点左侧面，此时坐标系会定位到左下角→点击【方向】选项卡→【使用】【确定】Z→【使用】【投影】Y【反向】，将坐标系的方向更改为与加工坐标系一致→【确定】(如图 3.4.8 加工坐标系)→点击左侧【使用此工具】按钮，将该坐标系应用到系统之中→【刀具】默认为第一把刀→【间隙】选项卡→【类型】平面→点击工件的表面→【值】10→【回车 Enter】→【确定】，加工方法、刀具和坐标系完毕，系统返回【制造】功能选项卡 (如图 3.4.9 间隙)。

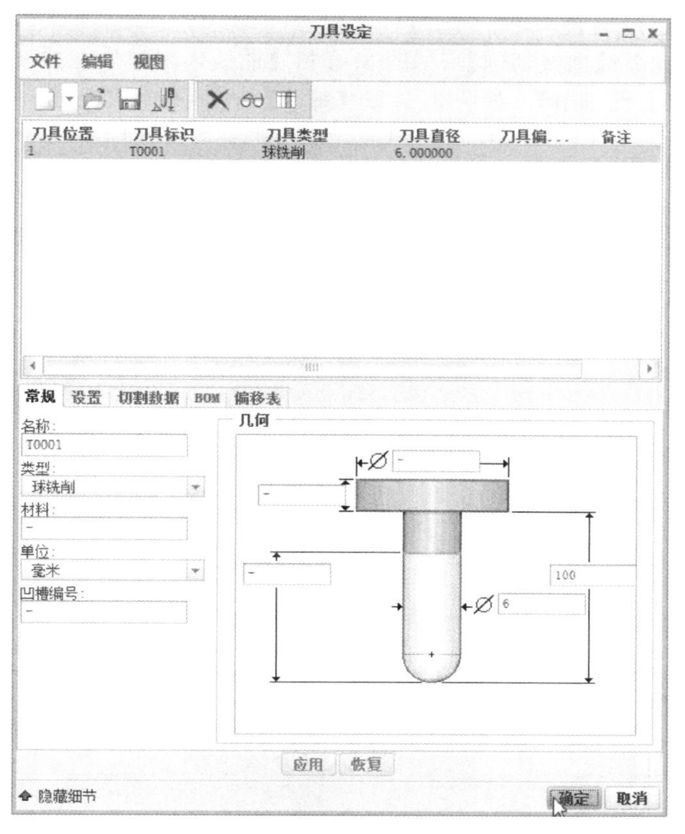

图 3.4.7　刀具设定

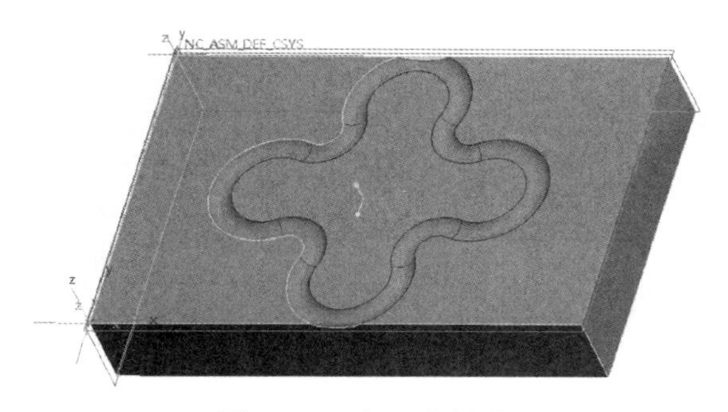

图 3.4.8　加工坐标系

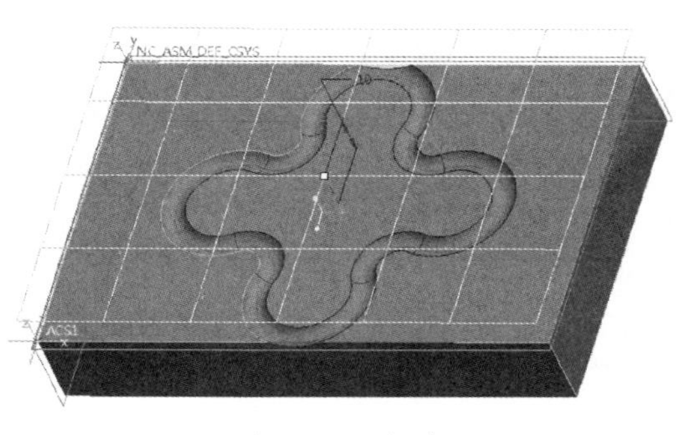

图 3.4.9　间隙

φ6 的球刀轨迹铣削曲线的区域

7. 进入轨迹铣削模块

选择【铣削】功能选项卡→【轨迹铣削】 轨迹铣削。

8. 刀具和坐标系

【刀具】选择 T0001→【坐标系】为刚才在所设定的坐标系 ACS1：F10 坐标系。

9. 参数

选择【参数】选项卡→【切削进给】200→【步长深度】0.5→【安全距离】2→【主轴速度】2500→【冷却液选项】开（如图 3.4.10 参数）。

10. 选择刀具运动轨迹

选择【刀具运动】→【曲线切削】（如图 3.4.11【曲线切削】）→在弹出的【曲线切削】对话框中→【轨迹曲线】→【细节】（如图 3.4.12【细节】）→按住 Ctrl 键选择加工的轨迹线→【确

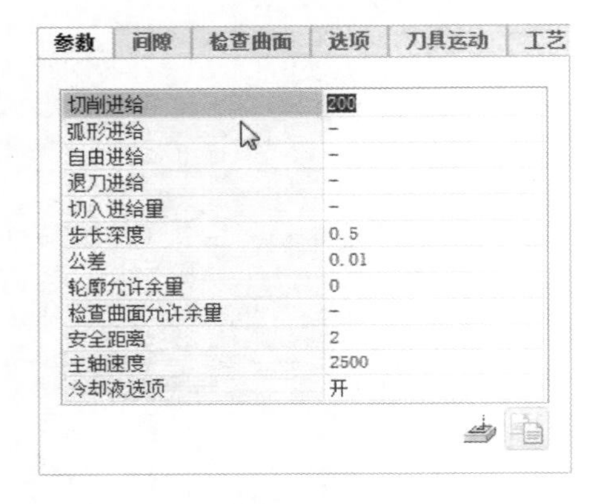

图 3.4.10 参数

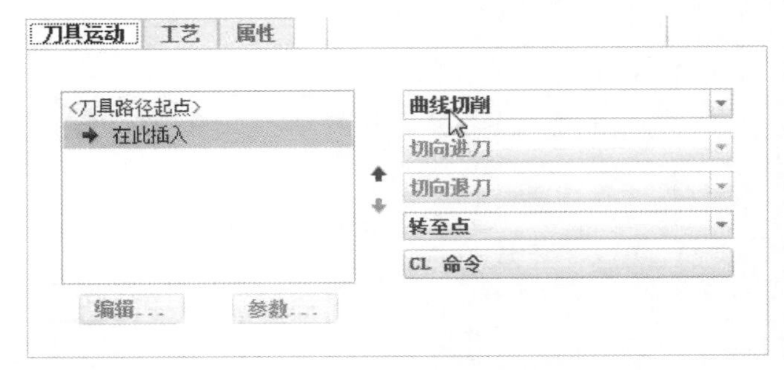

图 3.4.11 【曲线切削】

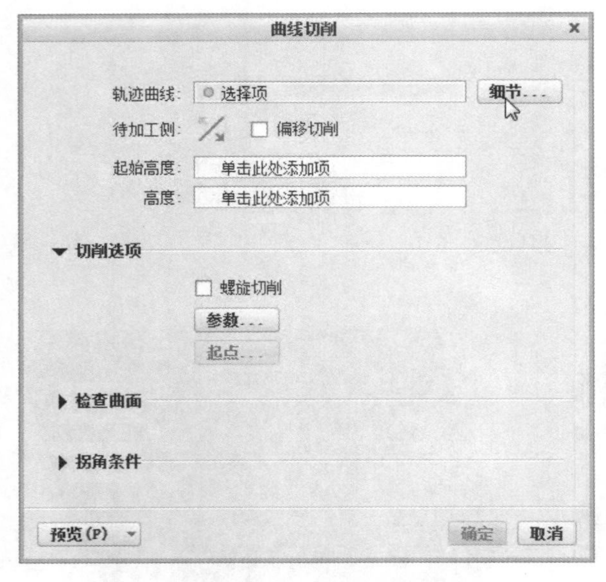

图 3.4.12 【细节】

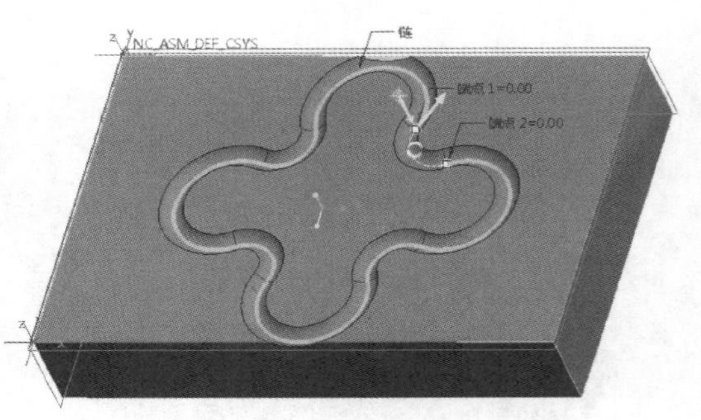

图 3.4.13 择加工的轨迹线

定】（如图 3.4.13 择加工的轨迹线）→【曲线切削】对话框→【起始高度】单击此处添加项→选择顶面→【确定】（如图 3.4.14 起始高度）。

11. 生成刀具路径

点击上方的【刀具路径】按钮→打开【播放路径】对话框→点击【播放】按钮，生成刀具路径（如图 3.4.15 生成刀具路径）。

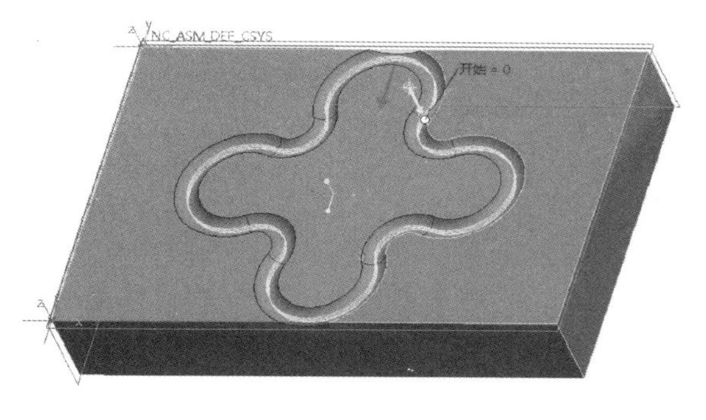

图 3.4.14　起始高度

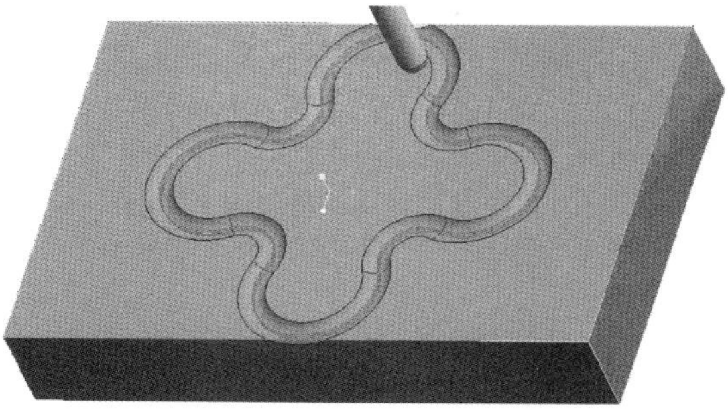

图 3.4.15　生成刀具路径

实体验证模拟

12. 实体切削验证

点击【刀具路径】下方的第三个按钮【实体验证】按钮→打开 VERICUT 软件进行切削验证→点击软件右下角的【播放】按钮，观察实体切削验证的情况（如图 3.4.16 实体切削验证）。

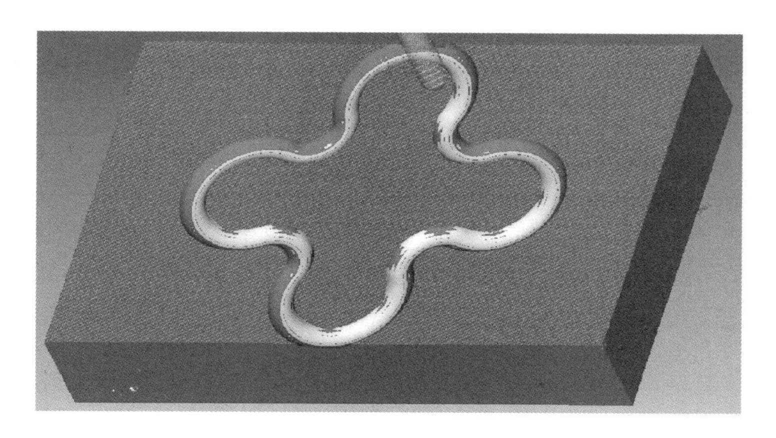

图 3.4.16　实体切削验证

二、轨迹加工参数设置

在【轨迹】操控板中单击【参数】按钮，打开如图 3.4.17 所示的【参数】选项卡，单击【编辑参数】按钮，系统打开如图 3.4.18 所示的【编辑序列参数“轨迹 1”】对话框，用于设置轨迹加工参数。

轨迹加工中部分通用加工参数的含义见前面章节。其余参数解释见表 3.4.1。

参数	间隙	检查曲面	选项	刀具运动	工艺

切削进给	200
弧形进给	-
自由进给	-
退刀进给	-
切入进给量	-
步长深度	0.5
公差	0.01
轮廓允许余量	0
检查曲面允许余量	-
安全距离	2
主轴速度	2500
冷却液选项	开

图 3.4.17 【参数】选项卡

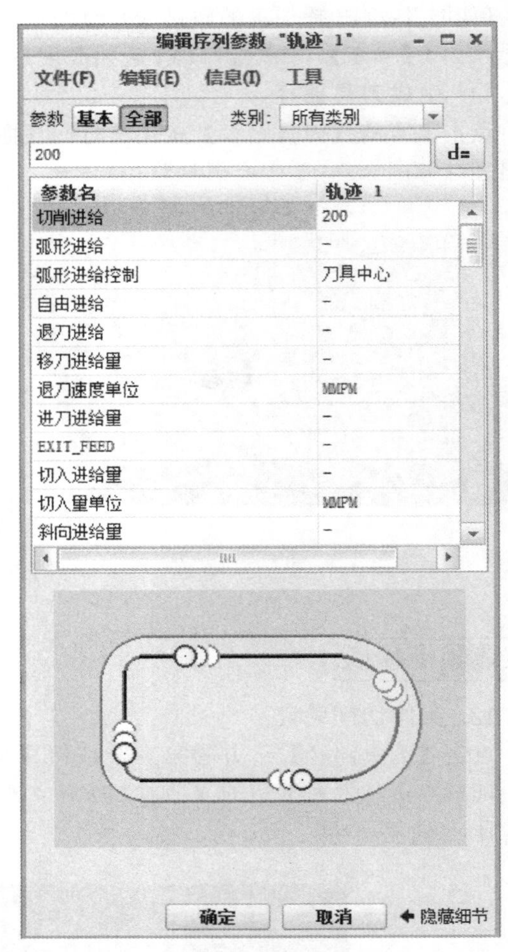

图 3.4.18 【编辑序列参数“轨迹 1”】对话框

表 3.4.1 参数说明

序号	参数名称	详 细 说 明
1	切削进给	用于设置切削运动的进给速度,通常为 80～500mm/min
2	步长深度	也叫做台阶深度,在分层铣削中,用于设置每层沿 Z 轴下降的深度。如图 3.4.19 所示 图 3.4.19 【步长深度】
3	跨距	用于设置相邻两条刀具轨迹的距离,通常为刀具直径的 50%～80%
4	底部允许余量	用于设置工件底部的切削余量
5	安全距离	用于设置退刀时的安全高度
6	主轴速度	用于设置数控机床主轴的运转速度,在进行粗加工时主轴转速一般是 1500～2500r/min,在进行精加工时主轴转速一般是 2500～4500r/min
7	冷却液选项	用于设置数控机床中冷却液的状况

三、轨迹加工实例一

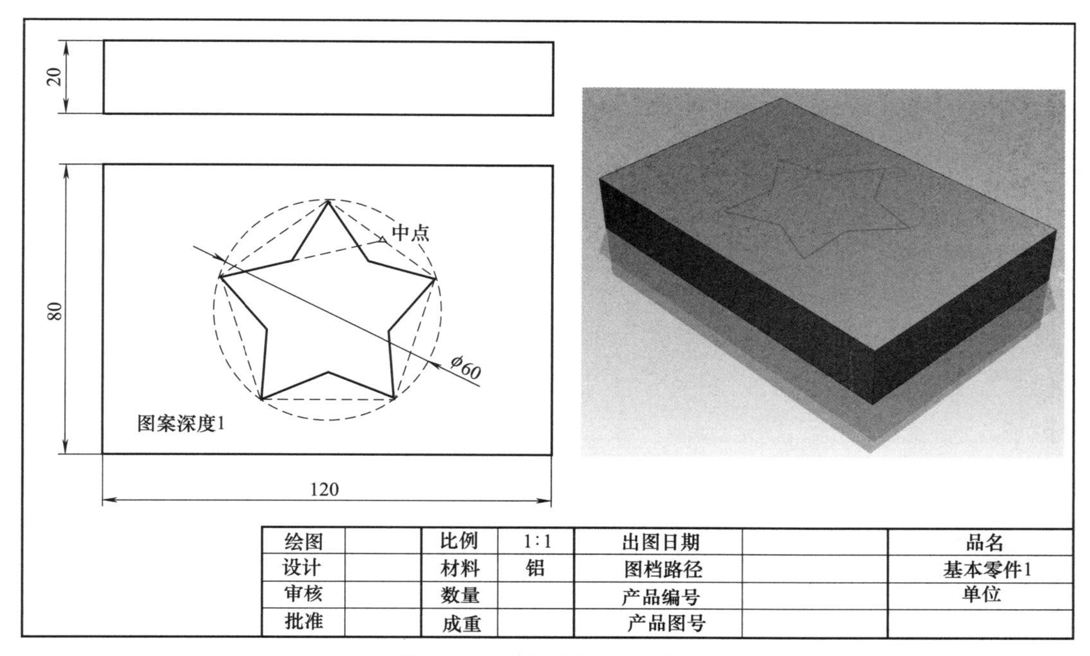

图 3.4.20　轨迹加工实例一

加工前的工艺分析与准备

1. 工艺分析

该零件由一个长方体构成，中间有五角星的图案，深度为 1mm（图 3.4.20），工件尺寸 120mm×80mm×20mm，无尺寸公差要求。尺寸标注完整，轮廓描述清楚。零件材料为已经加工成型的标准铝块，无热处理和硬度要求。

① ϕ2.5 的球刀轨迹铣削曲线的区域；

② 根据加工要求，共需产生 1 次刀具路径。

前期准备工作

2. 图形的导入

在 Creo 界面中点击【新建】按钮→打开【新建】对话框→【类型】制造→【子类型】NC 装配→【名称】3→取消勾选【使用默认模板】复选框→【确定】→弹出【新建文件选项】对话框→【模板】mmns_mfg_nc，公制模板→【确定】→在打开的【制造】功能选项卡中→【参考模型】→【组装参考模型】→在【打开】对话框中找到文件存放的位置→选择【3.prt】→【打开】(如图 3.4.21 图形的导入)→系统打开【元件放置】选项卡，注意观察待加工工件的状况（如图 3.4.22 观察待加工工件）。

3. 元件放置

【元件放置】选项卡→打开【自动】下拉列表→【重合】→点击工件顶面和加工坐标系的 XY 平面→得到一个重合摆放的工件→点击【元件放置】选项卡上的【反向】按钮，将工件摆正→点击【应用约束】按钮，将当前的重合约束应用到系统中→【确定】，工件方向摆放完毕，系统返回【制造】功能选项卡（如图 3.4.23 元件放置）。

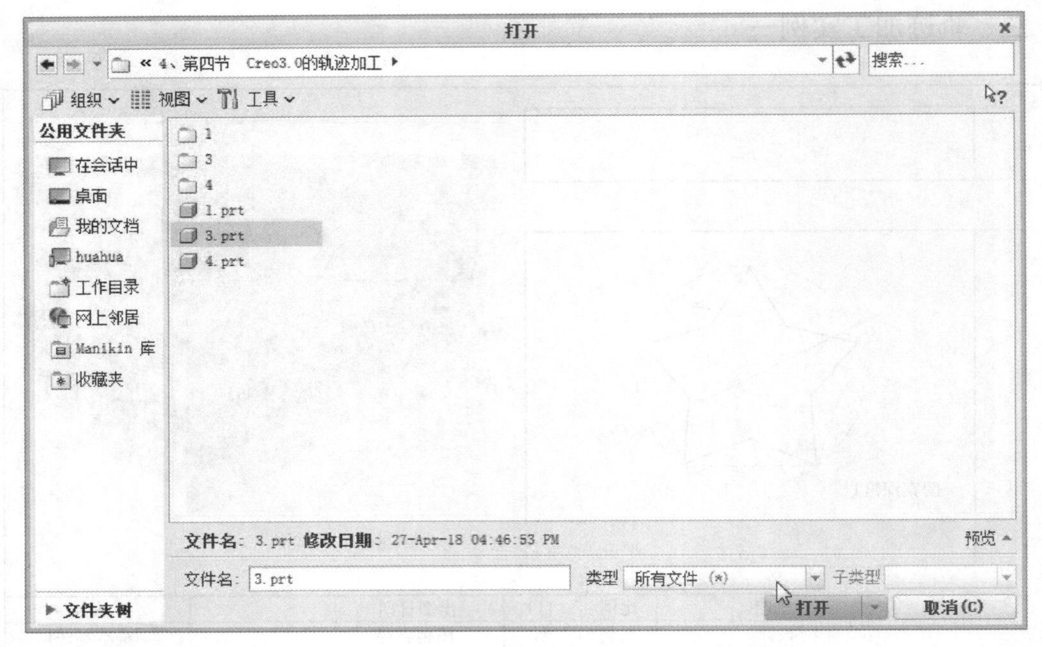

图 3.4.21 图形的导入

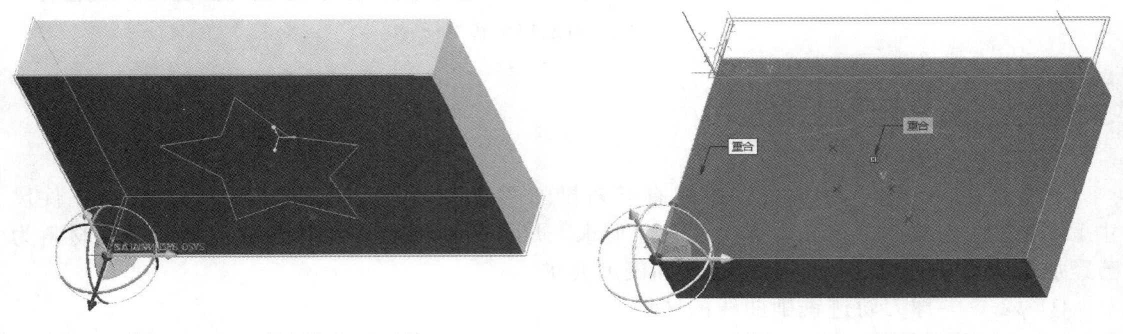

图 3.4.22 观察待加工工件

图 3.4.23 元件放置

4. 创建毛坯

打开【视图】选项卡的【着色】→【带边着色】【制造】功能选项卡中→【工件】→【自动工件】→进入【创建自动工件】选项卡→【创建矩形工件】，将创建一个最小化包容工件的毛坯→【确定】，毛坯创建完毕，系统返回【制造】功能选项卡（如图 3.4.24 创建毛坯）。

5. 设定铣削窗口

【制造】功能选项卡中→【铣削窗口】→打开【铣削窗口】选项卡→直接点击顶面，使顶面作为加工范围→【确定】，铣削窗口完毕，系统返回【制造】功能选项卡（如图 3.4.25 设定铣削窗口）。

6. 设置加工方法、刀具和坐标系

【制造】功能选项卡中→操作→右侧【制造设置】→【铣削】→打开【铣削工作中心】对话框→【名称】MILL01→【类型】铣削→【轴数】3 轴→切换到【刀具】选框→点击【刀具】按钮→打开【刀具设定】对话框→【名称】T0001→【类型】球铣削→刀具直径【ϕ】2.5→【应用】将刀具信息设定在刀具列表中→【确定】→【确定】（如图 3.4.26 刀具设定）→【基准】→【基准】→弹出【坐标系】对话框，此时处于【原点】选项卡，用于原点位置→此时，按住

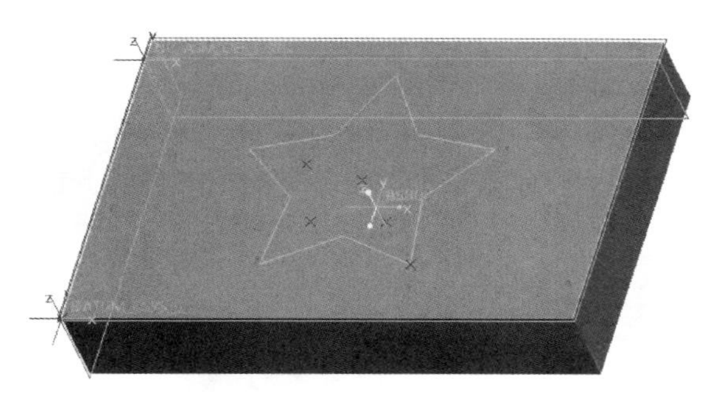
图 3.4.24　创建毛坯

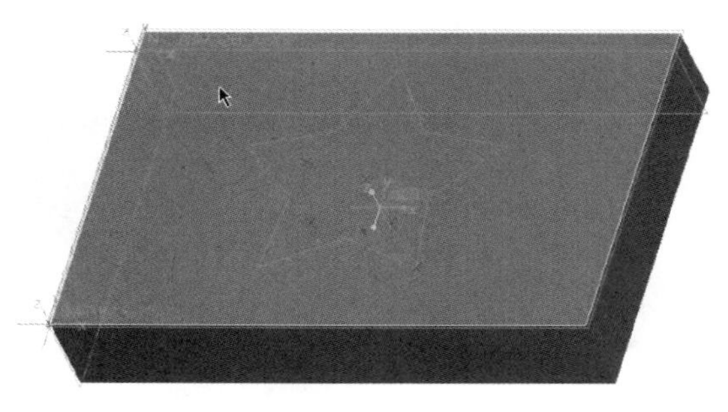
图 3.4.25　设定铣削窗口

Ctrl 键点击顶面→按住 Ctrl 键点击前面→按住 Ctrl 键点左侧面，此时坐标系会定位到左下角→点击【方向】选项卡→【使用】【确定】Z→【使用】【投影】Y【反向】，将坐标系的方向更改为与加工坐标系一致→【确定】（如图 3.4.27 加工坐标系）→点击左侧【使用此工具】按钮，将该坐标系应用到系统之中→【刀具】默认为第一把刀→【间隙】选项卡→【类型】平面→点击工件的表面→【值】10→【回车 Enter】→【确定】，加工方法、刀具和坐标系完毕，系统返回【制造】功能选项卡（如图 3.4.28 间隙）。

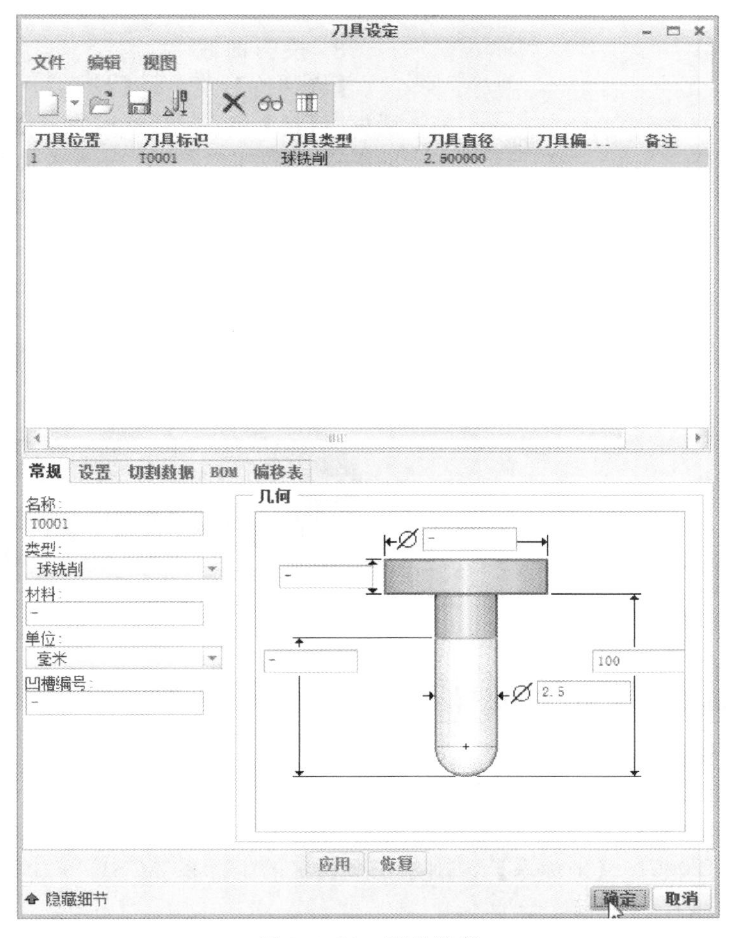

图 3.4.26　刀具设定

图 3.4.27　加工坐标系

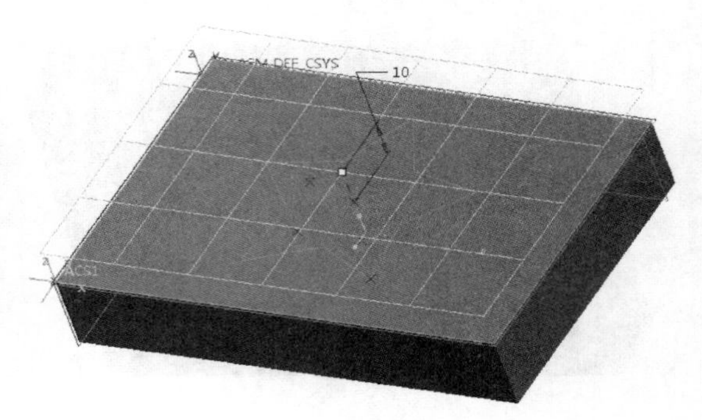

图 3.4.28　间隙

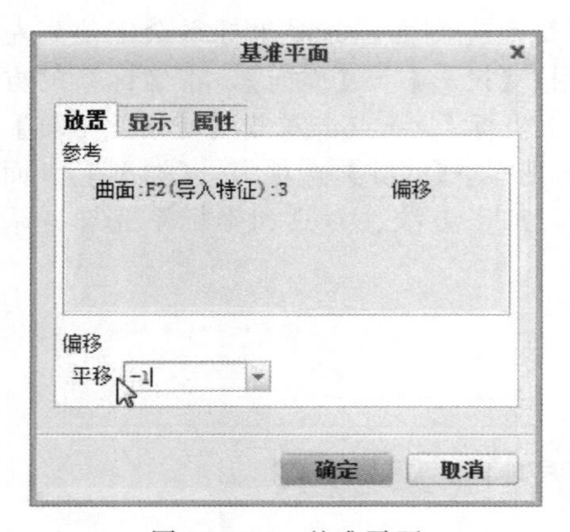

图 3.4.29　基准平面

绘制投影曲线

7. 设置投影曲面

进入【模型】功能选项卡→【平面】→打开【基准平面】对话框→点击工件顶面→设置【偏移】→【平移】－1→【确定】（如图 3.4.29 基准平面）。

8. 投影曲线

【修饰符】菜单→【投影】→打开【参考】对话框→【链】点击曲线→【曲面】选择绘制的－1的平面→【方向参考】选择 Z 轴并点击反向（如图 3.4.30 链和图 3.4.31 投影曲线）。

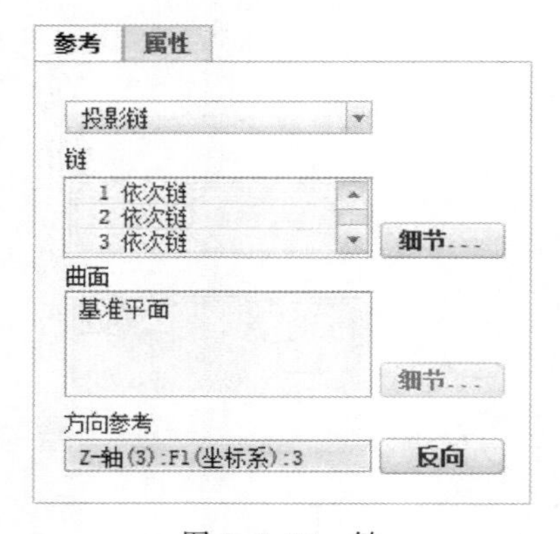

图 3.4.30　链

图 3.4.31　投影曲线

ϕ2.5 的球刀轨迹铣削曲线的区域

9. 进入轨迹铣削模块

选择【铣削】功能选项卡→【轨迹铣削】。

10. 刀具和坐标系

【刀具】选择 T0001→【坐标系】为刚才在所设定的坐标系 ACS1：F10 坐标系。

11. 参数

选择【参数】选项卡→【切削进给】200→【安全距离】2→【主轴速度】2000→【冷却液选

项】开（如图 3.4.32 参数）。

12. **选择刀具运动轨迹**

选择【刀具运动】→【曲线切削】→在弹出的【曲线切削】对话框中→【轨迹曲线】→【细节】→在线框模式下，按住 Ctrl 键选择加工的轨迹线→【确定】（如图 3.4.33 选择刀具运动轨迹）。

参数 | 间隙 | 检查曲面 | 选项 | 刀具运动 | 工艺

切削进给	200
弧形进给	-
自由进给	-
退刀进给	-
切入进给量	-
步长深度	-
公差	0.01
轮廓允许余量	0
检查曲面允许余量	-
安全距离	2
主轴速度	2000
冷却液选项	开

图 3.4.32　参数

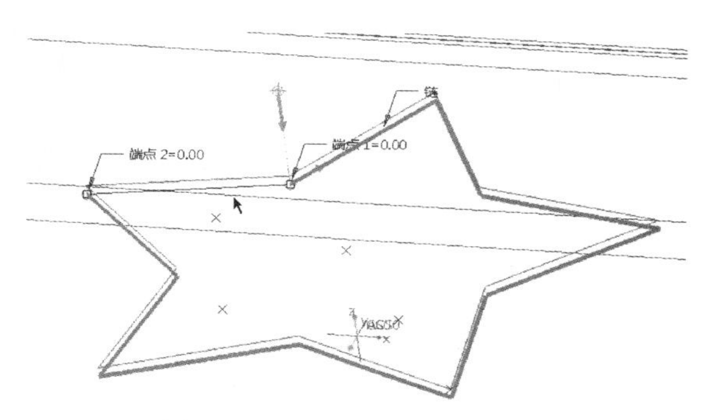

图 3.4.33　选择刀具运动轨迹

13. **生成刀具路径**

点击上方的【刀具路径】按钮→打开【播放路径】对话框→点击【播放】按钮，生成刀具路径（如图 3.4.34 生成刀具路径）→切换回带边着色，进行刀具路径模拟，由于刀具路径位于平面下方 1mm 深度，将不会被观察到（如图 3.4.35 着色后的刀具路径）。

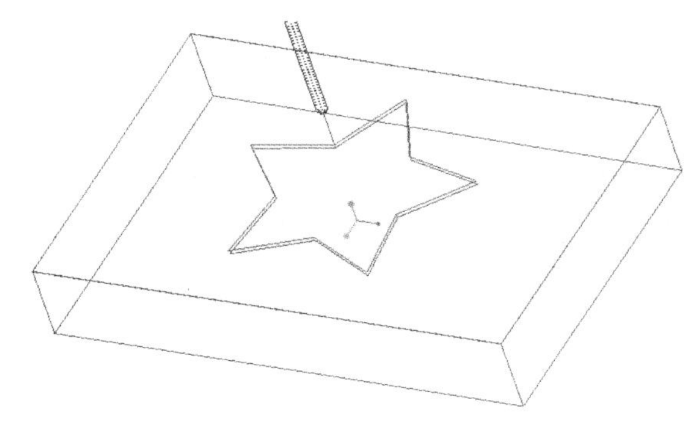

图 3.4.34　生成刀具路径

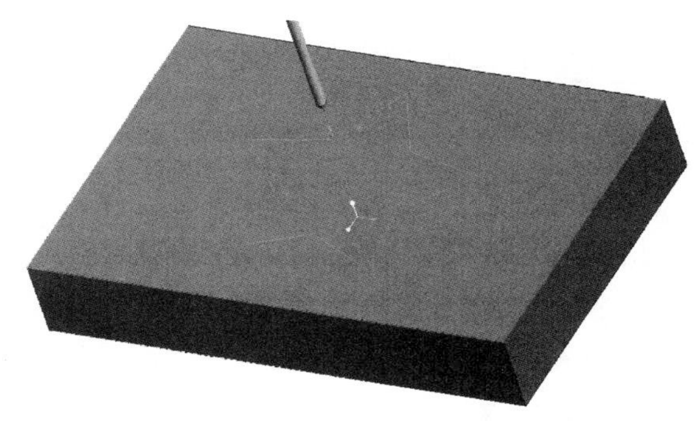

图 3.4.35　着色后的刀具路径

实体验证模拟

14. **实体切削验证**

点击【刀具路径】下方的第三个按钮【实体验证】按钮→打开 VERICUT 软件进行切削验证→点击软件右下角的【播放】按钮，观察实体切削验证的情况（如图 3.4.36 实体切削验证）。

图 3.4.36　实体切削验证

四、轨迹加工实例二

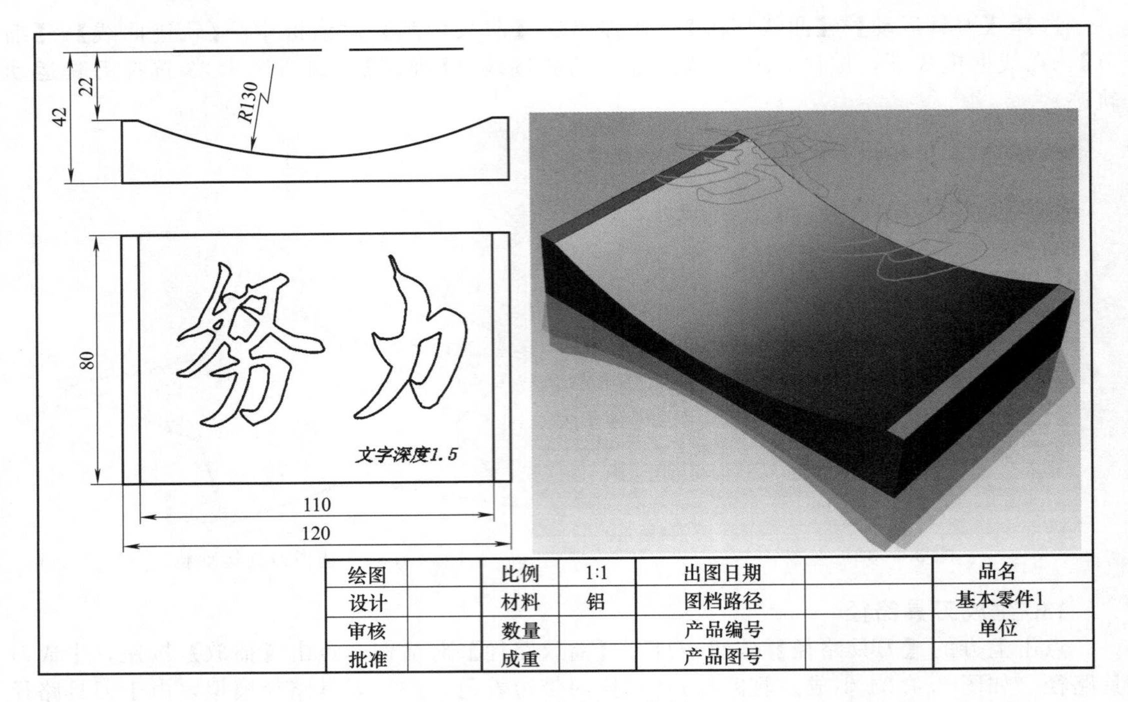

图 3.4.37　轨迹加工实例二

加工前的工艺分析与准备

1. 工艺分析

该零件表面由连续的不同深度的平面和曲面构成（如图 3.4.37），工件尺寸 120mm×80mm×42mm，无尺寸公差要求。尺寸标注完整，轮廓描述清楚。零件材料为已经加工成型的标准铝块，无热处理和硬度要求。

① ϕ2.5 的球刀轨迹铣削曲线的区域；

② 根据加工要求，共需产生 1 次刀具路径。

前期准备工作

2. 图形的导入

在 Creo 界面中点击【新建】按钮→打开【新建】对话框→【类型】制造→【子类型】NC 装配→【名称】4→取消勾选【使用默认模板】复选框→【确定】→弹出【新建文件选项】对话框→【模板】mmns_mfg_nc，公制模板→【确定】→在打开的【制造】功能选项卡中→【参考模型】→【组装参考模型】→在【文件打开】对话框中找到文件存放的位置→选择【4.asm】→【打开】（如图 3.4.38 图形的导入）→系统打开【元件放置】选项卡，注意观察待加工工件的状况（如图 3.4.39 元件放置）。

3. 观察之前的刀具路径和实体切削验证

右击之前进行的操作→选择【材料移除模拟】按钮，实体切削验证→打开 VERICUT 软件进行切削验证→点击软件右下角的【播放】按钮，观察实体切削验证的情况（如图 3.4.40 实体切削验证）。

图 3.4.38　图形的导入

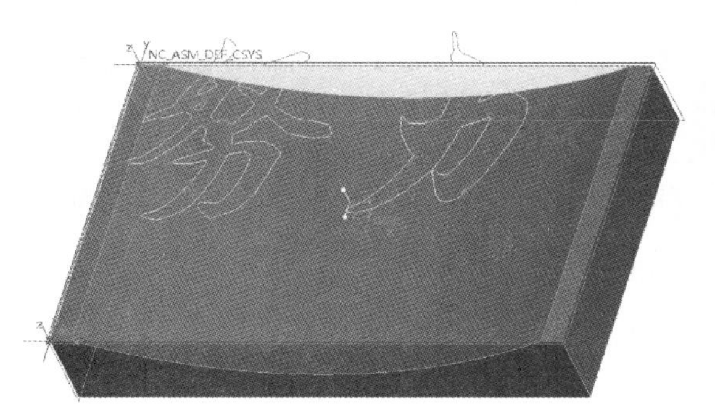

图 3.4.39　元件放置

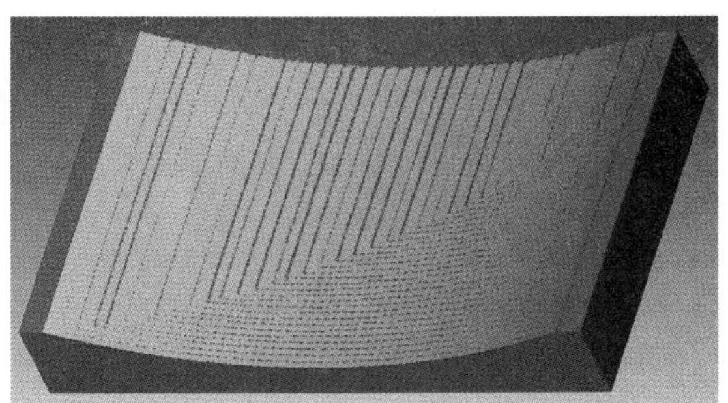

图 3.4.40　实体切削验证

绘制投影曲线

4. 设置投影曲面

进入【模型】功能选项卡→【草绘】→在侧面向下偏移 1.5mm 的圆弧→【完成】→【拉伸】→【确认】（如图 3.4.41 设置投影曲面）。

图 3.4.41　设置投影曲面

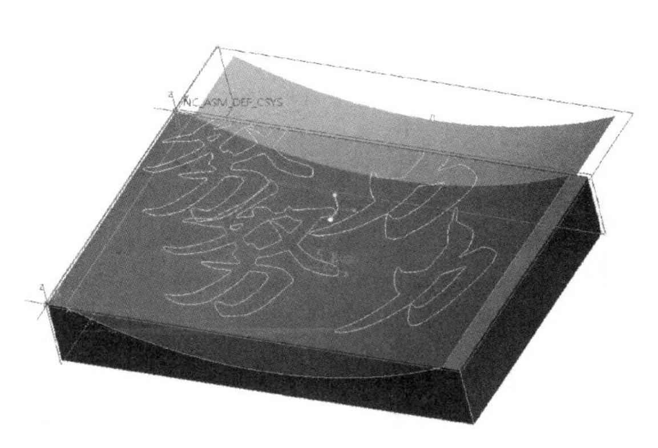

图 3.4.42　投影曲线

5. 投影曲线

【修饰符】菜单→【投影】→打开【参考】对话框→【链】点击曲线→【曲面】选择绘制的−1.5的平面→【方向参考】选择Z轴并点击反向（如图3.4.42投影曲线）。

ϕ2.5的球刀轨迹铣削曲线的区域

6. 进入轨迹铣削模块

选择【铣削】功能选项卡→【轨迹铣削】。

参数 | 间隙 | 检查曲面 | 选项 | 刀具运动 | 工艺

参数	值
切削进给	250
弧形进给	-
自由进给	-
退刀进给	-
切入进给量	-
步长深度	-
公差	0.01
轮廓允许余量	0
检查曲面允许余量	-
安全距离	2
主轴速度	2500
冷却液选项	开

图3.4.43　参数

7. 刀具和坐标系

【刀具】选择T0003→【坐标系】为刚才在所设定的坐标系ACS1：F10坐标系。

8. 参数

选择【参数】选项卡→【切削进给】250→【安全距离】2→【主轴速度】2500→【冷却液选项】开（如图3.4.43参数）。

9. 选择刀具运动轨迹

选择【刀具运动】→【曲线切削】→在弹出的【曲线切削】对话框中→【轨迹曲线】→【细节】→打开【链】对话框→【参考】→【基于规则】→选择【完整环】→【确定】（如图3.4.44完整环）→在线框模式下，按住Ctrl键选择加工的轨迹线→【确定】（如图3.4.45选择加工的轨迹线）。

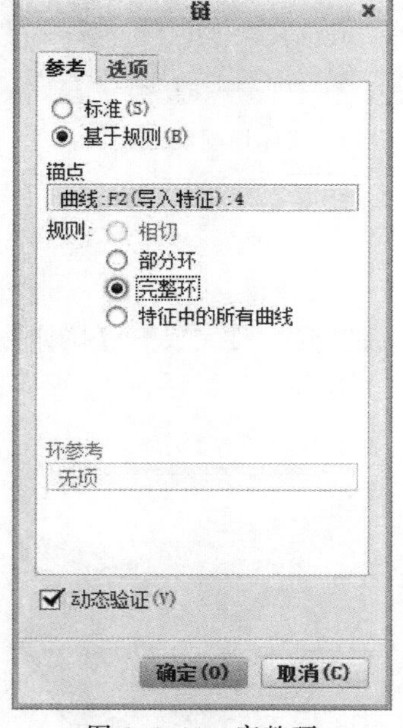

图3.4.44　完整环

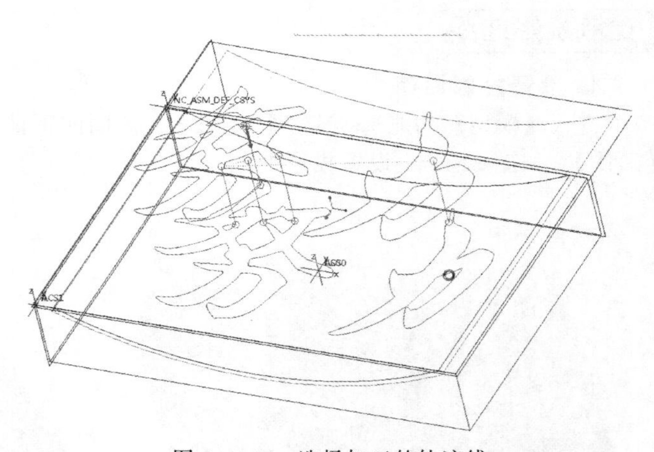

图3.4.45　选择加工的轨迹线

10. 生成刀具路径

点击上方的【刀具路径】按钮→打开【播放路径】对话框→点击【播放】按钮，生成刀具路径（如图3.4.46生成刀具路径）→切换回带边着色，进行刀具路径模拟，由于刀具路径位于平面下方 1mm 深度，将不会被观察到。(如图 3.4.47 着色后的刀具路径)。

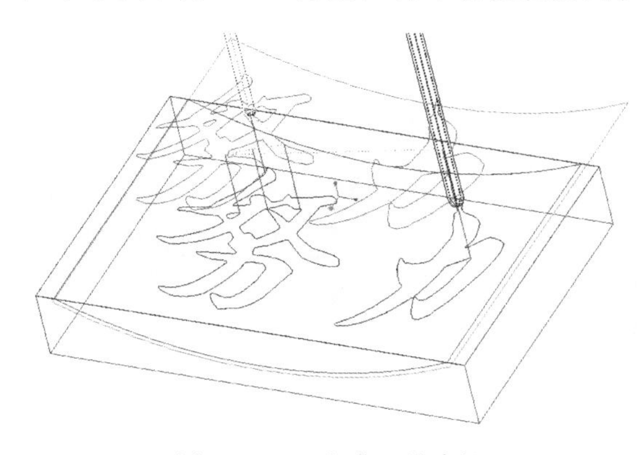

图 3.4.46　生成刀具路径

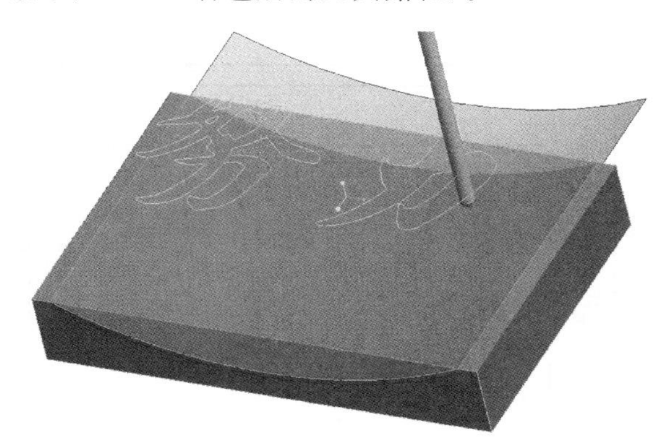

图 3.4.47　着色后的刀具路径

实体验证模拟

11. 实体切削验证

点击【刀具路径】下方的第三个按钮【实体验证】按钮→打开 VERYCUT 软件进行切削验证→点击软件右下角的【播放】按钮，观察实体切削验证的情况（如图 3.4.48 和图 3.4.49）。

图 3.4.48　粗加工

图 3.4.49　ϕ2.5 的球刀轨迹铣削曲线的区域

第五节　雕刻加工

雕刻是机械加工中经常使用的一种方法。利用数控机床的雕刻功能，在工件上雕刻文字或图像，使之具有一定的功效或增加其外在的美观程度。

Creo 的数控加工模块中的刻模加工用于实现沟槽类装饰特征或图像符号的雕刻加工。

在使用雕刻加工时可以采用雕刻刀、球刀、倒角刀等刀具，根据实际情况选取即可。

一、雕刻加工入门实例

加工前的工艺分析与准备

1. 工艺分析

该零件由一个长方体构成，中间有文字图案，深度为 1mm（图 3.5.1），工件尺寸 413.35mm×211.21mm×15mm，无尺寸公差要求。尺寸标注完整，轮廓描述清楚。零件材

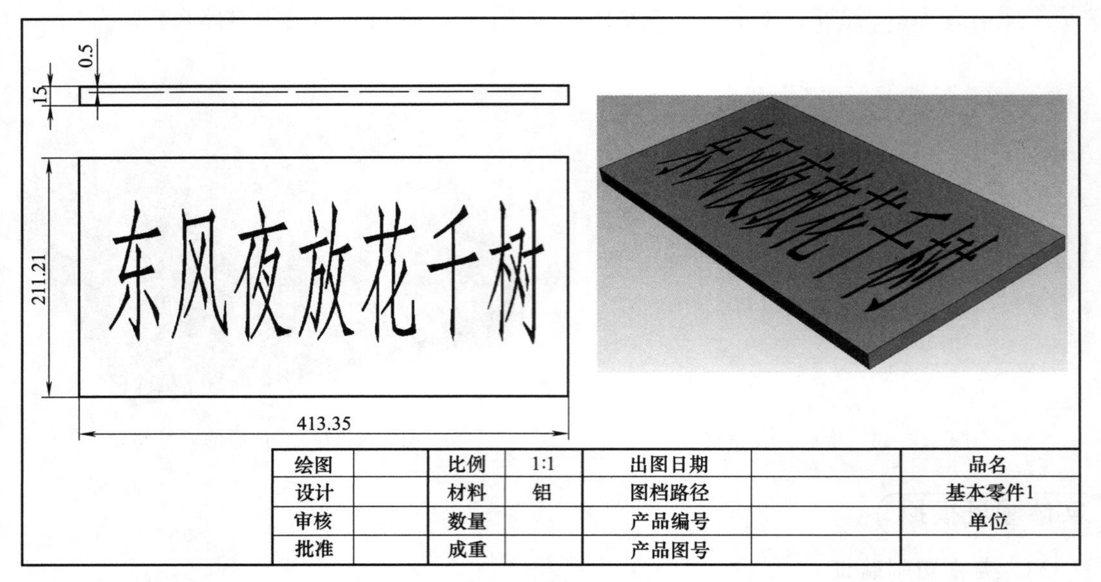

图 3.5.1　雕刻加工实例一

料为已经加工成型的标准铝块，无热处理和硬度要求。

① $\phi 1.5$ 的刀具雕刻加工文字的区域；

② 根据加工要求，共需产生 1 次刀具路径。

前期准备工作

2. 图形的导入

在 Creo 界面中点击【新建】按钮→打开【新建】对话框→【类型】制造→【子类型】NC 装配→【名称】1→取消勾选【使用默认模板】复选框→【确定】→弹出【新建文件选项】对话

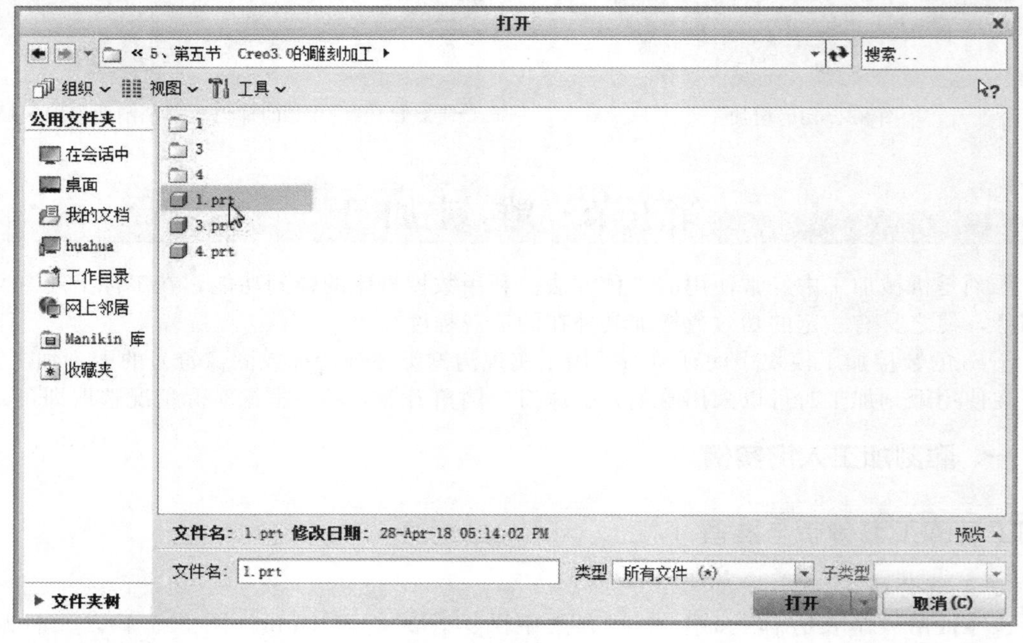

图 3.5.2　图形的导入

框→【模板】mmns_mfg_nc，公制模板→【确定】→在打开的【制造】功能选项卡中→【参考模型】→【组装参考模型】→在【打开】对话框中找到文件存放的位置→选择【1.prt】→【打开】（如图3.5.2图形的导入）→系统打开【元件放置】选项→打开【自动】下拉列表→【默认】→【确定】，工件方向摆放完毕，系统返回【制造】功能选项卡（如图3.5.3元件放置）。

图3.5.3 元件放置

3. 创建毛坯

打开【视图】选项卡的【着色】→【带边着色】【制造】功能选项卡中→【工件】→【自动工件】→进入【创建自动工件】选项卡→【创建矩形工件】，将创建一个最小化包容工件的毛坯→【确定】，毛坯创建完毕，系统返回【制造】功能选项卡（如图3.5.4创建毛坯）。

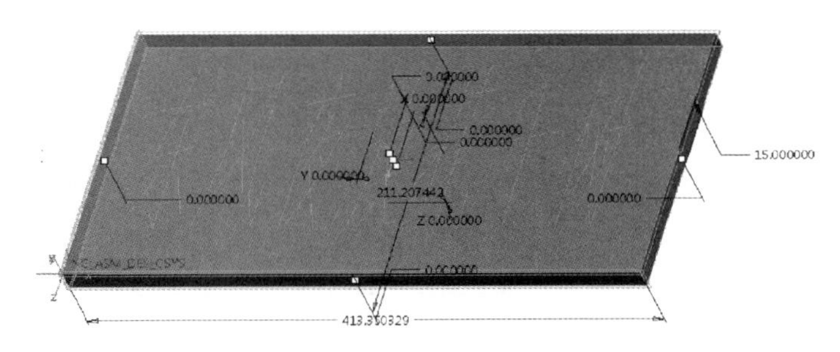

图3.5.4 创建毛坯

4. 设定铣削窗口

【制造】功能选项卡中→【铣削窗口】→打开【铣削窗口】选项卡→直接点击顶面，使顶面作为加工范围→【确定】，铣削窗口完毕，系统返回【制造】功能选项卡（如图3.5.5设定铣削窗口）。

5. 设置加工方法、刀具和坐标系

图3.5.5 设定铣削窗口

【制造】功能选项卡中→操作→右侧【制造设置】→【铣削】→打开【铣削工作中心】对话框→【名称】MILL01→【类型】铣削→【轴数】3轴→切换到【刀具】选框→点击【刀具】按钮→打开【刀具设定】对话框→【名称】T0001→【类型】铣削→【材料】HSS→刀具直径【ϕ】1.5→【应用】将刀具信息设定在刀具列表中→【确定】→【确定】（如图3.5.6刀具设定）→【基准】→【基准】→弹出【坐标系】对话框，此时处于【原点】选项卡，用于原点位置→此时，按住Ctrl键点击顶面→按住Ctrl键点击前面→按住Ctrl键点左侧面，此时坐标系会定位到左下角→点击【方向】选项卡→【使用】【确定】Z→【使用】【投影】Y【反向】，将坐标系的方向更改为与加工坐标系一致→【确定】（如图 3.5.7 加工坐标系）→点击左侧【使用此工具】按钮，将该坐标系应用到系统之中→【刀具】默认为第一把刀→【间隙】选项卡→【类型】平面→点击工件的表面→【值】10→【回车 Enter】→【确定】，加工方法、刀具和坐标系完毕，系统返回【制造】功能选项卡（如图 3.5.8 间隙）。

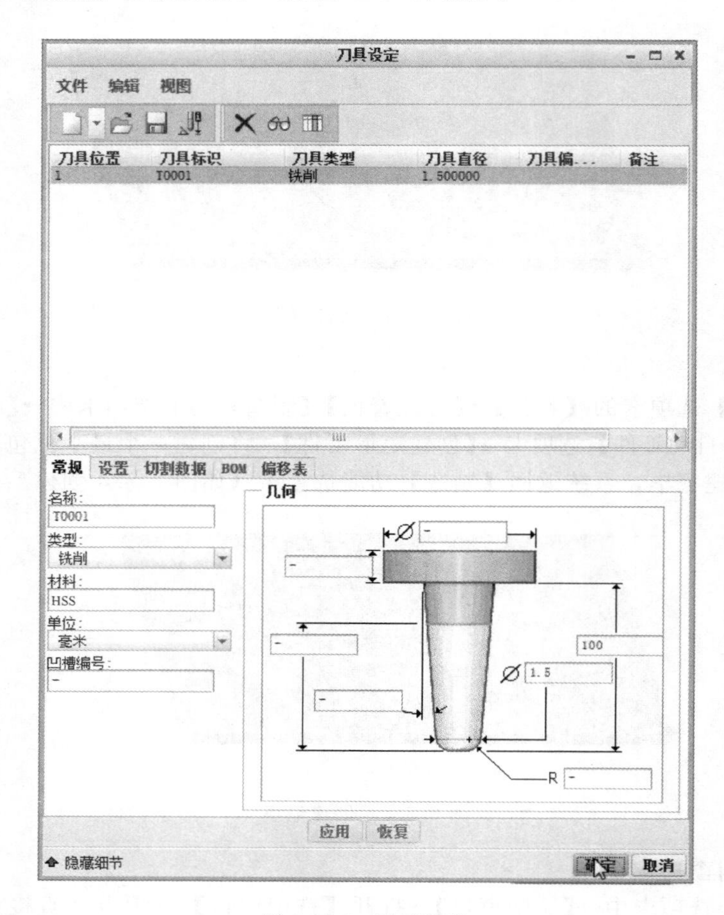

图 3.5.6　刀具设定

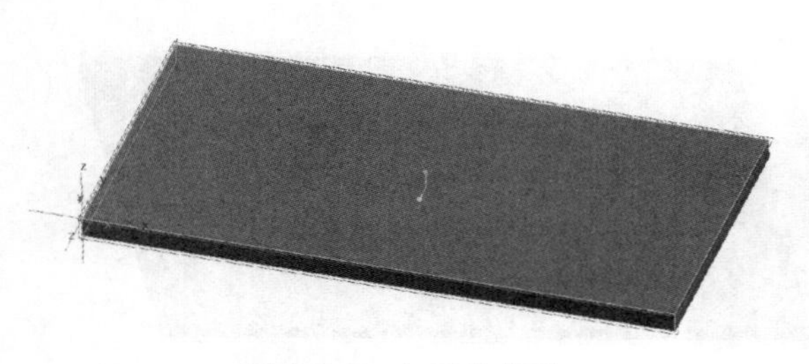

图 3.5.7　加工坐标系

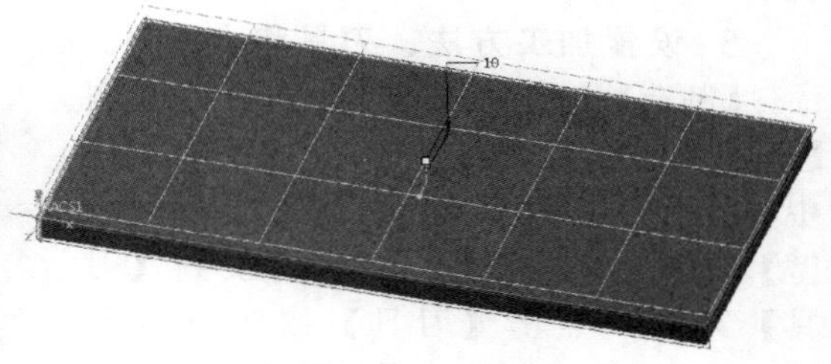

图 3.5.8　间隙

ϕ1.5 的刀具雕刻加工文字的区域

6. 进入雕刻模块

选择【铣削】功能选项卡→【雕刻】 雕刻。

7. 刀具和坐标系

【刀具】选择 T0001→【坐标系】为刚才在所设定的坐标系 ACS1：F10 坐标系。

8. 参考

进入【参考】选项卡→【选择项】→点击待加工的文字（如图 3.5.9 参考）。

9. 参数

选择【参数】选项卡→【切削进给】250→【步长深度】0.2→【坡口深度】0.5→【安全距离】2→【主轴速度】2500→【冷却液选项】开（如图 3.5.10 参数）。

10. 生成刀具路径

点击上方的【刀具路径】按钮→打开【播放路径】对话框→点击【播放】按钮，生成刀具路径（如图 3.5.11 生成刀具路径）。

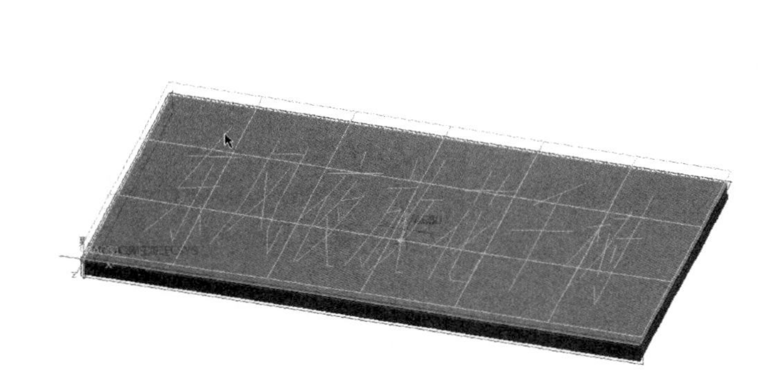

图 3.5.9　参考

图 3.5.10　参数

实体验证模拟

11. 实体切削验证

点击【刀具路径】下方的第三个按钮【实体验证】按钮→打开 VERYCUT 软件进行切削验证→点击软件右下角的【播放】按钮，观察实体切削验证的情况（如图 3.5.12）。

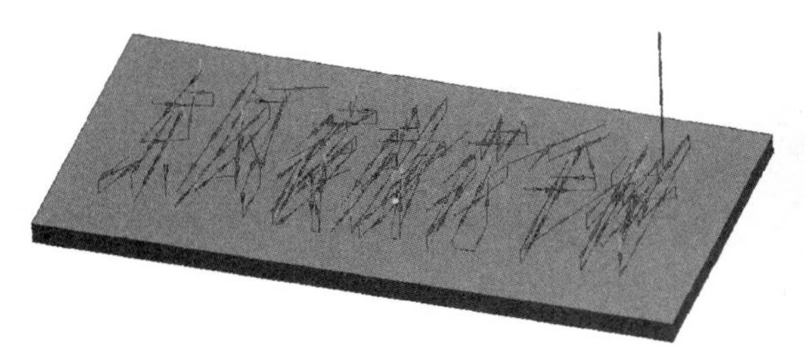

图 3.5.11　生成刀具路径

图 3.5.12　实体切削验证

二、雕刻加工参数设置

单击操控板中的【参数】按钮，打开如图 3.5.13 所示的【参数】选项卡。单击【编辑参数】按钮，打开如图 3.5.14 所示的【编辑序列参数“雕刻 1”】对话框，用于设置雕刻加工参数。

雕刻加工中部分通用加工参数的含义见前面章节，其余参数的含义解释见表 3.5.1。

参数	间隙	选项	刀具运动	工艺	属性

切削进给	250
弧形进给	-
自由进给	-
退刀进给	-
切入进给量	-
步长深度	0.2
公差	0.01
坡口深度	0.5
序号切割	0
安全距离	2
主轴速度	2500
冷却液选项	开

图 3.5.13 【参数】选项卡

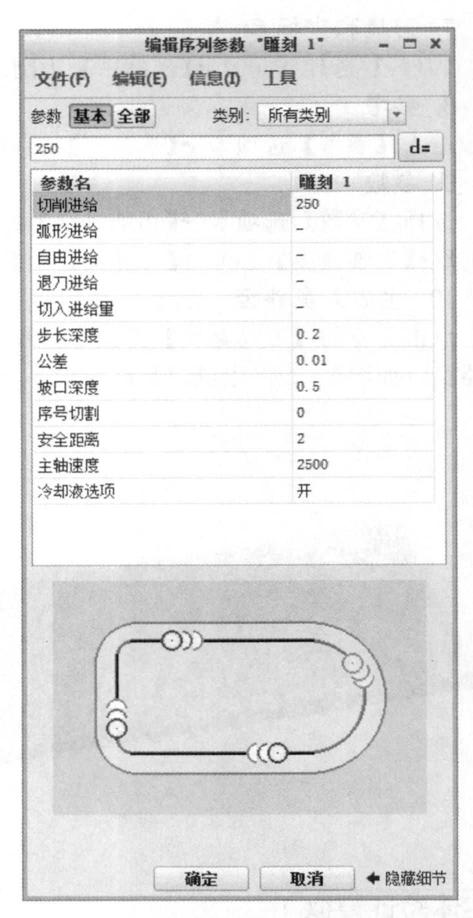

图 3.5.14 【编辑序列参数"雕刻 1"】对话框

表 3.5.1 参数说明

序号	参数名称	详细说明
1	切削进给	用于设置切削运动的进给速度,通常为 80～500mm/min
2	步长深度	用于设置在分层铣削时,每次切削的深度,如图 3.5.15 所示 图 3.5.15 【步长深度】
3	坡口深度	用于设置刻模时刀具切入工件的总深度,如图 3.5.16 所示 图 3.5.16 【坡口深度】
4	序号切割	用于设置加工到指定深度的切割次数,即切削层数,如图 3.5.17 所示 参数【步长深度】和【序号切割】用于指定垂直方向切割次数。系统根据【步长深度】计算切割次数并与【序号切割】值进行比较,使用其中的较大值作为切割次数

续表

序号	参数名称	详细说明
4	序号切割	图 3.5.17 【序号切割】
5	安全距离	用于设置退刀时的安全高度
6	主轴速度	用于设置数控机床主轴的运转速度，在进行粗加工时主轴转速一般是 1500～2500r/min，在进行精加工时主轴转速一般是 2500～4500r/min
7	冷却液选项	用于设置数控机床中冷却液的状况

三、雕刻加工实例一

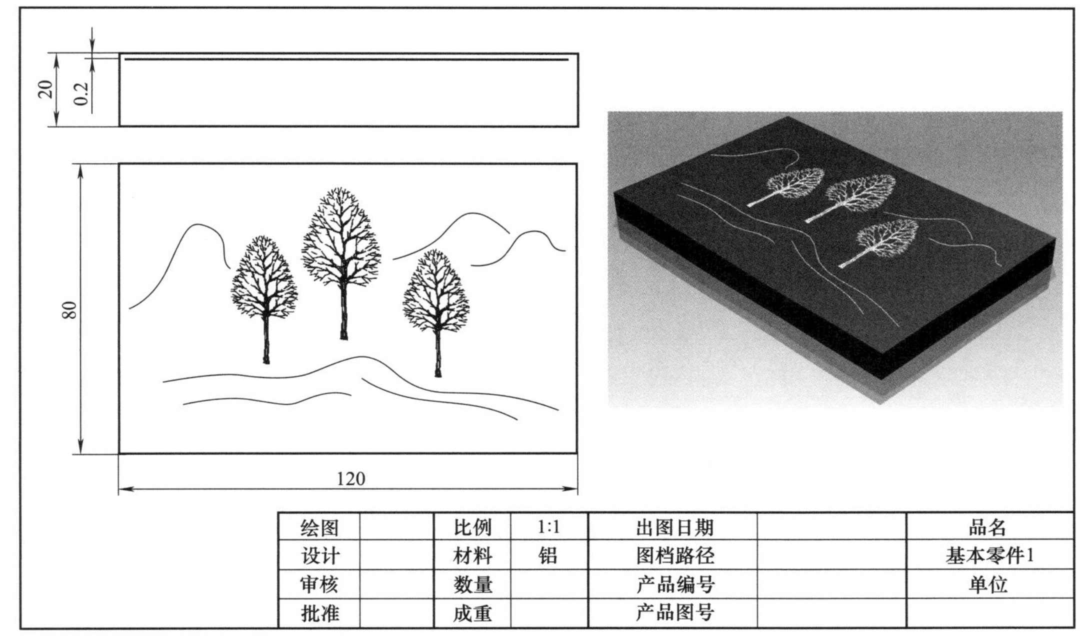

图 3.5.18　雕刻加工实例一

加工前的工艺分析与准备

1. 工艺分析

该零件由一个长方体构成，顶部为线条图案，深度为 1mm（图 3.5.18），工件尺寸 120mm×80mm×20mm，无尺寸公差要求。尺寸标注完整，轮廓描述清楚。零件材料为已经加工成型的标准铝块，无热处理和硬度要求。

① $\phi1$ 的刀具雕刻加工图案的区域；

② 根据加工要求，共需产生 1 次刀具路径。

前期准备工作

2. 图形的导入

在 Creo 界面中点击【新建】按钮→打开【新建】对话框→【类型】制造→【子类型】NC

装配→【名称】3→取消勾选【使用默认模板】复选框→【确定】→弹出【新建文件选项】对话框→【模板】mmns_mfg_nc，公制模板→【确定】→在打开的【制造】功能选项卡中→【参考模型】→【组装参考模型】→在【打开】对话框中找到文件存放的位置→选择【3.prt】→【打开】(如图 3.5.19 图形的导入)→系统打开【元件放置】选项卡，注意观察待加工工件的状况（如图 3.5.20 观察待加工工件）。

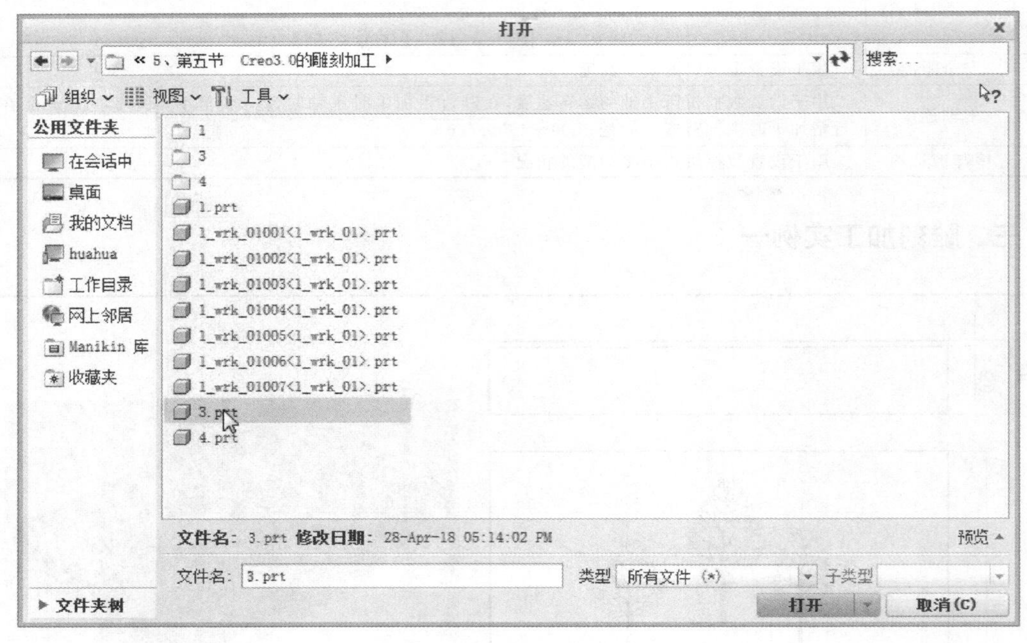

图 3.5.19 图形的导入

3. 元件放置

【元件放置】选项卡→打开【自动】下拉列表→【重合】→点击工件顶面和加工坐标系的XY平面→得到一个重合摆放的工件→点击【元件放置】选项卡上的【反向】按钮，将工件摆正→点击【应用约束】按钮，将当前的重合约束应用到系统中→【确定】，工件方向摆放完毕，系统返回【制造】功能选项卡（如图 3.5.21 元件放置）。

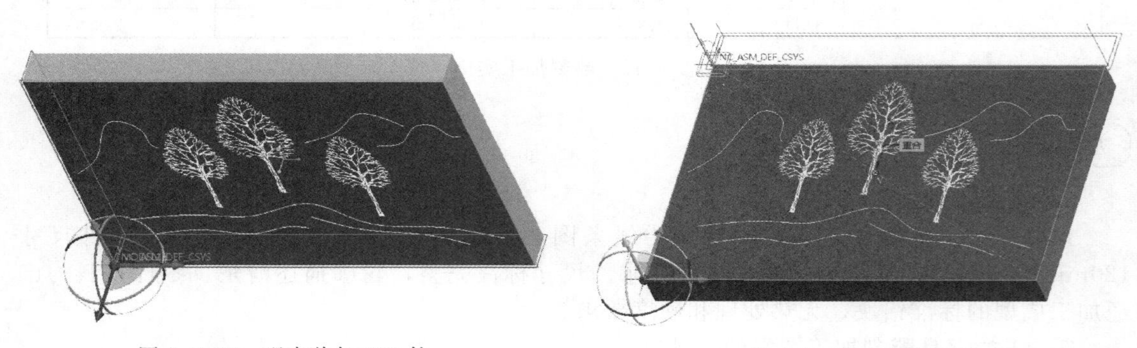

图 3.5.20 观察待加工工件　　　　图 3.5.21 元件放置

4. 创建毛坯

打开【视图】选项卡的【着色】→【带边着色】【制造】功能选项卡中→【工件】→【自动工件】→进入【创建自动工件】选项卡→【创建矩形工件】，将创建一个最小化包容工件的毛坯→【确定】，毛坯创建完毕，系统返回【制造】功能选项卡（如图 3.5.22 创建毛坯）。

5. 设定铣削窗口

【制造】功能选项卡中→【铣削窗口】→打开【铣削窗口】选项卡→直接点击顶面，使顶面作为加工范围→【确定】，铣削窗口完毕，系统返回【制造】功能选项卡（如图 3.5.23 设定铣削窗口）。

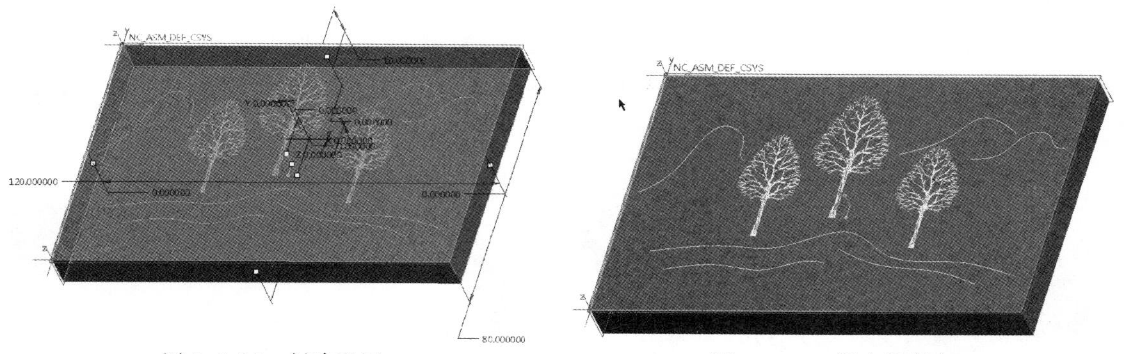

图 3.5.22 创建毛坯　　　　图 3.5.23 设定铣削窗口

6. 设置加工方法、刀具和坐标系

【制造】功能选项卡中→操作→右侧【制造设置】→【铣削】→打开【铣削工作中心】对话框→【名称】MILL01→【类型】铣削→【轴数】3 轴→切换到【刀具】选框→点击【刀具】按钮→打开【刀具设定】对话框→【名称】T0001→【类型】铣削→【材料】HSS→刀具直径【ϕ】1→【应用】将刀具信息设定在刀具列表中→【确定】→【确定】（如图 3.5.24 刀具设定）→

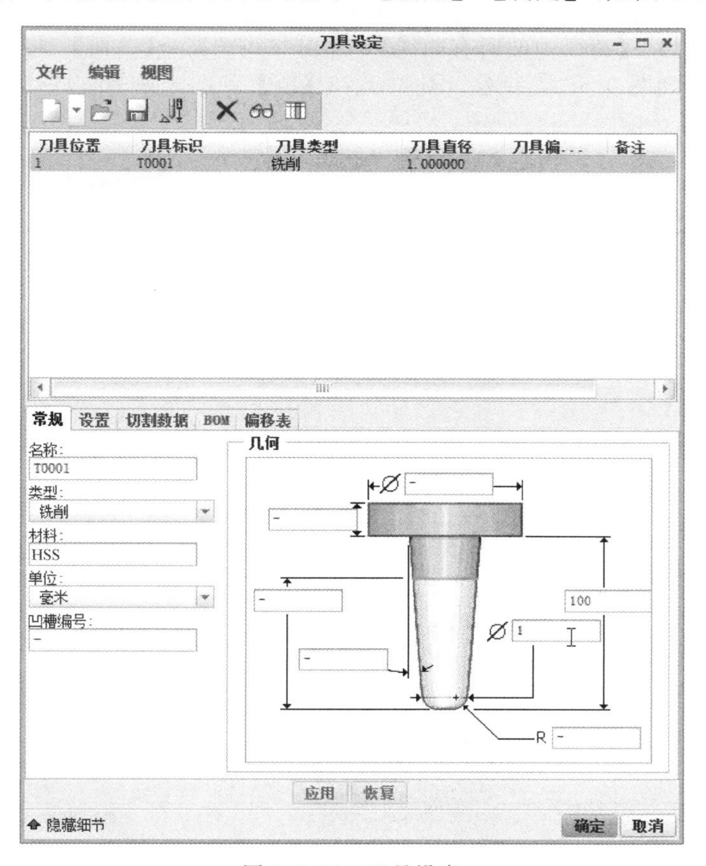

图 3.5.24 刀具设定

【基准】→【基准】→弹出【坐标系】对话框，此时处于【原点】选项卡，用于原点位置→此时，按住 Ctrl 键点击顶面→按住 Ctrl 键点击前面→按住 Ctrl 键点左侧面，此时坐标系会定位到左下角→点击【方向】选项卡→【使用】【确定】Z→【使用】【投影】Y【反向】，将坐标系的方向更改为与加工坐标系一致→【确定】（如图 3.5.25 加工坐标系）→点击左侧【使用此工具】按钮，将该坐标系应用到系统之中→【刀具】默认为第一把刀→【间隙】选项卡→【类型】平面→点击工件的表面→【值】10→【回车 Enter】→【确定】，加工方法、刀具和坐标系完毕，系统返回【制造】功能选项卡（如图 3.5.26 间隙）。

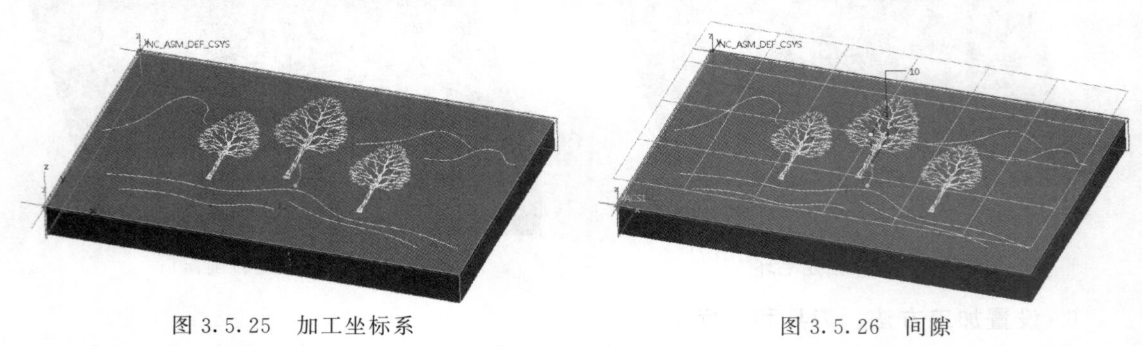

图 3.5.25　加工坐标系　　　　图 3.5.26　间隙

绘制投影曲线

7. 投影曲线

【修饰符】菜单→【投影】→打开【参考】对话框→【链】→【细节】→弹出【链】对话框→【参考】→【基于规则】→【特征中的所有曲线】→点击曲线图案→【曲面】选择工件的面→【方向参考】选择 Z 轴（如图 3.5.27 参考、图 3.5.28【链】和图 3.5.29 投影曲线）。

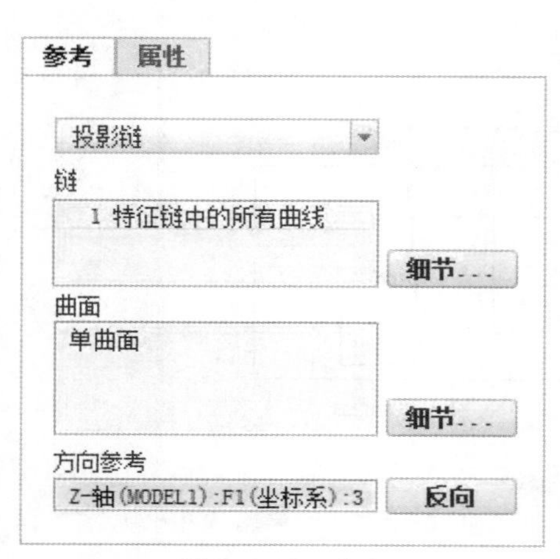

图 3.5.27　参考

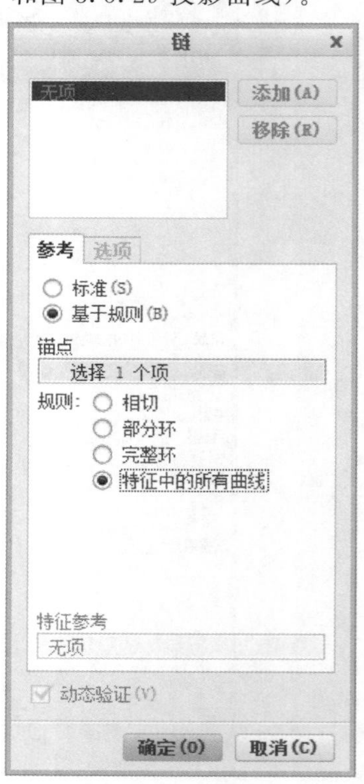

图 3.5.28　【链】

ϕ1 的刀具雕刻加工图案的区域

8. 进入雕刻模块

选择【铣削】功能选项卡→【雕刻】。

9. 刀具和坐标系

【刀具】选择 T0001→【坐标系】为刚才在所设定的坐标系 ACS1：F10 坐标系。

10. 参考

进入【参考】选项卡→【选择项】→点击投影后的曲线图案（如图 3.5.30 参考）。

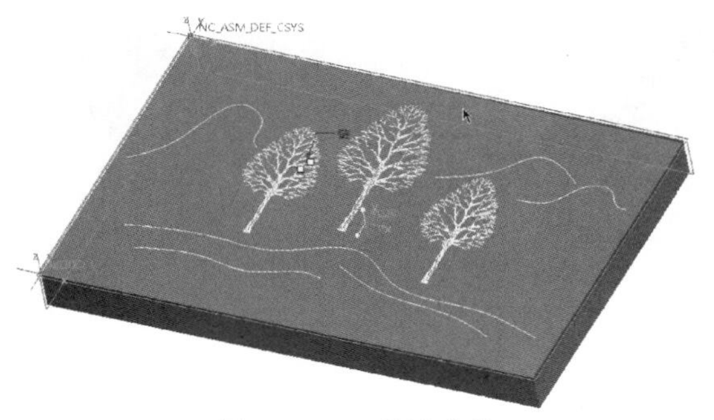

图 3.5.29　投影曲线

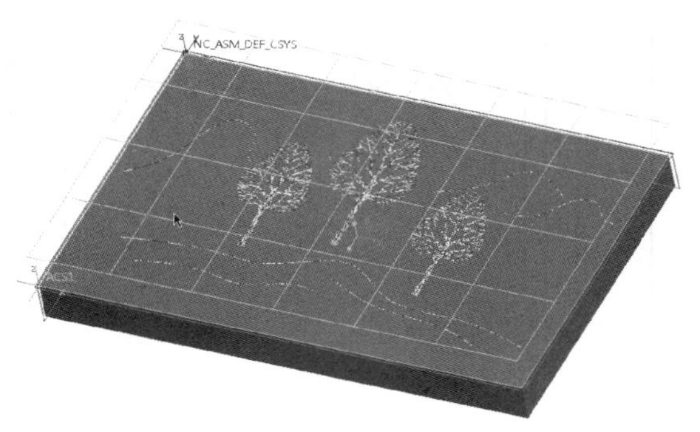

图 3.5.30　参考

11. 参数

选择【参数】选项卡→【切削进给】400→【步长深度】0.2→【坡口深度】0.2→【安全距离】2→【主轴速度】2000→【冷却液选项】开（如图 3.5.31 参数）。

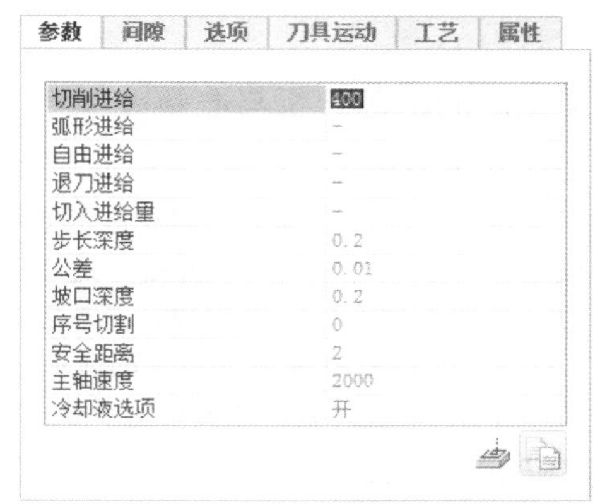

图 3.5.31　参数

12. 生成刀具路径

点击上方的【刀具路径】按钮→打开【播放路径】对话框→点击【播放】按钮，生成刀具路径（如图 3.5.32 生成刀具路径）。

实体验证模拟

13. 实体切削验证

点击【刀具路径】下方的第三个按钮【实体验证】按钮→打开 VERICUT 软件进行切削验证→点击软件右下角的【播放】按钮，观察实体切削验证的情况（如图 3.5.33 实体切削验证）。

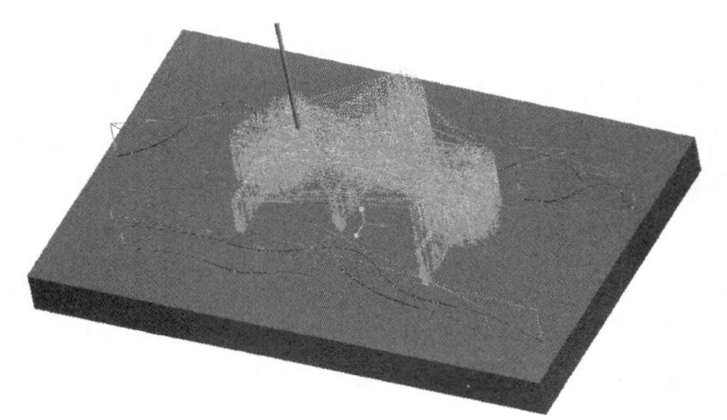

图 3.5.32　生成刀具路径

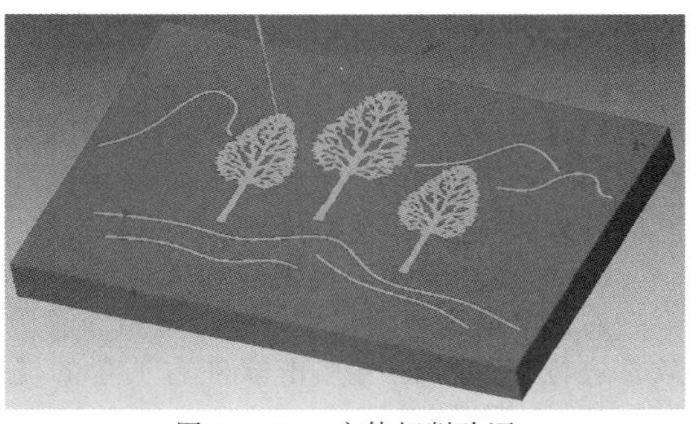

图 3.5.33　实体切削验证

四、雕刻加工实例二

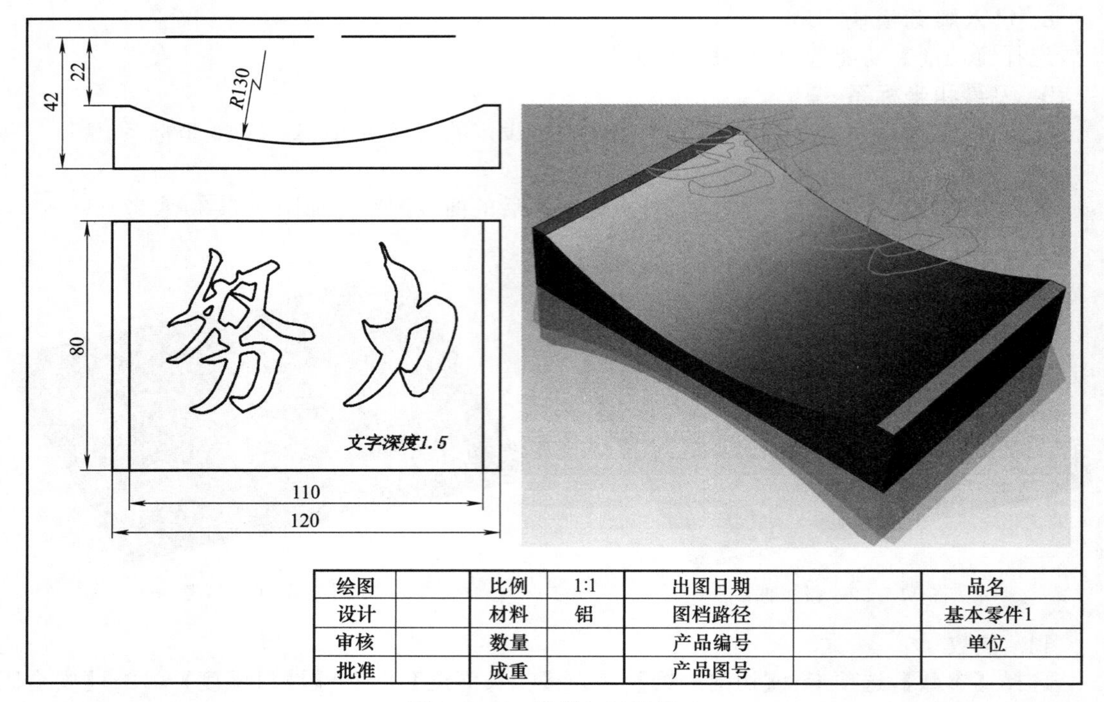

图 3.5.34　雕刻加工实例二

加工前的工艺分析与准备

1. 工艺分析

该零件表面由连续的不同深度的平面和曲面构成，（如图 3.5.34 雕刻加工实例二），工件尺寸 120mm×80mm×42mm，无尺寸公差要求。尺寸标注完整，轮廓描述清楚。零件材料为已经加工成型的标准铝块，无热处理和硬度要求。

① $\phi 1$ 的刀具雕刻加工图案的区域；

② 根据加工要求，共需产生 1 次刀具路径。

前期准备工作

2. 图形的导入

在 Creo 界面中点击【新建】按钮→打开【新建】对话框→【类型】制造→【子类型】NC 装配→【名称】4→取消勾选【使用默认模板】复选框→【确定】→弹出【新建文件选项】对话框→【模板】mmns_mfg_nc，公制模板→【确定】→在打开的【制造】功能选项卡中→【参考模型】→【组装参考模型】→在【文件打开】对话框中找到文件存放的位置→选择【4.asm】→【打开】（如图 3.5.35 图形的导入）→系统打开【元件放置】选项卡，注意观察待加工工件的状况（如图 3.5.36 观察待加工工件）。

3. 观察之前的刀具路径和实体切削验证

右击之前进行的操作→选择【材料移除模拟】按钮，实体切削验证→打开 VERYCUT 软件进行切削验证→点击软件右下角的【播放】按钮，观察实体切削验证的情况（如图 3.5.37 实体切削验证）。

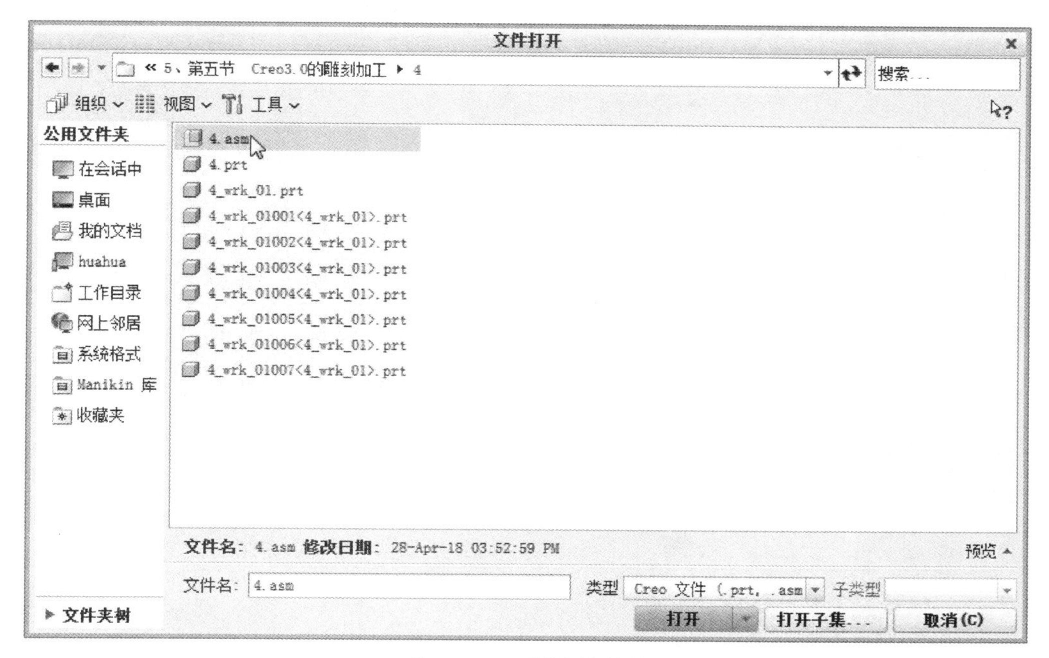

图 3.5.35　图形的导入

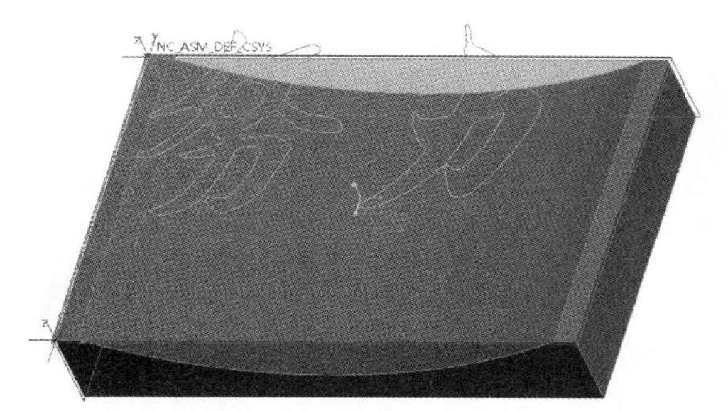

图 3.5.36　观察待加工工件

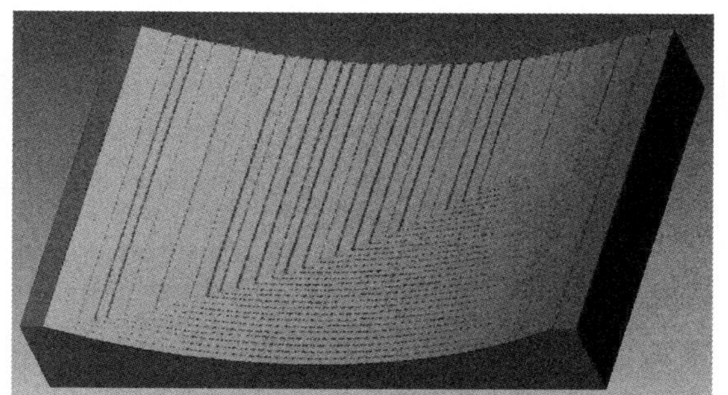

图 3.5.37　实体切削验证

绘制投影曲线

4. 投影曲线

【修饰符】菜单→【投影】→打开【参考】对话框→【链】→【细节】→弹出【链】对话框→【参考】→【基于规则】→【完整环】→按住Ctrl点击构成文字的封闭曲线，直至选择完毕→【曲面】选择工件的面→【方向参考】选择Z轴（如图3.5.38参考、图3.5.39【链】和图3.5.40投影曲线）。

ϕ1的刀具雕刻加工图案的区域

5. 进入雕刻模块

选择【铣削】功能选项卡→【雕刻】。

6. 刀具和坐标系

【刀具】选择T0001→【坐标系】为刚才在所设定的坐标系ACS1：F10坐标系。

7. 参考

进入【参考】选项卡→【选择项】→点击投影后的文字（如图3.5.41参考）。

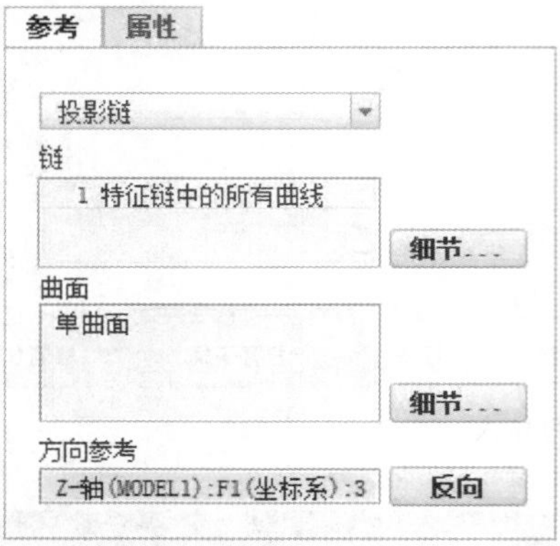

参考
属性
投影链
链
1 特征链中的所有曲线
细节...
曲面
单曲面
细节...
方向参考
Z-轴(MODEL1):F1(坐标系):3
反向

图 3.5.38　参考

链
1 曲线链
2 曲线链
3 曲线链
4 曲线链
5 曲线链
6 曲线链
添加(A)
移除(R)
参考
选项
标准(S)
基于规则(B)
锚点
曲线:F2(导入特征):4
规则:
相切
部分环
完整环
特征中的所有曲线
环参考
无项
动态验证(V)
确定(O)
取消(C)

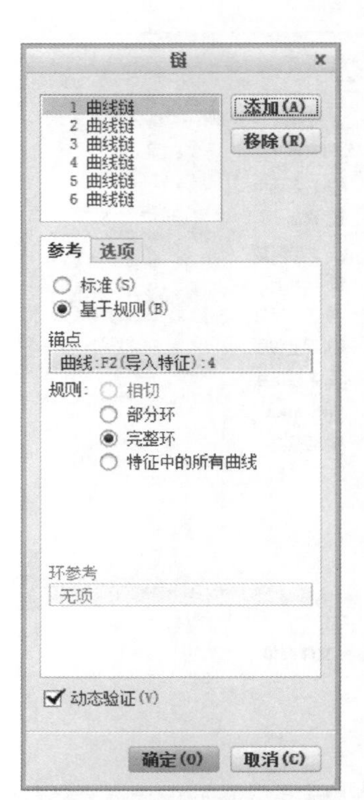

图 3.5.39　【链】

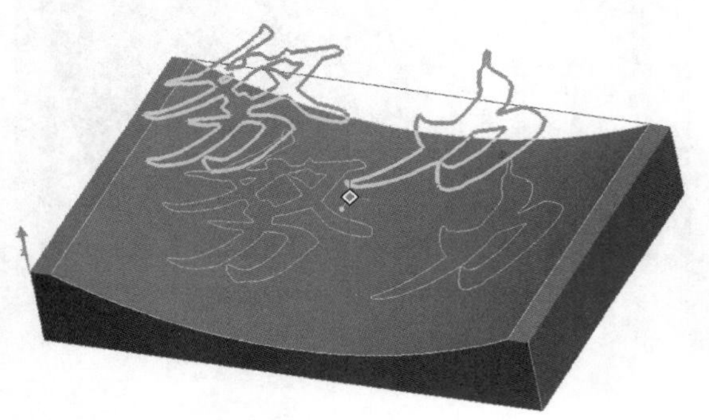

图 3.5.40　投影曲线

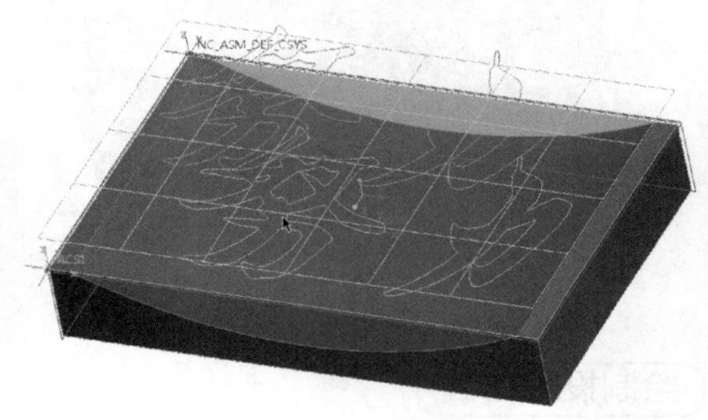

图 3.5.41　参考

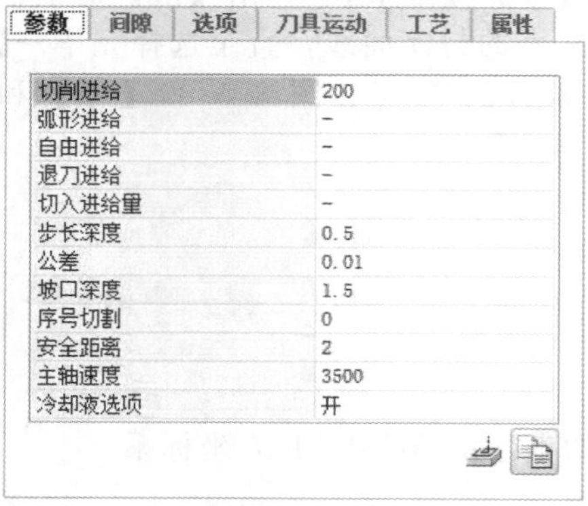

参数
间隙
选项
刀具运动
工艺
属性
切削进给 200
弧形进给 -
自由进给 -
退刀进给 -
切入进给量 -
步长深度 0.5
公差 0.01
坡口深度 1.5
序号切割 0
安全距离 2
主轴速度 3500
冷却液选项 开

图 3.5.42　参数

8. 参数

选择【参数】选项卡→【切削进给】200→【步长深度】0.5→【坡口深度】1.5→【安全距离】2→【主轴速度】3500→【冷却液选项】开（如图3.5.42 参数）。

9. 新建刀具

点击【刀具】菜单→编辑刀具→打开【刀具设定】对话框→【名称】T0001→【类型】铣削→【材料】HSS→刀具直径【ϕ】1→【应用】将刀具信息设定在刀具列表中→【确定】→【确定】（如图3.5.43 刀具设定）。

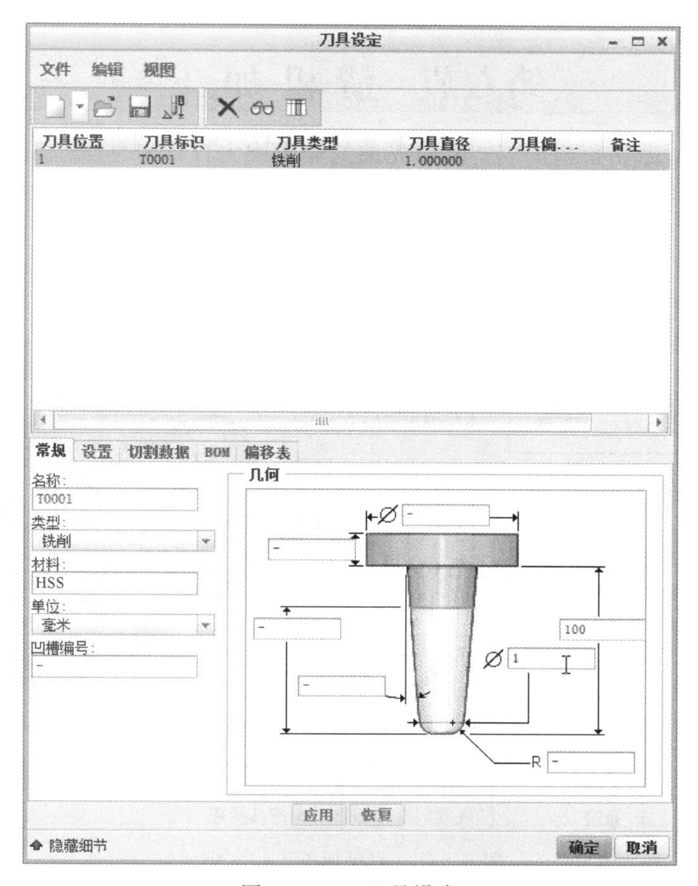

图 3.5.43　刀具设定

10. 生成刀具路径

点击上方的【刀具路径】按钮→打开【播放路径】对话框→点击【播放】按钮，生成刀具路径（如图 3.5.44 生成刀具路径）。

实体验证模拟

11. 实体切削验证

点击【刀具路径】下方的第三个按钮【实体验证】按钮→打开 VERICUT 软件进行切削验证→点击软件右下角的【播放】按钮，观察实体切削验证的情况（如图 3.5.45 实体切削验证）。

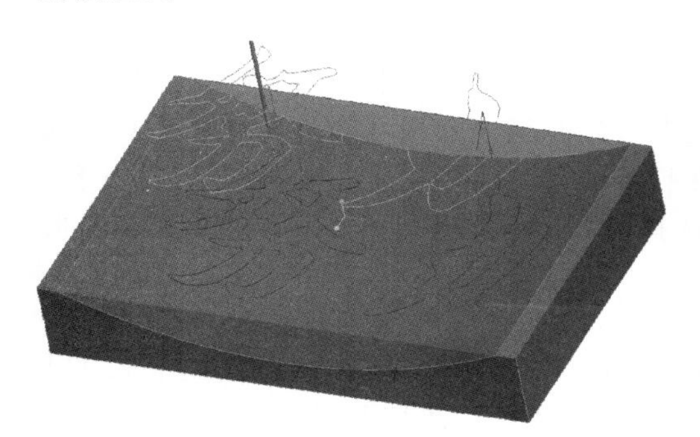

图 3.5.44　生成刀具路径

图 3.5.45　实体切削验证

第六节 清根加工

清根加工，也叫做拐角精加工，是对先前的操作或大直径刀具所留下来拐角的残料进行加工的一种方法。清根加工主要用来清除局部地方过多的残料区域，通常使用较之前刀具更小的刀具进行操作。

一、清根加工入门实例

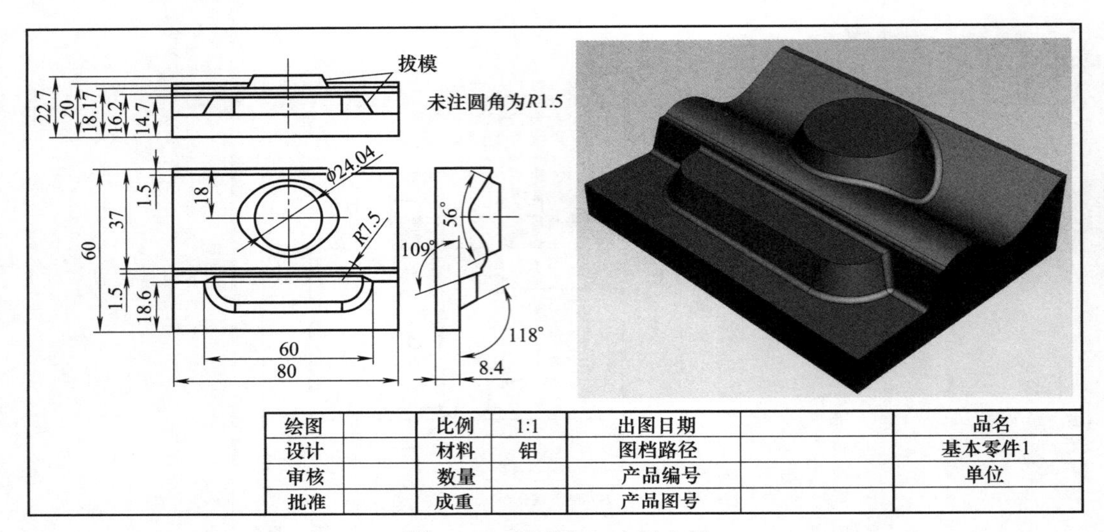

图 3.6.1 清根加工入门实例

加工前的工艺分析与准备

1. 工艺分析

该零件表面由一系列连续曲面构成（图 3.6.1）。工件尺寸 80mm×60mm×22.7mm，无尺寸公差要求。尺寸标注完整，轮廓描述清楚。零件材料为已经加工成型的标准铝块，无热处理和硬度要求。

① 用 $\phi3$ 的球刀进行清根的精加工操作；

② 根据加工要求，共需产生 1 次刀具路径。

前期准备工作

2. 图形的导入

在 Creo 界面中点击【新建】按钮→打开【新建】对话框→【类型】制造→【子类型】NC 装配→【名称】1→取消勾选【使用默认模板】复选框→【确定】→弹出【新建文件选项】对话框→【模板】mmns_mfg_nc，公制模板→【确定】→在打开的【制造】功能选项卡中→【打开】→在【文件打开】对话框中找到文件存放的位置→选择【1.asm】→【打开】（如图 3.6.2 图形的导入）。

3. 观察之前的刀具路径和实体切削验证

右击之前进行的操作→选择【材料移除模拟】按钮，实体切削验证→打开 VERYCUT 软件进行切削验证→点击软件右下角的【播放】按钮，观察实体切削验证的情况（如图 3.6.3 实体切削验证）。

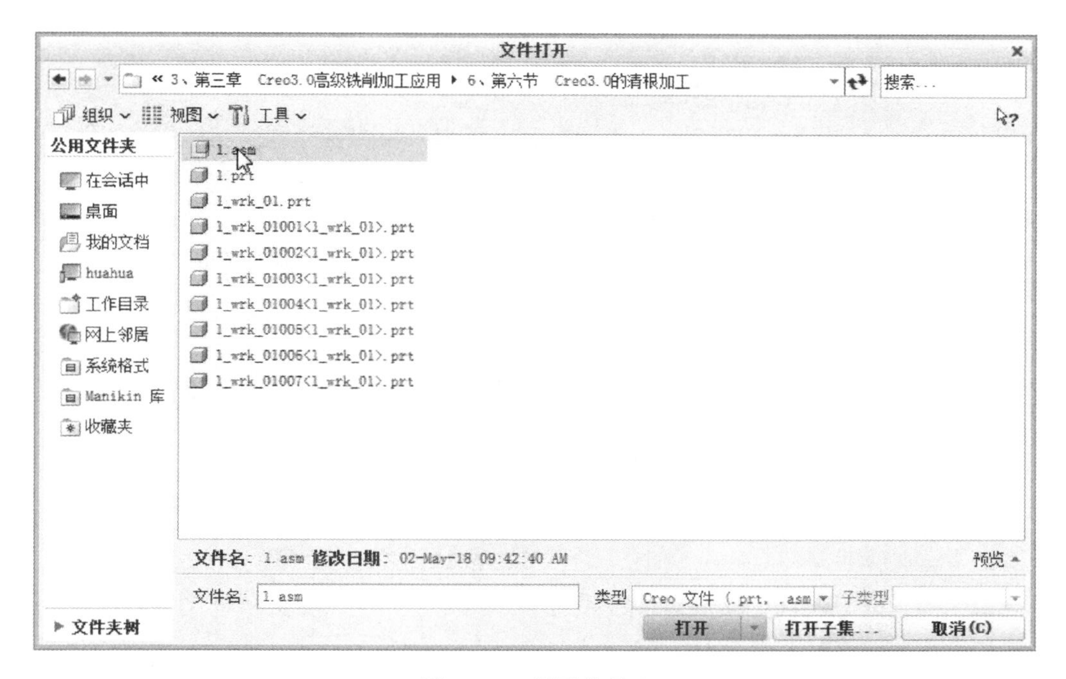

图 3.6.2　图形的导入

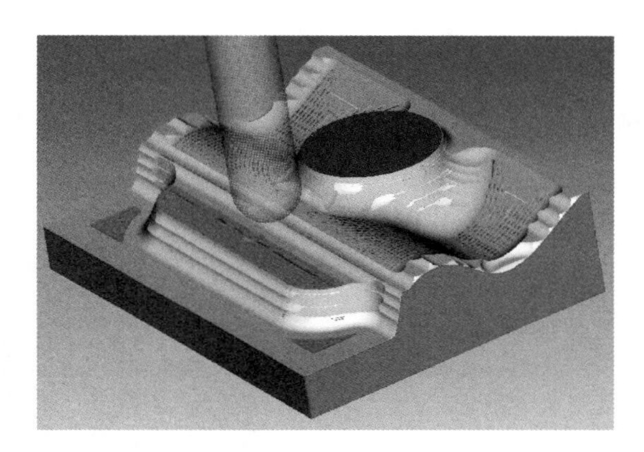

图 3.6.3　实体切削验证

ϕ3 的球刀进行清根的精加工操作

4. 进入曲面铣削模块

选择【铣削】功能选项卡→【铣削】→【拐角精加工】 拐角精加工 。

5. 刀具和坐标系

【刀具菜单】→【编辑刀具】→在打开的【刀具设定】对话框中，新建一把刀具→【名称】T0003→【类型】球铣削→刀具直径【ϕ】3→【应用】将刀具信息设定在刀具列表中→【确定】(如图 3.6.4 刀具设定)→【坐标系】ACS1：F10 坐标系。

6. 参考

【参考】→【参考切削刀具】T0003→【铣削窗口】点击顶部的面（如图 3.6.5【参考切削刀具】和图 3.6.6 点击顶部的面）。

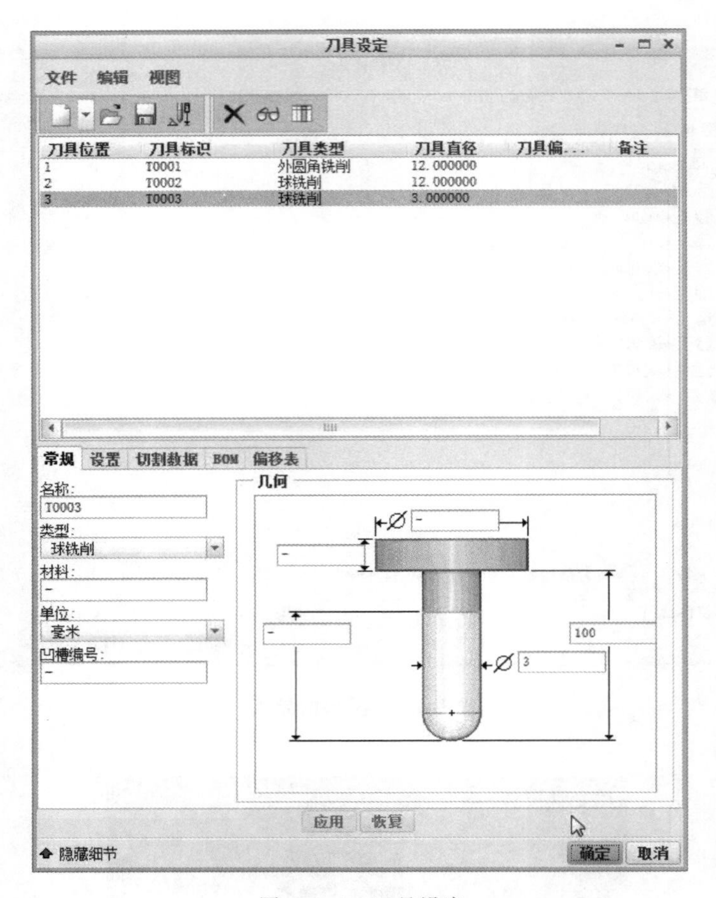

图 3.6.4　刀具设定

图 3.6.5 【参考切削刀具】

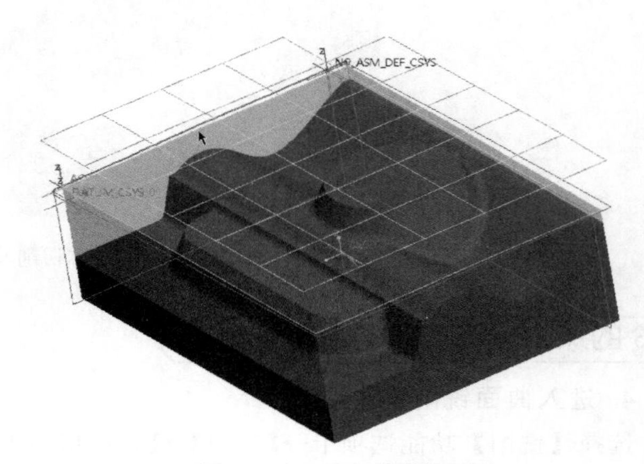

图 3.6.6　点击顶部的面

7. **参数**

进入【参数】选项卡→【切削进给】200→【跨距】0.5→【陡跨距】0.5→【安全距离】2→【主轴速度】2500→【冷却液选项】开（如图 3.6.7 参数）。

8. **生成刀具路径**

点击上方的【刀具路径】按钮→打开【播放路径】对话框→点击【播放】按钮，生成刀具路径（如图 3.6.8 生成刀具路径）。

参数 | 间隙 | 选项 | 刀具运动 | 工艺 | 属性

参数	值
切削进给	200
弧形进给	-
自由进给	-
退刀进给	-
切入进给量	-
倾斜_角度	60
跨距	0.5
陡跨距	0.5
精加工允许余量	0
刀痕高度	-
内公差	0.025
外公差	0.025
切割类型	顺铣
铣削选项	直线连接
加工选项	组合切口
陡区域扫描	笔式切削
浅区域扫描	笔式切削
安全距离	2
主轴速度	2500
冷却液选项	开

图 3.6.7　参数

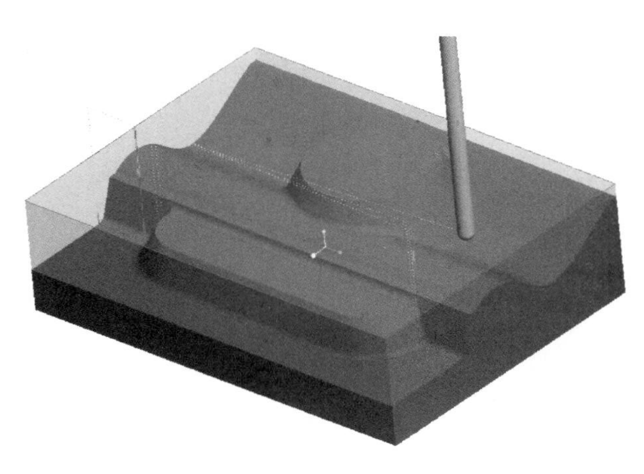

图 3.6.8　生成刀具路径

实体验证模拟

9. 实体切削验证

点击【刀具路径】下方的第三个按钮【实体验证】按钮→打开 VERYCUT 软件进行切削验证→点击软件右下角的【播放】按钮，观察实体切削验证的情况（如图 3.6.9 和图 3.6.10）。

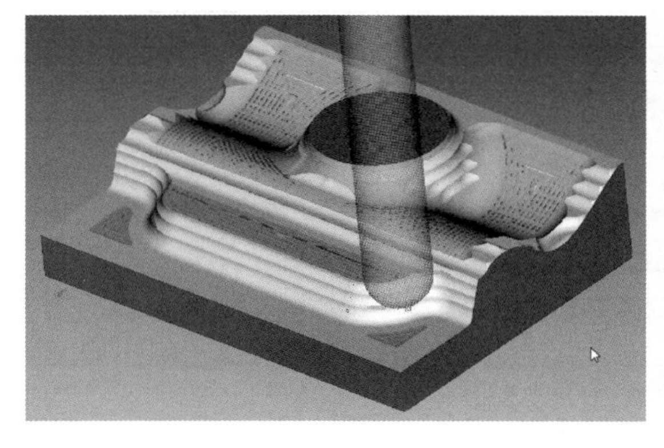

图 3.6.9　粗加工

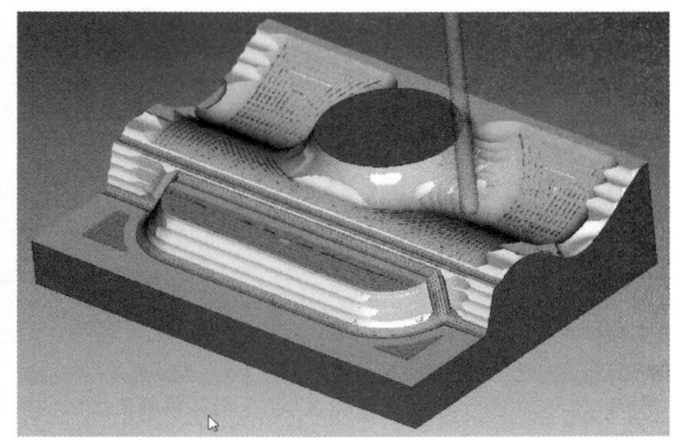

图 3.6.10　ϕ3 的球刀进行清根的精加工操作

二、清根加工参数设置

单击操控板中的【参数】按钮，打开如图 3.6.11 所示的【参数】选项卡。单击【编辑参数】按钮，打开如图 3.6.12 所示的【编辑序列参数“拐角精加工 1”】对话框，用于设置清根的加工参数。

清根加工中部分通用加工参数的含义见前面章节，其余参数的含义解释见表 3.6.1。

参数	间隙	选项	刀具运动	工艺	属性

参数	值
切削进给	200
弧形进给	-
自由进给	-
退刀进给	-
切入进给量	-
倾斜_角度	60
跨距	0.5
陡跨距	0.5
精加工允许余量	0
刀痕高度	-
内公差	0.025
外公差	0.025
切割类型	顺铣
铣削选项	直线连接
加工选项	组合切口
陡区域扫描	笔式切削
浅区域扫描	笔式切削
安全距离	2
主轴速度	2500
冷却液选项	开

图 3.6.11 【参数】选项卡

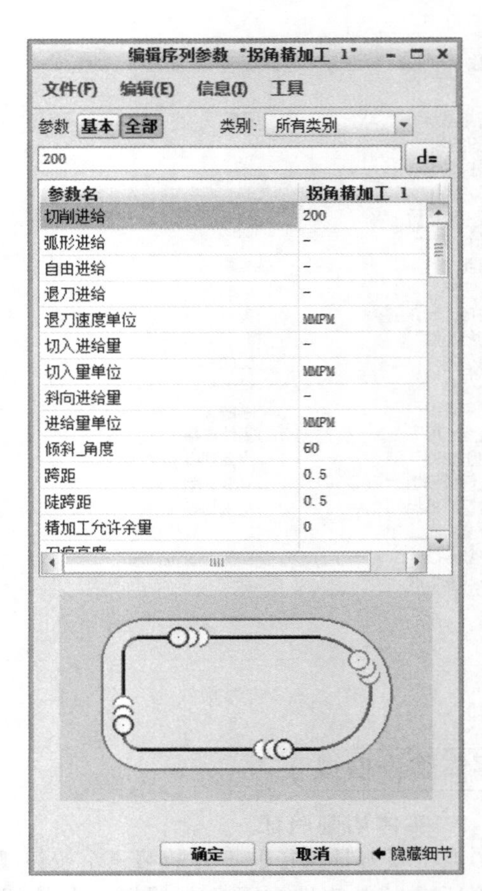

图 3.6.12 【编辑序列参数“拐角精加工 1”】对话框

表 3.6.1 清根加工参数说明

序号	参数名称	详细说明	
1	切削进给	用于设置切削运动的进给速度,通常为 80～500mm/min	
2	跨距	设置铣削路径之间的距离。如图 3.6.13 图 3.6.13 【跨距】	
3	陡跨距	在陡峭区域中,相邻精修区域之间的距离。如图 3.6.14 图 3.6.14 【陡跨距】	
4	加工选项	制定加工区面的方法	
		浅切口	只加工浅区域
		陡切口	只讲过陡区域
		组合切口	默认值,加工所有切口,即所有根部

续表

<table>
<tr><th>序号</th><th>参数名称</th><th colspan="2">详 细 说 明</th></tr>
<tr><td rowspan="6">5</td><td rowspan="6">陡区域扫描</td><td colspan="2">设置陡区域的走刀方式，有笔式切削、多个切削、螺纹切削、Z式切削四种方式</td></tr>
<tr><td>笔式切削</td><td>在拐角精加工中生成单道铅笔切口，如图 3.6.15</td></tr>
<tr><td>多个切削</td><td>在拐角精加工中生成平行切口，如图 3.6.16</td></tr>
<tr><td>螺纹切削</td><td>在拐角精加工中生成螺旋切口，如图 3.6.17</td></tr>
<tr><td>Z式切削</td><td>在拐角精加工中于陡拐角内部生成 Z 形切口，如图 3.6.18</td></tr>
<tr><td colspan="2">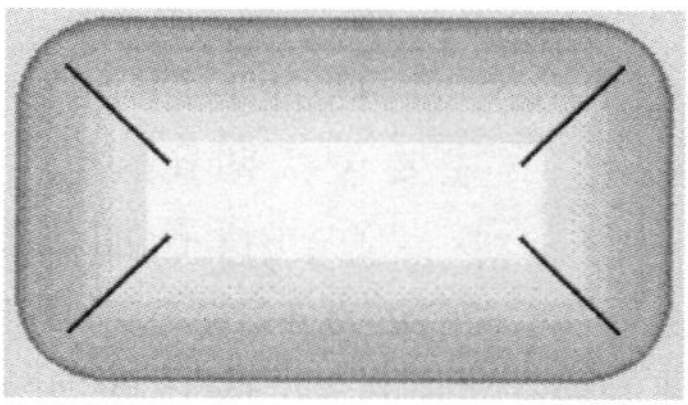
图 3.6.15　笔式切削
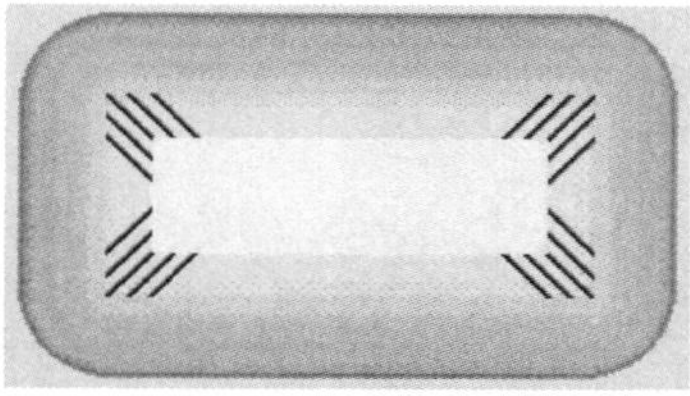
图 3.6.16　多个切削

图 3.6.17　螺纹切削
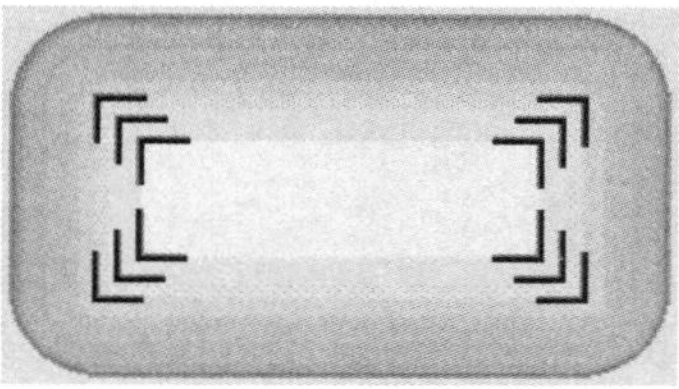
图 3.6.18　Z式切削</td></tr>
<tr><td rowspan="6">6</td><td rowspan="6">浅区域扫描</td><td colspan="2">设置浅区域的走刀方式，有笔式切削、多个切削、螺纹切削、STUTCH-CUTS 四种方式，如图 3.6.19～图 3.6.22</td></tr>
<tr><td>笔式切削</td><td>在拐角精加工中生成单道铅笔切口，如图 3.6.19</td></tr>
<tr><td>多个切削</td><td>在拐角精加工中生成平行切口，如图 3.6.20</td></tr>
<tr><td>螺纹切削</td><td>在拐角精加工中生成螺旋切口，如图 3.6.21</td></tr>
<tr><td>STUTCH_CUTS</td><td>在拐角精加工中生成垂直类型的刀具路径，如图 3.6.22</td></tr>
<tr><td colspan="2">
图 3.6.19　笔式切削
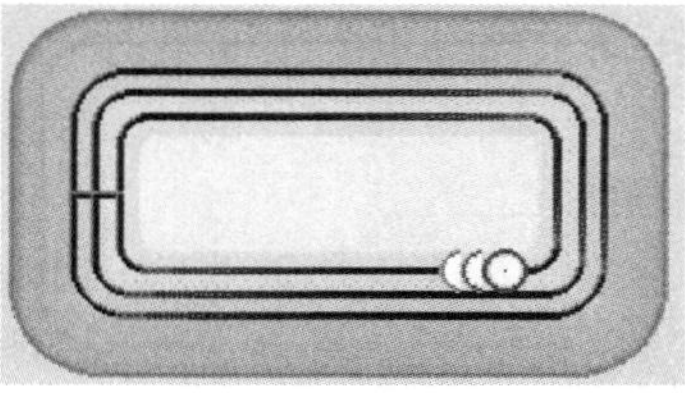
图 3.6.20　多个切削
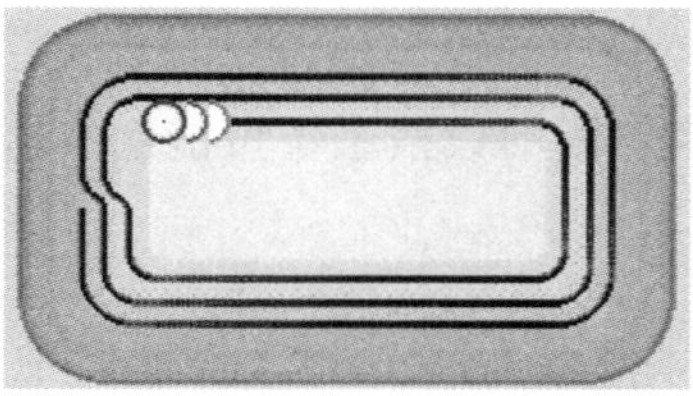
图 3.6.21　螺纹切削

图 3.6.22　STUTCH_CUTS</td></tr>
<tr><td>7</td><td>安全距离</td><td colspan="2">用于设置退刀时的安全高度</td></tr>
<tr><td>8</td><td>主轴速度</td><td colspan="2">用于设置数控机床主轴的运转速度，在进行粗加工时主轴转速一般是 1500～2500r/min，在进行精加工时主轴转速一般是 2500～4500r/min</td></tr>
<tr><td>9</td><td>冷却液选项</td><td colspan="2">用于设置数控机床中冷却液的状况</td></tr>
</table>

第七节 钻孔加工

钻孔加工可以生成用来进行钻孔、镗孔、攻螺纹等加工的刀具路径。钻孔加工中使用的几何模型的点，在钻孔之前需要创建孔中心所在的位置，用户可以选取已存在的点，也可以选择或创建根据规则排列的点列，作为钻孔的中心点。如图 3.7.1 为加工中心加工的阵列孔的实拍图。

图 3.7.1　加工中心加工的阵列孔的实拍图

孔加工用于各类孔系零件的加工，主要包括钻孔、镗孔、铰孔和攻螺纹等。

在进行孔加工时，根据不同的孔所制定的加工工艺不同，所用的刀具也将不同，如钻孔时使用中心钻、镗孔时使用镗刀、铰孔时使用铰刀、攻螺纹时使用丝锥。

孔加工一般由相似的几个步骤完成，为了简化对这些动作的描述，把整个加工过程放在一个代码行中进行描述，由此形成孔加工固定循环指令。一旦某个孔加工循环指令有效，其后所有的位置均采用该循环指令对孔进行加工，直到指令遇见 G80 取消孔加工循环指令为止。

一般的数控系统都支持常用的孔加工固定循环指令。

所有的孔加工固定循环都具有一个参考面、一个间隙平面和一个主轴坐标轴。参考平面可以是工件表面或其上某一固定高度的平面。间隙平面平行于参考平面，位于参考平面一个基本高度之上方，这个平面就是在孔到孔进行定位移动时的移动平面。主轴坐标轴是正交于参考平面的轴线，对于多数机床来说，主轴坐标轴一般为 Z 轴。参考平面和间隙平面平行于 XY 平面。

孔加工循环的基本运行步骤为：

(1) 将除主轴以外的所有坐标轴快速定位到程序设定的位置，即刀具快速移动到孔轴线的正上方。

(2) 将刀具从孔轴线的正上方快速移动到间隙平面。

(3) 孔加工，即将主轴以切削速度进给到加工深度。

(4) 在孔底进行相应的动作，即执行循环指定的主轴停顿、主轴反转等操作。

(5) 以进给速度或快速将主轴退回到间隙平面。

(6) 快速移动到初始点位置。

常用的孔加工固定循环指令如下（注意不同的数控系统可能会有区别）：

G80——取消固定循环指令

G81——钻孔循环指令

G82——带有暂停的扩孔/钻中心孔循环指令

G83——钻深孔循环（步进钻孔循环）指令

G84——(普通型）攻螺纹循环指令

G84.1——(强力型）攻螺纹循环指令

G85——镗孔/绞孔循环（以进给速度退刀）指令

G86——镗削循环（退回时有让刀且主轴不转）指令

G87——反镗循环指令
G88——断续型钻孔/镗孔循环指令
G89——带有暂停的镗孔/铰孔循环指令

一、钻孔加工入门实例

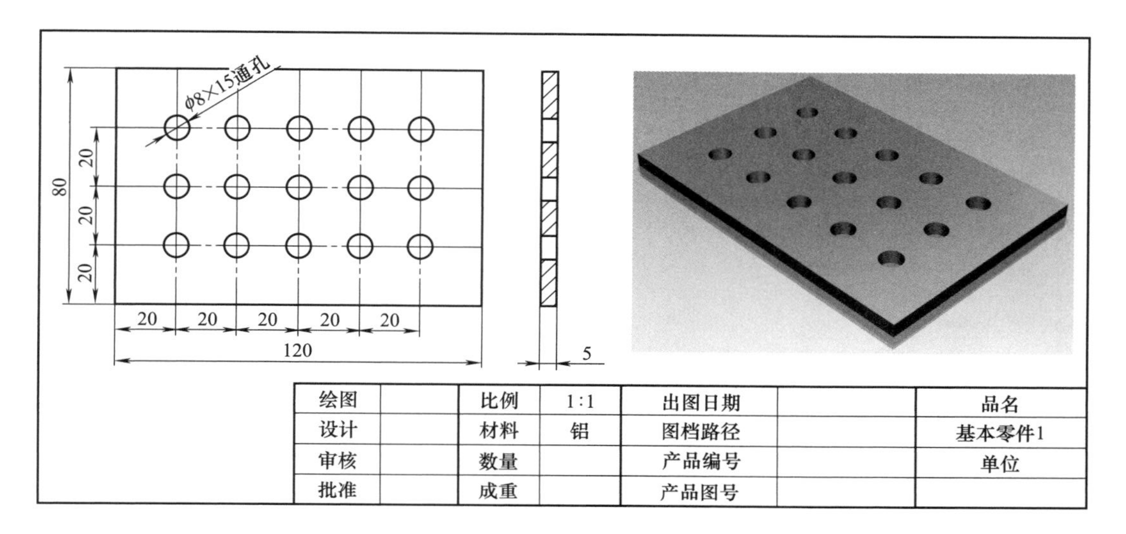

绘图		比例	1:1	出图日期		品名
设计		材料	铝	图档路径		基本零件1
审核		数量		产品编号		单位
批准		成重		产品图号		

图 3.7.2　钻孔加工入门实例

加工前的工艺分析与准备

1. 零件图工艺分析

该零件表面由 15 个规则排列的通孔构成（如图 3.7.2）。工件尺寸 120mm×80mm×5mm，无尺寸公差要求。尺寸标注完整，轮廓描述清楚。零件材料为已经加工成型的标准铝块，无热处理和硬度要求。

① $\phi 8$ 的钻头钻孔加工深度－5 的孔；

② 根据加工要求，共需产生 1 次刀具路径。

前期准备工作

2. 图形的导入

在 Creo 界面中点击【新建】按钮→打开【新建】对话框→【类型】制造→【子类型】NC 装配→【名称】1→取消勾选【使用默认模板】复选框→【确定】→弹出【新建文件选项】对话框→【模板】mmns_mfg_nc，公制模板→【确定】→在打开的【制造】功能选项卡中→【参考模型】→【组装参考模型】→在【打开】对话框中找到文件存放的位置→选择【1.prt】→【打开】(如图 3.7.3 图形的导入)→系统打开【元件放置】选项→打开【自动】下拉列表→【默认】→【确定】，工件方向摆放完毕，系统返回【制造】功能选项卡（如图 3.7.4 元件放置）。

3. 创建毛坯

打开【视图】选项卡的【着色】→【带边着色】【制造】功能选项卡中→【工件】→【自动工件】→进入【创建自动工件】选项卡→【创建矩形工件】，将创建一个最小化包容工件的毛坯→【确定】，毛坯创建完毕，系统返回【制造】功能选项卡（如图 3.7.5 创建毛坯）。

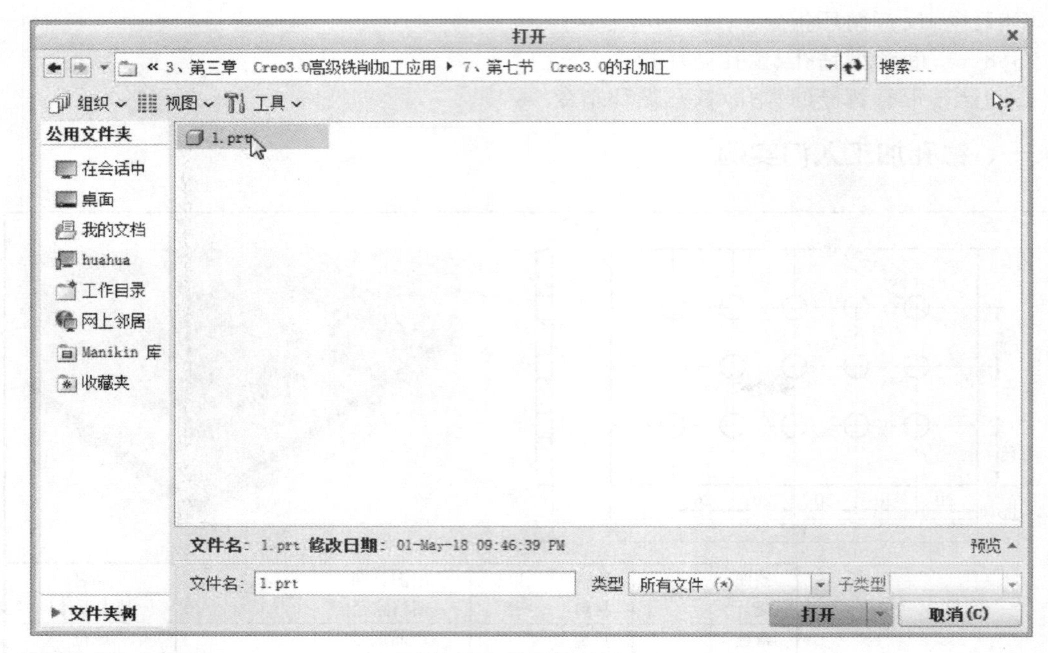

图 3.7.3　图形的导入

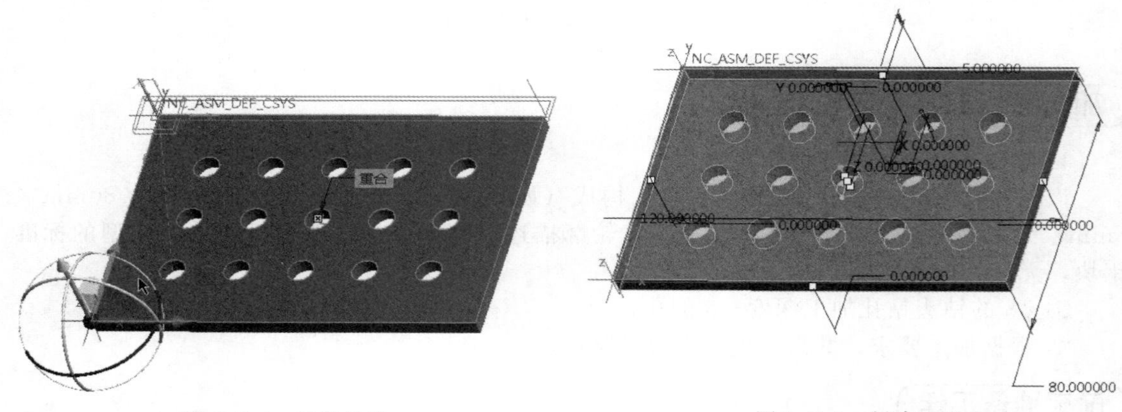

图 3.7.4　元件放置　　　　　　　　　　图 3.7.5　创建毛坯

4. 设定铣削窗口

【制造】功能选项卡中→【铣削窗口】→打开【铣削窗口】选项卡→直接点击顶面，使顶面作为加工范围→【确定】，铣削窗口完毕，系统返回【制造】功能选项卡（如图 3.7.6 设定铣削窗口）。

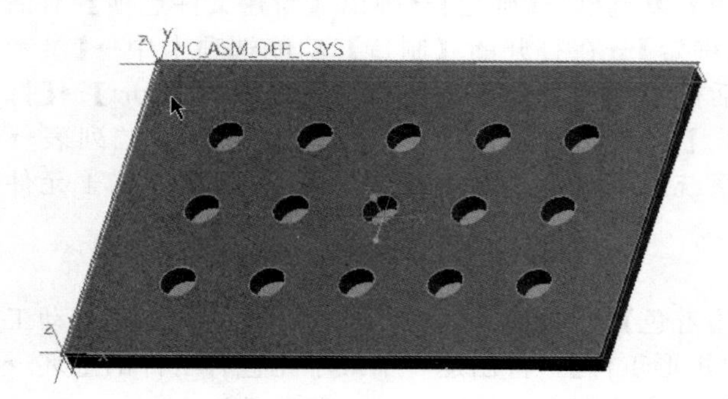

图 3.7.6　设定铣削窗口

5. 设置加工方法、刀具和坐标系

【制造】功能选项卡中→操作→右侧【制造设置】→【铣削】→打开【铣削工作中心】对话框→【名称】MILL01→【类型】铣削→【轴数】3 轴→切换到【刀具】选框→点击【刀具】按钮→打开【刀具设定】对话框→【名称】T0001→【类型】

钻孔→【材料】HSS→刀具直径【ϕ】8→【应用】将刀具信息设定在刀具列表中→【确定】→【确定】(如图3.7.7刀具设定)→【基准】→【基准】→弹出【坐标系】对话框，此时处于【原点】选项卡，用于原点位置→此时，按住Ctrl键点击顶面→按住Ctrl键点击前面→按住Ctrl键点左侧面，此时坐标系会定位到左下角→点击【方向】选项卡→【使用】【确定】Z→【使用】【投影】Y【反向】，将坐标系的方向更改为与加工坐标系一致→【确定】（如图3.7.8加工坐标系)→点击左侧【使用此工具】按钮，将该坐标系应用到系统之中→【刀具】默认为第一把刀→【间隙】选项卡→【类型】平面→点击工件的表面→【值】10→【回车Enter】→【确定】，加工方法、刀具和坐标系完毕，系统返回【制造】功能选项卡（如图3.7.9间隙)。

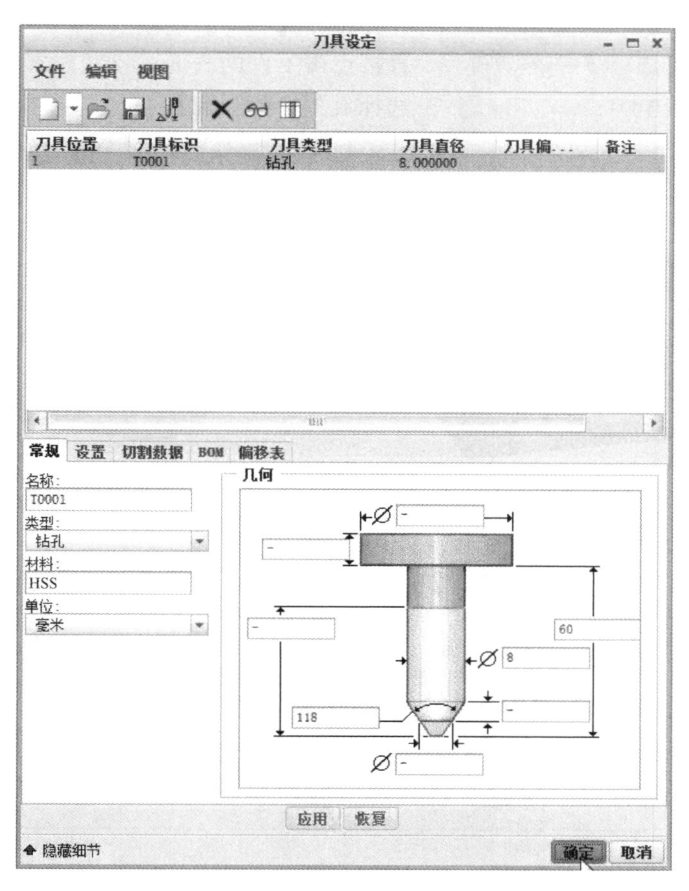

图3.7.7　刀具设定

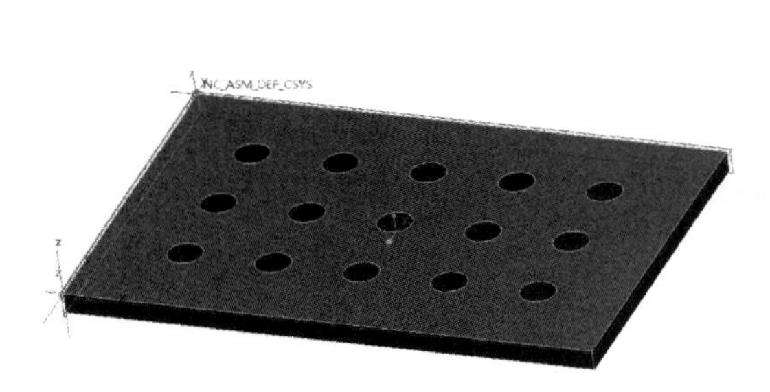

图3.7.8　加工坐标系

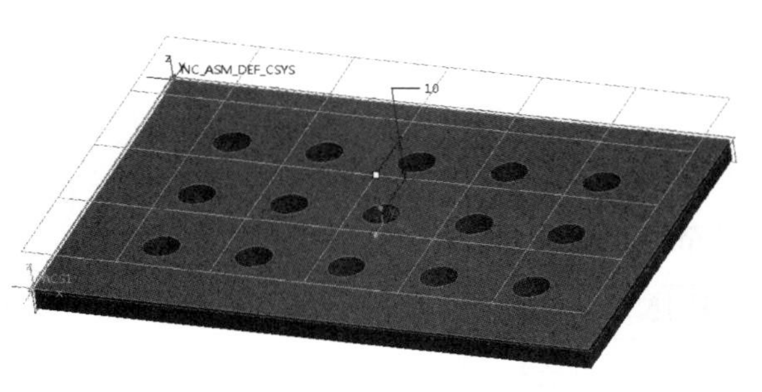

图3.7.9　间隙

ϕ8的钻头钻孔

6. 进入孔加工模块

参考
参数
间隙
检查曲面
选项
刀具运
集 1
*新建集
类型: 几何
孔
15 孔
细节...
起始
单击此处添加项
终止
单击此处添加项
测量: 依据轴肩

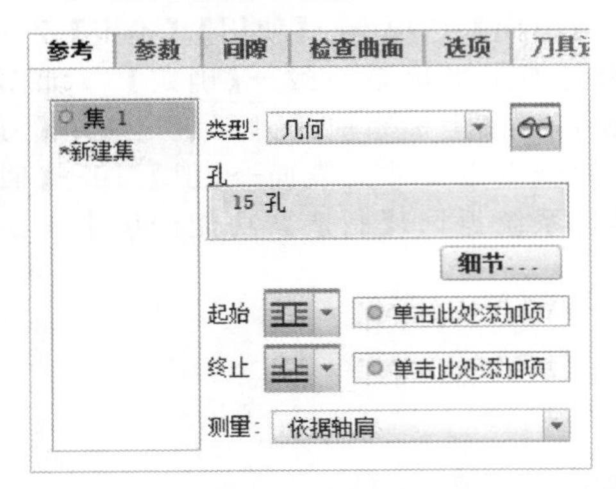

图 3.7.10　选择孔

选择【铣削】功能选项卡→钻孔的【标准】 。

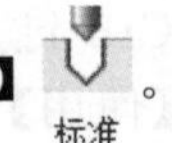

7. 刀具和坐标系

【刀具】选择 T0001→【坐标系】为刚才所设定的坐标系 ACS1：F10 坐标系。

8. 参考

进入【参考】选项卡→【集 1】→【类型】几何→直接点击工件的表面，自动搜索到孔（如图 3.7.10 选择孔）→【起始】，选择孔的顶面（如图 3.7.11 选择起始）→【终止】，选择孔的底面（如图 3.7.12 选择终止）。

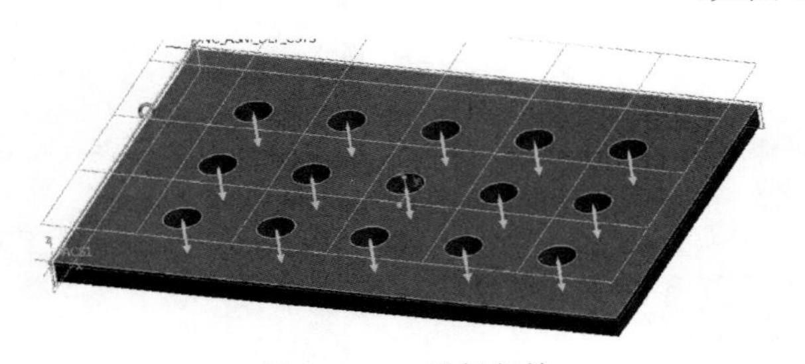

图 3.7.11　选择起始

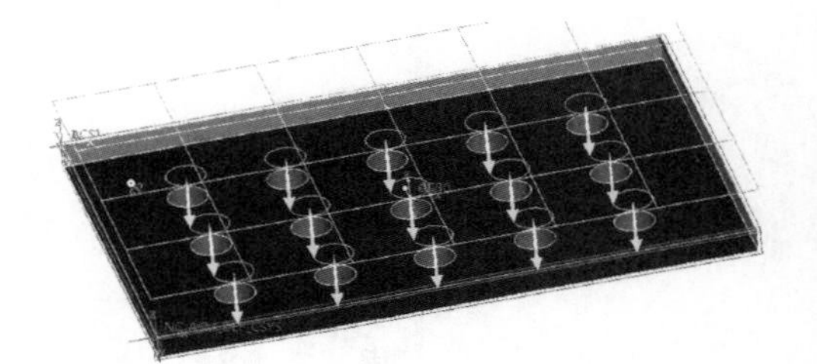

图 3.7.12　选择终止

9. 参数

选择【参数】选项卡→【切削进给】250→【安全距离】2→【主轴速度】2500→【冷却液选项】开（如图 3.7.13 参数）。

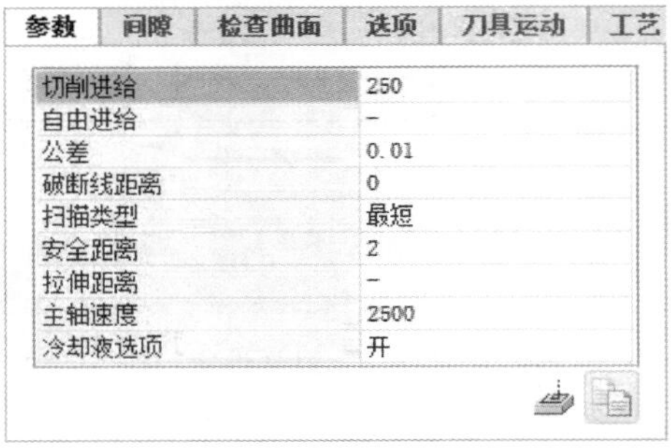

参数
间隙
检查曲面
选项
刀具运动
工艺
切削进给 250
自由进给 -
公差 0.01
破断线距离 0
扫描类型 最短
安全距离 2
拉伸距离 -
主轴速度 2500
冷却液选项 开

图 3.7.13　参数

10. 生成刀具路径

点击上方的【刀具路径】按钮→打开【播放路径】对话框→点击【播放】按钮，生成刀具路径（如图 3.7.14 生成刀具路径）。

实体验证模拟

11. 实体切削验证

点击【刀具路径】下方的第三个按钮【实体验证】按钮→打开 VERICUT 软件进行切

削验证→点击软件右下角的【播放】按钮，观察实体切削验证的情况（如图3.7.15实体切削验证）。

图3.7.14　生成刀具路径

图3.7.15　实体切削验证

二、钻孔加工参数设置

1. 孔加工方式

在【铣削】选项卡的右侧有【孔加工循环】面板（如图3.7.16【孔加工循环】面板）。其参数说明见表3.7.1。

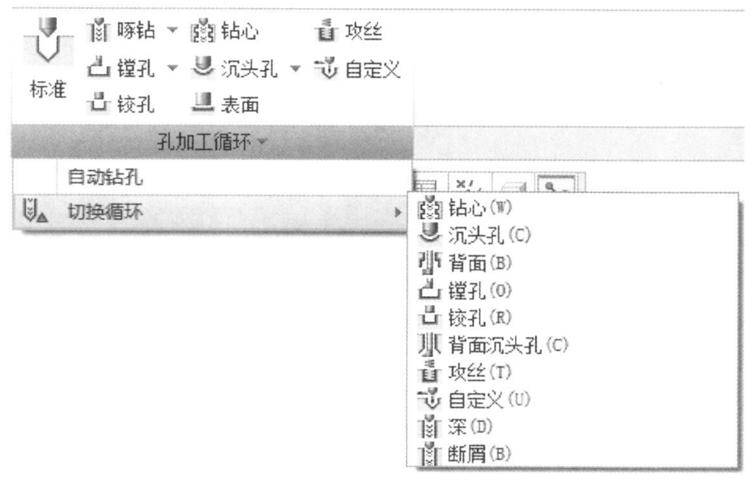

图3.7.16　【孔加工循环】面板

表3.7.1　参数说明

序号	加工名称	详 细 说 明
1	标准	标准型，默认选项，经后置处理后对应的循环指令为G81
2	深	深孔加工，经后置处理后对应的循环指令为G83
3	断屑	断屑钻孔
4	钻心	用于中间架空多层板的续钻孔，经后置处理后对应的循环指令为G88
5	沉头孔	用于埋头螺钉钻倒角加工
6	背面	反向镗孔，经后置处理后对应的循环指令为G87
7	表面	用于带有暂停动作的钻孔加工，经后置处理后对应的循环指令为G82
8	镗孔	用于镗孔加工，经后置处理后对应的循环指令为G86
9	铰孔	用于对现有孔进行铰孔，经后置处理后对应的循环指令为G85
10	背面沉头孔	可进行反向埋头孔加工
11	自定义	使用自定义的循环进行孔加工

2. 孔加工参考

单击操控板中的【参考】按钮，打开如图 3.7.17 所示的【参考】选项卡。用于定义要加工的孔和对孔的加工深度进行设置。其参数说明见表 3.7.2。

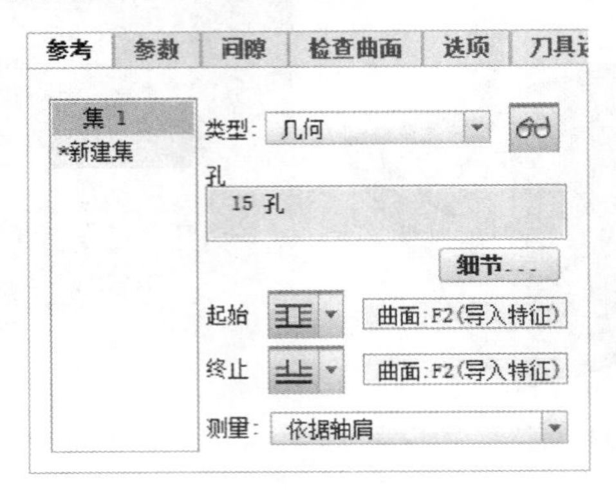

图 3.7.17 【参考】选项卡

表 3.7.2 参数说明

序号	参数名称	详细说明	
1	类型	轴	通过选取孔特征的轴线来定义要加工的孔
		点	通过选取单个基准点来标记孔加工的位置
		几何	通过点选孔所在的几何面来快速批量地选取孔
2	细节...	单击【细节】按钮，弹出如图 3.7.18 所示的【孔】对话框。其选项的含义如下： 图 3.7.18 【孔】对话框	
		【深度】选项卡	用于对孔的加工深度进行设置
		【选项】选项卡	用于对模型的起始孔进行设置

3. 孔加工参数

使用孔加工方法进行加工程序设计时，单击操控板中的【参数】按钮，打开如图 3.7.19 所示的【参数】选项卡。单击【编辑参数】按钮，系统打开如图 3.7.20 所示的【编辑序列参数“钻孔 1”】对话框，用于设置孔加工参数。

孔加工中部分通用加工参数的含义见前面章节，其余参数的含义解释见表 3.7.3。

参数	间隙	检查曲面	选项	刀具运动	工艺

切削进给	250
自由进给	-
公差	0.01
破断线距离	0
扫描类型	最短
安全距离	2
拉伸距离	-
主轴速度	2500
冷却液选项	开

图 3.7.19　【参数】选项卡

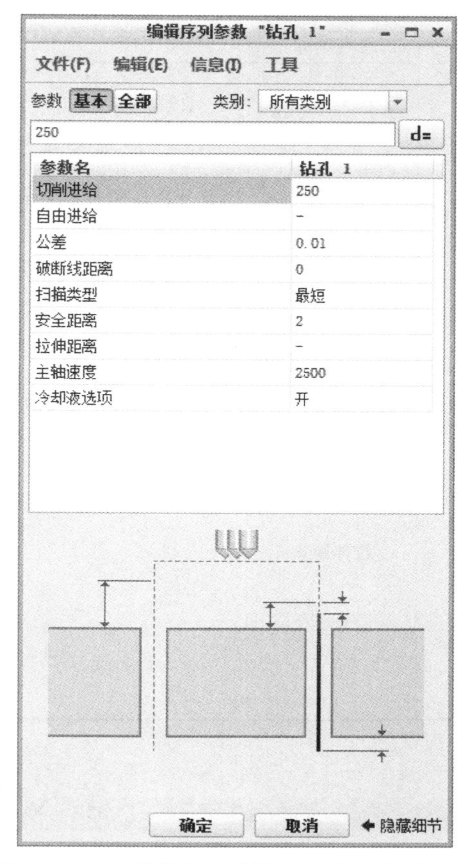

图 3.7.20　【编辑序列参数“钻孔 1”】对话框

表 3.7.3　参数说明

<table>
<tr><th>序号</th><th>参数名称</th><th colspan="2">详 细 说 明</th></tr>
<tr><td>1</td><td>破断线距离</td><td colspan="2">用于设置加工深度的延伸值</td></tr>
<tr><td rowspan="7">2</td><td rowspan="6">扫描类型</td><td colspan="2">用于设置创建孔加工刀位轨迹的方法</td></tr>
<tr><td>类型 1</td><td>Y 坐标递减,X 坐标往复。如图 3.7.21 所示</td></tr>
<tr><td>类型螺纹</td><td>从距离坐标系最近的孔开始,顺时针方向加工。如图 3.7.22 所示</td></tr>
<tr><td>类型-方向</td><td>X 坐标递增,Y 坐标递减。如图 3.7.23 所示</td></tr>
<tr><td>选出顺序</td><td>孔的加工顺序与选取孔时的顺序一致,如果一次选取了多个孔(阵列孔)则按【类型 1】方式加工这些孔,然后再继续按选取孔时的顺序进行其余孔的加工。如图 3.7.24 所示</td></tr>
<tr><td>最短</td><td>系统按加工动作时间最少的原则自动决定孔的加工顺序。如图 3.7.25 所示</td></tr>
<tr><td colspan="3">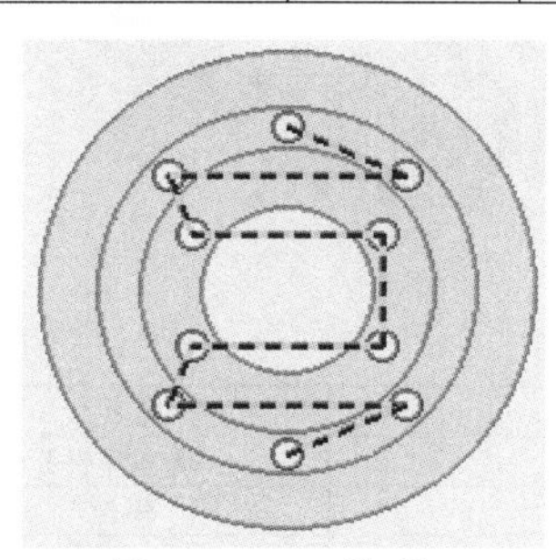
图 3.7.21　类型 1
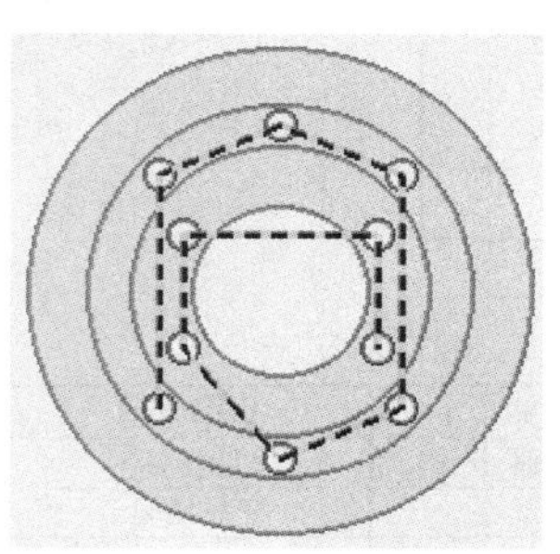
图 3.7.22　类型螺纹
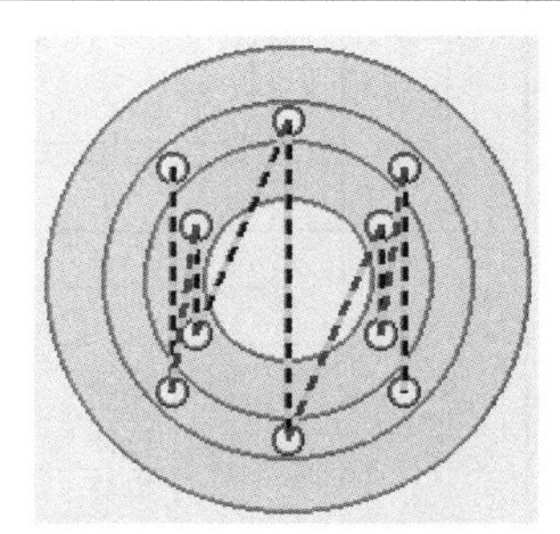
图 3.7.23　类型-方向</td></tr>
</table>

续表

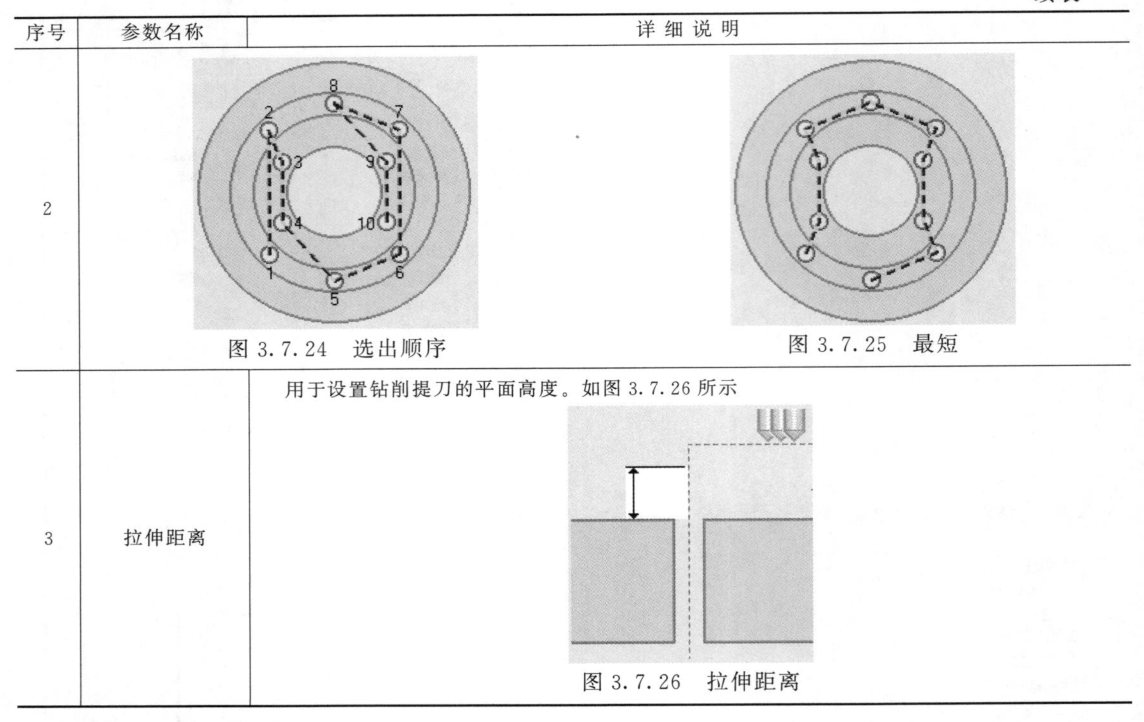

序号	参数名称	详细说明
2		图 3.7.24　选出顺序　　图 3.7.25　最短
3	拉伸距离	用于设置钻削提刀的平面高度。如图 3.7.26 所示 图 3.7.26　拉伸距离

第八节　倒角加工

倒角加工是采用倒角刀对工件倒角区域进行加工的一种方式。倒角加工需要采用专门的倒角刀，进入倒角铣削模块后才能使用。一般可以采用成形的倒角刀具进行铣削加工。

一、倒角加工入门实例

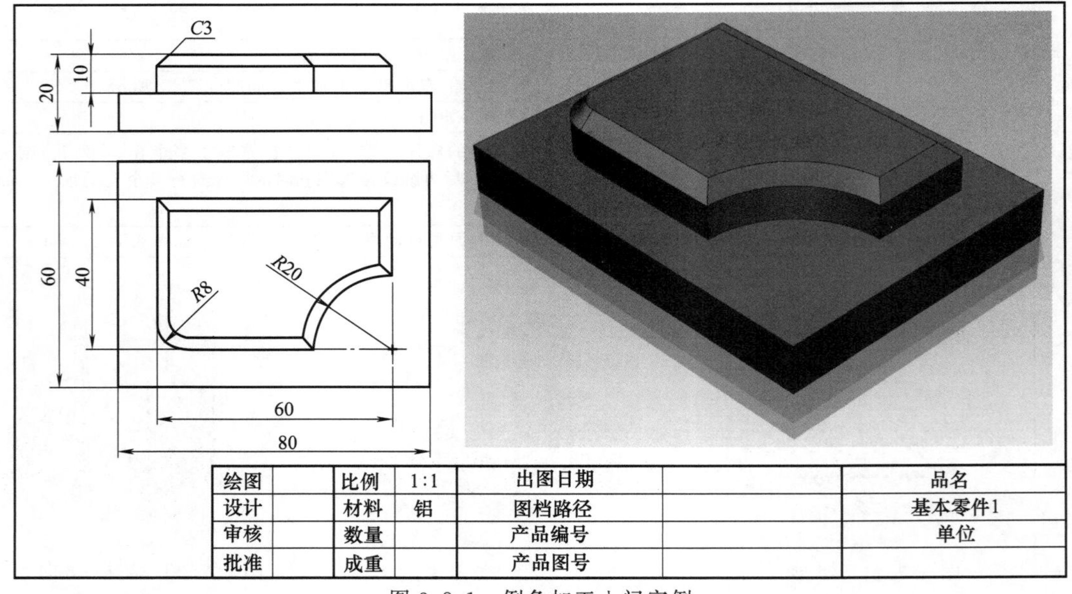

图 3.8.1　倒角加工入门实例

加工前的工艺分析与准备

1. 工艺分析

该零件表面由一系列平面和曲面构成（如图 3.8.1）。工件尺寸 80mm×60mm×20mm，无尺寸公差要求。尺寸标注完整，轮廓描述清楚。零件材料为已经加工成型的标准铝块，无热处理和硬度要求。

① ϕ15 的倒角刀进行倒角加工；

② 根据加工要求，共需产生 1 次刀具路径。

前期准备工作

2. 图形的导入

在 Creo 界面中点击【新建】按钮→打开【新建】对话框→【类型】制造→【子类型】NC 装配→【名称】1→取消勾选【使用默认模板】复选框→【确定】→弹出【新建文件选项】对话框→【模板】mmns_mfg_nc，公制模板→【确定】→在打开的【制造】功能选项卡中→【打开】→在【文件打开】对话框中找到文件存放的位置→选择【1.asm】→【打开】（如图 3.8.2 图形的导入）。

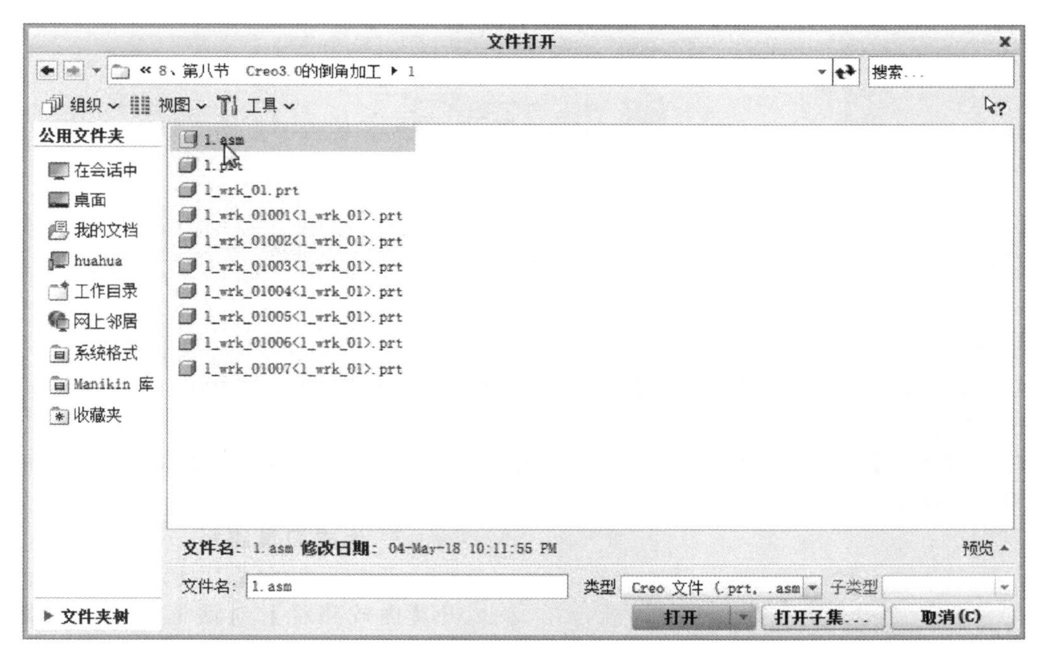

图 3.8.2　图形的导入

ϕ15 的倒角刀进行倒角加工

3. 进入曲面铣削模块

选择【铣削】功能选项卡→【铣削】→【倒角】倒角。

4. 刀具和坐标系

【刀具菜单】→【编辑刀具】→在打开的【刀具设定】对话框中→【新建】→【名称】T0002→【类型】倒角→刀具直径【ϕ】15→【角度】90→【应用】将刀具信息设定在刀具列表中→【确定】→（如图 3.8.3 刀具设定）→【坐标系】ACS1：F10 坐标系。

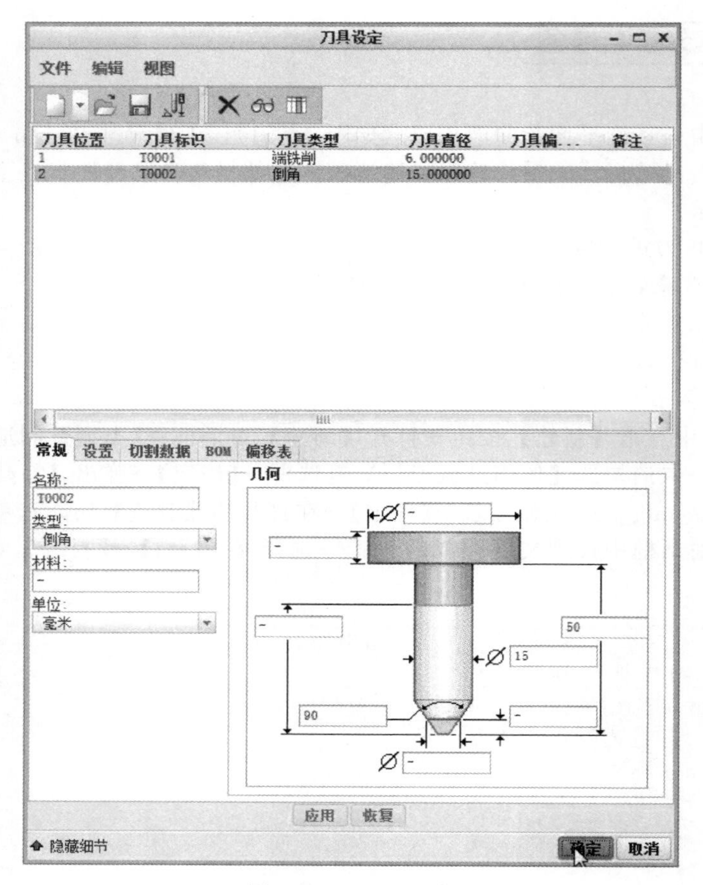

图 3.8.3　刀具设定

5. 参考

【参考】→【加工参考】→【选择项】点击倒角的斜面（如图 3.8.4 参考）。

6. 参数

进入【参数】选项卡→【切削进给】200→【安全距离】2→【主轴速度】3500→【冷却液选项】开（如图 3.8.5 参数）。

图 3.8.4　参考

7. 生成刀具路径

点击上方的【刀具路径】按钮→打开【播放路径】对话框→点击【播放】按钮，生成刀具路径（如图 3.8.6 生成刀具路径）。

实体验证模拟

8. 实体切削验证

点击【刀具路径】下方的第三个按钮【实体验证】按钮→打开 VERICUT 软件进行切削验证→点击软件右下角的【播放】按钮，观察实体切削验证的情况（如图 3.8.7 和如图 3.8.8）。

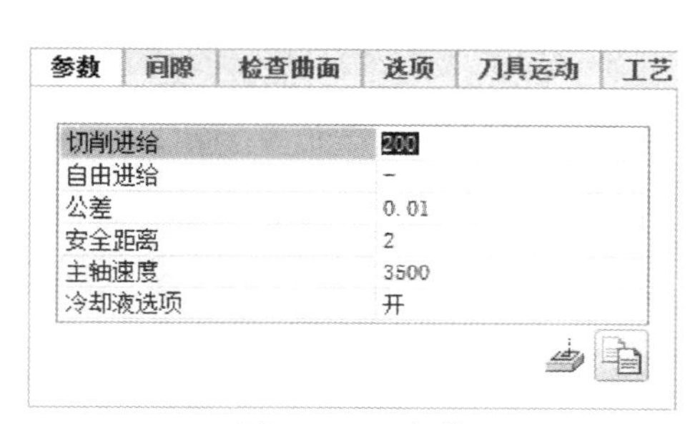

图 3.8.5　参数

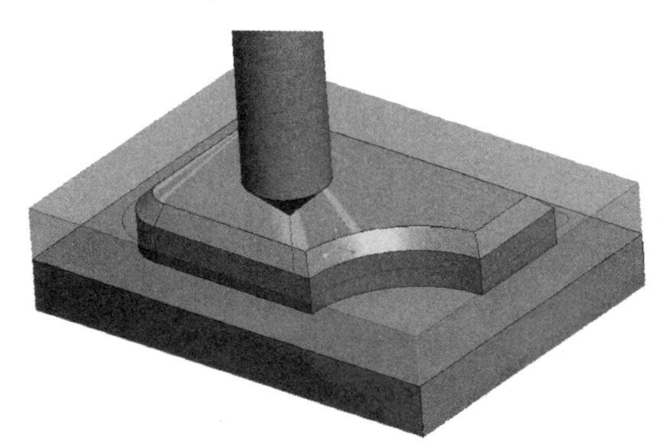

图 3.8.6　生成刀具路径

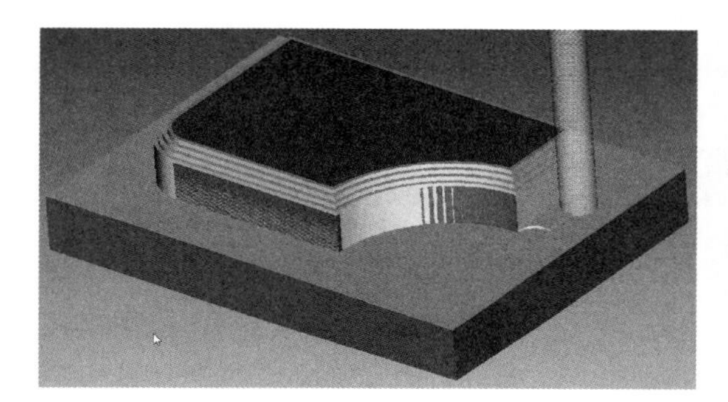

图 3.8.7　粗加工

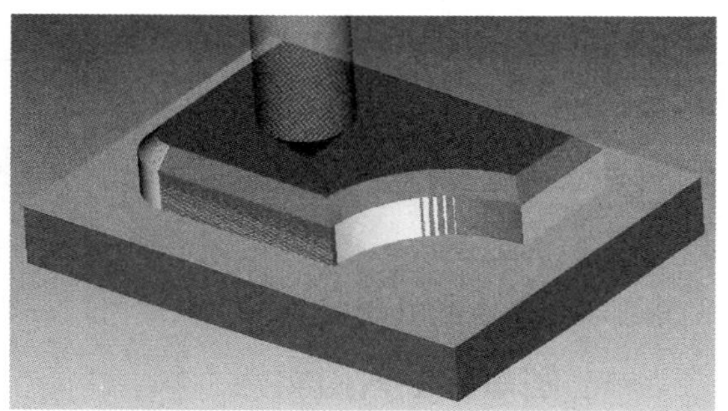

图 3.8.8　ϕ15 的倒角刀进行倒角加工

图 3.8.9　【参数】选项卡

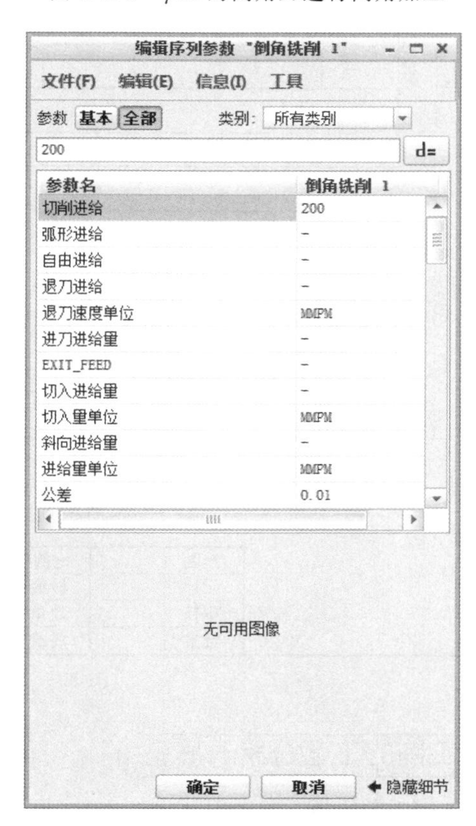

图 3.8.10　【编辑序列参数“倒角铣削 1”】对话框

二、倒角加工参数设置

单击操控板中的【参数】按钮，打开如图 3.8.9 所示的【参数】选项卡。单击【编辑参数】按钮，打开如图 3.8.10 所示的【编辑序列参数“倒角铣削 1”】对话框，用于设置倒角加工参数。

倒角加工中常用参数的含义解释见表 3.8.1。

表 3.8.1 参数说明

序号	参数名称	详细说明
1	切削进给	用于设置切削运动的进给速度，倒角加工通常降低走刀速度
2	安全距离	用于设置退刀时的安全高度
3	主轴速度	用于设置数控机床主轴的运转速度，在进行粗加工时主轴转速一般是 1500～2500r/min，在进行精加工时主轴转速一般是 2500～4500r/min
4	冷却液选项	用于设置数控机床中冷却液的状况

第九节 圆角加工

圆角加工是采用圆角刀对工件圆角区域进行加工的一种方式。圆角加工需要采用专门的圆角刀，进入圆角铣削模块后才能使用。一般可以采用成形的圆角刀具进行铣削加工。

一、圆角加工入门实例

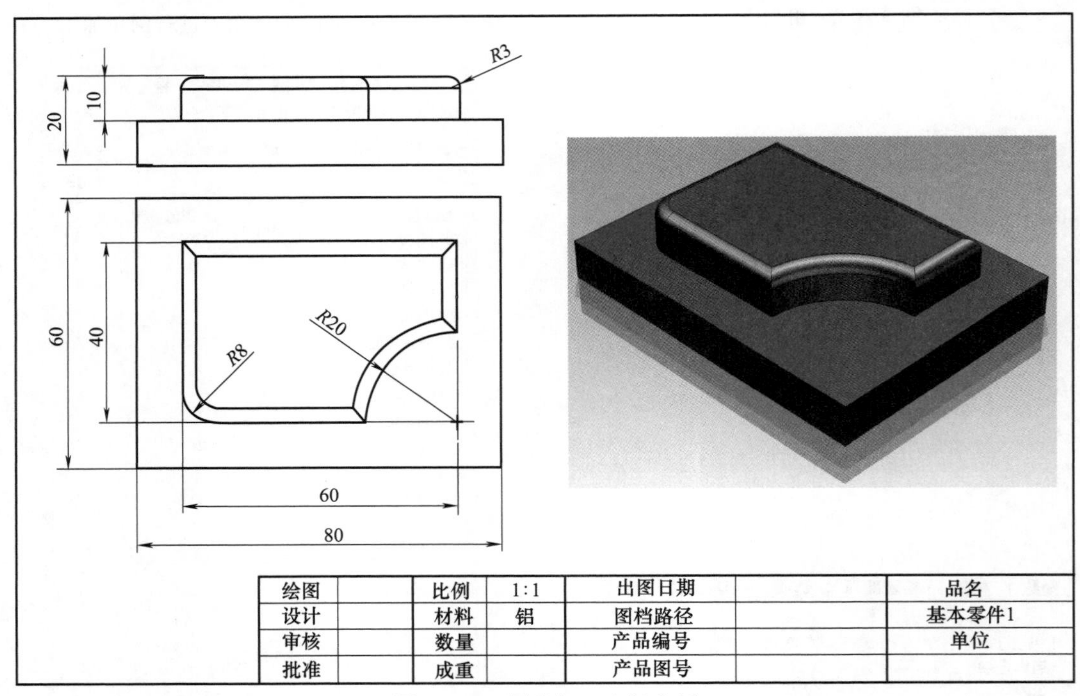

图 3.9.1 圆角加工入门实例

加工前的工艺分析与准备

1. 工艺分析

该零件表面由一系列平面和曲面构成（如图 3.9.1 圆角加工入门实例）。工件尺寸

80mm×60mm×20mm，无尺寸公差要求。尺寸标注完整，轮廓描述清楚。零件材料为已经加工成型的标准铝块，无热处理和硬度要求。

① 用 $\phi 12R3$ 的圆角刀进行圆角加工；

② 根据加工要求，共需产生 1 次刀具路径。

前期准备工作

2. 图形的导入

在 Creo 界面中点击【新建】按钮→打开【新建】对话框→【类型】制造→【子类型】NC 装配→【名称】1→取消勾选【使用默认模板】复选框→【确定】→弹出【新建文件选项】对话框→【模板】mmns_mfg_nc，公制模板→【确定】→在打开的【制造】功能选项卡中→【打开】→在【文件打开】对话框中找到文件存放的位置→选择【1.asm】→【打开】（如图 3.9.2 图形的导入）。

图 3.9.2 图形的导入

$\phi 12R3$ 的圆角刀进行圆角加工

3. 进入曲面铣削模块

选择【铣削】功能选项卡→【铣削】→【圆角】倒角。

4. 刀具和坐标系

【刀具菜单】→【编辑刀具】→在打开的【刀具设定】对话框中→【新建】→【名称】T0002→【类型】拐角倒圆角→刀杆直径【ϕ】8→刀身【长度】30→刀头直径【ϕ】12→刀头【长度】5→刀头圆角【R】3→【角度】90→【应用】将刀具信息设定在刀具列表中→【确定】→（如图 3.9.3 刀具设定）→【坐标系】ACS1：F10（坐标系）。

5. 参考

【参考】→【加工参考】→【选择项】点击圆角的斜面（如图 3.9.4 参考）。

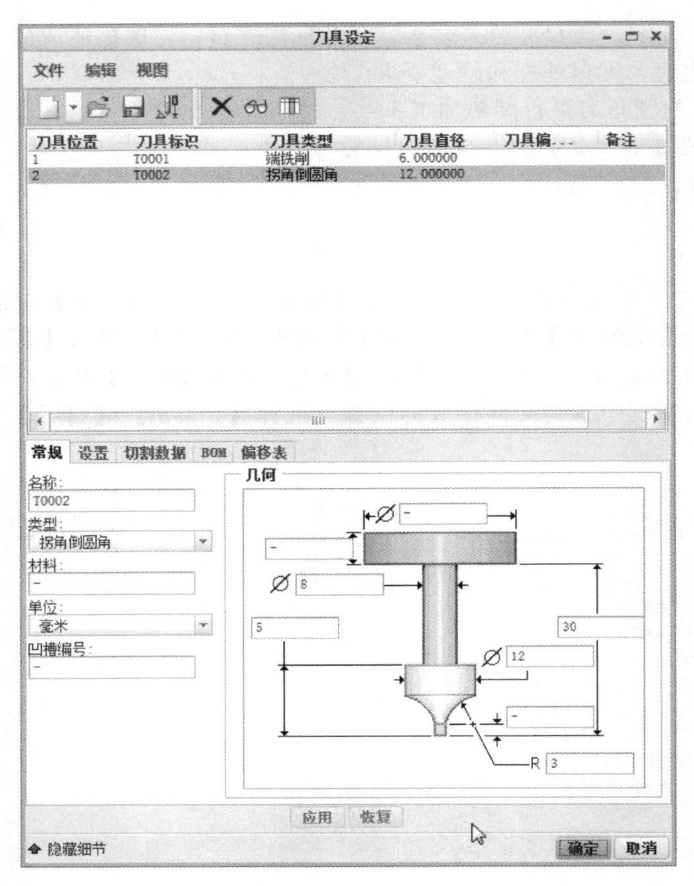

图 3.9.3　刀具设定

6. 参数

进入【参数】选项卡→【切削进给】200→【安全距离】2→【主轴速度】2500→【冷却液选项】开（如图 3.9.5 参数）。

图 3.9.4　参考

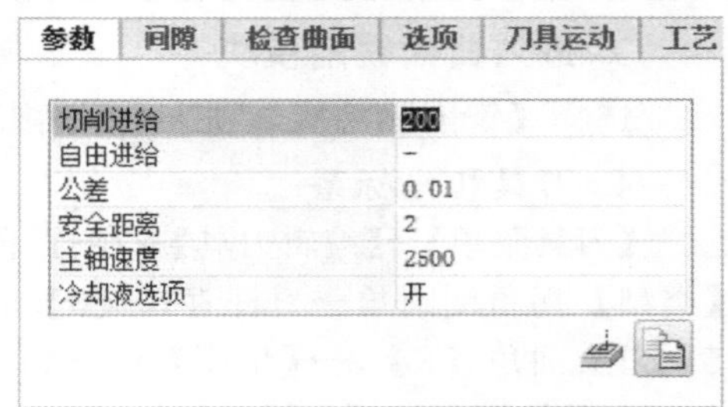

图 3.9.5　参数

7. 生成刀具路径

点击上方的【刀具路径】按钮→打开【播放路径】对话框→点击【播放】按钮，生成刀具路径（如图3.9.6生成刀具路径）。

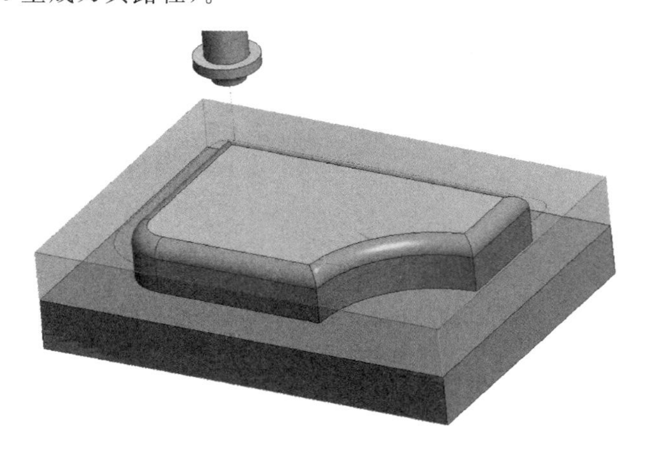

图3.9.6 生成刀具路径

实体验证模拟

8. 实体切削验证

点击【刀具路径】下方的第三个按钮【实体验证】按钮→打开VERYCUT软件进行切削验证→点击软件右下角的【播放】按钮，观察实体切削验证的情况（如图3.9.7和图3.9.8）。

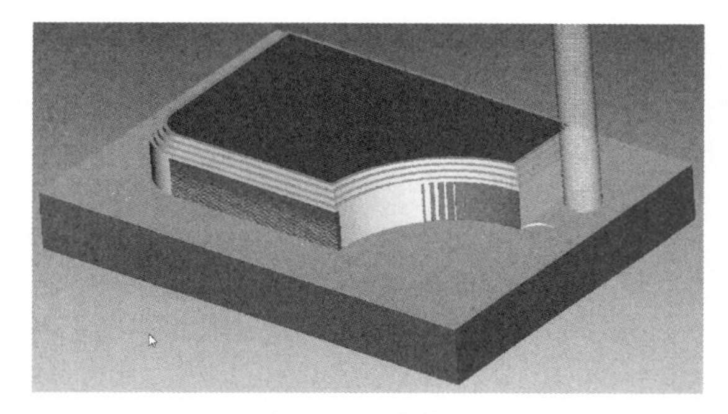

图3.9.7 粗加工

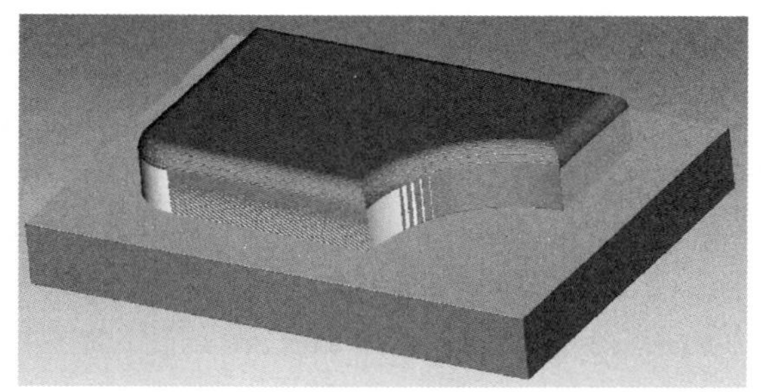

图3.9.8 $\phi 12R3$的圆角刀进行圆角加工

二、圆角加工参数设置

单击操控板中的【参数】按钮，打开如图3.9.9所示的【参数】选项卡。单击【编辑参数】按钮，打开如图3.9.10所示的【编辑序列参数“倒圆角铣削1”】对话框，用于设置圆角加工参数。

圆角加工中常用参数的含义解释见表3.9.1。

表3.9.1 参数说明

序号	参数名称	详细说明
1	切削进给	用于设置切削运动的进给速度，圆角加工通常降低走刀速度
2	安全距离	用于设置退刀时的安全高度
3	主轴速度	用于设置数控机床主轴的运转速度，在进行粗加工时主轴转速一般是1500～2500r/min，在进行精加工时主轴转速一般是2500～4500r/min
4	冷却液选项	用于设置数控机床中冷却液的状况

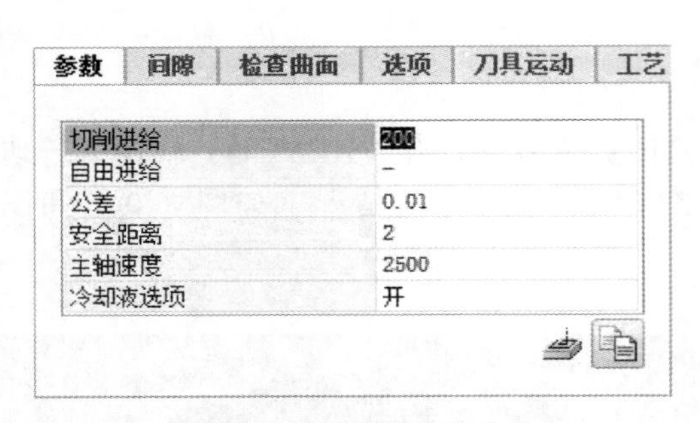

图 3.9.9 【参数】选项卡

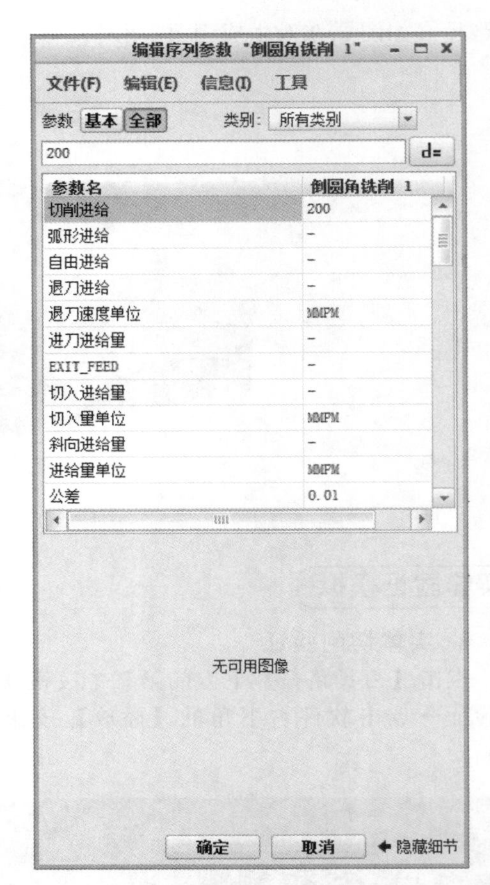

图 3.9.10 【编辑序列参数“倒圆角铣削 1”】对话框

第四章

Creo3.0数控加工综合实例

第一节 数控加工综合实例一——多曲面凸台零件

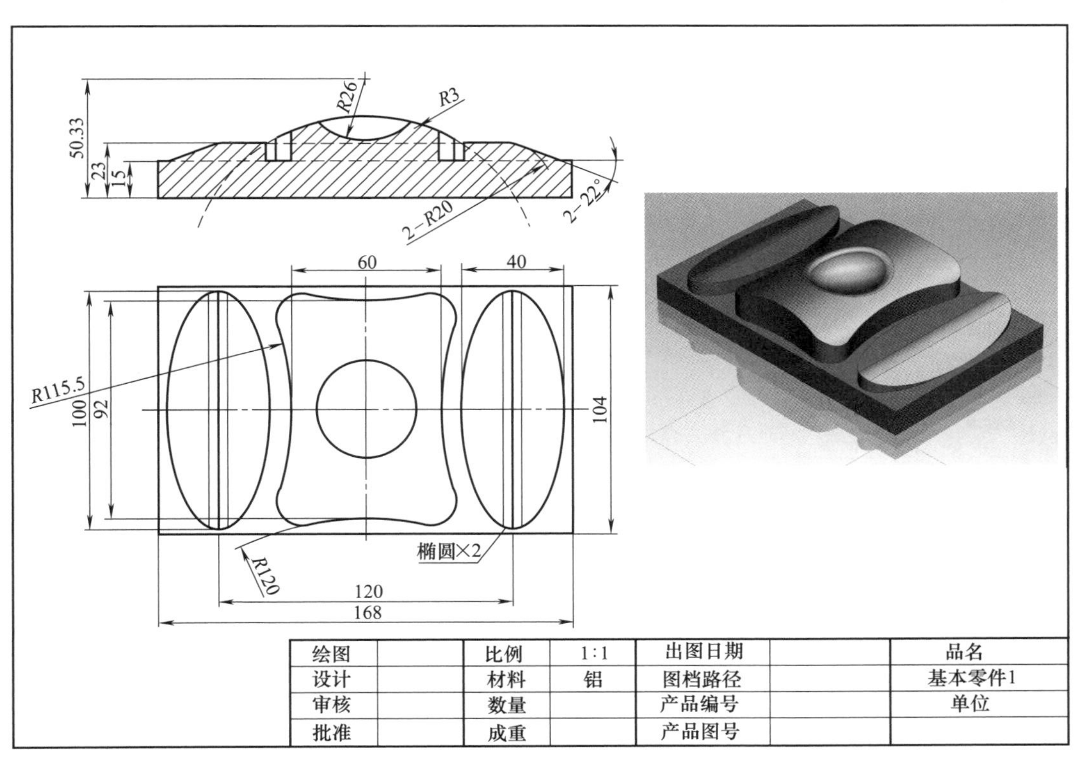

图 4.1.1 数控加工综合实例一——多曲面凸台零件

加工前的工艺分析与准备

1. 工艺分析

工件图上面除了一个底座之外基本上都是三个大的圆弧曲面（如图 4.1.1），在三个凸台的区域基本上是由一个大圆弧区域和左右两个对称的椭圆圆弧的区域构成的。工件长宽尺寸 168mm×100mm，无尺寸公差要求。尺寸标注完整，轮廓描述清楚。零件材料为已经加工成型的标准铝块，无热处理和硬度要求。

① ϕ12 的平底刀粗加工曲面的区域；

② ϕ5 的平底刀重新粗加工曲面区域；

③ ϕ8 的球刀曲面铣削加工三个凸台区域；

④ ϕ8 的球刀精加工铣削凹球面区域；

⑤ 根据加工要求，共需产生 4 次刀具路径。

前期准备工作

2. 图形的导入

在 Creo 界面中点击【新建】按钮→打开【新建】对话框→【类型】制造→【子类型】NC 装配→【名称】1→取消勾选【使用默认模板】复选框→【确定】→弹出【新建文件选项】对话框→【模板】mmns_mfg_nc，公制模板→【确定】→在打开的【制造】功能选项卡中→【参考模型】→【组装参考模型】→在【打开】对话框中找到文件存放的位置→选择【1-duoqumiantutai.prt】→【打开】（如图 4.1.2 图形的导入）→系统打开【元件放置】选项卡，注意观察待加工工件的状况（如图 4.1.3 观察待加工工件）。

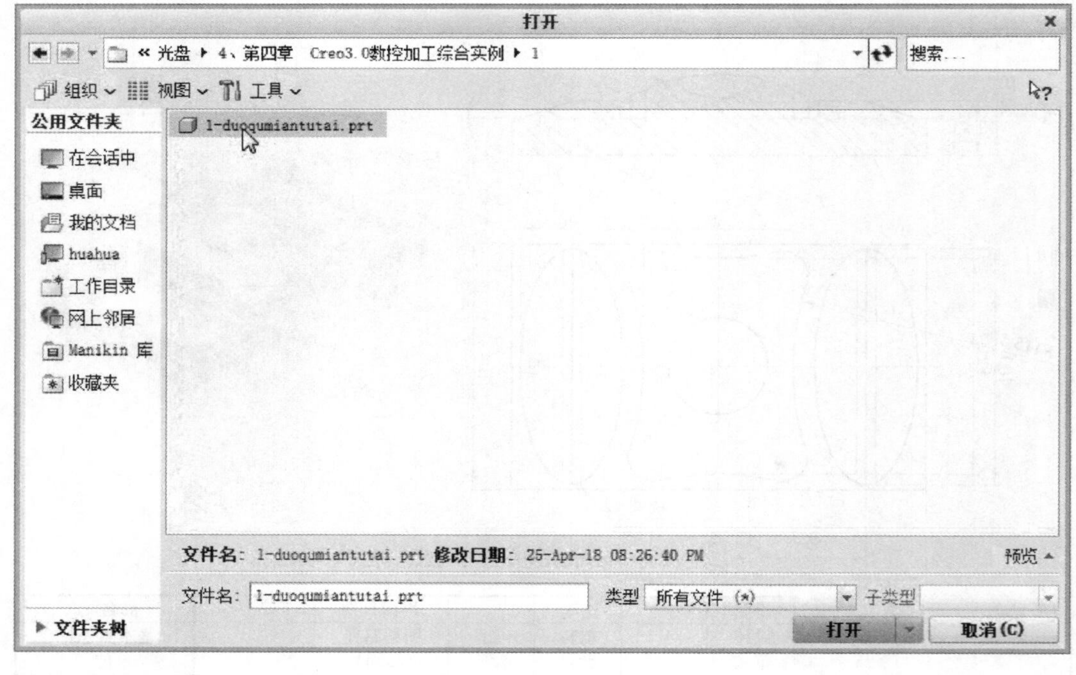

图 4.1.2　图形的导入

3. 元件放置

【元件放置】选项卡→打开【自动】下拉列表→【重合】→点击工件底面和加工坐标系的 XY 平面→得到一个重合摆放的工件→点击【应用约束】按钮，将当前的重合约束应用到系统中→【确定】，工件方向摆放完毕，系统返回【制造】功能选项卡（如图 4.1.4 元件放置）。

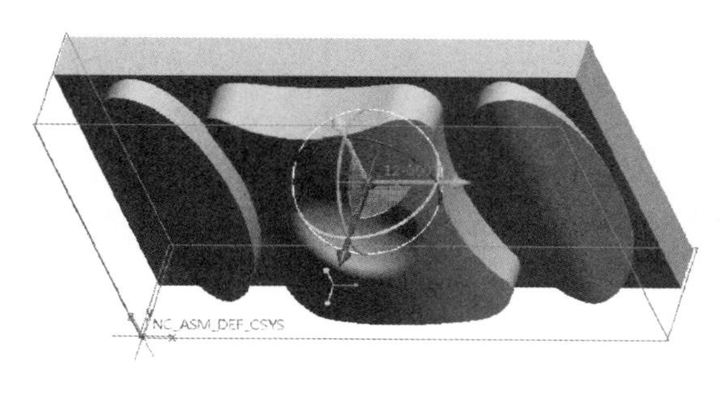

图 4.1.3　观察待加工工件

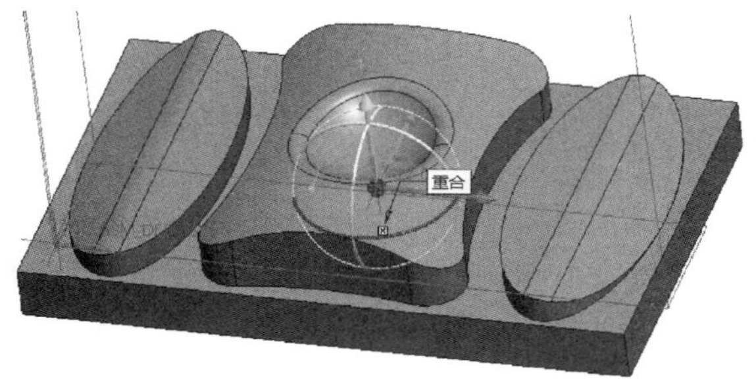

图 4.1.4　元件放置

4. **创建毛坯**

【制造】功能选项卡中→【工件】→【自动工件】→进入【创建自动工件】选项卡→【创建矩形工件】，将创建一个最小化包容工件的毛坯→【确定】，毛坯创建完毕，系统返回【制造】功能选项卡（如图 4.1.5 创建毛坯）。

5. **设定铣削窗口**

【制造】功能选项卡中→【铣削窗口】→打开【铣削窗口】选项卡→直接点击顶面，使顶面作为加工范围→【确定】，铣削窗口完毕，系统返回【制造】功能选项卡（如图 4.1.6 设定铣削窗口）。

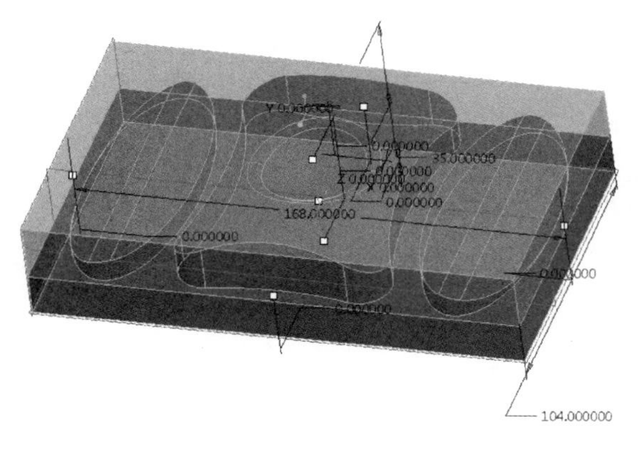

图 4.1.5　创建毛坯

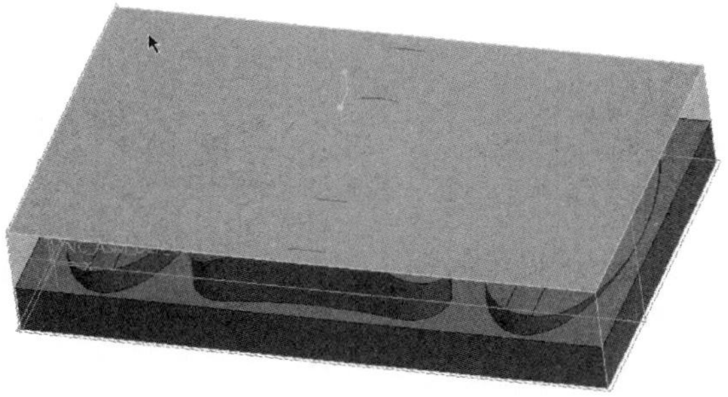

图 4.1.6　设定铣削窗口

6. **设置加工方法、刀具和坐标系**

【制造】功能选项卡中→操作→右侧【制造设置】→【铣削】→打开【铣削工作中心】对话框→【名称】MILL01→【类型】铣削→【轴数】3 轴→切换到【刀具】选框→点击【刀具】按钮→打开【刀具设定】对话框，新建三把刀具→【T0001 端铣削 $\phi12$】→【T0002 端铣削 $\phi5$】→【T0003 球铣削 $\phi8$】→【确定】→【确定】（如图 4.1.7 刀具设定）→【基准】→【基准】→弹出【坐标系】对话框，此时处于【原点】选项卡，用于原点位置→此时，按住 Ctrl 键点击顶面→按住 Ctrl 键点击前面→按住 Ctrl 键点左侧面，此时坐标系会定位到左下角→点击【方向】选项卡→【使用】【确定】Z→【使用】【投影】Y【反向】，将坐标系的方向更改为与加工坐标系一致→【确定】（如图 4.1.8 加工坐标系）→点击左侧【使用此工具】按钮，将该坐标系应用到系统之中→【刀具】默认为第一把刀→【间隙】选项卡→【类型】平面→点击工件的表面→【值】10→【回车 Enter】→【确定】，加工方法、刀具和坐标系完毕，系统返回【制造】功能选项卡（如图 4.1.9 间隙）。

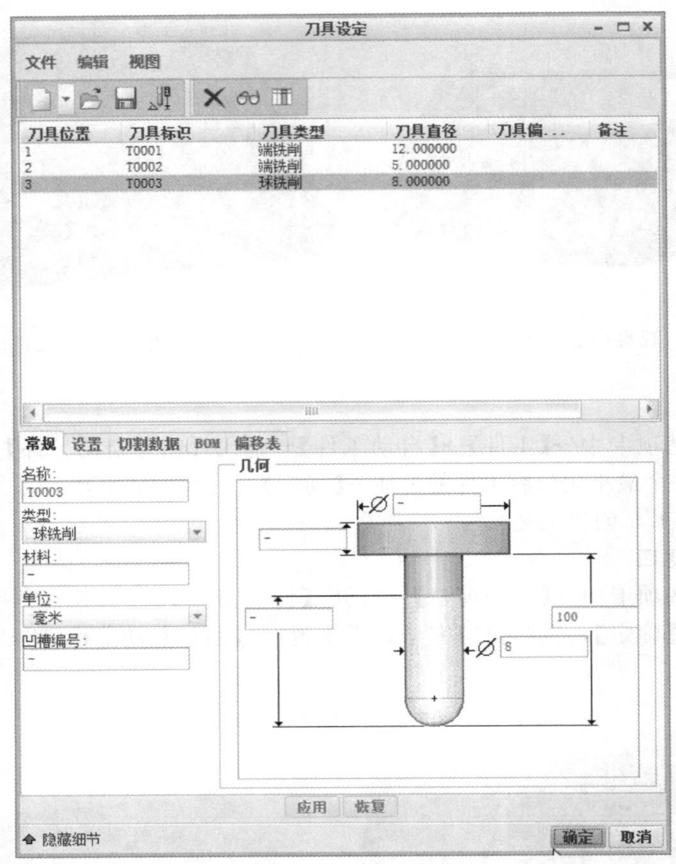

图 4.1.7 刀具设定

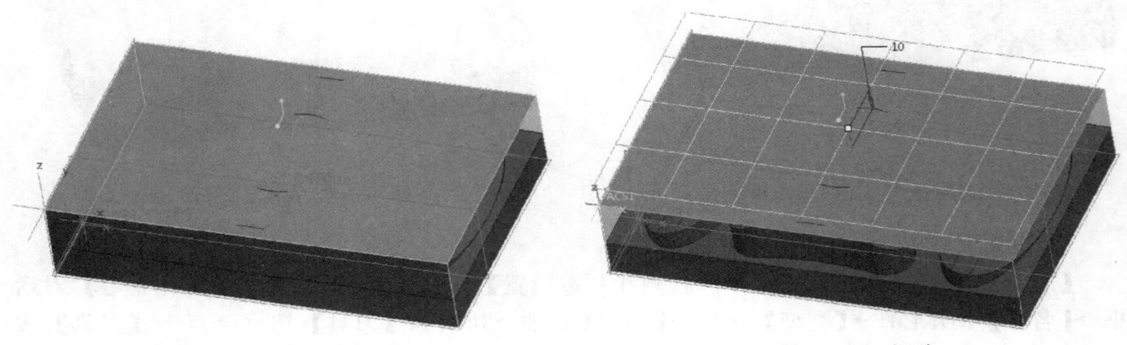

图 4.1.8 加工坐标系

图 4.1.9 间隙

φ12 的平底刀粗加工曲面的区域

7. 进入加工模块

选择【铣削】功能选项卡→【粗加工】→【粗加工】。

8. 刀具和坐标系

【刀具】选择 T0002→【坐标系】为刚才在所设定的坐标系 ACS1：F10 坐标系。

9. 参考

选择【参考】选项卡→【加工参考】→点击前期所选择的顶面的边（如图 4.1.10 参考）。

10. 参数

选择【参数】选项卡→【切削进给】500→【跨距】8→【粗加工允许余量】0.3→【最大台阶深度】2.5→【开放区域扫描】仿形→【安全距离】2→【主轴速度】2500→【冷却液选项】开（如图 4.1.11 参数）。

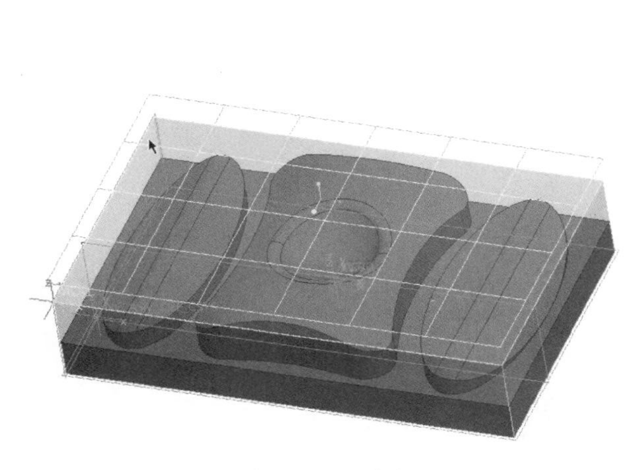

图 4.1.10 参考

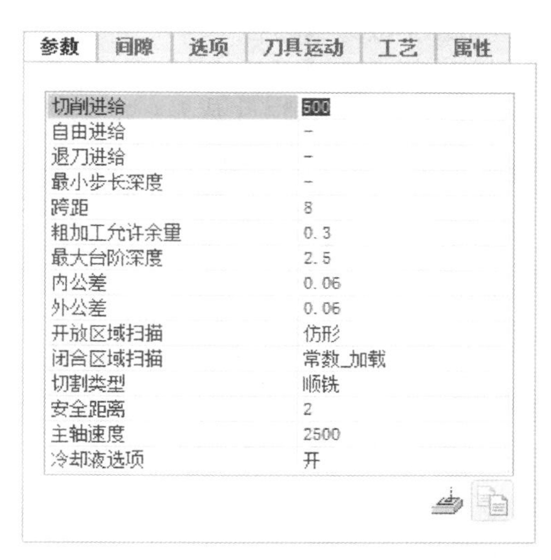

图 4.1.11 参数

11. 生成刀具路径

点击上方的【刀具路径】按钮→打开【播放路径】对话框→点击【播放】按钮，生成刀具路径（如图 4.1.12 生成刀具路径）。

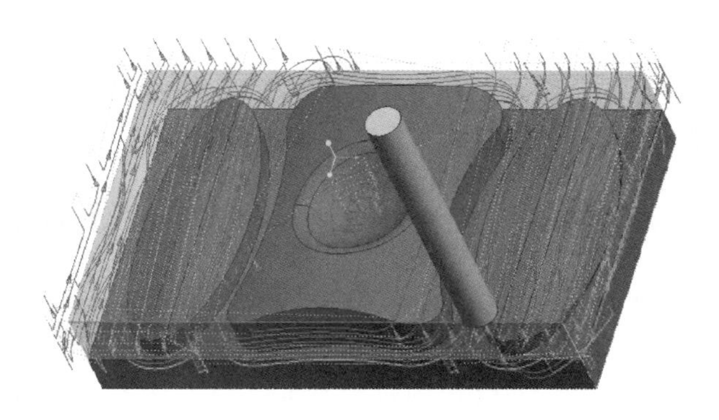

图 4.1.12 生成刀具路径

ϕ5 的平底刀重新粗加工曲面区域

12. 进入加工模块

选择【铣削】功能选项卡→【重新粗加工】 重新粗加工 。

13. 刀具、上一步操作和坐标系

点击【刀具】下拉列表→【T0002】→【上一步操作】粗加工 1→【坐标系】为之前所设定的坐标系 ACS1：F10 坐标系。

14. 参考

【参考】使用上一步操作选择的参考平面，不做修改。

15. **参数**

选择【参数】选项卡→【切削进给】300→【跨距】4→【粗加工允许余量】0→【最大台阶深度】1.5→【开放区域扫描】仿形→【安全距离】2→【主轴速度】3000→【冷却液选项】开（如图4.1.13参数）。

16. **生成刀具路径**

点击上方的【刀具路径】按钮→打开【播放路径】对话框→点击【播放】按钮，生成刀具路径（如图4.1.14生成刀具路径）。

参数 | 间隙 | 选项 | 刀具运动 | 工艺 | 属性

切削进给	300
自由进给	-
最小步长深度	-
跨距	4
粗加工允许余量	0
最大台阶深度	1.5
内公差	0.06
外公差	0.06
开放区域扫描	仿形
闭合区域扫描	常数_加载
切割类型	顺铣
安全距离	2
主轴速度	3000
冷却液选项	开

图4.1.13　参数

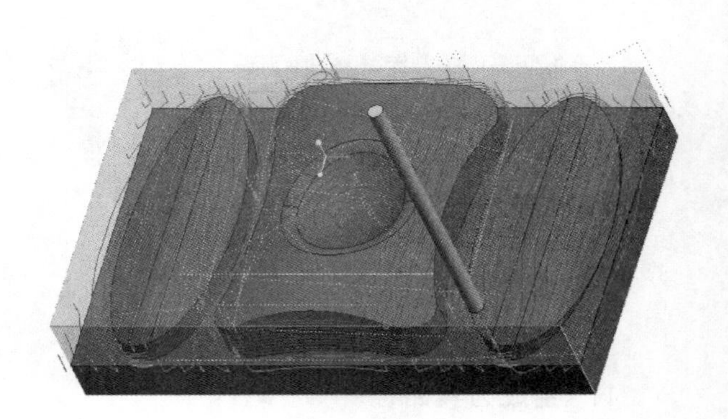

图4.1.14　生成刀具路径

ϕ8的球刀曲面铣削加工三个凸台区域

17. **进入曲面铣削模块**

选择【铣削】功能选项卡→【曲面铣削】。

18. **序列设置**

【菜单管理器】→【序列设置】→勾选【刀具】、【参数】、【曲面】和【定义切削】→【完成】。

19. **刀具**

在打开的【刀具设定】对话框中→选择【T0002】→【确定】。

20. **序列参数**

进入【编辑序列参数】选项卡→【切削进给】300→【跨距】0.7→【轮廓允许余量】0→【安全距离】2→【主轴速度】2500→【冷却液选项】开（如图4.1.15序列参数）。

21. **选择曲面**

进入【曲面拾取】菜单→【模型】→【完成】→提示【选择：选择一个或多个项。可用区域选择】→按住Ctrl键，点选待加工的曲面→【完成/返回】→【完成/返回】（如图4.1.16选择曲面）。

22. **切削定义**

在打开的【切削定义】对话框中→【切削类型】直线切削→【切削角度】30→【确定】（如图4.1.17切削定义）。

23. **生成刀具路径**

击生成的操作【2.曲面铣削】→【播放路径】→点击【播放】按钮，生成刀具路径→打开【播放路径】对话框→点击【播放】按钮，生成刀具路径（如图4.1.18）。

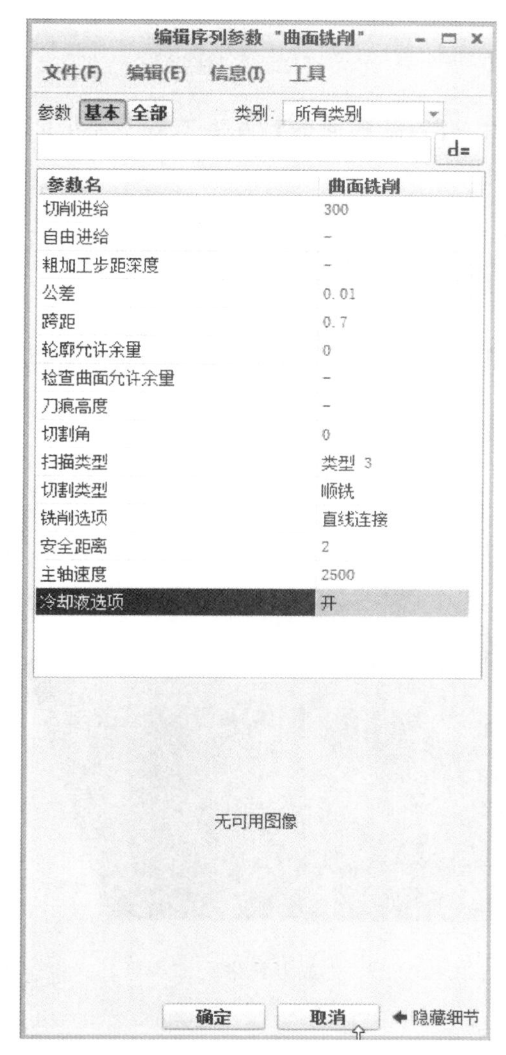

图 4.1.15　序列参数

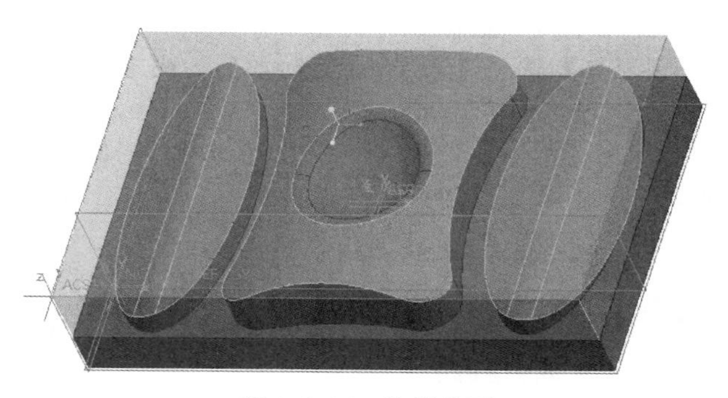

图 4.1.16　选择曲面

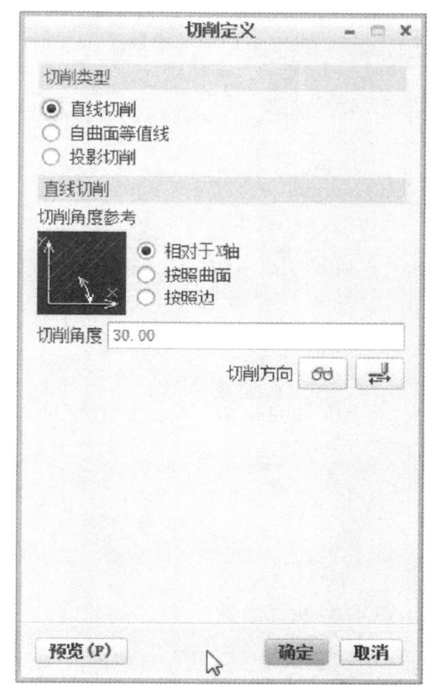

图 4.1.17　切削定义

ϕ8 的球刀精加工铣削凹球面区域

24. 进入加工模块

选择【铣削】功能选项卡→【精加工】。

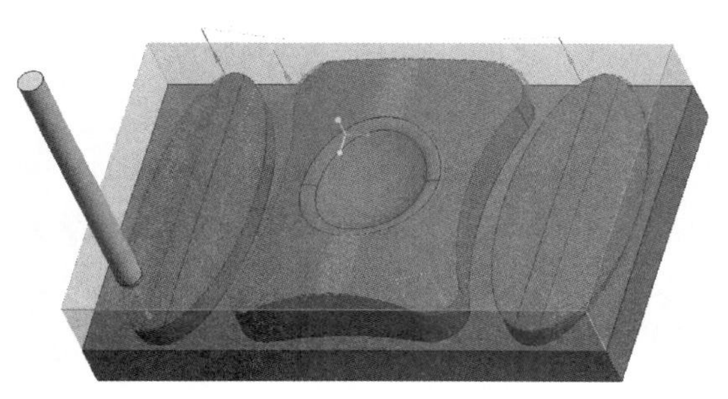

图 4.1.18　生成刀具路径

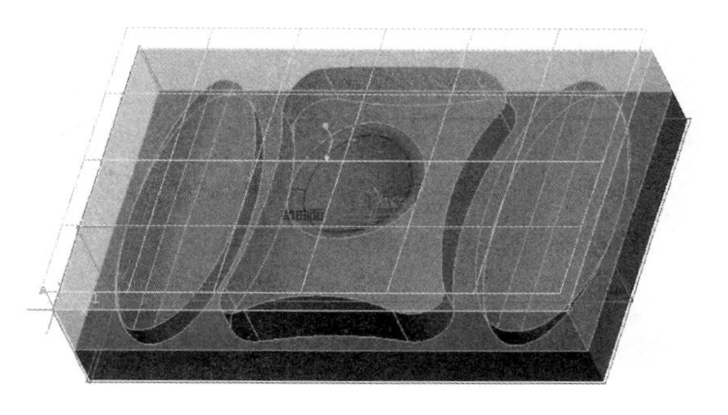

图 4.1.19　参考

25. 刀具和坐标系

【刀具】选择 T0003→【坐标系】为刚才在所设定的坐标系 ACS1：F10 坐标系。

26. 参考

选择【参考】选项卡→【铣削窗口】选择铣削窗口→【排除的曲面】点击不需要加工的曲，未选中的面即为待加工的曲面（如图 4.1.19 参考）。

27. 参数

选择【参数】选项卡→【切削进给】200→【跨距】0.6→【精加工允许余量】0→【安全距离】2→【主轴速度】3500→【冷却液选项】开（如图 4.1.20 参数）。

28. 生成刀具路径

点击上方的【刀具路径】按钮→打开【播放路径】对话框→点击【播放】按钮，生成刀具路径（如图 4.1.21 生成刀具路径）。

参数 | 间隙 | 选项 | 刀具运动 | 工艺 | 属性

切削进给	200
弧形进给	-
自由进给	-
退刀进给	-
切入进给量	-
倾斜_角度	45
跨距	0.6
精加工允许余量	0
刀痕高度	-
切割角	0
内公差	0.025
外公差	0.025
铣削选项	直线连接
加工选项	组合切口
安全距离	2
主轴速度	3500
冷却液选项	开

图 4.1.20　参数

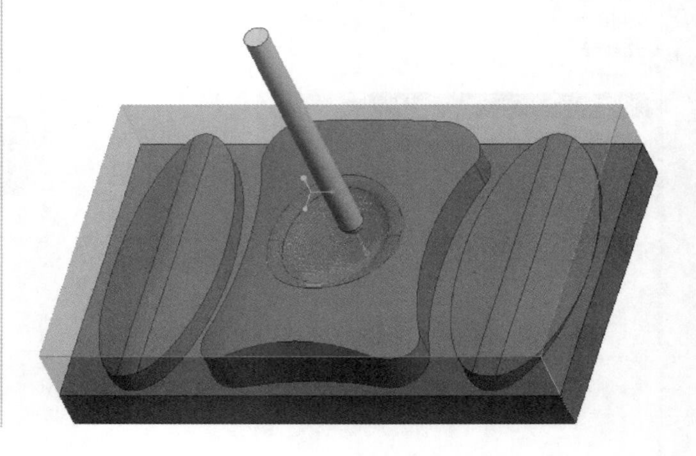

图 4.1.21　生成刀具路径

实体验证模拟

29. 实体切削验证

右击生成的操作→【材料移除模拟】→打开 VERICUT 软件进行切削验证→点击软件右下角的【播放】按钮，观察实体切削验证的情况→打开 VERICUT 软件进行切削验证→点击软件右下角的【播放】按钮，观察实体切削验证的情况（如图 4.1.22～图 4.1.25 所示）。

图 4.1.22　ϕ12 的端铣削刀粗加工曲面的区域

图 4.1.23　ϕ5 的端铣削刀重新粗加工曲面区域

图 4.1.24　$\phi 8$ 的球刀曲面铣削加工三个凸台区域

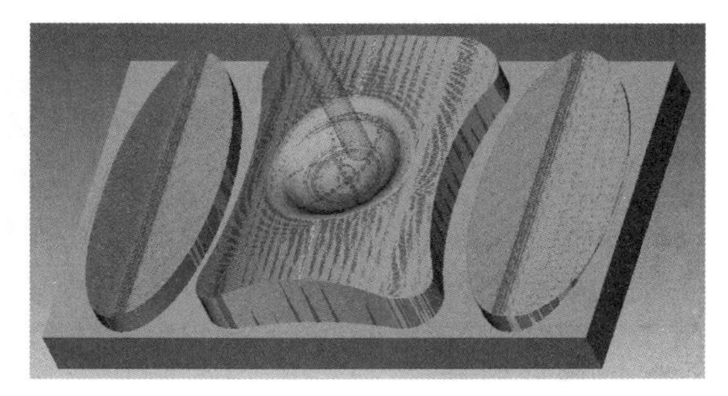

图 4.1.25　$\phi 8$ 的球刀精加工铣削凹球面区域

第二节　数控加工综合实例二——多曲面模块零件

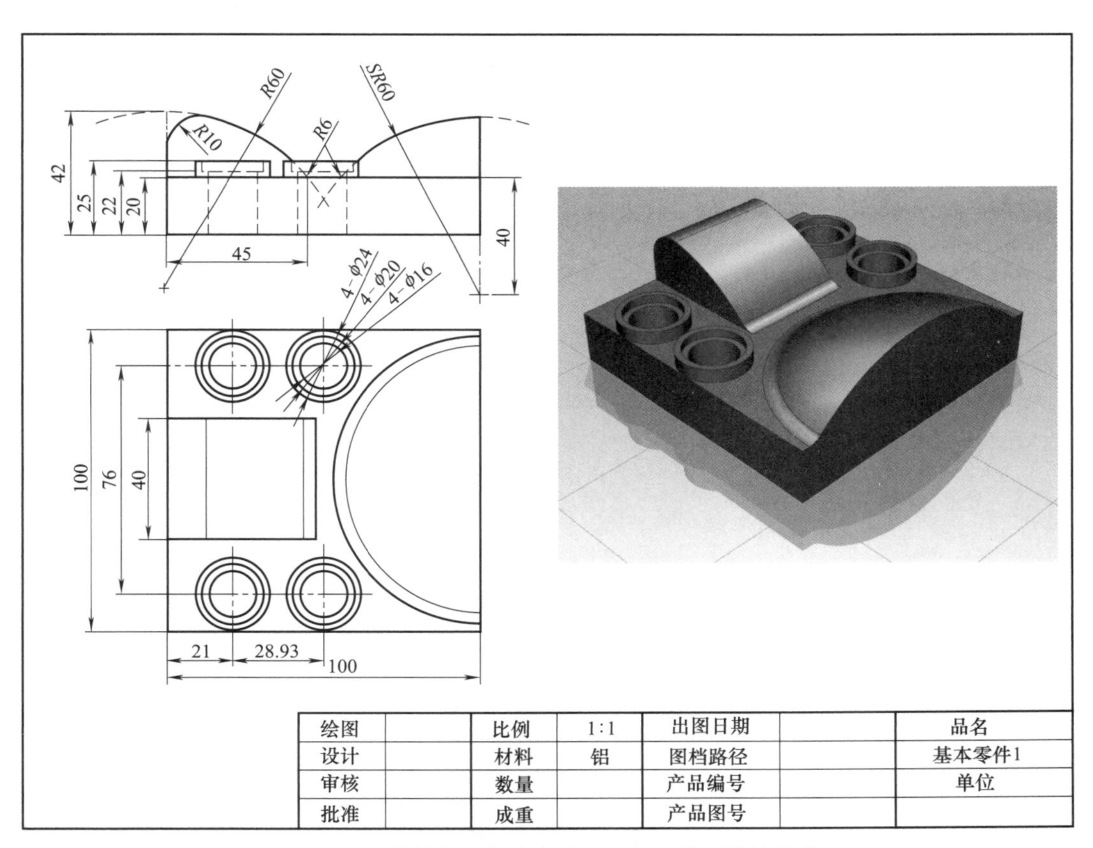

图 4.2.1　数控加工综合实例二——多曲面模块零件

加工前的工艺分析与准备

1. 工艺分析

该零件表面由一个四分之一的球形、一个圆弧的曲面和四个沉头孔构成（如图 4.2.1 数控加工综合实例二——多曲面模块零件），工件长宽尺寸 100mm×100mm，无尺寸公差要求。尺寸标注完整，轮廓描述清楚。零件材料为已经加工成型的标准铝块，无热处理和硬度要求。

① $\phi 10$ 的平底刀粗加工曲面的区域；

② ϕ5 的平底刀重新粗加工曲面区域；

③ ϕ3 的平底刀精加工铣削曲面剩余区域；

④ ϕ6 的球刀曲面铣削加工左侧曲面区域；

⑤ ϕ8 的球刀等高外形精加工右侧半球形曲面区域；

⑥ 根据加工要求，共需产生 5 次刀具路径。

前期准备工作

2. 图形的导入

在 Creo 界面中点击【新建】按钮→打开【新建】对话框→【类型】制造→【子类型】NC 装配→【名称】2→取消勾选【使用默认模板】复选框→【确定】→弹出【新建文件选项】对话框→【模板】mmns_mfg_nc，公制模板→【确定】→在打开的【制造】功能选项卡中→【参考模型】→【组装参考模型】→在【打开】对话框中找到文件存放的位置→选择【2-duoqumian-mokuai. prt】→【打开】（如图 4.2.2 图形的导入）→系统打开【元件放置】选项卡，注意观察待加工工件的状况（如图 4.2.3 观察待加工工件）。

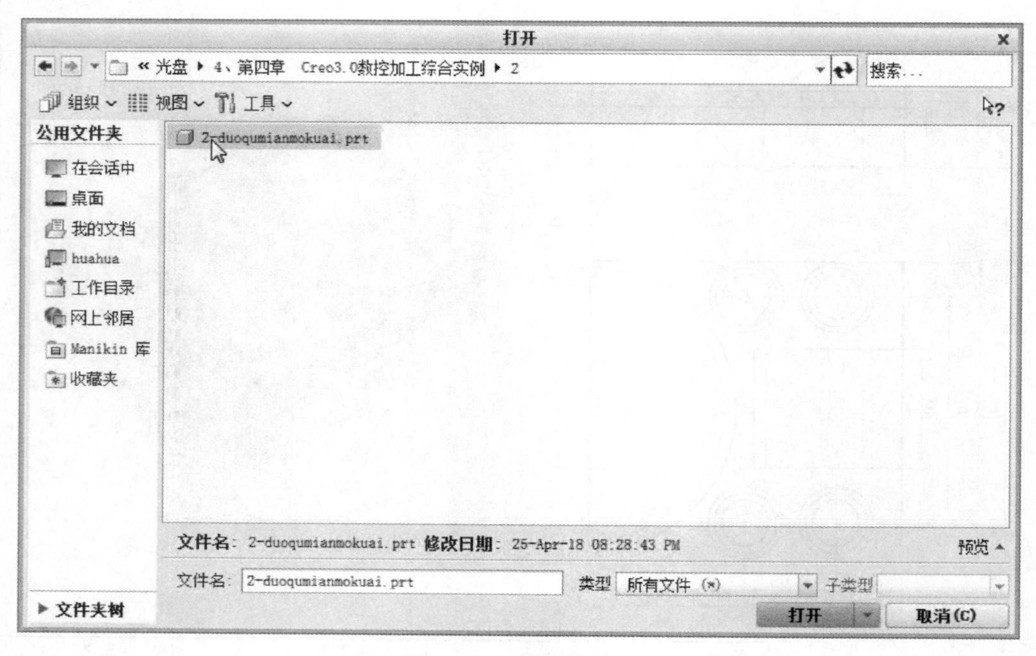

图 4.2.2　图形的导入

3. 元件放置

【元件放置】选项卡→打开【自动】下拉列表→【重合】→点击工件底面和加工坐标系的 XY 平面→得到一个重合摆放的工件→点击【应用约束】按钮，将当前的重合约束应用到系统中→【确定】，工件方向摆放完毕，系统返回【制造】功能选项卡（如图 4.2.4 元件放置）。

4. 创建毛坯

【制造】功能选项卡中→【工件】→【自动工件】→进入【创建自动工件】选项卡→【创建矩形工件】，将创建一个最小化包容工件的毛坯→【确定】，毛坯创建完毕，系统返回【制造】功能选项卡（如图 4.2.5 创建毛坯）。

5. 设定铣削窗口

【制造】功能选项卡中→【铣削窗口】→打开【铣削窗口】选项卡→打开【放置】选项卡→

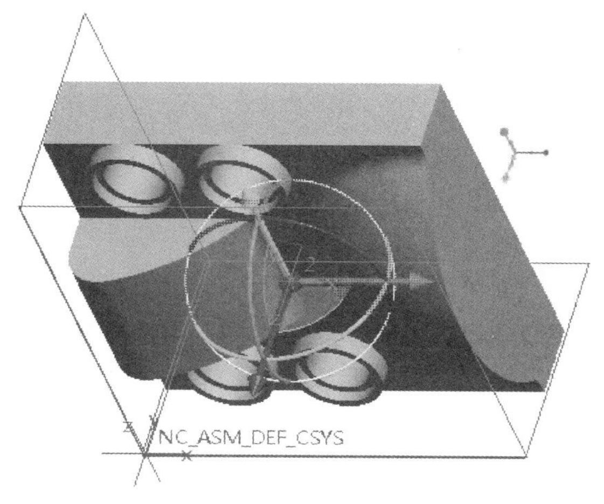

图 4.2.3　观察待加工工件

图 4.2.4　元件放置

取消【保留内环】的复选框→直接点击顶面，使顶面作为加工范围→【确定】，铣削窗口完毕，系统返回【制造】功能选项卡（如图 4.2.6 设定铣削窗口）。

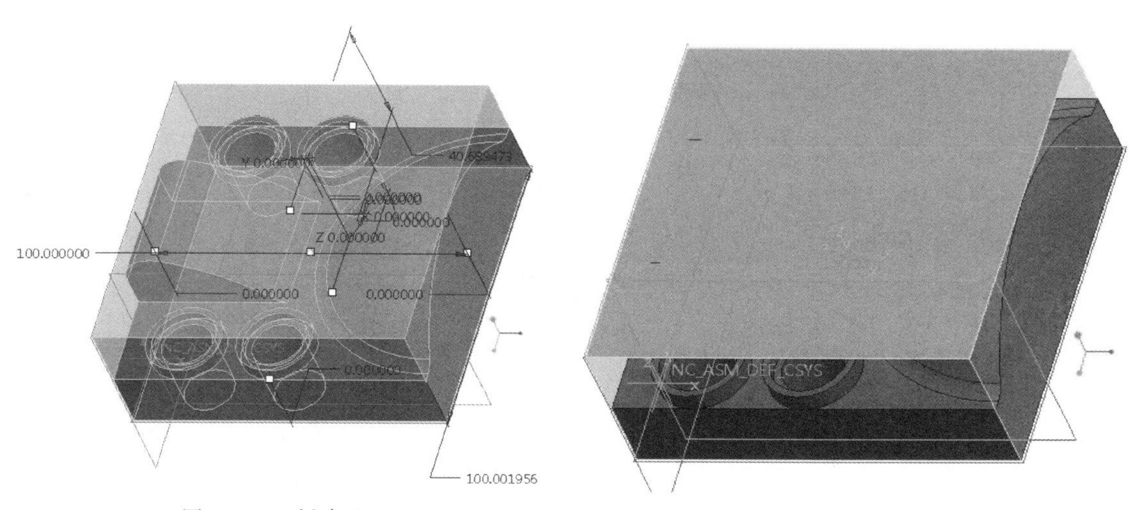

图 4.2.5　创建毛坯　　　　图 4.2.6　设定铣削窗口

6. 设置加工方法、刀具和坐标系

【制造】功能选项卡中→操作→右侧【制造设置】→【铣削】→打开【铣削工作中心】对话框→【名称】MILL01→【类型】铣削→【轴数】3 轴→切换到【刀具】选框→点击【刀具】按钮→打开【刀具设定】对话框，新建四把刀具→【T0001 端铣削 $\phi10$】→【T0002 端铣削 $\phi5$】→【T0003 端铣削 $\phi3$】→【T0004 球铣削 $\phi6$】→【确定】→【确定】（如图 4.2.7 刀具设定）→【基准】→【基准】→弹出【坐标系】对话框，此时处于【原点】选项卡，用于原点位置→此时，按住 Ctrl 键点击顶面→按住 Ctrl 键点击前面→按住 Ctrl 键点左侧面，此时坐标系会定位到左下角→点击【方向】选项卡→【使用】【确定】Z→【使用】【投影】Y【反向】，将坐标系的方向更改为与加工坐标系一致→【确定】（如图 4.2.8 加工坐标系）→点击左侧【使用此工具】按钮，将该坐标系应用到系统之中→【刀具】默认为第一把刀→【间隙】选项卡→【类型】平面→点击工件的表面→【值】10→【回车 Enter】→【确定】，加工方法、刀具和坐标系完毕，系统返回【制造】功能选项卡（如图 4.2.9 间隙）。

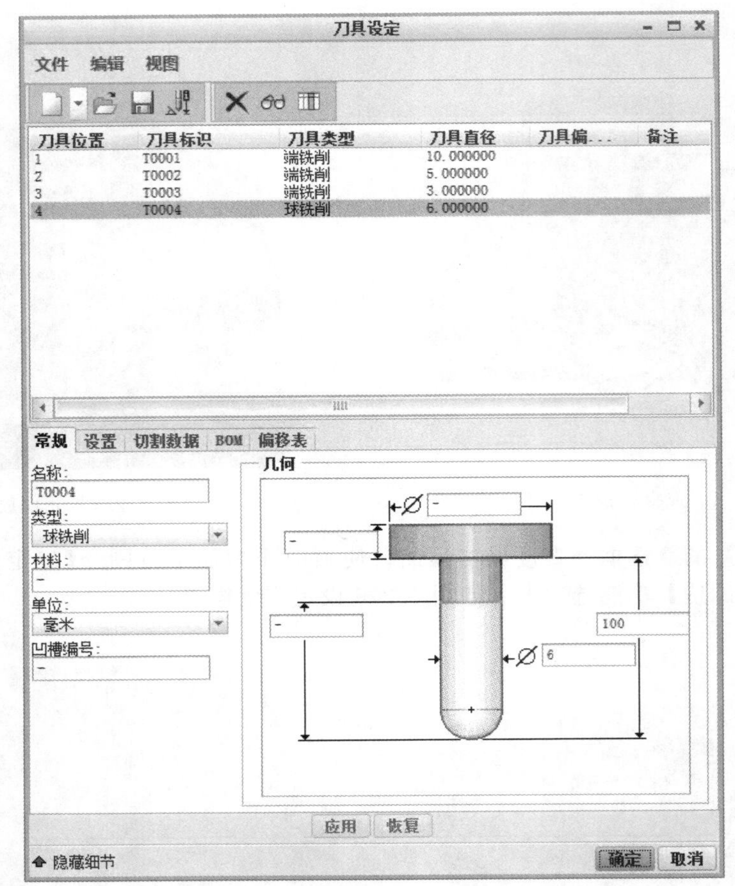

图 4.2.7 刀具设定

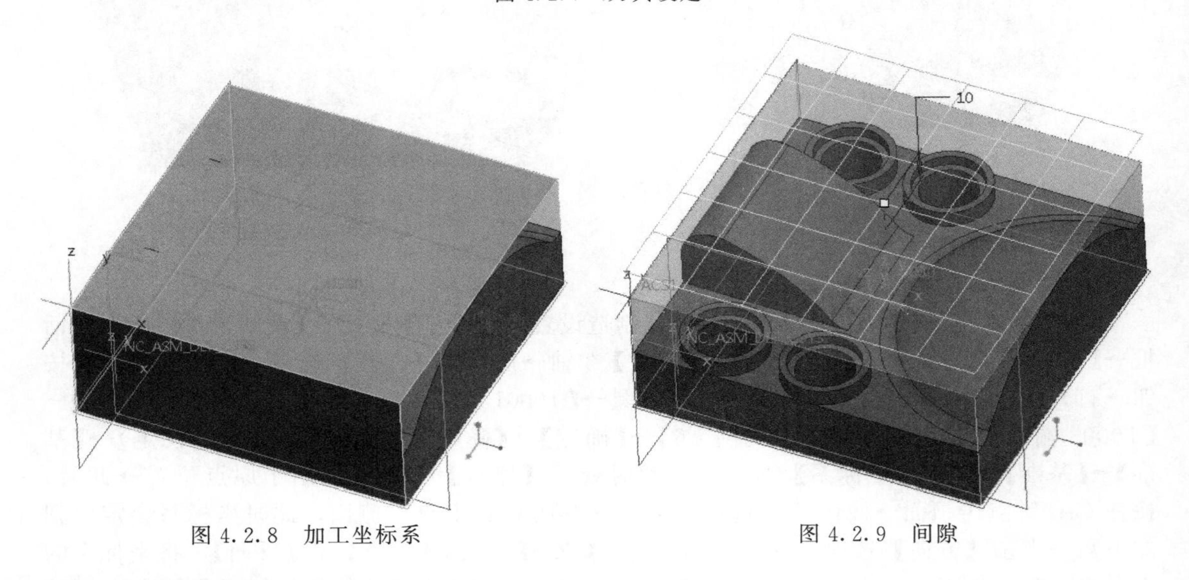

图 4.2.8 加工坐标系

图 4.2.9 间隙

ϕ10 的平底刀粗加工曲面的区域

7. 进入加工模块

选择【铣削】功能选项卡→【粗加工】→【粗加工】。

8. 刀具和坐标系

【刀具】选择 T0001→【坐标系】为刚才所设定的坐标系 ACS1：F10 坐标系。

9. 参考

选择【参考】选项卡→【加工参考】→点击前期所选择的顶面的边（如图 4.2.10 参考）。

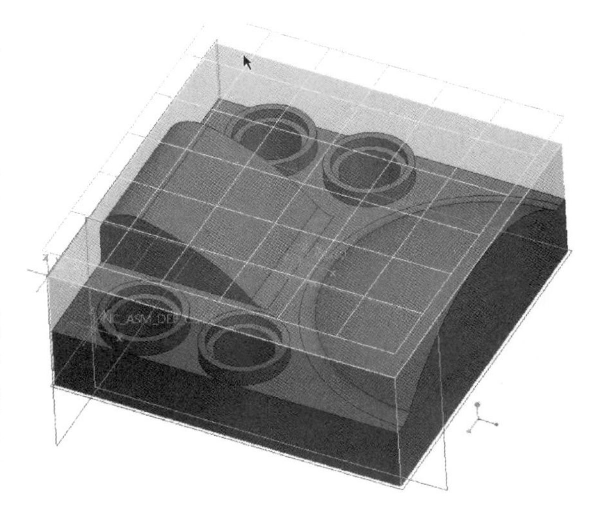

图 4.2.10　参考

10. 参数

选择【参数】选项卡→【切削进给】350→【跨距】4→【粗加工允许余量】0.1→【最大台阶深度】1.8→【开放区域扫描】仿形→【安全距离】2→【主轴速度】3000→【冷却液选项】开（如图 4.2.11 参数）。

11. 生成刀具路径

点击上方的【刀具路径】按钮→打开【播放路径】对话框→点击【播放】按钮，生成刀具路径（如图 4.2.12 生成刀具路径）。

参数　间隙　选项　刀具运动　工艺　属性

切削进给	350
自由进给	-
最小步长深度	-
跨距	4
粗加工允许余量	0.1
最大台阶深度	1.8
内公差	0.06
外公差	0.06
开放区域扫描	仿形
闭合区域扫描	常数_加载
切割类型	顺铣
安全距离	2
主轴速度	3000
冷却液选项	开

图 4.2.11　参数

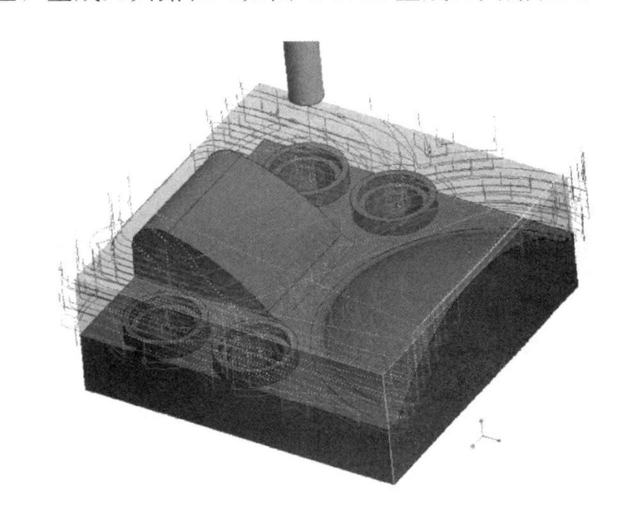

图 4.2.12　生成刀具路径

ϕ5 的平底刀重新粗加工曲面区域

12. 进入加工模块

选择【铣削】功能选项卡→【重新粗加工】。

13. 刀具、上一步操作和坐标系

点击【刀具】下拉列表→【T0002】→【上一步操作】粗加工 1→【坐标系】为之前所设定的坐标系 ACS1：F10 坐标系。

14. 参考

【参考】使用上一步操作选择的参考平面，不做修改。

15. 参数

选择【参数】选项卡→【切削进给】350→【跨距】4→【粗加工允许余量】0.1→【最大台

阶深度】1.8→【开放区域扫描】仿形→【安全距离】2→【主轴速度】3000→【冷却液选项】开（如图 4.2.13 参数）。

16. 生成刀具路径

点击上方的【刀具路径】按钮→打开【播放路径】对话框→点击【播放】按钮，生成刀具路径（如图 4.2.14 生成刀具路径）。

参数 | 间隙 | 选项 | 刀具运动 | 工艺 | 属性

切削进给	350
自由进给	-
最小步长深度	-
跨距	4
粗加工允许余量	0.1
最大台阶深度	1.8
内公差	0.06
外公差	0.06
开放区域扫描	仿形
闭合区域扫描	常数_加载
切割类型	顺铣
安全距离	2
主轴速度	3000
冷却液选项	开

图 4.2.13 参数

图 4.2.14 生成刀具路径

ϕ3 的平底刀精加工铣削曲面剩余区域

17. 进入加工模块

选择【铣削】功能选项卡→【精加工】。

18. 刀具和坐标系

【刀具】选择 T0003→【坐标系】为刚才在所设定的坐标系 ACS1：F10 坐标系。

19. 参考

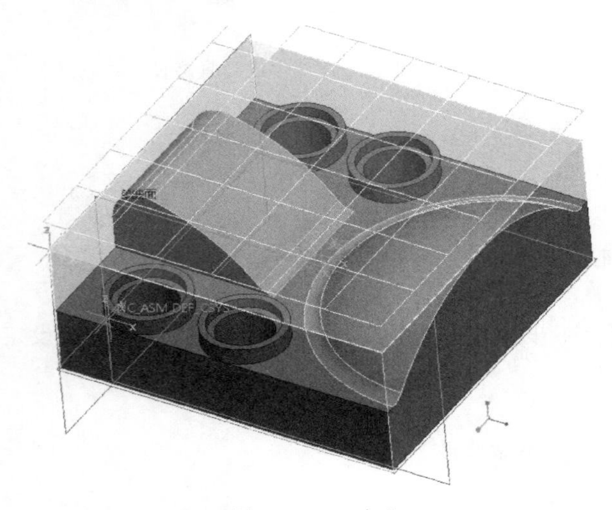

图 4.2.15 参考

选择【参考】选项卡→【铣削窗口】选择铣削窗口→【排除的曲面】点击不需要加工的曲，未选中的面即为待加工的曲面（如图 4.2.15 参考）。

20. 参数

选择【参数】选项卡→【切削进给】250→【跨距】2→【精加工允许余量】0→【安全距离】2→【主轴速度】3500→【冷却液选项】开（如图 4.2.16 参数）。

21. 生成刀具路径

点击上方的【刀具路径】按钮→打开【播放路径】对话框→点击【播放】按钮，生成刀具路径（如图 4.2.17 生成刀具路径）。

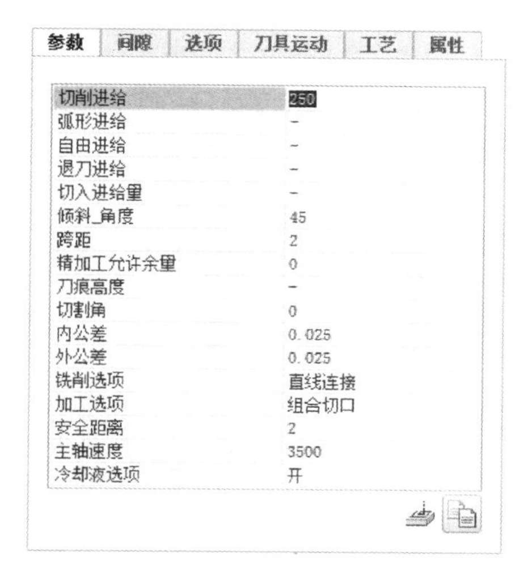

图 4.2.16 参数

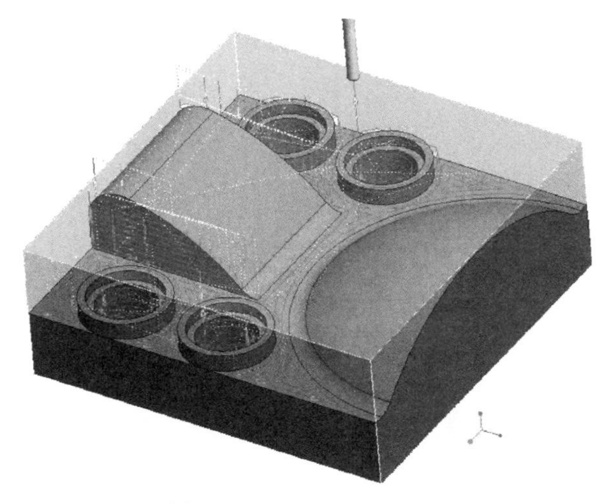

图 4.2.17 生成刀具路径

φ6 的球刀曲面铣削加工左侧曲面区域

22. 进入曲面铣削模块

选择【铣削】功能选项卡→【曲面铣削】。

23. 序列设置

【菜单管理器】→【序列设置】→勾选【刀具】、【参数】、【曲面】和【定义切削】→【完成】。

24. 刀具

在打开的【刀具设定】对话框中→选择【T0004】→【确定】。

25. 序列参数

进入【编辑序列参数】选项卡→【切削进给】200→【跨距】0.4→【轮廓允许余量】0→【安全距离】2→【主轴速度】4000→【冷却液选项】开（如图 4.2.18 序列参数）。

26. 选择曲面

进入【曲面拾取】菜单→【模型】→【完成】→提示【选择：选择一个或多个项。可用区域选择】→按住 Ctrl 键，点选待加工的曲面→【完成/返回】→【完成/返回】（如图 4.2.19 选择曲面）。

27. 切削定义

在打开的【切削定义】对话框中→【切削类型】直线切削→【切削角度】0→【确定】（如图 4.2.20 切削定义）。

28. 生成刀具路径

点击生成的操作【2. 曲面铣削】→【播放路径】→点击【播放】按钮，生成刀具路径（如图 4.2.21 生成刀具路径）。

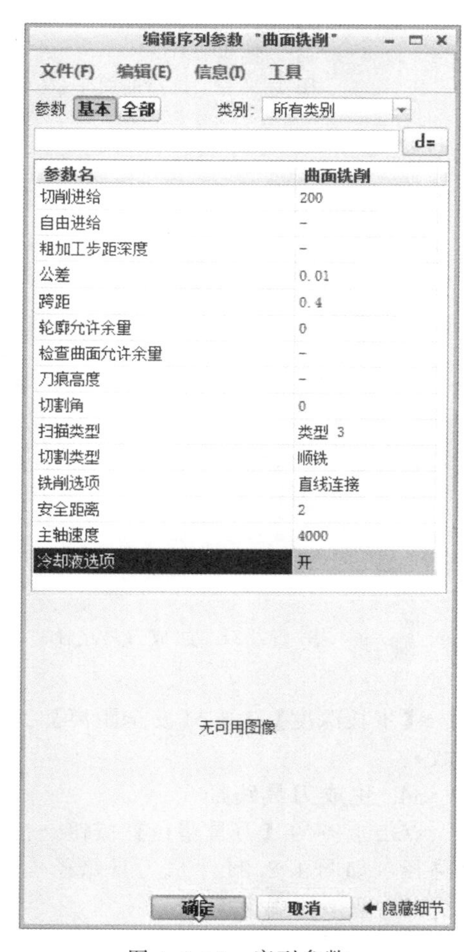

图 4.2.18 序列参数

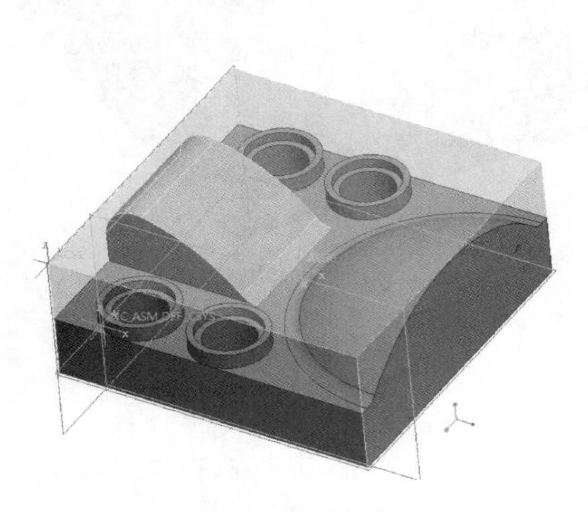

图 4.2.19　选择曲面

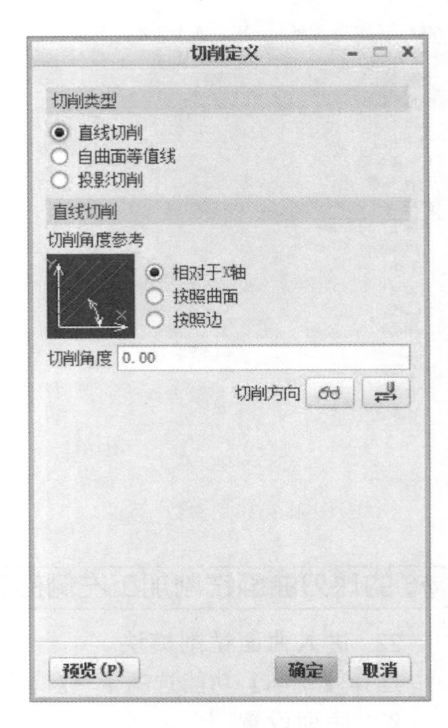

图 4.2.20　切削定义

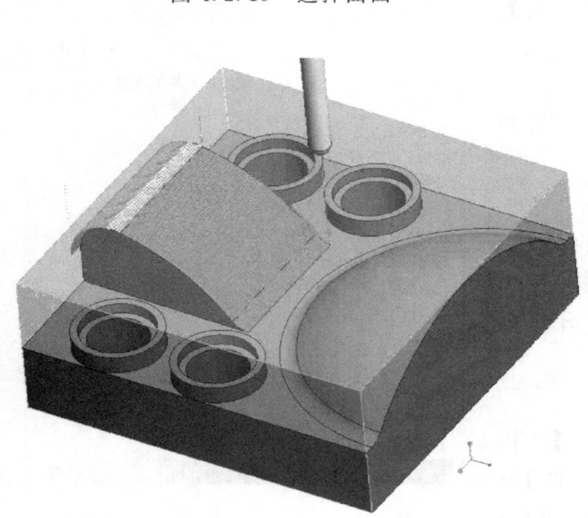

图 4.2.21　生成刀具路径

ϕ6 的球刀轮廓铣削右侧球面区域

29. 进入曲面铣削模块

选择【铣削】功能选项卡→【轮廓铣削】。

30. 刀具和坐标系

【刀具】选择 T0002→【坐标系】为之前所设定的坐标系 ACS1：F10 坐标系。

31. 隐藏毛坯

点击【轮廓铣削】选项卡右侧的【暂停】按钮→右击【毛坯名称】→【隐藏】。

32. 参考

【参考】→【类型】曲面→按住 Ctrl 键点选待加工的曲面（如图 4.2.22 参考）。

33. 参数

选择【参数】选项卡→【切削进给】200→【步长深度】0.3→【安全距离】2→【主轴速度】4000→【冷却液选项】开（如图 4.2.23 参数）。

34. 生成刀具路径

点击上方的【刀具路径】按钮→打开【播放路径】对话框→点击【播放】按钮，生成刀具路径（如图 4.2.24 生成刀具路径）。

35. 取消隐藏毛坯

右击【毛坯名称】→【隐藏】。

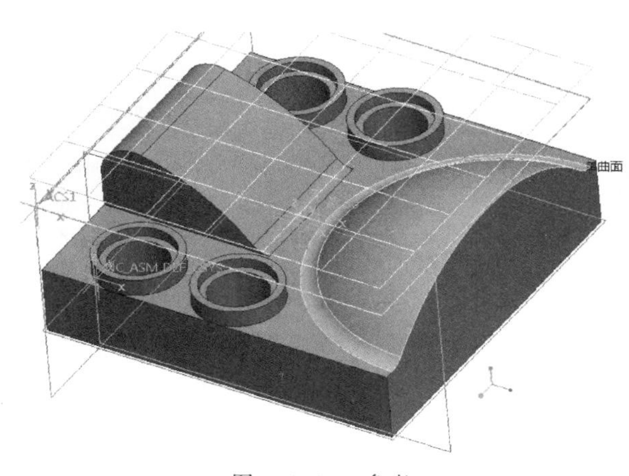

图 4.2.22 参考

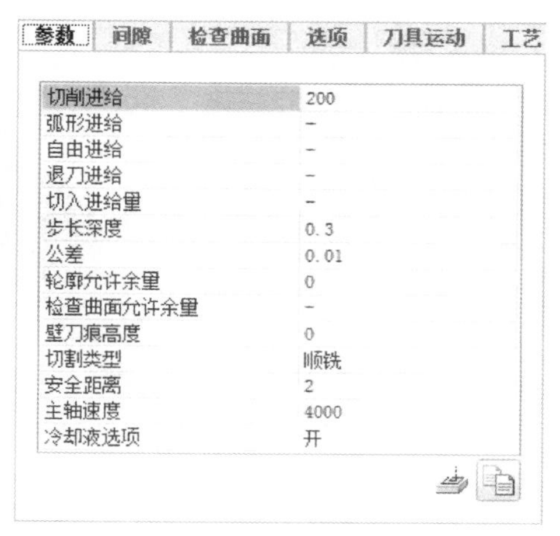

图 4.2.23 参数

实体验证模拟

36. 实体切削验证

右击生成的操作→【材料移除模拟】→打开 VERICUT 软件进行切削验证→点击软件右下角的【播放】按钮，观察实体切削验证的情况→打开 VERICUT 软件进行切削验证→点击软件右下角的【播放】按钮，观察实体切削验证的情况（如图 4.2.25～图 4.2.29）。

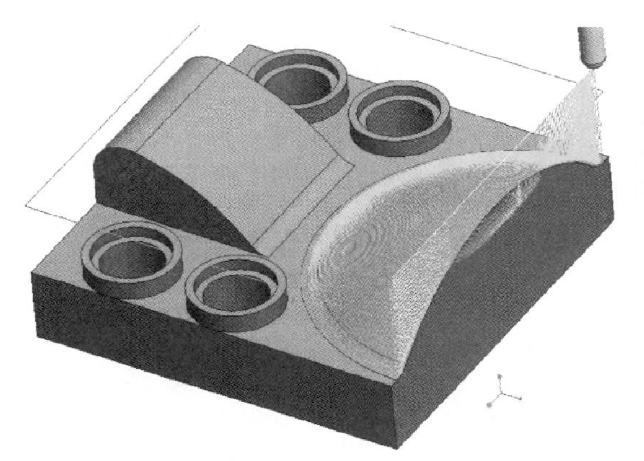

图 4.2.24 生成刀具路径

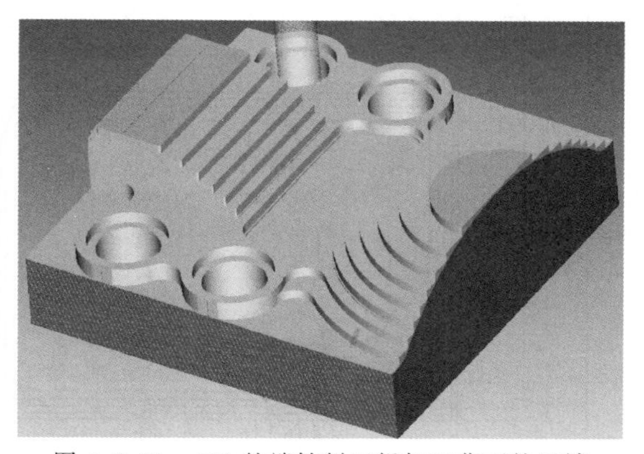

图 4.2.25 ϕ10 的端铣削刀粗加工曲面的区域

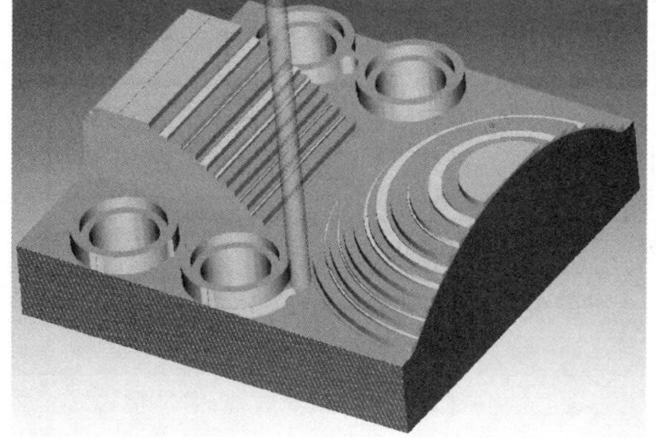

图 4.2.26 ϕ5 的端铣削刀重新粗加工曲面区域

图 4.2.27 ϕ3 的端铣削刀精加工铣削曲面剩余区域

图 4.2.28　$\phi 6$ 的球刀曲面铣削加工左侧曲面区域

图 4.2.29　$\phi 6$ 的球刀轮廓铣削右侧球面区域

第三节　数控加工综合实例三——固定镶件模块零件

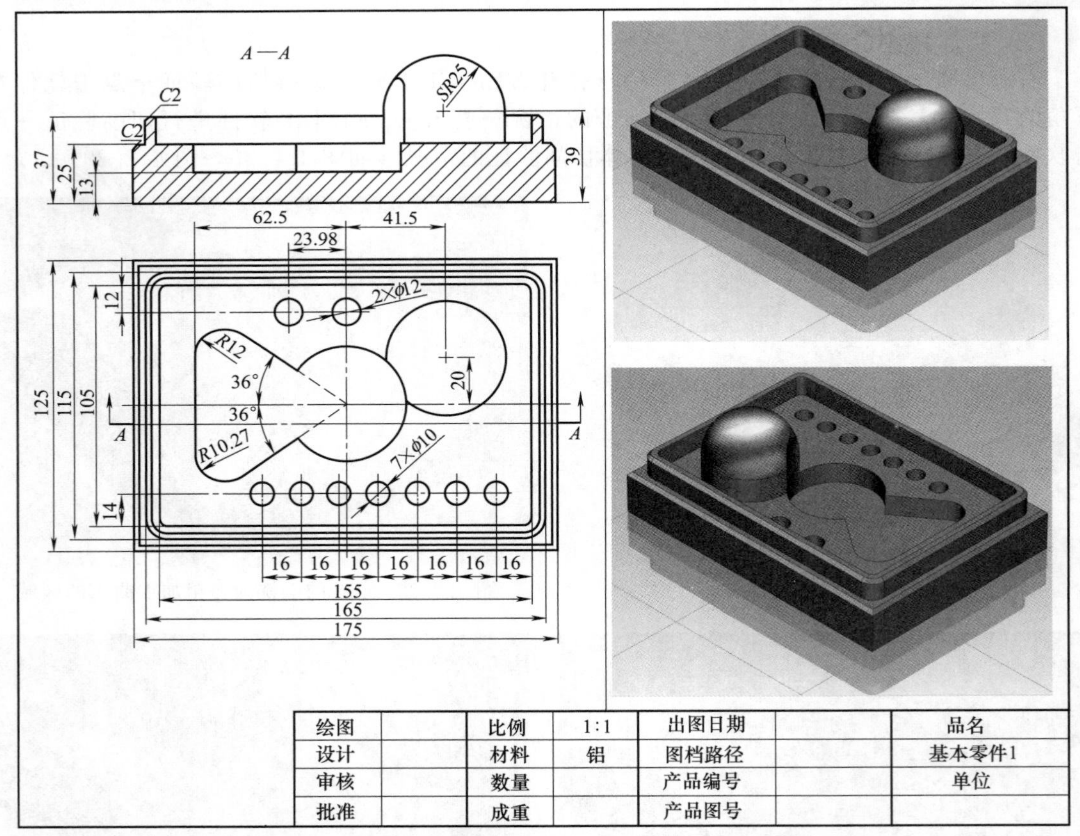

绘图		比例	1:1	出图日期		品名
设计		材料	铝	图档路径		基本零件1
审核		数量		产品编号		单位
批准		成重		产品图号		

图 4.3.1　数控加工综合实例三——固定镶件模块零件

加工前的工艺分析与准备

1. 工艺分析

由图 4.3.1 可以看出来图形的基本形状，中间由一连串的孔组成，在中间的靠右侧区域由一个凸起来的圆弧形状组成，四周是一个很薄的带有倒角的薄壁区域，工件底部的类似于底座上也有倒角的区域。

工件长宽尺寸175mm×125mm，无尺寸公差要求。尺寸标注完整，轮廓描述清楚。零件材料为已经加工成型的标准铝块，无热处理和硬度要求。

① ϕ12 的平底刀粗加工曲面的区域；

② ϕ5 的平底刀重新粗加工曲面区域；

③ ϕ3 的平底刀精加工铣削曲面区域；

④ ϕ8 的球刀轮廓铣削球面区域；

⑤ ϕ10 的倒角刀铣削倒角区域；

⑥ 根据加工要求，共需产生 5 次刀具路径。

前期准备工作

2. 图形的导入

在 Creo 界面中点击【新建】按钮→打开【新建】对话框→【类型】制造→【子类型】NC 装配→【名称】2→取消勾选【使用默认模板】复选框→【确定】→弹出【新建文件选项】对话框→【模板】mmns_mfg_nc，公制模板→【确定】→在打开的【制造】功能选项卡中→【参考模型】→【组装参考模型】→在【打开】对话框中找到文件存放的位置→选择【3-gudingxiangjian.prt】→【打开】（如图 4.3.2 图形的导入）→系统打开【元件放置】选项卡，注意观察待加工工件的状况（如图 4.3.3 观察待加工工件）。

图 4.3.2　图形的导入

3. 元件放置

【元件放置】选项卡→打开【自动】下拉列表→【重合】→点击工件底面和加工坐标系的 XY 平面→得到一个重合摆放的工件→点击【应用约束】按钮，将当前的重合约束应用到系统中→【确定】，工件方向摆放完毕，系统返回【制造】功能选项卡（如图 4.3.4 元件放置）。

4. 创建毛坯

【制造】功能选项卡中→【工件】→【自动工件】→进入【创建自动工件】选项卡→【创建矩

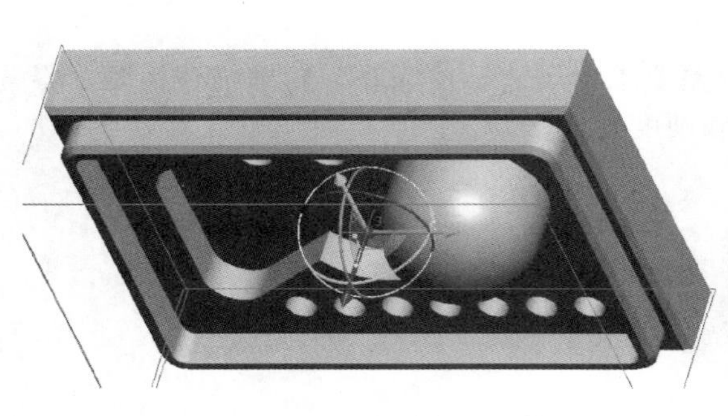

图 4.3.3　观察待加工工件

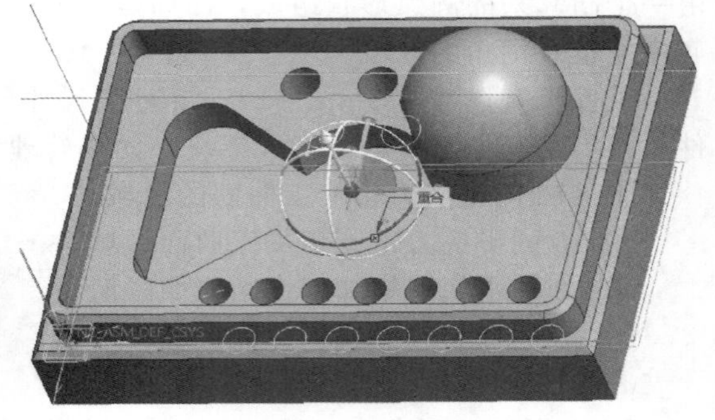

图 4.3.4　元件放置

形工件】，将创建一个最小化包容工件的毛坯→【确定】，毛坯创建完毕，系统返回【制造】功能选项卡（如图 4.3.5 创建毛坯）。

5. 设定铣削窗口

【制造】功能选项卡中→【铣削窗口】→打开【铣削窗口】选项卡→打开【放置】选项卡→取消【保留内环】的复选框→直接点击顶面，使顶面作为加工范围→【确定】，铣削窗口完毕，系统返回【制造】功能选项卡（如图 4.3.6 设定铣削窗口）。

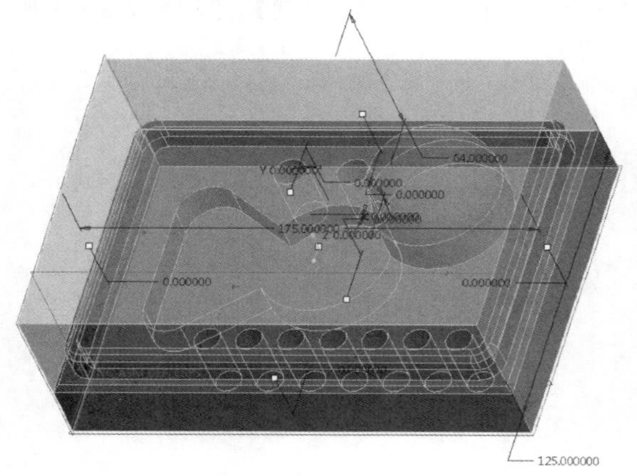

图 4.3.5　创建毛坯

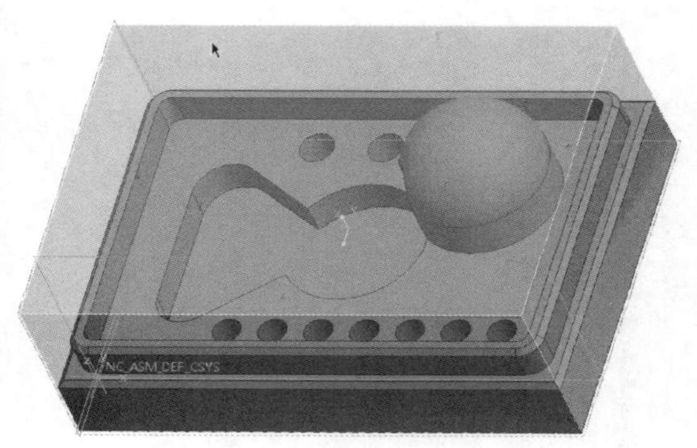

图 4.3.6　设定铣削窗口

6. 设置加工方法、刀具和坐标系

【制造】功能选项卡中→操作→右侧【制造设置】→【铣削】→打开【铣削工作中心】对话框→【名称】MILL01→【类型】铣削→【轴数】3 轴→切换到【刀具】选框→点击【刀具】按钮→打开【刀具设定】对话框，新建五把刀具→【T0001 端铣削 $\phi12$】→【T0002 端铣削 $\phi5$】→【T0003 端铣削 $\phi3$】→【T0004 球铣削 $\phi8$】→【T0005 倒角 $\phi10$】→【确定】→【确定】（如图 4.3.7 刀具设定）→【基准】→【基准】→弹出【坐标系】对话框，此时处于【原点】选项卡，用于原点位置→此时，按住 Ctrl 键点击顶面→按住 Ctrl 键点击前面→按住 Ctrl 键点左侧面，此时坐标系会定位到左下角→点击【方向】选项卡→【使用】【确定】Z→【使用】【投影】Y【反向】，将坐标系的方向更改为与加工坐标系一致→【确定】（如图 4.3.8 加工坐标系）→点击左侧【使用此工具】按钮，将该坐标系应用到系统之中→【刀具】默认为第一把刀→【间隙】选项卡→【类型】平面→点击工件的表面→【值】10→【回车 Enter】→【确定】，加工方法、刀具和坐标系完毕，系统返回【制造】功能选项卡（如图 4.3.9 间隙）。

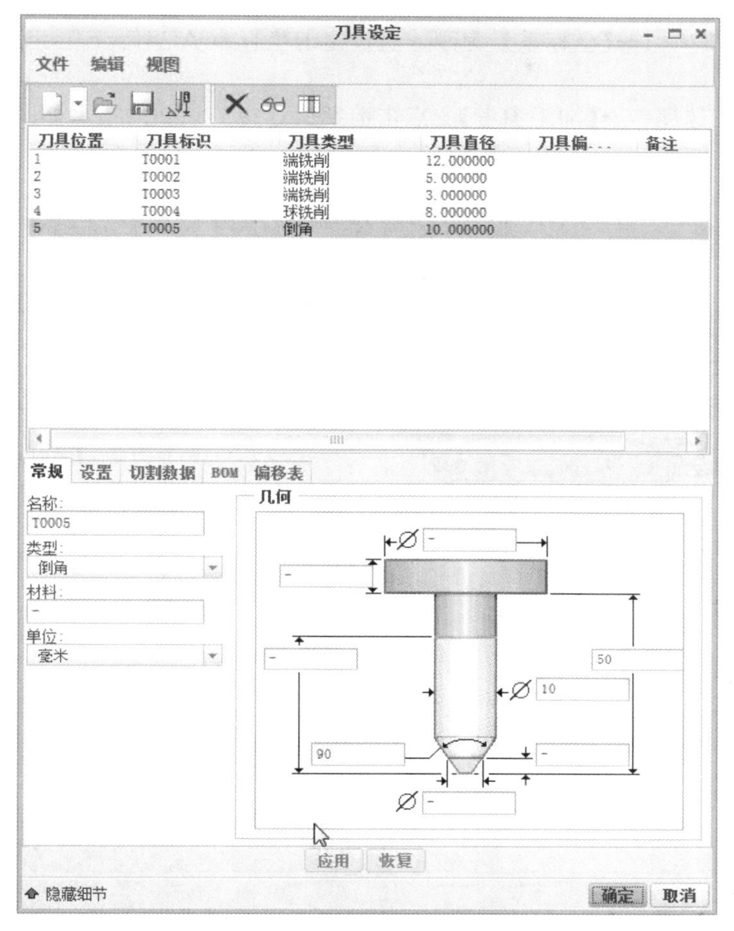

图 4.3.7　刀具设定

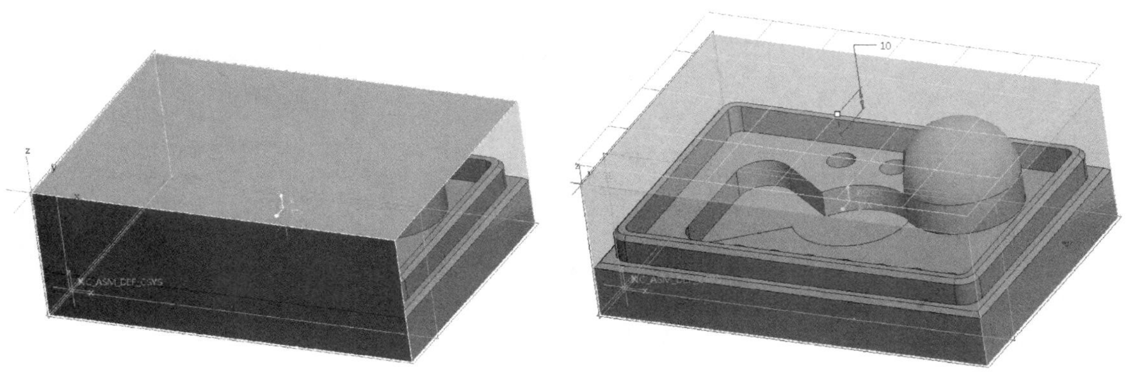

图 4.3.8　加工坐标系　　　　图 4.3.9　间隙

ϕ12 的平底刀粗加工曲面的区域

7. 进入加工模块

选择【铣削】功能选项卡→【粗加工】→【粗加工】。

8. 刀具和坐标系

【刀具】选择 T0001→【坐标系】为刚才所设定的坐标系 ACS1：F10 坐标系。

9. 参考

选择【参考】选项卡→【加工参考】→点击前期所选择的顶面的边（如图 4.3.10 参考）。

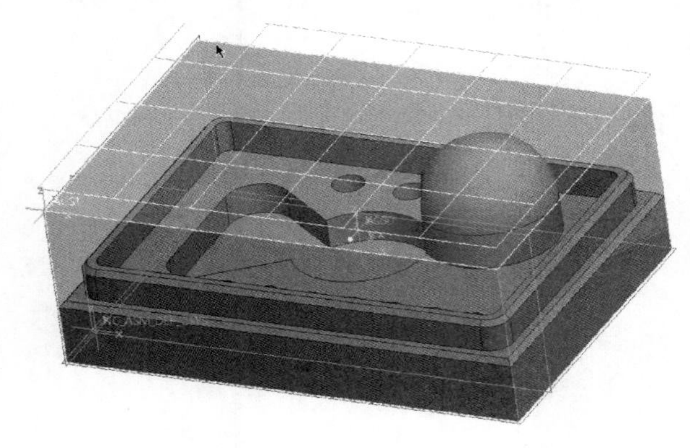

图 4.3.10 参考

10. 参数

选择【参数】选项卡→【切削进给】500→【跨距】7→【粗加工允许余量】0.3→【最大台阶深度】3→【开放区域扫描】仿形→【安全距离】2→【主轴速度】2500→【冷却液选项】开（如图 4.3.11 参数）。

11. 生成刀具路径

点击上方的【刀具路径】按钮→打开【播放路径】对话框→点击【播放】按钮，生成刀具路径（如图 4.3.12 生成刀具路径）。

参数 | 间隙 | 选项 | 刀具运动 | 工艺 | 属性

切削进给	500
自由进给	-
退刀进给	-
最小步长深度	-
跨距	7
粗加工允许余量	0.3
最大台阶深度	3
内公差	0.06
外公差	0.06
开放区域扫描	仿形
闭合区域扫描	常数_加载
切割类型	顺铣
安全距离	2
主轴速度	2500
冷却液选项	开

图 4.3.11 参数

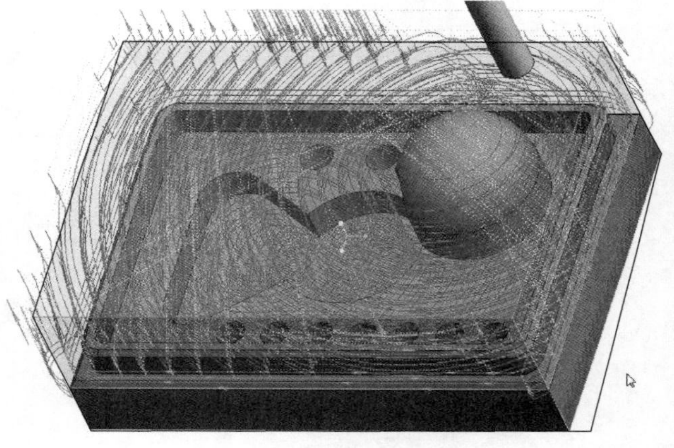

图 4.3.12 生成刀具路径

ϕ5 的平底刀重新粗加工曲面区域

12. 进入加工模块

选择【铣削】功能选项卡→【重新粗加工】。

13. 刀具、上一步操作和坐标系

点击【刀具】下拉列表→【T0002】→【上一步操作】粗加工 1→【坐标系】为之前所设定的坐标系 ACS1：F10 坐标系。

14. 参考

【参考】使用上一步操作选择的参考平面，不做修改。

15. 参数

选择【参数】选项卡→【切削进给】400→【跨距】4→【粗加工允许余量】0.1→【最大台阶深度】1.5→【开放区域扫描】仿形→【安全距离】2→【主轴速度】3000→【冷却液选项】开（如图 4.3.13 参数）。

16. 生成刀具路径

点击上方的【刀具路径】按钮→打开【播放路径】对话框→点击【播放】按钮，生成刀具路径（如图 4.3.14 生成刀具路径）。

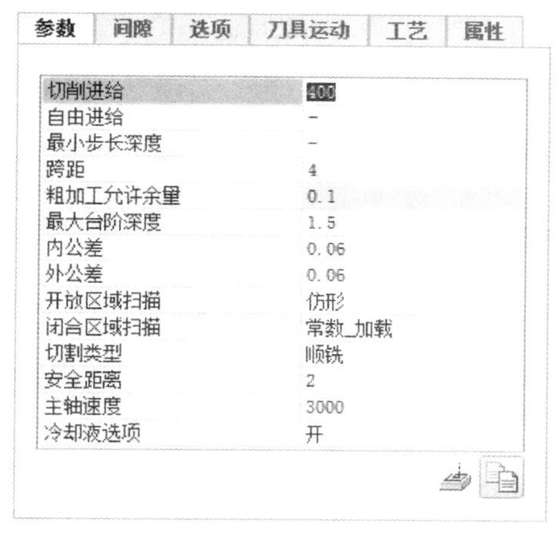

图 4.3.13　参数

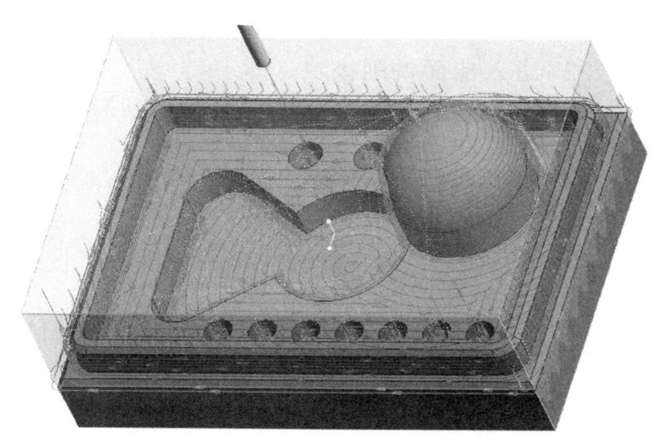

图 4.3.14　生成刀具路径

ϕ3 的平底刀精加工铣削曲面区域

17. 进入加工模块

选择【铣削】功能选项卡→【精加工】。

18. 刀具和坐标系

【刀具】选择 T0003→【坐标系】为刚才所设定的坐标系 ACS1：F10 坐标系。

19. 参考

选择【参考】选项卡→【铣削窗口】选择铣削窗口→【排除的曲面】点击不需要加工的曲面，未选中的面即为待加工的曲面（如图 4.3.15 参考）。

20. 参数

选择【参数】选项卡→【切削进给】300→【跨距】2→【精加工允许余量】0→【安全距离】2→【主轴速度】3500→【冷却液选项】开（如图 4.3.16 参数）。

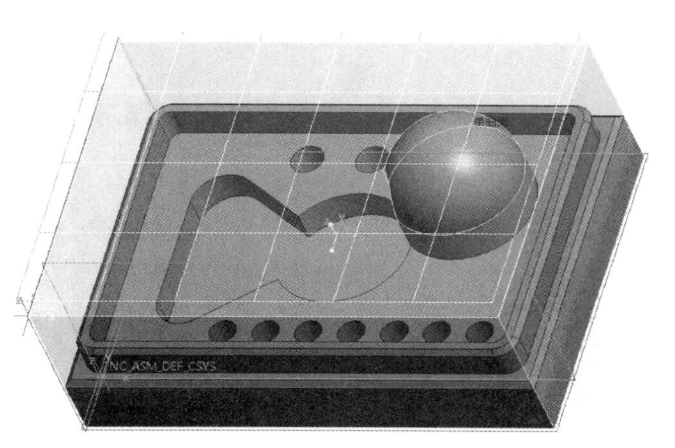

图 4.3.15　参考

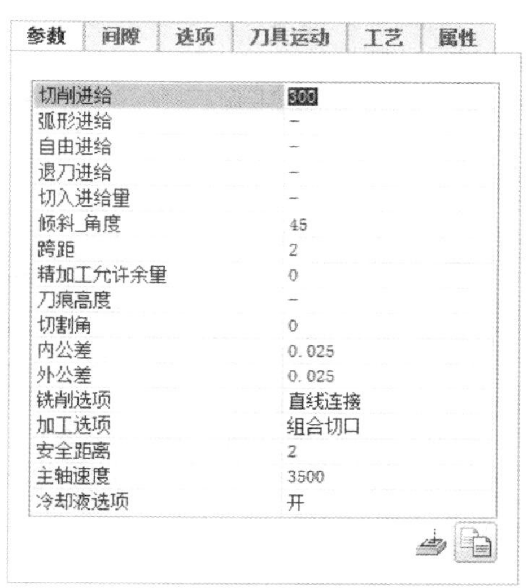

图 4.3.16　参数

21. 生成刀具路径

点击上方的【刀具路径】按钮→打开【播放路径】对话框→点击【播放】按钮，生成刀具路径（如图 4.3.17 生成刀具路径）。

φ8 的球刀轮廓铣削球面区域

22. 进入曲面铣削模块

选择【铣削】功能选项卡→【轮廓铣削】。

23. 刀具和坐标系

【刀具】选择 T0004→【坐标系】为之前所设定的坐标系 ACS1：F10 坐标系。

24. 隐藏毛坯

点击【轮廓铣削】选项卡右侧的【暂停】按钮→右击【毛坯名称】→【隐藏】。

25. 参考

【参考】→【类型】曲面→按住 Ctrl 键点选待加工的曲面（如图 4.3.18 参考）。

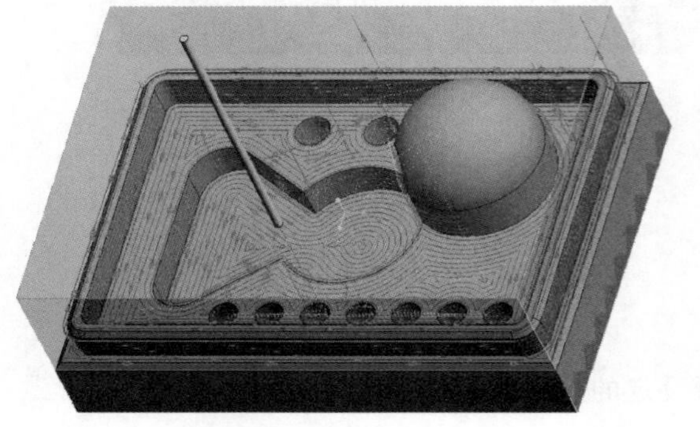

图 4.3.17　生成刀具路径

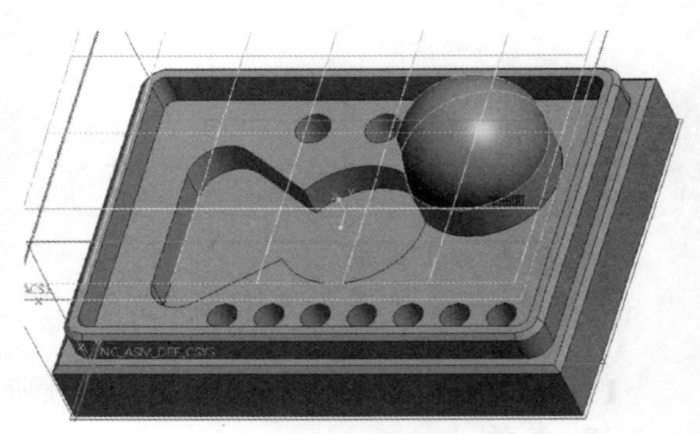

图 4.3.18　参考

26. 参数

选择【参数】选项卡→【切削进给】200→【步长深度】0.2→【安全距离】2→【主轴速度】3500→【冷却液选项】开（如图 4.3.19 参数）。

27. 生成刀具路径

点击上方的【刀具路径】按钮→打开【播放路径】对话框→点击【播放】按钮，生成刀具路径（如图 4.3.20 生成刀具路径）。

参数 | 间隙 | 检查曲面 | 选项 | 刀具运动 | 工艺

切削进给	200
弧形进给	-
自由进给	-
退刀进给	-
切入进给量	-
步长深度	0.2
公差	0.01
轮廓允许余量	0
检查曲面允许余量	-
壁刀痕高度	0
切割类型	顺铣
安全距离	2
主轴速度	3500
冷却液选项	开

图 4.3.19　参数

图 4.3.20　生成刀具路径

ϕ10的倒角刀铣削倒角区域

28. 进入曲面铣削模块

选择【铣削】功能选项卡→【倒角】。

29. 刀具和坐标系

【刀具】选择T0005→【坐标系】为之前所设定的坐标系ACS1：F10坐标系。

30. 参考

【参考】→【选择项】→按住Ctrl键点选待加工的曲面（如图4.3.21参考）。

31. 参数

选择【参数】选项卡→【切削进给】150→【安全距离】2→【主轴速度】3000→【冷却液选项】开（如图4.3.22参数）。

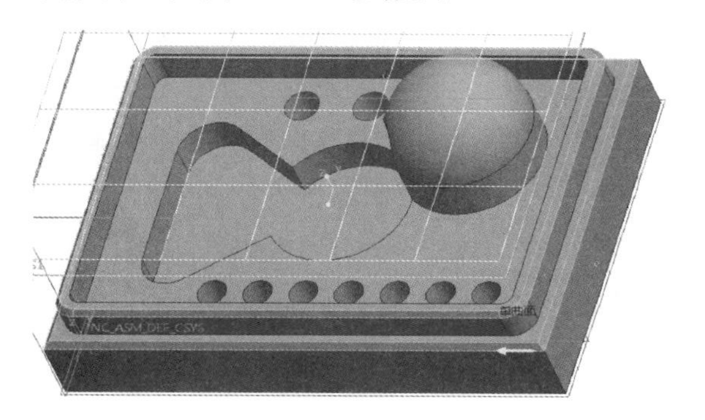

图4.3.21　参考

图4.3.22　参数

32. 生成刀具路径

点击上方的【刀具路径】按钮→打开【播放路径】对话框→点击【播放】按钮，生成刀具路径（如图4.3.23生成刀具路径）。

33. 取消隐藏毛坯

右击【毛坯名称】→【隐藏】。

实体验证模拟

34. 实体切削验证

右击生成的操作→【材料移除模拟】→打开VERICUT软件进行切削验证→点击软件右下角的【播放】按钮，观察实体切削验证的情况→打开VERICUT软件进行切削验证→点击软件右下角的【播放】按钮，观察实体切削验证的情况（如图4.3.24～图4.3.28）。

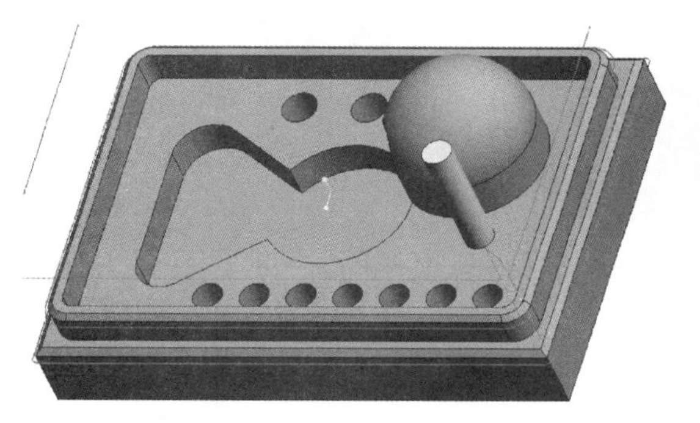

图4.3.23　生成刀具路径

图4.3.24　ϕ12的端铣削刀粗加工曲面区域

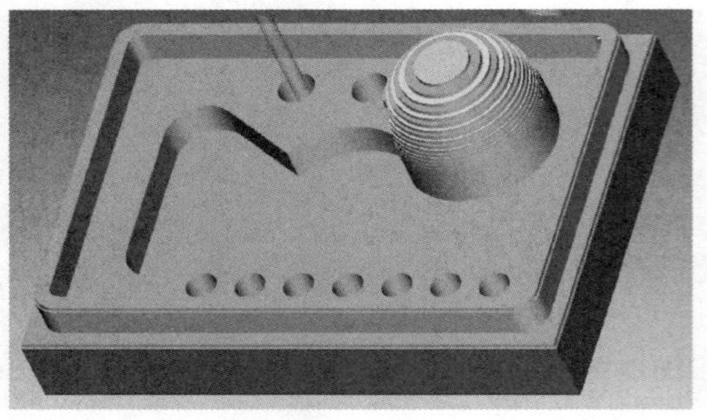

图 4.3.25　ϕ5 的端铣削刀重新粗加工曲面区域

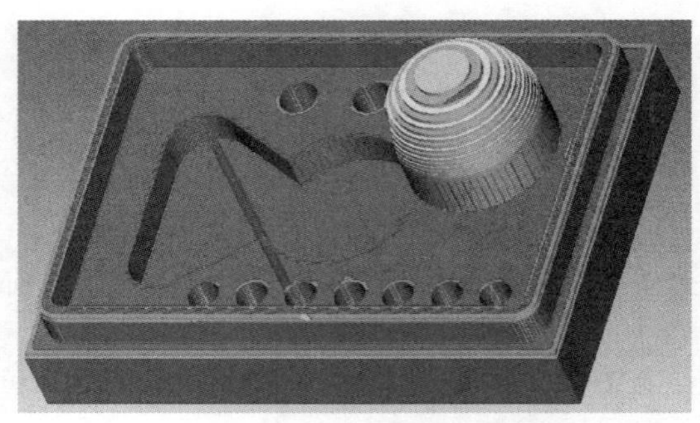

图 4.3.26　ϕ3 的端铣削刀精加工铣削曲面区域

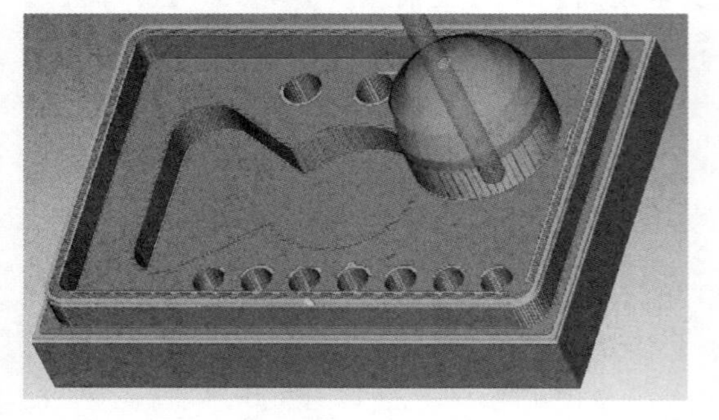

图 4.3.27　ϕ8 的球刀轮廓铣削球面区域

图 4.3.28　ϕ10 的倒角刀铣削倒角区域

第四节　数控加工综合实例四——后视镜模具

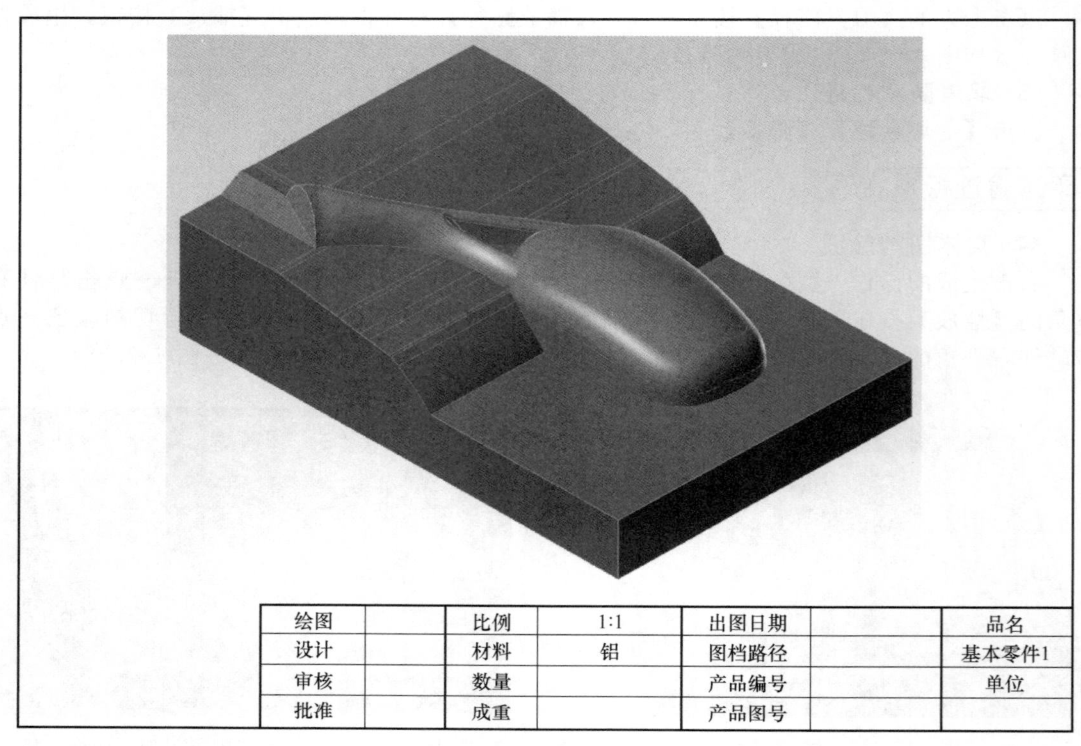

绘图		比例	1:1	出图日期		品名
设计		材料	铝	图档路径		基本零件1
审核		数量		产品编号		单位
批准		成重		产品图号		

图 4.4.1　数控加工综合实例四——后视镜模具

加工前的工艺分析与准备

1. 工艺分析

由图 4.4.1 可以看出来摩托车后视镜图形的基本的形状，中间由一连串曲面组成，在边角区域采用小的球刀修边。

工件无尺寸公差要求。尺寸标注完整，轮廓描述清楚。零件材料为已经加工成型的标准铝块，无热处理和硬度要求。

① ϕ12 的平底刀粗加工曲面的区域；

② ϕ8 的平底刀重新粗加工曲面区域；

③ ϕ12 的球刀曲面铣削 Y 向小斜面；

④ ϕ12 的球刀曲面铣削 X 向大斜面；

⑤ ϕ5 的球刀精加工铣削后视镜顶面区域；

⑥ ϕ5 的球刀轮廓铣削后视镜右侧陡峭区域；

⑦ ϕ5 的球刀轮廓铣削后视镜中间陡峭区域；

⑧ ϕ5 的球刀轮廓铣削后视镜左陡峭区域；

⑨ ϕ2 的球刀进行清根的精加工操作；

⑩ 根据加工要求，共需产生 8 次刀具路径。

前期准备工作

2. 图形的导入

在 Creo 界面中点击【新建】按钮→打开【新建】对话框→【类型】制造→【子类型】NC 装配→【名称】2→取消勾选【使用默认模板】复选框→【确定】→弹出【新建文件选项】对话框→【模板】mmns_mfg_nc，公制模板→【确定】→在打开的【制造】功能选项卡中→【参考模型】→【组装参考模型】→在【打开】对话框中找到文件存放的位置→选择【4-houshijing.prt】→【打开】（如图 4.4.2 图形的导入）→系统打开【元件放置】选项卡，注意观察待加工工件的状况（如图 4.4.3 观察待加工工件）。

图 4.4.2 图形的导入

3. 元件放置

【元件放置】选项卡→打开【自动】下拉列表→【重合】→点击工件底面和加工坐标系的XY平面→得到一个重合摆放的工件→点击【应用约束】按钮，将当前的重合约束应用到系统中→【确定】，工件方向摆放完毕，系统返回【制造】功能选项卡（如图4.4.4元件放置）。

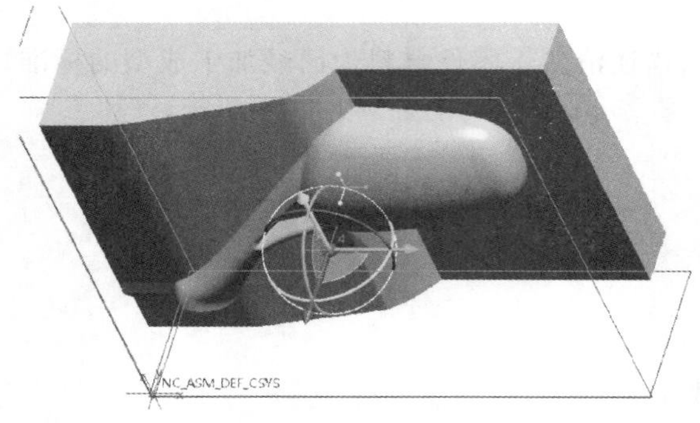

图4.4.3　观察待加工工件

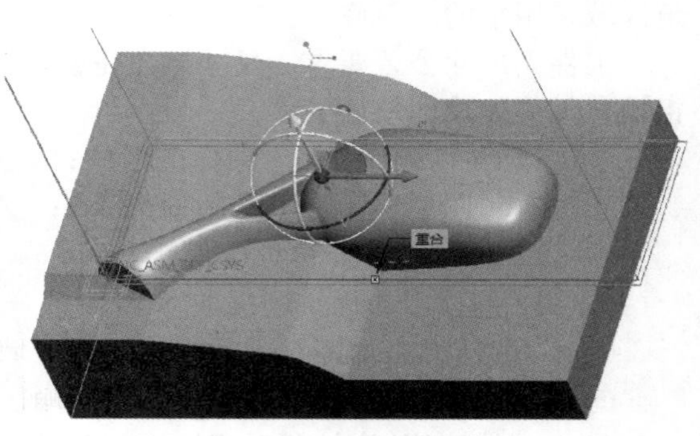

图4.4.4　元件放置

4. 创建毛坯

【制造】功能选项卡中→【工件】→【自动工件】→进入【创建自动工件】选项卡→【创建矩形工件】，将创建一个最小化包容工件的毛坯→【确定】，毛坯创建完毕，系统返回【制造】功能选项卡（如图4.4.5创建毛坯）。

5. 设定铣削窗口

【制造】功能选项卡中→【铣削窗口】→打开【铣削窗口】选项卡→直接点击顶面，使顶面作为加工范围→【确定】，铣削窗口完毕，系统返回【制造】功能选项卡（如图4.4.6设定铣削窗口）。

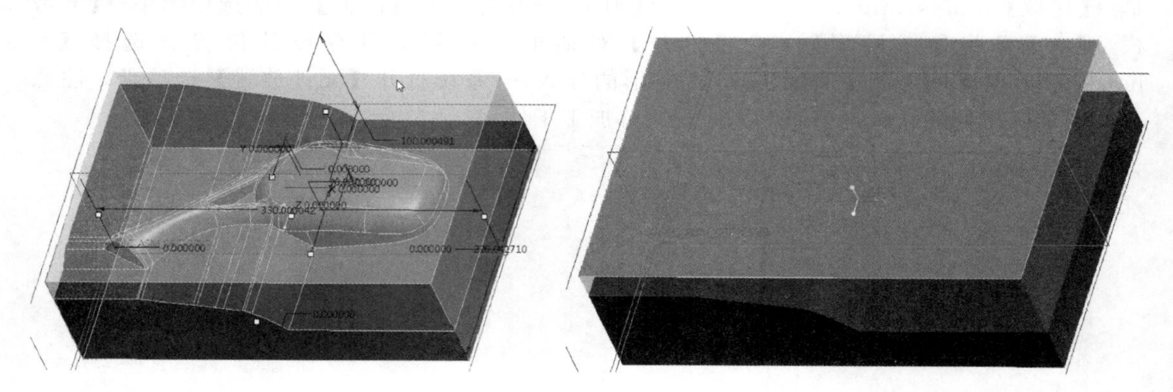

图4.4.5　创建毛坯

图4.4.6　设定铣削窗口

6. 设置加工方法、刀具和坐标系

【制造】功能选项卡中→操作→右侧【制造设置】→【铣削】→打开【铣削工作中心】对话框→【名称】MILL01→【类型】铣削→【轴数】3轴→切换到【刀具】选框→点击【刀具】按钮→打开【刀具设定】对话框，新建五把刀具→【T0001端铣削ϕ15】→【T0002端铣削ϕ8】→【T0003球铣削ϕ12】→【T0004球铣削ϕ5】→【T0005球铣削ϕ2】→【确定】→【确定】（如图4.4.7刀具设定）→【基准】→【基准】→弹出【坐标系】对话框，此时处于【原点】选项卡，用于原点位置→此时，按住Ctrl键点击顶面→按住Ctrl键点击前面→按住Ctrl键点左侧面，此时坐标系会定位到左下角→点击【方向】选项卡→【使用】【确定】Z→【使用】【投影】Y

【反向】，将坐标系的方向更改为与加工坐标系一致→【确定】（如图4.4.8加工坐标系）→点击左侧【使用此工具】按钮，将该坐标系应用到系统之中→【刀具】默认为第一把刀→【间隙】选项卡→【类型】平面→点击工件的表面→【值】10→【回车 Enter】→【确定】，加工方法、刀具和坐标系完毕，系统返回【制造】功能选项卡（如图4.4.9间隙）。

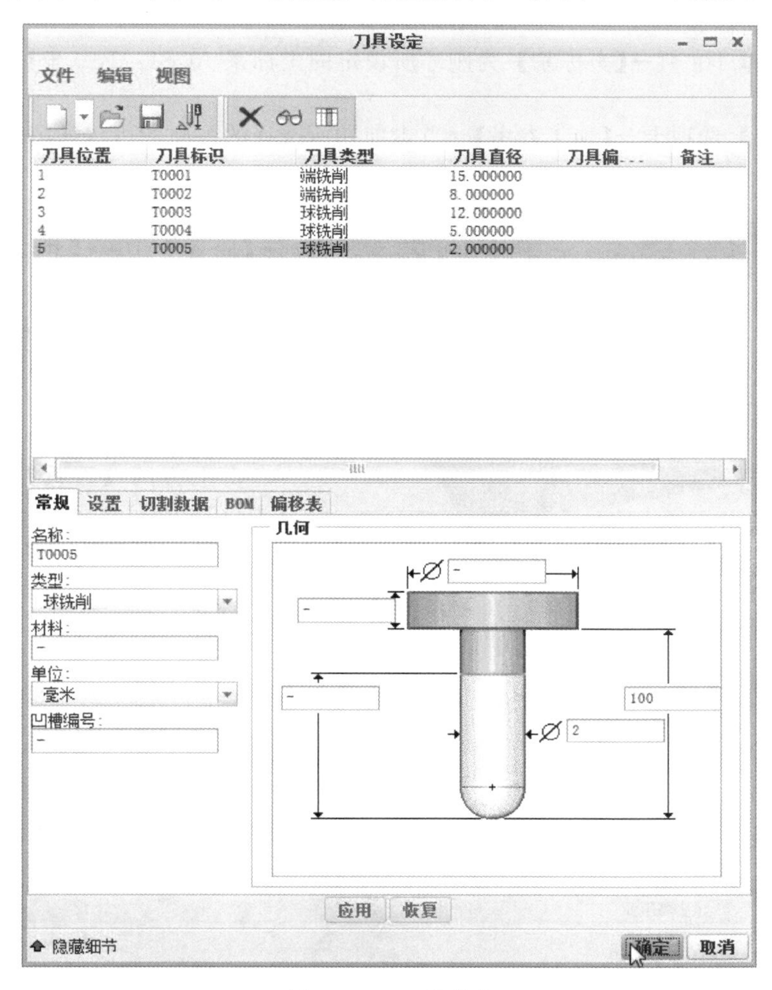

图4.4.7　刀具设定

图4.4.8　加工坐标系

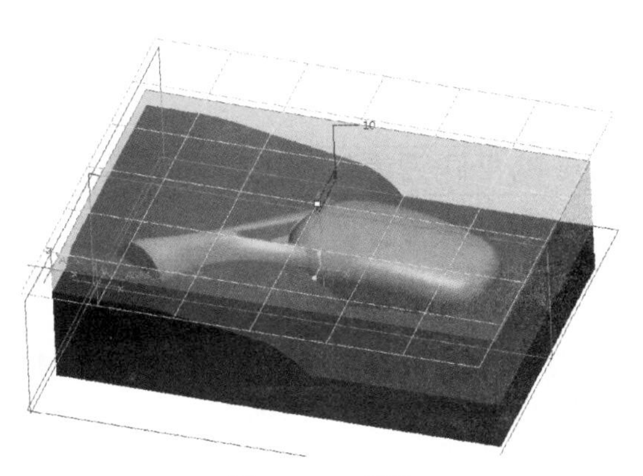

图4.4.9　间隙

φ12的平底刀粗加工曲面的区域

7. 进入加工模块

选择【铣削】功能选项卡→【粗加工】→【粗加工】。

8. 刀具和坐标系

【刀具】选择T0001→【坐标系】为刚才所设定的坐标系ACS1：F10坐标系。

9. 参考

选择【参考】选项卡→【加工参考】→点击前期所选择的顶面的边（如图4.4.10参考）。

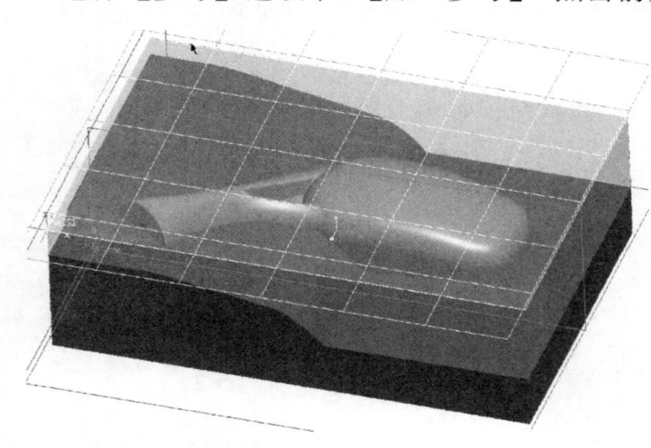

图4.4.10 参考

10. 参数

选择【参数】选项卡→【切削进给】600→【跨距】10→【粗加工允许余量】0.3→【最大台阶深度】3→【开放区域扫描】类型螺纹→【安全距离】2→【主轴速度】2500→【冷却液选项】开（如图4.4.11参数）。

11. 生成刀具路径

点击上方的【刀具路径】按钮→打开【播放路径】对话框→点击【播放】按钮，生成刀具路径（如图4.4.12生成刀具路径）。

参数 | 间隙 | 选项 | 刀具运动 | 工艺 | 属性

切削进给	600
自由进给	-
退刀进给	-
最小步长深度	-
跨距	10
粗加工允许余量	0.3
最大台阶深度	3
内公差	0.06
外公差	0.06
开放区域扫描	类型螺纹
闭合区域扫描	常数 加载
切割类型	顺铣
安全距离	2
主轴速度	2500
冷却液选项	关

图4.4.11 参数

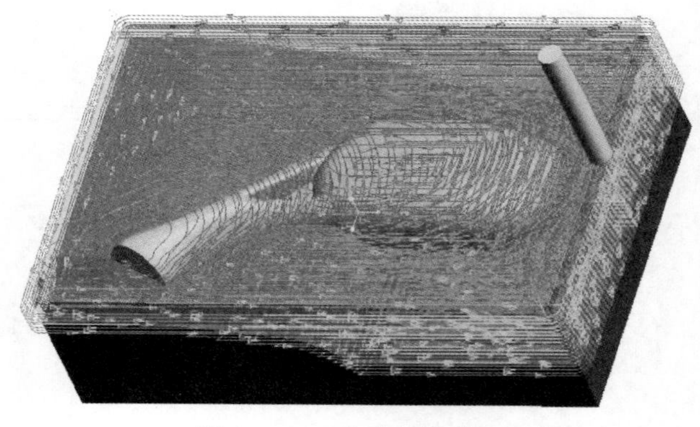

图4.4.12 生成刀具路径

φ8的平底刀重新粗加工曲面区域

12. 进入加工模块

选择【铣削】功能选项卡→【重新粗加工】。

13. 刀具、上一步操作和坐标系

点击【刀具】下拉列表→【T0002】→【上一步操作】粗加工1→【坐标系】为之前所设定的坐标系ACS1：F10坐标系。

14. 参考

【参考】使用上一步操作选择的参考平面，不做修改。

15. **参数**

选择【参数】选项卡→【切削进给】450→【跨距】4→【粗加工允许余量】0→【最大台阶深度】1.5→【开放区域扫描】类型螺纹→【安全距离】2→【主轴速度】3000→【冷却液选项】开（如图4.4.13参数）。

16. **生成刀具路径**

点击上方的【刀具路径】按钮→打开【播放路径】对话框→点击【播放】按钮，生成刀具路径（如图4.4.14生成刀具路径）。

参数 | 间隙 | 选项 | 刀具运动 | 工艺 | 属性

切削进给	450
自由进给	-
最小步长深度	-
跨距	4
粗加工允许余量	0
最大台阶深度	1.5
内公差	0.06
外公差	0.06
开放区域扫描	类型螺纹
闭合区域扫描	常数_加载
切割类型	顺铣
安全距离	2
主轴速度	3000
冷却液选项	开

图4.4.13　参数

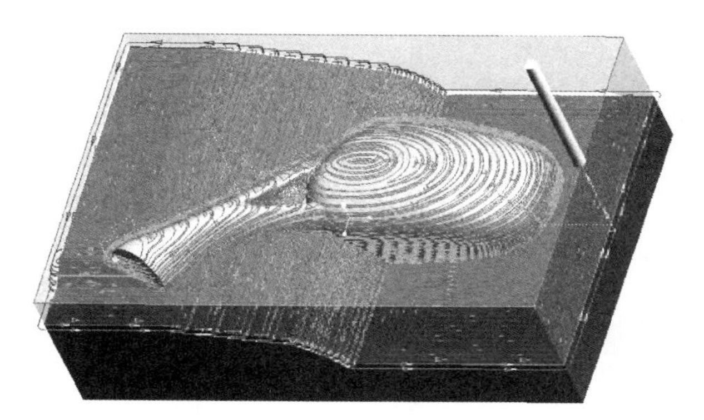

图4.4.14　生成刀具路径

ϕ12的球刀曲面铣削Y向小斜面

17. **进入曲面铣削模块**

选择【铣削】功能选项卡→【曲面铣削】。

18. **隐藏毛坯**

点击【轮廓铣削】选项卡右侧的【暂停】按钮→右击【毛坯名称】→【隐藏】。

19. **序列设置**

【菜单管理器】→【序列设置】→勾选【刀具】【参数】【曲面】和【定义切削】→【完成】。

20. **刀具**

在打开的【刀具设定】对话框中→选择【T0003】→【确定】。

21. **序列参数**

进入【编辑序列参数】选项卡→【切削进给】250→【跨距】0.7→【轮廓允许余量】0→【安全距离】2→【主轴速度】3500→【冷却液选项】开（如图4.4.15序列参数）。

22. **选择曲面**

进入【曲面拾取】菜单→【模型】→【完成】→提示【选择：选择一个或多个项，可用区域选择】→按住Ctrl键，点选待加工的曲面→【完成/返回】→【完成/返回】（如图4.4.16选择曲面）。

23. **切削定义**

在打开的【切削定义】对话框中→【切削类型】直线切削→【切削角度】270→【确定】（如图4.4.17切削定义）。

24. **生成刀具路径**

单击生成的操作【2.曲面铣削】→【播放路径】→点击【播放】按钮，生成刀具路径→打开【播放路径】对话框→点击【播放】按钮，生成刀具路径（如图4.4.18生成刀具路径）。

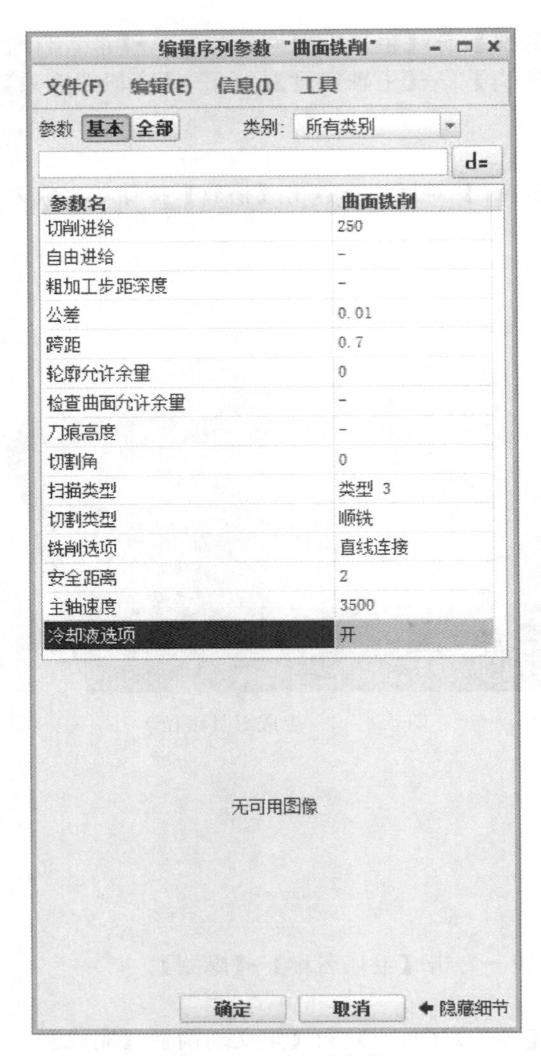

图 4.4.15 序列参数

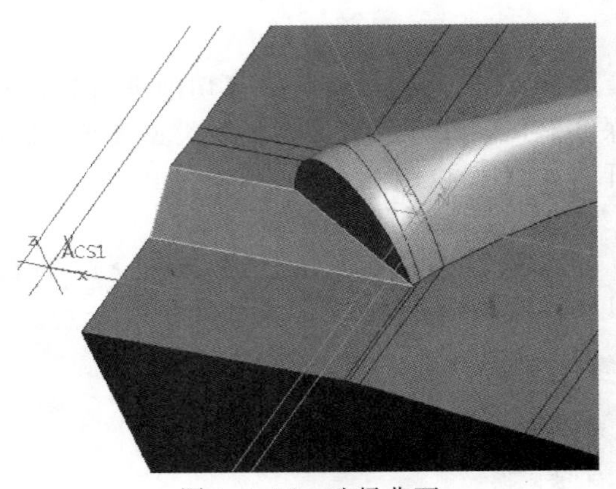

图 4.4.16 选择曲面

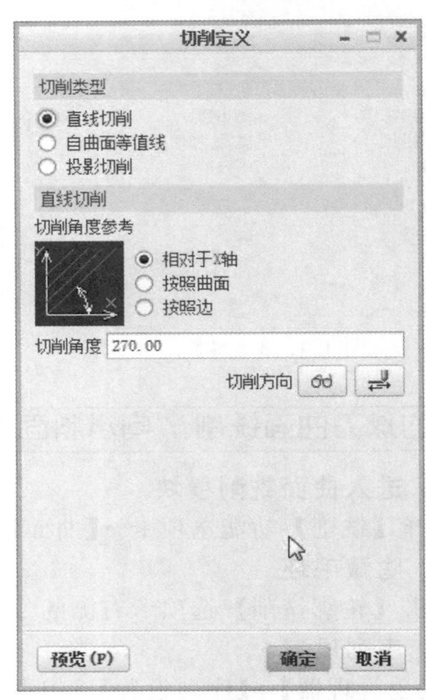

图 4.4.17 切削定义

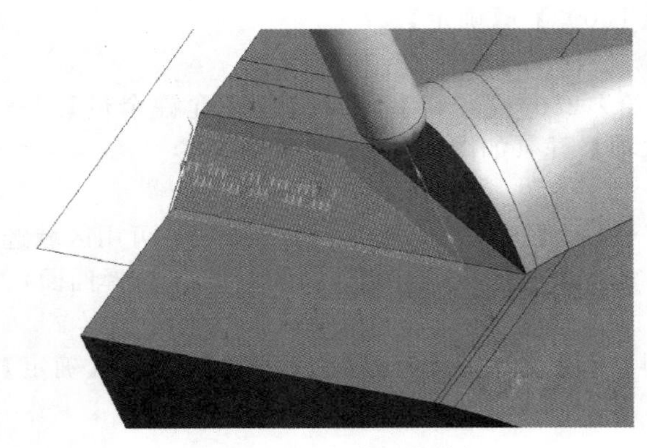

图 4.4.18 生成刀具路径

ϕ12 的球刀曲面铣削 X 向大斜面

25. 进入曲面铣削模块

选择【铣削】功能选项卡→【曲面铣削】。

26. 序列设置

【菜单管理器】→【序列设置】→勾选【参数】【曲面】和【定义切削】→【完成】。

27. 序列参数

进入【编辑序列参数】选项卡→【切削进给】300→【跨距】0.6→【轮廓允许余量】0→【安全距离】2→【主轴速度】3500→【冷却液选项】开（如图 4.4.19 序列参数）。

28. 选择曲面

进入【曲面拾取】菜单→【模型】→【完成】→提示【选择：选择一个或多个项，可用区域选择】→按住 Ctrl 键，点选待加工的曲面→【完成/返回】→【完成/返回】（如图 4.4.20 选择曲面）。

29. 切削定义

在打开的【切削定义】对话框中→【切削类型】直线切削→【切削角度】0→【确定】（如图 4.4.21 切削定义）。

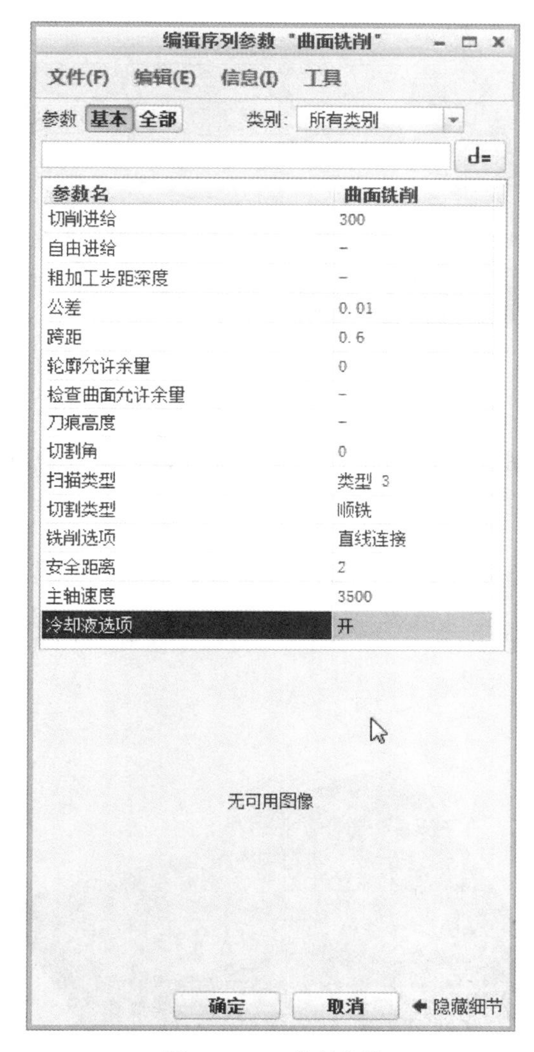

图 4.4.19　序列参数

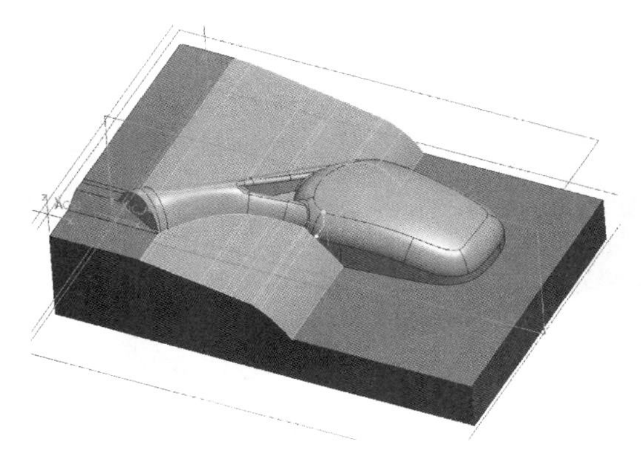

图 4.4.20　选择曲面

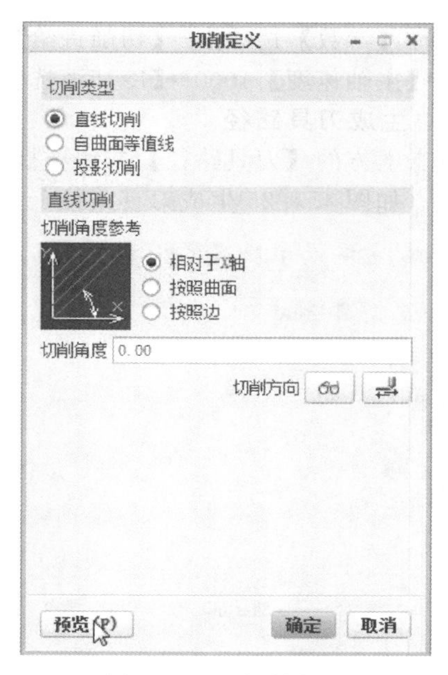

图 4.4.21　切削定义

30. 生成刀具路径

单击生成的操作【2. 曲面铣削】→【播放路径】→点击【播放】按钮，生成刀具路径→打开【播放路径】对话框→点击【播放】按钮，生成刀具路径（如图 4.4.22 生成刀具路径）。

ϕ5 的球刀精加工铣削后视镜顶面区域

31. 进入加工模块

选择【铣削】功能选项卡→【精加工】。

32. 刀具和坐标系

【刀具】选择 T0004→【坐标系】为刚才所设定的坐标系 ACS1：F10 坐标系。

33. 参考

选择【参考】选项卡→【铣削窗口】选择铣削窗口→【排除的曲面】点击不需要加工的曲面，未选中的面即为待加工的曲面（如图 4.4.23 参考）。

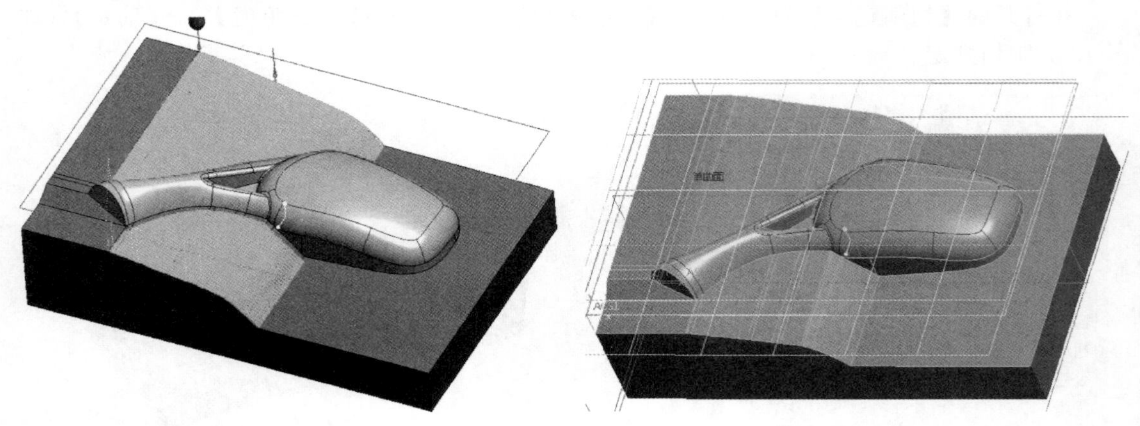

图 4.4.22　生成刀具路径

图 4.4.23　参考

34. 参数

选择【参数】选项卡→【切削进给】250→【跨距】0.5→【精加工允许余量】0→【安全距离】2→【主轴速度】4000→【冷却液选项】开（如图 4.4.24 参数）。

35. 生成刀具路径

点击上方的【刀具路径】按钮→打开【播放路径】对话框→点击【播放】按钮，生成刀具路径（如图 4.4.25 生成刀具路径）。

参数 | 间隙 | 选项 | 刀具运动 | 工艺 | 属性

切削进给	250
弧形进给	-
自由进给	-
退刀进给	-
切入进给量	-
倾斜_角度	45
跨距	0.5
精加工允许余量	0
刀痕高度	-
切割角	0
内公差	0.025
外公差	0.025
铣削选项	直线连接
加工选项	组合切口
安全距离	2
主轴速度	4000
冷却液选项	开

图 4.4.24　参数

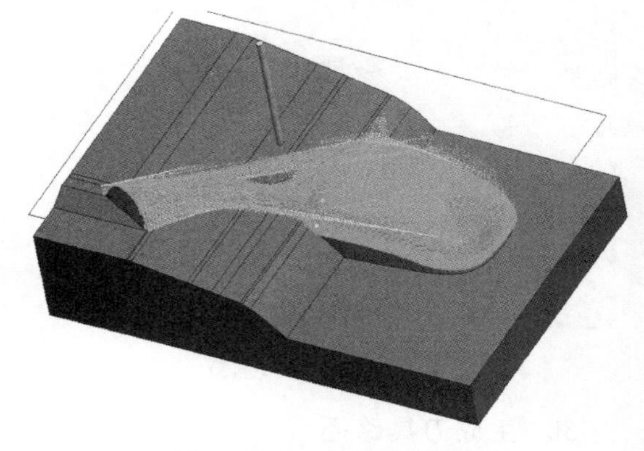

图 4.4.25　生成刀具路径

ϕ5 的球刀轮廓铣削后视镜右侧陡峭区域

36. 进入曲面铣削模块

选择【铣削】功能选项卡→【轮廓铣削】。

37. **刀具和坐标系**

【刀具】选择 T0004→【坐标系】为之前所设定的坐标系 ACS1：F10 坐标系。

38. **参考**

【参考】→【类型】曲面→按住 Ctrl 键点选待加工的曲面（如图 4.4.26 参考）。

39. **参数**

选择【参数】选项卡→【切削进给】250→【步长深度】0.6→【安全距离】2→【主轴速度】4000→【冷却液选项】开（如图 4.4.27 参数）。

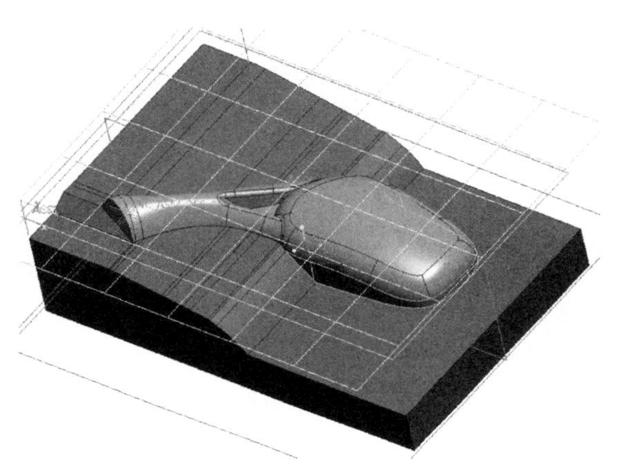

图 4.4.26　参考

参数	间隙	检查曲面	选项	刀具运动	工艺

切削进给	250
弧形进给	-
自由进给	-
退刀进给	-
切入进给量	-
步长深度	0.6
公差	0.01
轮廓允许余量	0
检查曲面允许余量	-
壁刀痕高度	0
切割类型	顺铣
安全距离	2
主轴速度	4000
冷却液选项	开

图 4.4.27　参数

40. **生成刀具路径**

点击上方的【刀具路径】按钮→打开【播放路径】对话框→点击【播放】按钮，生成刀具路径（如图 4.4.28 生成刀具路径）。

ϕ5 的球刀轮廓铣削后视镜中间陡峭区域

41. **进入曲面铣削模块**

选择【铣削】功能选项卡→【轮廓铣削】。

42. **刀具和坐标系**

【刀具】选择 T0004→【坐标系】为之前所设定的坐标系 ACS1：F10 坐标系。

43. **参考**

【参考】→【类型】曲面→按住 Ctrl 键点选待加工的曲面（如图 4.4.29 参考）。

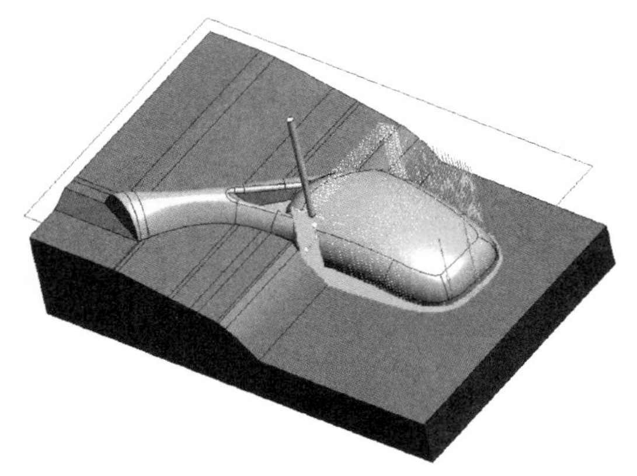

图 4.4.28　生成刀具路径

图 4.4.29　参考

44. 参数

选择【参数】选项卡→【切削进给】250→【步长深度】0.6→【安全距离】2→【主轴速度】4000→【冷却液选项】开（如图4.4.30参数）。

45. 生成刀具路径

点击上方的【刀具路径】按钮→打开【播放路径】对话框→点击【播放】按钮，生成刀具路径（如图4.4.31生成刀具路径）。

参数 | 间隙 | 检查曲面 | 选项 | 刀具运动 | 工艺

参数	值
切削进给	250
弧形进给	-
自由进给	-
退刀进给	-
切入进给量	-
步长深度	0.6
公差	0.01
轮廓允许余量	0
检查曲面允许余量	-
壁刀痕高度	0
切割类型	顺铣
安全距离	2
主轴速度	4000
冷却液选项	开

图4.4.30　参数

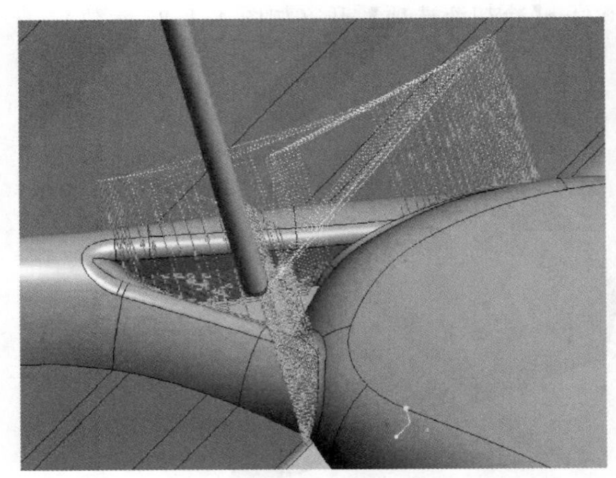

图4.4.31　生成刀具路径

φ5的球刀轮廓铣削后视镜左陡峭区域

46. 进入曲面铣削模块

选择【铣削】功能选项卡→【轮廓铣削】。

47. 刀具和坐标系

【刀具】选择T0004→【坐标系】为之前所设定的坐标系ACS1：F10坐标系。

48. 参考

【参考】→【类型】曲面→按住Ctrl键点选待加工的曲面（如图4.4.32参考）。

49. 参数

选择【参数】选项卡→【切削进给】250→【步长深度】0.6→【安全距离】2→【主轴速度】4000→【冷却液选项】开（如图4.4.33参数）。

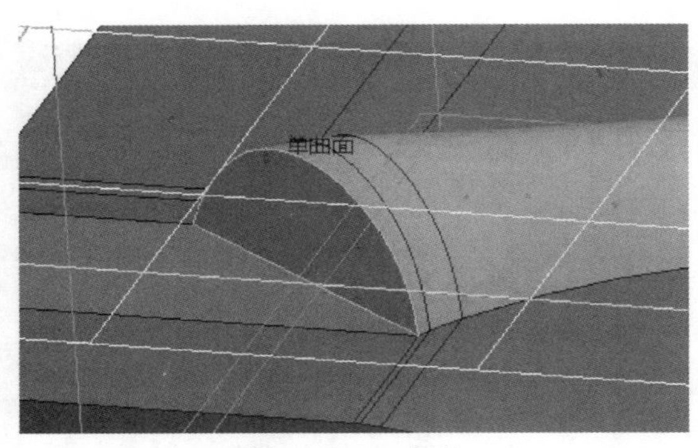

图4.4.32　参考

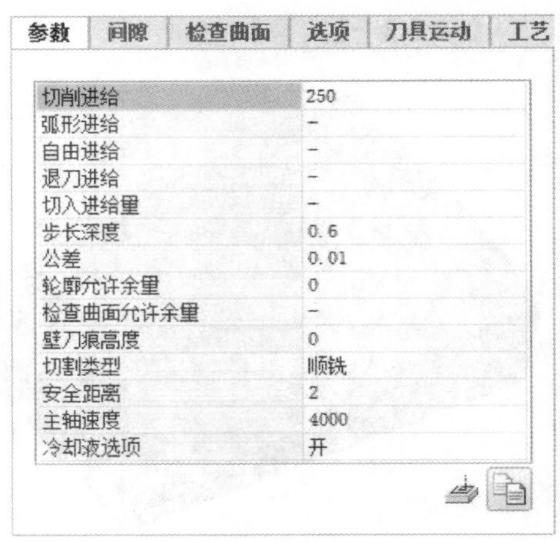

参数 | 间隙 | 检查曲面 | 选项 | 刀具运动 | 工艺

参数	值
切削进给	250
弧形进给	-
自由进给	-
退刀进给	-
切入进给量	-
步长深度	0.6
公差	0.01
轮廓允许余量	0
检查曲面允许余量	-
壁刀痕高度	0
切割类型	顺铣
安全距离	2
主轴速度	4000
冷却液选项	开

图4.4.33　参数

50. 生成刀具路径

点击上方的【刀具路径】按钮→打开【播放路径】对话框→点击【播放】按钮，生成刀具路径（如图4.4.34生成刀具路径）。

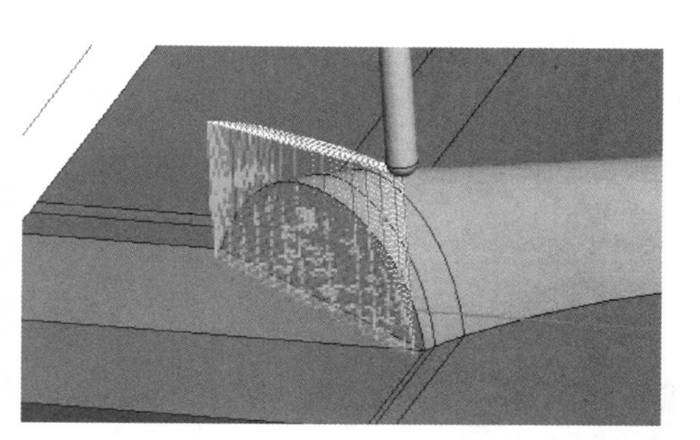

图4.4.34　生成刀具路径

φ2 球刀进行清根的精加工操作

51. 进入曲面铣削模块

选择【铣削】功能选项卡→【铣削】→【拐角精加工】。

52. 刀具和坐标系

【刀具】选择T0005→【坐标系】为之前所设定的坐标系ACS1：F10坐标系。

53. 参考

【参考】→【参考切削刀具】T0004→【铣削窗口】点击顶部的面（如图4.4.35参考）。

54. 参数

进入【参数】选项卡→【切削进给】180→【跨距】0.3→【安全距离】2→【主轴速度】5000→【冷却液选项】开（如图4.4.36参数）。

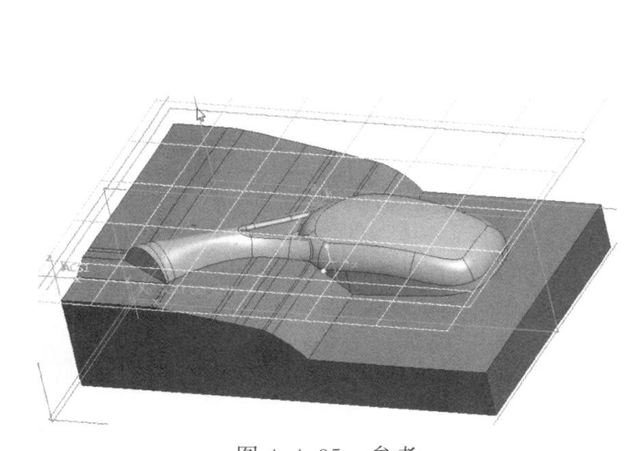

图4.4.35　参考

参数　间隙　选项　刀具运动　工艺　属性

切削进给	180
弧形进给	-
自由进给	-
退刀进给	-
切入进给量	-
倾斜_角度	60
跨距	0.3
陡跨距	-
精加工允许余量	0
刀痕高度	-
内公差	0.025
外公差	0.025
切割类型	顺铣
铣削选项	直线连接
加工选项	组合切口
陡区域扫描	笔式切削
浅区域扫描	笔式切削
安全距离	2
主轴速度	5000
冷却液选项	开

图4.4.36　参数

55. 生成刀具路径

点击上方的【刀具路径】按钮→打开【播放路径】对话框→点击【播放】按钮，生成刀具路径（如图4.4.37生成刀具路径）。

56. 取消隐藏毛坯

右击【毛坯名称】→【隐藏】。

实体验证模拟

57. 实体切削验证

右击生成的操作→【材料移除模拟】→打开VERICUT软件进行切削验证→点击软件右

下角的【播放】按钮，观察实体切削验证的情况→打开 VERICUT 软件进行切削验证→点击软件右下角的【播放】按钮，观察实体切削验证的情况（如图 4.4.38～图 4.4.46 所示）。

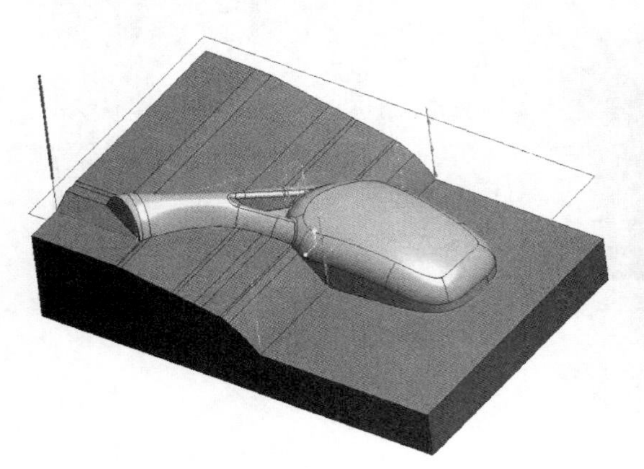

图 4.4.37 生成刀具路径

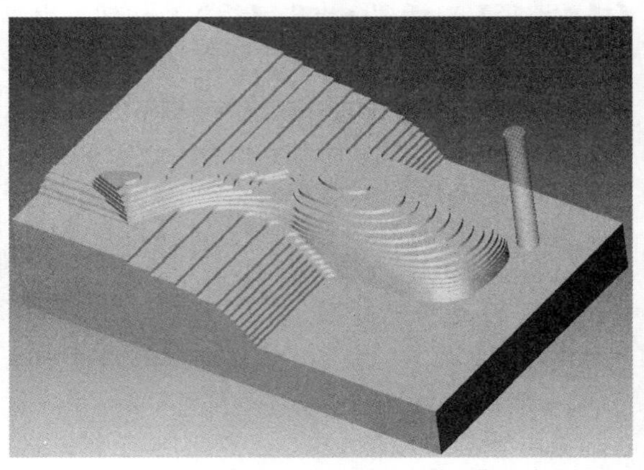

图 4.4.38 ϕ12 的端铣削刀粗加工曲面区域

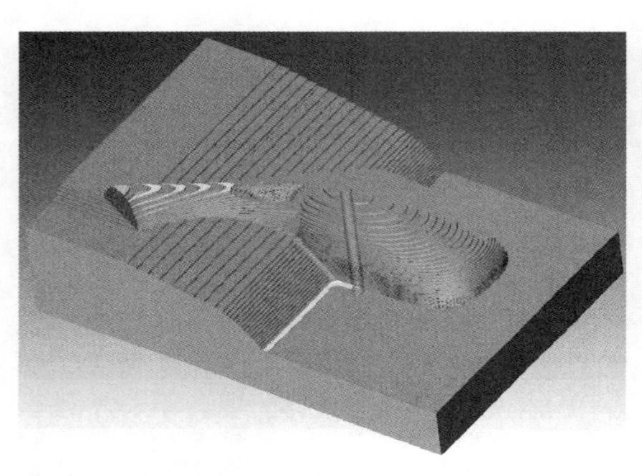

图 4.4.39 ϕ8 的端铣削刀重新粗加工曲面区域

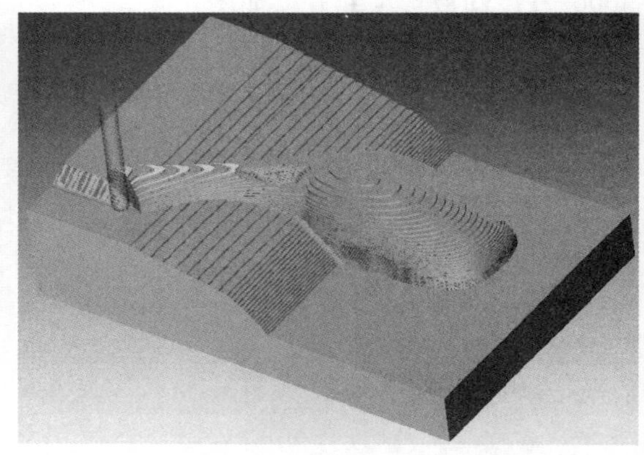

图 4.4.40 ϕ12 的球刀曲面铣削 Y 向小斜面

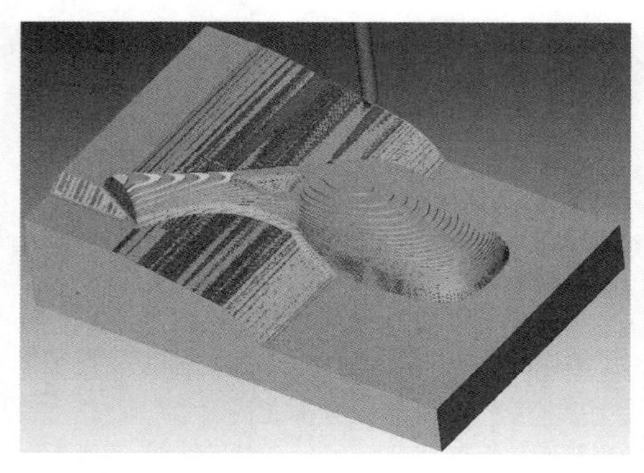

图 4.4.41 ϕ12 的球刀曲面铣削 X 向大斜面

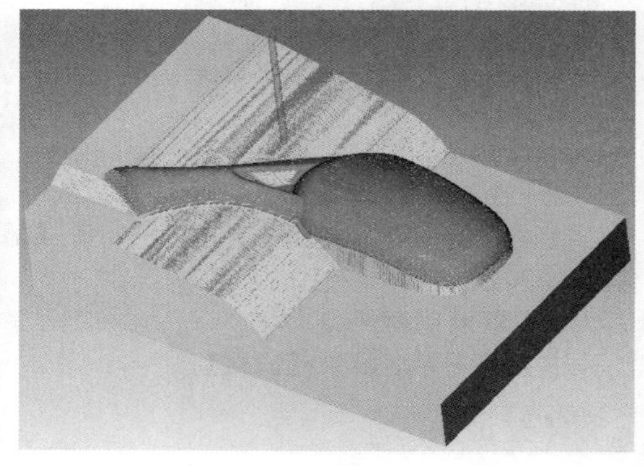

图 4.4.42 ϕ5 的球刀精加工铣削后视镜顶面区域

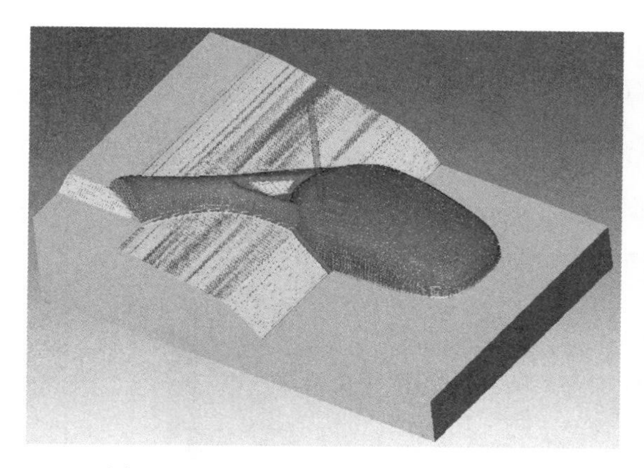

图 4.4.43 $\phi5$ 的球刀轮廓铣削后视镜右侧陡峭区域

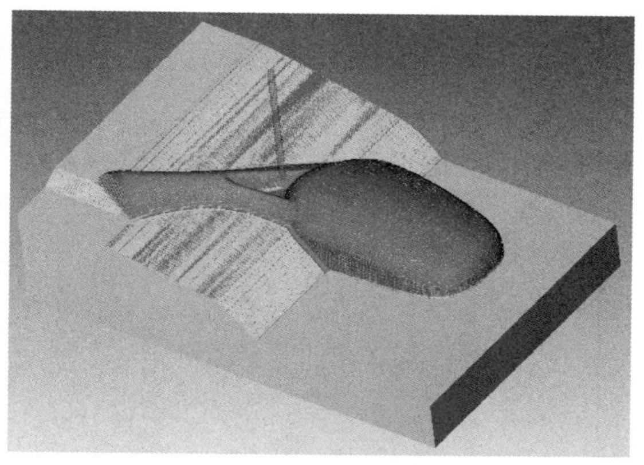

图 4.4.44 $\phi5$ 的球刀轮廓铣削后视镜中间陡峭区域

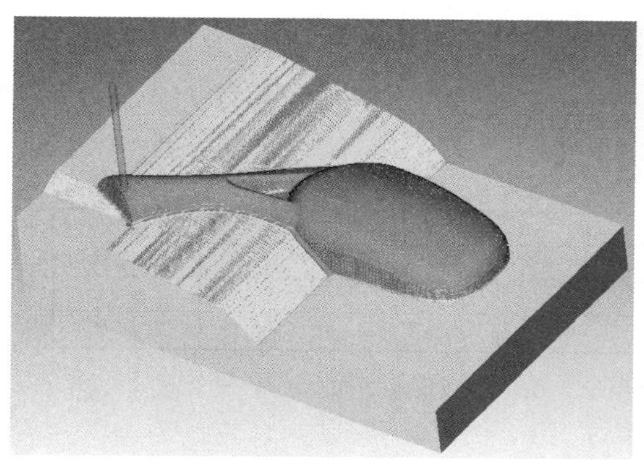

图 4.4.45 $\phi5$ 的球刀轮廓铣削后视镜左侧陡峭区域

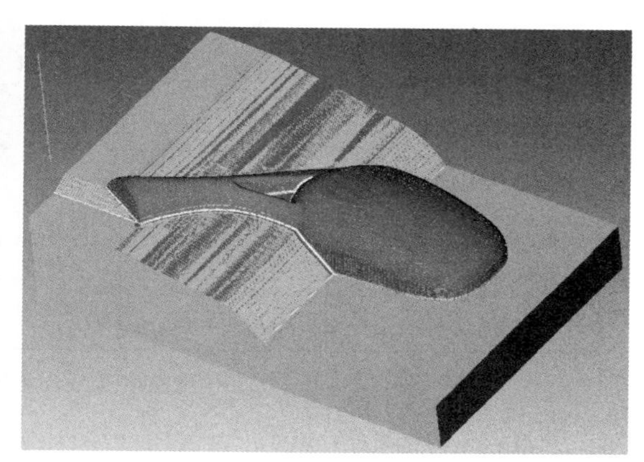

图 4.4.46 $\phi2$ 的球刀进行清根的精加工操作

第五节 数控加工综合实例五——游戏手柄模具凹模

加工前的工艺分析与准备

1. 工艺分析

由图 4.5.1 可以看出游戏手柄凹模的基本形状是由挖槽的形状构成，具体细节可采用残料、等高、浅滩等操作完成。

工件无尺寸公差要求。尺寸标注完整，轮廓描述清楚。零件材料为已经加工成型的标准铝块，无热处理和硬度要求。

① $\phi15$ 的平底刀粗加工曲面的区域；

② $\phi5$ 的平底刀重新粗加工曲面区域；

③ $\phi8$ 的球刀曲面铣削 X 向两部分曲面；

④ $\phi8$ 的球刀曲面铣削 Y 向两部分缓坡曲面；

⑤ $\phi8$ 的球刀曲面铣削 Y 向两部分凹形曲面；

⑥ $\phi8$ 的球刀轮廓铣削凹模上边陡峭区域；

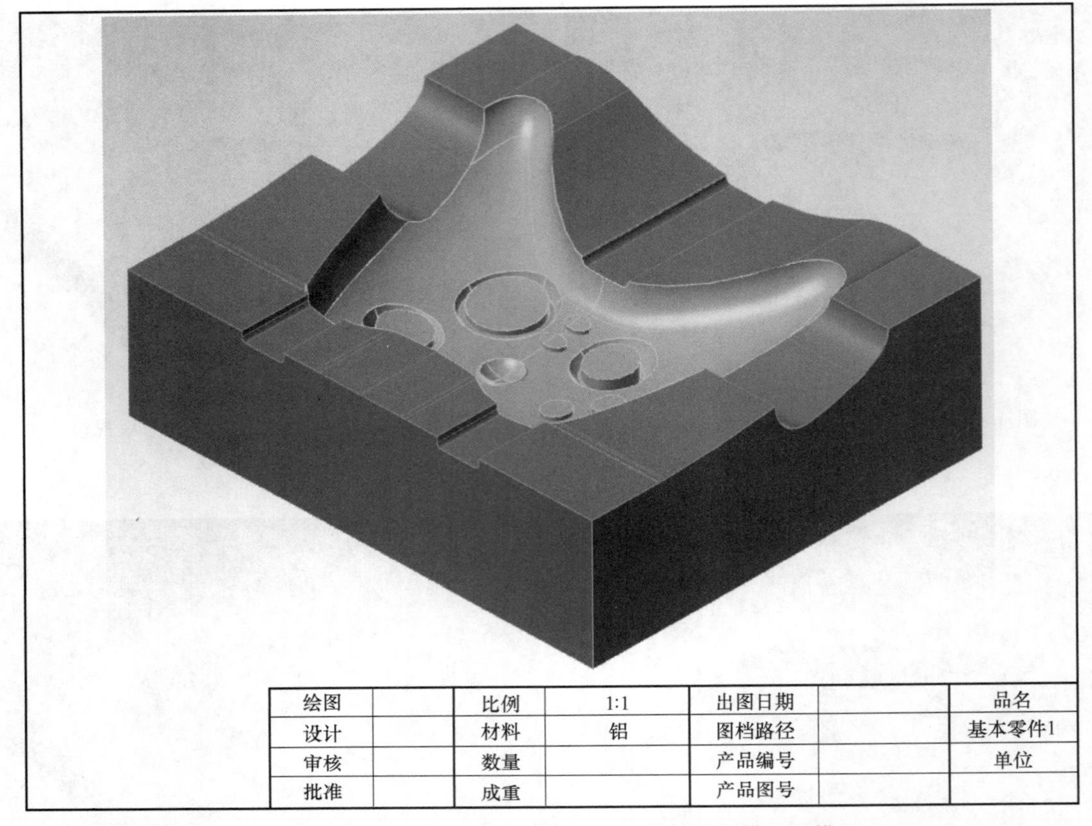

绘图		比例	1:1	出图日期		品名
设计		材料	铝	图档路径		基本零件1
审核		数量		产品编号		单位
批准		成重		产品图号		

图 4.5.1 数控加工综合实例五——游戏手柄模具凹模

⑦ $\phi 8$ 的球刀轮廓铣削凹模下边陡峭区域；

⑧ $\phi 8$ 的球刀精加工铣削凹模区域；

⑨ $\phi 4$ 的球刀进一步精加工铣削凹模区域；

⑩ $\phi 2$ 的球刀进行清根的精加工操作；

⑪ 根据加工要求，共需产生 10 次刀具路径。

前期准备工作

2. 图形的导入

在 Creo 界面中点击【新建】按钮→打开【新建】对话框→【类型】制造→【子类型】NC 装配→【名称】5→取消勾选【使用默认模板】复选框→【确定】→弹出【新建文件选项】对话框→【模板】mmns_mfg_nc，公制模板→【确定】→在打开的【制造】功能选项卡中→【参考模型】→【组装参考模型】→在【打开】对话框中找到文件存放的位置→选择【5-youxishoubing. prt】→【打开】（如图 4.5.2 图形的导入）→系统打开【元件放置】选项卡，注意观察待加工工件的状况（如图 4.5.3 观察待加工工件）。

3. 元件放置

【元件放置】选项卡→打开【自动】下拉列表→【重合】→点击工件底面和加工坐标系的 XY 平面，使之重合，将工件翻转→再次点击 YZ 平面和工件左侧面，使侧面重合，将工件摆正→得到一个重合摆放的工件→点击【应用约束】按钮，将当前的重合约束应用到系统中→【确定】，工件方向摆放完毕，系统返回【制造】功能选项卡（如图 4.5.4 元件放置）。

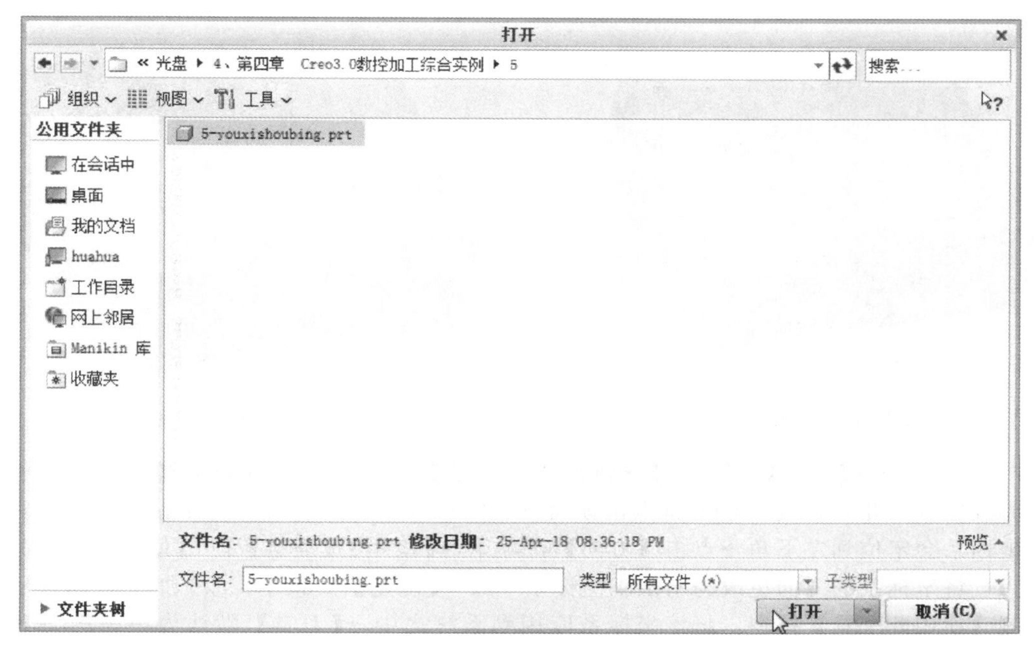

图 4.5.2 图形的导入

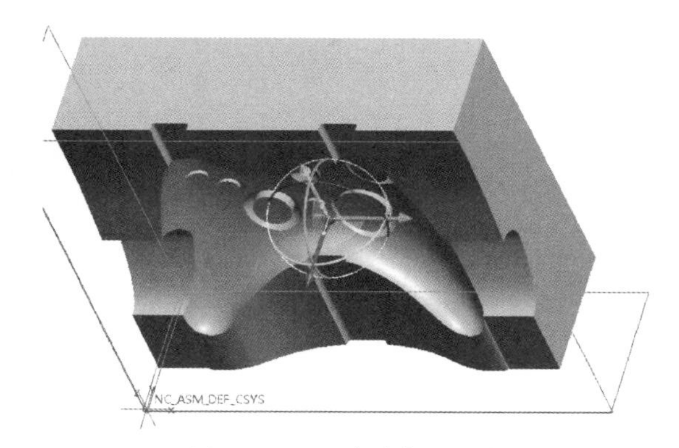

图 4.5.3 观察待加工工件

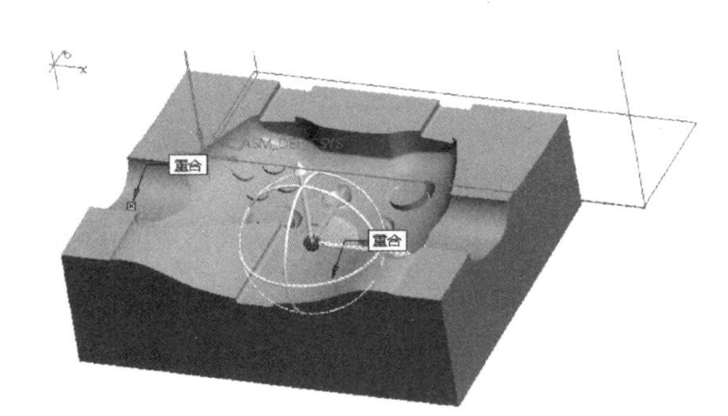

图 4.5.4 元件放置

4. 创建毛坯

【制造】功能选项卡中→【工件】→【自动工件】→进入【创建自动工件】选项卡→【创建矩形工件】，将创建一个最小化包容工件的毛坯→【确定】，毛坯创建完毕，系统返回【制造】功能选项卡（如图 4.5.5 创建毛坯）。

5. 设定铣削窗口

【制造】功能选项卡中→【铣削窗口】→打开【铣削窗口】选项卡→直接点击顶面，使顶面作为加工范围→【确定】，铣削窗口完毕，系统返回【制造】功能选项卡（如图 4.5.6 设定铣削窗口）。

6. 设置加工方法、刀具和坐标系

【制造】功能选项卡中→操作→右侧【制造设置】→【铣削】→打开【铣削工作中心】对话框→【名称】MILL01→【类型】铣削→【轴数】3 轴→切换到【刀具】选框→点击【刀具】按钮→打开【刀具设定】对话框，新建五把刀具→【T0001 端铣削 $\phi15$】→【T0002 端铣削 $\phi5$】→【T0003 球铣削 $\phi8$】→【T0004 球铣削 $\phi4$】→【T0005 球铣削 $\phi2$】→【确定】→【确定】（如图

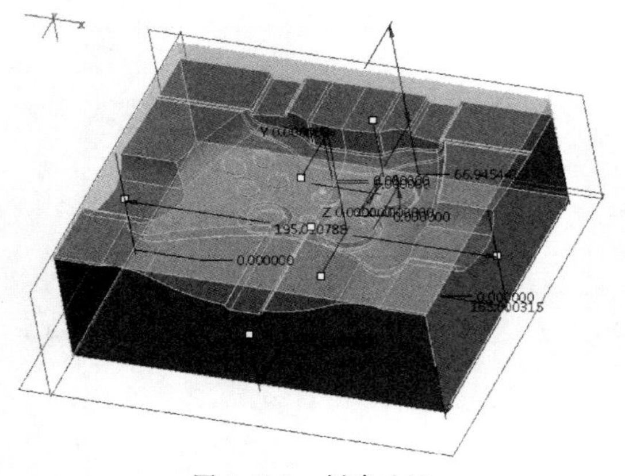

图 4.5.5　创建毛坯

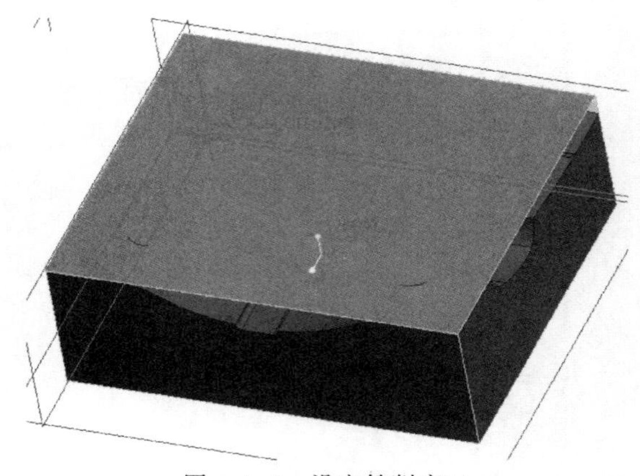

图 4.5.6　设定铣削窗口

4.5.7 刀具设定)→【基准】→【基准】→弹出【坐标系】对话框，此时处于【原点】选项卡，用于原点位置→此时，按住 Ctrl 键点击顶面→按住 Ctrl 键点击前面→按住 Ctrl 键点左侧面，此时坐标系会定位到左下角→点击【方向】选项卡→【使用】【确定】Z→【使用】【投影】Y【反向】，将坐标系的方向更改为与加工坐标系一致→【确定】（如图 4.5.8 加工坐标系）→点击左侧【使用此工具】按钮，将该坐标系应用到系统之中→【刀具】默认为第一把刀→【间隙】选项卡→【类型】平面→点击工件的表面→【值】10→【回车 Enter】→【确定】，加工方法、刀具和坐标系完毕，系统返回【制造】功能选项卡（如图 4.5.9 间隙）。

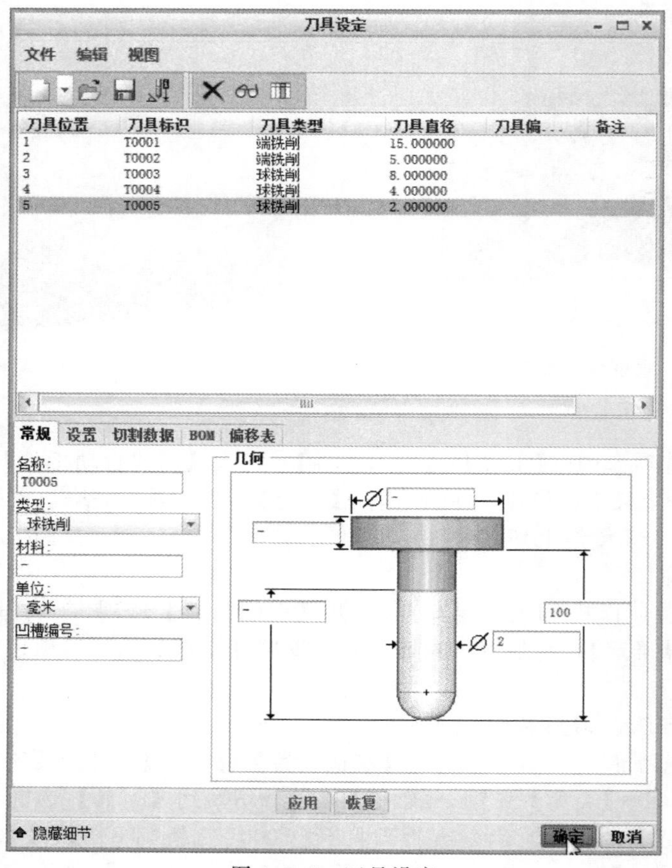

图 4.5.7　刀具设定

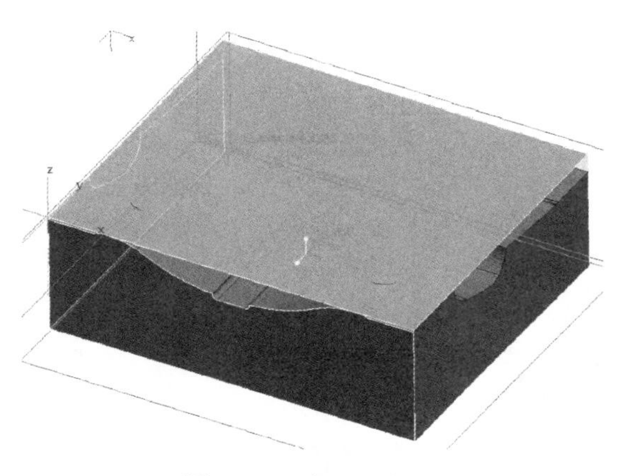

图 4.5.8　加工坐标系

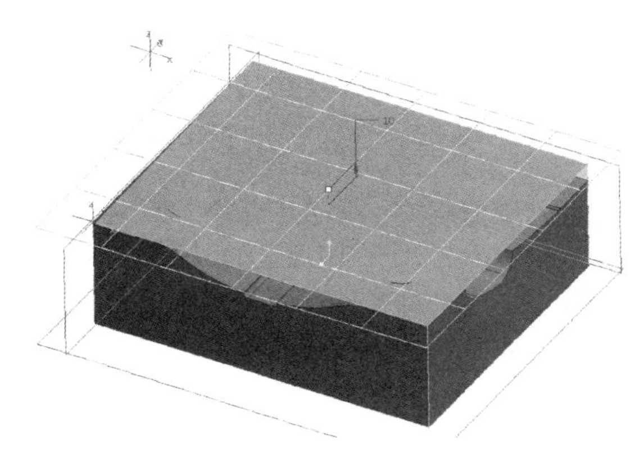

图 4.5.9　间隙

φ15 的平底刀粗加工曲面的区域

7. 隐藏毛坯

右击【毛坯名称】→【隐藏】。

8. 进入加工模块

选择【铣削】功能选项卡→【粗加工】→【粗加工】。

9. 刀具和坐标系

【刀具】选择 T0001→【坐标系】为刚才所设定的坐标系 ACS1：F10 坐标系。

10. 参考

选择【参考】选项卡→【加工参考】→点击前期所选择的顶面的边（如图 4.5.10 参考）。

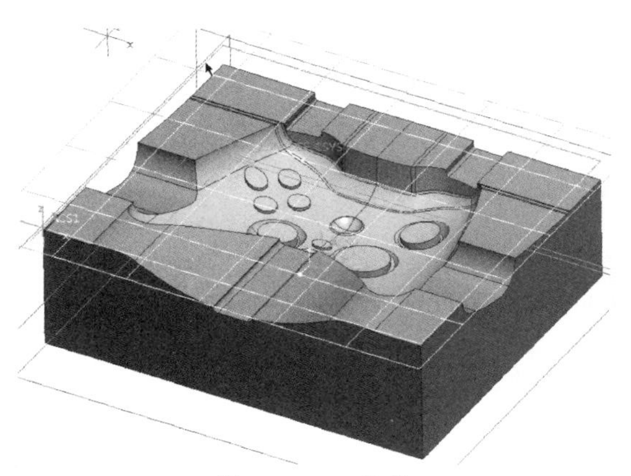

图 4.5.10　参考

11. 参数

选择【参数】选项卡→【切削进给】600→【跨距】12→【粗加工允许余量】0.3→【最大台阶深度】3.5→【开放区域扫描】仿形→【安全距离】2→【主轴速度】3500→【冷却液选项】开（如图 4.5.11 参数）。

12. 生成刀具路径

点击上方的【刀具路径】按钮→打开【播放路径】对话框→点击【播放】按钮，生成刀具路径（如图 4.5.12 生成刀具路径）。

φ5 的平底刀重新粗加工曲面区域

13. 进入加工模块

选择【铣削】功能选项卡→【重新粗加工】。

14. 刀具、上一步操作和坐标系

点击【刀具】下拉列表→【T0002】→【上一步操作】粗加工 1→【坐标系】为之前所设定的坐标系 ACS1：F10 坐标系。

15. 参考

【参考】使用上一步操作选择的参考平面，不做修改。

参数 | 间隙 | 选项 | 刀具运动 | 工艺 | 属性

参数	值
切削进给	500
自由进给	-
退刀进给	-
最小步长深度	-
跨距	12
粗加工允许余量	0.3
最大台阶深度	3.5
内公差	0.06
外公差	0.06
开放区域扫描	仿形
闭合区域扫描	常数_加载
切割类型	顺铣
安全距离	2
主轴速度	3500
冷却液选项	开

图 4.5.11　参数

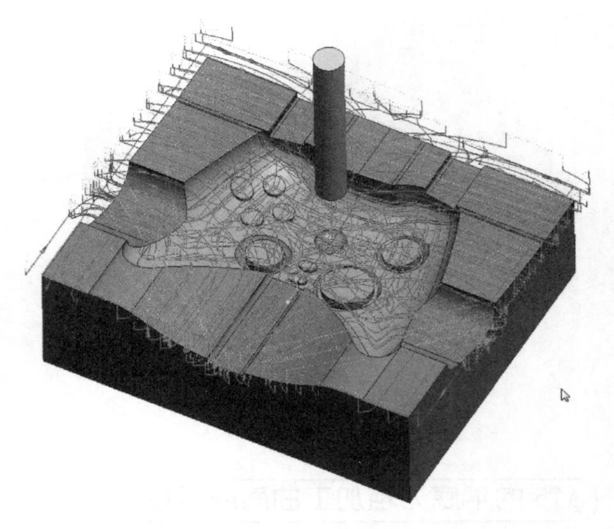

图 4.5.12　生成刀具路径

16. 参数

选择【参数】选项卡→【切削进给】500→【跨距】4→【粗加工允许余量】0→【最大台阶深度】1→【开放区域扫描】类型螺纹→【安全距离】2→【主轴速度】4000→【冷却液选项】开（如图 4.5.13 参数）。

17. 生成刀具路径

点击上方的【刀具路径】按钮→打开【播放路径】对话框→点击【播放】按钮，生成刀具路径（如图 4.5.14 生成刀具路径）。

参数 | 间隙 | 选项 | 刀具运动 | 工艺 | 属性

参数	值
切削进给	500
自由进给	-
最小步长深度	-
跨距	4
粗加工允许余量	0
最大台阶深度	1
内公差	0.06
外公差	0.06
开放区域扫描	类型螺纹
闭合区域扫描	常数_加载
切割类型	顺铣
安全距离	2
主轴速度	4000
冷却液选项	开

图 4.5.13　参数

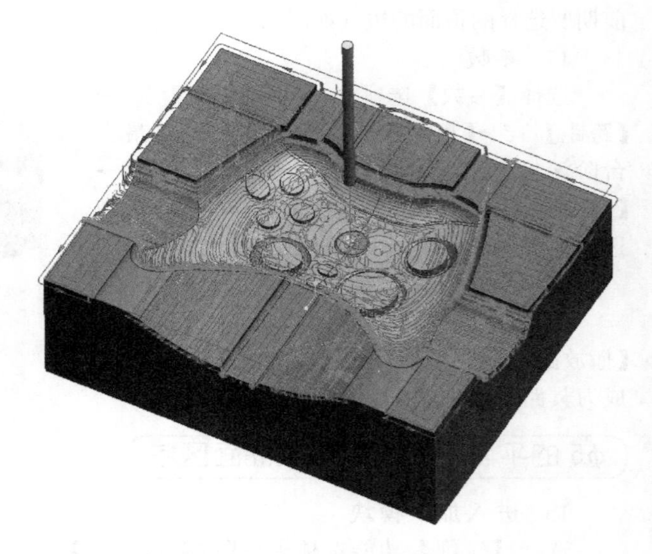

图 4.5.14　生成刀具路径

ϕ8 的球刀曲面铣削 X 向两部分曲面

18. 进入曲面铣削模块

选择【铣削】功能选项卡→【曲面铣削】。

19. 隐藏毛坯

点击【轮廓铣削】选项卡右侧的【暂停】按钮→右击【毛坯名称】→【隐藏】。

20. 序列设置

【菜单管理器】→【序列设置】→勾选【刀具】、【参数】、【曲面】和【定义切削】→【完成】。

21. 刀具

在打开的【刀具设定】对话框中→选择【T0003】→【确定】。

22. 序列参数

进入【编辑序列参数】选项卡→【切削进给】500→【跨距】0.6→【轮廓允许余量】0→【安全距离】2→【主轴速度】4000→【冷却液选项】开（如图 4.5.15 序列参数）。

23. 选择曲面

进入【曲面拾取】菜单→【模型】→【完成】→提示【选择：选择一个或多个项。可用区域选择】→按住 Ctrl 键，点选待加工的曲面→【完成/返回】→【完成/返回】（如图 4.5.16 选择曲面）。

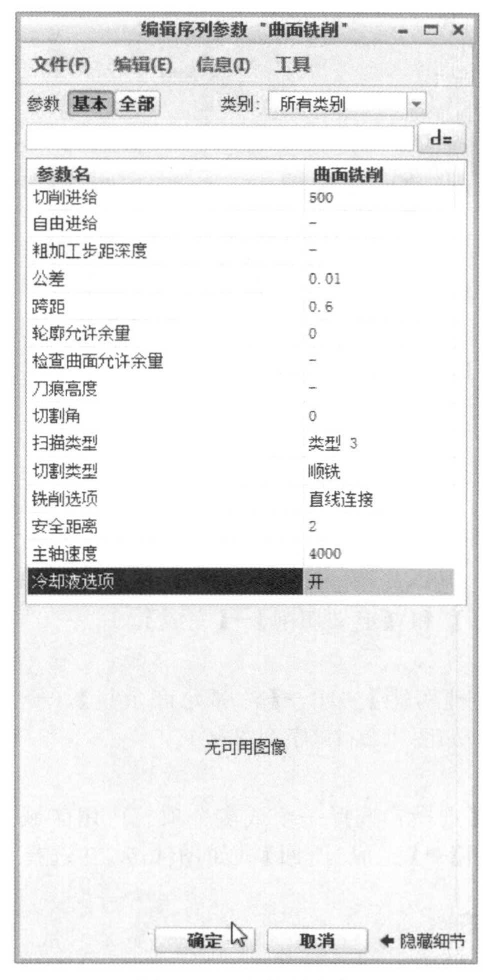

图 4.5.15　序列参数

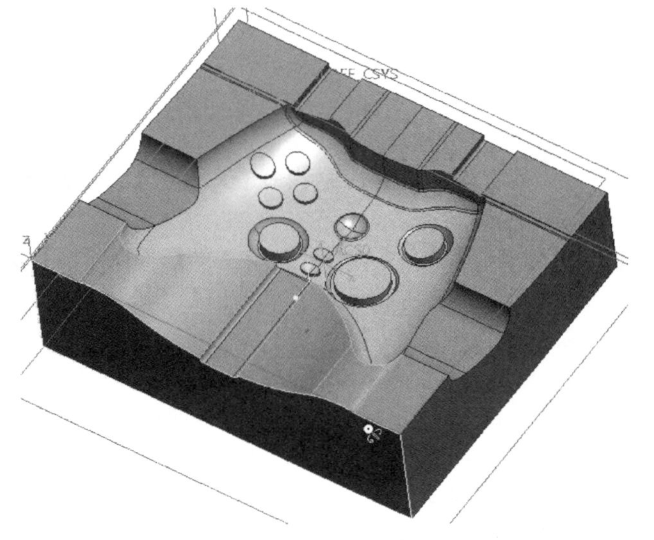
图 4.5.16　选择曲面

24. 切削定义

在打开的【切削定义】对话框中→【切削类型】直线切削→【切削角度】0→【确定】（如图 4.5.17 切削定义）。

25. 生成刀具路径

单击生成的操作【2. 曲面铣削】→【播放路径】→点击【播放】按钮，生成刀具路径→打开【播放路径】对话框→点击【播放】按钮，生成刀具路径（如图 4.5.18 生成刀具路径）。

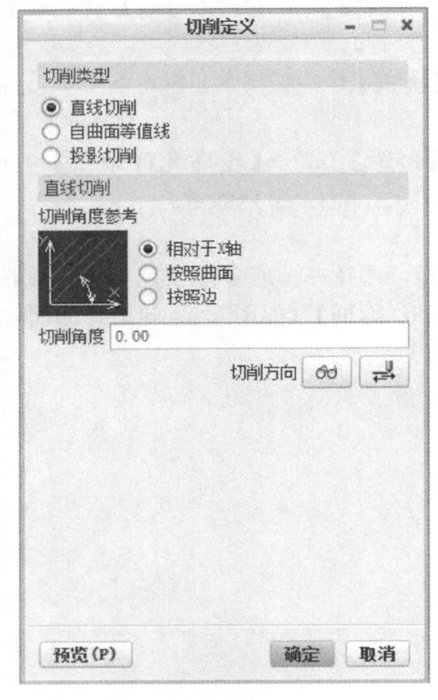

图 4.5.17　切削定义

图 4.5.18　生成刀具路径

ϕ8 的球刀曲面铣削 Y 向两部分缓坡曲面

26. 进入曲面铣削模块

选择【铣削】功能选项卡→【曲面铣削】。

27. 序列设置

【菜单管理器】→【序列设置】→勾选【参数】、【曲面】和【定义切削】→【完成】。

28. 序列参数

进入【编辑序列参数】选项卡→【切削进给】500→【跨距】0.6→【轮廓允许余量】0→【安全距离】2→【主轴速度】4000→【冷却液选项】开（如图 4.5.19 序列参数）。

29. 选择曲面

进入【曲面拾取】菜单→【模型】→【完成】→提示【选择：选择一个或多个项。可用区域选择】→按住 Ctrl 键，点选待加工的曲面→【完成/返回】→【完成/返回】（如图 4.5.20 选择曲面）。

30. 切削定义

在打开的【切削定义】对话框中→【切削类型】直线切削→【切削角度】90→【确定】（如图 4.5.21 切削定义）。

31. 生成刀具路径

单击生成的操作【2. 曲面铣削】→【播放路径】→点击【播放】按钮，生成刀具路径→打开【播放路径】对话框→点击【播放】按钮，生成刀具路径（如图 4.5.22 生成刀具路径）。

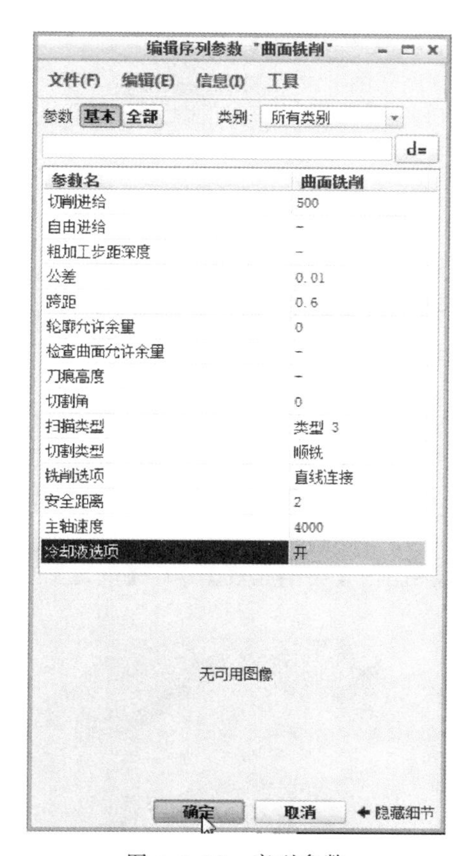

图 4.5.19　序列参数

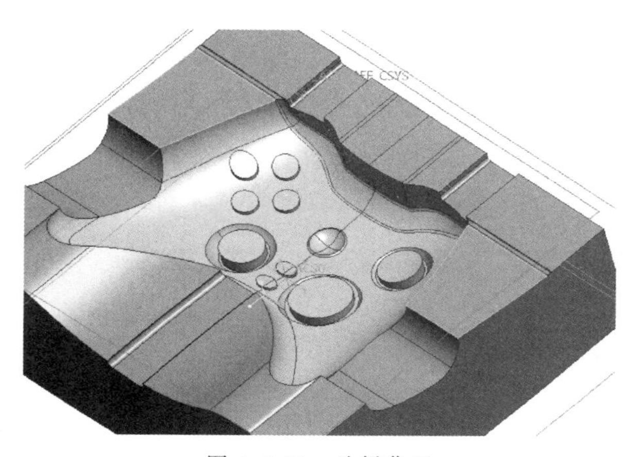

图 4.5.20　选择曲面

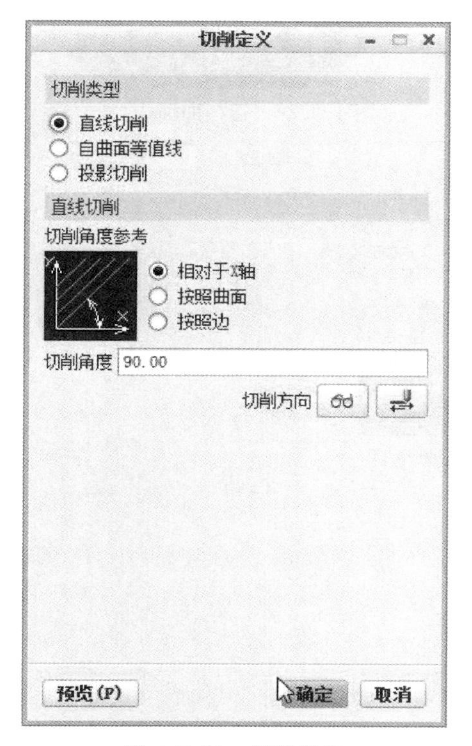

图 4.5.21　切削定义

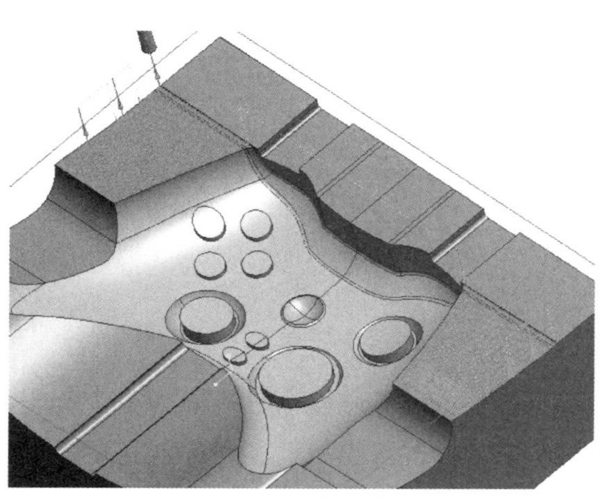

图 4.5.22　生成刀具路径

ϕ8的球刀曲面铣削Y向两部分凹形曲面

32. 进入曲面铣削模块

选择【铣削】功能选项卡→【曲面铣削】。

33. 序列设置

【菜单管理器】→【序列设置】→勾选【参数】【曲面】和【定义切削】→【完成】。

34. 序列参数

进入【编辑序列参数】选项卡→【切削进给】500→【跨距】0.6→【轮廓允许余量】0→【安全距离】2→【主轴速度】4000→【冷却液选项】开（如图4.5.23序列参数）。

35. 选择曲面

进入【曲面拾取】菜单→【模型】→【完成】→提示【选择：选择一个或多个项。可用区域选择】→按住Ctrl键，点选待加工的曲面→【完成/返回】→【完成/返回】（如图4.5.24选择曲面）。

36. 切削定义

在打开的【切削定义】对话框中→【切削类型】直线切削→【切削角度】90→【确定】（如图4.5.25切削定义）。

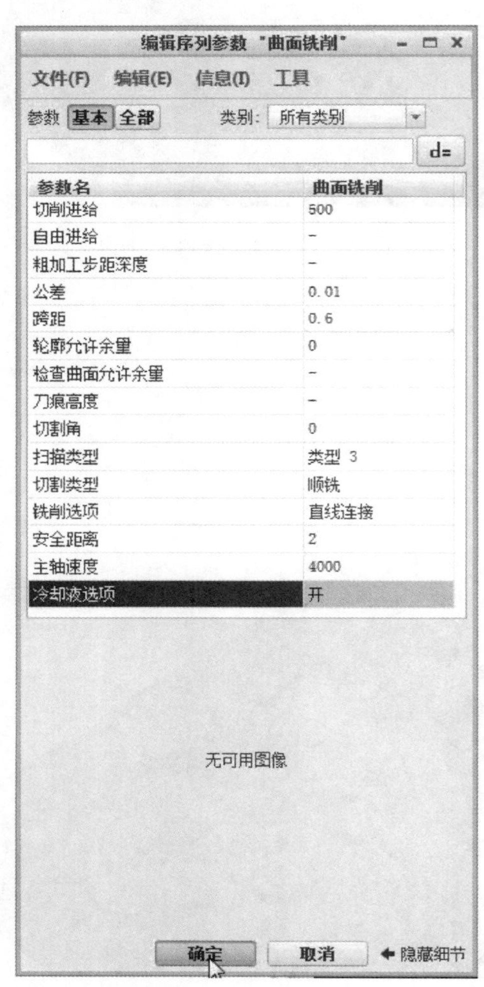

图4.5.23　序列参数

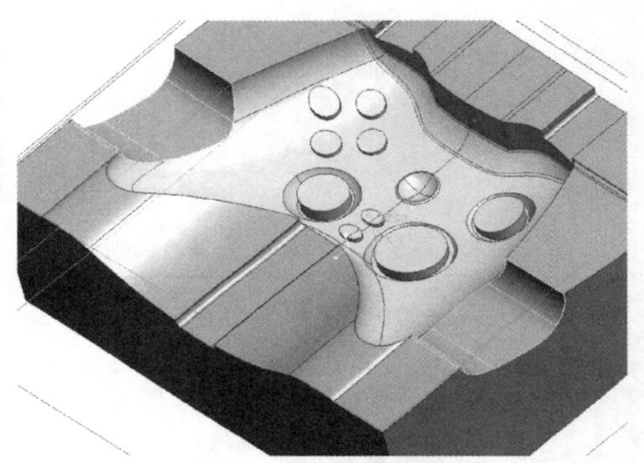

图4.5.24　选择曲面

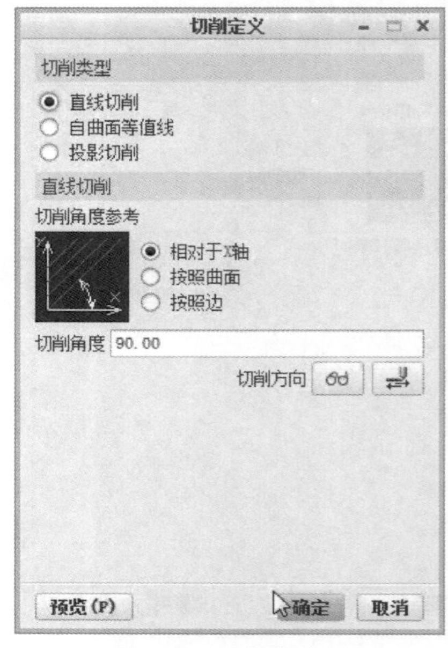

图4.5.25　切削定义

37. 生成刀具路径

单击生成的操作【2. 曲面铣削】→【播放路径】→点击【播放】按钮，生成刀具路径→打开【播放路径】对话框→点击【播放】按钮，生成刀具路径（如图 4.5.26 生成刀具路径）。

φ8 的球刀轮廓铣削凹模上边陡峭区域

38. 进入曲面铣削模块

选择【铣削】功能选项卡→【轮廓铣削】。

39. 刀具和坐标系

【刀具】选择 T0003→【坐标系】为之前所设定的坐标系 ACS1：F10 坐标系。

40. 参考

【参考】→【类型】曲面→按住 Ctrl 键点选待加工的曲面（如图 4.5.27 参考）。

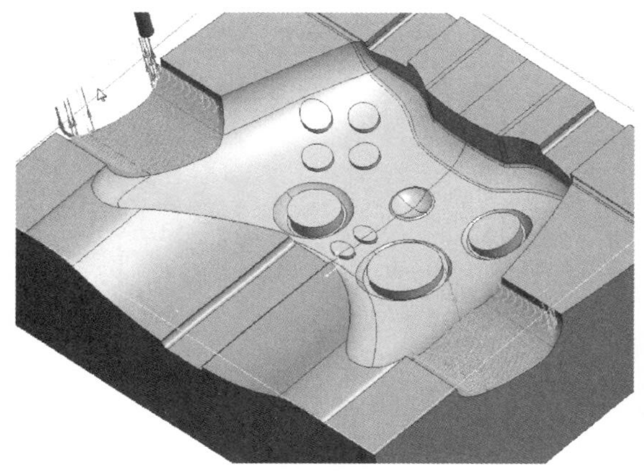

图 4.5.26 生成刀具路径

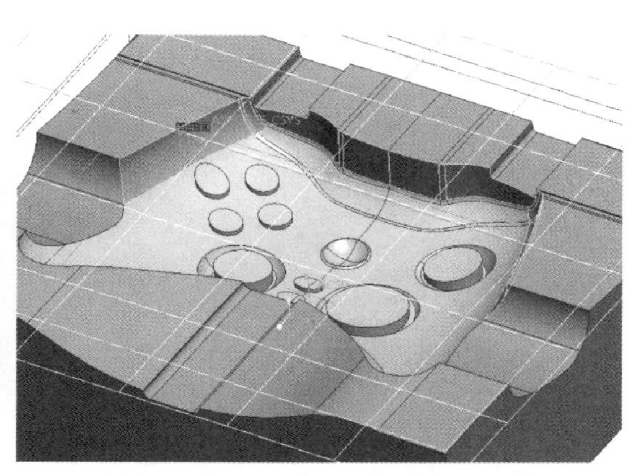

图 4.5.27 参考

41. 参数

选择【参数】选项卡→【切削进给】400→【步长深度】0.7→【安全距离】2→【主轴速度】3500→【冷却液选项】开（如图 4.5.28 参数）。

42. 生成刀具路径

点击上方的【刀具路径】按钮→打开【播放路径】对话框→点击【播放】按钮，生成刀具路径（如图 4.5.29 生成刀具路径）。

参数 | 间隙 | 检查曲面 | 选项 | 刀具运动 | 工艺

参数	值
切削进给	400
弧形进给	-
自由进给	-
退刀进给	-
切入进给量	-
步长深度	0.7
公差	0.01
轮廓允许余量	0
检查曲面允许余量	-
壁刀痕高度	0
切割类型	顺铣
安全距离	2
主轴速度	3500
冷却液选项	开

图 4.5.28 参数

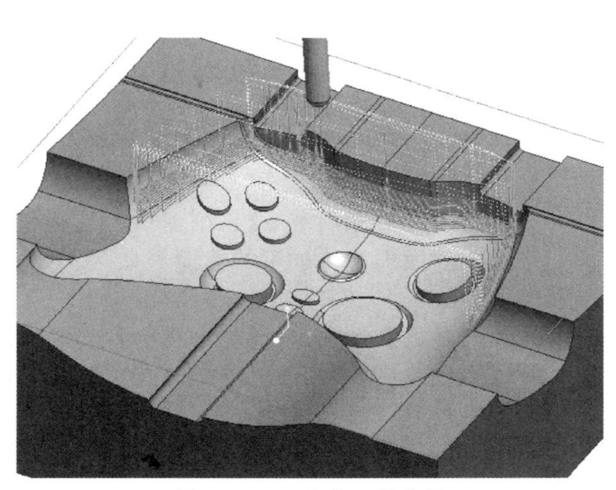

图 4.5.29 生成刀具路径

ϕ8的球刀轮廓铣削凹模下边陡峭区域

43. 进入曲面铣削模块

选择【铣削】功能选项卡→【轮廓铣削】。

44. 刀具和坐标系

【刀具】选择 T0003→【坐标系】为之前所设定的坐标系 ACS1：F10 坐标系。

45. 参考

【参考】→【类型】曲面→按住 Ctrl 键点选待加工的曲面（如图 4.5.30 参考）。

46. 参数

选择【参数】选项卡→【切削进给】500→【步长深度】0.7→【安全距离】2→【主轴速度】3000→【冷却液选项】开（如图 4.5.31 参数）。

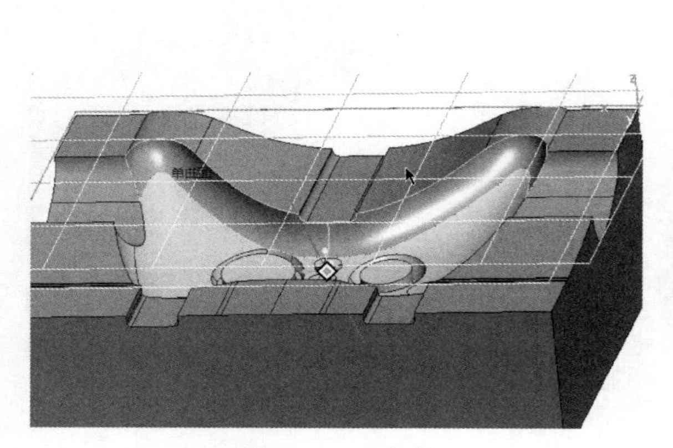

图 4.5.30　参考

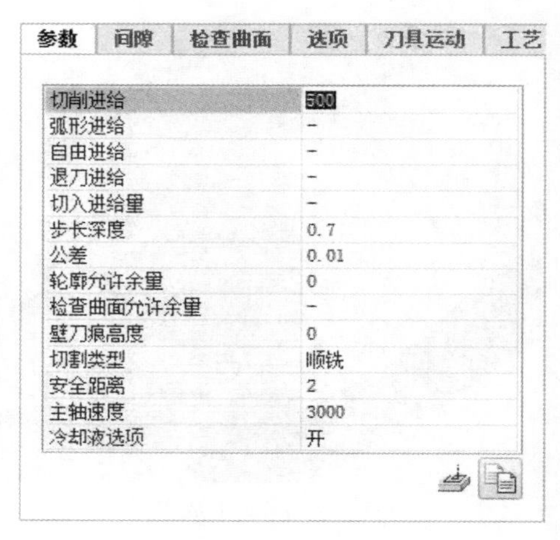

参数	值
切削进给	500
弧形进给	-
自由进给	-
退刀进给	-
切入进给量	-
步长深度	0.7
公差	0.01
轮廓允许余量	0
检查曲面允许余量	-
壁刀痕高度	0
切割类型	顺铣
安全距离	2
主轴速度	3000
冷却液选项	开

图 4.5.31　参数

47. 生成刀具路径

点击上方的【刀具路径】按钮→打开【播放路径】对话框→点击【播放】按钮，生成刀具路径（如图 4.5.32 生成刀具路径）。

ϕ8的球刀精加工铣削凹模区域

48. 进入加工模块

选择【铣削】功能选项卡→【精加工】。

49. 刀具和坐标系

【刀具】选择 T0003→【坐标系】为刚才所设定的坐标系 ACS1：F10 坐标系。

50. 参考

选择【参考】选项卡→【铣削窗口】选择铣削窗口→【排除的曲面】点击不需要加工的曲，未选中的面即为待加工的曲面（如图 4.5.33 参考）。

51. 参数

选择【参数】选项卡→【切削进给】500→【跨距】0.7→【精加工允许余量】0→【安全距离】2→【主轴速度】4000→【冷却液选项】开（如图 4.5.34 参数）。

52. 生成刀具路径

点击上方的【刀具路径】按钮→打开【播放路径】对话框→点击【播放】按钮，生成刀具路径（如图 4.5.35 生成刀具路径）。

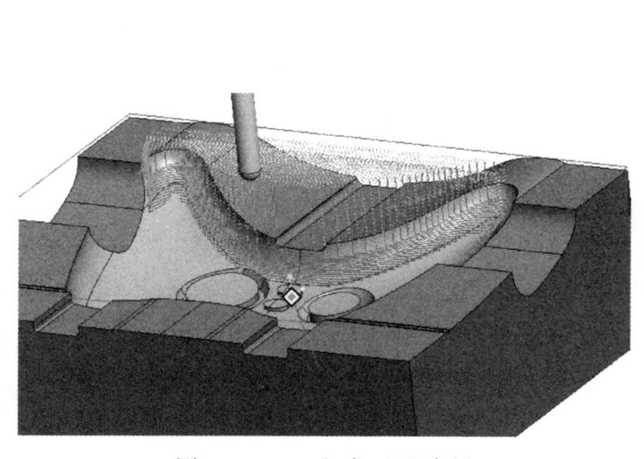

图 4.5.32 生成刀具路径

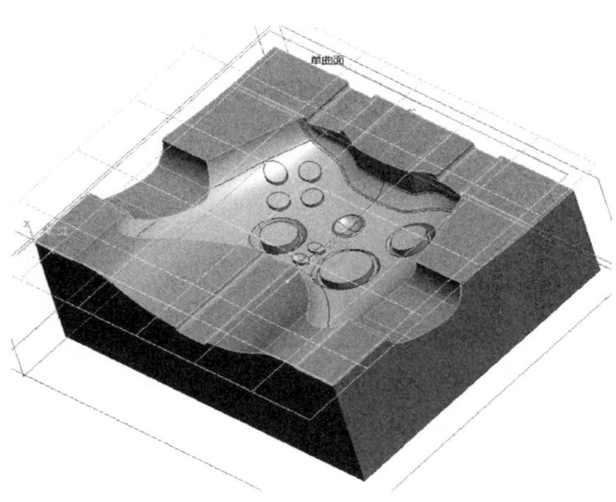

图 4.5.33 参考

参数 | 间隙 | 选项 | 刀具运动 | 工艺 | 属性

参数	值
切削进给	500
弧形进给	-
自由进给	-
退刀进给	-
切入进给量	-
倾斜_角度	45
跨距	0.7
精加工允许余量	0
刀痕高度	-
切割角	0
内公差	0.025
外公差	0.025
铣削选项	直线连接
加工选项	组合切口
安全距离	2
主轴速度	4000
冷却液选项	开

图 4.5.34 参数

图 4.5.35 生成刀具路径

ϕ4 的球刀进一步精加工铣削凹模区域

53. 进入加工模块

选择【铣削】功能选项卡→【精加工】。

54. 刀具和坐标系

【刀具】选择 T0004→【坐标系】为刚才所设定的坐标系 ACS1：F10 坐标系。

55. 参考

选择【参考】选项卡→【铣削窗口】选择铣削窗口，在这里不排除曲面，加工所有的面（如图 4.5.36 参考）。

56. 参数

选择【参数】选项卡→【切削进给】300→【跨距】0.4→【精加工允许余量】0→【安全距离】2→【主轴速度】4500→【冷却液选项】开（如图 4.5.37 参数）。

57. 生成刀具路径

点击上方的【刀具路径】按钮→打开【播放路径】对话框→点击【播放】按钮，生成刀具路径（如图 4.5.38 生成刀具路径）。

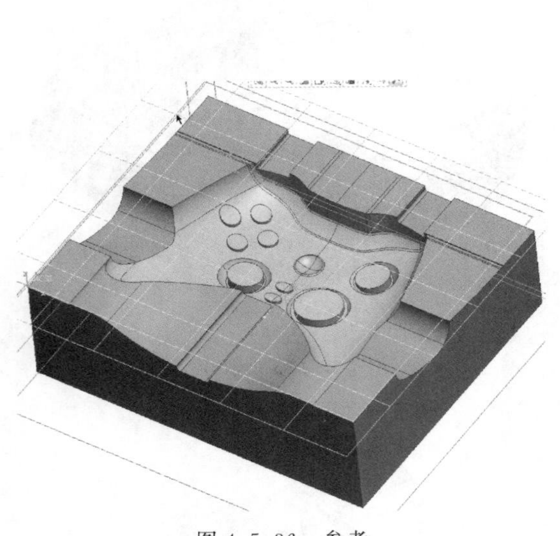

图 4.5.36　参考

参数	间隙	选项	刀具运动	工艺	属性

参数	值
切削进给	300
弧形进给	-
自由进给	-
退刀进给	-
切入进给量	-
倾斜_角度	45
跨距	0.4
精加工允许余量	0
刀痕高度	-
切割角	0
内公差	0.025
外公差	0.025
铣削选项	直线连接
加工选项	组合切口
安全距离	2
主轴速度	4500
冷却液选项	开

图 4.5.37　参数

ϕ2 的球刀进行清根的精加工操作

58. 进入曲面铣削模块

选择【铣削】功能选项卡→【铣削】→【拐角精加工】。

59. 刀具和坐标系

【刀具】选择 T0005→【坐标系】为之前所设定的坐标系 ACS1：F10 坐标系。

60. 参考

【参考】→【参考切削刀具】T0005→【铣削窗口】点击顶部的面（如图 4.5.39 参考）。

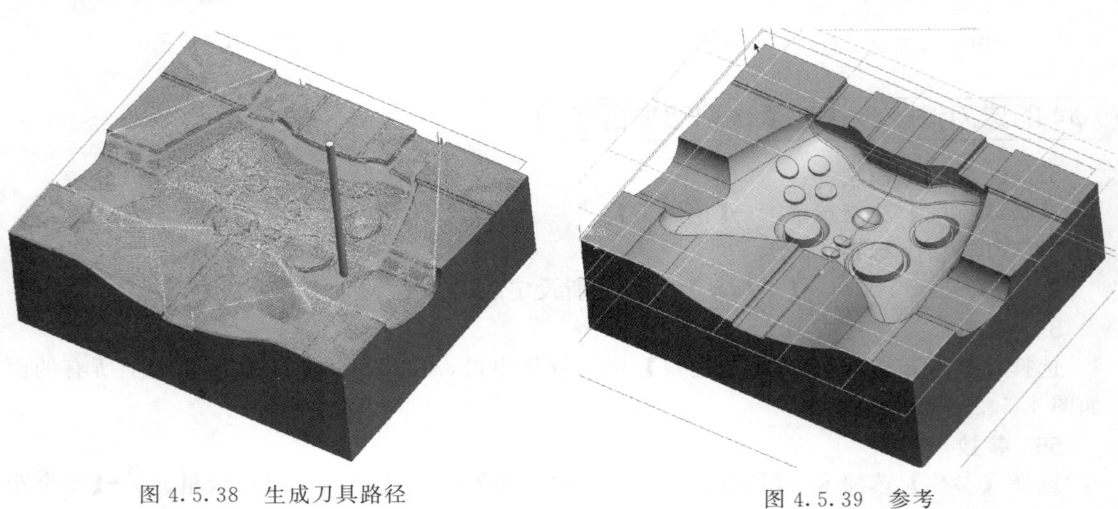

图 4.5.38　生成刀具路径　　　　图 4.5.39　参考

61. 参数

进入【参数】选项卡→【切削进给】180→【跨距】0.2→【陡跨距】0.5→【安全距离】2→【主轴速度】4000→【冷却液选项】开（如图 4.5.40 参数）。

62. 生成刀具路径

点击上方的【刀具路径】按钮→打开【播放路径】对话框→点击【播放】按钮，生成刀具路径（如图 4.5.41 生成刀具路径）。

参数 | 间隙 | 选项 | 刀具运动 | 工艺 | 属性

参数	值
切削进给	180
弧形进给	-
自由进给	-
退刀进给	-
切入进给量	-
倾斜_角度	60
跨距	0.2
陡跨距	0.5
精加工允许余量	0
刀痕高度	-
内公差	0.025
外公差	0.025
切割类型	顺铣
铣削选项	直线连接
加工选项	组合切口
陡区域扫描	笔式切削
浅区域扫描	笔式切削
安全距离	2
主轴速度	4000
冷却液选项	开

图 4.5.40　参数

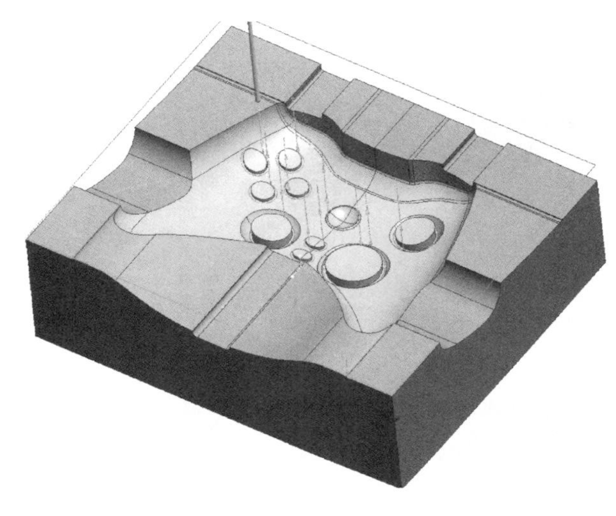

图 4.5.41　生成刀具路径

63. 取消隐藏毛坯

右击【毛坯名称】→【取消隐藏】。

实体验证模拟

64. 实体切削验证

右击生成的操作→【材料移除模拟】→打开 VERICUT 软件进行切削验证→点击软件右下角的【播放】按钮，观察实体切削验证的情况→打开 VERICUT 软件进行切削验证→点击软件右下角的【播放】按钮，观察实体切削验证的情况模剩余的残料区域（如图 4.5.42～图 4.5.51）。

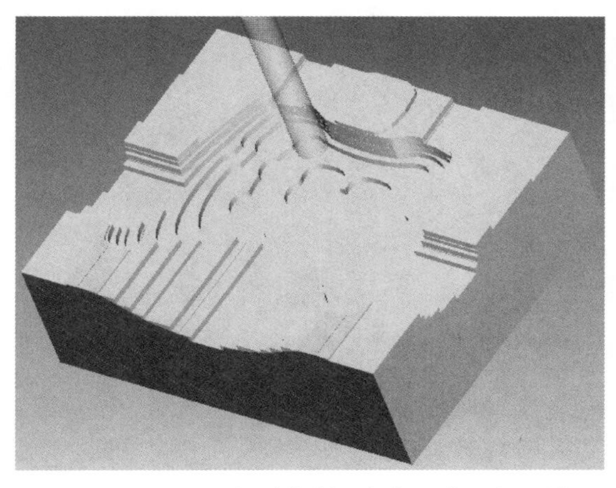

图 4.5.42　ϕ15 的端铣削刀粗加工曲面的区域

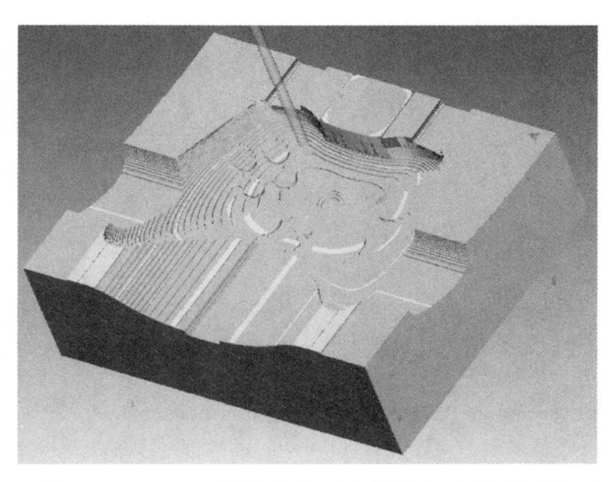

图 4.5.43　ϕ5 的端铣削刀重新粗加工曲面区域

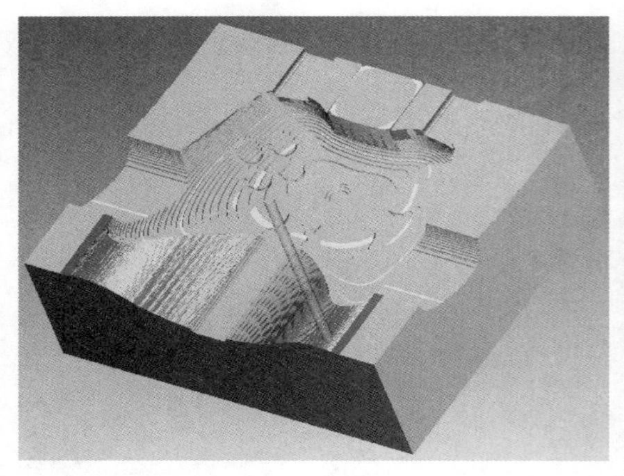

图 4.5.44　ϕ8 的球刀曲面铣削 X 向两部分曲面

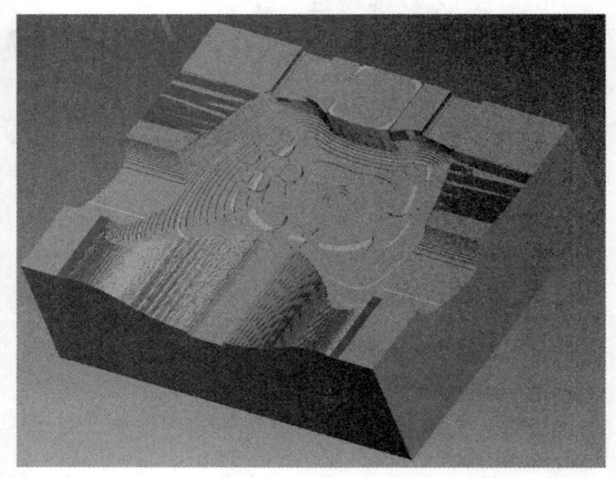

图 4.5.45　ϕ8 的球刀曲面铣削 Y 向两部分缓坡曲面

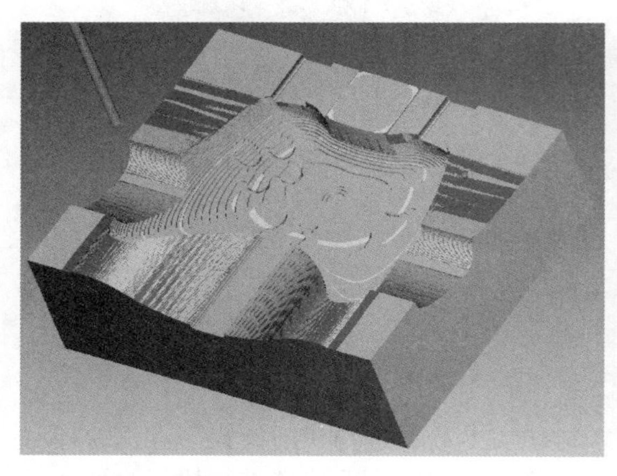

图 4.5.46　ϕ8 的球刀曲面铣削 Y 向两部分凹形曲面

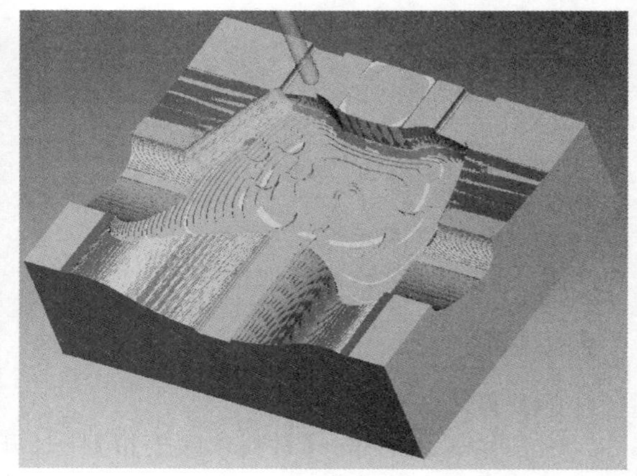

图 4.5.47　ϕ8 的球刀轮廓铣削凹模上边陡峭区域

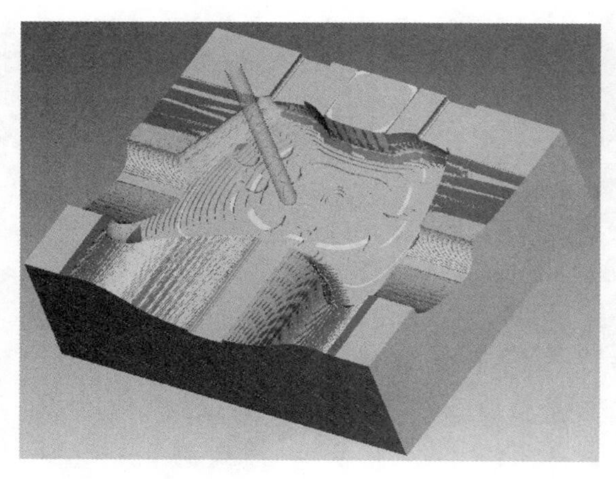

图 4.5.48　ϕ8 的球刀轮廓铣削凹模下边陡峭区域

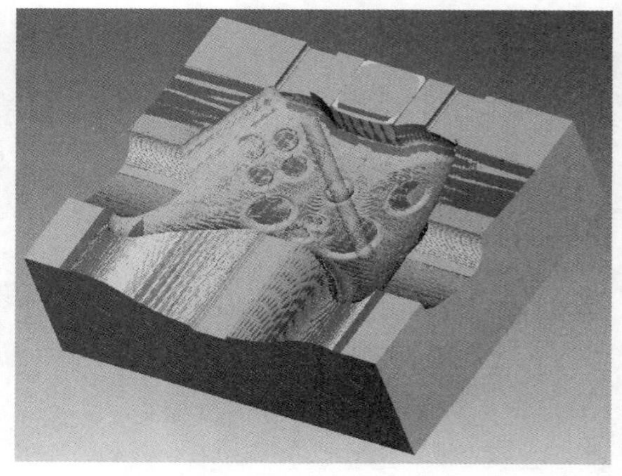

图 4.5.49　ϕ8 的球刀精加工铣削凹模区域

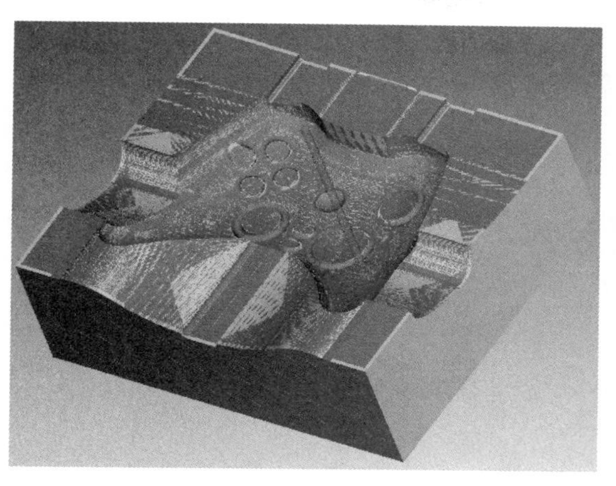

图 4.5.50 $\phi4$ 的球刀进一步精加工铣削凹模区域

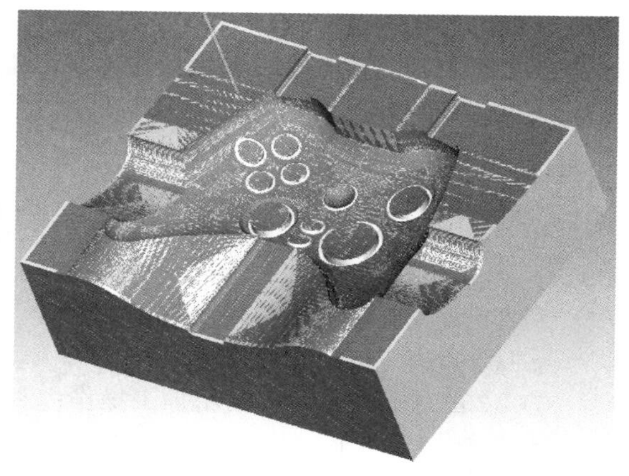

图 4.5.51 $\phi2$ 的球刀进行清根的精加工操作

第六节 数控加工综合实例六——鼠标凹模

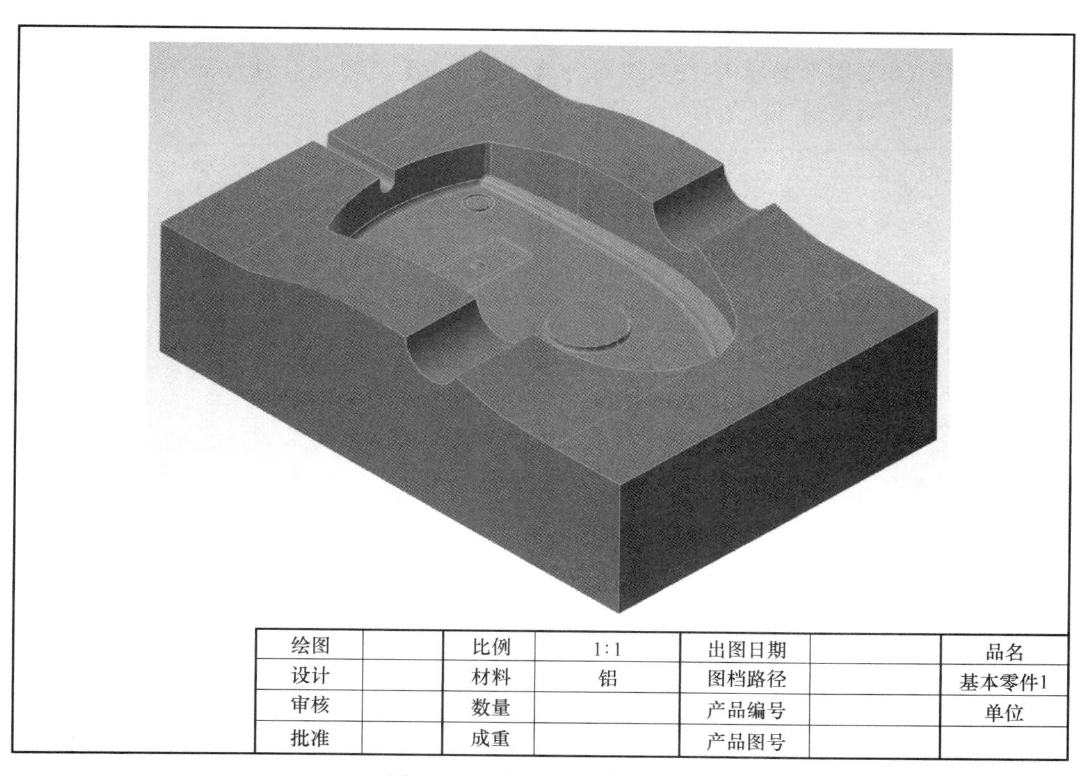

绘图		比例	1:1	出图日期		品名
设计		材料	铝	图档路径		基本零件1
审核		数量		产品编号		单位
批准		成重		产品图号		

图 4.6.1 游戏手柄模具凹模

加工前的工艺分析与准备

1. 工艺分析

由图 4.6.1 可以看出鼠标凹模基本形状是由挖槽的形状构成，具体细节可采用残料、等高、浅滩等操作完成。

工件无尺寸公差要求。尺寸标注完整，轮廓描述清楚。零件材料为已经加工成型的标准铝块，无热处理和硬度要求。

① ϕ15 的平底刀粗加工曲面的区域；

② ϕ5 的平底刀重新粗加工曲面区域；

③ ϕ12 的球刀精加工 X 向曲面缓坡区域；

④ ϕ2 的球刀精加工 X 向曲面凹形区域；

⑤ ϕ2 的球刀精加工 X 向顶部曲面区域；

⑥ ϕ2 的球刀精加工凹模区域；

⑦ ϕ2 的球刀进行清根的精加工操作；

⑧ 根据加工要求，共需产生 7 次刀具路径。

前期准备工作

2. 图形的导入

在 Creo 界面中点击【新建】按钮→打开【新建】对话框→【类型】制造→【子类型】NC 装配→【名称】6→取消勾选【使用默认模板】复选框→【确定】→弹出【新建文件选项】对话框→【模板】mmns_mfg_nc，公制模板→【确定】→在打开的【制造】功能选项卡中→【参考模型】→【组装参考模型】→在【打开】对话框中找到文件存放的位置→选择【6-shubiao.prt】→【打开】（如图 4.6.2 图形的导入）→系统打开【元件放置】选项卡，注意观察待加工工件的状况（如图 4.6.3 观察待加工工件）。

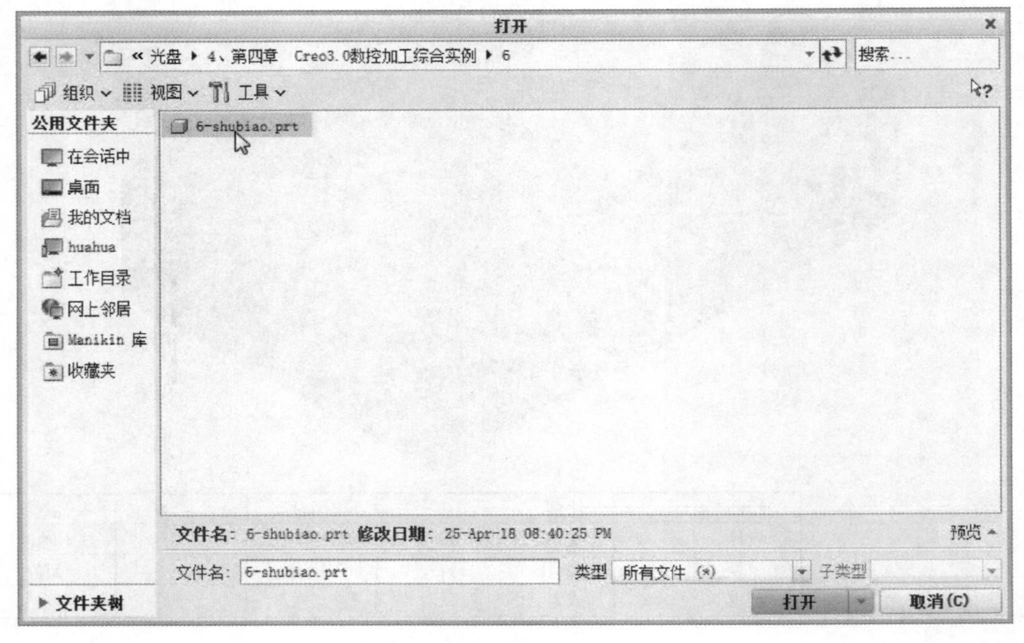

图 4.6.2 图形的导入

3. 元件放置

【元件放置】选项卡→打开【自动】下拉列表→【重合】→点击工件底面和加工坐标系的 XY 平面，使之重合，将工件翻转→再次点击 YZ 平面和工件左侧面，使侧面重合，将工件摆正→得到一个重合摆放的工件→点击【应用约束】按钮，将当前的重合约束应用到系统中→

【确定】，工件方向摆放完毕，系统返回【制造】功能选项卡（如图 4.6.4 元件放置）。

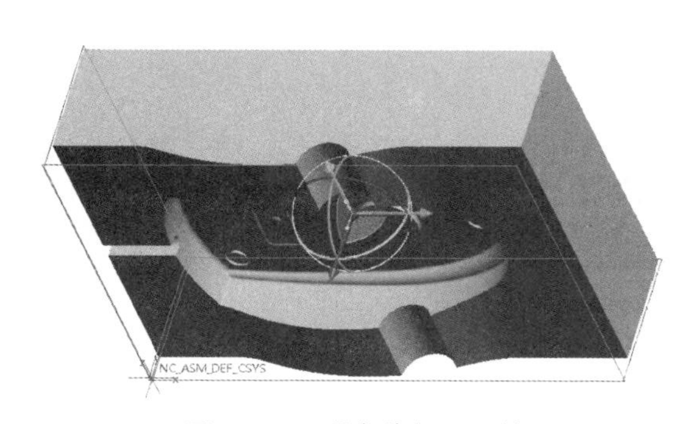

图 4.6.3 观察待加工工件

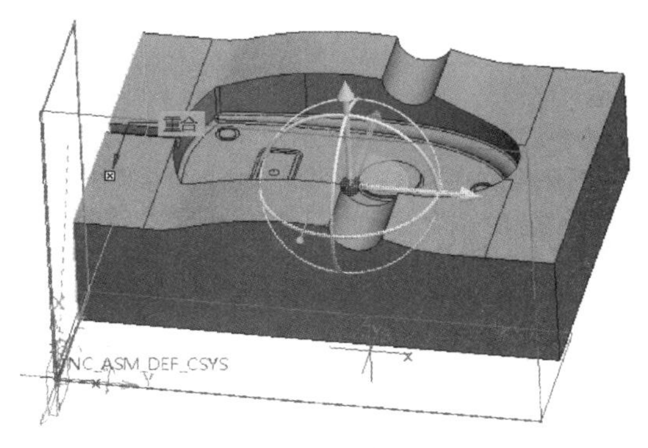

图 4.6.4 元件放置

4. 创建毛坯

【制造】功能选项卡中→【工件】→【自动工件】→进入【创建自动工件】选项卡→【创建矩形工件】，将创建一个最小化包容工件的毛坯→【确定】，毛坯创建完毕，系统返回【制造】功能选项卡（如图 4.6.5 创建毛坯）。

5. 设定铣削窗口

【制造】功能选项卡中→【铣削窗口】→打开【铣削窗口】选项卡→直接点击顶面，使顶面作为加工范围→【确定】，铣削窗口完毕，系统返回【制造】功能选项卡（如图 4.6.6 设定铣削窗口）。

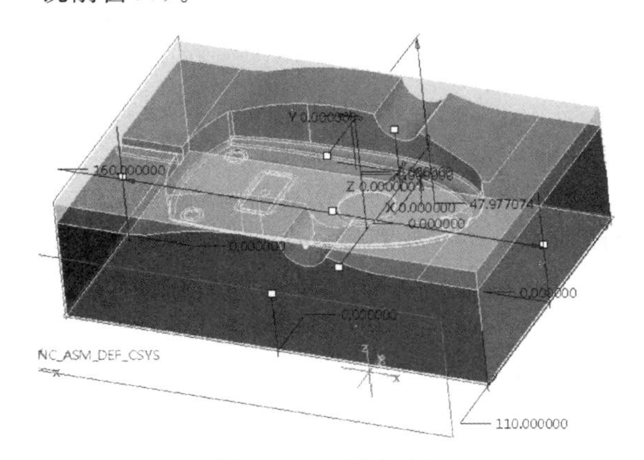

图 4.6.5 创建毛坯

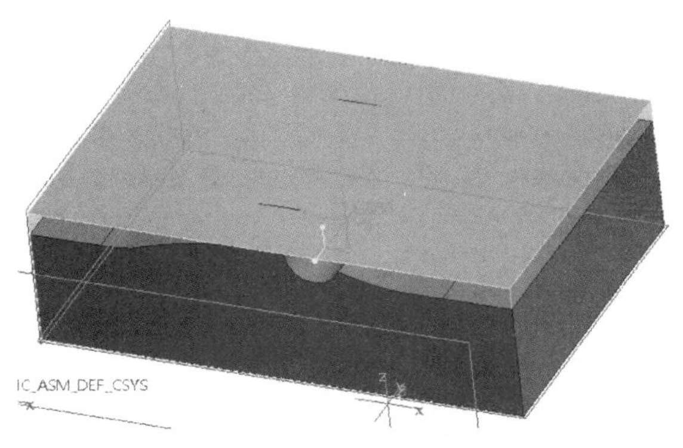

图 4.6.6 设定铣削窗口

6. 设置加工方法、刀具和坐标系

【制造】功能选项卡中→操作→右侧【制造设置】→【铣削】→打开【铣削工作中心】对话框→【名称】MILL01→【类型】铣削→【轴数】3 轴→切换到【刀具】选框→点击【刀具】按钮→打开【刀具设定】对话框，新建四把刀具→【T0001 端铣削 $\phi15$】→【T0002 端铣削 $\phi5$】→【T0003 球铣削 $\phi12$】→【T0004 球铣削 $\phi2$】→【确定】→【确定】（如图 4.6.7 刀具设定）→【基准】→【基准】→弹出【坐标系】对话框，此时处于【原点】选项卡，用于原点位置→此时，按住 Ctrl 键点击顶面→按住 Ctrl 键点击前面→按住 Ctrl 键点左侧面，此时坐标系会定位到左下角→点击【方向】选项卡→【使用】【确定】Z→【使用】【投影】Y【反向】，将坐标系的方向更改为与加工坐标系一致→【确定】（如图 4.6.8 加工坐标系）→点击左侧【使用此工具】按钮，将该坐标系应用到系统之中→【刀具】默认为第一把刀→【间隙】选项卡→【类型】平面→点击工件的表面→【值】10→【回车 Enter】→【确定】，加工方法、刀具和坐标系完毕，系统返回【制造】功能选项卡（如图 4.6.9 间隙）。

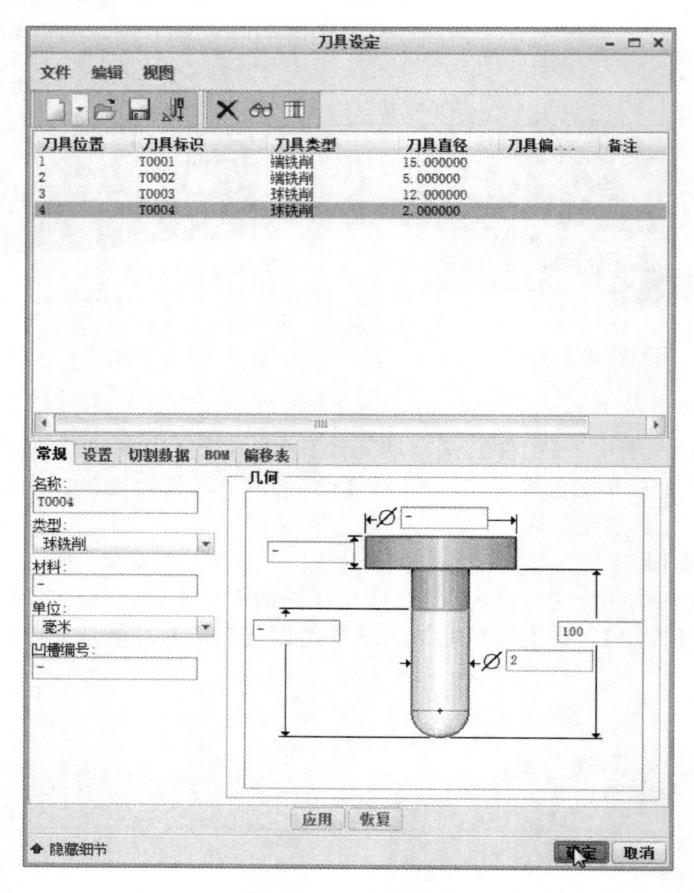

图 4.6.7　刀具设定

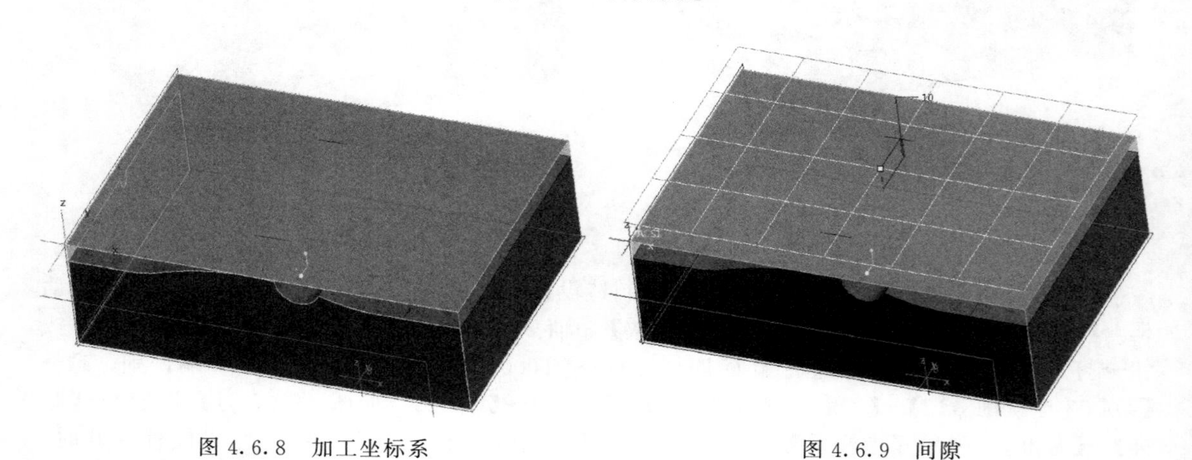

图 4.6.8　加工坐标系

图 4.6.9　间隙

ϕ15 的平底刀粗加工曲面的区域

7. 进入加工模块

选择【铣削】功能选项卡→【粗加工】→【粗加工】。

8. 刀具和坐标系

【刀具】选择 T0001→【坐标系】为刚才所设定的坐标系 ACS1：F10 坐标系。

9. 参考

选择【参考】选项卡→【加工参考】→点击前期所选择的顶面的边（如图 4.6.10 参考）。

10. 参数

选择【参数】选项卡→【切削进给】600→【跨距】12→【粗加工允许余量】0.3→【最大台阶深度】3→【开放区域扫描】仿形→【安全距离】2→【主轴速度】2500→【冷却液选项】开（如图 4.6.11 参数）。

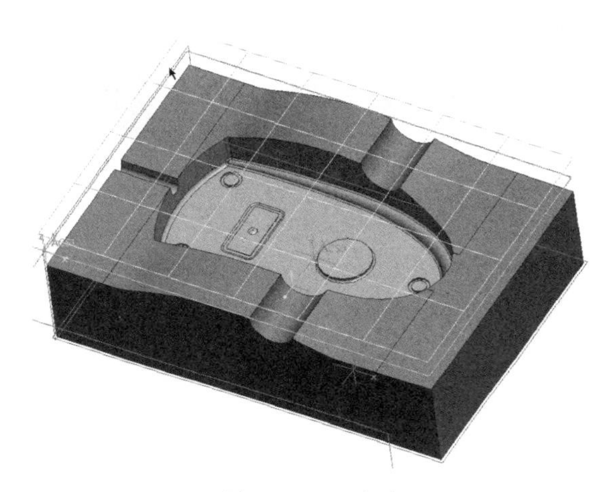

图 4.6.10　参考

参数 | 间隙 | 选项 | 刀具运动 | 工艺 | 属性

切削进给	600
自由进给	-
退刀进给	-
最小步长深度	-
跨距	12
粗加工允许余量	0.3
最大台阶深度	3
内公差	0.06
外公差	0.06
开放区域扫描	仿形
闭合区域扫描	常数_加载
切割类型	顺铣
安全距离	2
主轴速度	2500
冷却液选项	开

图 4.6.11　参数

11. 生成刀具路径

点击上方的【刀具路径】按钮→打开【播放路径】对话框→点击【播放】按钮，生成刀具路径（如图 4.6.12 生成刀具路径）。

图 4.6.12　生成刀具路径

ϕ5 的平底刀重新粗加工曲面区域

12. 进入加工模块

选择【铣削】功能选项卡→【重新粗加工】。

13. 刀具、上一步操作和坐标系

点击【刀具】下拉列表→【T0002】→【上一步操作】粗加工 1→【坐标系】为之前所设定的坐标系 ACS1：F10 坐标系。

14. 参考

【参考】使用上一步操作选择的参考平面，不做修改。

15. 参数

选择【参数】选项卡→【切削进给】500→【跨距】4→【粗加工允许余量】0→【最大台阶深度】1→【开放区域扫描】仿形→【安全距离】2→【主轴速度】3500→【冷却液选项】开（如图 4.6.13 参数）。

16. 生成刀具路径

点击上方的【刀具路径】按钮→打开【播放路径】对话框→点击【播放】按钮，生成刀

具路径（如图 4.6.14 生成刀具路径）。

参数 | 间隙 | 选项 | 刀具运动 | 工艺 | 属性

参数	值
切削进给	500
自由进给	-
最小步长深度	-
跨距	4
粗加工允许余量	0
最大台阶深度	1
内公差	0.06
外公差	0.06
开放区域扫描	仿形
闭合区域扫描	常数_加载
切割类型	顺铣
安全距离	2
主轴速度	3500
冷却液选项	开

图 4.6.13　参数

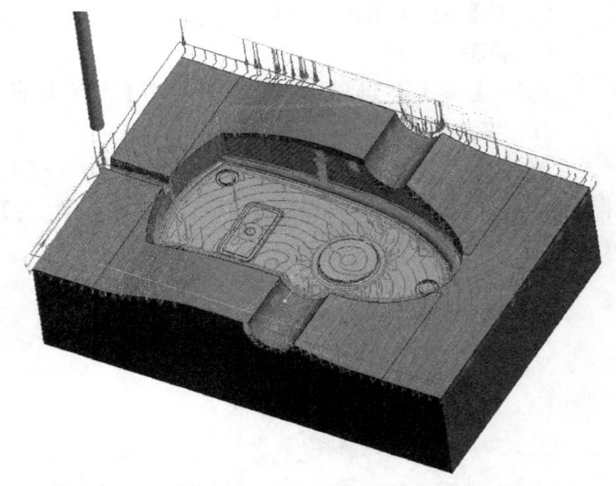

图 4.6.14　生成刀具路径

ϕ12 的球刀精加工 X 向曲面缓坡区域

17. 隐藏毛坯

右击【毛坯名称】→【隐藏】。

18. 进入加工模块

选择【铣削】功能选项卡→【精加工】。

19. 刀具和坐标系

【刀具】选择 T0003→【坐标系】为刚才所设定的坐标系 ACS1：F10 坐标系。

20. 参考

选择【参考】选项卡→【铣削窗口】选择铣削窗口→【排除的曲面】点击不需要加工的曲面，未选中的面即为待加工的曲面（如图 4.6.15 参考）。

21. 参数

选择【参数】选项卡→【切削进给】400→【跨距】0.6→【精加工允许余量】0→【安全距离】2→【主轴速度】3500→【冷却液选项】开（如图 4.6.16 参数）。

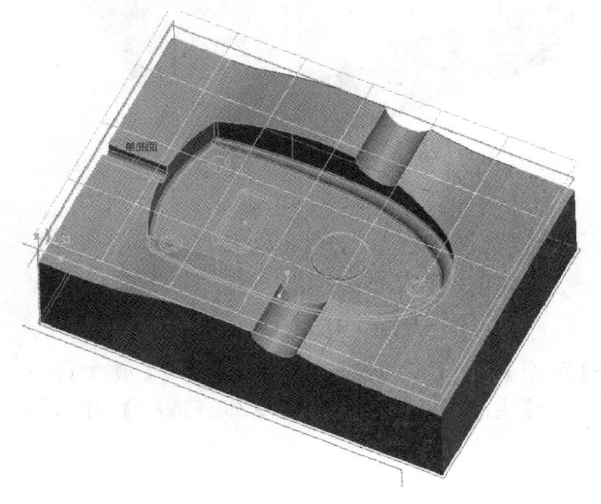

图 4.6.15　参考

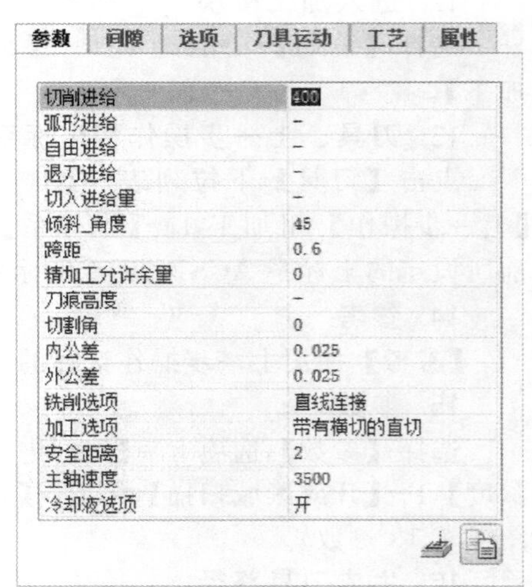

参数 | 间隙 | 选项 | 刀具运动 | 工艺 | 属性

参数	值
切削进给	400
弧形进给	-
自由进给	-
退刀进给	-
切入进给量	-
倾斜_角度	45
跨距	0.6
精加工允许余量	0
刀痕高度	-
切割角	0
内公差	0.025
外公差	0.025
铣削选项	直线连接
加工选项	带有横切的直切
安全距离	2
主轴速度	3500
冷却液选项	开

图 4.6.16　参数

22. 生成刀具路径

点击上方的【刀具路径】按钮→打开【播放路径】对话框→点击【播放】按钮，生成刀具路径（如图 4.6.17 生成刀具路径）。

ϕ2 的球刀精加工 X 向曲面凹形区域

23. 进入加工模块

选择【铣削】功能选项卡→【精加工】。

24. 刀具和坐标系

【刀具】选择 T0004→【坐标系】为刚才所设定的坐标系 ACS1：F10 坐标系。

25. 参考

选择【参考】选项卡→【铣削窗口】选择铣削窗口→【排除的曲面】点击不需要加工的曲面，未选中的面即为待加工的曲面（如图 4.6.18 参考）。

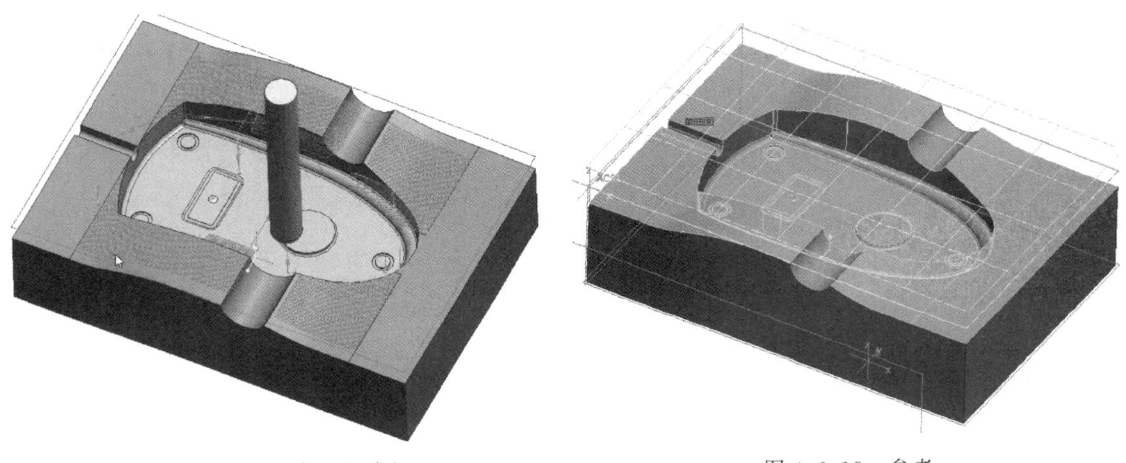

图 4.6.17　生成刀具路径　　　　图 4.6.18　参考

26. 参数

选择【参数】选项卡→【切削进给】400→【跨距】0.6→【精加工允许余量】0→【安全距离】2→【主轴速度】3500→【冷却液选项】开（如图 4.6.19 参数）。

参数 | 间隙 | 选项 | 刀具运动 | 工艺 | 属性

参数	值
切削进给	400
弧形进给	-
自由进给	-
退刀进给	-
切入进给量	-
倾斜_角度	45
跨距	0.6
精加工允许余量	0
刀痕高度	-
切割角	0
内公差	0.025
外公差	0.025
铣削选项	直线连接
加工选项	带有横切的直切
安全距离	2
主轴速度	3500
冷却液选项	开

图 4.6.19　参数

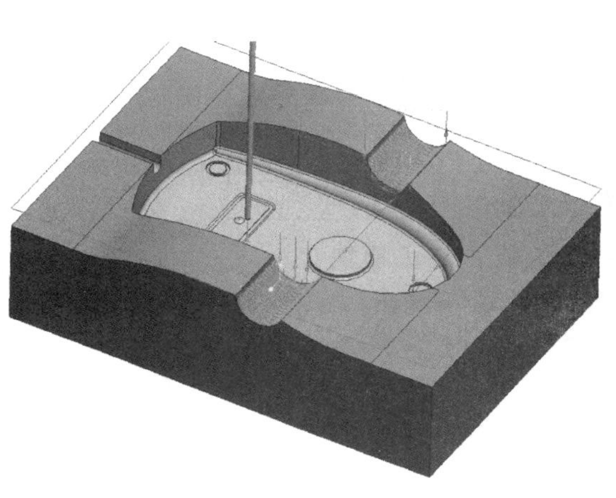

图 4.6.20　生成刀具路径

27. 生成刀具路径

点击上方的【刀具路径】按钮→打开【播放路径】对话框→点击【播放】按钮，生成刀具路径（如图4.6.20生成刀具路径）。

ϕ2的球刀精加工X向顶部曲面区域

28. 进入加工模块

选择【铣削】功能选项卡→【精加工】。

29. 刀具和坐标系

【刀具】选择T0004→【坐标系】为刚才所设定的坐标系ACS1：F10坐标系。

30. 参考

选择【参考】选项卡→【铣削窗口】选择铣削窗口→【排除的曲面】点击不需要加工的曲面，未选中的面即为待加工的曲面（如图4.6.21参考）。

31. 参数

选择【参数】选项卡→【切削进给】400→【跨距】0.6→【精加工允许余量】0→【安全距离】2→【主轴速度】3500→【冷却液选项】开（如图4.6.22参数）。

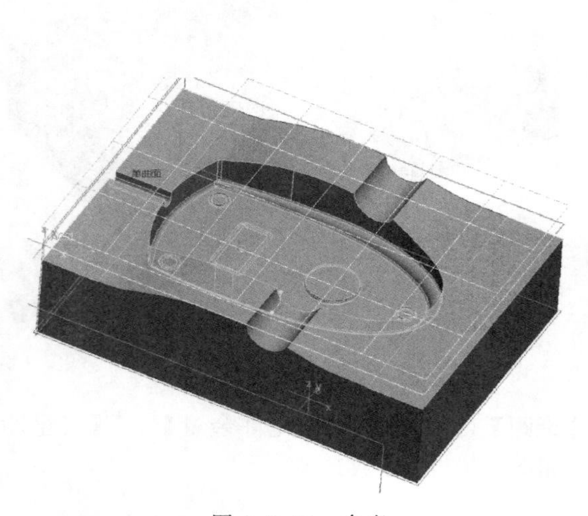

图4.6.21　参考

参数 | 间隙 | 选项 | 刀具运动 | 工艺 | 属性

参数	值
切削进给	400
弧形进给	-
自由进给	-
退刀进给	-
切入进给量	-
倾斜_角度	45
跨距	0.6
精加工允许余量	0
刀痕高度	-
切割角	0
内公差	0.025
外公差	0.025
铣削选项	直线连接
加工选项	带有横切的直切
安全距离	2
主轴速度	3500
冷却液选项	开

图4.6.22　参数

32. 生成刀具路径

点击上方的【刀具路径】按钮→打开【播放路径】对话框→点击【播放】按钮，生成刀具路径（如图4.6.23生成刀具路径）。

ϕ2的球刀精加工凹模区域

33. 进入加工模块

选择【铣削】功能选项卡→【精加工】。

34. 刀具和坐标系

【刀具】选择T0004→【坐标系】为刚才所设定的坐标系ACS1：F10坐标系。

35. 参考

选择【参考】选项卡→【铣削窗口】选择铣削窗口→【排除的曲面】点击不需要加工的曲面，未选中的面即为待加工的曲面（如图4.6.24参考）。

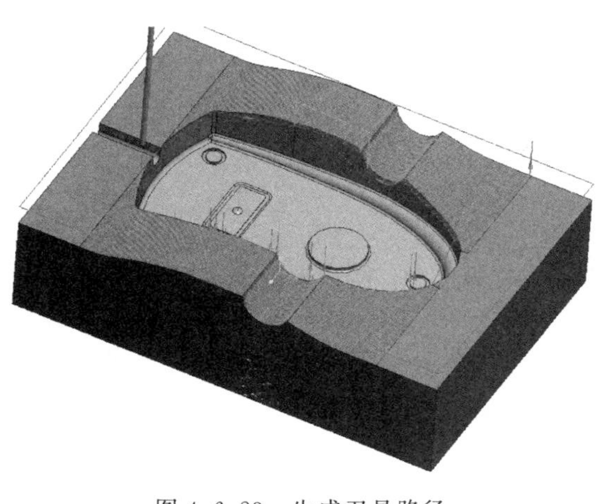

图 4.6.23 生成刀具路径

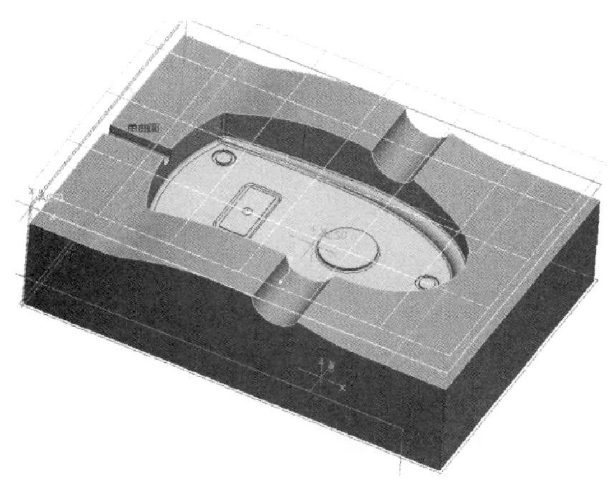

图 4.6.24 参考

36. 参数

选择【参数】选项卡→【切削进给】300→【跨距】0.4→【精加工允许余量】0→【安全距离】2→【主轴速度】3500→【冷却液选项】开（如图 4.6.25 参数）。

37. 生成刀具路径

点击上方的【刀具路径】按钮→打开【播放路径】对话框→点击【播放】按钮，生成刀具路径（如图 4.6.26 生成刀具路径）。

参数 | 间隙 | 选项 | 刀具运动 | 工艺 | 属性

参数	值
切削进给	300
弧形进给	-
自由进给	-
退刀进给	-
切入进给里	-
倾斜_角度	45
跨距	0.4
精加工允许余里	0
刀痕高度	-
切割角	0
内公差	0.025
外公差	0.025
铣削选项	直线连接
加工选项	组合切口
安全距离	2
主轴速度	3500
冷却液选项	开

图 4.6.25 参数

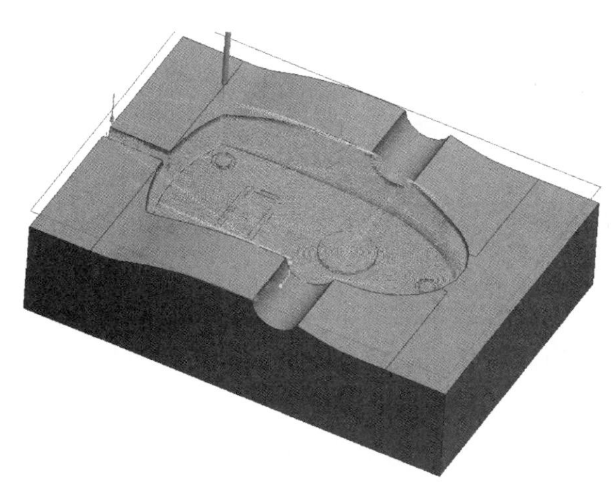

图 4.6.26 生成刀具路径

φ2 的球刀进行清根的精加工操作

38. 进入曲面铣削模块

选择【铣削】功能选项卡→【铣削】→【拐角精加工】。

39. 刀具和坐标系

【刀具】选择 T0004→【坐标系】为之前所设定的坐标系 ACS1：F10 坐标系。

40. 参考

【参考】→【参考切削刀具】T0004→【铣削窗口】点击顶部的面（如图 4.6.27 参考）。

41. 参数

进入【参数】选项卡→【切削进给】250→【跨距】0.2→【安全距离】2→【主轴速度】2500→【冷却液选项】开（如图 4.6.28 参数）。

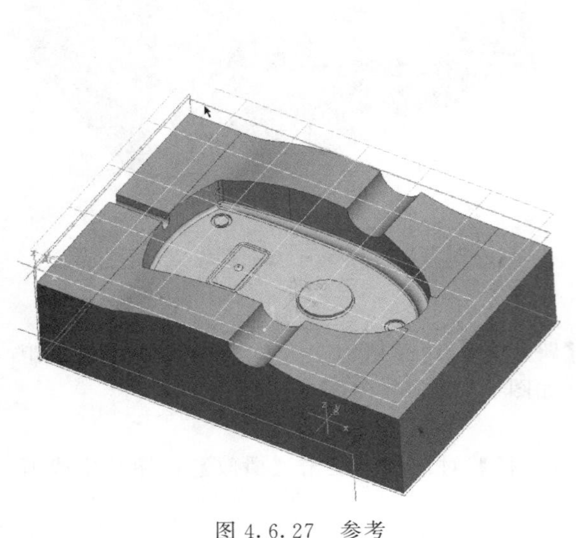

图 4.6.27 参考

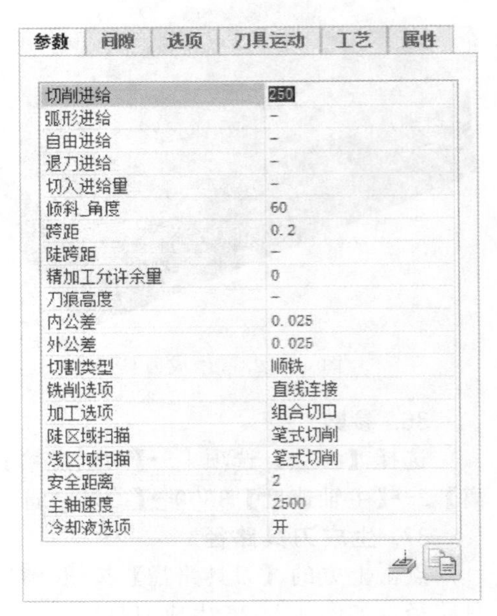

图 4.6.28 参数

42. 生成刀具路径

点击上方的【刀具路径】按钮→打开【播放路径】对话框→点击【播放】按钮，生成刀具路径（如图 4.6.29 生成刀具路径）。

43. 取消隐藏毛坯

右击【毛坯名称】→【取消隐藏】。

实体验证模拟

44. 实体切削验证

右击生成的操作→【材料移除模拟】→打开 VERICUT 软件进行切削验证→点击软件右下角的【播放】按钮，观察实体切削验证的情况→打开 VERICUT 软件进行切削验证→点击软件

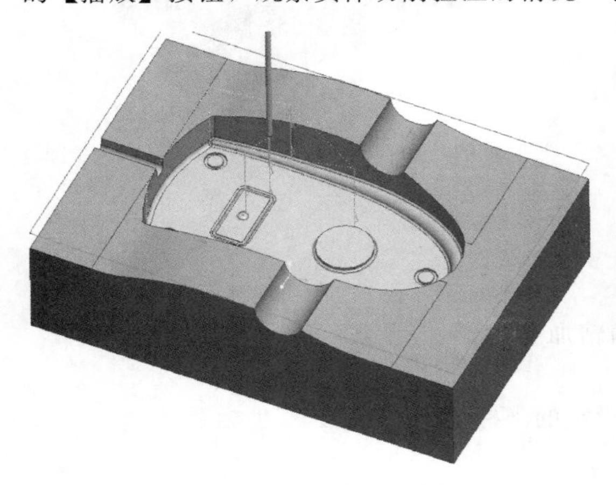

图 4.6.29 生成刀具路径

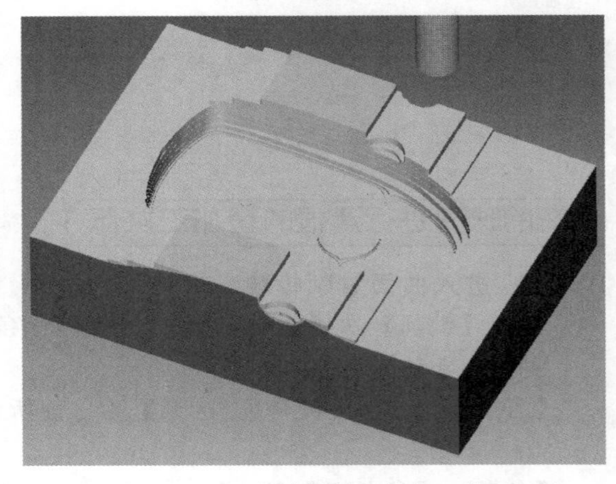

图 4.6.30 ϕ15 的端铣削刀粗加工曲面区域

右下角的【播放】按钮，观察实体切削验证的情况模剩余的残料区域（如图 4.6.30～图 4.6.36 所示）。

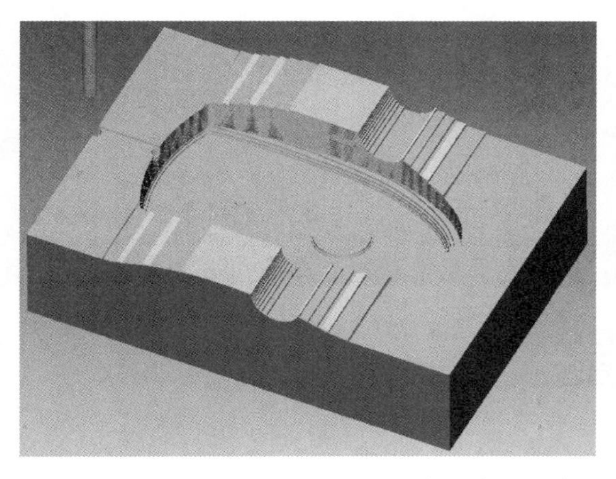

图 4.6.31　ϕ5 的端铣削刀重新粗加工曲面区域

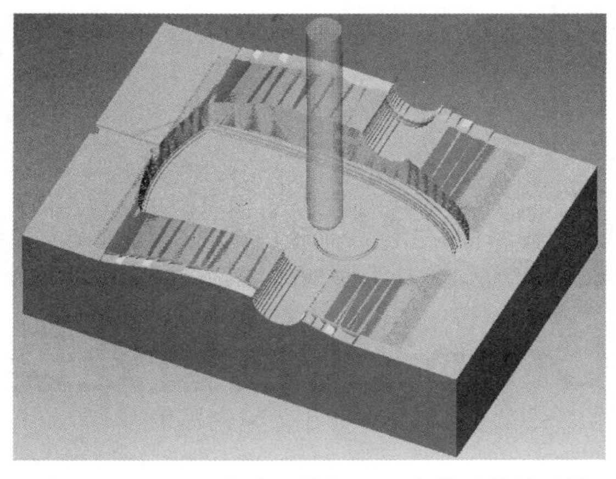

图 4.6.32　ϕ12 的球刀精加工 X 向曲面缓坡区域

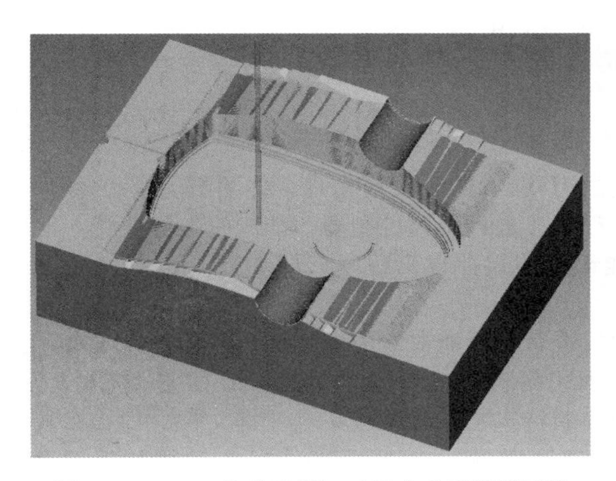

图 4.6.33　ϕ2 的球刀精加工 X 向曲面凹形区域

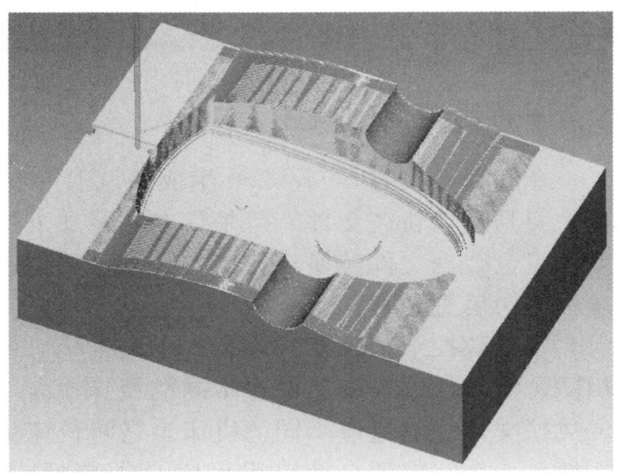

图 4.6.34　ϕ2 的球刀精加工 X 向顶部曲面区域

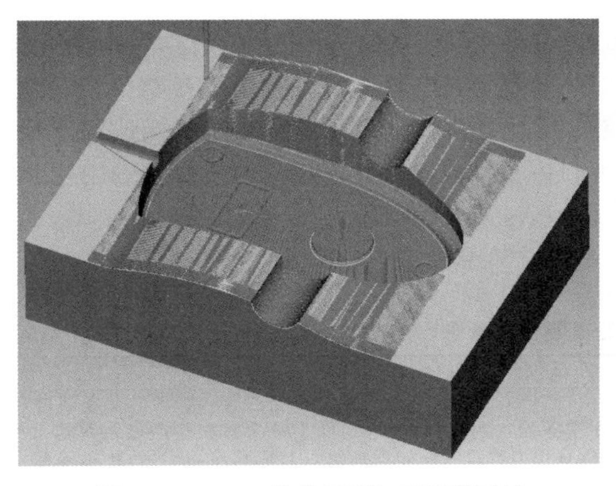

图 4.6.35　ϕ2 的球刀精加工凹模区域

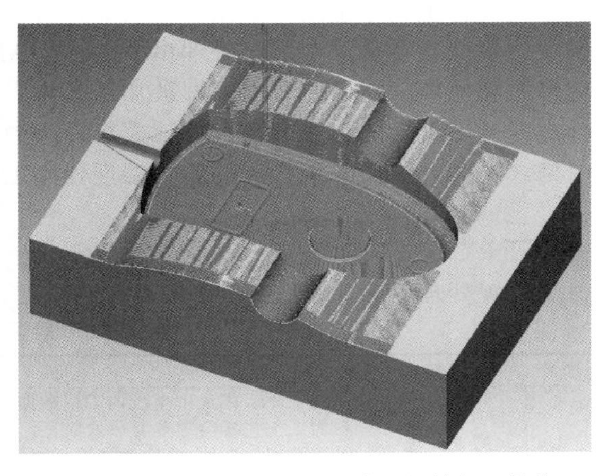

图 4.6.36　ϕ2 的球刀进行清根的精加工操作

第五章

Creo3.0后置处理器

第一节　后置处理概述

一、后置处理概述

在编程结束时，Creo3.0 生成 ASCII 格式的刀位（CL）数据文件，即得到了零部件加工的刀具运动轨迹文件。但是，在实际加工过程中，数控机床控制器不能识别该类文件，必须将刀位数据文件转换为特定数控机床系统能识别的数控代码程序（即 MCD 文件），这一过程称为后置处理。

鉴于数控系统现在并没有一个完全统一的标准，各厂商对有的数控代码功能的规定各不相同，所以，同一个零件在不同的机床上加工所需的代码也不同。为使 Creo 3.0 制作的刀位数据文件能够适应不同的机床，需将机床配置的特定参数保存成一个数据文件，即为配置文件。一个完整的自动编程程序必须包括主处理程序（Main processor）和后置处理程序（Post processor）两部分。主处理程序负责生成详尽的 NC 加工刀具运动轨迹，而后置处理程序负责将主程序生成的数据转换成数控机床能够识别的数控加工程序代码。

后置处理器是一个用来处理由 CAD 或 APT 系统产生的刀位数据文件的应用程序，此程序能够把加工指令解释为能够被加工机床识别的信息。每个 Creo3.0 加工模块都包括一组标准的可以直接执行或者使用可选模块修改的 NC 后置处理器。由于各种数控机床的程序指令格式不同，因而各种机床的后置处理程序也不同，所以要求有不同的后置处理器。

二、后置处理器相关概念

后置处理器相关概念，见表 5.1.1。

表 5.1.1　后置处理器相关概念

序号	名称	详细说明
1	后置处理	Creo/NC 模块中生成的刀位数据文件(CL Data File)，是以 ASCII 码格式存储的刀具运动轨迹和加工工艺参数等重要数据信息。但在实际加工的过程中，特定加工机床的数控系统并不能识别该类型的文件，必须要将刀位数据文件转化为数控系统能识别的 G 代码程序，这一转化过程称为后置处理
2	后置处理器	用来处理由 CAD/CAM 系统产生的刀位数据文件的应用程序称为后置处理器。 刀位数据文件包含着完成某一个零件模型加工所必需的加工指令，后置处理器就是要把这种加工指令解释为特定加工机床数控系统所能识别的信息

续表

序号	名称	详细说明
3	选配文件	由于数控系统现在并没有一个统一的标准，各厂商对G代码功能的规定各不相同，所以同一个零件模型在装配不同数控系统的机床上加工所需要的代码可能是不同的。为了使Creo/NC模块产生的刀位数据文件能够适应不同数控系统的要求，需要将特定数控系统的配置、选项、要求等作为一个数据文件存放起来，进行后置处理时选择此数据文件就可以产生满足要求的加工代码，这个数据文件就是选配文件
4	选配文件的命名规则	选配文件默认保存在"安装目录\i486 nt\goost\"下。 适用于车削加工的选配文件为uncl01.pxx，适用于铣削加工的选配文件为uncx01.pxx。 此处，xx为选配文件在创建时被分配的数字标识(ID)。目录下存在的后缀名为fxx文件为对应选配文件的FIL，后缀名为SXX文件为对应选配文件的备份文件

三、后置处理器主界面

启动Creo3.0软件→单击【主页】选项卡→【实用工具】区域→在弹出的下拉菜单中选择【NC后置处理器】命令（如图5.1.1菜单)。系统弹出图5.1.2所示的【Option File

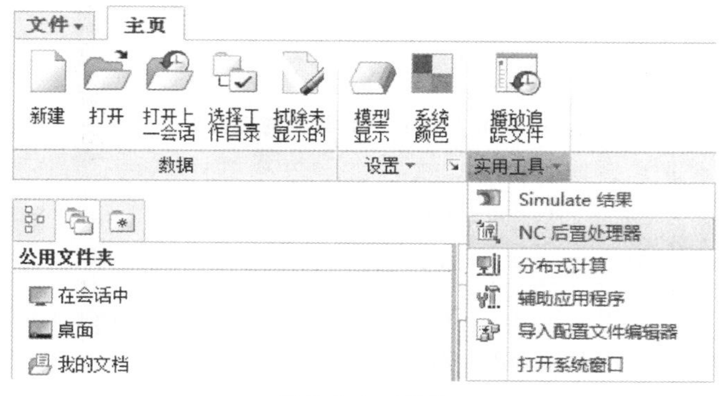

图5.1.1　菜单

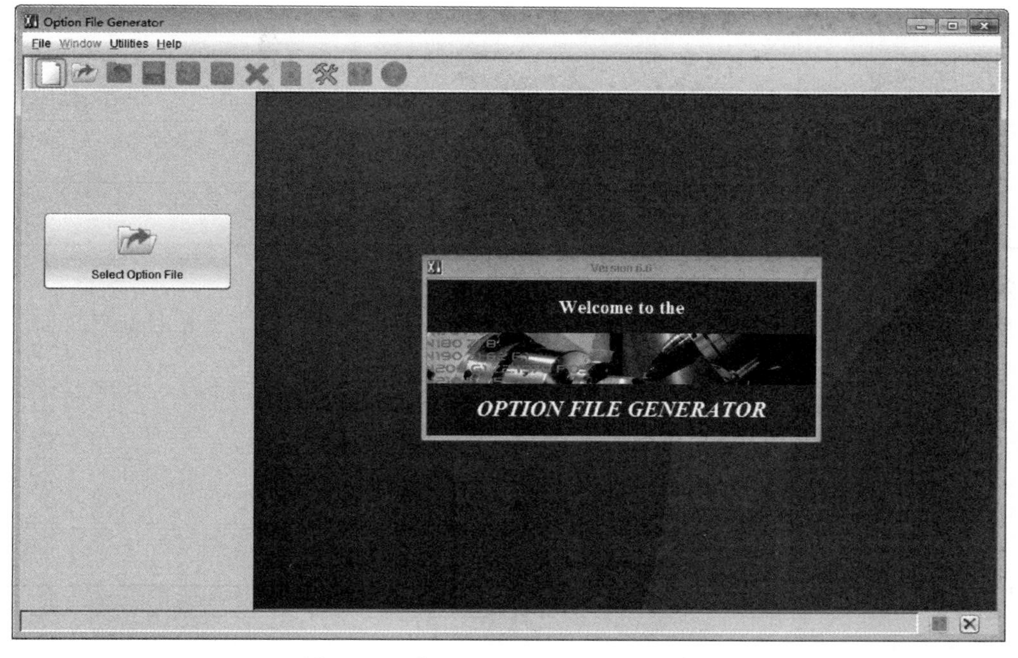

图5.1.2　【Option File Generator】窗口

Generator】窗口，进入后置处理器模式。在此窗口中可以设置各项参数，进行后期处理器的创建、修改及删除等操作。

图 5.1.2 所示的【Option File Generator】对话框中各菜单栏的说明如下：

1.【文件】菜单

后置处理的文件操作主要都在此菜单中进行，其下拉菜单如图 5.1.3 所示，各项含义说明如下，见表 5.1.2。

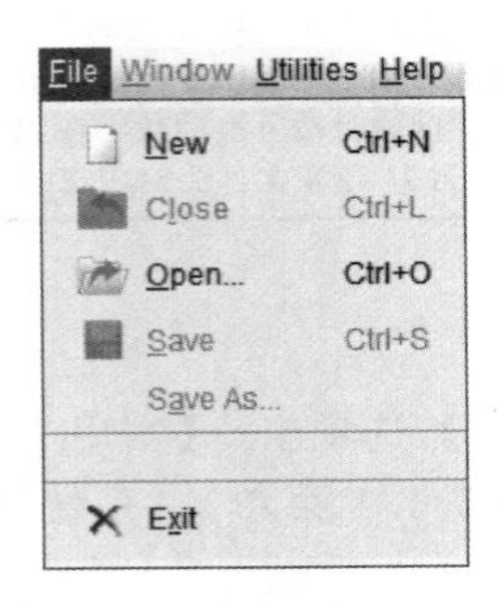

图 5.1.3 【文件】下拉菜单

表 5.1.2 【文件】菜单各项含义

序号	名称	详 细 说 明
1	New	新建文件，其功能和工具栏中的按钮相同，新建文件的快捷键为 Ctrl＋N。选择此项后，系统弹出“Define Machine Type”对话框
2	Close	关闭文件，其功能和工具栏中的按钮相同。关闭文件的快捷键为 Ctrl＋L。选择此项后，可以关闭激活状态下的文件
3	Open...	打开文件，其功能和工具栏中的按钮相同。打开文件的快捷键为 Ctrl＋O。选择此项后，可以打开已经保存的文件
4	Save	保存文件，其功能和工具栏中的按钮相同。保存文件的快捷键为 Ctrl＋S。选择此项后，可以保存当前文件
5	Save As...	将文件另存为。选择此项后，会弹出一个对话框，可以将文件重新命名后保存在任意设定的路径
6	Exit	关闭对话框。选择此项后，会弹出一个提示窗口，提示是否对所做的修改保存，选择相应的选项后，退出此对话框

2.【窗口】菜单

后置处理的窗口显示操作主要都在此菜单中进行（如图 5.1.4），其介绍见表 5.1.3。

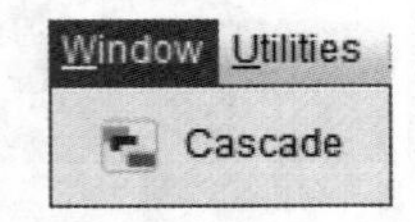

图 5.1.4 【窗口】菜单

表 5.1.3 【窗口】菜单各项含义

名称	详 细 说 明
Cascade	选择此项，所有打开的文件将会以层叠方式下落到屏幕的中心位置

3.【实用程序】菜单

“实用程序”命令，改变工具条显示的位置、字体和颜色。其下拉菜单如图 5.1.5 所示，各项含义如下，见表 5.1.4。

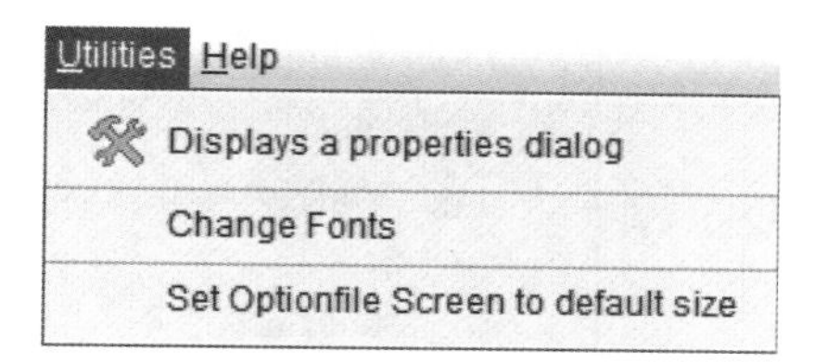

图 5.1.5 【实用程序】菜单

表 5.1.4 【实用程序】菜单各项含义

序号	名　　称	详 细 说 明
1	Displays a properties dialog	选择此项后，系统会弹出图 5.1.6 所示的对话框。在该对话框中可以设定后置处理对话框的相关属性 图 5.1.6 【Option File Generator Properties】对话框
2	Change Fonts	改变显示的字体。选择此项后，弹出图 5.1.7 所示的【Edit Fonts】对话框，通过此对话框可以设置对话框中文本的字体和大小

续表

序号	名　称	详 细 说 明
2	Change Fonts	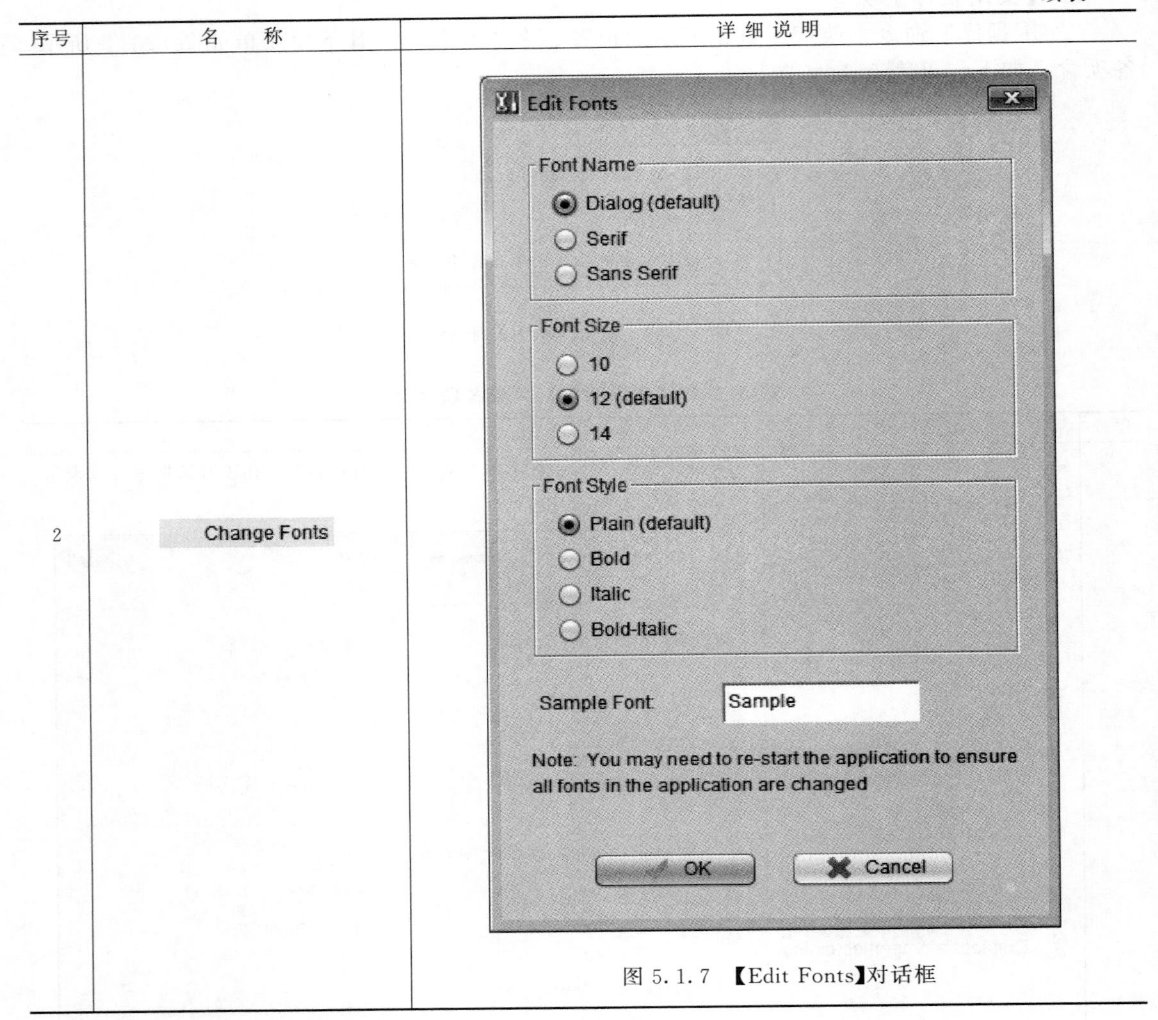 图 5.1.7 【Edit Fonts】对话框

4.【帮助】菜单

提供创建后期处理器时的帮助信息（如图 5.1.8【帮助】菜单），其介绍见表 5.1.5。

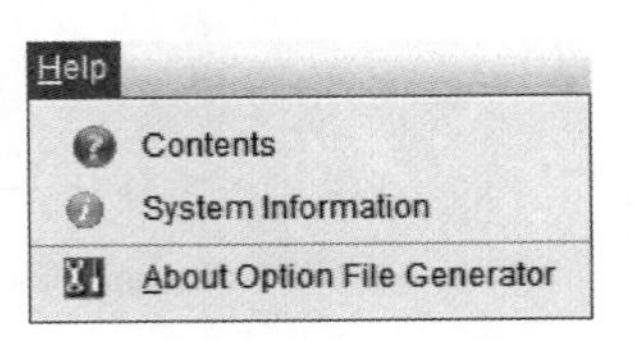

图 5.1.8 【帮助】菜单

表 5.1.5 【帮助】菜单各项含义

序号	名　称	详 细 说 明
1	Contents	显示帮助内容。选择此选项后，弹出图 5.1.9 所示的【Help】对话框。单击对话框中的 选项卡，然后在 查找: 文本框中输入要搜索的关键词语并按回车键，即可显示相关的信息

续表

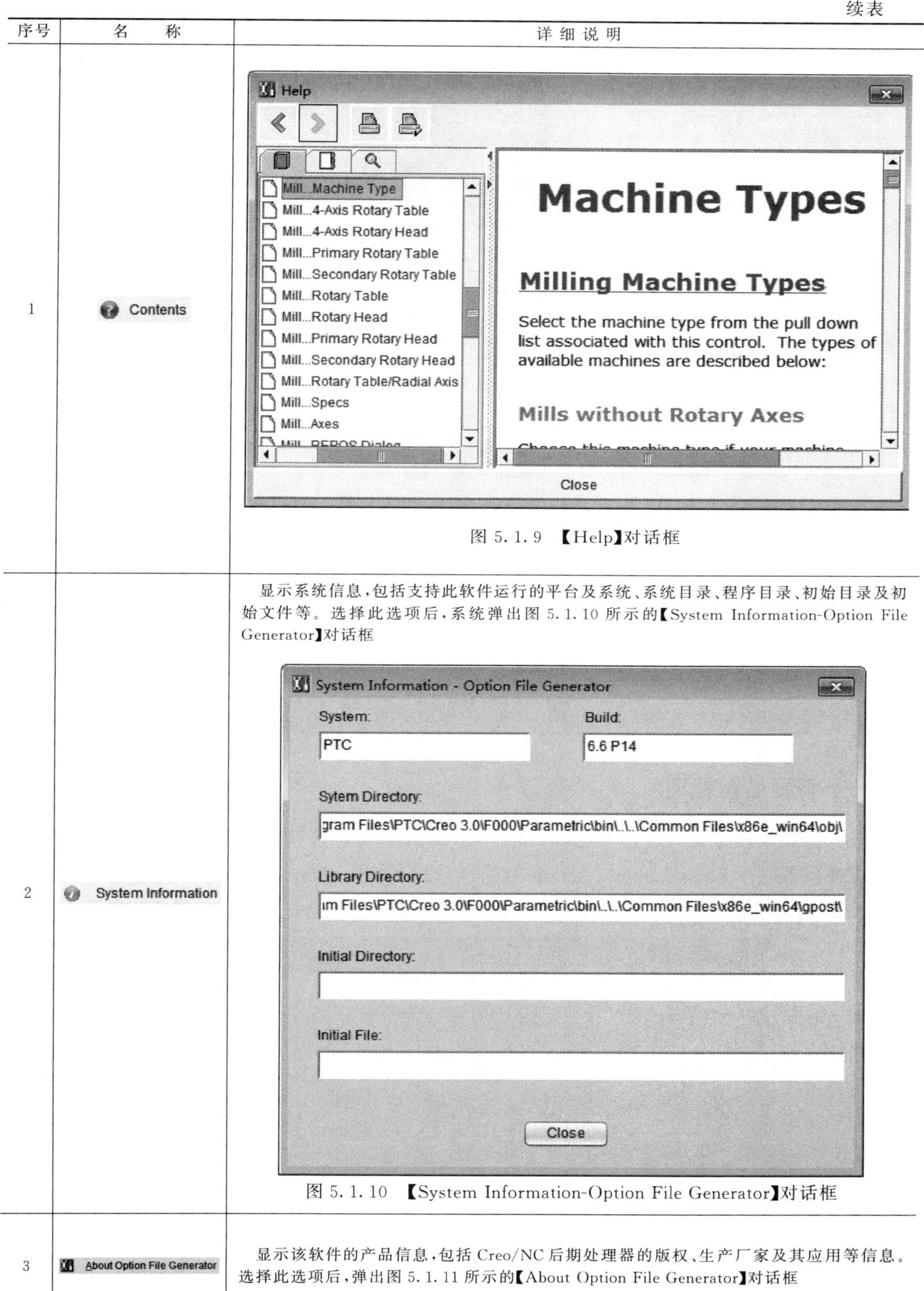

序号	名　　称	详细说明
1	Contents	图 5.1.9　【Help】对话框
2	System Information	显示系统信息，包括支持此软件运行的平台及系统、系统目录、程序目录、初始目录及初始文件等。选择此选项后，系统弹出图 5.1.10 所示的【System Information-Option File Generator】对话框 图 5.1.10　【System Information-Option File Generator】对话框
3	About Option File Generator	显示该软件的产品信息，包括 Creo/NC 后期处理器的版权、生产厂家及其应用等信息。选择此选项后，弹出图 5.1.11 所示的【About Option File Generator】对话框

续表

序号	名　称	详 细 说 明
3	About Option File Generator	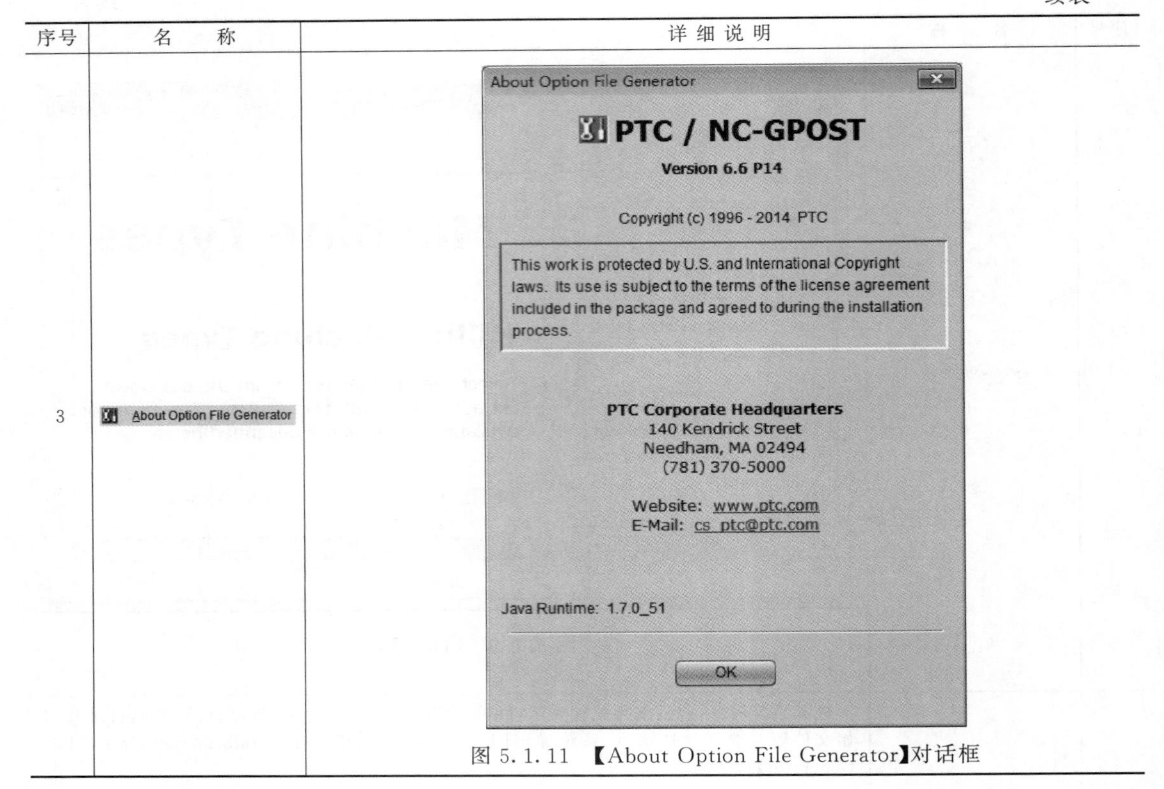 图 5.1.11 【About Option File Generator】对话框

第二节　后置处理器设置

一、新建后置处理

进入后置处理器模式后，在【Option File Generator】窗口中→单击【新建】按钮→在系统弹出的【Define Machine Type】对话框→对话框中【Specifty Desired Machine Type】勾选 Mill 的复选框→ Next ▶ （如图 5.2.1【Define Machine Type】对话框）→进入

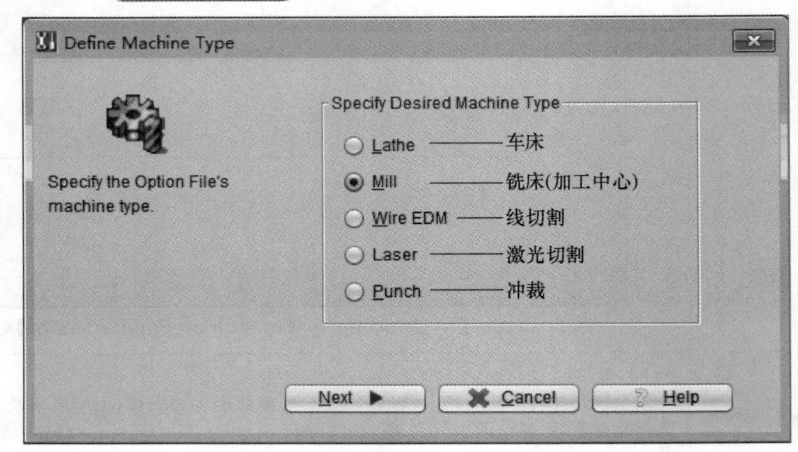

图 5.2.1 【Define Machine Type】对话框

【Define Option File Location】对话框→ Next ▶ (如图5.2.2【Define Option File Location】对话框)→进入【Option File Initialtion】对话框→ Next ▶ (如图5.2.3【Option File Initialization】对话框)→进入【Option File Title】对话框→输入后处理名称→ Finish ▶ (如图5.2.4【Option File Title】对话框)→此时【Option File Generator】窗口显示如图5.2.5所示。

图5.2.1所示的五种机床类型(Machine Types)参数说明见表5.2.1。

表5.2.1 五种机床类型(Machine Types)参数说明

序号	参数名称	详细说明
1	Lathe	选中此选项,为车床创建后置处理器
2	Mill	选中此选项,为铣床创建后置处理器
3	Wire EDM	选中此选项,为线切割机创建后置处理器
4	Laser	选中此选项,为激光加工创建后置处理器
5	Punch	选中此选项,为冲压加工创建后置处理器

图5.2.2所示的【Define Option File Location】对话框中的各项说明见表5.2.2。

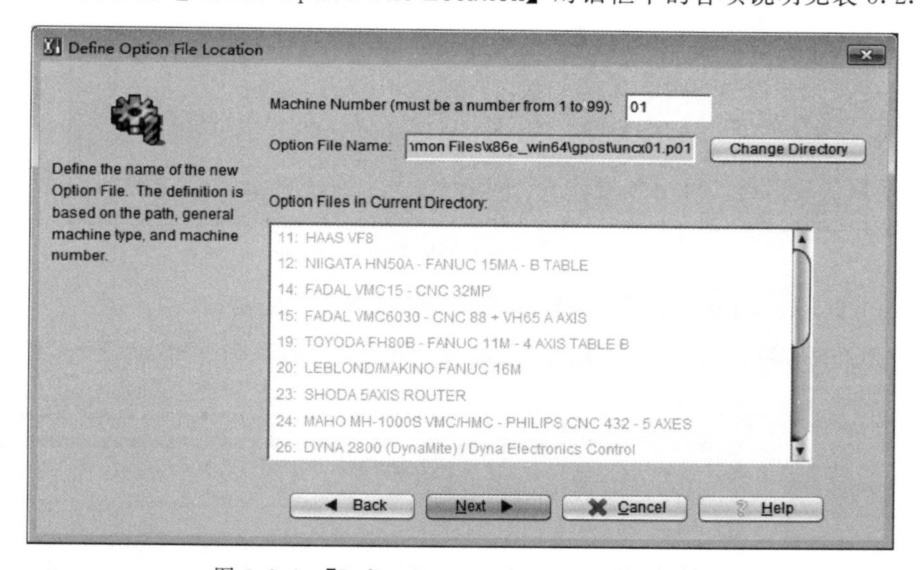

图5.2.2 【Define Option File Location】对话框

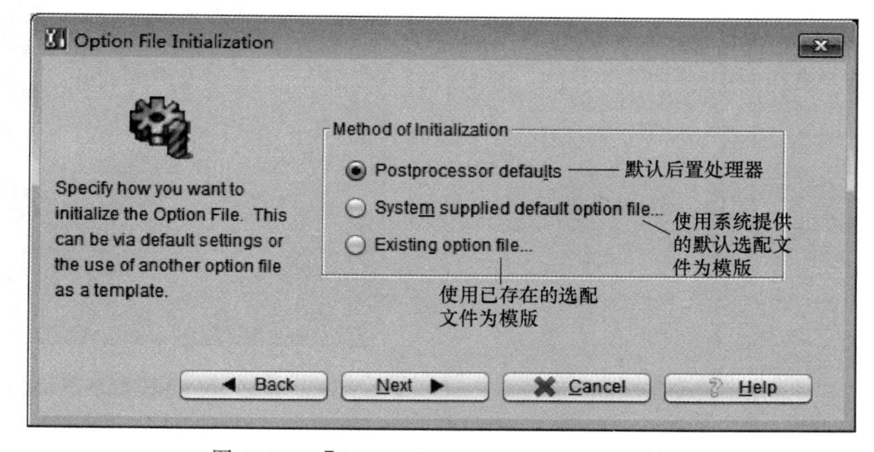

图5.2.3 【Option File Initialization】对话框

表 5.2.2 【Define Option File Location】对话框中参数说明

序号	参数名称	详细说明
1	Machine Number(must be a number from 1 to 99)	机床号(从1到99)。在其后面的文本输入框中输入机床号。如果所创建的机床号已经存在,则系统会提示:该机床名称已经存在,是否覆盖
2	Option File Name	新选配文件名称。在其下面的框中显示当前选配文件的名称
3	Option Files in Current Directory	选配文件当前路径。在其下面的显示框中显示现有的后置处理器名称

图5.2.3中【Option File Initialtion】对话框中各项说明见表5.2.3。

表 5.2.3 【Option File Initialtion】对话框中参数说明

序号	参数名称	详细说明
1	Postprocessor defaults	默认的后置处理器
2	System supplied default option file…	系统提供的默认选配文件
3	Existing option file…	现有的选配文件

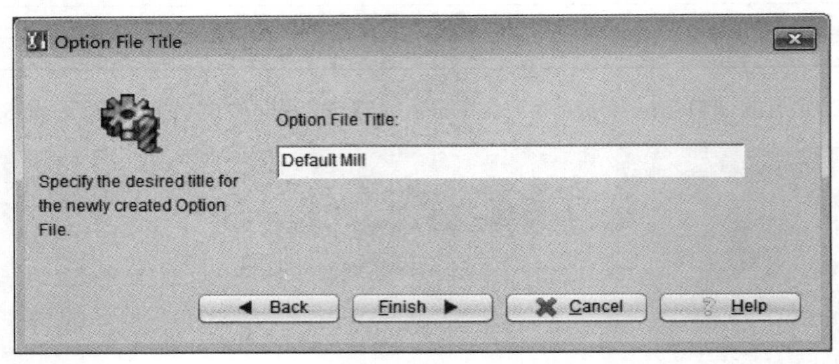

图 5.2.4 【Option File Title】对话框

图5.2.5【Option File Generator】对话框中的各项说明见表5.2.4。

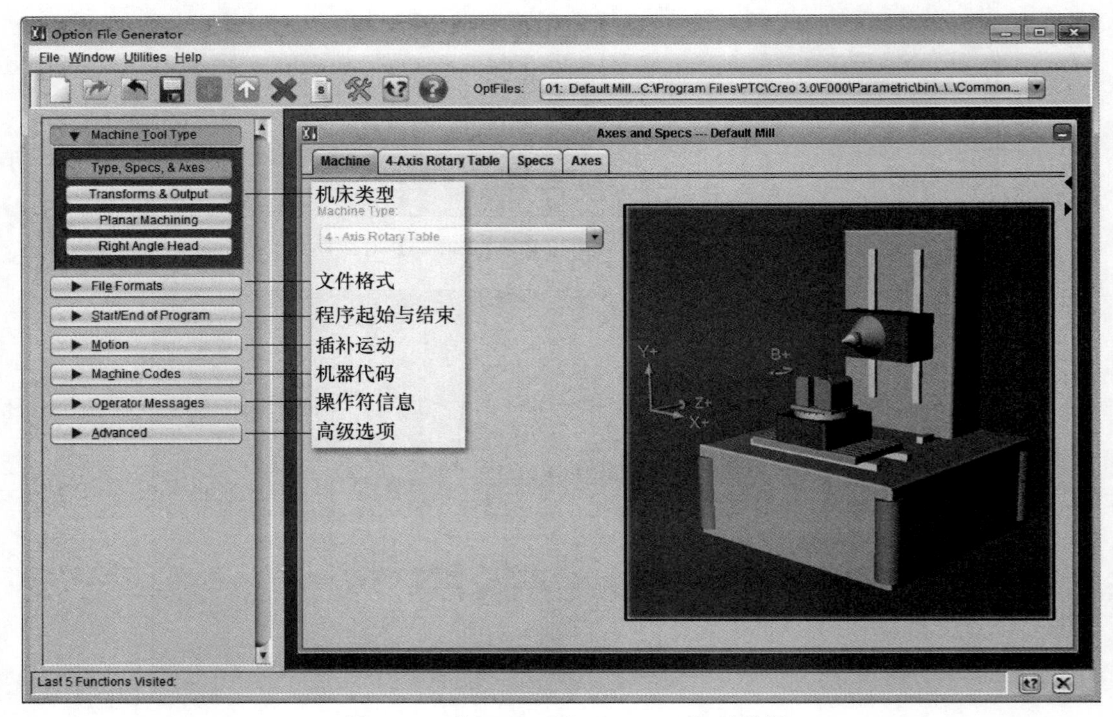

图 5.2.5 【Option File Generator】对话框

表 5.2.4 【Option File Generator】对话框中参数说明

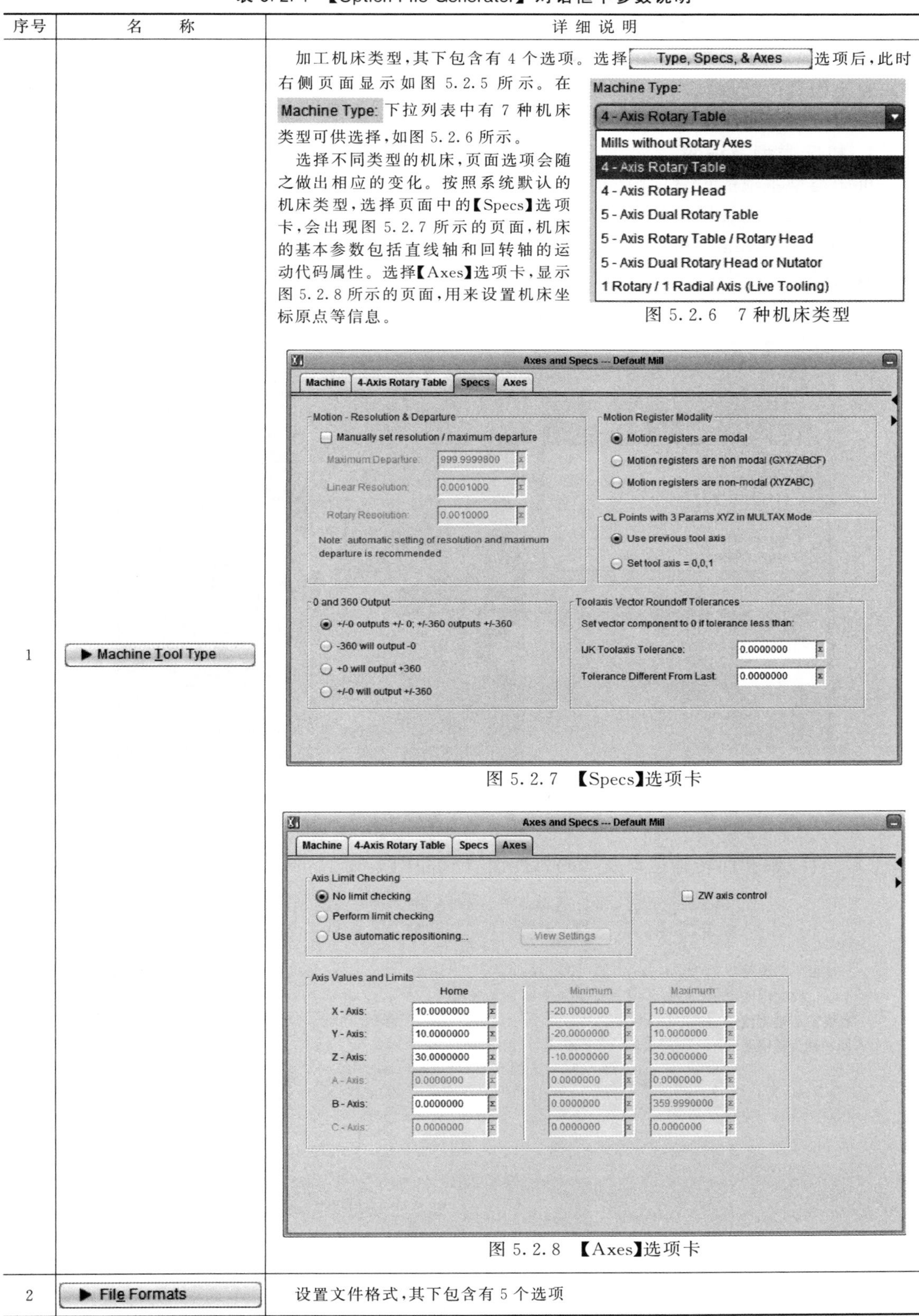

序号	名 称	详 细 说 明
1	▶ Machine Tool Type	加工机床类型，其下包含有4个选项。选择 Type, Specs, & Axes 选项后，此时右侧页面显示如图5.2.5所示。在 Machine Type: 下拉列表中有7种机床类型可供选择，如图5.2.6所示。 选择不同类型的机床，页面选项会随之做出相应的变化。按照系统默认的机床类型，选择页面中的【Specs】选项卡，会出现图5.2.7所示的页面，机床的基本参数包括直线轴和回转轴的运动代码属性。选择【Axes】选项卡，显示图5.2.8所示的页面，用来设置机床坐标原点等信息。 图 5.2.6 7种机床类型 图 5.2.7 【Specs】选项卡 图 5.2.8 【Axes】选项卡
2	▶ File Formats	设置文件格式，其下包含有5个选项

二、选配文件参数设置

在【Option File Generator】对话框中，左边是系统的主菜单，每一项都是要设置的主项，右边为具体的设置内容。有的主项内容比较多，右边的内容分为几个选项页叠放在一起，可以分别点击上面的标题进行设置。

1. 机床类型及设置

机床类型主项的设置内容随着机床类型而变化。

（1）机床联动轴数设置　如图5.2.9所示。最简单的铣削加工机床是没有回转轴的铣床(Mills without Rotary Axes)，典型的三轴铣床选此选项。实际应用中根据所使用的机床联动轴数选择。

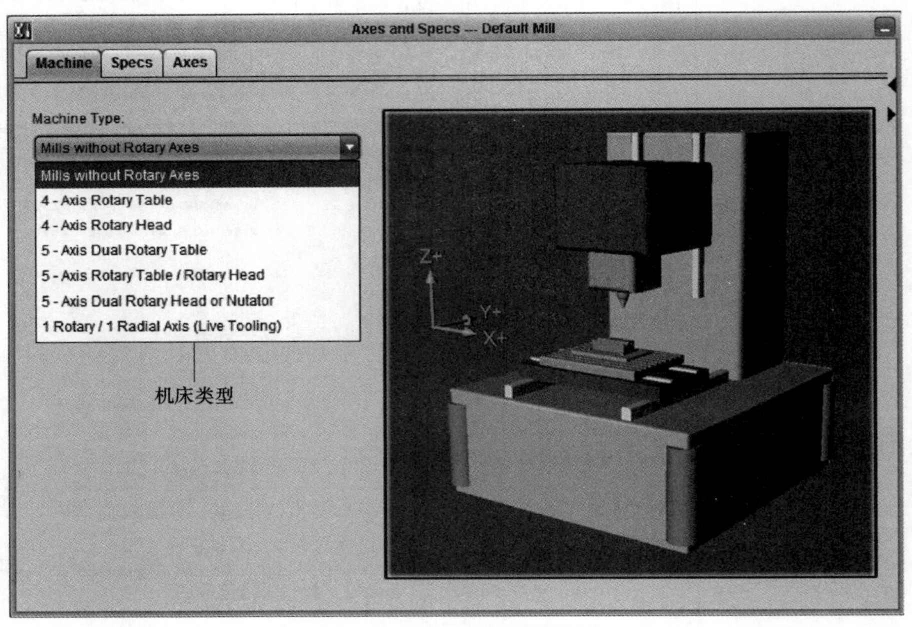

图5.2.9　机床类型及设置

（2）直线轴和回转轴运动及代码属性设置　如图5.2.10所示，应根据机床数控系统的

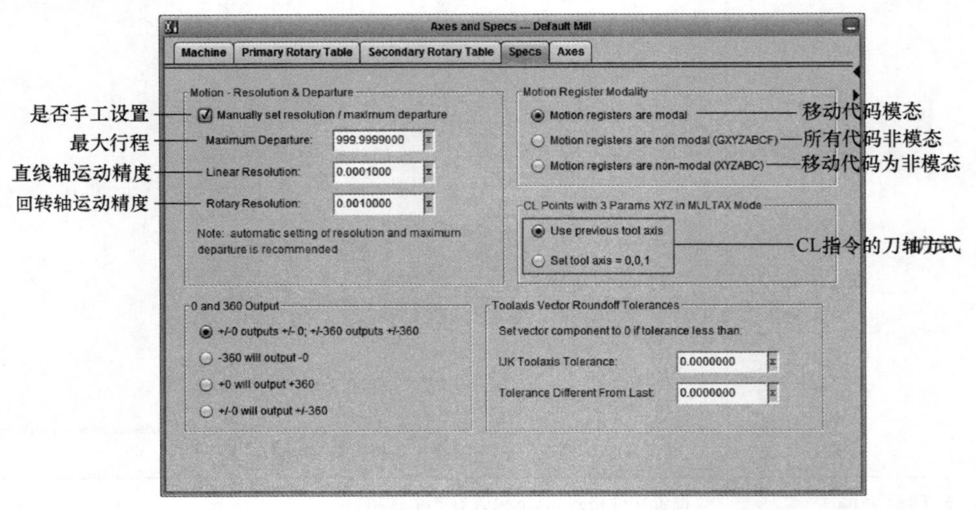

图5.2.10　直线轴和回转轴运动及代码属性设置

具体要求，选择不同的项目进行设置。详细参数说明见表 5.2.5。

表 5.2.5　直线轴和回转轴运动及代码属性详细参数

序号	参数名称	详 细 说 明
1	Linear Resolution	指机床的运动精度，或称数控系统线性定位精度，适用于 X、Y、Z 轴
2	Maximum Departure	指在一个代码行中最大的运动距离，超出此限定的单行代码需要变成多行代码表示
3	Motion register Modality	指模态代码，适用于多轴机床。一般多数的准备功能代码（G 代码）都是模态的，也就是说如果在没有同组或功能相同的代码出现以改变某一功能状态的话，那么前一个代码将一直起作用
4	CL Points with 3params XYZ in MULTAX Mode	仅适用于多轴机床。如果后置处理器处理的多轴 CL 文件中的数据点只包含 XYZ 三个坐标值，则需要使用以前的刀轴矢量或设置刀轴矢量为 0,0,1

（3）各轴行程极限设置　如图 5.2.11 所示，详细参数说明见表 5.2.6。

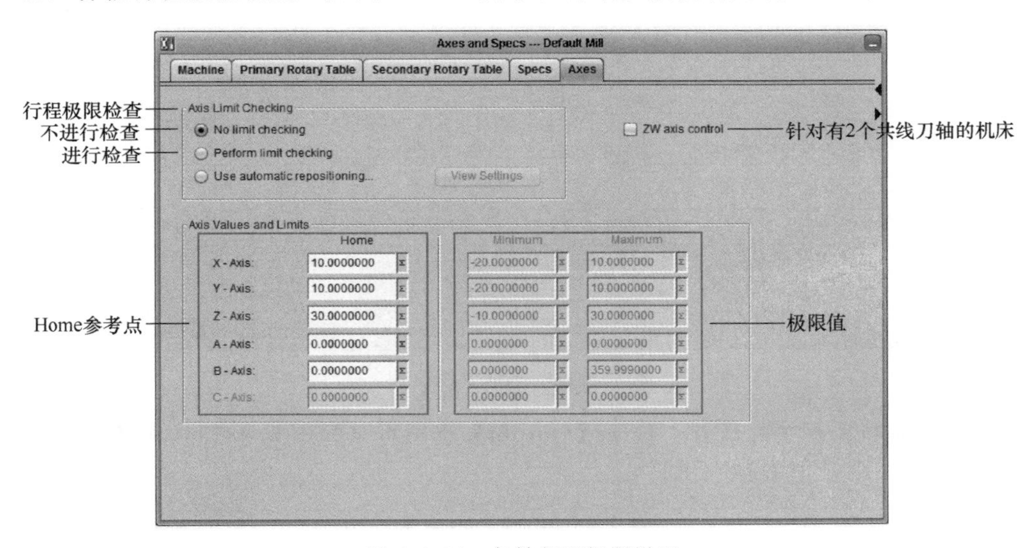

图 5.2.11　各轴行程极限设置

表 5.2.6　各轴行程极限详细参数

序号	参 数 名 称	详 细 说 明
1	Axis Limit Checking	用于设置后置处理器在遇到各轴的运动超出了此处规定的极限值时是否要报警
2	ZW axis control	对于有两个共线刀轴的机床，比如 ZW 镗铣床。一般把这样的轴指定为 Z 轴或 W 轴
3	Home	后置处理器指令 GOHOME 对应的机床参考点
4	其他	如果希望后置处理器对机床的行程作检查，则在右下角输入各轴的极限行程位置

（4）坐标变换设置　如图 5.2.12 所示，详细参数说明见表 5.2.7。

表 5.2.7　坐标变换详细参数

<table>
<tr><th>序号</th><th>参数名称</th><th colspan="2">详 细 说 明</th></tr>
<tr><td rowspan="5">1</td><td rowspan="5">输入变换</td><td colspan="2">后置处理器首先对输入的刀位数据点和刀轴矢量进行数学处理，再对计算后的点进行后置处理。后置处理器将对刀位数据的坐标值加上相应的偏移值作为新的坐标点，以得到新的刀位数据</td></tr>
<tr><td>Simple X,Y & Z Translation</td><td>将对刀位数据点的 XYZ 坐标进行固定数值的偏移</td></tr>
<tr><td>Point and Tool—Axis Transformation</td><td>将对刀位数据点和刀轴矢量进行平移和旋转变换</td></tr>
<tr><td>Point only Transformation</td><td>只对输入的刀位数据点进行平移和旋转处理</td></tr>
<tr><td>Tool—Axis only Transformation</td><td>只对输入的刀轴矢量坐标进行平移和旋转处理</td></tr>
</table>

续表

<table>
<tr><th>序号</th><th>参数名称</th><th colspan="2">详 细 说 明</th></tr>
<tr><td rowspan="2">2</td><td rowspan="2">输出变换</td><td colspan="2">分别在 X—Axis、Y—Axis、Z—Axis 等后边的文本框中输入相应的偏移值，后置处理器将对输出的数据点坐标进行相应的偏移变换</td></tr>
<tr><td>Adjust XYZ Output Along Tool Axis</td><td>沿刀轴矢量方向确定坐标偏移量。输入沿刀尖向上偏移的数值(正数)</td></tr>
<tr><td>3</td><td>Output Scale</td><td colspan="2">指定经后置处理后的数据点的输出比例</td></tr>
</table>

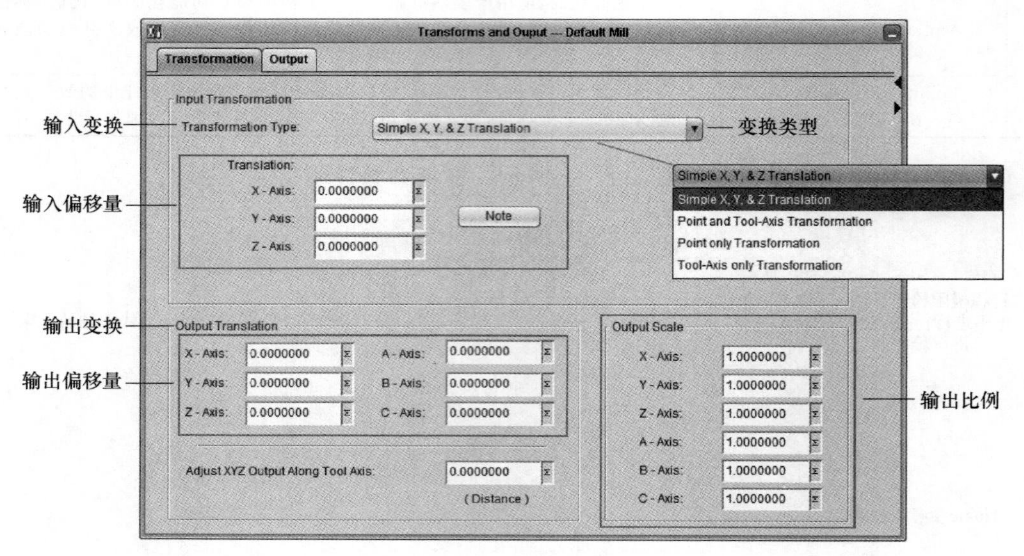

图 5.2.12　坐标变换设置

（5）与 5 轴机床相关的设置　位于【Output】选项页（如图 5.2.13）和【Right Angle Head】选项页（如图 5.2.14）。

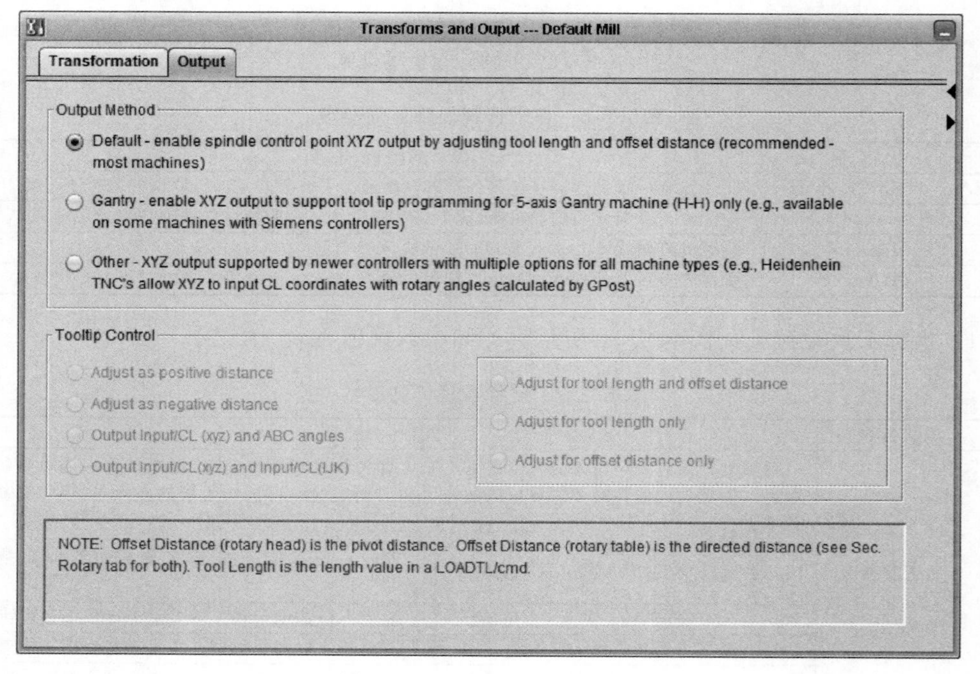

图 5.2.13　【Output】选项页

Right Angle Head --- Default Mill
Right angle head or holder support required
Help
Starting Tool Direction for Right Angle Head
*Default (see Note)　POSX　POSY　NEGX　NEGY
NOTE: the default is along the NEGZ axis or will be set via SET/cmd in input later
Holder Number Address:
Holder Offset Values (spindle to holder)
Along X-Axis: 0.0000000
Along Y-Axis: 0.0000000
Along Z-Axis: 0.0000000
Non 5-Axes ABC Axis Output Suppression
A-Axis output suppression
B-Axis output suppression
C-Axis output suppression
NOTE: The GPost Command for Right Angle Head Control is:
1) SET/HED,n,xo,yo,zo,[POSX,NEGX... tool direction] (Default)
2) SET/HOLDER,n,SETOOL,xo,yo,zo,ATANGL,a,SETANG,s (PTC only)

图 5.2.14 【Right Angle Head】选项页

2. 文件格式及设置

用鼠标单击主菜单第二项 File Formats，则本菜单展开出现五个子项：MCD File、List File、Sequence Numbers，Simulation File，HTML Packager 如图 5.2.15 所示。

（1）MCD 加工文件格式设置 1　内容如图 5.2.16 所示。

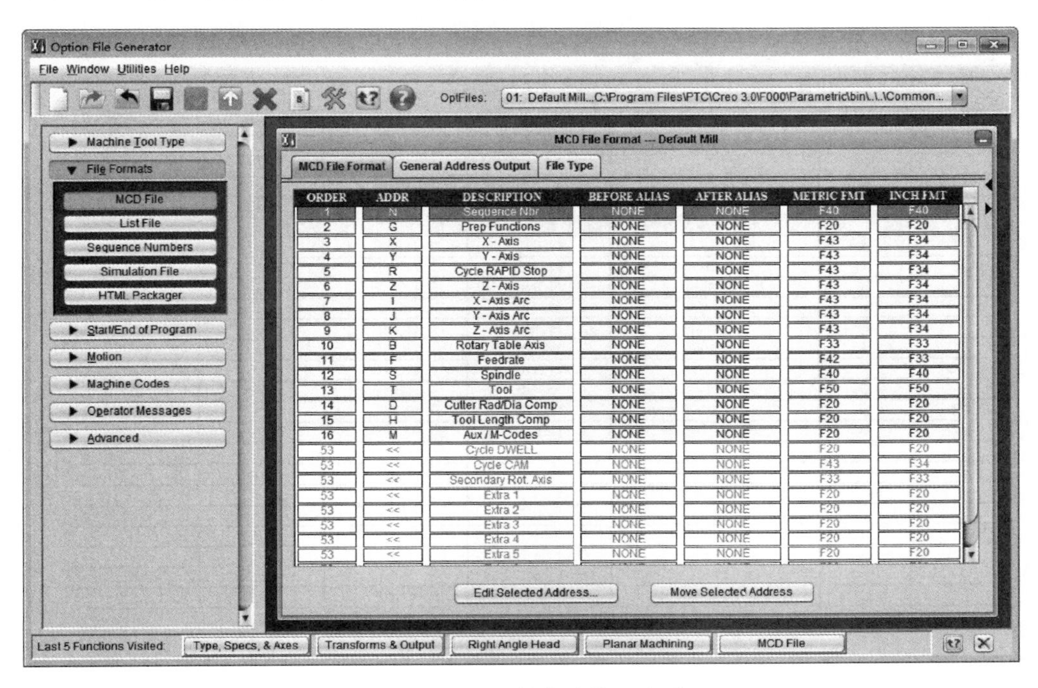

图 5.2.15　文件格式设置选项

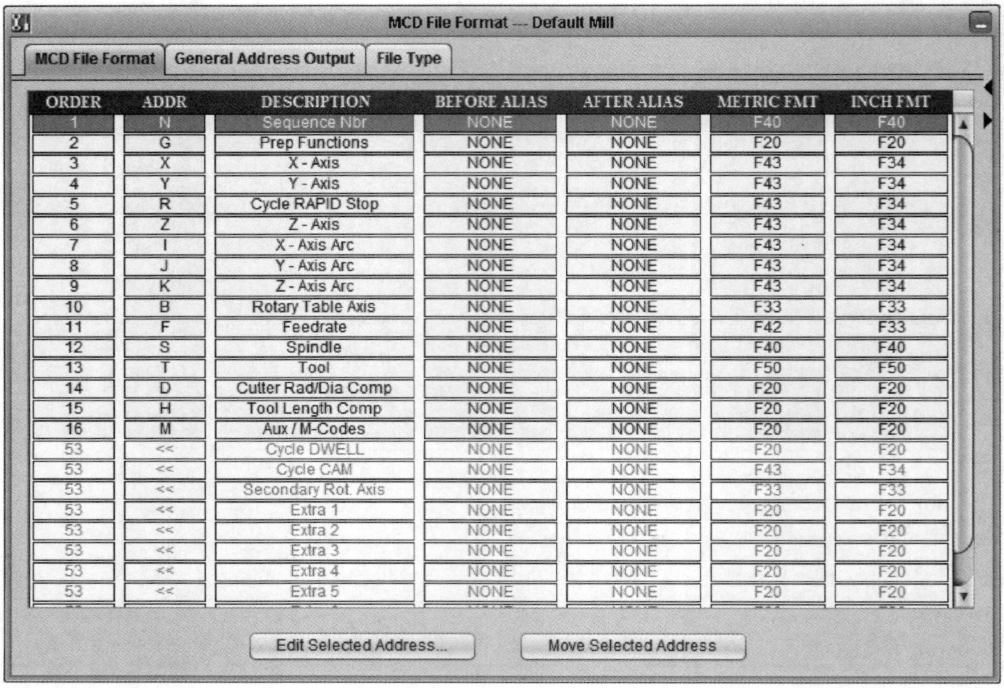

MCD File Format --- Default Mill

MCD File Format | General Address Output | File Type

ORDER	ADDR	DESCRIPTION	BEFORE ALIAS	AFTER ALIAS	METRIC FMT	INCH FMT
1	N	Sequence Nbr	NONE	NONE	F40	F40
2	G	Prep Functions	NONE	NONE	F20	F20
3	X	X - Axis	NONE	NONE	F43	F34
4	Y	Y - Axis	NONE	NONE	F43	F34
5	R	Cycle RAPID Stop	NONE	NONE	F43	F34
6	Z	Z - Axis	NONE	NONE	F43	F34
7	I	X - Axis Arc	NONE	NONE	F43	F34
8	J	Y - Axis Arc	NONE	NONE	F43	F34
9	K	Z - Axis Arc	NONE	NONE	F43	F34
10	B	Rotary Table Axis	NONE	NONE	F33	F33
11	F	Feedrate	NONE	NONE	F42	F33
12	S	Spindle	NONE	NONE	F40	F40
13	T	Tool	NONE	NONE	F50	F50
14	D	Cutter Rad/Dia Comp	NONE	NONE	F20	F20
15	H	Tool Length Comp	NONE	NONE	F20	F20
16	M	Aux / M-Codes	NONE	NONE	F20	F20
53	<<	Cycle DWELL	NONE	NONE	F20	F20
53	<<	Cycle CAM	NONE	NONE	F43	F34
53	<<	Secondary Rot. Axis	NONE	NONE	F33	F33
53	<<	Extra 1	NONE	NONE	F20	F20
53	<<	Extra 2	NONE	NONE	F20	F20
53	<<	Extra 3	NONE	NONE	F20	F20
53	<<	Extra 4	NONE	NONE	F20	F20
53	<<	Extra 5	NONE	NONE	F20	F20

Edit Selected Address... | Move Selected Address

图 5.2.16　MCD 加工文件格式设置 1

在【MCD File Format】选项页可以查看和编辑地址寄存器及其格式，系统已经对所有的地址寄存器指定了输出的顺序。

改变寄存器位置的方法如图 5.2.17 所示。

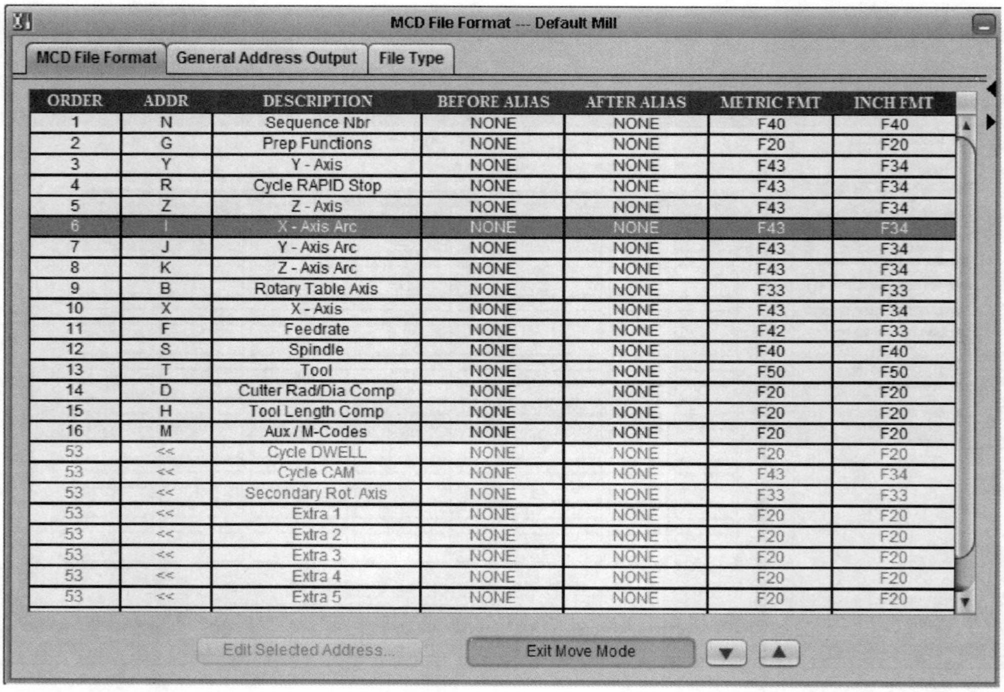

MCD File Format --- Default Mill

MCD File Format | General Address Output | File Type

ORDER	ADDR	DESCRIPTION	BEFORE ALIAS	AFTER ALIAS	METRIC FMT	INCH FMT
1	N	Sequence Nbr	NONE	NONE	F40	F40
2	G	Prep Functions	NONE	NONE	F20	F20
3	Y	Y - Axis	NONE	NONE	F43	F34
4	R	Cycle RAPID Stop	NONE	NONE	F43	F34
5	Z	Z - Axis	NONE	NONE	F43	F34
6	I	X - Axis Arc	NONE	NONE	F43	F34
7	J	Y - Axis Arc	NONE	NONE	F43	F34
8	K	Z - Axis Arc	NONE	NONE	F43	F34
9	B	Rotary Table Axis	NONE	NONE	F33	F33
10	X	X - Axis	NONE	NONE	F43	F34
11	F	Feedrate	NONE	NONE	F42	F33
12	S	Spindle	NONE	NONE	F40	F40
13	T	Tool	NONE	NONE	F50	F50
14	D	Cutter Rad/Dia Comp	NONE	NONE	F20	F20
15	H	Tool Length Comp	NONE	NONE	F20	F20
16	M	Aux / M-Codes	NONE	NONE	F20	F20
53	<<	Cycle DWELL	NONE	NONE	F20	F20
53	<<	Cycle CAM	NONE	NONE	F43	F34
53	<<	Secondary Rot. Axis	NONE	NONE	F33	F33
53	<<	Extra 1	NONE	NONE	F20	F20
53	<<	Extra 2	NONE	NONE	F20	F20
53	<<	Extra 3	NONE	NONE	F20	F20
53	<<	Extra 4	NONE	NONE	F20	F20
53	<<	Extra 5	NONE	NONE	F20	F20

Edit Selected Address... | Exit Move Mode

图 5.2.17　改变寄存器位置

① 单击要更改对象的描述栏（Description）；

② 单击【Move Selected Address】按钮；

③ 单击上下箭头按钮 ▼ ▲，调整位置。

要编辑地址寄存器的格式和信息，只需单击【Edit Selected Address】按钮，然后在弹出的对话框中输入相应的信息。

例如不想要行号，需要去掉地址寄存器N即可，方法如图5.2.18所示。

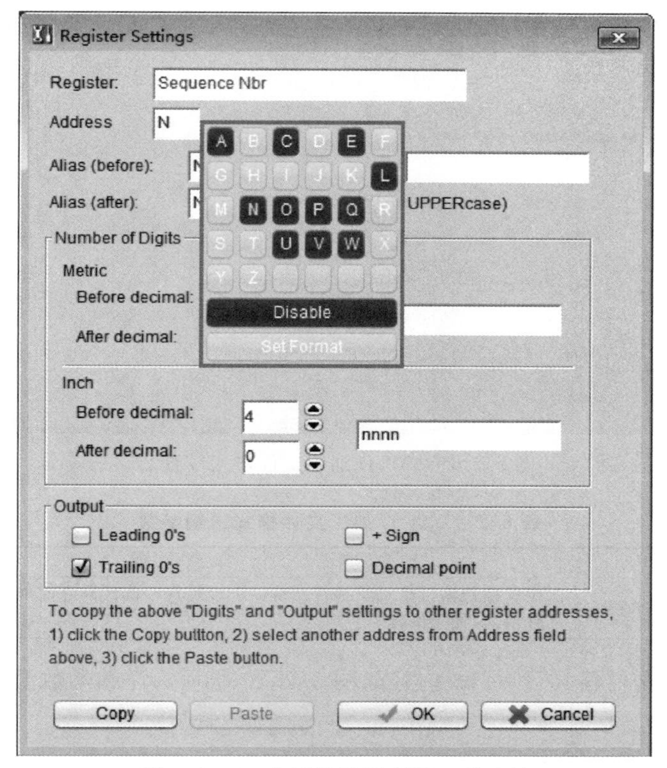

图5.2.18　去掉地址寄存器N的方法

① 单击要更改对象的地址栏（ADDR）；

② 在出现的【Register Settings】对话框的【Address】文本框中单击；

③ 选择【Disable】。

下面介绍各个地址寄存器及其含义，详细参数说明见表5.2.8。

表5.2.8　各个地址寄存器及其含义

序号	参数名称	详细说明
1	Sequence Nbr	数控加工代码行的标号引导字母，一般为N
2	Prep Functions	准备功能代码，一般为G
3	X-Axis、Y-Axis、Z-Axis	分别为3个直线坐标轴X、Y、Z轴的地址
4	X-Axis Arc、Y-Axis Arc、Z-Axis Arc	分别为圆弧插补时要指定的圆心的坐标值，一般为I、J、K
5	Cycle RAPID Stop	规定了固定循环的快速停止代码，一般为R
6	Feedrate	速度控制代码，一般为F
7	Tool Length Comp	刀具长度补偿代码，一般为H
8	Cutter Rad/Dia Comp	半径补偿代码，一般为D
9	Spindle	主轴速度控制代码，一般为S
10	Tool	刀具代码(装换刀用)，一般为T
11	Aux/M-Codes	辅助功能代码，一般为M

（2）MCD 加工文件格式设置 2　内容如图 5.2.19 所示，详细参数说明见表 5.2.9。

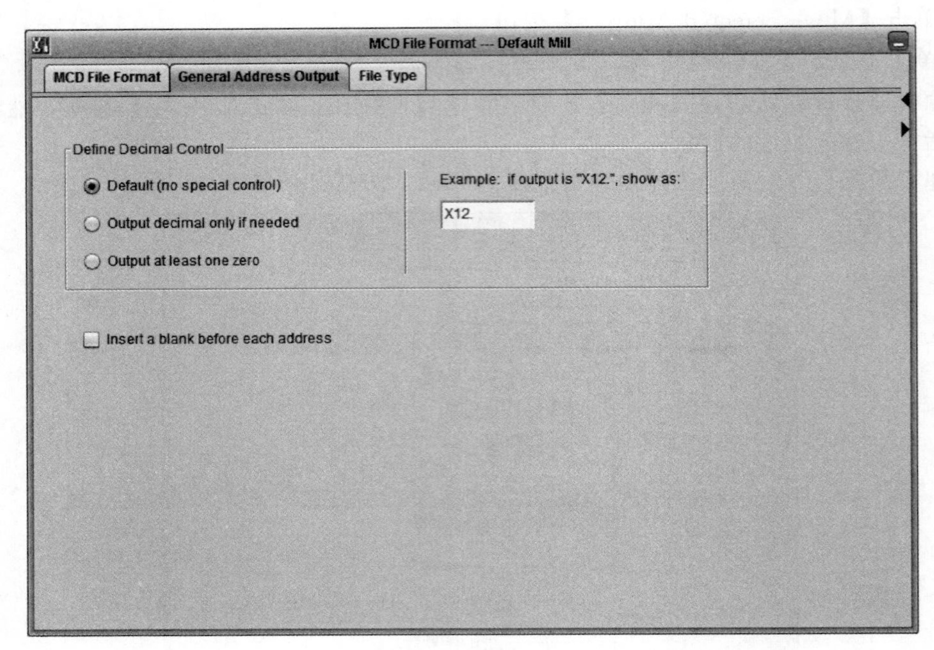

图 5.2.19　MCD 加工文件格式设置 2

表 5.2.9　MCD 加工文件格式详细参数

参数名称	详 细 说 明
Insert a blank before each address	设置整数输出格式及是否在每一个地址寄存器代码之前都加一个空格或 Tab，以使文件清晰，便于阅读

（3）MCD 加工文件格式设置 3　内容如图 5.2.20 所示，详细参数说明见表 5.2.10。

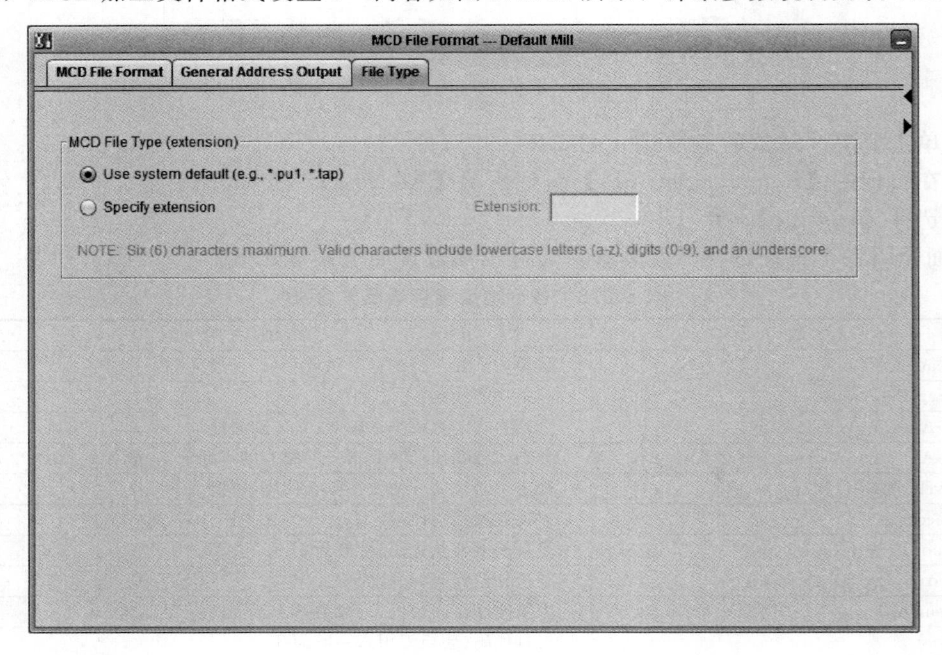

图 5.2.20　MCD 加工文件格式设置 3

表 5.2.10 MCD 加工文件格式详细参数

参数名称	详细说明
Use system default(e.g.,*.pu1,*.tap)	可以设置出 MCD 文件的后缀名,系统默认为 *.tap

(4) List File 列表文件格式设置　内容如图 5.2.21 所示。后置处理器在输出 NC 程序时，同时输出一个文档，包含一些信息、错误信息、行程、刀具资料等，这个文件就是 List 列表文件，详细参数说明见表 5.2.11。

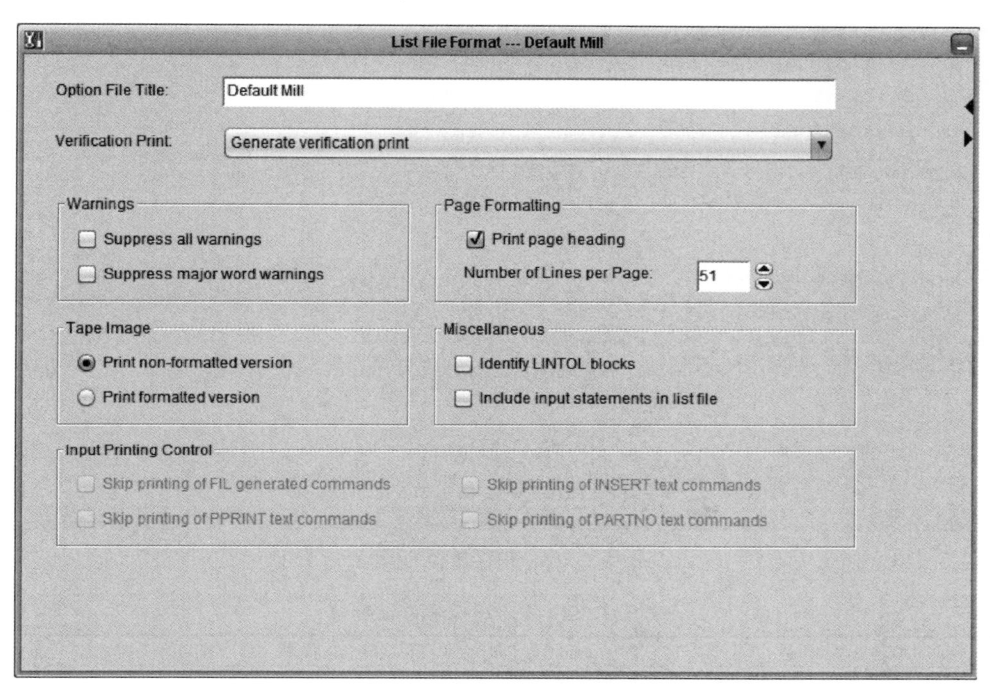

图 5.2.21　List File 列表文件格式设置

表 5.2.11 List File 列表文件格式详细参数

序号	参数名称	详细说明	
1	Option File Title	此处可以修改在创建文件时输入的选配文件的标题。最大允许的字符数为 66 个	
2	Verification Print	信息打印选项。当一个刀位数据文件经后置处理后,可打印确认信息的列表。这种信息经常被机床操作人员用来参考。这种列表文件中包含着数据处理过程和对机床操作的指导,对编程人员和操作人员具有指导作用。本参数列表框提供了几个选项,可以删除或确认打印列表	
3	Warnings	提供了如何处理系统给出的警告信息	
		Suppress all warnings	隐藏全部警告
		Suppress major word warnings	隐藏主关键字警告,此选项一般不要选择
4	Page Formatting	选择打印格式	
		Print page heading	打印每页标题
		Number of Lines per page	每页打印的最大行数
5	Tape Image	打印输出数据的格式	
		Print non-formatted version	按实际格式打印
		Print formatted version	打印格式化版本
6	Miscellaneous	其他选项	
		Identify LINTOL blocks	标示 LINTOL 程序行。选择此项,可以使后置处理器在多轴运动时标出 LINTOL 程序行。这种标示仅是一个标记,并不影响机床实际控制代码
		Include input statements in list file	将输入程序的声明嵌入到列表文件中
7	Input Printing Control	输入信息打印控制	

（5）程序段标号设置　内容如图 5.2.22 所示，详细参数说明见表 5.2.12。

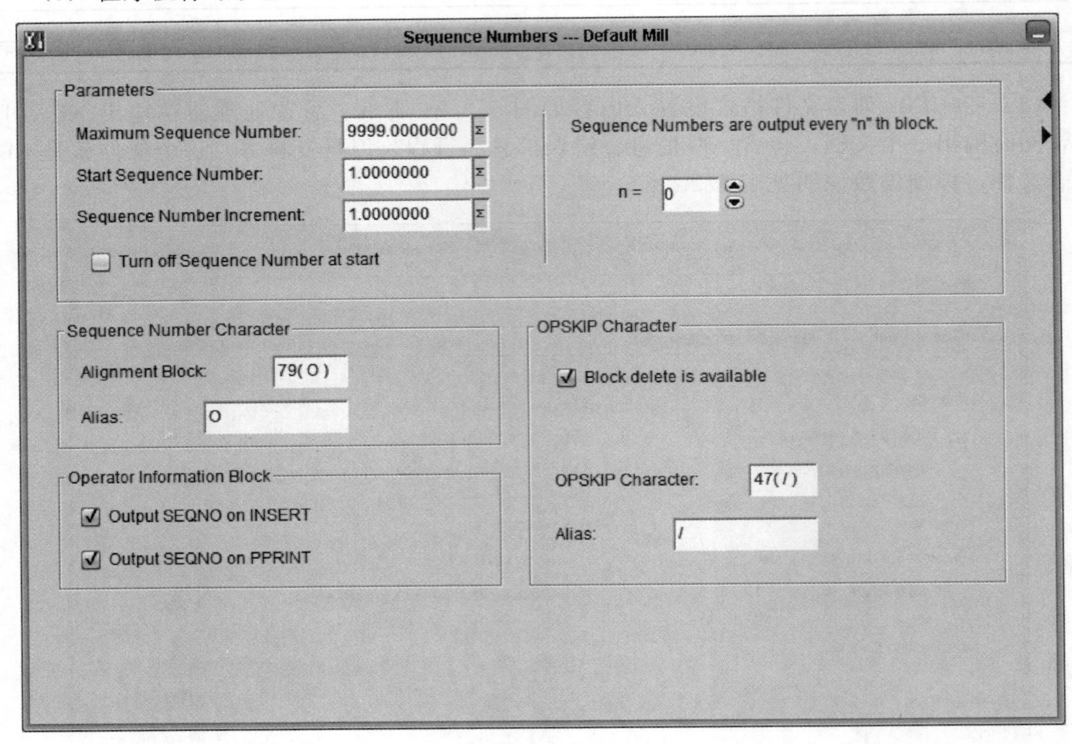

图 5.2.22　程序段标号设置

表 5.2.12　程序段标号详细参数

序号	参数名称	详细说明	
1	Parameters	程序段标号的参数设置	
		Maximum Sequence Number	程序段标号的最大值，默认为 999999。受某些数控系统程序存储器的影响，过大的程序无法读入数控系统
		Start Sequence Number	程序段标号的起始数字
		Sequence Number increment	程序段标号的增量值
2	Sequence Numbers are output every “n”th block	此处指定的数值为要求后置处理器每隔 n 个程序行输出的一个程序段标号	
3	Sequence Number Character	程序标号	
		Alignment Block	很多数控系统允许使用特殊的程序标号地址，以标示从此行开始系统恢复所有系统变量的默认值，即系统参数初始化，也称对齐程序段。不同的机床要求参见相应的编程手册
		Alias	规定了标示对齐程序段的 ASCII 字符
4	Operator Information Block	操作信息	
		Output SEQNO on INSERT	对于 INSERT 语句的操作信息行插入行号
		Output SEQNO on PPRINT	对 PPRINT 语句插入行号
5	OPSKIP Character	删除标记	
		Block delete is available	如果数控系统许可语句删除标示（只作注释行，不执行），则选择此项，后置处理器将在 CL 文件中命令行 OPSKIP/ON 和 OPSKIP/OFF 之间的程序段产生删除符号，系统默认为斜线（/）
		OPSKIP Character	指定删除字符，默认值为斜线（/）
		Alias	指定 OKSKIP 代码

3. 程序起始与结束设置

用鼠标单击主菜单第三项 Start/End of Program，出现叠放在一起的 4 个选项页（默认），如图 5.2.23 所示，选项页的多少与选择的参数值有关。

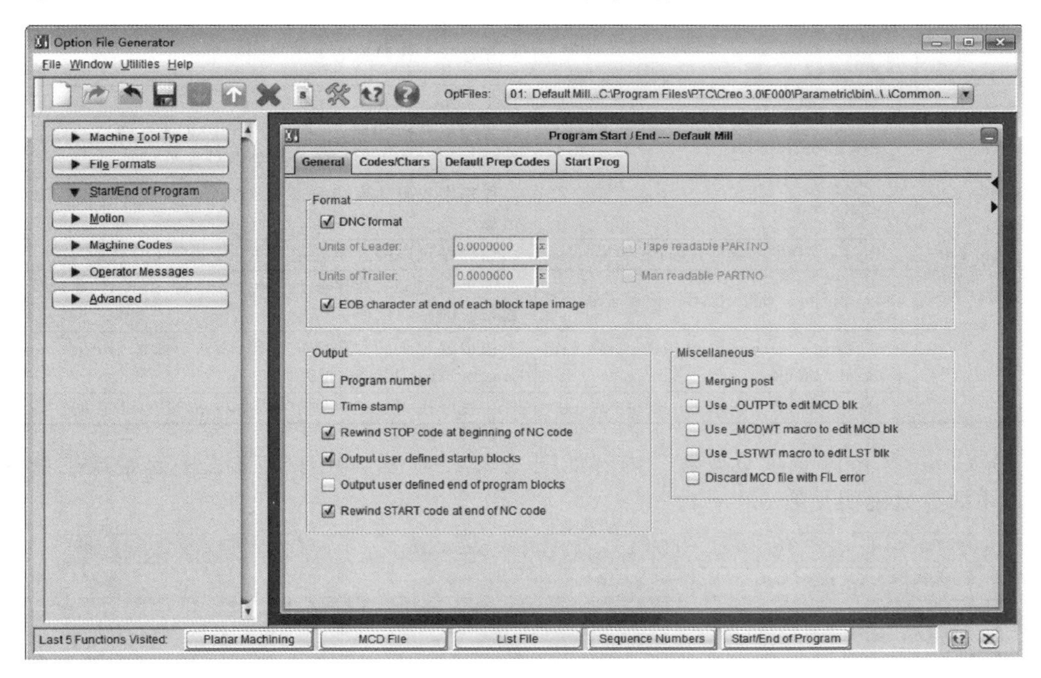

图 5.2.23　程序起始与结束设置

（1）General 选项页设置　内容如图 5.2.24 所示，详细参数说明见表 5.2.13。

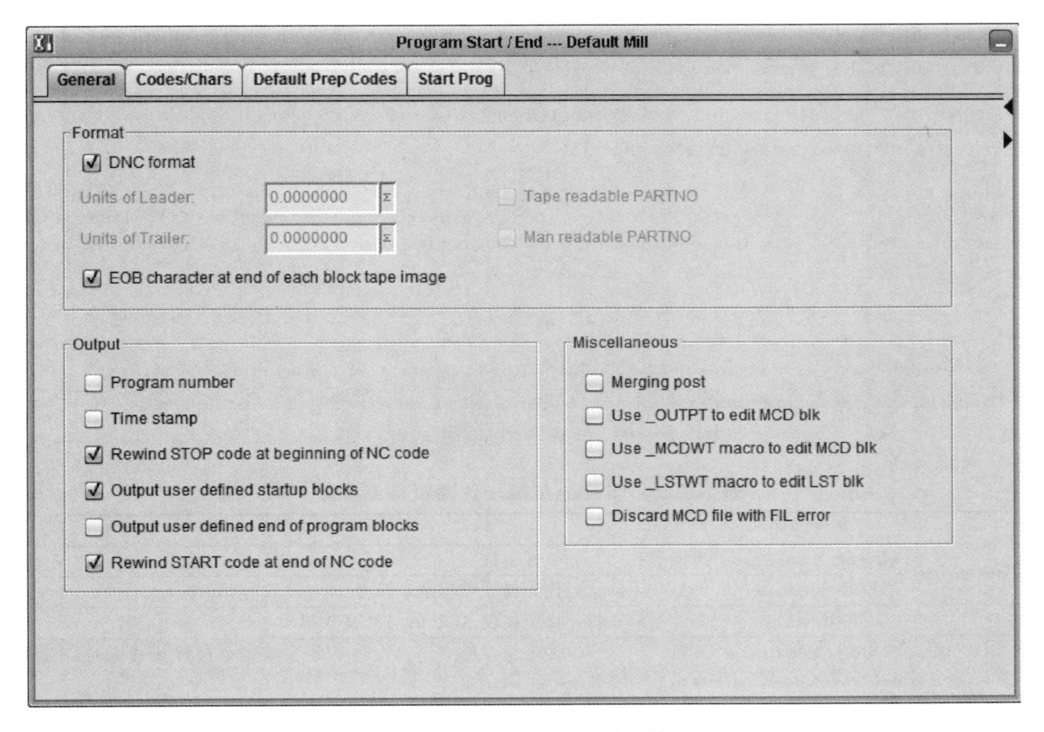

图 5.2.24　General 选项页设置

表 5.2.13 General 选项页详细参数

<table>
<tr><th>序号</th><th>参数名称</th><th colspan="2">详 细 说 明</th></tr>
<tr><td rowspan="3">1</td><td rowspan="3">Format</td><td colspan="2">基本格式</td></tr>
<tr><td>DNC format</td><td>数控加工的数据文件适合在分布式数控系统环境下使用</td></tr>
<tr><td>EOB charcter at end of each block tape image</td><td>在每一个代码行的末尾增加结束符号</td></tr>
<tr><td rowspan="7">2</td><td rowspan="7">Output</td><td colspan="2">输出选项</td></tr>
<tr><td>Program number</td><td>程序编号，在 Prog# 选项页中，设置此选项以通知后置处理器如何在加工程序的开始处获得此程序号</td></tr>
<tr><td>Time stamp</td><td>在程序代码的最前面以系统信息的格式输出时间和日期信息</td></tr>
<tr><td>Rewind STOP code at begining of NC code</td><td>在程序代码的开始处增加 Rewind STOP 代码</td></tr>
<tr><td>Output user defined startup blocks</td><td>输出自定义的程序开始代码，然后在 Start Prog 选项页设置相应的启动代码</td></tr>
<tr><td>Output user defined end of program blocks</td><td>输出自定义的程序结束代码，用法与参数 Output user defined startup blocks 相类似</td></tr>
<tr><td>Rewind START code at end of NC code</td><td>在程序代码的结束处增加 Rewind START 代码</td></tr>
</table>

（2）Codes/Chars 选项页设置　内容如图 5.2.25 所示，用于定义程序起始或结束的标示符，详细参数说明见表 5.2.14。

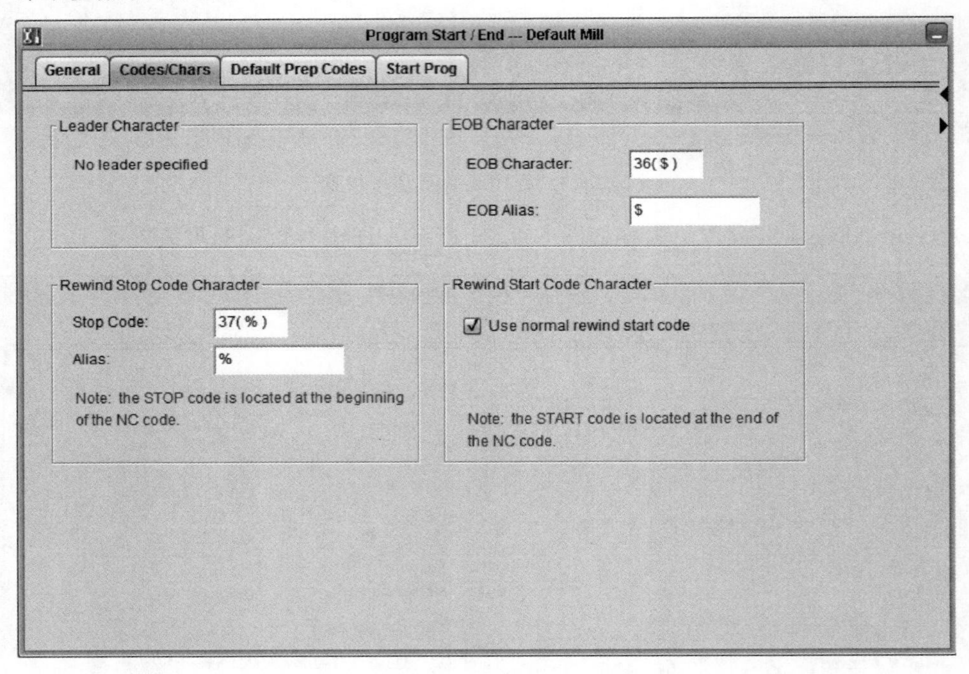

图 5.2.25　Codes/Chars 选项页设置

表 5.2.14　Codes/Chars 选项页详细参数

序号	参数名称	详 细 说 明
1	Leader Character	引导字符
2	EOB Character	代码程序段尾结束符号
3	EOB Alias	指定代表 EOB 的 ASCII 代码
4	Rewind Stop Code Character 和 Rewind Start Code Character	表示将在程序代码文件开始和结束处放置代表 rewind stop 和 rewind start 的代码

Rewind Start Code Character 默认值为空格。将其改为【%】的方法如图 5.2.26 所示。

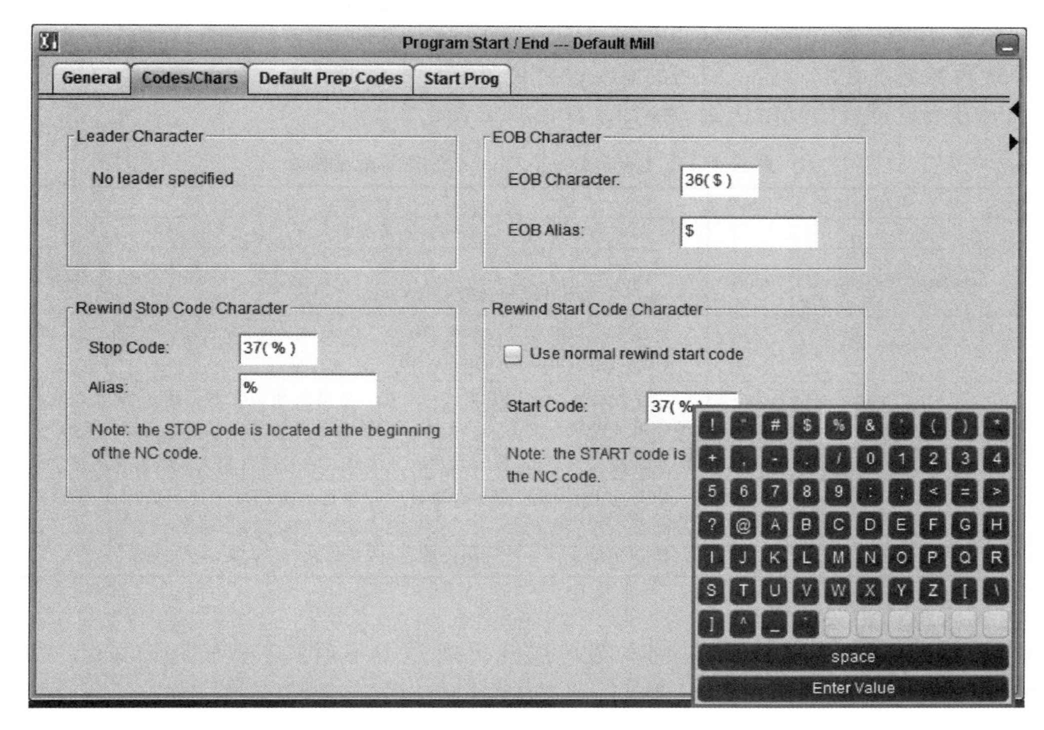

图 5.2.26　空格改为【%】的方法

① 单击取消 Use normal rewind start code；

② 在出现的【Start Code】文本框中单击；

③ 选择【%】。

(3) Default Prep Codes 选项页设置　内容如图 5.2.27 所示，用于设置默认的准备功能

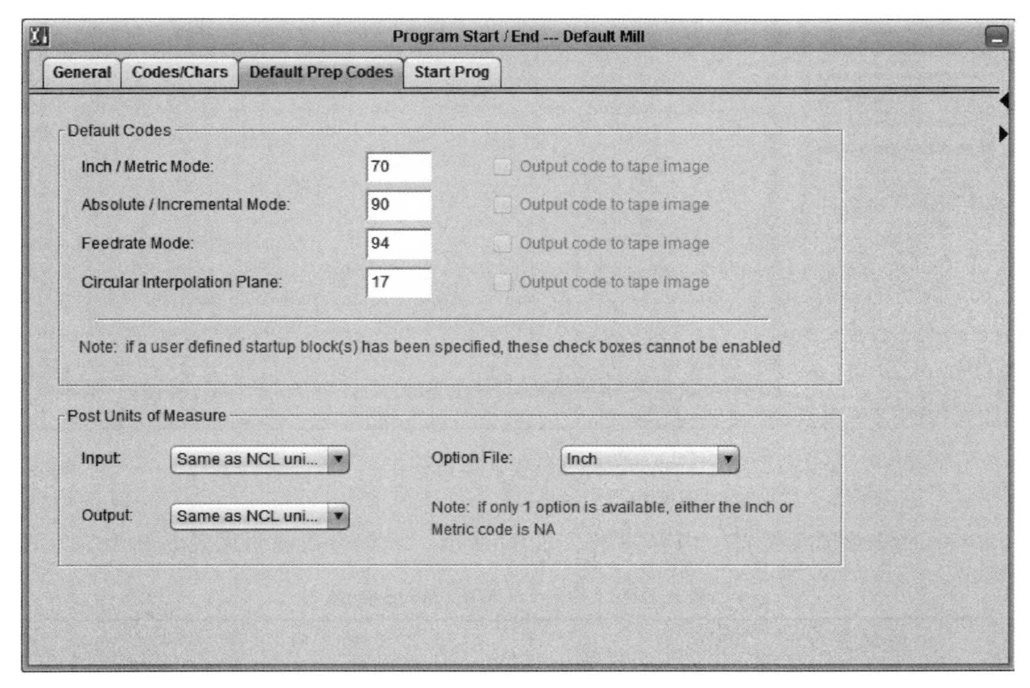

图 5.2.27　Default Prep Codes 选项页设置

代码和后置处理器使用的单位。

一般数控系统在启动后，常用的系统设置代码都有一个默认值，在正式加工以前应该对这些代码进行设置或恢复默认值。详细参数说明见表5.2.15。

表5.2.15 Default Prep Codes选项页详细参数

序号	参数名称	详细说明
1	Inch/Metric Mode	定义数控程序的单位是公制还是英制。通过在文本框单击鼠标来指定代码
2	Absolute/Incremental Mode	定义默认的坐标方式是绝对编程还是相对编程。如果为绝对编程则指定为G90,如果为相对编程则指定为G91
3	Feedrate Mode	定义进给速度的方式,对于英寸、毫米/分钟的方式则指定为G94,对于英寸、毫米/转的方式则指定为G95
4	Circular Interpolation Plane	定义默认的圆弧插补平面。一般XY平面的圆弧插补规定为G17,XZ平面的圆弧插补规定为G18,YZ平面的圆弧插补规定为G19
5	Input	定义输入的单位,指定后置处理器读入的刀位数据文件是英制还是公制
6	Output	定义输出的单位,定义后置处理器输出的机床加工代码数据文件是英制还是公制
7	Option File	定义选配文件生成器使用哪一种单位格式来存储内部变量。

4. 机床运动相关设置

选择主菜单第四项Motion，则本菜单展开出现6个子项：General、Linear、Rapid、Circular、Cycles、Curve Fitting，如图5.2.28所示。

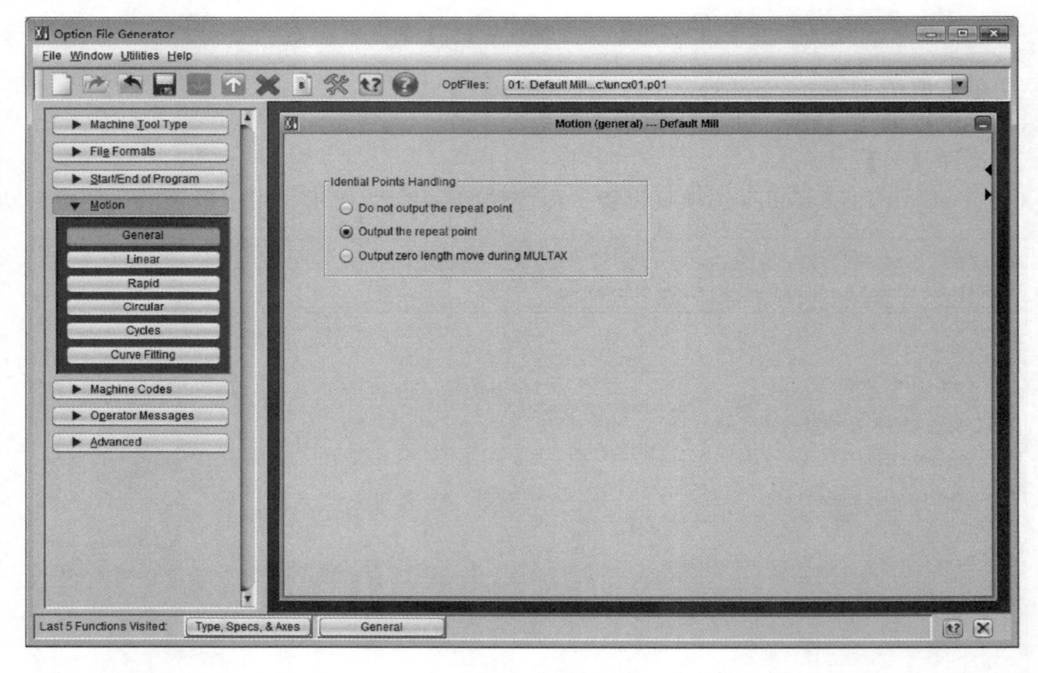

图5.2.28 机床运动相关设置

(1) General选项页设置 内容如图5.2.29所示，详细参数说明见表5.2.16。

表5.2.16 General选项页详细参数

序号	参数名称	详细说明
1	Identical Points Handing	对同一点的处理方法,默认为Output the repeat point,即输出同一点

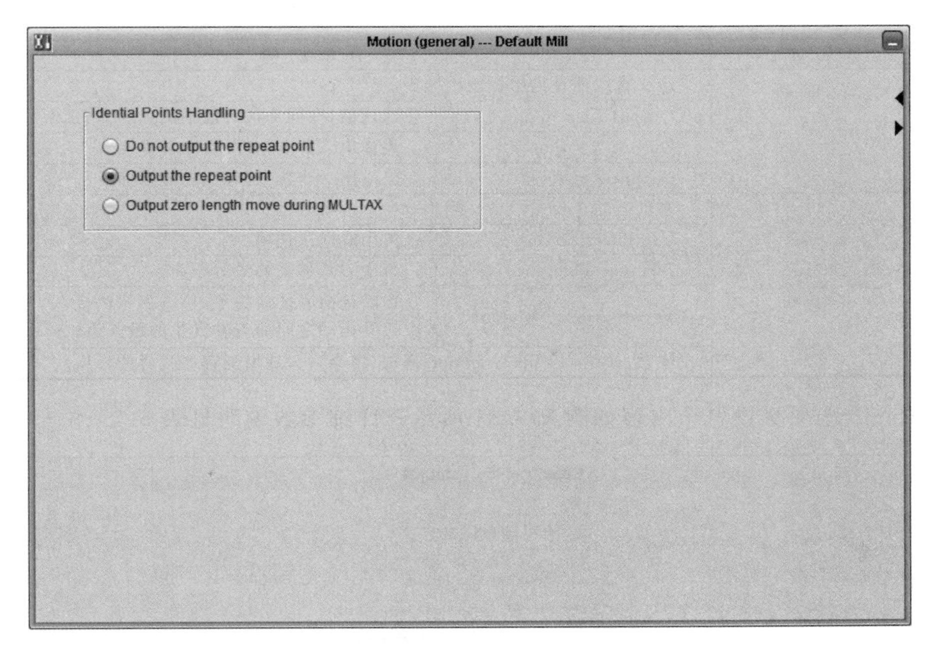

图 5.2.29　General 选项页设置

（2）Linear 选项页设置　内容如图 5.2.30 所示，详细参数说明见表 5.2.17。

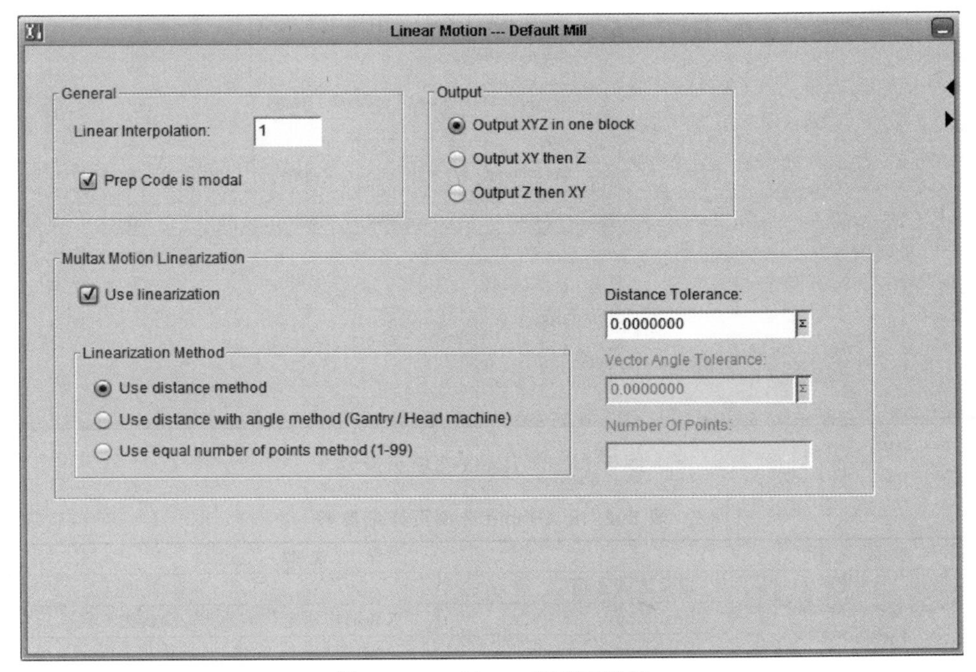

图 5.2.30　Linear 选项页设置

表 5.2.17　Linear 选项页详细参数

序号	参数名称	详细说明	
1	General	一般选项，设置直线插补的 G 代码，一般为 G1。修改方法是单击文本框，在弹出式菜单中选择适当的数字	
		Prep Code is modal	直线插补的代码一般都是模态的，应选择此项

续表

序号	参数名称	详细说明	
2	Output	定义直线插补的坐标输出顺序	
		Output XYZ in one block	默认值，在同一代码段输出点的XYZ坐标
		Output XY then Z	先输出XY坐标，再输出Z坐标
		Output Z then XY	先输出Z坐标，再输出XY坐标
3	Multax Motion Linearization	多轴运动选项	
		Use linearization	使用线性化选项
		Distance Tolerance	每次刀具移动的最远距离
		Vector Angle Tolerance	在满足前者的前提下，检查矢量的变化，并规定了两次刀具运动之间的刀轴夹角的最大值
		注意：使用Use linearization选项，将会大大地增加程序代码的长度	

（3）Rapid选项页设置　内容如图5.2.31所示，详细参数说明见表5.2.18。

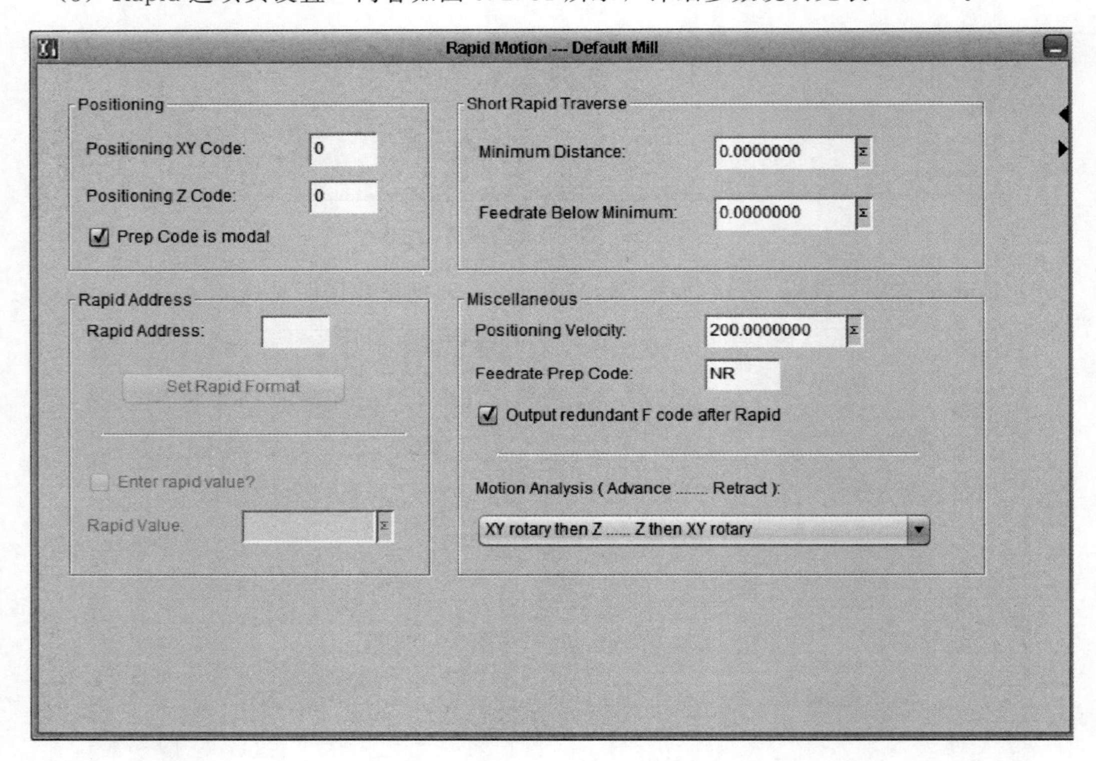

图5.2.31　Rapid选项页设置

表5.2.18　Rapid选项页详细参数

序号	参数名称	详细说明	
1	Positioning	定位方式选项	
		Positioning XY Code	XY轴快速定位G代码，默认为G00
		Positioning Z Code	Z轴快速定位G代码，默认为G00
		Prep Code is modal	快速定位代码是否为模态
2	Short Rapid Traverse	最短快速行程选项	
		Minimum Distance	允许快速定位的最小距离
		Feedrate Below Minimum	快速定位的速度下限
3	Rapid Address	快速定位的速度选项	
		Rapid Address	设置快速定位的速度代码
		Enter rapid value	输入快速定位的速度值

续表

序号	参数名称	详细说明	
4	Miscellaneous	其他选项	
		Positioning Velocity	快速定位的速度
		Feedrate Prep Code	定义表示速度单位的G代码数字
		Motion Analysis	高级运动分析选项

(4) Circular 选项页设置

① Circular 主选项中 General 选项页设置　内容如图 5.2.32 所示，详细参数说明见表 5.2.19。

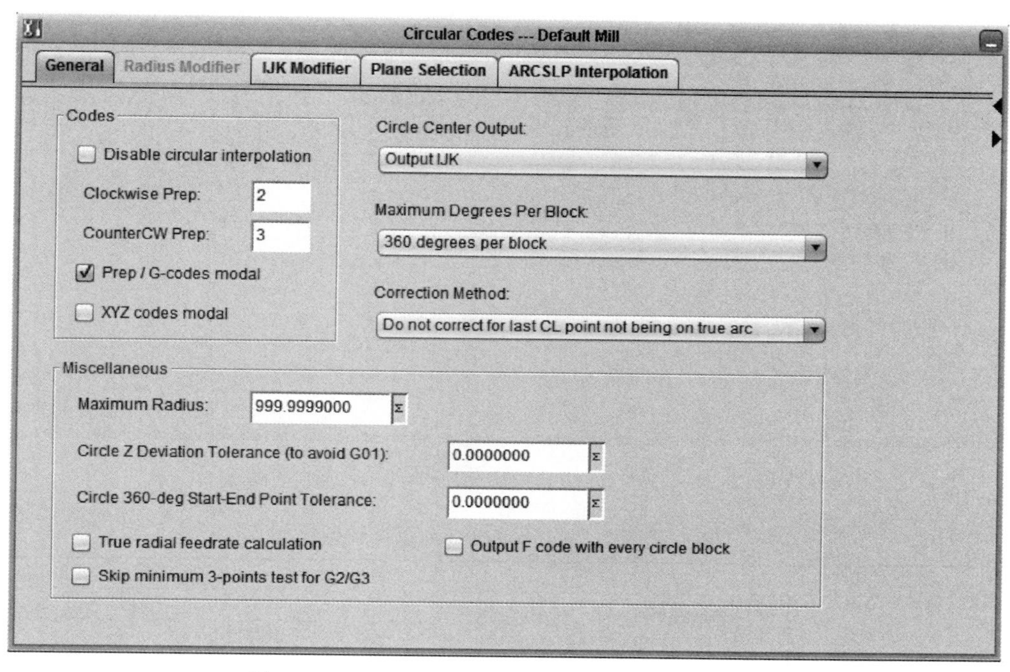

图 5.2.32　Circular 主选项中 General 选项页设置

表 5.2.19　General 选项页详细参数

序号	参数名称	详细说明
1	Disable circular interpolation	禁止圆弧插补功能，系统将使用直线插补的功能来逼近加工圆弧
2	Clockwise Prep	顺时针圆弧插补的G代码的值，一般为G02
3	CounterCW Prep	逆时针圆弧插补的G码的值，一般为G03
4	Prep/G-codes modal	指定圆弧插补代码是否为模态代码
5	XYZ codes modal	指定XYZ代码是否为模态代码
6	Circle Center Output	圆弧输出方式
7	Maximum Degrees Per Block	圆弧跨越象限时的处理方式，如果数控系统要求圆弧插补在跨越象限时需要输出新的代码段，即将圆弧插补写在不同的代码段中，可以选择 Default quadrant crossing for controls 方式
8	Correction Method	定义圆弧插补中刀具运动最后位置点的修改方式
9	Maximum Radius	允许圆弧插补的最大半径
10	Circle Z Deviation Tolerance	输入Z轴公差。如果Z轴公差超出指定的范围，则后置处理将要输出螺旋插补
11	True radial feedrate calculation	是否需要计算实际切削的圆周速度。因为在圆弧插补中刀刃的实际切削速度并不是刀具中心点的圆周速度。这个选项可以使后置处理器调整编程速度来满足实际切削速度的要求
12	Output F code with every circle block	在每一个圆弧插补的程序段中都输出速度指令

② Circular 主选项中 IJK Modifier 选项页设置　内容如图 5.2.33 所示，详细参数说明见表 5.2.20。

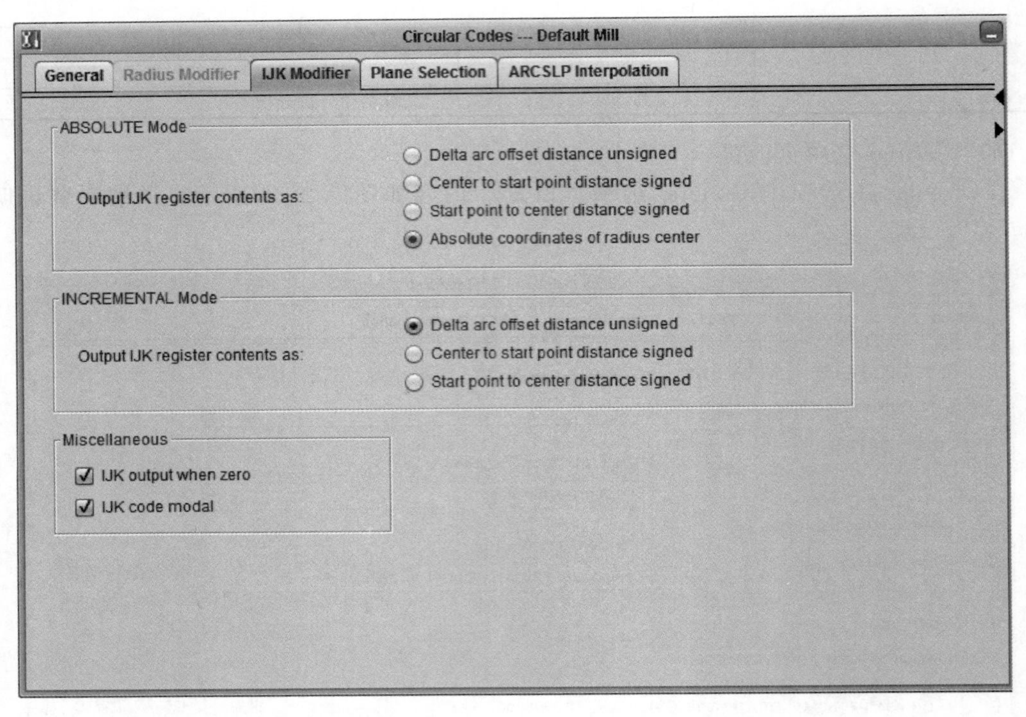

图 5.2.33　Circular 主选项中 IJK Modifier 选项页设置

表 5.2.20　IJK Modifier 选项页详细参数

序号	参数名称	详细说明	
1	ABSOLUTE Mode	绝对方式的设置	
		Delta arc offset distance unsigned	圆弧的绝对偏移值
		Center to start point distance signed	圆心相对于圆弧起点的坐标，为有符号的数字
		Start point to center distance signed	圆弧起点相对于圆心的坐标，为有符号的数字
		Absolute coordinates of radius center	圆心的绝对坐标
2	INCREMENTAL Mode	相对方式的设置	
		Delta arc offset distance unsigned	圆弧的绝对偏移值
		Center to start point distance signed	圆心相对于圆弧起点的坐标，为有符号的数字
		Start point to center distance signed	圆弧起点相对于圆心的坐标，为有符号的数字
3	Miscellaneous	其他选项	
		IJK output when zero	当 IJK 为零时也要在程序行中输出
		IJK code modal	指定 IJK 代码为模态

由于指定了圆弧插补输出 IJK 指令，所以 Radius Modifier 选项页处于激活状态，用于定义指令 IJK 的实际含义。

IJK 指令规定了圆弧插补时圆弧圆心的确定方式，根据不同数控系统不同的要求，在绝对坐标方式和相对坐标方式下各有不同的规定。

③ Circular 主选项中 Plane Selection 选项页设置　内容如图 5.2.34 所示，用于设定圆弧插补平面选择的一些规定，详细参数说明见表 5.2.21。

④ Circular 主选项中 ARCSLP Interpolation 选项页设置　内容如图 5.2.35 所示，用于设定螺旋插补的选项，详细参数说明见表 5.2.22。

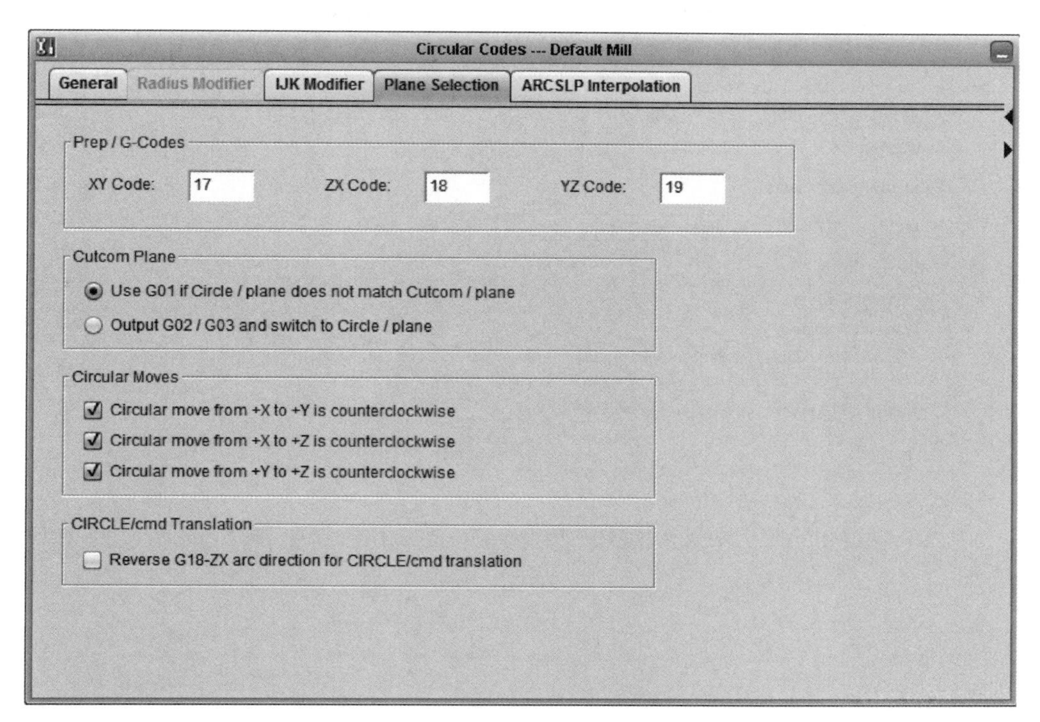

图 5.2.34　Circular 主选项中 Plane Selection 选项页设置

表 5.2.21　Plane Selection 选项页详细参数

<table>
<tr><th>序号</th><th>参数名称</th><th colspan="2">详细说明</th></tr>
<tr><td>1</td><td>Prep/G-Codes</td><td colspan="2">如果数控系统提供在3个平面的圆弧插补功能，则分别指定平面选择的G代码，一般平面XY、ZX、YZ的选择代码的默认值依次为G17、G18、G19。如果哪一个平面没有此功能，则输入NA</td></tr>
<tr><td rowspan="3">2</td><td rowspan="3">Cutcom Plane</td><td colspan="2">定义平面选择代码与刀补平面代码的匹配</td></tr>
<tr><td>Use G01 if Circle/plane does not match Cutcom/plane</td><td>圆弧插补平面与刀补平面不一致时输出G01代码</td></tr>
<tr><td>Output G02/G03 and switch to Circle/plane</td><td>刀补平面自动切换到圆弧插补平面并输出G02/G03代码</td></tr>
<tr><td rowspan="4">3</td><td rowspan="4">Circular Moves</td><td colspan="2">定义逆时针圆弧的方向</td></tr>
<tr><td>Circular move from +X to +Y is counterclockwise</td><td>从X轴正向移动到Y轴正向的圆弧运动为逆时针方向</td></tr>
<tr><td>Circular move from +X to +Z is counterclockwise</td><td>从X轴正向移动到Z轴正向的圆弧运动为逆时针方向</td></tr>
<tr><td>Circular move from +Y to +Z is counterclockwise</td><td>从Y轴正向移动到Z轴正向的圆弧运动为逆时针方向</td></tr>
</table>

表 5.2.22　ARCSLP Interpolation 选项页详细参数

序号	参数名称	详细说明
1	Output ARCSLP blocks	激活G02/G03的螺旋插补功能。如果数控系统没有螺旋插补功能而又选择了此项，则后处理器将切换到直线插补状态来模拟螺旋线插补
2	K-Code in ARCSLP is	定义K代码（Z向长度）的含义
3	ARCSLP K Output	用于设置数控系统在进行螺旋插补时是否需要输出K代码
4	Skip Z move test for 1st circle following ARCSLP/OFF	数控系统忽略对螺旋插补结束后第一个圆弧插补的Z坐标检查

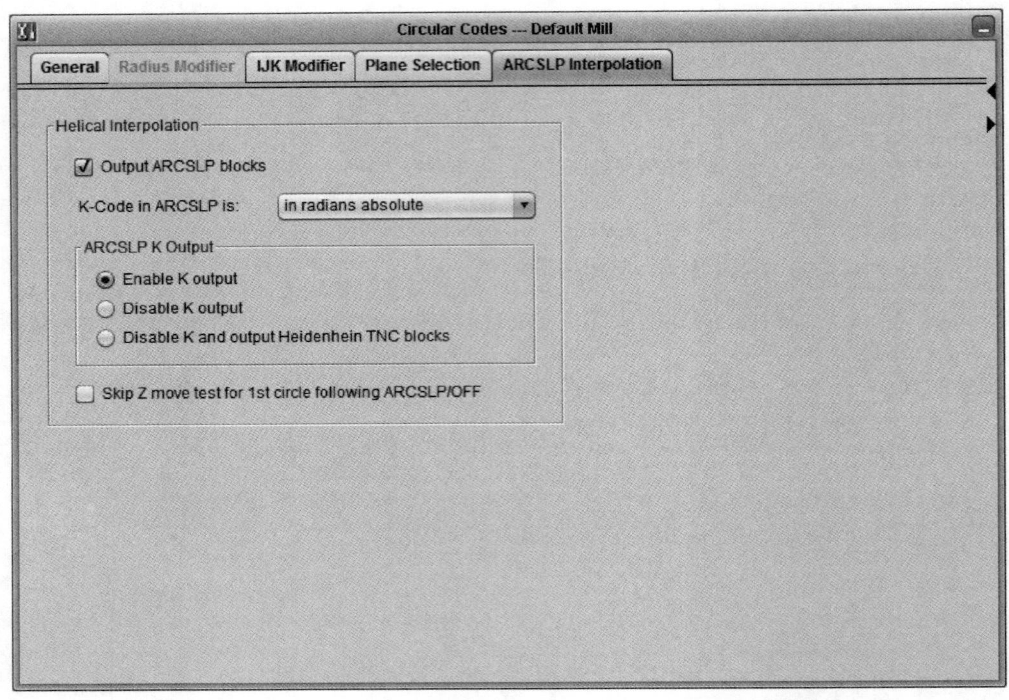

图 5.2.35　Circular 主选项中 ARCSLP Interpolation 选项页设置

（5）Cycles 主选项中包含多个选项页设置　内容如图 5.2.36 所示，用于设定固定循环的一些参数。

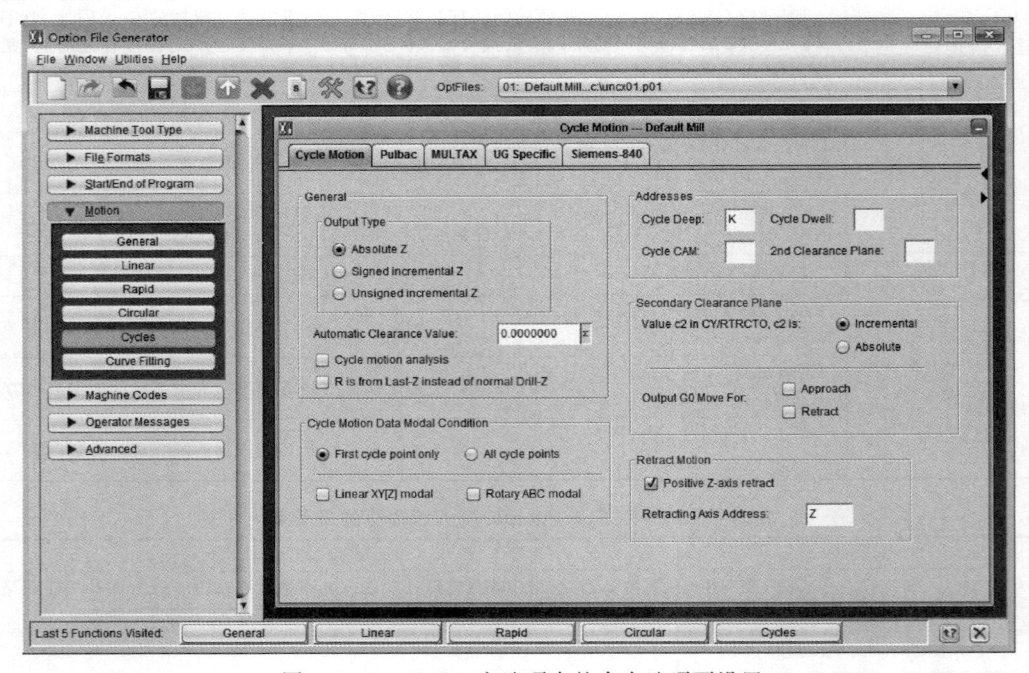

图 5.2.36　Cycles 主选项中的多个选项页设置

① Cycle Motion 选项页中的选项　用于设置钻孔循环，如图 5.2.37 所示，详细参数说明见表 5.2.23。

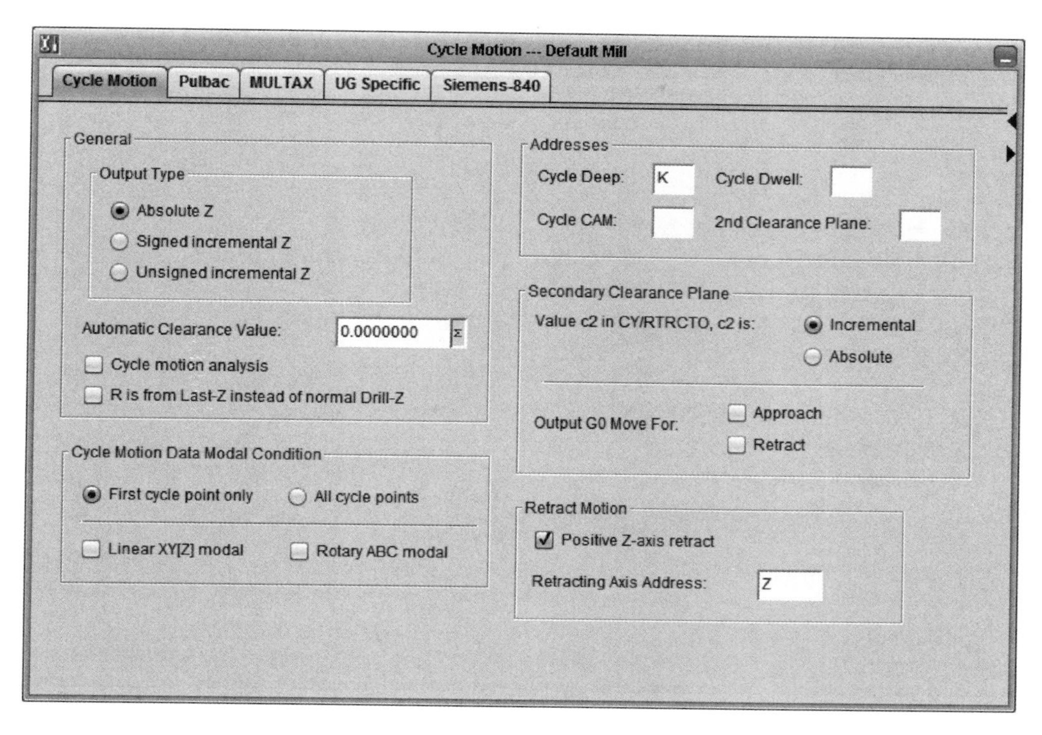

图 5.2.37　Cycle Motion 选项页设置

表 5.2.23　Cycle Motion 选项页详细参数

序号	参数名称	详细说明	
1	Output Type	定义 Z 坐标的输出方式	
		Absolute Z	在循环程序段内的 Z 值为绝对坐标值
		Signed incremental Z	在循环程序段内的 Z 值为增量坐标值
		Unsigned incremental Z	在循环程序段内的 Z 值为从快速运动的结束点开始测量的距离
2	Automatic Clearance Value	在 R 平面开始的退刀距离，在后边的文本框中输入相应的数值，输入此值系统将会自动从编程的退刀面高度减去这个数值	
		Cycle motion analysis	执行固定循环的分析功能，并且输出 CYCLE/OFF 指令
3	Addresses	与固定循环有关的寄存器地址	
		Cycle Deep	固定循环的深度增量值的寄存器地址
		Cycle Dwell	固定循环的暂停时间寄存器地址，如果系统不提供此寄存器则选择【Disable】
		Cycle CAM	固定循环停止的 CAM 号码，如果系统不提供此寄存器则选择【Disable】
		2nd Clearance Plane	固定循环的第二退刀面，指从 R 平面算起的回退距离
4	Retract Motion	退刀运动	
		Positive Z-axis retract	退刀是向 Z 轴的正向移动
		Retracting Axis Address	回退轴的地址，一般为 Z

② Pulbac 选项页中选项　用于在钻孔循环中是否输出刀具回退位置指令 G98/G99，如图 5.2.38 所示。

③ MULTAX 选项页中选项　用于设置多轴钻孔循环，如图 5.2.39 所示。

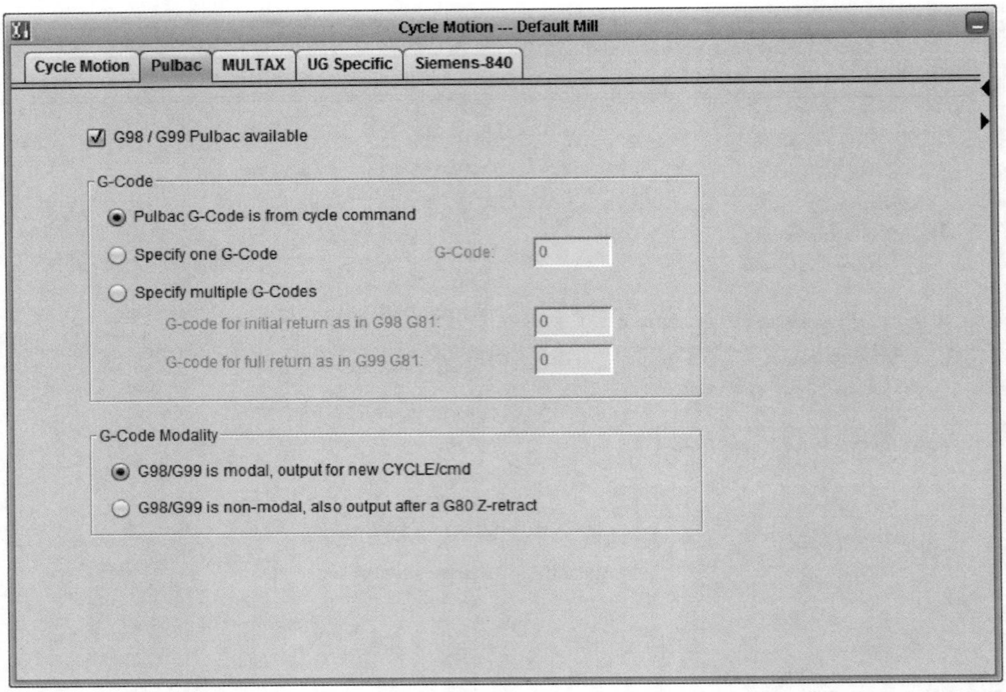

图 5.2.38 Pulbac 选项页设置

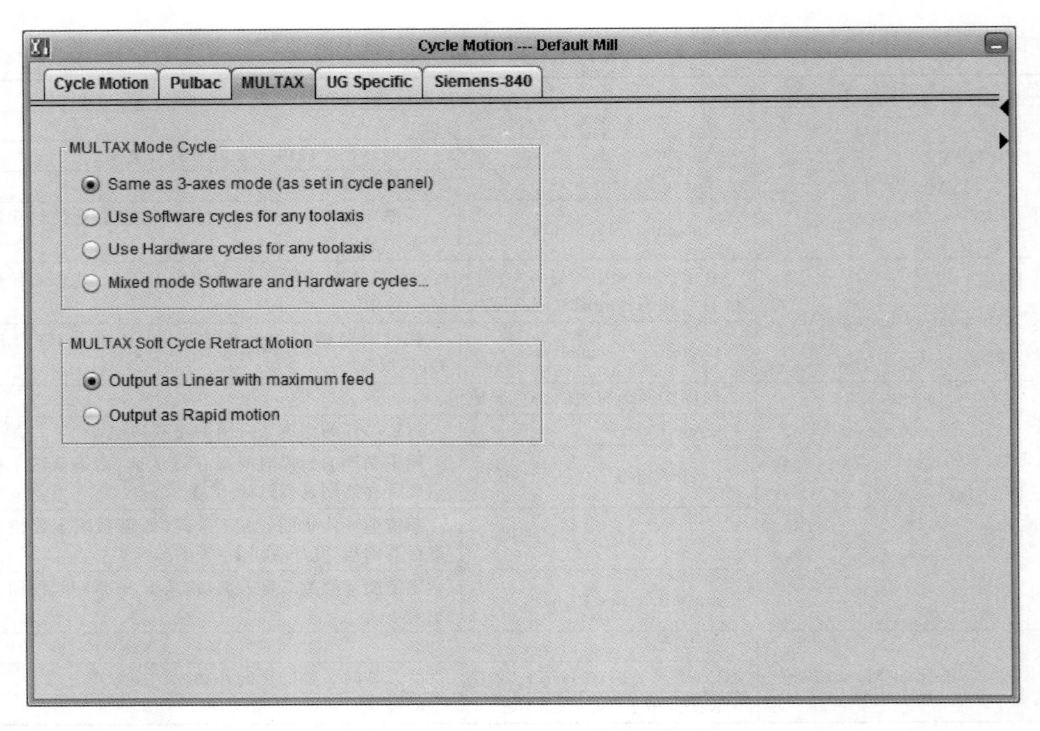

图 5.2.39 MULTAX 选项页设置

（6）Curve Fitting 选项页设置　内容如图 5.2.40 所示，用于设定设置曲线拟合的一些参数。

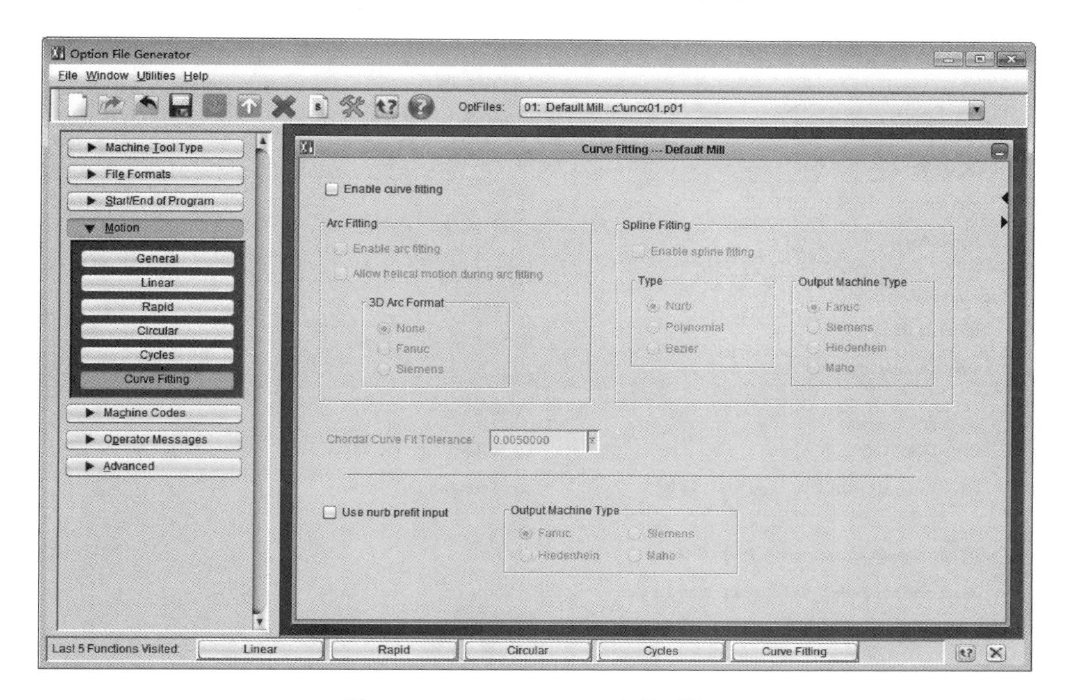

图 5.2.40　Curve Fitting 选项页设置

5. 机床加工代码相关设置

选择主菜单第五项 Machine Codes，本菜单展开出现 9 个子项，如图 5.2.41 所示。

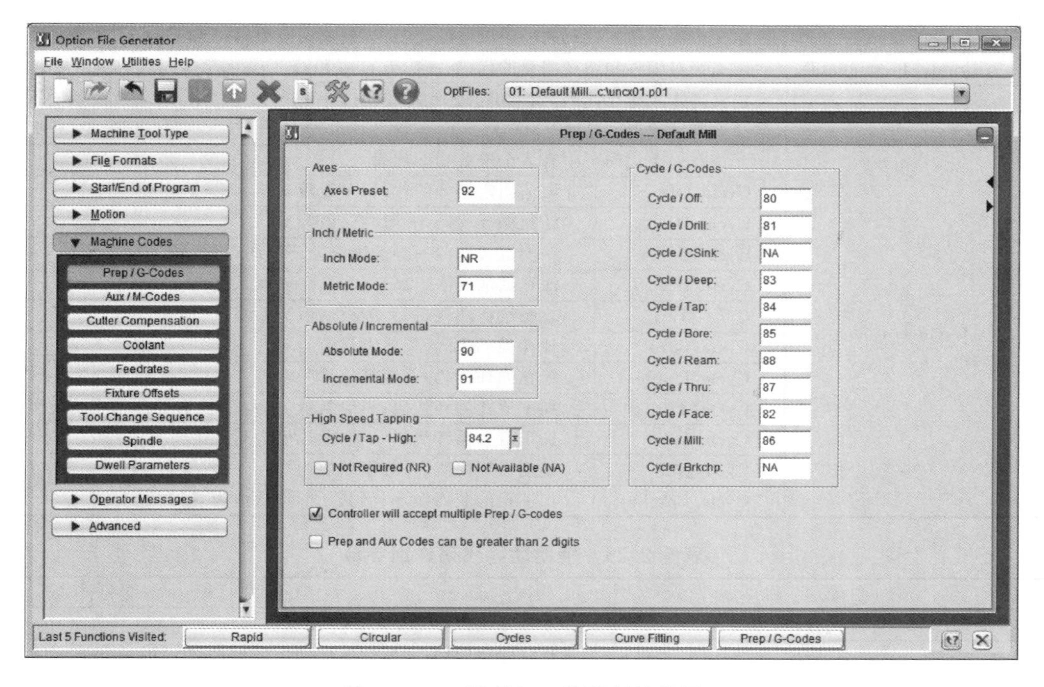

图 5.2.41　机床加工代码相关设置

（1）准备功能代码设置　内容如图 5.2.42 所示，详细参数说明见表 5.2.24。

（2）辅助功能代码设置　内容如图 5.2.43 所示，详细参数说明见表 5.2.25。

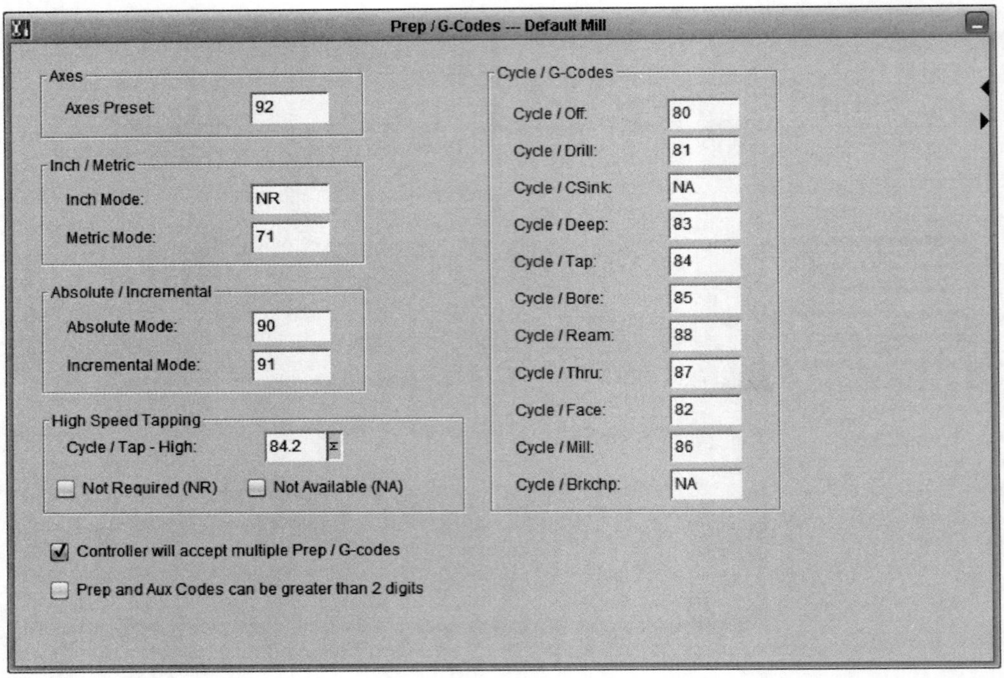

图 5.2.42　准备功能代码设置

表 5.2.24　准备功能代码详细参数

序号	参数名称	详细说明	
1	Axes	建立工件坐标系的代码，一般默认值为 G92。如果机床不提供此功能，则输入 NA	
2	Inch/Metric	定义英制单位的代码和公制单位的代码，一般默认值为 G70 和 G71	
3	Absolute/Incremental	定义绝对编程和增量编程的代码，一般为 G90 和 G91	
4	Cycle/Tap-High	定义高速攻螺纹代码，如果不需要此功能则选择 Not Read NR，如果数控系统不提供此功能则选择 Not Avail NA	
5	Cycle/G-Codes	允许在一个代码行中有多个准备功能代码	
		Cycle/Off	取消固定循环的代码，一般默认值为 G80
		Cycle/Drill	钻孔循环代码，一般默认值为 G81
		Cycle/CSink	钻削沉头孔（扩孔）的固定循环代码，可设置为 G81
		Cycle/Deep	深孔钻削的固定循环代码，一般默认值为 G83
		Cycle/Tap	攻螺纹循环代码，一般默认值为 G84
		Cycle/Bore	镗孔循环代码，一般默认值为 G85
		Cycle/Ream	铰孔循环代码，一般默认值为 G88
		Cycle/Thru	加工通孔循环代码，一般默认值为 87，没有专门指定的代码
		Cycle/Face	加工盲孔循环代码，一般默认值为 G82
		Cycle/Mill	铣削循环代码，一般默认值为 86
		Cycle/Brkchp	加工孔的断屑循环代码，一般默认值为 G88

表 5.2.25　辅助功能代码详细参数

序号	参数名称	详细说明
1	Stop Code	程序停止（暂停）指令，一般为 M0
2	OpStop Code	选择性停止代码，与数控系统操作面板上的 Option Stop 命令配合使用。一般为 M01
3	End Code	程序结束指令，一般为 M02
4	Rewind Code	程序结束并自动返回到程序开始处，一般为 M30
5	Controller accepts multiple Aux/M-Codes	允许在一个代码行上输入多个 M 代码
6	M-Code axis clamping is available	允许各轴锁紧功能

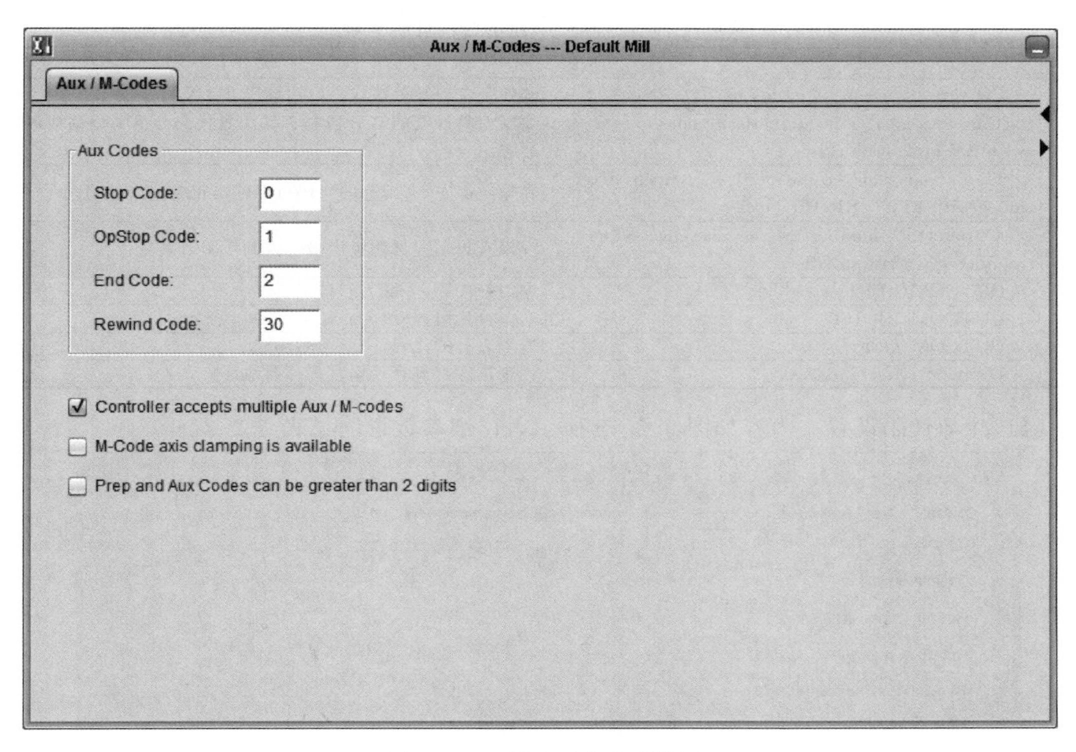

图 5.2.43　辅助功能代码设置

（3）刀具半径补偿代码设置　内容如图 5.2.44 所示，详细参数说明见表 5.2.26。

Cutter Compensation --- Default Mill

2-3 Axis Compensation | 5-Axis Compensation

PQ vectors output on each CUTCOM block

Output

Cutter comp, prep, and offset codes output with XY motion blocks

Output prep code with XY for LEFT-RIGHT-OFF

Output prep code with XY for LEFT-RIGHT and OFF by itself

Output sine and cosine of first compensated move with LEFT/RIGHT blocks

Output tool number as the diameter offset number when not specified

Prep / G-Codes

CUTCOM / LEFT: 41

CUTCOM / RIGHT: 42

CUTCOM / OFF: 40

Diameter Offset Address: D

图 5.2.44　刀具半径补偿代码设置

表 5.2.26　刀具半径补偿代码详细参数

序号	参数名称	详细说明
1	PQ vectors output on each CUTCOM block	在每一个刀具补偿代码行均输出 PQ 矢量
2	Cutter comp, prep, and offset codes output with XY motion blocks	要求刀具补偿的 G 代码和直径偏置代码与 XY 运动代码在一行输出
3	Output sine and cosine of first compensated move with LEFT/RIGHT blocks	在第一个左/右刀补的代码行中输出正弦或余弦运动
4	Output tool number as the diameter offset number when not specified	在没有指定刀具偏置代码时强制使用刀具号代替
5	CUTCOM/LEFT	左刀补代码，一般为 G41
6	CUTCOM/RIGHT	右刀补代码，一般为 G42
7	CUTCOM/OFF	取消刀补的代码，一般为 G40
8	Diameter Offset Address	用来指定刀具直径偏置寄存器地址

（4）冷却代码设置　内容如图 5.2.45 所示，详细参数说明见表 5.2.27。

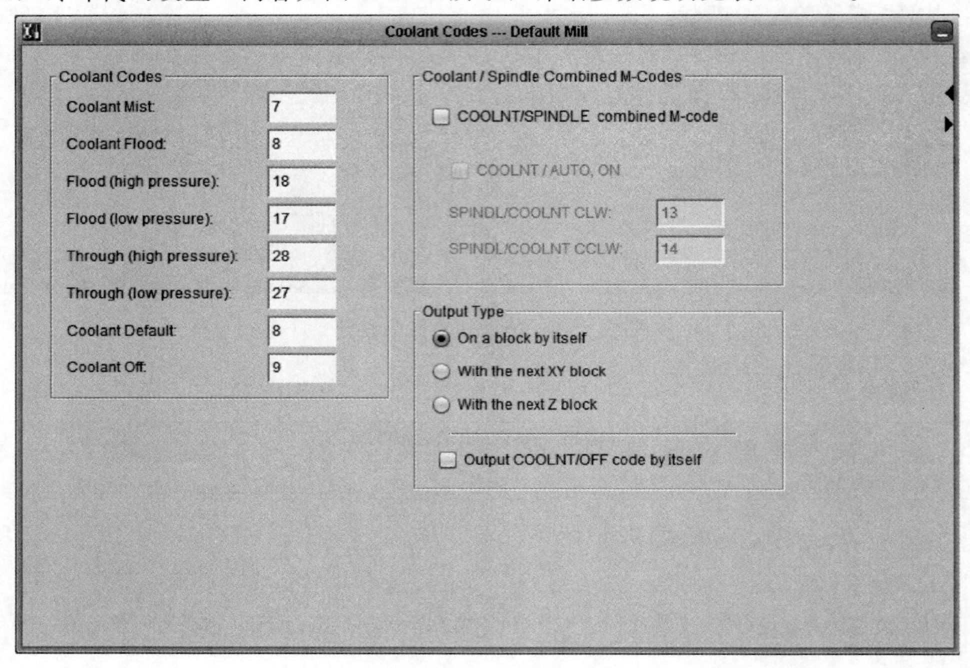

图 5.2.45　冷却代码设置

表 5.2.27　冷却代码详细参数

序号	参数名称	详细说明
1	Coolant Mist	喷雾冷却的 M 代码。一般为 M7
2	Coolant Flood	喷涌冷却的 M 代码。一般为 M8
3	Flood(high pressure)	高压喷射冷却的 M 代码。一般为 M18
4	Flood(low pressure)	低压喷射冷却的 M 代码，如果系统不提供此功能输入 NA
5	Through(high pressure)	高压完全冷却的 M 代码，如果系统不提供此功能输入 NA
6	Through(low pressure)	低压完全冷却的 M 代码，如果统不提供此功能输入 NA
7	Coolant Default	系统默认的冷却 M 代码，一般为 M8
8	Coolant Off	关闭冷却的 M 代码，一般为 M9
9	Coolant/Spindle Combined M-Codes	允许主轴与冷却相结合的代码
10	SPINDLE/COOLNT CLW	主轴正转并打开冷却的 M 代码
11	SPINDLE/COOLNT CCLW	主轴反转并打开冷却的 M 代码
12	With the next XY block	与下一个带有 XY 坐标的代码行一起输出
13	With the next Z block	与下一个带有 Z 坐标的代码行一起输出

（5）进给速度代码设置

① 进给速度代码设置 1　内容如图 5.2.46 所示，详细参数说明见表 5.2.28。

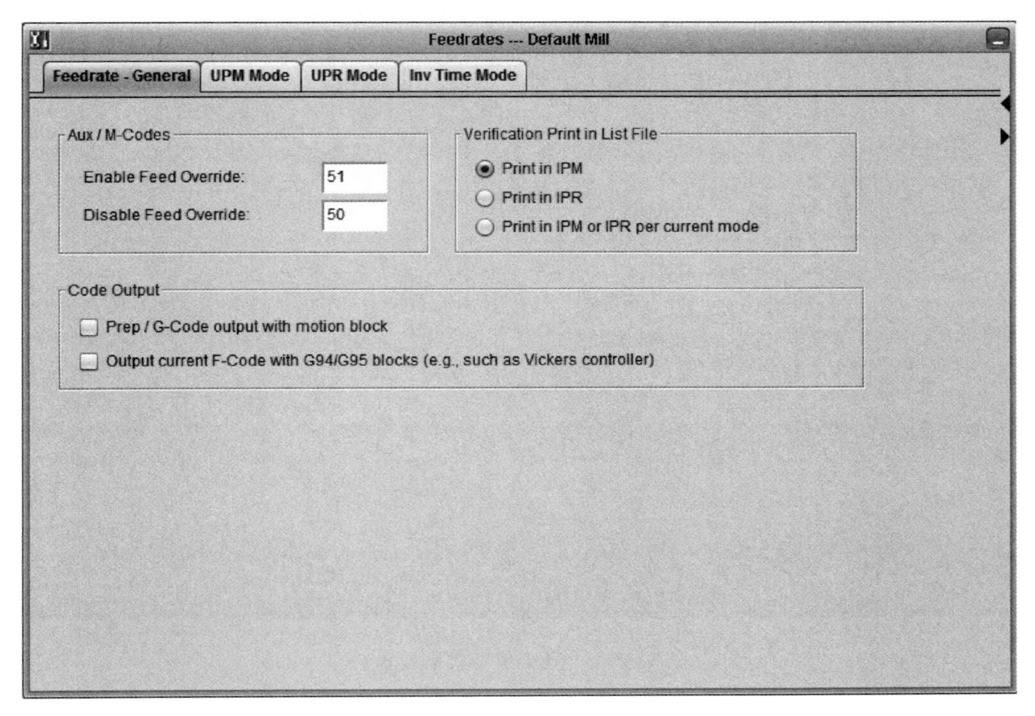

图 5.2.46　进给速度代码设置 1

表 5.2.28　进给速度代码设置 1 详细参数

序号	参数名称	详细说明
1	Enable Feed Override	根据机床的要求，指定允许进给超速的 M 代码
2	Disable Feed Override	根据机床的要求，指定禁止进给超速的 M 代码
3	Prep/G-Code output with motion block	在运动代码段中输出指定进给速度代码方式的 G 代码
4	Output current F-Code with G94/G95 blocks	在输出 G94/G95 代码使同时输出当前的进给速度 F 代码。一般情况下，G94/G95 在运动代码段之前以单独的代码行的形式输出

② 进给速度代码设置 2　内容如图 5.2.47 所示，详细参数说明见表 5.2.29。在 UPM Mode 选项页内定义每分钟进给量的准备功能代码。

表 5.2.29　进给速度代码设置 2 详细参数

序号	参数名称	详细说明
1	Prep Code that establishes UPM Mode	每分钟进给量的准备功能代码，一般为 G94
2	Feedrate Register Format	定义 G94 方式下 F 代码的格式
3	Minimum Feedrate	G94 方式下的最小进给速度
4	Maximum Feedrate	G94 方式下的最大进给速度
5	Feedrate Multiplier	G94 方式下的进给速度系数（倍率）

③ 进给速度代码设置 3　内容如图 5.2.48 所示，详细参数说明见表 5.2.30。在 UPR Mode 选项页内设置进给速度的另一种方式，每转进给量。

表 5.2.30　进给速度代码设置 3 详细参数

序号	参数名称	详细说明
1	Prep Code that establishes UPR Mode	每转进给量的准备功能代码，一般为 G95

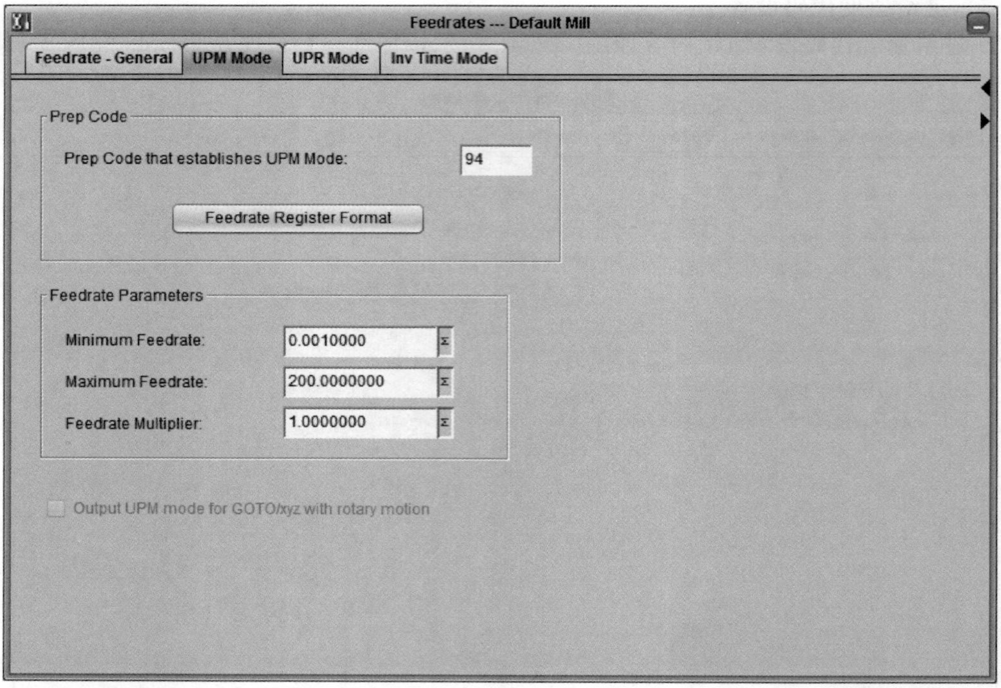

图 5.2.47 进给速度代码设置 2

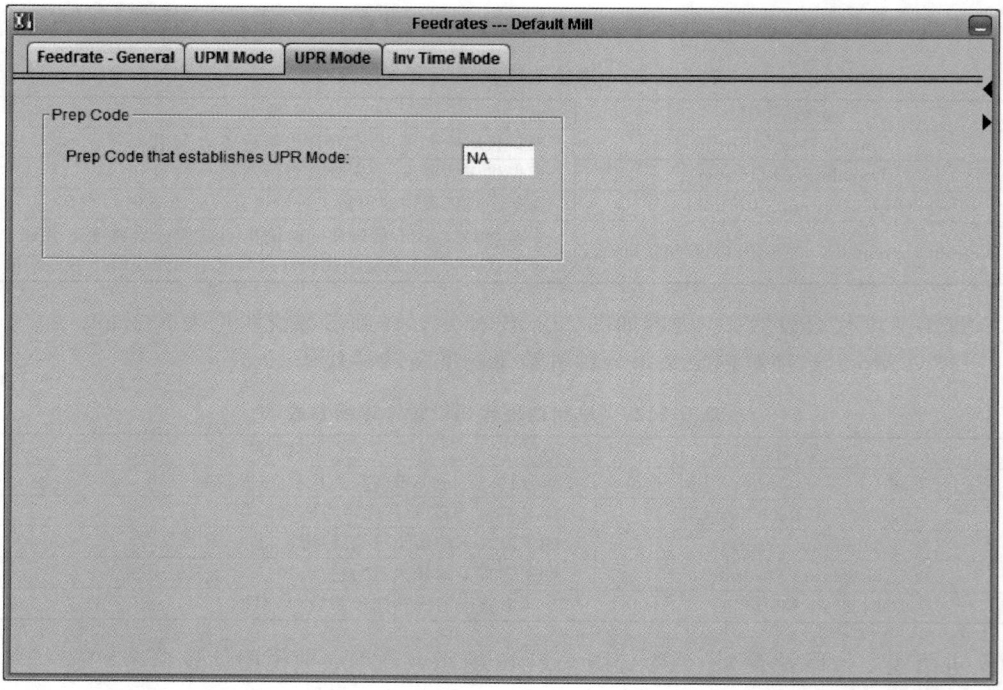

图 5.2.48 进给速度代码设置 3

④ 进给速度代码设置 4 内容如图 5.2.49 所示，详细参数说明见表 5.2.31。

在 Inv Time Mode 选项页内定义转台的进给速度，一般为时间反比方式（G93）。

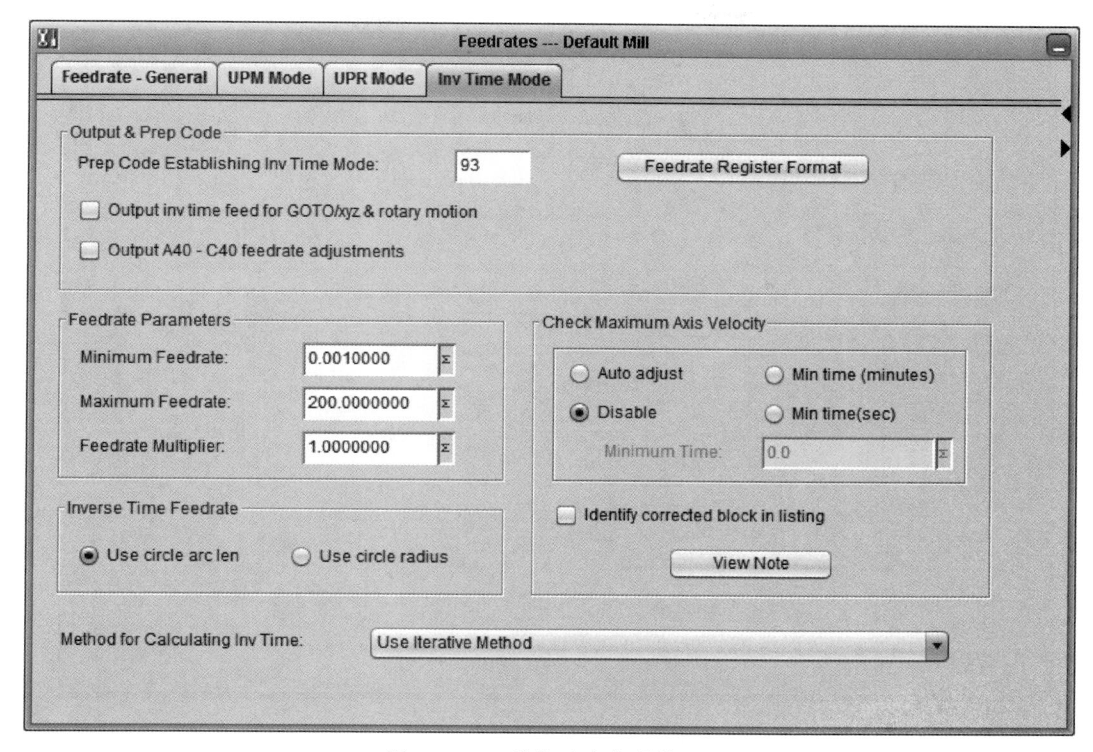

图 5.2.49 进给速度代码设置 4

表 5.2.31 进给速度代码设置 4 详细参数

序号	参数名称	详细说明
1	Prep Code Establishing Inv Time Mode	建立反比时间方式进给速度的 G 码，一般为 G93
2	Output inv time feed for GOTO/xyz & rotay motion	在遇到刀轴矢量发生变化的运动代码段自动将进给速度换到反比时间方式。此类代码结束后，后处理器将自动把进给速度切换回来以适应刀具没有回转的运动
3	Feedrate Register Format	设置反比时间方式下进给速度 F 指令的数据格式
4	Output A40-C40 feedrate adjustments	针对回转半径对切削速度进行重新计算
5	Minimum Feedrate	G93 方式下的最小进给速度
6	Maximum Feedrate	G93 方式下的最大进给速度
7	Feedrate Multiplier	G93 式下速度系数(倍率)
8	Inverse Time Feedrate	计算反比方式下速度计算方法
9	Use circle arc len	使用圆弧半径计算
10	Use circle radius	使用实际圆弧长度计算
11	Method for Calculating Inv Time	计算反比时间方式下进给速度的方法

（6）夹具偏置设置　内容如图 5.2.50 所示，详细参数说明见表 5.2.32。

表 5.2.32 夹具偏置详细参数

序号	参数名称	详细说明	
1	Output	输出	
		Output a Prep/G-Code with fixture offset	在输出夹具偏置代码时必须输出准备功能代码
		Output when equal to zero	当编程的夹具偏置为 0 时仍然输出偏置数据
2	Output Type	输出方式	
		On a block by itself	使用单独的代码行和代码指定夹具偏置
		With next XY block	与下一个 YX 轴运动的代码行一起输出
		With next Z block	与下一个 Z 轴运动的代码行一起输出
3	Offset Address	设置夹具偏置寄存器的地址	

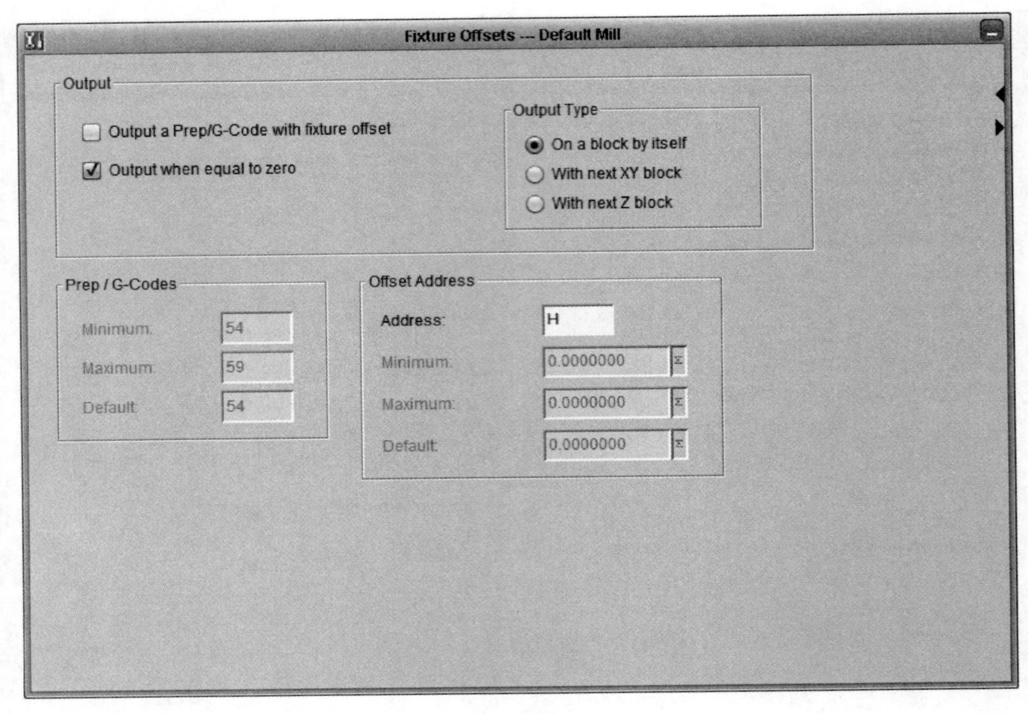

图 5.2.50　夹具偏置设置

（7）自动换刀设置

① 自动换刀设置 1　内容如图 5.2.51 所示，详细参数说明见表 5.2.33。在 General 选项页中设置除换刀位置以外的参数。

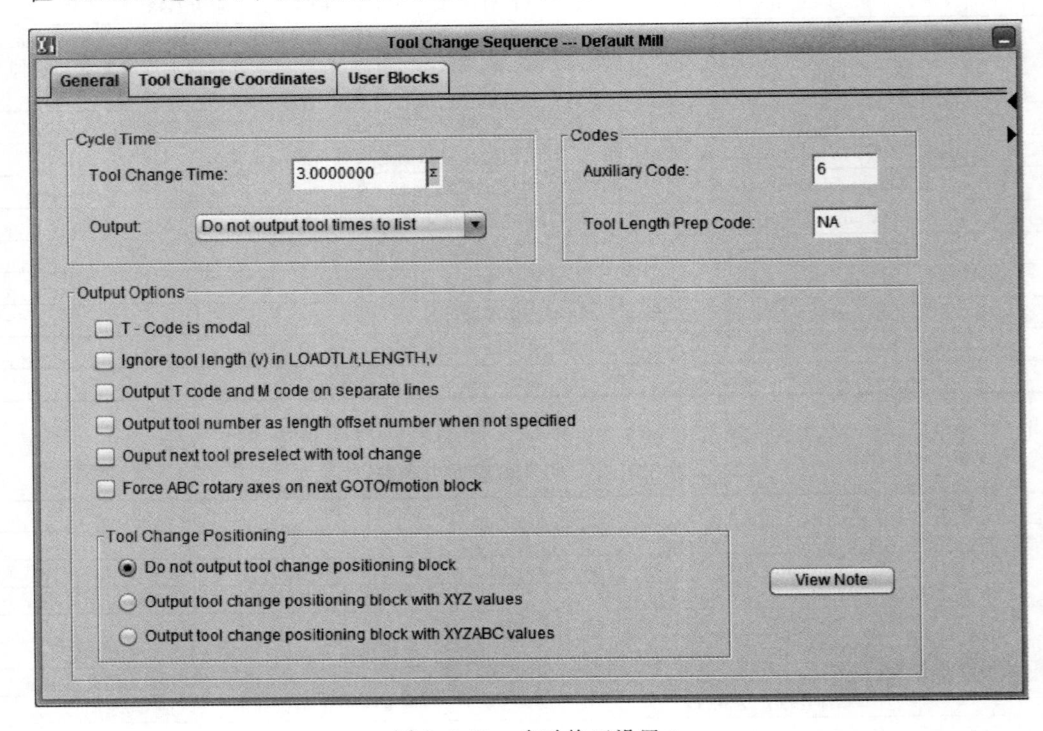

图 5.2.51　自动换刀设置 1

表 5.2.33　自动换刀设置 1 详细参数

序号	参数名称	详细说明
1	Tool Change Time	设置换刀的平均时间。这个换刀时间对于代码的生成没有影响，但每当换刀发生时，换刀时间将自动计算在加工工循环的时间内
2	Output	输出换刀时间方式
3	Auxiliary Code	换刀的辅助功能代码，一般情况是 M06
4	Tool Length Prep Code	定义刀具长度补偿寄存器地址
5	T-Code is modal	换刀 T 代码为模态
6	Output T code and M code on separate lines	将 M 代码和 T 代码分别在 2 个代码行上输出
7	Output tool number as length offset number when not specified	在没有指定刀具长度补偿号码时强制使用刀具号替代
8	Output next tool preselect with tool change	在完成当前的换刀后自动预选下一把刀具
9	Tool Change Positioning	定义换刀位置
10	Do not output tool change positioning block	不输出换刀位置指令
11	Output tool change positioning block with XYZ values	输出换刀位置指令(XYZ 坐标)
12	Output tool change positioning block with XYZABC values	输出换刀位置指令(XYZABC 坐标)

② 自动换刀设置 2　内容如图 5.2.52 所示。

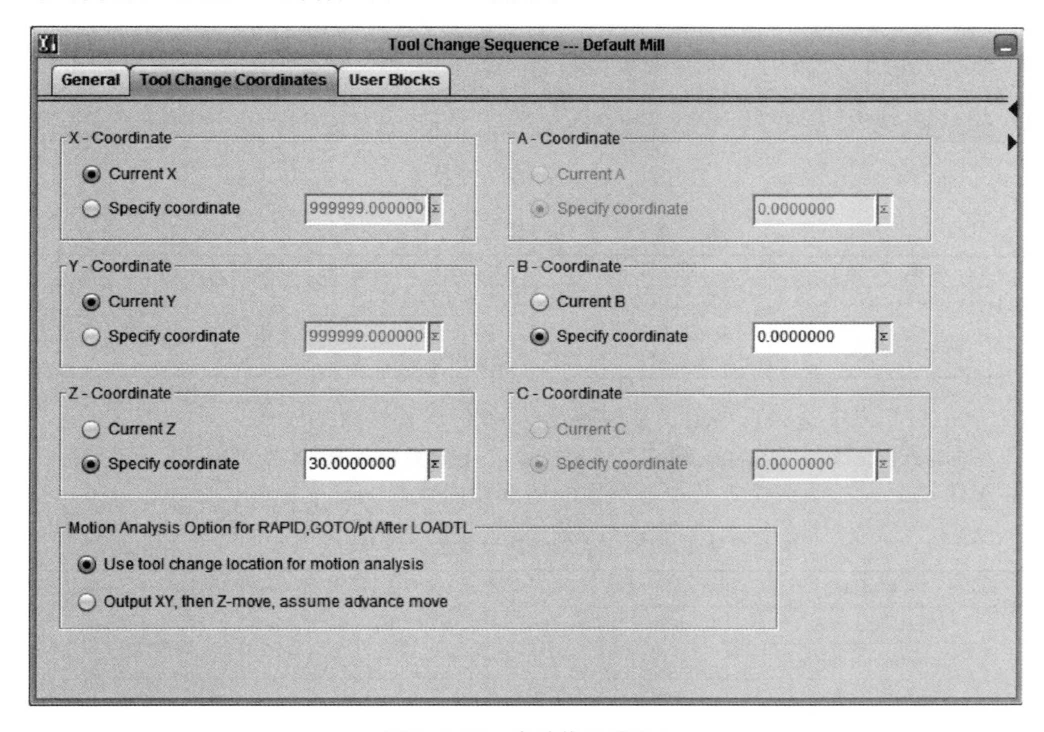

图 5.2.52　自动换刀设置 2

在 Tool Change Coordinates 选项页中设置换刀位置。

如果已经在 General 选项页内设置不输出换刀坐标位置（Do not output tool change positioning block），则此项可以不必设置。

每一个坐标轴分别给出了两个选项，在当前位置换刀（Current）或指定换刀坐标位置（Specify coordinate）。

（8）主轴转速设置

① 主轴转速设置1　内容如图5.2.53所示，详细参数说明见表5.2.34。

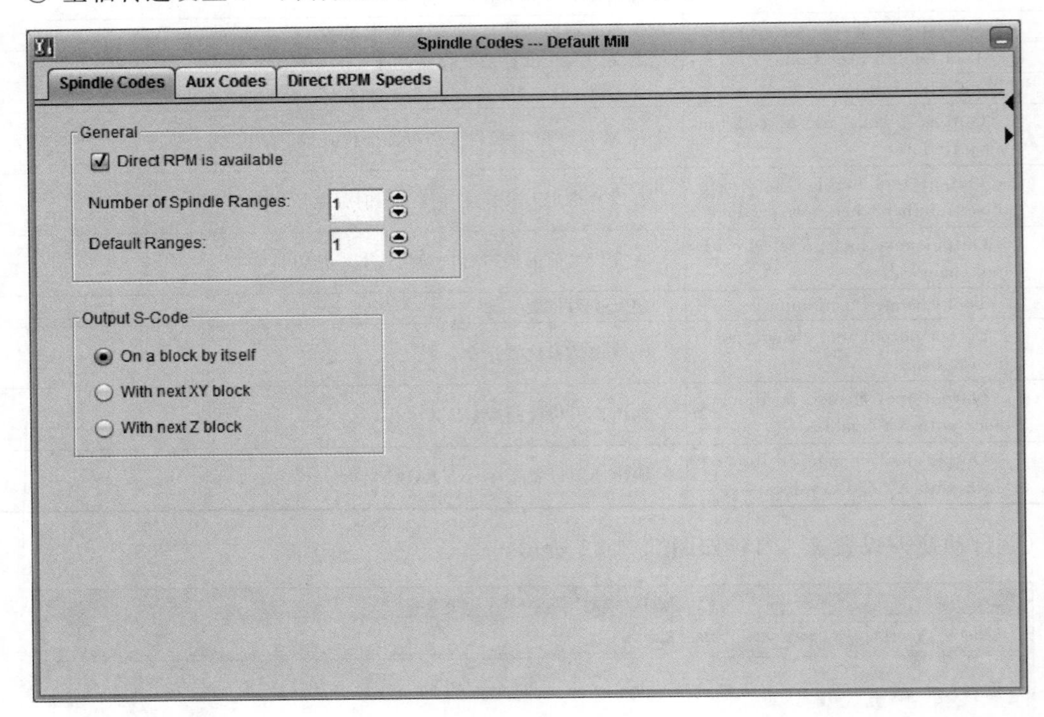

图5.2.53　主轴转速设置1

表5.2.34　主轴转速设置1详细参数

序号	参数名称	详细说明
1	Direct RPM is available	直接使用每分钟的转数来指定主轴的速度
2	Default Ranges	定义系统默认的主轴速度编码，当后处理器遇到主轴转速指令SPINDL，但没有指定参数RANGE时，则系统就使用这个默认的速度范围编码

在Spindle Codes选项页内定义主轴转速的M代码和输出的形式。

② 主轴转速设置2　内容如图5.2.54所示，详细参数说明见表5.2.35。

在Aux Codes选项页内定义主轴动作的辅助功能代码。

表5.2.35　主轴转速设置2详细参数

序号	参数名称	详细说明
1	Clockwise Code	主轴顺时针转动（正转）的指令代码，一般为M03
2	Counterclockwise	主轴逆时针转动（反转）的指令代码，一般为M04
3	Default Rot Code	主轴默认旋转方向的代码
4	Stop Code	主轴停止的辅助功能代码，一般为M05
5	Orient Code	主轴定向停止的辅助功能代码
6	Spindle Range Aux/M-Codes	主轴转速范围的M代码

（9）暂停时间参数设置

① 暂停时间参数设置1　内容如图5.2.55所示，详细参数说明见表5.2.36。

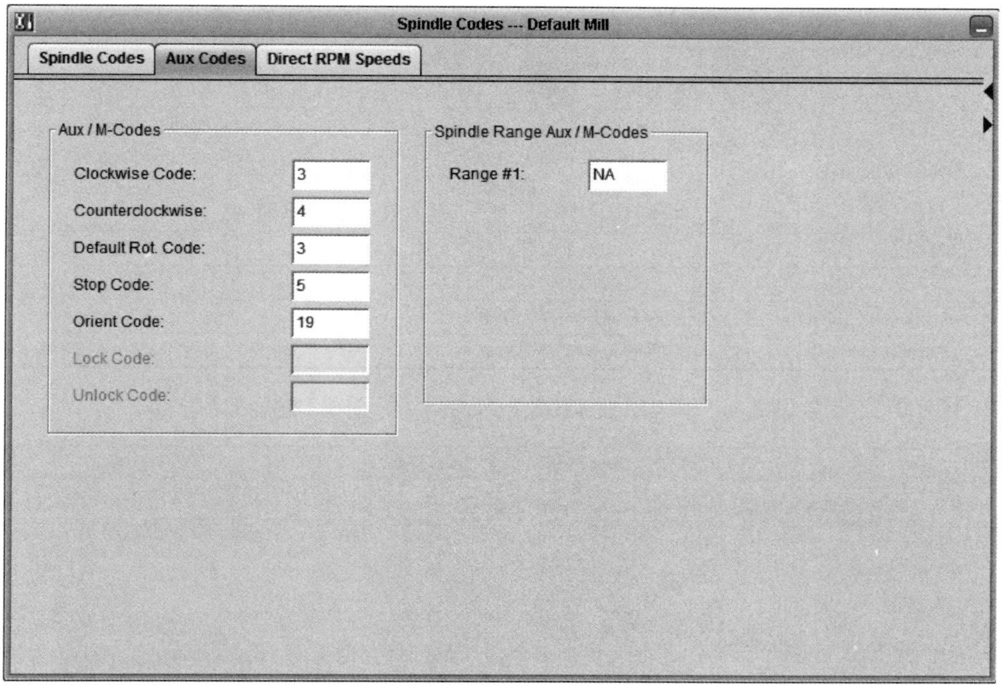

图 5.2.54　主轴转速设置 2

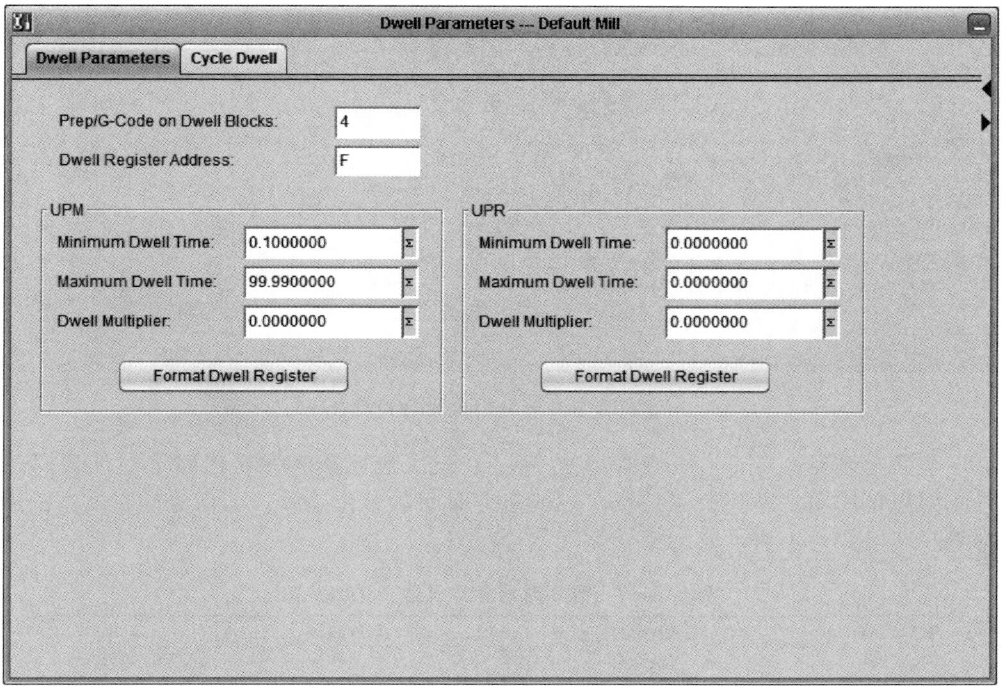

图 5.2.55　暂停时间参数设置 1

在 Dwell Parameters 选项页内定义暂停时间参数。

表 5.2.36 暂停时间参数设置 1 详细参数

序号	参数名称	详细说明
1	Prep/G-Code on Dwell Blocks	定义暂停准备功能代码的格式，一般为 G04。如果数控系统要求的暂停功能由特殊的寄存器表示，即不需要指定 G 代码，输入 NA
2	Dwell Register Address	指定寄存器地址，如果数控系统不需要专门的寄存器地址，选择【Disable】。 由于一般的加工中心同时具有公制/英制和 UPM(速度单位/分钟)和 UPR(速度单位/转)的功能，并对不同的系统环境可以设置不同的暂停时间限制。可以分别设置 UPM/UPR 单位格式的暂停时间限制
3	Minimum Dwell Time	设定的最小暂停时间(秒)
4	Maximum Dwell Time	设定的最大暂停时间(秒)
5	Dwell Multiplier	暂停时间的放大系数
6	Format Dwell Register	设置暂停寄存器格式

② 暂停时间参数设置 2　内容如图 5.2.56 所示，详细参数说明见表 5.2.37。

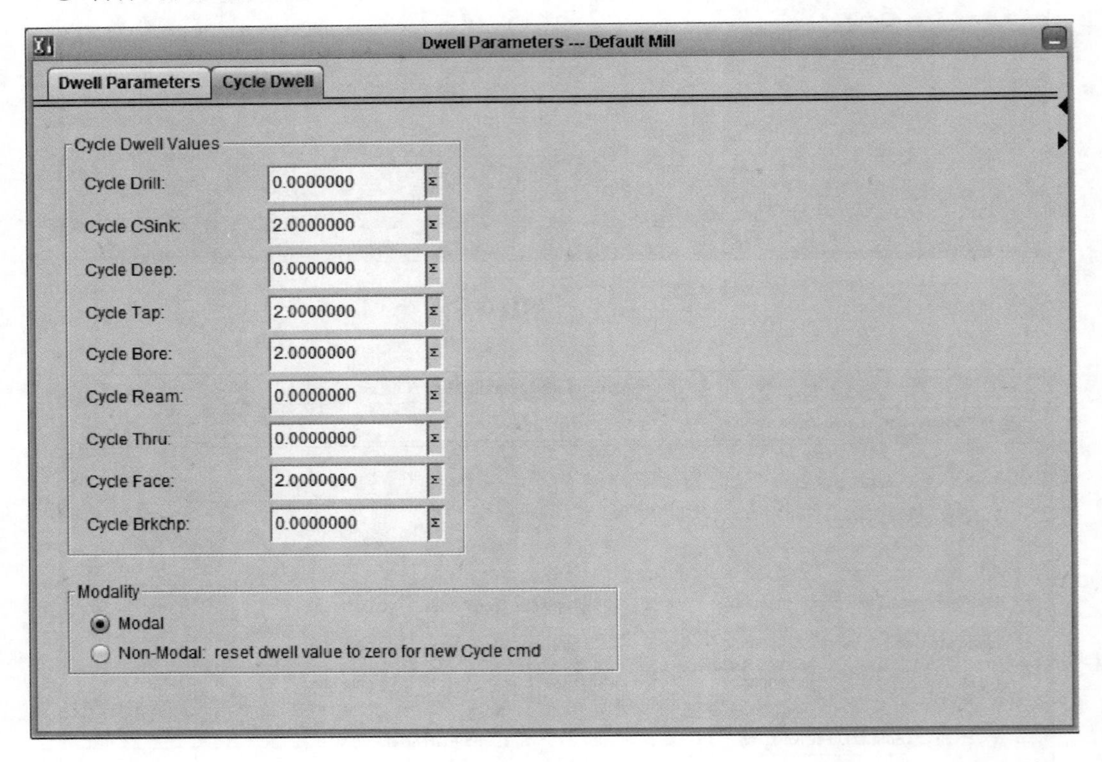

图 5.2.56　暂停时间参数设置 2

每一个固定循环命令都有一个默认的暂停值。这个暂停值将要在固定循环代码行中输出，并使用指定的固定循环暂停地址。一般暂停时间的单位是秒。下面分别在文本框中输入暂停时间。

表 5.2.37 暂停时间参数设置 2 详细参数

序号	参数名称	详细说明	序号	参数名称	详细说明
1	Cycle Drill	钻孔循环暂停时间	6	Cycle Ream	铰孔循环暂停时间
2	Cycle CSink	沉头孔循环暂停时间	7	Cycle Thru	通孔循环暂停时间
3	Cycle Deep	深孔循环暂停时间	8	Cycle Face	盲孔循环暂停时间
4	Cycle Tap	攻螺纹循环暂停时间	9	Cycle Brkchp	断屑循环暂停时间
5	Cycle Bore	镗孔循环暂停时间			

6. 操作提示信息相关设置

选择主菜单第六项 Operator Message，设置内容如图 5.2.57 所示，可以定义操作信息的格式，详细参数说明见表 5.2.38。

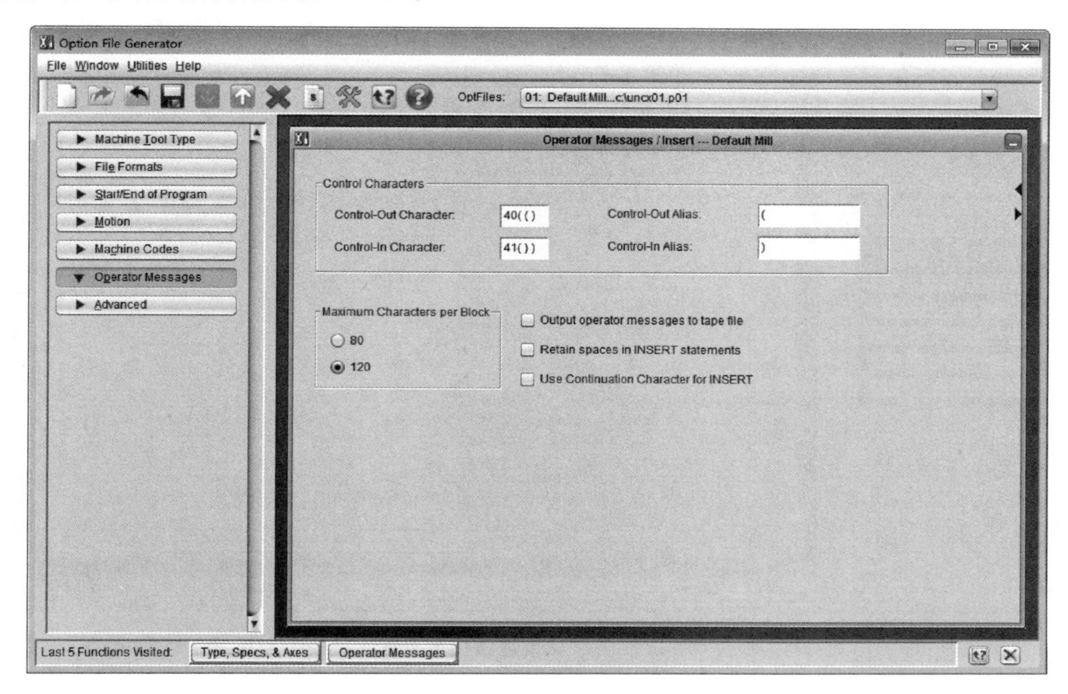

图 5.2.57　操作提示信息相关设置

表 5.2.38　操作提示信息相关设置参数

序号	参数名称	详细说明
1	Control Characters	注释信息控制符
2	Control-Out Character	提示信息的起始字符
3	Control-Out Alias	遇到注释起始字符时，系统将输出的字符串
4	Control-In Character	提示信息的结束字符
5	Control-In Alias	遇到注释结束字符时，系统将输出的字符串
6	Maximum Characters per Block	每一行注释信息允许输出的字符数量
7	Output operator messages to tape file	是否在代码文件中输出注释信息
8	Retain spaces in INSERT statements	是否在 INSERT 指令中保留空格
9	Use Continuation Character for INSERT	是否在 INSERT 指令中使用续行符，主要用于处理多于 120 个字符的程序行

7. 高级选项相关设置

用鼠标单击主菜单第七项 Advanced，本菜单展开出现 6 个子项，如图 5.2.58 所示。

(1) FIL Editor 设置　内容如图 5.2.59 所示。主要是利用二次开发的方式编写所要输出的一些特殊要求。

(2) Text/VTB Editor 设置　内容如图 5.2.60 所示。

(3) PLABELS 设置　内容如图 5.2.61 所示，相关设置的清单。

(4) Commons 设置　内容如图 5.2.62 所示，命令与变量相关设置。

(5) Search 设置　内容如图 5.2.63 所示。用于查找某些命令、变量等。

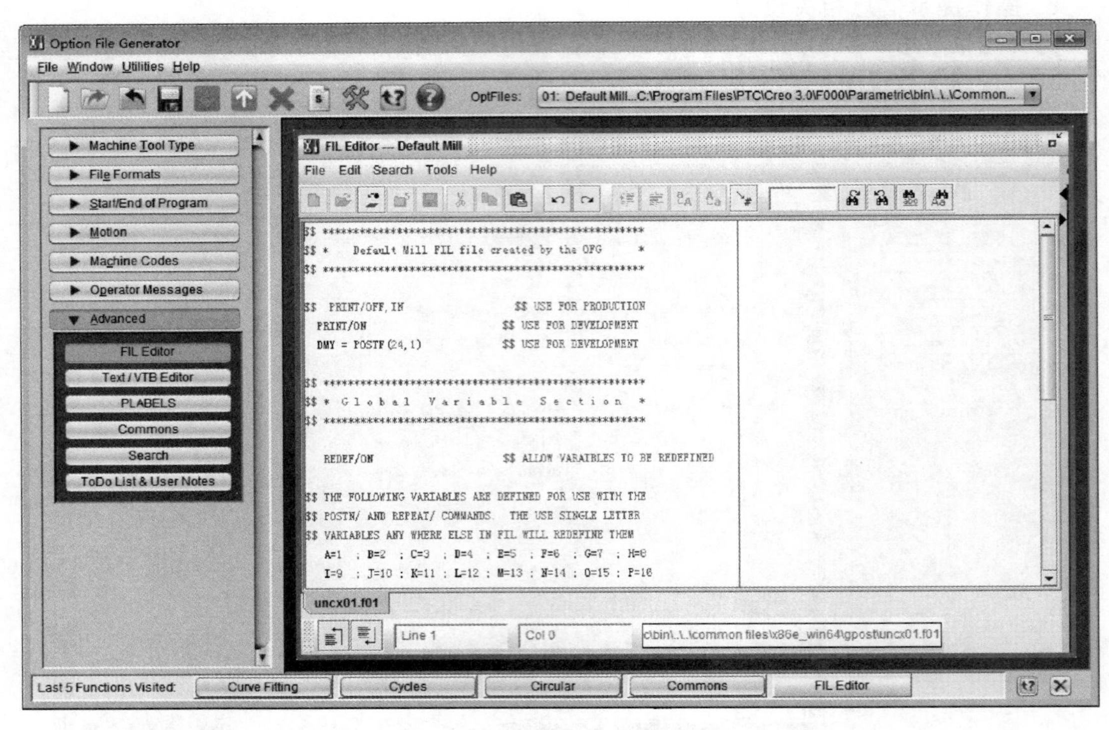

图 5.2.58　高级选项相关设置

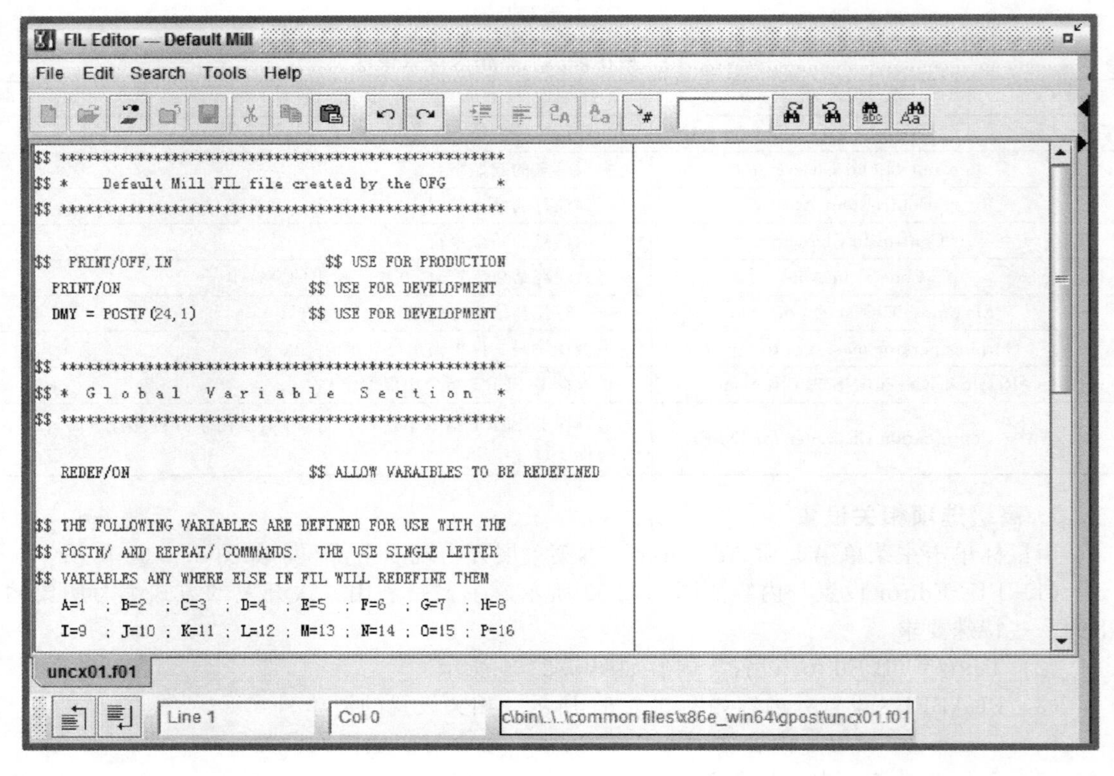

图 5.2.59　FIL Editor 设置

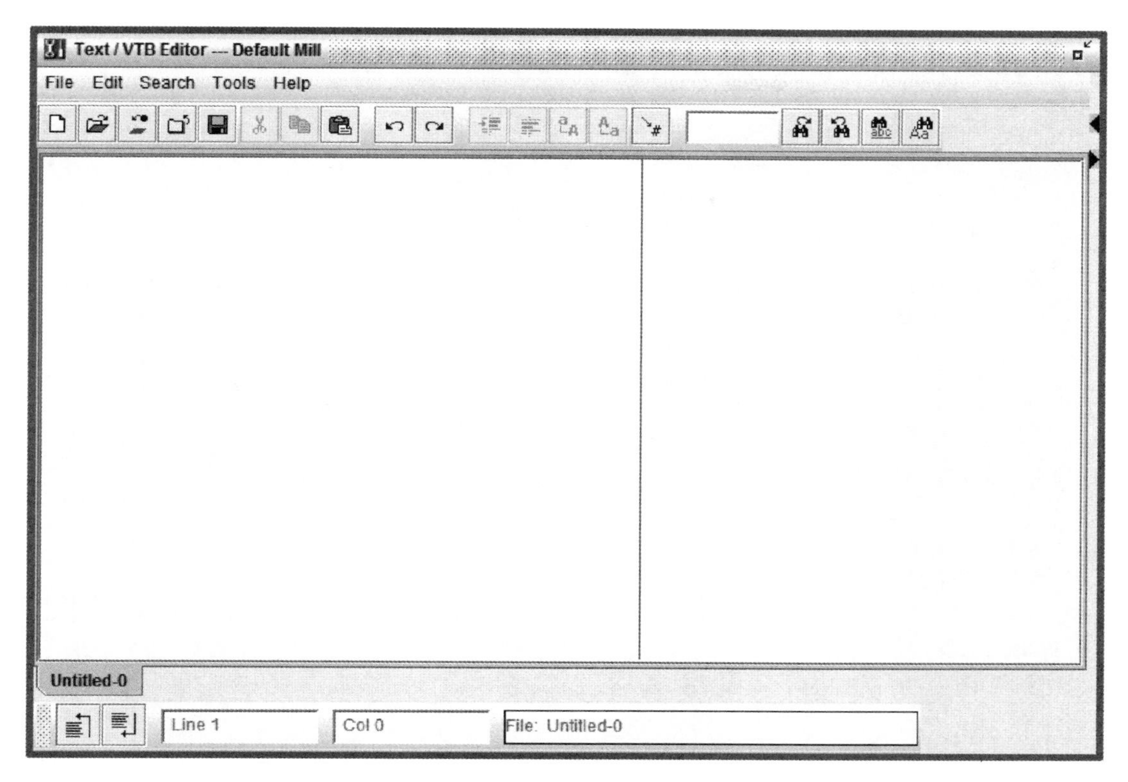

图 5.2.60　Text/VTB Editor 设置

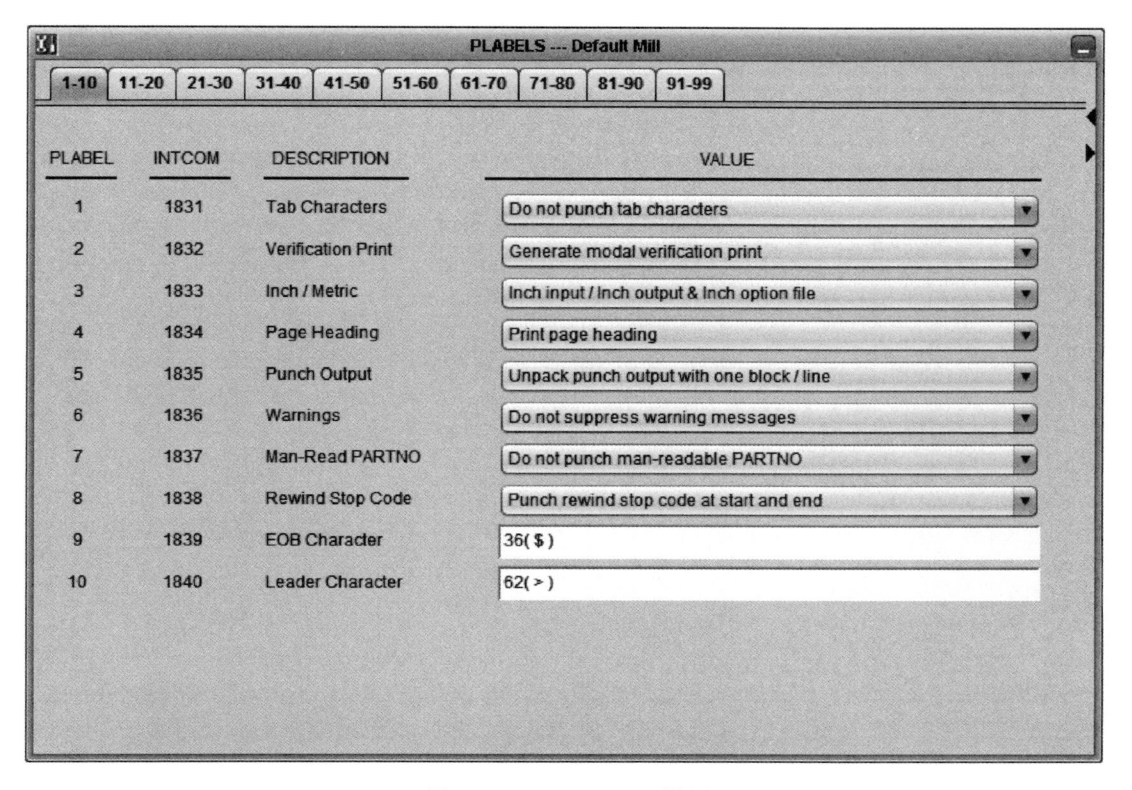

图 5.2.61　PLABELS 设置

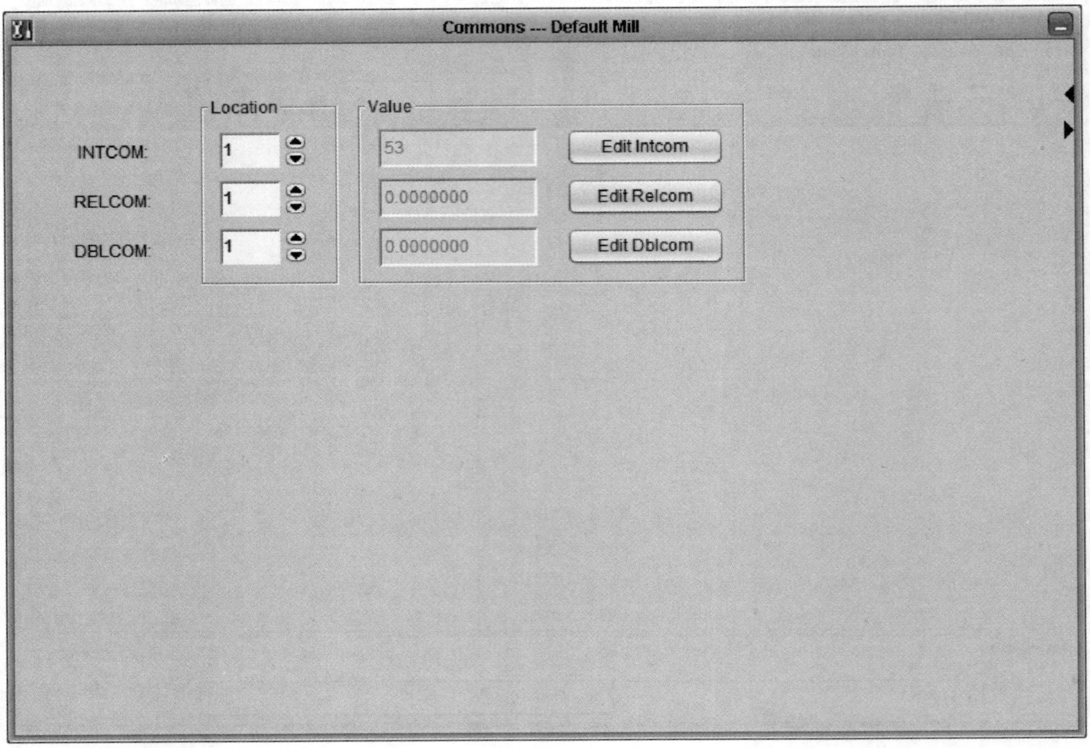

Commons --- Default Mill

Location　Value

INTCOM:　1　53　Edit Intcom

RELCOM:　1　0.0000000　Edit Relcom

DBLCOM:　1　0.0000000　Edit Dblcom

图 5.2.62　Commons 设置

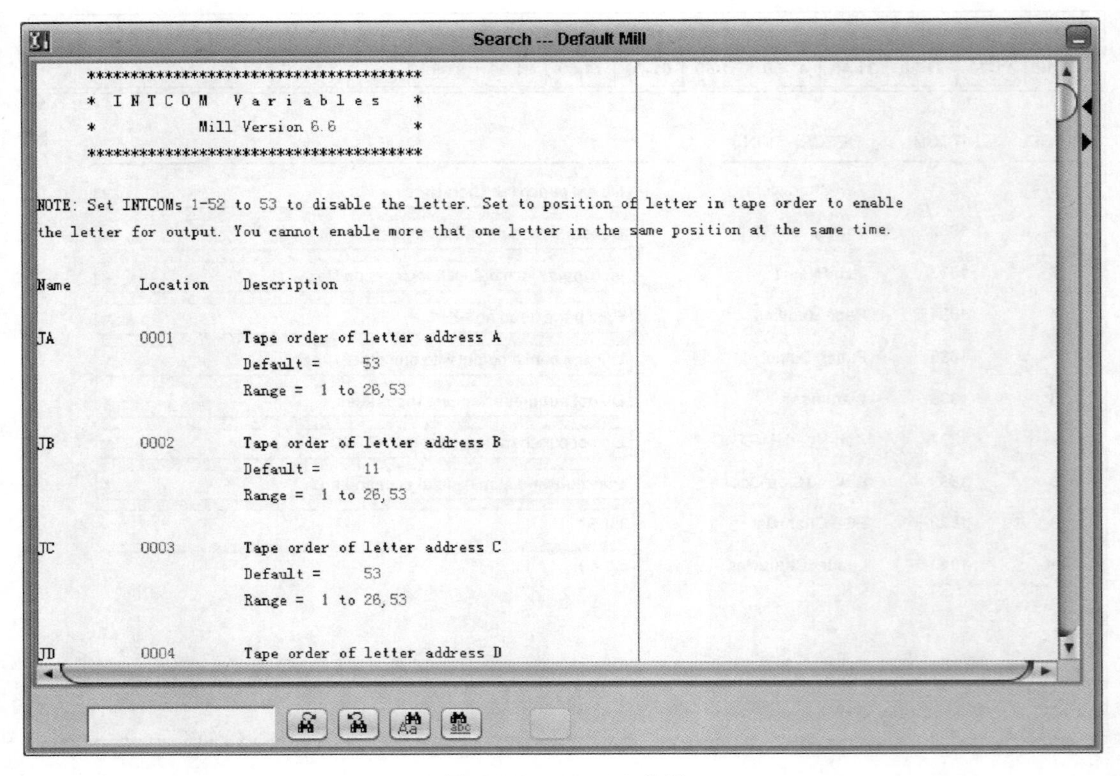

图 5.2.63　Search 设置

第三节　建立自己的后置处理

本实例以笔者实际使用的南京第二机床厂FANUC 0i型3轴数控铣床为目标，完成其选配文件的创建。

1. 创建新的选配文件

（1）单击【应用程序】功能区→【制造应用程序】面板→【NC后置处理器】按钮。

（2）使用【File】→【New】菜单命令，系统弹出【Define Machine Type】对话框，如图5.3.1所示，选中机床类型为【Mill】，按Next按钮。

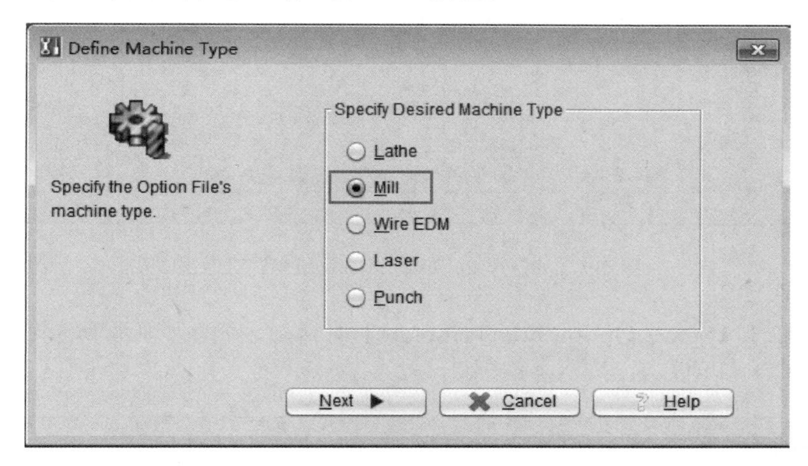

图5.3.1　【Define Machine Type】对话框

（3）系统打开【Define Option File Location】对话框，如图5.3.2所示，在标识号处输入01，其他保持不变，按Next按钮。系统可以打开并进入选配文件生成器界面。

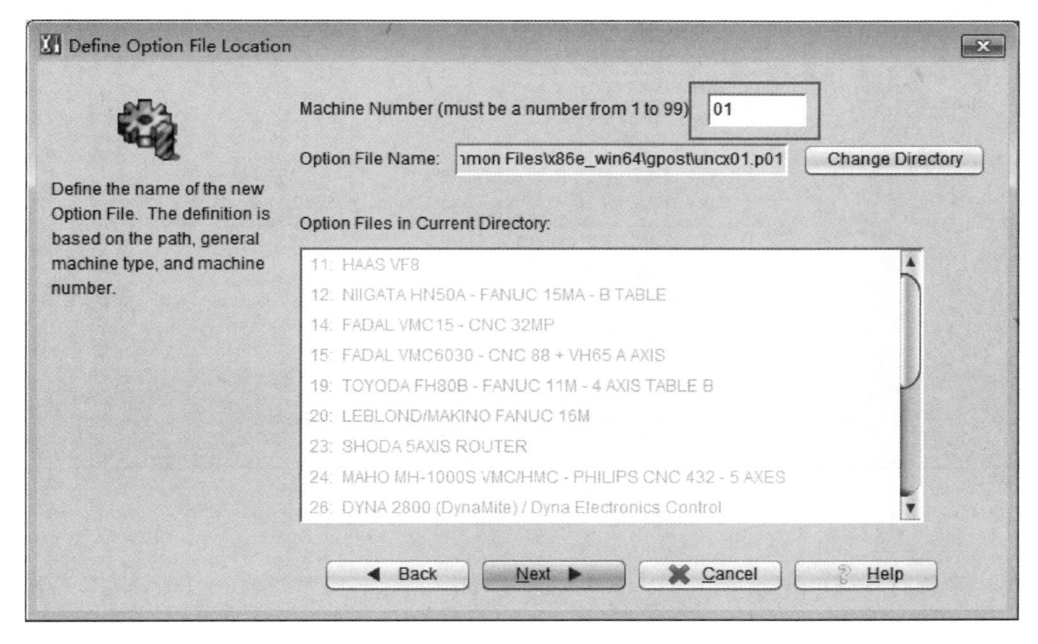

图5.3.2　【Define Option File Location】对话框

（4）系统打开【Option File Initialization】对话框，如图5.3.3所示，选择第2项【system supplied default option file…】，按Next按钮。

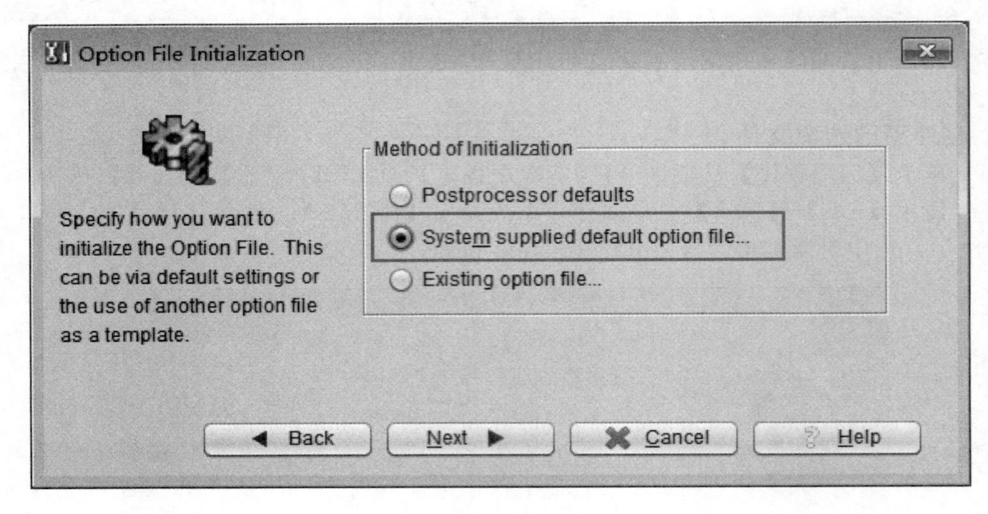

图5.3.3 【Option File Initialization】对话框

（5）系统打开【Select Option File Template】对话框，如图5.3.4所示，均选择第5个【FANUC 6M CONTROL】，按Next按钮。

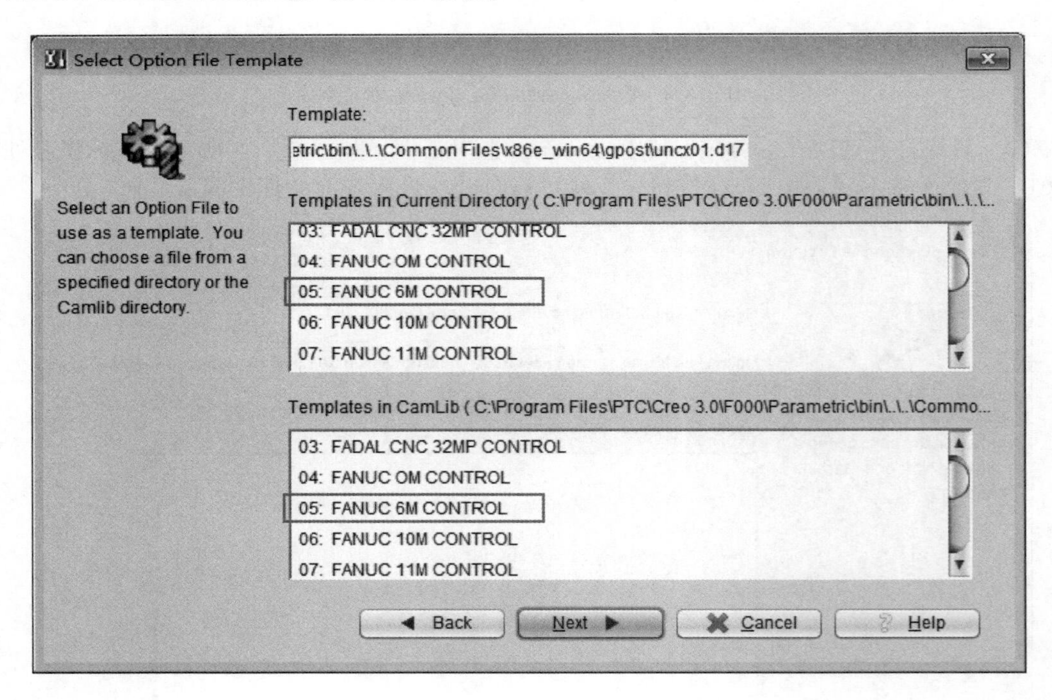

图5.3.4 【Select Option File Template】对话框

（6）系统打开【Option File Title】对话框，如图5.3.5所示，输入【FANUC 0i】作为主题，按Finish按钮。

至此，完成选配文件的初始化，接下来需要对选配文件要求的每一项参数进行设置。

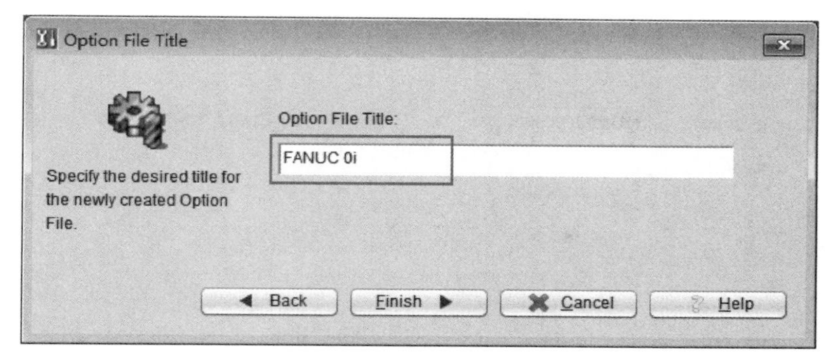

图 5.3.5 【Option File Title】对话框

2. 机床类型设置

采用默认设置即可。

3. 文件格式设置

（1） MCD File 子项采用默认设置即可。

（2） List File Format 子项中需要设置的内容，如图 5.3.6 所示。

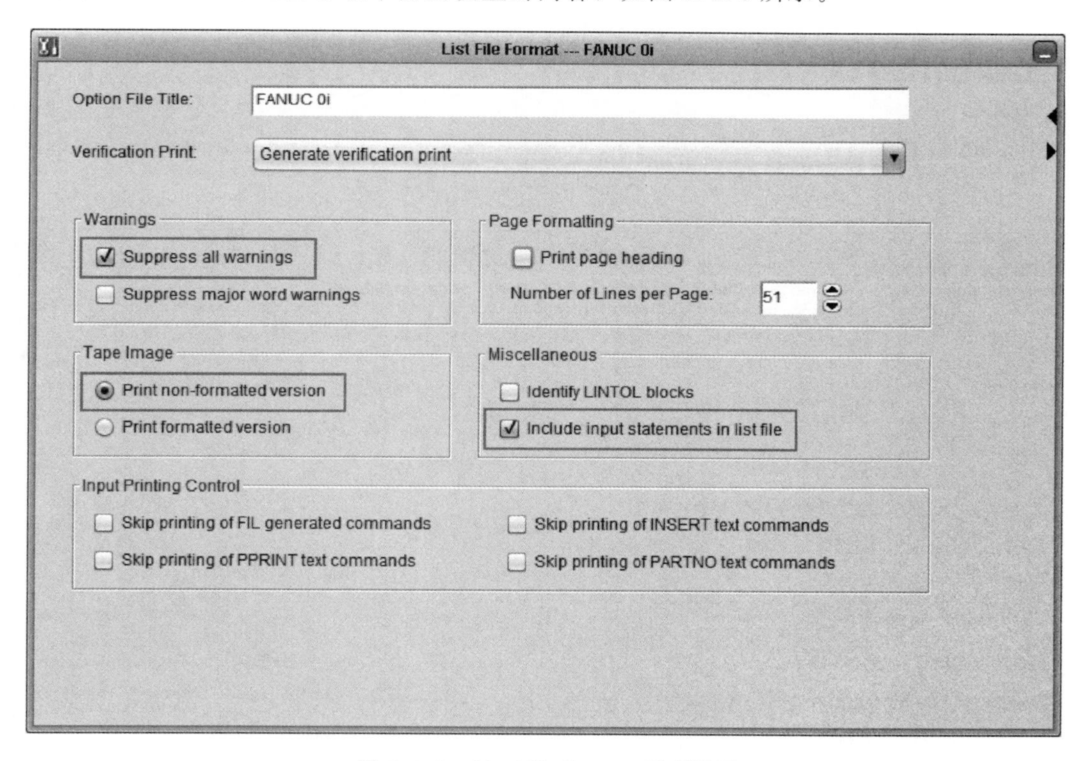

图 5.3.6 List File Format 子项设置

（3） Sequence Numbers 子项中需要设置的内容，如图 5.3.7 所示。

其余各选项采用默认设置即可。

4. 程序起始与结束设置

（1） General 选项页中需要设置的内容，如图 5.3.8 所示。

（2） Codes/Chars 选项页中需要设置的内容，如图 5.3.9 所示。

（3） Default Prep Codes 选项页中需要设置的内容，如图 5.3.10 所示。

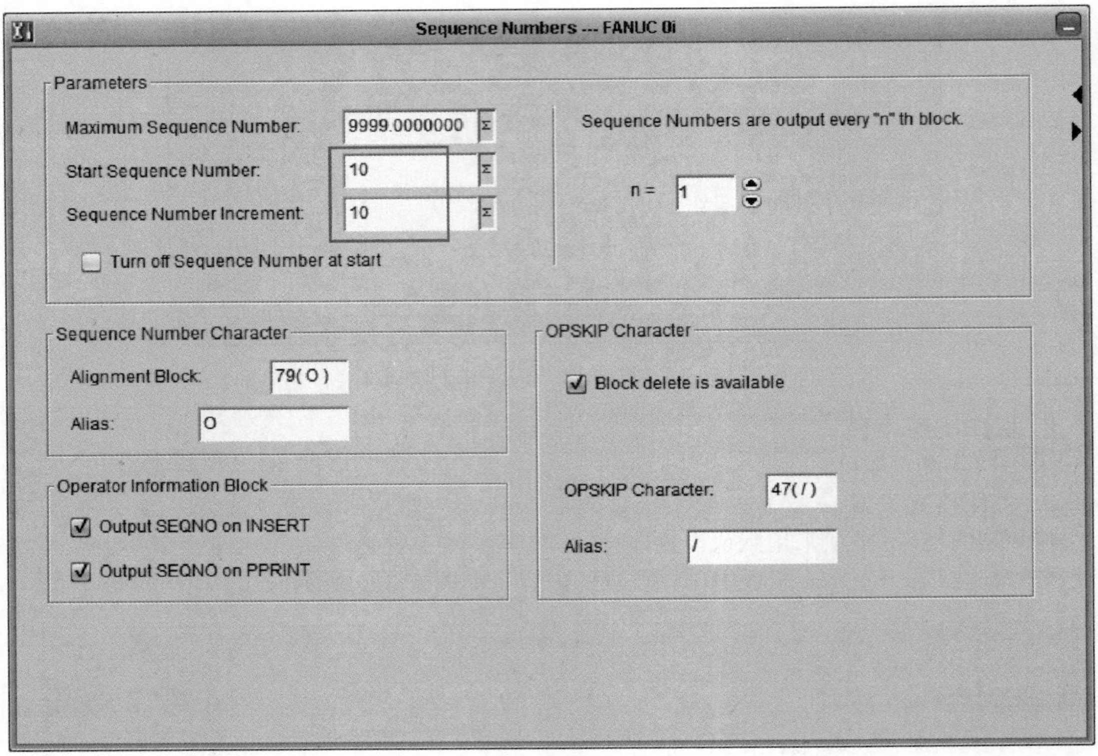

Sequence Numbers --- FANUC 0i
Parameters
Maximum Sequence Number:
9999.0000000
Start Sequence Number:
10
Sequence Number Increment:
10
Turn off Sequence Number at start
Sequence Numbers are output every "n" th block.
n =
1
Sequence Number Character
Alignment Block:
79(O)
Alias:
O
OPSKIP Character
Block delete is available
OPSKIP Character:
47(/)
Alias:
/
Operator Information Block
Output SEQNO on INSERT
Output SEQNO on PPRINT

图 5.3.7 Sequence Numbers 子项设置

Program Start / End --- FANUC 0i
General
Codes/Chars
Default Prep Codes
Start Prog
End Prog
Program Number
Format
DNC format
Units of Leader:
0.0000000
Units of Trailer:
0.0000000
Tape readable PARTNO
Man readable PARTNO
EOB character at end of each block tape image
Output
Program number
Time stamp
Rewind STOP code at beginning of NC code
Output user defined startup blocks
Output user defined end of program blocks
Rewind START code at end of NC code
Miscellaneous
Merging post
Use _OUTPT to edit MCD blk
Use _MCDWT macro to edit MCD blk
Use _LSTWT macro to edit LST blk
Discard MCD file with FIL error

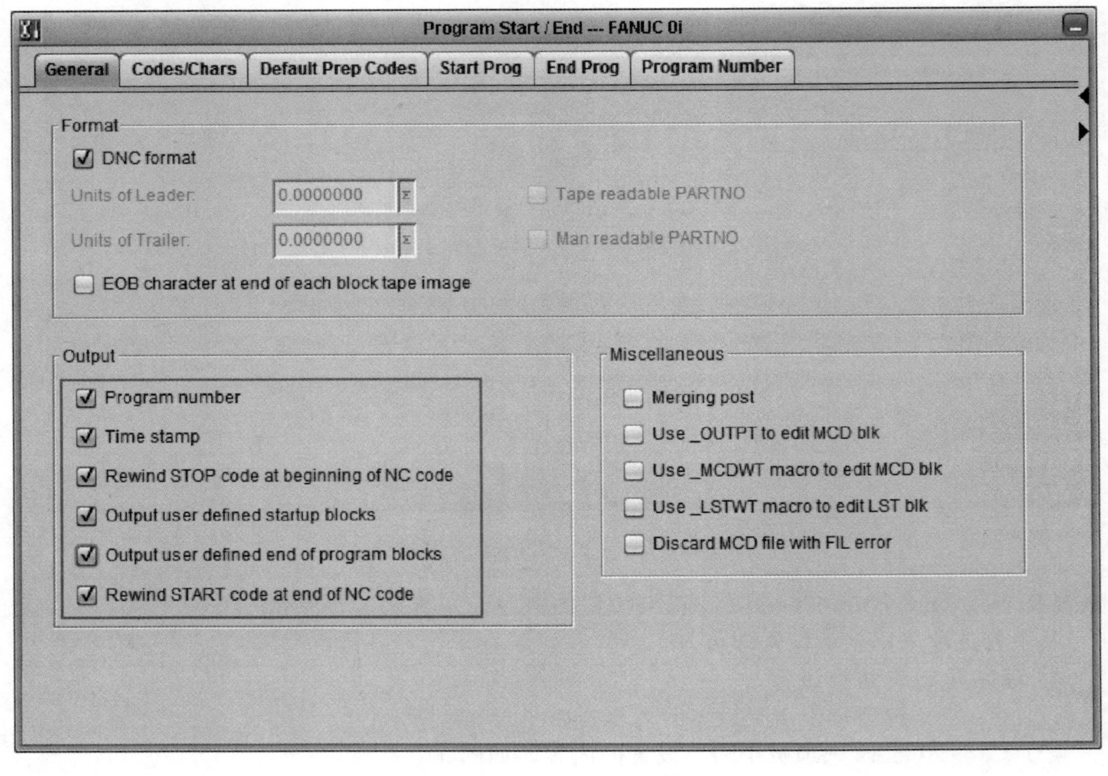

图 5.3.8 General 选项设置

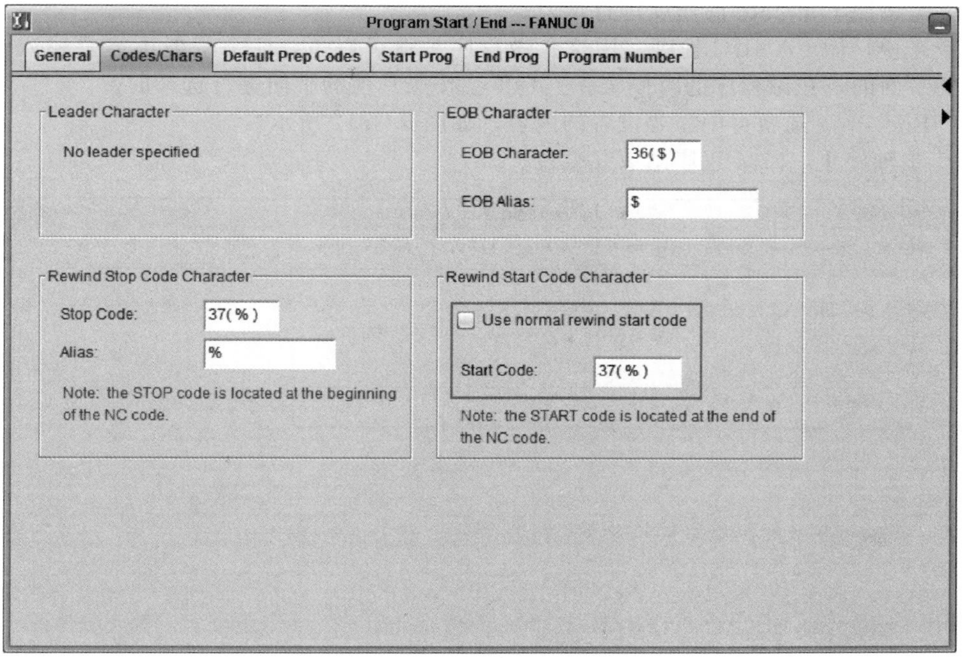

图 5.3.9　Codes/Chars 选项设置

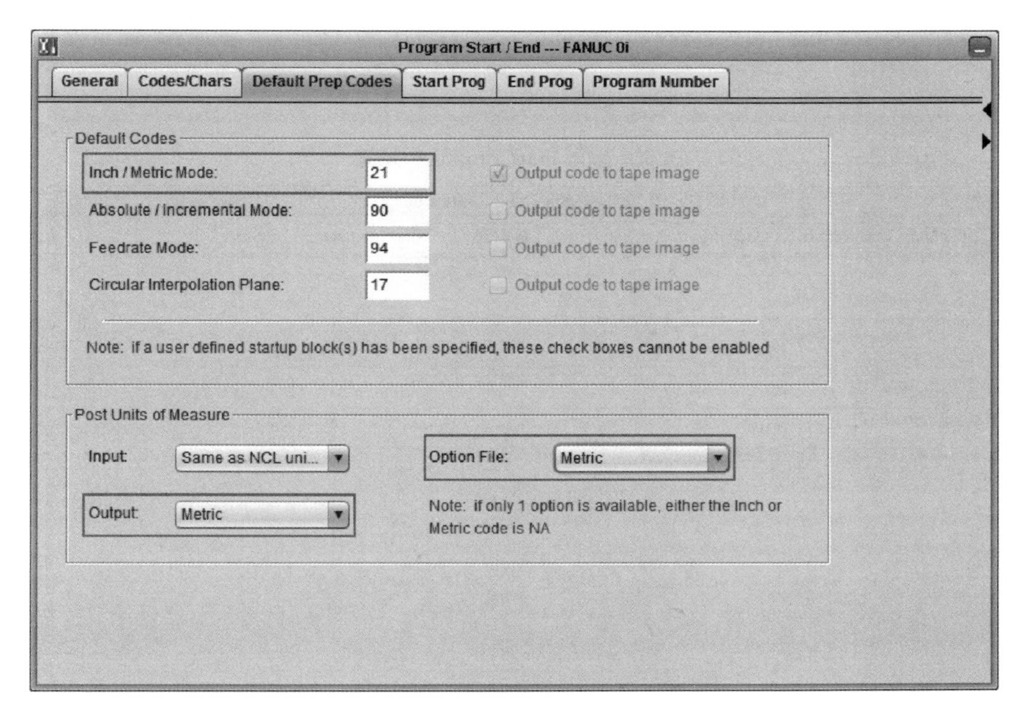

图 5.3.10　Default Prep Codes 选项设置

(4) Start Prog 选项页中需要设置的内容，如图 5.3.11 所示。

G54 是选择坐标系，是对刀的时候进行操作的，将对刀的第一个坐标系存在 G54 里面；G90 是进行绝对坐标的操作；

G94 是按照 mm/min 的速度进行走刀。

一般来说，做 FANUC 程序，用这个做程序头就可以了，G17 一般不需要输入，它是选择 XY 平面的，在做程序的时候实际上是不会按照其他的平面进行选择的。

（5）End Prog 选项页中需要设置的内容，如图 5.3.12 所示。

M05 主轴停止，M30 程序结束并复位。

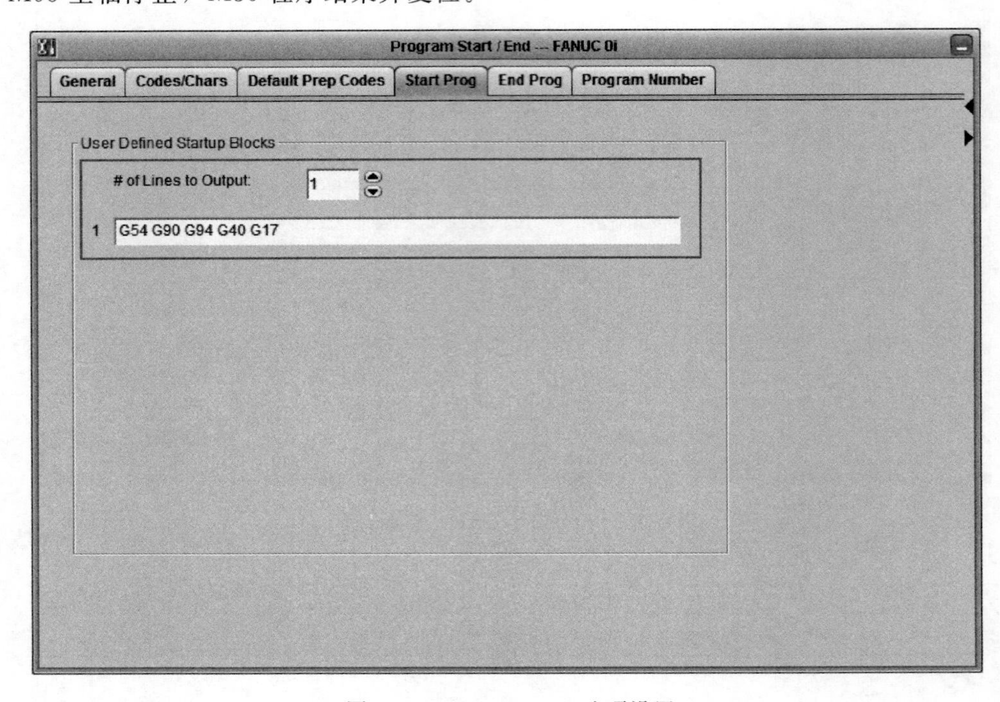

图 5.3.11　Start Prog 选项设置

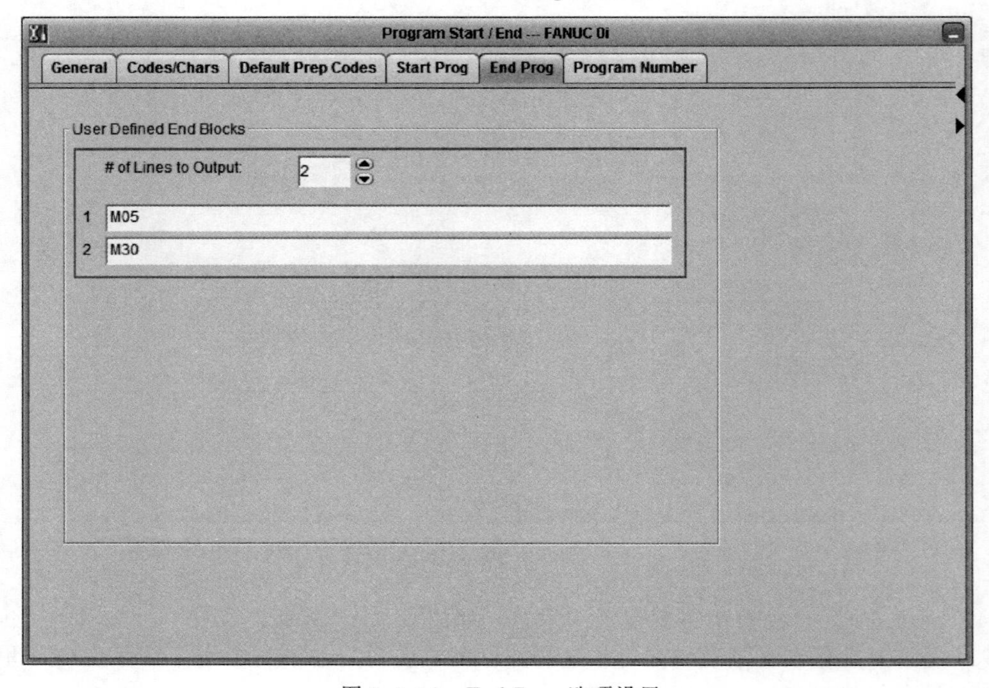

图 5.3.12　End Prog 选项设置

(6) Program Number 选项页中需要设置的内容，如图 5.3.13 所示。

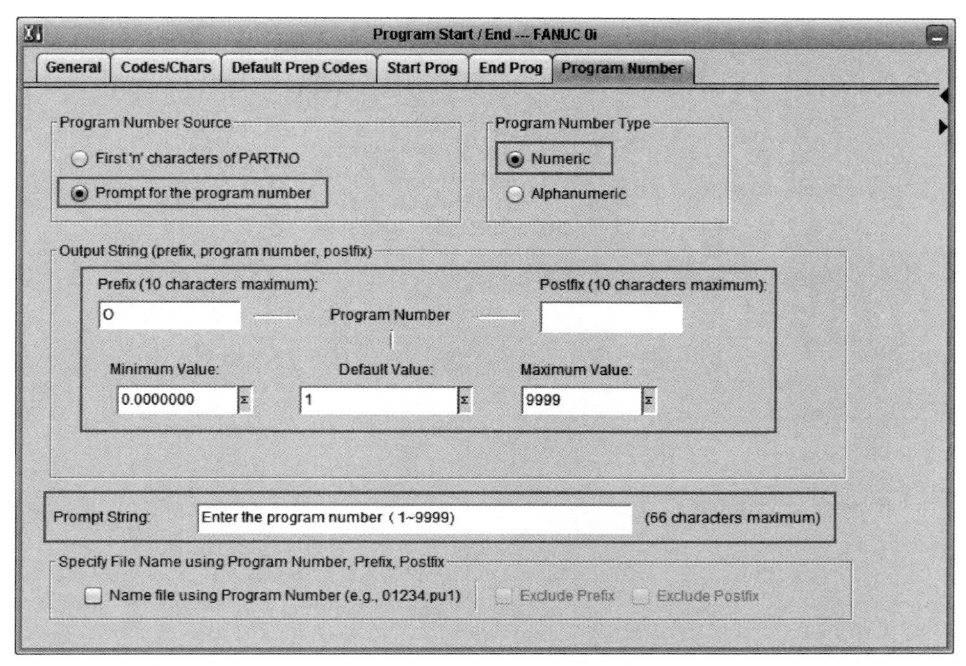

图 5.3.13　Program Number 选项设置

其余各选项，采用默认设置即可。

5. 插补运动代码设置

(1) General 子项采用默认设置即可。

(2) Linear 子项采用默认设置即可。

(3) Rapid Motion 子项中需要设置的内容，如图 5.3.14 所示。

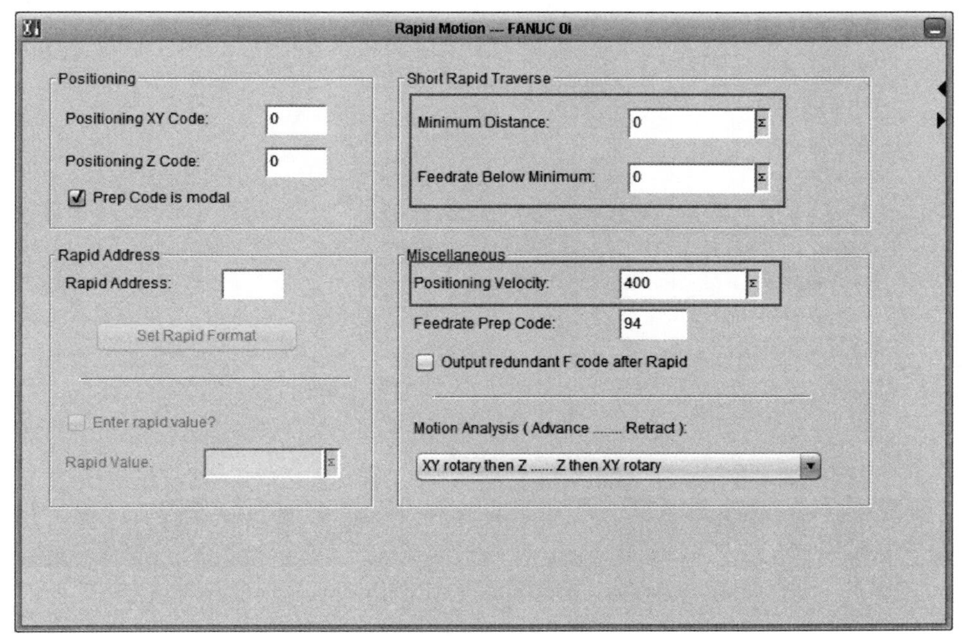

图 5.3.14　Rapid Motion 子项设置

（4）Circular Codes 子项中 IJK Modifier 选项页需要设置的内容，如图 5.3.15 所示。

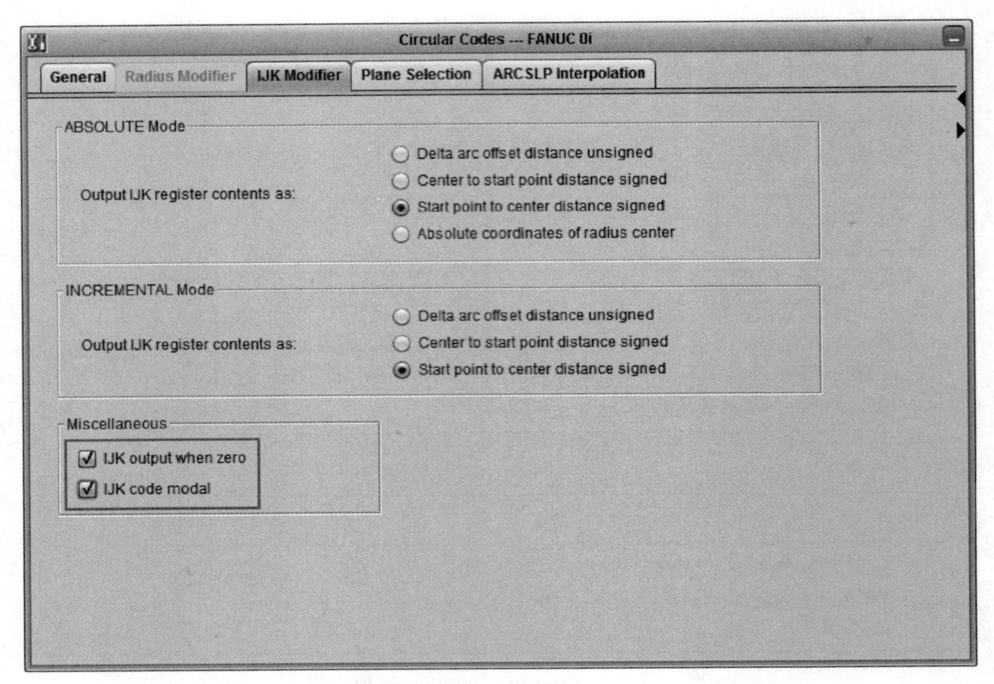

图 5.3.15　Circular Codes 子项中 IJK Modifier 设置

（5）Circular Codes 子项中 ARCSLP Interpolation 选项页需要设置的内容，如图 5.3.16 所示。

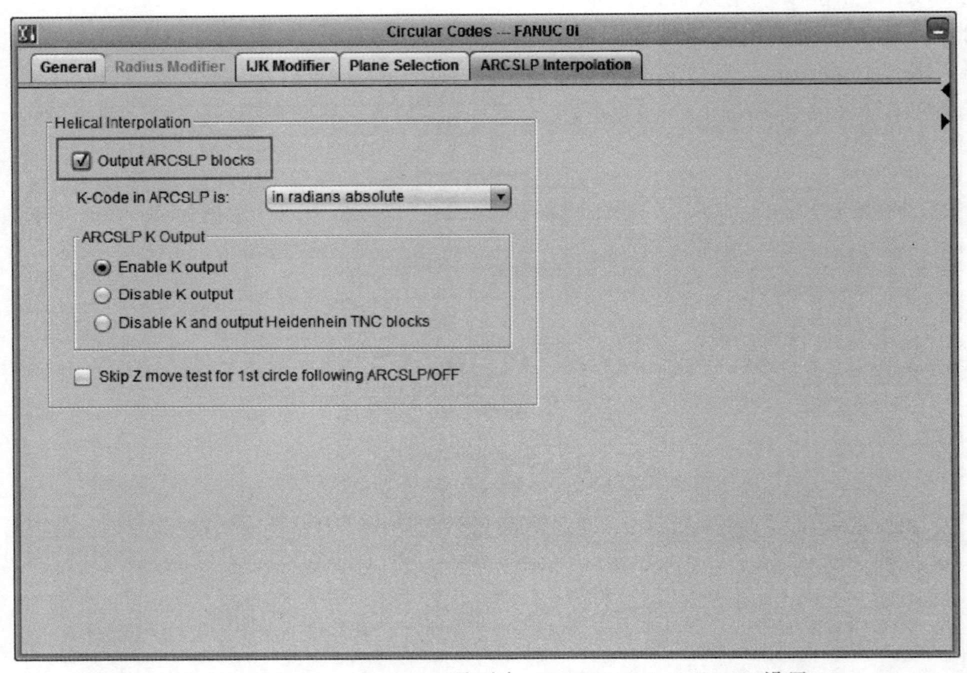

图 5.3.16　Circular Codes 子项中 ARCSLP Interpolation 设置

其余各选项采用默认设置即可。

6. 机床加工代码、G代码、M代码等设置

(1) Aux/M-Codes 子项中需要设置的内容，如图 5.3.17 所示。

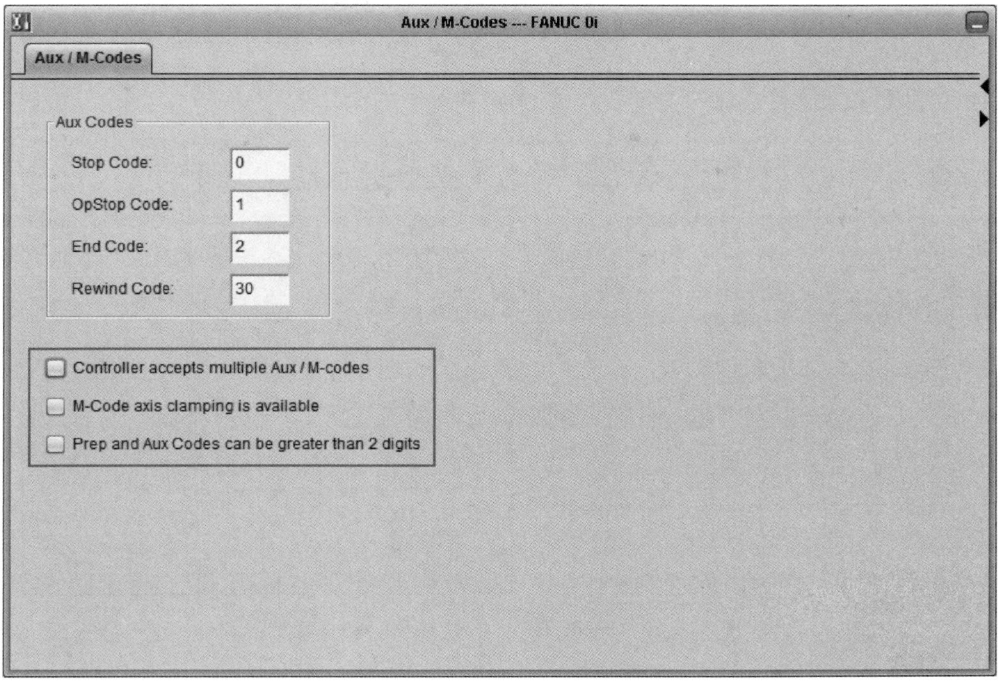

Aux / M-Codes --- FANUC 0i
Aux / M-Codes
Aux Codes
Stop Code: 0
OpStop Code: 1
End Code: 2
Rewind Code: 30
Controller accepts multiple Aux / M-codes
M-Code axis clamping is available
Prep and Aux Codes can be greater than 2 digits

图 5.3.17　Aux/M-Codes 子项设置

(2) Coolant Codes 子项中需要设置的内容，如图 5.3.18 所示。

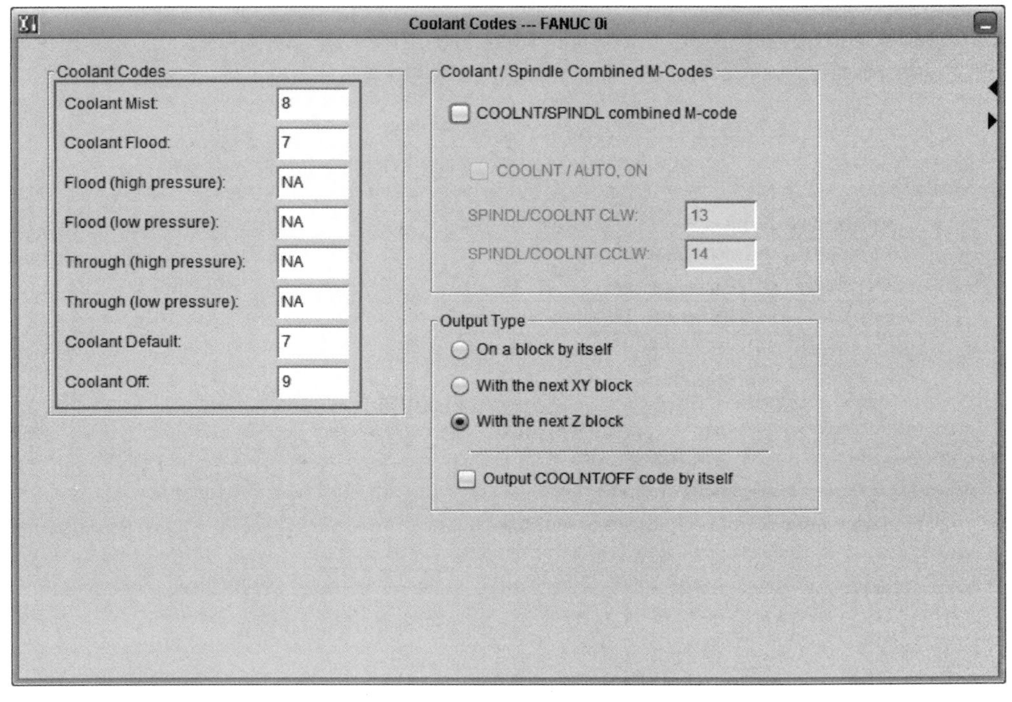

图 5.3.18　Coolant Codes 子项设置

（3）Feedrates 子项中 UPM Mode 选项页需要设置的内容，如图 5.3.19 所示。

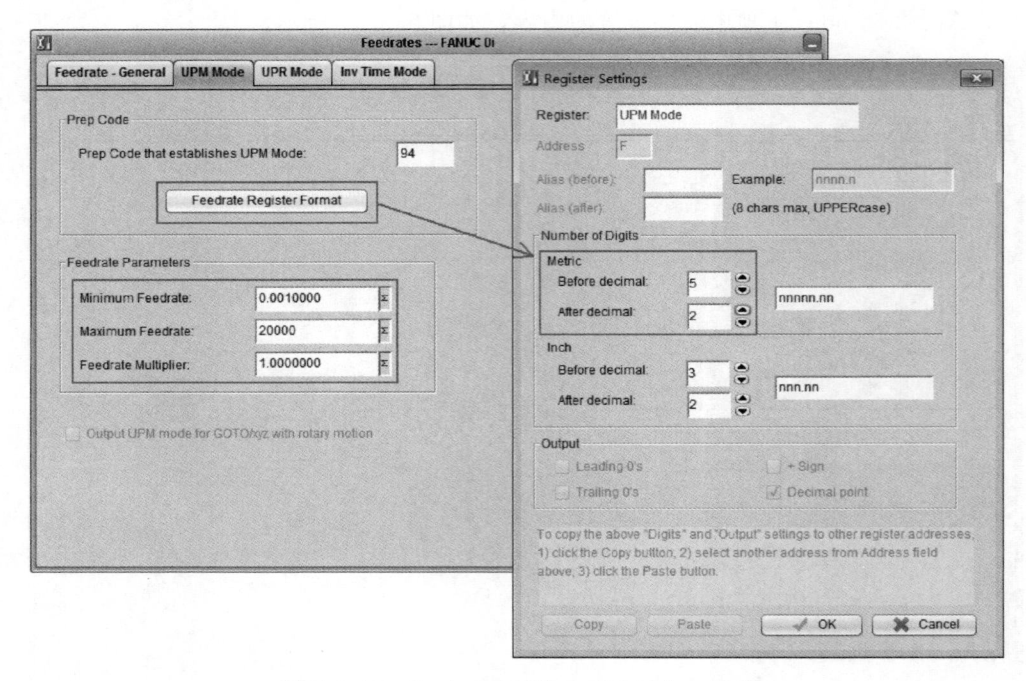

图 5.3.19　Feedrates 子项中 UPM Mode 设置

（4）Tool Change Sequence 子项中 General 选项页需要设置的内容，如图 5.3.20 所示。

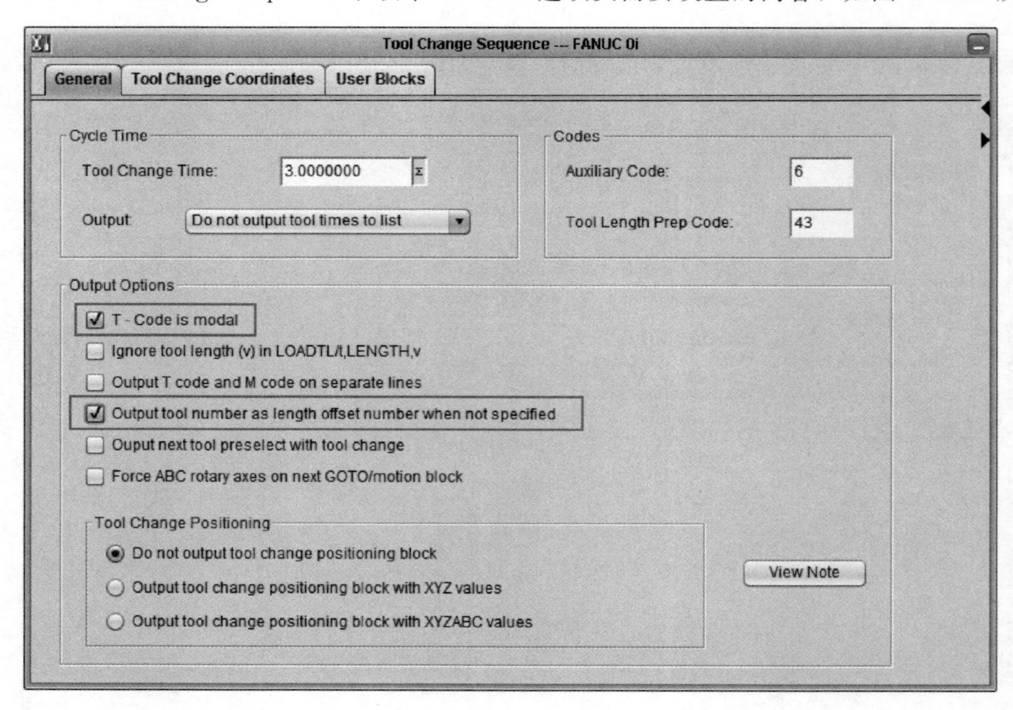

图 5.3.20　Tool Change Sequence 子项中 General 设置

（5）Tool Change Sequence 子项中 Tool Change Coordinates 选项页需要设置的内容，如图 5.3.21 所示。

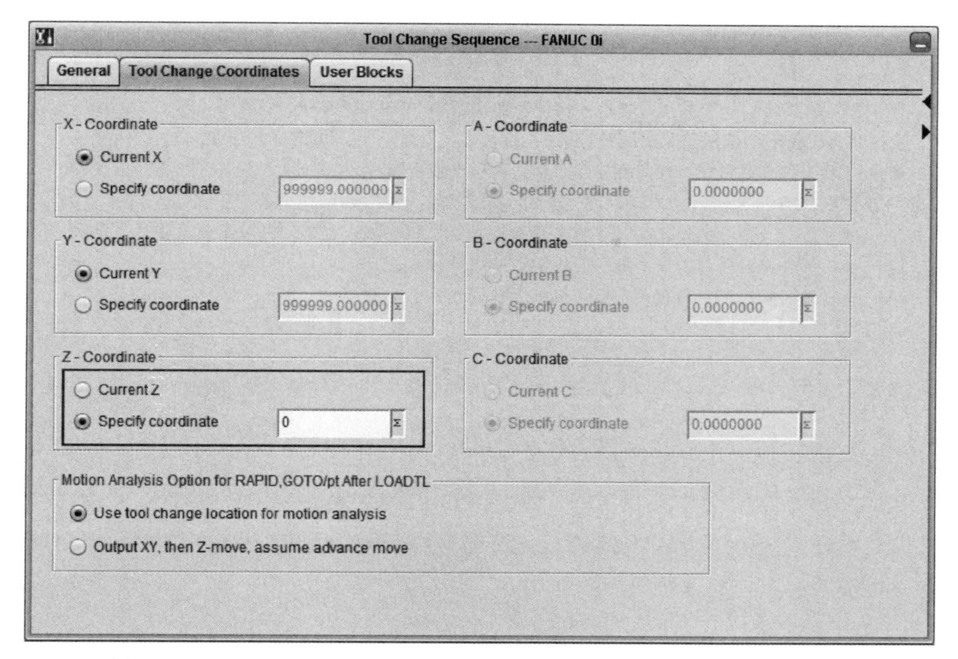

图 5.3.21 Tool Change Sequence 子项中 Tool Change Coordinates 设置

(6) Spindle Codes 子项中 Direct RPM Speeds 选项页需要设置的内容，如图 5.3.22 所示。

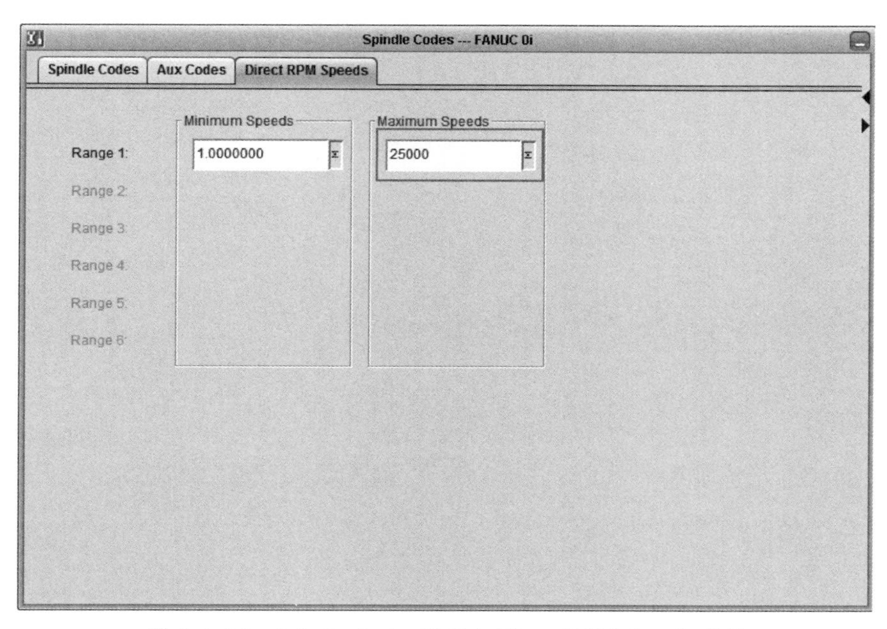

图 5.3.22 Spindle Codes 子项中 Direct RPM Speeds 设置

其余各选项，采用默认设置即可。

7. 操作信息设置

各选项，采用默认设置即可。

8. 高级选项设置

使用【File】→【Save】菜单命令，保存创建的选配文件即可。

参考文献

[1] 张思弟，贺暑新. 数控编程加工技术. 北京：化学工业出版社，2005.
[2] 任国兴. 数控技术. 北京：机械工业出版社，2006.
[3] 刘蔡保. 数控铣床（加工中心）编程与操作. 北京：化学工业出版社，2010.
[4] 北京兆迪科技有限公司. Creo2.0数控加工教程. 北京：机械工业出版社，2013.
[5] 胡仁喜，刘昌丽，等. Creo Parametric 2.0中文版数控加工案例实战. 北京：机械工业出版社，2013.
[6] 刘蔡保. UG NX8.0数控编程与操作. 北京：化学工业出版社，2016.
[7] 詹友刚. MastercamX7数控加工教程. 北京：机械工业出版社，2014.